PRÉPAS SCIENCES

collection dirigée par Bertrand Hauchecorne

Mathématiques
ECE - 1re année

nouveau programme

ouvrage coordonné par
Sylvain RONDY
Professeur au lycée Saint Jean (Douai)

Pierre BERLANDI
Professeur au lycée Saint Jean (Douai)

Gianfranco NIFFOI
Professeur au lycée Saint Michel de Picpus (Paris)

Anne-Sophie PIERSON-FERTEL
Professeur au lycée Saint Jean (Douai)

Nicolas PIERSON
Professeur au lycée Saint Jean (Douai)

ellipses

ISBN 978-2-7298-8199-3

32, rue Bargue 75740 Paris cedex 15

www.editions-ellipses.fr

Avant-propos

Réussir en classes préparatoires nécessite d'assimiler rapidement un grand nombre de connaissances, mais surtout de savoir les utiliser, à bon escient, et les rendre opérationnelles au moment opportun. Bien sûr, l'apprentissage du cours de votre professeur jour après jour est indispensable. Cependant, on constate que pour beaucoup, c'est loin d'être suffisant. Combien d'entre vous ont bien appris leur cours et pourtant se trouvent démunis lors d'un devoir surveillé, et plus grave, le jour du concours.

Cette collection a été conçue pour répondre à cette difficulté. Suivant scrupuleusement le programme, chaque ouvrage est scindé en chapitres, dont chacun correspond, en gros, à une semaine de cours.

Le résumé de cours est là pour vous remettre en mémoire toutes les notions à connaître. Sa relecture est indispensable avant un devoir surveillé ou le passage d'une colle relative au thème traité. Les résultats sont énoncés sans démonstration.

La partie « méthode » vous initie aux techniques utiles pour résoudre les exercices classiques. Compléments indispensables du cours, elles l'éclairent et l'illustrent.

La partie « vrai/faux » vous permet de tester votre recul par rapport au programme, vous révéler les mauvais réflexes à corriger. Son corrigé est l'occasion de mettre en garde contre des **erreurs classiques**.

Les exercices sont incontournables pour assimiler le programme et pour répondre aux exigences du concours. Des **indications**, que les meilleurs pourront ignorer, permettront de répondre aux besoins de chacun, selon son niveau. Les **corrigés** sont rédigés avec soin et de manière exhaustive.

Ainsi cet ouvrage vous accompagnera tout au long de l'année et vous guidera dans votre cheminement **vers le passage en deuxième année et la réussite aux concours**.

Bertrand Hauchecorne

Sommaire

Premier semestre

Deuxième semestre

Chapitre 1
Raisonnements Mathématiques

Le mathématicien italien Giuseppe **Peano** était très soucieux d'exposer les mathématiques dans un cadre précis et rigoureux. Dans son *Formulaire mathématique* publié en 1895, il introduisit de nombreux symboles nouveaux. On lui doit en particulier $\cap$ et $\cup$ désignant respectivement l'intersection et la réunion. Il utilise la lettre grecque *epsilon*, abréviation du grec *esti, il est*, pour noter l'appartenance et introduit le quantificateur existentiel qu'il note $\exists$, renversant un E pour signifier l'initiale du mot italien *esiste*. Il propose aussi de supprimer les déclinaisons du latin pour obtenir une langue internationale, simple et comprise par tous, qu'il nomme *Latino sine flexione*. Le logicien anglais Bertrand **Russell** propose un paradoxe qui remet en cause la théorie des ensembles et nécessite de la fonder sur un système d'axiomes.

Bertrand Russell
1872-1970

Objectifs

Les incontournables

- ▷ Savoir effectuer un raisonnement par récurrence.
- ▷ Savoir utiliser un raisonnement par récurrence d'ordre supérieur ou égal à 2.

Et plus si affinités

- ▷ Savoir effectuer un raisonnement par récurrence forte (ou généralisée).
- ▷ Savoir mettre en œuvre un raisonnement par l'absurde.
- ▷ Savoir manipuler les connecteurs logiques et les quantificateurs.

Résumé de cours

Les éléments du raisonnement

Proposition

Définition 1.1. — On appelle *proposition* toute phrase $\mathcal{P}$ dont on peut dire si elle est vraie ou fausse. Lorsque l'énoncé d'une proposition porte sur une variable *x*, nous pourrons la noter $\mathcal{P}(x)$.

Remarque 1.1 — On écrira indifféremment " $\mathcal{P}$ " ou " $\mathcal{P}$ est vraie ".

Exemple 1.1. — Pour tout réel *x* strictement positif, "$\ln(x) > 0$" est une proposition dépendante de la variable *x*. Elle est vraie si $x > 1$, et fausse sinon.

Exemple 1.2. — "*La suite* $(u_n)_{n\in\mathbb{N}}$ *est croissante*" est une proposition. Notons qu'elle ne dépend pas de l'entier *n*.

Exemple 1.3. — Pour un dé lancé, "*le numéro sorti est pair*" est une proposition.

Exemple 1.4. — Pour tout réel *x*, " $(2x+1)e^{-x}$ " n'est pas une proposition.

Quantificateurs

Notation — Le signe " $\forall$ " placé devant une variable *x* signifie "*quel que soit x...*".
Le signe " $\exists$ " placé devant une variable *x* signifie "*il existe (au moins) un x...*".
Le signe " $\exists!$ " placé devant une variable *x* signifie "*il existe un unique x...*".

" $\forall x \in \mathbb{R},\ x^2+1>0$ " se lit : "quel que soit le réel *x*, x^2+1 est strictement positif" ou "pour tout réel *x*, x^2+1 est strictement positif".

" $\exists x \in]0,+\infty[,\ x^2-6x+1=0$ " se lit : "il existe au moins un réel *x* strictement positif tel que x^2-6x+1 est égal à 0" (il y a d'ailleurs deux tels *x* : $3+2\sqrt{2}$ et $3-2\sqrt{2}$).

" $\exists! n \in \mathbb{N}^*,\ \frac{n(n+1)}{2}=3$ " se lit : "il existe un unique entier naturel *n* non nul tel que $\frac{n(n+1)}{2}$ est égal à 3" (il s'agit du nombre 2).

Remarque 1.2. — Notons que, dans un énoncé, l'expression "*il existe un x*" signifiera toujours implicitement qu'il en existe au moins un. Si unicité il y a, elle sera explicitement mentionnée.

Propriété 1.1. — En général, la proposition $(\forall x, \exists y, \mathcal{P}(x,y))$ est différente de $(\exists y, \forall x, \mathcal{P}(x,y))$.

Exemple 1.5. — La proposition " $\forall x \in \mathbb{R},\ \exists n \in \mathbb{Z},\ n \leq x < n+1$ " énonce que, quel que soit le réel *x*, il existe un entier *n*, tel que *x* soit compris entre *n* et $n+1$, cette dernière valeur étant exclue. C'est une proposition vraie (qui définit d'ailleurs ce que l'on appelle la partie entière de *x*). Elle est différente de la suivante : " $\exists n \in \mathbb{Z}, \forall x \in \mathbb{R}, n \leq x < n+1$ " qui affirme, quant à elle, que tous les réels sont compris entre deux entiers fixés. Elle est évidemment fausse.

Remarque 1.3. — Dans l'expression " $\forall y \in \mathbb{R},\ \exists x \in \mathbb{R},\ \ldots$ ", il faut noter que *x* dépend de *y*, on devrait en toute rigueur le noter x_y ou $x(y)$, ce que l'on ne fait presque jamais.

❑ Connecteurs logiques

Définition 1.2. — La proposition contraire de $\mathcal{P}$, notée non $\mathcal{P}$ et appelée *négation* de $\mathcal{P}$, est la proposition qui est vraie lorsque $\mathcal{P}$ est fausse et qui est fausse lorsque $\mathcal{P}$ est vraie.

Propriété 1.2. — La négation de $(\forall x, \mathcal{P}(x))$ est la proposition $(\exists x, \text{non}\,\mathcal{P}(x))$.
La négation de $(\exists x, \mathcal{P}(x))$ est la proposition $(\forall x, \text{non}\,\mathcal{P}(x))$.

Exemples 1.6. — Pour un dé lancé trois fois, le contraire de "*les trois numéros obtenus sont pairs*" est "*au moins un des numéros obtenus est impair*".
La négation de "$\forall x \in \mathbb{R}, \exists n \in \mathbb{Z}, n \leq x < n+1$" est : "$\exists x \in \mathbb{R}, \forall n \in \mathbb{Z}, x < n$ ou $x \geq n+1$".
La première proposition est vraie puisqu'elle définit l'entier n qui est la partie entière de x (voir **exemple 1.5**) et la deuxième est fausse car il n'existe pas de réel x tel qu'aucun entier ne soit dans l'intervalle $]x-1, x]$.

Définition 1.3. — Soit $\mathcal{P}$ et $\mathcal{Q}$ deux propositions. On appelle *disjonction* de $\mathcal{P}$ et $\mathcal{Q}$ la proposition ($\mathcal{P}$ ou $\mathcal{Q}$), le "ou" étant entendu ici inclusivement (soit $\mathcal{P}$, soit $\mathcal{Q}$, soit les deux).
Exemple 1.7. — Pour un dé lancé, on considère $\mathcal{P}$: "*le numéro sorti est pair*", et $\mathcal{Q}$: "*le numéro sorti est supérieur ou égal à* 3". Alors, ($\mathcal{P}$ ou $\mathcal{Q}$) est : "*le numéro sorti est* 2,3,4,5 *ou* 6".

Définition 1.4. — Soit $\mathcal{P}$ et $\mathcal{Q}$ deux propositions. On appelle *conjonction* de $\mathcal{P}$ et $\mathcal{Q}$ la proposition ($\mathcal{P}$ et $\mathcal{Q}$) (les deux simultanément).
Exemple 1.8. — En reprenant l'**exemple 1.7**, ($\mathcal{P}$ et $\mathcal{Q}$) est : "*le numéro sorti est* 4 *ou* 6".

Définition 1.5. — Soit $\mathcal{P}$ et $\mathcal{Q}$ deux propositions. On dit que $\mathcal{P}$ *implique* $\mathcal{Q}$, et on note $\mathcal{P} \Rightarrow \mathcal{Q}$, lorsque, si $\mathcal{P}$ est vraie, alors $\mathcal{Q}$ est vraie (l'implication $\mathcal{Q} \Rightarrow \mathcal{P}$ est appelée *réciproque* de $\mathcal{P} \Rightarrow \mathcal{Q}$).
Vocabulaire — Lorsque $\mathcal{P}$ implique $\mathcal{Q}$, on dit que $\mathcal{P}$ est une condition suffisante de $\mathcal{Q}$, et que $\mathcal{Q}$ est une condition nécessaire de $\mathcal{P}$.

⇨ **Méthode 1.1. Comment établir que $f(x) \leq f(y)$?**
⇨ **Méthode 1.2. Comment établir une inégalité quelconque ?**
⇨ **Méthode 1.3. Comment montrer une proposition par implication ?**

Exemple 1.9. — Pour tout réel x, on a : $(x = x^2) \Rightarrow (x \geq 0)$ (l'implication réciproque est fausse).

Définition 1.6. — Soit $\mathcal{P}$ et $\mathcal{Q}$ deux propositions. On dit que $\mathcal{P}$ *équivaut* à $\mathcal{Q}$ (ou que $\mathcal{P}$ et $\mathcal{Q}$ sont équivalentes), et on note $\mathcal{P} \Leftrightarrow \mathcal{Q}$, lorsqu'on a, à la fois, $\mathcal{P} \Rightarrow \mathcal{Q}$ et $\mathcal{Q} \Rightarrow \mathcal{P}$.
Vocabulaire — Lorsque $\mathcal{P}$ et $\mathcal{Q}$ sont équivalentes, on dit que $\mathcal{P}$ est vraie si, et seulement si, $\mathcal{Q}$ est vraie. On dit aussi que $\mathcal{P}$ est une *condition nécessaire et suffisante* de $\mathcal{Q}$.

⇨ **Méthode 1.5. Comment montrer une équivalence par double implication ?**

Exemple 1.10. — $\forall (a,b) \in (\mathbb{R}_+^*)^2, (\ln a < \ln b) \Leftrightarrow (a < b)$.

Exemple 1.11. — Pour tout entier n, n est multiple de 6 si, et seulement si, n est multiple à la fois de 2 et de 3.

■ Différents types de raisonnements

❑ Démonstration par l'absurde

Théorème 1.1. — Quelles que soient les propositions $\mathcal{P}$ et $\mathcal{Q}$, pour montrer que $\mathcal{P}$ implique $\mathcal{Q}$, on suppose que $\mathcal{P}$ est vraie, et on montre qu'il est alors impossible que $\mathcal{Q}$ soit fausse.

⇨ **Méthode 1.4. Comment montrer une proposition par l'absurde ?**

❑ Démonstration par récurrence

Récurrence simple

Théorème 1.2. — Pour un entier naturel n, considérons une proposition $\mathcal{P}(n)$.
Si $\mathcal{P}(n_0)$ est vraie et si, pour un entier naturel n **fixé supérieur ou égal à** $\boldsymbol{n_0}$, la proposition $\mathcal{P}(n)$ implique la proposition $\mathcal{P}(n+1)$, alors la proposition $\mathcal{P}(n)$ est vraie pour tout entier naturel n supérieur ou égal à n_0.

⇨ **Méthode 1.6. Comment montrer une proposition par récurrence ?**

Vocabulaire. — La preuve de $\mathcal{P}(n_0)$ s'appelle l'*initialisation* de la récurrence. La vérité de l'implication $(\mathcal{P}(n) \text{ est vraie}) \Rightarrow (\mathcal{P}(n+1) \text{ est vraie})$ s'appelle l'*hérédité* de la proposition.
Attention ! Dans l'étude de l'hérédité, on ne suppose surtout pas que $\mathcal{P}(n)$ est vraie pour tout n. C'est pour un entier n **fixé** que l'on montre que, si $\mathcal{P}(n)$ est vraie, alors $\mathcal{P}(n+1)$ est encore vraie.
Remarque 1.4. — La plupart du temps, on a $n_0 = 0$ ou $n_0 = 1$.

Récurrence d'ordre p (avec $p \geq 2$)

Il arrive que, pour établir une proposition à un certain rang, on ait besoin de savoir qu'elle est vraie aux p rangs précédents (souvent $p = 2$). On a alors :

Théorème 1.3. — Pour un entier naturel n, considérons une proposition $\mathcal{P}(n)$.
Si les p premières propositions $\mathcal{P}(0), \mathcal{P}(1), \ldots, \mathcal{P}(p-1)$ sont vraies et si, pour un entier naturel n **fixé** de $\mathbb{N}$, les p propositions $\mathcal{P}(n), \mathcal{P}(n+1), \ldots, \mathcal{P}(n+p-1)$ impliquent $\mathcal{P}(n+p)$, alors la proposition $\mathcal{P}(n)$ est vraie quel que soit l'entier n de $\mathbb{N}$.

⇨ **Méthode 1.7. Comment montrer une proposition par récurrence d'ordre 2 ?**

Récurrence forte

Pour établir l'hérédité d'une proposition, il se peut que l'on ait besoin de savoir si elle est vraie à tous les rangs jusqu'au $n^{\text{ème}}$ (et non pas seulement au $n^{\text{ème}}$), pour en montrer la vérité au rang $(n+1)$.
On a alors le résultat suivant :

Théorème 1.4. — Pour un entier naturel *n*, considérons une proposition $\mathcal{P}(n)$.
Si $\mathcal{P}(0)$ est vraie et si, pour un entier naturel *n* **fixé**, en supposant les propositions $\mathcal{P}(k)$ vraies pour tout *k* de $[\![0,n]\!]$, on montre que $\mathcal{P}(n+1)$ est vraie, alors la proposition $\mathcal{P}(n)$ est vraie quel que soit l'entier naturel *n*.

⇨ **Un exemple de démonstration par récurrence forte sera donné au chapitre 2**

Remarque 1.5. — On ne peut pas remplacer une récurrence d'ordre 2 par une récurrence forte. Dans le cas d'une récurrence d'ordre 2, pour un entier *n* donné, on a besoin de la vérité de $\mathcal{P}(n)$ et de $\mathcal{P}(n+1)$ pour établir celle de $\mathcal{P}(n+2)$. La vérité d'une seule ne suffit pas ! On ne peut donc pas, contrairement à ce qui se passe dans la récurrence forte, déduire $\mathcal{P}(1)$ de $\mathcal{P}(0)$: il faut $\mathcal{P}(0)$ et $\mathcal{P}(1)$ pour obtenir $\mathcal{P}(2)$, puis enclencher la récurrence.

Méthodes

Comparaison d'expressions

Méthode 1.1. Comment établir que $f(x) \leq f(y)$?

Si une fonction f est monotone sur un ensemble I, et si x et y appartiennent à I, alors comparer x et y suffit pour comparer $f(x)$ et $f(y)$.

Plus précisément :

- Si f est croissante sur I, alors : $x \leq y \Rightarrow f(x) \leq f(y)$.
- Si f est décroissante sur I, alors : $x \leq y \Rightarrow f(x) \geq f(y)$.

Remarque : si l'on veut établir des équivalences au lieu d'implications, il faut signaler en plus la bijectivité de f (ce qui établit l'implication réciproque grâce aux variations de f^{-1} qui sont les mêmes que celles de f).

⇨ Exercice 1.4

Exemple. Montrer que quel que soit l'entier n supérieur ou égal à 2, on a :

$$\left(1-\frac{2}{n}\right)^n \leq \left(1-\frac{1}{n}\right)^{2n} \quad \text{(nous noterons cette inégalité } (I))$$

Remarque importante de présentation — Nous allons commencer par une analyse qui se fait au brouillon, ou même, avec un peu d'habitude, mentalement. Nous proposerons une rédaction "au propre" dans un second temps.

Au brouillon :

- Compte tenu des règles sur les exposants, (I) s'écrit : $\left(1-\frac{2}{n}\right)^n \leq \left[\left(1-\frac{1}{n}\right)^2\right]^n$.
- Puisque la fonction $t \mapsto t^n$ est strictement croissante sur $\mathbb{R}_+$, et puisque les deux membres de l'inégalité sont positifs (car $n \geq 2$), alors cette dernière inégalité équivaut à la suivante :

$$1-\frac{2}{n} \leq \left(1-\frac{1}{n}\right)^2.$$

- Mais, en développant le membre de droite, nous nous rendons compte que cette inégalité est évidente. En effet, elle s'écrit : $1-\frac{2}{n} \leq 1-\frac{2}{n}+\frac{1}{n^2}$, c'est-à-dire : $0 \leq \frac{1}{n^2}$, ce qui est vrai.

Méthodes

Sur la copie :
Il suffit de "partir" de la fin du raisonnement au brouillon :
$\left(1-\frac{1}{n}\right)^2 = 1-\frac{2}{n}+\frac{1}{n^2} \geq 1-\frac{2}{n}$ (car $\frac{1}{n^2} \geq 0$) donc : $1-\frac{2}{n} \leq \left(1-\frac{1}{n}\right)^2$.

La fonction $t \mapsto t^n$ est strictement croissante sur $\mathbb{R}_+$ et chaque membre est positif (car $n \geq 2$)

donc : $\left(1-\frac{2}{n}\right)^n \leq \left[\left(1-\frac{1}{n}\right)^2\right]^n$.

Cette inégalité s'écrit bien : $\left(1-\frac{2}{n}\right)^n \leq \left(1-\frac{1}{n}\right)^{2n}$.

❑ Méthode 1.2. Comment établir une inégalité quelconque ?

Si l'inégalité que l'on se propose de prouver ne peut pas se mettre sous la forme étudiée à la **méthode 1.1,** alors en "passant tout" dans un même membre, on se ramène à prouver qu'une expression est positive (ou négative, selon les cas). Il sera par exemple possible, mais non obligatoire (voir ci-dessous), d'étudier les variations de la fonction définie par cette expression.

⇨ **Exercice 1.4**

Exemple 1. Montrer que : $\forall x \in \mathbb{R}_+,\ x \geq 2\sqrt{x}-1$.

Pour tout réel x positif, on a la chance de constater que : $x-2\sqrt{x}+1 = \left(\sqrt{x}-1\right)^2$.

Comme un carré est positif, on en déduit que : $\forall x \in \mathbb{R}_+,\ x-2\sqrt{x}+1 \geq 0$.

On a bien montré que : $\forall x \in \mathbb{R}_+,\ x \geq 2\sqrt{x}-1$.

Exemple 2. Montrer que : $\forall x \in \left]-1, +\infty\right[,\ \ln(1+x) \leq x$.

On pose $f(x) = x-\ln(1+x)$ et on étudie la fonction f sur $\left]-1, +\infty\right[$.

Cette fonction est bien sûr dérivable et on a : $\forall x \in \left]-1, +\infty\right[,\ f'(x) = 1-\frac{1}{1+x} = \frac{x}{1+x}$.

Comme $1+x>0$, le signe de $f'(x)$ est celui de x, ce qui prouve que f décroît sur $\left]-1, 0\right[$ et croît sur $\left]0, +\infty\right[$. Elle est donc minimale pour $x=0$.

On a alors : $\forall x \in \left]-1, +\infty\right[,\ f(x) \geq f(0)$. Comme $f(0)=0$ on obtient : $x-\ln(1+x) \geq 0$.

Conclusion : $\forall x \in \left]-1, +\infty\right[,\ \ln(1+x) \leq x$

■ Différents types de raisonnement

❑ Méthode 1.3. Comment montrer une proposition par implication ?

La plupart du temps, pour prouver une proposition, on procède par implication (sans se sentir obligé d'utiliser le symbole $\Rightarrow$) en construisant un raisonnement "direct".

⇨ Exercice 1.5

Exemple. Montrer que, si $x < 1$, alors $|x - 4| > 3$.

Si $x < 1$, alors $x - 4 < -3$. Par décroissance de la fonction valeur absolue sur $\mathbb{R}_-$, on en déduit que : $|x - 4| > |-3|$. Ceci veut bien dire que : $|x - 4| > 3$.
Avec des notations plus symboliques, on vient de montrer que : $(x < 1) \Rightarrow (|x - 4| > 3)$.

❑ Méthode 1.4. Comment montrer une proposition par l'absurde ?

Pour montrer qu'une implication est vraie, il suffit de supposer l'hypothèse vraie et la conclusion fausse, puis d'en déduire alors une contradiction.

⇨ Exercice 1.7

Exemple. Montrer que pour tout nombre réel x différent de -3, on a : $\dfrac{x+1}{x+3} \neq 1$.

Par l'absurde, si l'on avait $\dfrac{x+1}{x+3} = 1$, alors on en déduirait $x+1 = x+3$, ce qui équivaut à $1 = 3$.

Ceci étant manifestement faux, on en déduit que : $\forall x \neq -3,\ \dfrac{x+1}{x+3} \neq 1$.

❑ Méthode 1.5. Comment montrer une équivalence par double implication ?

L'équivalence $(\mathcal{P} \Leftrightarrow \mathcal{Q})$ signifie la double implication : $(\mathcal{P} \Rightarrow \mathcal{Q})$ et $(\mathcal{Q} \Rightarrow \mathcal{P})$.

⇨ Exercice 1.6

Remarque — On privilégiera cette méthode lorsque les arguments permettant d'établir l'une des deux implications sont différents de ceux permettant d'établir l'autre.

Exemple. Soit deux réels a et b. Montrer que : $\left(\forall n \in \mathbb{N},\ a2^n + b3^n = 0\right) \Leftrightarrow (a = b = 0)$.

Commençons par noter que, si $a = b = 0$, alors pour tout n de $\mathbb{N}$, on a bien $a\,2^n + b\,3^n = 0$.

Méthodes

Établissons l'autre implication :

Si, pour tout n de $\mathbb{N}$, on a :

$a2^n + b3^n = 0$, alors $\begin{cases} a2^0 + b3^0 = 0 \\ a2^1 + b3^1 = 0 \end{cases}$ $\left(\begin{array}{l}\text{si l'égalité est vraie pour tout } n \text{ alors elle} \\ \text{l'est en particulier pour } n = 0 \text{ et } n = 1\end{array}\right)$.

Ce système s'écrit $\begin{cases} a + b = 0 \\ 2a + 3b = 0 \end{cases}$ et on en déduit : $\begin{cases} b = -a \\ 2a - 3a = 0 \end{cases}$.

On a bien montré que : $\begin{cases} a = 0 \\ b = 0 \end{cases}$.

Ceci prouve la seconde implication, et finalement l'équivalence.

Remarque — Le fait de choisir deux valeurs de n pour trouver a et b n'est pas une hérésie puisque a et b sont des constantes (indépendantes de n). Si a et b étaient des fonctions de n, tout ceci serait inacceptable.

■ Récurrences

❑ Méthode 1.6. Comment montrer une proposition par récurrence ?

n_0 est ici un entier naturel fixé.

On veut montrer que $\mathcal{P}(n)$ est vraie pour tout entier n à partir de n_0.

- Initialisation : on vérifie que $\mathcal{P}(n_0)$ est vraie.
- Hérédité : on considère un entier n fixé supérieur ou égal à n_0 tel que $\mathcal{P}(n)$ est vraie. En utilisant $\mathcal{P}(n)$, on montre qu'alors $\mathcal{P}(n+1)$ est encore vraie.
- Conclusion : $\mathcal{P}(n)$ est alors vraie pour tout n supérieur ou égal à n_0.

⇨ **Exercices 1.8, 1.9, 1.10, 1.12**

Exemple. On considère la suite $(u_n)_{n\in\mathbb{N}}$ définie par : $\begin{cases} u_0 = 1 \\ \forall n \in \mathbb{N}, \quad u_{n+1} = \dfrac{3u_n - 2}{u_n} \end{cases}$

Montrer que $(u_n)_{n\in\mathbb{N}}$ est constante égale à 1.

On commence par noter, pour n entier naturel, $\mathcal{P}(n)$: "$u_n = 1$".

- Initialisation : $\mathcal{P}(0)$ est vraie par choix de u_0.
- Hérédité : on suppose $\mathcal{P}(n)$ vraie (c'est-à-dire $u_n = 1$) pour un entier naturel n fixé.

On a alors $u_{n+1} = \dfrac{3\times 1 - 2}{1} = 3 - 2 = 1$.

Ceci montre que $\mathcal{P}(n+1)$ est vraie.

- En conclusion, on a bien montré, par récurrence, que : $\forall n \in \mathbb{N}, \ u_n = 1$.

❑ Méthode 1.7. Comment montrer une proposition par récurrence d'ordre 2 sur l'entier naturel n ?

On veut montrer que $\mathcal{P}(n)$ est vraie pour tout entier n à partir de n_0.

- Initialisation : on vérifie que $\mathcal{P}(n_0)$ et $\mathcal{P}(n_0+1)$ sont vraies.
- Hérédité : on considère un entier n fixé, supérieur ou égal à n_0, tel que $\mathcal{P}(n)$ et $\mathcal{P}(n+1)$ sont vraies. Grâce à $\mathcal{P}(n)$ et $\mathcal{P}(n+1)$, on montre que $\mathcal{P}(n+2)$ est vraie.
- Conclusion : $\mathcal{P}(n)$ est vraie pour tout entier naturel n supérieur ou égal à n_0.

⇨ **Exercice 1.11**

Remarque. On généralise sans problème au cas d'une récurrence d'ordre 3 ou plus.

Exemple. On considère la suite $(u_n)_{n\in\mathbb{N}}$ définie par : $\begin{cases} u_0 = u_1 = -1 \\ \forall n \in \mathbb{N},\ \ u_{n+2} = 5u_{n+1} - 6u_n \end{cases}$.

Montrer que : $\forall n \in \mathbb{N},\ \ u_n = 3^n - 2^{n+1}$.

On commence par noter, pour n appartenant à $\mathbb{N}$, $\mathcal{P}(n)$: "$u_n = 3^n - 2^{n+1}$".

• Initialisation (pour $n = 0$) :

$3^0 - 2^1 = 1 - 2 = -1 = u_0$ et $3^1 - 2^2 = 3 - 4 = -1 = u_1$ donc $\mathcal{P}(0)$ et $\mathcal{P}(1)$ sont vraies.

• Hérédité :

On suppose $\mathcal{P}(n)$ et $\mathcal{P}(n+1)$ vraies pour un entier n naturel fixé et on va montrer que $\mathcal{P}(n+2)$ est vraie (c'est-à-dire que l'on a : $u_{n+2} = 3^{n+2} - 2^{n+3}$).

$u_{n+2} = 5u_{n+1} - 6u_n = 5(3^{n+1} - 2^{n+2}) - 6(3^n - 2^{n+1})$, car $\mathcal{P}(n+1)$ et $\mathcal{P}(n)$ sont vraies .

Comme $3^{n+1} = 3 \times 3^n$ et $2^{n+2} = 2 \times 2^{n+1}$, on a :

$u_{n+2} = (5\times 3 - 6).3^n + (-5\times 2 + 6).2^{n+1} = 9\times 3^n - 4\times 2^{n+1} = 3^{n+2} - 2^{n+3}$.

Ceci montre que $\mathcal{P}(n+2)$ est vraie.

• Conclusion : $\forall n \in \mathbb{N},\ \ u_n = 3^n - 2^{n+1}$.

Méthodes

■■ Vrai/Faux

		Vrai	Faux
1.	$\forall x \in \mathbb{R},\ \forall y \in [x, +\infty[,\ \exists n \in \mathbb{N},\ x \leq n \leq y$.	☐	☐
2.	$\exists! y \in \mathbb{R},\ \exists! x \in \mathbb{R},\ x^2 = y$.	☐	☐
3.	La fonction *f* n'est pas la fonction nulle signifie : $\forall x \in \mathbb{R},\ f(x) \neq 0$.	☐	☐
4.	Une suite est soit croissante, soit décroissante.	☐	☐
5.	Si *f*, définie sur $\mathbb{R}$, n'est pas paire, alors : $\forall x \in \mathbb{R},\ f(x) \neq f(-x)$.	☐	☐
6.	On désigne par a et b deux réels, alors : $(ab \neq 0) \Leftrightarrow (a \neq 0 \text{ ou } b \neq 0)$.	☐	☐
7.	Il est suffisant qu'une fonction soit dérivable sur un intervalle I de $\mathbb{R}$ pour qu'elle soit continue sur I.	☐	☐
8.	Une suite $(u_n)_{n \in \mathbb{N}}$ est bornée si, et seulement si, la suite $(\lvert u_n \rvert)_{n \in \mathbb{N}}$ est majorée.	☐	☐
9.	On peut prouver par récurrence sur n la proposition : " $\lim\limits_{n \to +\infty} u_n = 0$ ".	☐	☐
10.	Si $\mathcal{P}(n)$ est " $u_{2n+1} \leq 2^n$ ", alors $\mathcal{P}(n+1)$ est " $u_{2n+2} \leq 2^{n+1}$ ".	☐	☐

■■ Énoncé des exercices

❑ **Exercice 1.1.** — On considère le polynôme P défini par :

$$\forall x \in \mathbb{R},\ P(x) = \frac{1}{24}x^4 - \frac{1}{12}x^3 + \frac{11}{24}x^2 + \frac{7}{12}x + 1.$$

Calculer $P(0)$, $P(1)$, $P(2)$, $P(3)$ et $P(4)$. Peut-on en déduire quelque chose pour $P(5)$?

❑ **Exercice 1.2.** — Soit f la fonction définie par : $\forall x \in \mathbb{R},\ f(x) = \dfrac{1+e^{-x}}{1+e^{x}}$.

Montrer que f n'est ni paire, ni impaire.

❑ **Exercice 1.3.** — On considère la suite $(u_n)_{n\in\mathbb{N}}$ définie par : $\forall n \in \mathbb{N},\ u_n = \dfrac{(-1)^n}{n+1}$.

Montrer que $(u_n)_{n\in\mathbb{N}}$ n'est pas monotone.

❑ **Exercice 1.4.** * — Une inégalité concernant la fonction exponentielle.

1. Montrer l'inégalité suivante : $\forall x \in \mathbb{R},\ e^x \geq x+1$.

2. En déduire que : $\forall n \in \mathbb{N}^*,\ \forall t \in \left[0, \sqrt{n}\right],\ e^{t^2}\left(1-\dfrac{t^2}{n}\right)^n \leq 1$.

D'après EML

❑ **Exercice 1.5.** — Soit f la fonction définie pour tout réel x par $f(x) = e^{-x}\ln(1+e^x)$.

1. Pour tout réel x, calculer $f'(x)$ et vérifier que : $\forall x \in \mathbb{R}, f(x) = 1 - f'(x) - \dfrac{e^x}{1+e^x}$.

2. En déduire une fonction g telle que : $\forall x \in \mathbb{R}, g'(x) = f(x)$.

D'après EDHEC

❑ **Exercice 1.6.** ** — On considère la suite $(u_n)_{n\in\mathbb{N}}$ définie comme suit :

$$\forall n \in \mathbb{N},\ u_n = \lambda^n + \mu^n, \text{ où } \lambda \text{ et } \mu \text{ sont deux réels tels que } 0 < \lambda \leq \mu.$$

Montrer que : $\lim\limits_{n\to+\infty} u_n = 0 \Leftrightarrow 0 < \lambda \leq \mu < 1$ (on pourra mettre μ^n en facteur).

❑ **Exercice 1.7.** * * — Le but de cet exercice est de montrer que $\sqrt{2}$ n'appartient pas à $\mathbb{Q}$ (où l'on désigne par $\mathbb{Q}$ l'ensemble des nombres rationnels, c'est-à-dire des fractions d'entiers).

Supposons pour cela qu'il existe deux entiers n et p (avec $p \geq 1$) tels que $\sqrt{2} = \frac{n}{p}$. On les suppose de plus choisis de telle sorte que la fraction soit irréductible (non simplifiable).

1. Justifier que n^2 est pair puis montrer que n est pair.

2. En écrivant n sous la forme $2n'$, avec n' élément de $\mathbb{N}$, montrer que p lui-même est pair.

3. Conclure.

❑ **Exercice 1.8.** — On considère la suite $(u_n)_{n\in\mathbb{N}}$ définie par $u_0 = 0$ et, pour tout entier naturel n, $u_{n+1} = \sqrt{u_n + 6}$. Montrer que : $\forall n \in \mathbb{N},\ \ 0 \leq u_n \leq 3$.

❑ **Exercice 1.9.** — Soit un réel a positif. Montrer que : $\forall n \in \mathbb{N},\ (1+a)^n \geq 1 + na$.

❑ **Exercice 1.10.** — Montrer que la proposition $\left(\forall n \in \mathbb{N},\ 2^n \geq n^2\right)$ est fausse.
Prouver en revanche que : $\forall n \geq 4,\ 2^n \geq n^2$.

❑ **Exercice 1.11.** — On considère la suite $(u_n)_{n\in\mathbb{N}}$ définie comme suit : $u_0 = u_1 = 1$ et, pour tout entier naturel n, $u_{n+2} = u_{n+1} + u_n$. Montrer que : $\forall n \in \mathbb{N},\ u_n \leq 2^n$.

❑ **Exercice 1.12.** * — On considère la suite $(u_n)_{n\in\mathbb{N}}$ définie par $u_0 = \frac{1}{2}$ et, pour tout entier naturel n, $u_{n+1} = \frac{u_n}{u_n - 1}$. Montrer que : $\forall n \in \mathbb{N},\ u_{2n} = \frac{1}{2}$ et $u_{2n+1} = -1$.

❑ **Exercice 1.13.** * * — Le but de cet exercice est de déterminer, si elles existent, toutes les fonctions f définies sur $\mathbb{R}$, et vérifiant la condition suivante :

$$\forall (x,y) \in \mathbb{R}^2,\ f(x)f(y) - f(xy) = x + y.$$

1. Considérons f une telle fonction.

a) En donnant à x et y des valeurs particulières, donner les seules valeurs possibles de $f(0)$.

b) En donnant à x et y d'autres valeurs particulières, justifier que $f(0)$ vaut nécessairement 1.

c) En donnant à y seulement une certaine valeur, donner l'expression de $f(x)$ pour tout réel x.

2. Conclure quant au but de l'exercice.

■ Pour vous aider à démarrer

Exercice 1.2. Pour montrer que f n'est pas paire, il suffit de trouver un réel x tel que $f(-x) \neq f(x)$.

Exercice 1.3. Pour répondre, les valeurs de u_0, u_1 et u_2 suffisent.

Exercice 1.4. Pour la question **1**, étudier la fonction qui à x associe $e^x - x - 1$.
Pour la question **2**, appliquer l'inégalité de la question **1** en remplaçant x par $-t^2/n$, puis utiliser la croissance de la fonction $u \mapsto u^n$ sur $\mathbb{R}_+$.

Exercice 1.5. Pour la question **2**, une primitive de $\dfrac{u'}{u}$ est $\ln|u|$.

Exercice 1.6. La preuve s'obtient par double implication. L'indication de l'énoncé concerne le sens "$\Rightarrow$". L'autre implication est rapide.

Exercice 1.7. Pour la question **1**, ayant obtenu que n^2 est pair, pour montrer que n est pair, supposer que n est impair et montrer qu'alors n^2 serait impair.

Exercices 1.8 à **1.11**, faire une récurrence.

Exercice 1.12. En notant $\mathcal{R}(n)$ la proposition "$u_{2n} = \dfrac{1}{2}$ et $u_{2n+1} = -1$", faire attention que $\mathcal{R}(n+1)$ est la proposition "$u_{2n+2} = \dfrac{1}{2}$ et $u_{2n+3} = -1$".

Exercice 1.13. Pour la question **1.a)**, faire $x = y = 0$.
Pour la question **1.b)**, faire $x = 0$ et $y = \ldots$

La deuxième question n'est pas stupide ! Il se pourrait que la fonction trouvée à la première question ne vérifie pas la condition imposée, ce qui signifierait que le problème posé n'aurait pas de solution.

Corrigé des vrai/faux

1.	2.	3.	4.	5.	6.	7.	8.	9.	10.
F	V	F	F	F	F	V	V	F	F

1. Il suffit de choisir $x = 1{,}5$ et $y = 1{,}6$.

2. Posons $P(y)$: "$\exists! x \in \mathbb{R},\ x^2 = y$". Cette proposition n'est vraie que pour $y = 0$.
En effet, l'équation $x^2 = y$ possède deux solutions réelles si $y > 0$ et aucune solution réelle si $y < 0$. Ainsi on a bien : "$\exists! y \in \mathbb{R}, P(y)$", et ce "$y$" est 0.

3. f est la fonction nulle signifie : $\forall x \in \mathbb{R}, f(x) = 0$.
f n'est pas la fonction nulle signifie donc : $\exists x \in \mathbb{R}, f(x) \neq 0$.
Par exemple, la fonction qui vaut 0 sur $]-\infty, 0[\cup]0, +\infty[$ et telle que $f(0) = 3$ n'est pas la fonction nulle.

4. La suite $(u_n)_{n\in\mathbb{N}}$ définie par : $\forall n \in \mathbb{N}, u_n = (-1)^n$ prend alternativement les valeurs 1 et -1 et n'est donc ni croissante ni décroissante.

5. C'est le même problème que dans la **question 3**. La fonction f n'est pas paire s'il existe un x tel que $f(-x) \neq f(x)$.

6. Les deux facteurs du produit doivent être différents de 0 si l'on veut que le produit soit différent de 0 (sinon, dès qu'un facteur est nul, on sait que le produit est nul).

7. En effet, si une fonction est dérivable sur un intervalle I alors elle y est continue.

8. • Si la suite (u_n) est bornée, alors : $\exists (m, M) \in \mathbb{R}^2,\ \forall n \in \mathbb{N},\ m \leq u_n \leq M$
On en déduit : $\exists (m, M) \in \mathbb{R}^2,\ \forall n \in \mathbb{N},\ -\max(|M|, |m|) \leq u_n \leq \max(|M|, |m|)$
En posant $A = \max(\ |M|, |m|$, on a bien : $-A \leq u_n \leq A$. Par propriété de la valeur absolue, ceci donne : $\forall n \in \mathbb{N},\ |u_n| \leq A$. La suite $(|u_n|)$ est bien majorée (par A).

• Réciproquement, si, pour tout n de $\mathbb{N}$, $|u_n| \leq A$, alors on a : $\forall n \in \mathbb{N},\ -A \leq u_n \leq A$. Ceci prouve bien que la suite (u_n) est bornée.

9. La propriété "$\lim\limits_{n \to +\infty} u_n = 0$" ne dépendant pas de n, une démonstration par récurrence est absurde.

10. $\mathcal{P}(n)$ est la proposition "$u_{2n+1} \leq 2^n$", alors $\mathcal{P}(n+1)$ est la proposition "$u_{2(n+1)+1} \leq 2^{n+1}$", c'est-à-dire : "$u_{2n+3} \leq 2^{n+1}$".

❑ Les erreurs classiques

- Il faut bien penser que la négation de "pour tout x de A, x vérifie P" est "il existe x dans A ne vérifiant pas P" et non pas "pour tout x de A, x ne vérifie pas P".
C'est en fait la technique du contre exemple qui est ainsi mise en valeur.
- Il faut éviter de penser que les fonctions continues sont dérivables, c'est la réciproque qui est vraie : attention donc à l'utilisation abusive du symbole $\Leftrightarrow$.
- Il ne faut pas croire qu'il suffise d'ajouter 1 au hasard pour passer de la propriété $\mathcal{P}(n)$ à la propriété $\mathcal{P}(n+1)$, il faut remplacer n par $n+1$.
- Si l'on a, par exemple $m \leq u_n \leq M$, il ne faut pas conclure trop hâtivement que $|u_n| \leq M$. On peut s'en convaincre avec les exemples suivants.
$-3 \leq u_n \leq 2$, où l'on a : $|u_n| \leq 3$
$-2 \leq u_n \leq 3$, où l'on a : $|u_n| \leq 3$
$2 \leq u_n \leq 3$, où l'on a : $|u_n| \leq 3$
$-3 \leq u_n \leq -2$, où l'on a : $|u_n| \leq 3$

Corrigé

Corrigé des exercices

Exercice 1.1

• $P(0)=1$, $P(1)=2$, $P(2)=4$, $P(3)=8$ et $P(4)=16$.

• On remarque que pour tout entier k de $[\![0,4]\!]$, on a : $P(k)=2^k$. On est alors tenté d'en déduire que $P(5)=2^5=32$. Mais en calculant, on trouve $P(5)=31$ (!).

On en conclut qu'il faut absolument prouver par récurrence toutes les conjectures faites, même si celles-ci sont vérifiées par les 5 premiers entiers.

Exercice 1.2

On a : $f(-1)=\dfrac{1+e^1}{1+e^{-1}}=\dfrac{1+e}{e^{-1}(e^1+1)}=\dfrac{1}{e^{-1}}=e$ et $f(1)=\dfrac{1+e^{-1}}{1+e^1}=\dfrac{e^{-1}(e^1+1)}{1+e^1}=e^{-1}=\dfrac{1}{e}$.

On a $f(-1)\neq f(1)$ et $f(-1)\neq -f(1)$, ce qui prouve (contre exemple) que f n'est ni paire, ni impaire.

Exercice 1.3

On a : $u_0=1$, $u_1=-\dfrac{1}{2}$, $u_2=\dfrac{1}{3}$, c'est-à-dire : $u_0>u_1$ et $u_1<u_2$. La suite $(u_n)_{n\in\mathbb{N}}$ n'est donc pas monotone.

Exercice 1.4

1. On définit la fonction f par : $\forall x\in\mathbb{R},\ f(x)=e^x-x-1$.

f est sans problème dérivable sur $\mathbb{R}$ et $\forall x\in\mathbb{R},\ f'(x)=e^x-1$. La fonction exponentielle étant strictement croissante sur $\mathbb{R}$ et valant 1 en 0, on en déduit que : $\begin{cases}\forall x\in\mathbb{R}_-^*,\ f'(x)<0\\ f'(0)=0\\ \forall x\in\mathbb{R}_+^*,\ f'(x)>0\end{cases}$

f est ainsi décroissante sur $\mathbb{R}_-^*$ et croissante sur $\mathbb{R}_+^*$, elle admet donc un minimum (absolu) en 0.

On en déduit que : $\forall x\in\mathbb{R},\ f(x)\geq f(0)$, c'est-à-dire : $\forall x\in\mathbb{R},\ e^x-x-1\geq 0$.

On a bien montré que : $\forall x\in\mathbb{R},\ e^x\geq x+1$.

⇨ *Méthode 1.2*

2. Soit n un entier naturel non nul et t un élément de $\left[0,\sqrt{n}\right]$.

Écrivons l'inégalité $e^x\geq x+1$ pour $x=-\dfrac{t^2}{n}$. On obtient : $e^{-\frac{t^2}{n}}\geq\left(1-\dfrac{t^2}{n}\right)$.

Comme t appartient à $\left[0, \sqrt{n}\right]$, alors $\left(1-\frac{t^2}{n}\right) \geq 0$. De plus, la fonction $u \mapsto u^n$ est croissante sur $\mathbb{R}_+$, on peut l'appliquer à l'inégalité écrite à la deuxième ligne de cette question, ce qui donne : $e^{-t^2} \geq \left(1-\frac{t^2}{n}\right)^n$.

On peut multiplier par $e^{t^2} > 0$, ce qui permet d'avoir : $1 \geq e^{t^2}\left(1-\frac{t^2}{n}\right)^n$.

On a bien : $\forall n \in \mathbb{N}^*$, $\forall t \in \left[0, \sqrt{n}\right]$, $e^{t^2}\left(1-\frac{t^2}{n}\right)^n \leq 1$.

⇨ *Méthode 1.1*

Exercice 1.5

1. La fonction f est dérivable sur $\mathbb{R}$, comme produit de fonctions définies et dérivables sur $\mathbb{R}$.

De plus, on a : $\forall x \in \mathbb{R}, f'(x) = -e^{-x}\ln(1+e^x) + e^{-x}\frac{e^x}{1+e^x} = \frac{1}{1+e^x} - f(x)$.

Comme $\frac{1}{1+e^x} = \frac{1+e^x-e^x}{1+e^x} = 1 - \frac{e^x}{1+e^x}$, on trouve : $f'(x) = 1 - \frac{e^x}{1+e^x} - f(x)$.

On a bien montré que : $\forall x \in \mathbb{R}, f(x) = 1 - f'(x) - \frac{e^x}{1+e^x}$.

2. Une fonction g telle que, pour tout réel x, on a $g'(x) = f(x)$ vérifie donc :

$$\forall x \in \mathbb{R},\ g'(x) = 1 - f'(x) - \frac{e^x}{1+e^x}$$

Les fonctions en présence dans le membre de droite de l'égalité ci-dessus sont toutes des dérivées connues donc on peut en déduire une fonction g solution en la définissant, par exemple, par :

$$\forall x \in \mathbb{R},\ g(x) = x - f(x) - \ln(1+e^x)$$

⇨ *Méthode 1.3*

Exercice 1.6

Procédons par double implication.

• L'implication "$\Leftarrow$" se traite rapidement.

En effet, si $0 < \lambda \leq \mu < 1$, les suites (λ^n) et (μ^n) sont des suites géométriques dont la raison est dans $]0,1[$. Ces suites convergent donc vers 0 et, par somme, la suite (u_n) converge vers 0.

Corrigé

• Examinons l'implication "$\Rightarrow$".

Pour tout entier naturel n, on a : $u_n = \mu^n\left(\left(\frac{\lambda}{\mu}\right)^n + 1\right)$ (car $\mu \neq 0$).

La suite $\left(\left(\frac{\lambda}{\mu}\right)^n\right)$ est géométrique de raison $\dfrac{\lambda}{\mu} \in \left]0, 1\right]$ (puisque $0 < \lambda \leq \mu$) donc cette suite converge vers 0 (si $\lambda < \mu$) ou vers 1 (si $\lambda = \mu$) et $\left(\left(\frac{\lambda}{\mu}\right)^n + 1\right)$ converge vers 1 ou vers 2.

Or la suite (u_n) converge vers 0 par hypothèse, donc, puisque $u_n = \mu^n\left(\left(\frac{\lambda}{\mu}\right)^n + 1\right)$, la suite (μ^n) converge vers 0, ce qui prouve que μ est un élément de $\left]0,1\right[$ (on sait déjà que μ est strictement positif). Finalement, on a : $0 < \lambda \leq \mu < 1$.

⇨ *Méthode 1.5*

Exercice 1.7

Posons $\sqrt{2} = \dfrac{n}{p}$, avec n et p entiers naturels tels que p est non nul et $\dfrac{n}{p}$ non simplifiable.

1. On a alors $n = p\sqrt{2}$ et donc $n^2 = 2p^2$ ce qui signifie que n^2 est pair.
Pour montrer que n est pair, on suppose que n est impair. Dès lors, il existe un entier naturel k tel que $n = 2k+1$. On a alors :

$$n^2 = (2k+1)^2 = 4k^2 + 4k + 1 = 2(2k^2 + 2k) + 1$$

En posant $p = 2k^2 + 2k$, p est bien un entier naturel et on a $n^2 = 2p + 1$ donc n^2 est impair.
En conclusion, on a montré que si n était impair, alors n^2 serait impair.
Conclusion : n est pair.

2. n est pair signifie qu'il existe n' élément de $\mathbb{N}$, tel que $n = 2n'$. En réécrivant l'égalité $n^2 = 2p^2$ avec n', on obtient $4(n')^2 = 2p^2$, soit $p^2 = 2(n')^2$, ce qui prouve que p^2 est pair.
En raisonnant encore une fois comme ci-dessus, on obtient que p est pair.

3. Finalement p et n sont tous les deux des entiers pairs, ils sont donc tous les deux divisibles par 2 ce qui contredit le fait que $\dfrac{n}{p}$ est non simplifiable.

$\sqrt{2}$ ne peut pas s'écrire comme quotient de deux entiers donc : $\sqrt{2} \notin \mathbb{Q}$.

⇨ *Méthode 1.4*

Exercice 1.8

Procédons par récurrence en posant, pour tout entier naturel n : $P(n)$:"$0 \leq u_n \leq 3$".

• $P(0)$ est vraie; en effet, $u_0 = 0$.

• Supposons $P(n)$ vraie pour un certain entier naturel n.

L'hypothèse de récurrence, $0 \leq u_n \leq 3$, donne : $6 \leq u_n + 6 \leq 9$. La croissance de la fonction racine carrée sur $\mathbb{R}_+$ assure que $\sqrt{6} \leq u_{n+1} \leq 3$, ce qui implique : $0 \leq u_{n+1} \leq 3$.
On a montré que $P(n+1)$ est vraie.

Finalement, par récurrence : $\forall n \in \mathbb{N},\ 0 \leq u_n \leq 3$.

⇨ *Méthode 1.6*

Exercice 1.9

Procédons par récurrence en posant, pour tout entier naturel *n*, $R(n)$: "$(1+a)^n \geq 1+na$".

- $R(0)$ est vraie car $(1+a)^0 = 1 = 1 + 0 \times a$, donc $(1+a)^0 \geq 1 + 0a$.
- Supposons $R(n)$ vraie pour un certain entier naturel *n*.

On a $(1+a)^{n+1} = (1+a)^n(1+a)$.

Comme $(1+a) > 0$, l'hypothèse de récurrence donne $(1+a)^{n+1} \geq (1+na)(1+a)$.

Or $(1+na)(1+a) = 1 + (n+1)a + na^2 \geq 1 + (n+1)a$. Donc $R(n+1)$ est vraie.

Ainsi, par récurrence : $\forall n \in \mathbb{N},\ (1+a)^n \geq 1 + na$.

⇨ *Méthode 1.6*

Exercice 1.10

- La proposition $(\forall n \in \mathbb{N}, 2^n \geq n^2)$ est fausse puisque $2^3 = 8$ alors que $3^2 = 9$.
- Pour tout entier naturel *n* supérieur ou égal à 4, posons $P(n)$: "$2^n \geq n^2$".

$P(4)$ est vraie. En effet, $2^4 = 16$ et $4^2 = 16$.
Supposons $P(n)$ vraie pour un certain entier naturel *n* supérieur ou égal à 4.
On a alors $2^{n+1} = 2 \times 2^n \geq 2n^2$ par hypothèse de récurrence.
On doit donc montrer que : $2n^2 \geq (n+1)^2$.
En faisant la différence, on a : $2n^2 - (n+1)^2 = 2n^2 - (n^2 + 2n + 1) = n^2 - 2n - 1 = (n-1)^2 - 2$.
Comme $n - 1 \geq 3$, il est certain que $(n-1)^2 - 2$ est supérieur ou égal à 7, donc positif.
On a donc bien : $2n^2 \geq (n+1)^2$. Ainsi, $P(n+1)$ est vraie.
Par récurrence : $\forall n \geq 4,\ 2^n \geq n^2$.

⇨ *Méthode 1.6*

Exercice 1.11

Procédons par récurrence double en posant pour tout entier naturel *n*, $R(n)$: "$u_n \leq 2^n$".

- $R(0)$ et $R(1)$ sont vraies puisque $u_0 = 1 = 2^0$ et $u_1 = 1 \leq 2^1$.
- Supposons $R(n)$ et $R(n+1)$ vraies pour un certain entier naturel *n*.

En appliquant l'hypothèse de récurrence, on a alors : $u_{n+2} \leq 2^{n+1} + 2^n$.

On en déduit : $u_{n+2} \leq 2^n(2+1) \leq 2^n \times 4$. Après simplification, on a bien : $u_{n+2} \leq 2^{n+2}$.

Ceci signifie que $R(n+2)$ est vraie.

Finalement, par récurrence double, pour tout entier naturel *n*, on a : $u_n \leq 2^n$.

➪ *Méthode 1.7*

Exercice 1.12

Procédons par récurrence en posant pour tout entier naturel n : $R(n)$: "$u_{2n} = \frac{1}{2}$ et $u_{2n+1} = -1$".

• $R(0)$ est vraie car $u_0 = \frac{1}{2}$ et $u_1 = \frac{u_0}{u_0 - 1} = \frac{\frac{1}{2}}{\frac{1}{2} - 1} = \frac{\frac{1}{2}}{-\frac{1}{2}} = -1$.

• Supposons $R(n)$ vraie pour un certain entier naturel n.

On a d'une part, $u_{2n+2} = \frac{u_{2n+1}}{u_{2n+1} - 1}$ et, comme $u_{2n+1} = -1$ (par hypothèse de récurrence), on trouve : $u_{2n+2} = \frac{-1}{-1-1} = \frac{1}{2}$.

D'autre part, $u_{2n+3} = \frac{u_{2n+2}}{u_{2n+2} - 1}$ et comme $u_{2n+2} = \frac{1}{2}$, on a $u_{2n+3} = \frac{\frac{1}{2}}{\frac{1}{2} - 1}$, ce qui donne après simplifications : $u_{2n+3} = -1$. Ainsi, $R(n+1)$ est vraie.

Finalement, par récurrence, pour tout entier naturel *n*, on a : $u_{2n} = \frac{1}{2}$ et $u_{2n+1} = -1$.

➪ *Méthode 1.6*

Exercice 1.13

1. Soit *f* une fonction vérifiant : $\forall (x,y) \in \mathbb{R}^2,\ f(x)f(y) - f(xy) = x + y$ (relation *R*).

a) Avec $x = 0$ et $y = 0$, on déduit : $f(0) \in \{0;1\}$.

b) Avec $x = 0$ et $y = 1$. On a $f(0)f(1) - f(0) = 1$. Si on avait $f(0) = 0$, on obtiendrait $0 = 1$ dans la relation précédente, ce qui est absurde donc $f(0) = 1$.

c) On pose $y = 0$ et on obtient pour tout réel *x*, $f(x) = x + 1$.

2. La fonction *f* trouvée ci-dessus est bien définie sur $\mathbb{R}$ et l'on a :
$\forall (x,y) \in \mathbb{R}^2,\ f(x)f(y) - f(xy) = (1+x)(1+y) - (1+xy) = 1 + x + y + xy - 1 - xy = x + y$.
Par conséquent, *f* vérifie la relation (*R*). Finalement, il n'y a qu'une seule fonction *f* définie sur $\mathbb{R}$ vérifiant (*R*), c'est la fonction *f* telle que : $\forall x \in \mathbb{R}, f(x) = x + 1$.

Chapitre 2
Sommes et produits

Contrairement à nous, les Romains comptaient de bas en haut et notaient donc le résultat de leurs calculs sur la ligne du haut, en latin *summa linea*. Ceci explique le nom de *somme* que nous donnons au résultat d'une addition. Le verbe *produire,* de même racine que *conduire*, signifiait à la fin du Moyen Âge *mener en avant* donc *causer, amener.* À la Renaissance, des ouvrages apprennent aux commerçants le maniement des chiffres arabes. Ce que procure la vente, c'est-à-dire le nombre d'objets vendus multiplié par le coût unitaire, est le résultat d'une multiplication. Pour le nommer, on utilise alors le même mot que pour désigner le produit que l'on vend. Pour chacun, ils sont le résultat de la transaction.

$$n! = \prod_{i=1}^{n} i$$

Objectifs

Les incontournables

▷ Savoir écrire une somme ou un produit symbolique (avec $\sum$ ou $\prod$).

▷ Savoir effectuer un changement d'indice.

▷ Connaître la technique du "télescopage".

▷ Connaître les sommes classiques.

Et plus si affinités

▷ Savoir manipuler des sommes doubles.

▷ Savoir calculer les sommes géométriques dérivées.

Résumé de cours

Sommes de nombres réels

Présentation du symbole Σ

Notation. — Les sommes sont symbolisées par la lettre grecque sigma majuscule.
Pour tout entier naturel n non nul, si $x_1, x_2, ..., x_n$ désignent des réels, la somme $x_1 + x_2 + ... + x_n$ se note symboliquement : $\sum_{k=1}^{n} x_k$ (ou, plus rarement $\sum_{1 \leq k \leq n} x_k$).

Dans la somme ci-dessus, k s'appelle *l'indice*, 1 et n sont les *bornes* de la somme.
Plus généralement, quels que soient les entiers naturels p et n tels que $p \leq n$, on a :

$$x_p + x_{p+1} + ... + x_n = \sum_{k=p}^{n} x_k$$

Exemples 2.1. — $1 + 2 + 3 + ... + n = \sum_{k=1}^{n} k$.

$$1 + \frac{1}{2} + \frac{1}{3} + ... + \frac{1}{n} = \sum_{k=1}^{n} \frac{1}{k}.$$

$1 + q + q^2 + ... + q^n = \sum_{k=0}^{n} q^k$, où q désigne un nombre réel.

Remarque 2.1. — L'indice d'une somme est dit *muet*, ce qui signifie que l'on peut écrire :

$$x_1 + ... + x_n = \sum_{k=1}^{n} x_k = \sum_{i=1}^{n} x_i = \sum_{j=1}^{n} x_j = ...$$

Premières propriétés

Propriété 2.1. — Si $p \leq n$, alors la somme $\sum_{k=p}^{n} x_k$ contient $(n - p + 1)$ termes.

Propriété 2.2. — Somme de quelques termes d'une suite constante :

$$\forall a \in \mathbb{R}, \sum_{k=p}^{n} a = (n - p + 1)a.$$

Propriété 2.3. — $\forall n \in \mathbb{N}$, $\sum_{k=n}^{n} x_k = x_n$ (cas d'une somme réduite à un seul terme).

Propriété 2.4. — $\forall m \in \mathbb{N}^*$, $\forall n \geq m+1$, $\sum_{k=1}^{n} x_k = \sum_{k=1}^{m} x_k + \sum_{k=m+1}^{n} x_k$.

Propriété 2.5. — $\forall \lambda \in \mathbb{R}$, $\sum_{k=1}^{n} \lambda x_k = \lambda \sum_{k=1}^{n} x_k$ (factorisation par λ qui ne dépend pas de l'indice).

Propriété 2.6. — $\sum_{k=1}^{n} (x_k + y_k) = \sum_{k=1}^{n} x_k + \sum_{k=1}^{n} y_k$ (découpage d'une somme).

❑ Changement d'indice

Propriété 2.7. — Cas d'une translation d'indice.
Soit deux entiers naturels *n* et *p* tels que $p \leq n$ et *m* un entier (positif ou négatif), alors on a :

$$\sum_{k=p}^{n} x_{k+m} = \sum_{i=p+m}^{n+m} x_i .$$

On dit que l'on a effectué le changement d'indice : $i = k + m$.

⇨ **Méthode 2.1. Comment passer de $\sum_k x_{k-p}$ (ou $\sum_k x_{k+p}$) à $\sum_i x_i$?**

Exemple 2.2. — $\forall n \in \mathbb{N}$, $\sum_{i=0}^{2n} \frac{e^i}{(i+1)^2} = \sum_{j=1}^{2n+1} \frac{e^{j-1}}{j^2}$ (on a posé : $j = i+1$).

Propriété 2.8. — Cas d'un retournement de la somme.
Soit deux entiers naturels *n* et *p* tels que $p \leq n$ et *m* un entier supérieur ou égal à *n*, alors on a :

$$\sum_{k=p}^{n} x_{m-k} = \sum_{i=m-n}^{m-p} x_i .$$

On dit que l'on a effectué le changement d'indice : $i = m - k$.

⇨ **Méthode 2.2. Comment passer de $\sum_k x_{m-k}$ à $\sum_i x_i$?**

Exemple 2.3. — $\forall n \in \mathbb{N}^*$, $\sum_{k=1}^{n} (k+1)\sqrt{n-k} = \sum_{i=0}^{n-1} (n-i+1)\sqrt{i}$ (on a posé : $i = n-k$).

Remarque 2.2. — Tout autre changement d'indice que ceux indiqués dans les **propriétés 2.7.** et **2.8.** (c'est-à-dire $i = k + m$ ou $i = -k + m$) conduit à une catastrophe car il modifie le nombre de termes de la somme et modifie donc la somme.

❑ Sommes usuelles

Sommes des premières puissances des n premiers entiers naturels non nuls

Propriété 2.9. — $\forall n \in \mathbb{N}^*$, $\displaystyle\sum_{k=1}^{n} k = \frac{n(n+1)}{2}$; $\displaystyle\sum_{k=1}^{n} k^2 = \frac{n(n+1)(2n+1)}{6}$; $\displaystyle\sum_{k=1}^{n} k^3 = \frac{n^2(n+1)^2}{4}$.

Remarque 2.3. — Il faut savoir retrouver (par récurrence) les valeurs des deux dernières sommes.

Somme géométrique

Propriété 2.10. — On désigne par q un réel. On a : $\forall n \in \mathbb{N}$, $\displaystyle\sum_{k=0}^{n} q^k = \begin{cases} n+1 & \text{si } q=1 \\ \dfrac{1-q^{n+1}}{1-q} & \text{si } q \neq 1 \end{cases}$.

Remarque 2.4. — Plus généralement, lorsque $q \neq 1$, on a :

$$\forall n \geq p,\ \sum_{k=p}^{n} q^k = q^p \frac{1-q^{n-p+1}}{1-q}.$$

On peut retenir cette formule en notant que q^p est le premier terme de la somme et $(n-p+1)$ est le nombre de termes de la somme.

❑ "Télescopage" de sommes

Propriété 2.11. — Quels que soient les réels $x_0, \ldots, x_{n+1}$, on a :

$$\sum_{k=0}^{n} (x_{k+1} - x_k) = x_{n+1} - x_0 .$$

⇨ **Méthode 2.3. Comment utiliser la technique du télescopage ?**

Il faut savoir prouver cette propriété et ne pas se contenter de l'apprendre par cœur, car elle prend plusieurs autres formes, comme par exemple : $\displaystyle\sum_{k=1}^{n} (x_{k-1} - x_k) = x_0 - x_n$. On en trouvera la démonstration à la **méthode 2.3**.

❑ Inégalité triangulaire

Propriété 2.12. — Quels que soient les nombres réels $x_0, \ldots, x_{n+1}$, on a :

$$\left| \sum_{k=0}^{n} x_k \right| \leq \sum_{k=0}^{n} | x_k |$$

Remarque 2.5. — $|x|$ désigne la *valeur absolue* de x (voir le **chapitre 8**), c'est-à-dire le réel positif défini par : $|x| = \begin{cases} x \text{ si } x \geq 0 \\ -x \text{ si } x \leq 0 \end{cases}$.

Sommes doubles

Somme double à indices indépendants

Notation — La somme des nm nombres $(x_{i,j})$, où i parcourt l'ensemble $\{1, 2, ..., n\}$ et j parcourt l'ensemble $\{1, 2, ..., m\}$, est notée $\sum_{\substack{1\le i\le n\\1\le j\le m}} x_{i,j}$.

Remarque 2.6. — Si $m = n$, la somme $\sum_{\substack{1\le i\le n\\1\le j\le n}} x_{i,j}$ est souvent notée $\sum_{1\le i,j\le n} x_{i,j}$.

Exemple 2.4. — Avec $n = 3$, on a $\sum_{1\le i,j\le 3} x_{i,j} = x_{1,1} + x_{1,2} + x_{1,3} + x_{2,1} + x_{2,2} + x_{2,3} + x_{3,1} + x_{3,2} + x_{3,3}$.

Propriété 2.13. — Interversion de sommes : $\sum_{\substack{1\le i\le n\\1\le j\le m}} x_{i,j} = \sum_{i=1}^{n}(\sum_{j=1}^{m} x_{i,j}) = \sum_{j=1}^{m}(\sum_{i=1}^{n} x_{i,j})$.

⇨ **Méthode 2.4. Comment intervertir les Σ dans une somme double à indices indépendants ?**

Remarque 2.7. — Les parenthèses sont inutiles : $\sum_{\substack{1\le i\le n\\1\le j\le m}} x_{i,j} = \sum_{i=1}^{n}\sum_{j=1}^{m} x_{i,j} = \sum_{j=1}^{m}\sum_{i=1}^{n} x_{i,j}$.

Exemples de sommes doubles à indices dépendants

Exemples et notations 2.5. — La somme $x_{1,2} + x_{1,3} + x_{1,4} + x_{2,3} + x_{2,4} + x_{3,4}$ se note $\sum_{1\le i<j\le 4} x_{i,j}$.

La somme $x_{1,1} + x_{1,2} + x_{1,3} + x_{1,4} + x_{2,2} + x_{2,3} + x_{2,4} + x_{3,3} + x_{3,4} + x_{4,4}$ se note $\sum_{1\le i\le j\le 4} x_{i,j}$.

Propriété 2.14. — Interversion de sommes à indices dépendants :

$$\sum_{1\le i\le j\le n} x_{i,j} = \sum_{i=1}^{n}\sum_{j=i}^{n} x_{i,j} = \sum_{j=1}^{n}\sum_{i=1}^{j} x_{i,j}$$

$$\sum_{1\le i<j\le n} x_{i,j} = \sum_{i=1}^{n-1}\sum_{j=i+1}^{n} x_{i,j} = \sum_{j=2}^{n}\sum_{i=1}^{j-1} x_{i,j}$$

⇨ **Méthode 2.5. Comment intervertir les Σ dans une somme double à indices dépendants ?**

Propriété 2.15. — Quels que soient les n réels, $x_1,...,x_n$, avec n élément de $\mathbb{N}^*$, on a :

$$(\sum_{k=1}^{n} x_k)^2 = \sum_{k=1}^{n} x_k^2 + 2\sum_{1\le i<j\le n} x_i x_j$$

Produit de nombres réels

Présentation du signe $\prod$

Notation. — Soit n un entier naturel non nul, et n réels, $x_1,\dots,x_n$.

Le produit $x_1\times\cdots\times x_n$ se note symboliquement : $\prod_{k=1}^{n} x_k$

Définition 2.1. — Pour tout entier naturel n, on appelle *factorielle* de n, et on note $n!$, l'entier naturel défini par :

$$n! = \begin{cases} 1 & \text{si } n=0 \\ \prod_{k=1}^{n} k = 1\times 2\times\cdots\times n & \text{si } n\geq 1 \end{cases}$$

Définition 2.2. — Définition "récursive" de $n!$

$$0! = 1 \text{ et, pour tout } n \text{ de } \mathbb{N}^*,\ n! = n\times(n-1)!$$

Propriétés

Propriété 2.16. — $\forall n\in\mathbb{N}^*,\ \prod_{k=1}^{n}\lambda = \lambda^n$.

Propriété 2.17. — $\forall m\in\mathbb{N}^*,\ \forall n\geq m+1,\ \prod_{k=1}^{n} x_k = (\prod_{k=1}^{m} x_k)\times(\prod_{k=m+1}^{n} x_k)$.

Propriété 2.18. — $\forall n\in\mathbb{N}^*, \prod_{k=1}^{n}(x_k y_k) = (\prod_{k=1}^{n} x_k)\times(\prod_{k=1}^{n} y_k)$.

Propriété 2.19. — Si aucun des y_k n'est nul, alors : $\prod_{k=1}^{n}\frac{x_k}{y_k} = \frac{\prod_{k=1}^{n} x_k}{\prod_{k=1}^{n} y_k}$.

Propriété 2.20. — Télescopage.

$$\forall n\in\mathbb{N},\ \prod_{k=0}^{n}\frac{x_{k+1}}{x_k} = \frac{x_{n+1}}{x_0}, \text{ à la condition que } x_0,\dots,x_n \text{ soient non nuls.}$$

Méthodes

Changement d'indice

Méthode 2.1. Comment passer de $\sum_k x_{k-m}$ (ou $\sum_k x_{k+m}$) à $\sum_i x_i$?

- On désigne par m, n et p des entiers naturels tels que $m \leq p \leq n$.

Pour passer de $\sum_{k=p}^{n} x_{k-m}$ à $\sum_{i=p-m}^{n-m} x_i$, on pose $i = k - m$, c'est-à-dire $k = i + m$.

- Dans le terme générique de la somme, on remplace chaque k par $i + m$.
- Pour les bornes : $\begin{cases} \text{borne supérieure : lorsque } k = n, \text{ alors } i = n - m \\ \text{borne inférieure : lorsque } k = p, \text{ alors } i = p - m \end{cases}$.
- On obtient alors : $\sum_{k=p}^{n} x_{k-m} = \sum_{i=p-m}^{n-m} x_i$.

- On désigne par m, n et p des entiers naturels tels que $p \leq n$.

Pour passer de $\sum_{k=p}^{n} x_{k+m}$ à $\sum_{i=p+m}^{n+m} x_i$, on pose $i = k + m$, c'est-à-dire $k = i - m$.

On obtient de même : $\sum_{k=p}^{n} x_{k+m} = \sum_{i=p+m}^{n+m} x_i$.

⇨ Exercices 2.3, 2.4, 2.6

Remarque. L'indice étant muet, avec un peu d'habitude, on pourra ne pas changer de lettre :

$$\sum_{k=p}^{n} x_{k-m} = \sum_{k=p-m}^{n-m} x_k \quad \text{et} \quad \sum_{k=p}^{n} x_{k+m} = \sum_{k=p+m}^{n+m} x_k .$$

Exemple. Calculer la somme $S_n = \sum_{k=2}^{n+1} (k^2 - 2k + 1)$ sans la scinder en 3 sommes.

On remarque que $S_n = \sum_{k=2}^{n+1} (k-1)^2$ et on effectue le changement d'indice $i = k - 1$.

Si $k = 2$, alors $i = 1$: la nouvelle borne inférieure de la somme est 1.

Si $k = n+1$, alors $i = n$: la nouvelle borne supérieure de la somme est n.

Il reste à remplacer k par $i+1$ (ou $k-1$ par i) dans le terme générique de la somme :

$$S_n = \sum_{k=2}^{n+1} (k-1)^2 = \sum_{i=1}^{n} i^2 = \frac{n(n+1)(2n+1)}{6}$$

❑ Méthode 2.2. Comment passer de $\sum_k x_{m-k}$ à $\sum_i x_i$?

Pour passer de $\sum_{k=p}^{n} x_{m-k}$ à $\sum_{i=m-n}^{m-p} x_i$, on pose $i = m-k$, c'est-à-dire $k = m-i$.

- Dans le terme générique, on remplace chaque k par $m-i$.
- Pour les bornes : $\begin{cases} \text{borne supérieure : lorsque } k = n, \text{ alors } i = m-n \\ \text{borne inférieure : lorsque } k = p, \text{ alors } i = m-p \end{cases}$.
- On obtient donc $\sum_{k=p}^{n} x_{m-k} = \sum_{i=m-n}^{m-p} x_i$ (on inverse les bornes car, usuellement, on

place la plus petite borne en dessous du symbole Σ et la plus grande au-dessus).

⇨ Exercice 2.3

Exemple. Calculer la somme $S_n = \sum_{k=1}^{n}(n-k+1)$ sans la scinder en 2 ou 3 sommes.

On effectue le changement d'indice $i = n-k+1$.
Si $k = 1$, alors $i = n$: la nouvelle borne supérieure (et non inférieure) de la somme est n.
Si $k = n$, alors $i = 1$: la nouvelle borne inférieure (et non supérieure) de la somme est 1.
Il reste à remplacer $n-k+1$ par i dans le terme générique de la somme :

$$S_n = \sum_{k=1}^{n}(n-k+1) = \sum_{i=1}^{n} i = \frac{n(n+1)}{2}.$$

❑ Méthode 2.3. Comment utiliser la technique du télescopage ?

$$\sum_{k=0}^{n}\left(x_{k+1}-x_k\right) = \sum_{k=0}^{n} x_{k+1} - \sum_{k=0}^{n} x_k \quad \text{(on a scindé la somme en deux sommes)}$$

$$= \sum_{i=1}^{n+1} x_i - \sum_{k=0}^{n} x_k \quad \left(\text{on a fait le changement d'indice } i = k+1 \text{ dans la première somme}\right)$$

$$= \sum_{i=1}^{n} x_i + x_{n+1} - \left(\sum_{k=1}^{n} x_k + x_0\right) \quad \left(\text{on a mis en évidence les termes communs aux deux sommes}\right)$$

$$= \sum_{i=1}^{n} x_i + x_{n+1} - \sum_{k=1}^{n} x_k - x_0 = x_{n+1} - x_0.$$

⇨ Exercices 2.4, 2.5, 2.6, 2.7

Exemple. Pour tout entier naturel n non nul, exprimer $S_n = \sum_{k=1}^{n} \frac{1}{k(k+1)}$ en fonction de n.

On remarque que, quel que soit l'entier naturel k non nul, on a : $\frac{1}{k(k+1)} = \frac{1}{k} - \frac{1}{k+1}$.

$S_n = \sum_{k=1}^{n} \frac{1}{k(k+1)} = \sum_{k=1}^{n} \left(\frac{1}{k} - \frac{1}{k+1} \right) = \sum_{k=1}^{n} \frac{1}{k} - \sum_{k=1}^{n} \frac{1}{k+1}$. On fait le changement d'indice $i = k+1$ dans la deuxième somme et on a : $S_n = \sum_{k=1}^{n} \frac{1}{k} - \sum_{i=2}^{n+1} \frac{1}{i}$. On sort le terme d'indice $k = 1$ de la première somme et celui d'indice $k = n+1$ de la deuxième somme et on trouve :

$$S_n = 1 + \sum_{k=2}^{n} \frac{1}{k} - \sum_{i=2}^{n} \frac{1}{i} - \frac{1}{n+1} = 1 - \frac{1}{n+1} = \frac{n}{n+1}$$

■ Interversion de Σ dans une somme double

❑ Méthode 2.4. Comment intervertir les Σ dans une somme double à indices indépendants ?

Dans la double somme "$\sum_{i \in I} \sum_{j \in J}$", si l'indice i n'apparaît pas dans la somme sur j, alors on intervertit tout bonnement les deux signes Σ : $\sum_{i \in I} \sum_{j \in J} x_{i,j} = \sum_{j \in J} \sum_{i \in I} x_{i,j}$.

Exemple. On a, sans jamais aucun problème : $\sum_{i=1}^{n} \sum_{j=1}^{n} x_{i,j} = \sum_{j=1}^{n} \sum_{i=1}^{n} x_{i,j}$.

❑ Méthode 2.5. Comment intervertir les Σ dans une somme double à indices dépendants ?

Pour intervertir les signes Σ dans la somme : $\sum_{i=1}^{n} \sum_{j=i}^{n} x_{i,j}$, on peut procéder ainsi :

- Le système d'indices qui la décrit est $\begin{cases} 1 \leq i \leq n \\ i \leq j \leq n \end{cases}$.
- On synthétise ces conditions ainsi : $1 \leq i \leq j \leq n$.
- On les réorganise enfin en "partant" de j : $\begin{cases} 1 \leq j \leq n \\ 1 \leq i \leq j \end{cases}$.
- On en déduit que la double somme s'écrit : $\sum_{j=1}^{n} \sum_{i=1}^{j} x_{i,j}$.

⇨ **Exercice 2.9**

Remarque 1. La nouvelle somme de gauche (somme extérieure qui est calculée en dernier), donne le résultat final, par conséquent ses bornes ne doivent pas dépendre de l'indice i de la nouvelle somme de droite (somme intérieure qui est calculée en premier).

Remarque 2. On agit de la même façon avec la double somme $\sum_{i=1}^{n-1}\sum_{j=i+1}^{n} x_{i,j}$, qui est égale à

$\sum_{j=2}^{n}\sum_{i=1}^{j-1} x_{i,j}$.

Exemple. Exprimer, pour tout n de $\mathbb{N}^*$, $\sum_{i=1}^{n}\sum_{j=i}^{n}\frac{i}{j}$ en fonction de n.

$$\sum_{i=1}^{n}\sum_{j=i}^{n}\frac{i}{j}=\sum_{j=1}^{n}\sum_{i=1}^{j}\frac{i}{j}=\sum_{j=1}^{n}\frac{1}{j}\left(\sum_{i=1}^{j} i\right)=\sum_{j=1}^{n}\frac{1}{j}\frac{j(j+1)}{2} \text{ (on a reconnu une somme usuelle)}$$

$$\sum_{i=1}^{n}\sum_{j=i}^{n}\frac{i}{j}=\frac{1}{2}\sum_{j=1}^{n}(j+1)=\frac{1}{2}\sum_{j=2}^{n+1} j \text{ (changement d'indice)}$$

$$\sum_{i=1}^{n}\sum_{j=i}^{n}\frac{i}{j}=\frac{1}{2}\left(\sum_{j=1}^{n+1} j-1\right) \begin{pmatrix}\text{on a ajouté à la somme le terme}\\ \text{correspondant à } j=1\text{, puis on l'a retranché}\end{pmatrix}$$

$$\sum_{i=1}^{n}\sum_{j=i}^{n}\frac{i}{j}=\frac{1}{2}\left(\frac{(n+1)(n+2)}{2}-1\right)=\frac{n^2+3n}{4}=\frac{n(n+3)}{4}.$$

Méthodes

Vrai/Faux

	Vrai	Faux
1. Quel que soit l'entier naturel n non nul et quels que soient les réels $x_1,\dots,x_n$, on a : $\sum_{k=1}^{n} k\,x_k = k\sum_{k=1}^{n} x_k$.	☐	☐
2. Quels que soient les $2n+1$ réels $x_0,\dots,x_{2n}$, on a : $\forall n\in\mathbb{N},\ \sum_{k=0}^{n} x_{2k} = \sum_{i=0}^{2n} x_i$	☐	☐
3. $\forall n\in\mathbb{N}^*,\ \sum_{k=1}^{n} k^3 = (\sum_{k=1}^{n} k)^2$.	☐	☐
4. $\forall n\in\mathbb{N}^*,\ \sum_{k=2}^{n+1} k \neq \sum_{k=1}^{n} k$ et $\sum_{k=2}^{n+1} 1 = \sum_{k=1}^{n} 1$.	☐	☐
5. Quel que soit l'entier naturel n et quels que soient les réels $x_0,\dots,x_{n+2}$, on a : $\sum_{k=0}^{n}(x_{k+2}-x_k) = x_{n+2}+x_{n+1}-x_1-x_0$.	☐	☐
6. Quel que soit l'entier naturel n non nul et quels que soient les réels $x_1,\dots,x_n,y_1,\dots,y_n$, on a : $\sum_{k=1}^{n} x_k y_k = (\sum_{k=1}^{n} x_k)(\sum_{k=1}^{n} y_k)$.	☐	☐
7. La somme $\sum_{1\le i<j\le n} x_{i,j}$ contient $\frac{n(n-1)}{2}$ termes.	☐	☐
8. On considère une suite $(u_k)_{k\in\mathbb{N}}$ et, pour tout entier naturel n, on pose : $S_n = \sum_{k=0}^{n} u_k$. On a alors $S_{2n} = \sum_{k=0}^{n} u_{2k}$.	☐	☐
9. Quel que soit l'entier naturel n non nul et quels que soient les réels strictement positifs $x_1,\dots,x_n$, on a : $\ln(\prod_{k=1}^{n} x_k) = \sum_{k=1}^{n} \ln\left(x_k\right)$.	☐	☐
10. Quel que soit l'entier naturel n non nul et quels que soient les réels $x_1,\dots,x_n$, on a : $(\prod_{k=1}^{n} x_k)^2 = \prod_{k=1}^{n} x_k^2$.	☐	☐

Énoncé des exercices

Exercice 2.1. — Écrire les sommes suivantes de façon symbolique (à l'aide du signe Σ) :

1. $A = 2 + 4 + 6 + 8 + 10$.

2. $B = 1 + 3 + 5 + 7 + 9$.

3. $C = 1 - 2 + 3 - 4 + 5 - 6 + 7 - 8 + 9 - 10$.

Exercice 2.2. — On désigne par n un entier naturel supérieur ou égal à 1.
Montrer que la somme des n premiers entiers naturels impairs est égale à n^2.

Exercice 2.3. — Calculer les sommes suivantes :

1. $S_m = \sum_{i=0}^{m} 3^{-i}$, avec m élément de $\mathbb{N}$.

2.* $T_n = \sum_{k=2}^{n+1} \left(k^3 - 3k^2 + 3k + 2\right)$, avec n élément de $\mathbb{N}^*$.

3.* $U_n = \sum_{k=1}^{n} k \times k!$, avec n élément de $\mathbb{N}^*$.

4. $V_n = \sum_{k=0}^{n-1} (n-k)$, avec n élément de $\mathbb{N}^*$.

Exercice 2.4.* — Formule de Bernoulli. Montrer que, quels que soient les réels a et b et l'entier naturel non nul n, on a :

$$a^n - b^n = (a-b) \sum_{k=0}^{n-1} a^k b^{n-1-k}$$

Exercice 2.5.*

1. Déterminer une suite $(u_k)_{k \in \mathbb{N}^*}$ telle que : $\forall k \in \mathbb{N}^*, \quad \ln\left(\dfrac{(k+1)(k+2)}{k(k+3)}\right) = u_{k+1} - u_k$.

2. En déduire une expression de $\sum_{k=1}^{n} \ln\left(1 + \dfrac{2}{k(k+3)}\right)$ en fonction de l'entier naturel non nul n.

❑ **Exercice 2.6.** * — On désigne par n un entier naturel non nul.

1. Trouver trois réels a, b et c tels que : $\forall k \in \mathbb{N}^*, \quad \dfrac{4k+1}{k(k+1)(k+2)} = \dfrac{a}{k} + \dfrac{b}{k+1} + \dfrac{c}{k+2}$.

2. En déduire une expression de la somme $\displaystyle\sum_{k=1}^{n} \frac{4k+1}{k(k+1)(k+2)}$ en fonction de n.

❑ **Exercice 2.7.** * — Soit la suite $(u_n)_{n\in\mathbb{N}}$ définie par $\begin{cases} u_0 = 1 \\ \forall n \in \mathbb{N}, \quad u_{n+1} = 2u_n + n(n-1)2^n \end{cases}$.

Pour tout entier naturel n, on pose $v_n = \dfrac{u_n}{2^n}$.

1. Écrire la relation de récurrence vérifiée par la suite $(v_n)_{n\in\mathbb{N}}$.

2. En utilisant la **méthode 2.3,** donner une expression de v_n en fonction de n. En déduire u_n.

❑ **Exercice 2.8.** * — Un exemple de récurrence forte.

1. Montrer que l'on définit bien une suite $(u_n)_{n\geq 1}$, à termes strictement positifs, en posant :

$u_1 = 1$ et, pour tout entier n supérieur ou égal à 2, $u_n = \dfrac{1}{2n-1}\displaystyle\sum_{j=1}^{n-1} u_j$.

2. Déterminer u_2, puis u_3.

❑ **Exercice 2.9.** * — Calculer les sommes suivantes :

1. $K_n = \displaystyle\sum_{1\leq i<j\leq n} 1$, avec n dans $\mathbb{N}^*$.

2. $L_n = \displaystyle\sum_{i=1}^{n-1} \sum_{j=i+1}^{n} \frac{i}{j}$, avec n dans $\mathbb{N}$ et $n \geq 2$.

❑ **Exercice 2.10.** * — Calculer le produit $I_n = \displaystyle\prod_{k=2}^{n} \left(1 - \frac{1}{k^2}\right)$, avec $n \geq 2$.

❑ **Exercice 2.11.** * — Justifier que, pour tout n de $\mathbb{N}^*$, on a : $\displaystyle\prod_{k=1}^{n} (2k+1) = \frac{(2n+1)!}{2^n n!}$.

■ Pour vous aider à démarrer

Exercice 2.2. La somme des n premiers entiers impairs est $\sum_{k=0}^{n-1}(2k+1)$.

Exercice 2.3. Pour la question **2**, le calcul de T_n sera plus court et plus sûr en remarquant que $k^3-3k^2+3k+2=(k-1)^3+3$. On pourra donc ensuite poser $i=k-1$.
Pour la question **3**, écrire $k=(k+1)-1$ facilite le calcul de U_n.
Exercice 2.5. Utiliser les propriétés du logarithme népérien.

Exercice 2.6. Pour la question **2**, changer d'indice pour obtenir trois sommes de $\frac{1}{k}$.

Exercice 2.7. Pour la question **1**, on peut diviser la relation définissant la suite (u_n) par 2^{n+1}.
Exercice 2.8. Pour la question **1**, faire une récurrence forte, en supposant pour un entier naturel n fixé non nul que, pour tout k de $[\![1, n]\!]$, u_k est bien défini et est strictement positif.
Exercice 2.9. Pour la question **2**, intervertir les symboles Σ.
Exercice 2.10. Écrire :

$$\forall k \in [\![2,n]\!],\ 1-\frac{1}{k^2}=\frac{k^2-1}{k^2}=\frac{(k-1)(k+1)}{k^2}$$

Exercice 2.11. Il faut multiplier le produit donné par $\frac{2\times4\times6\times\cdots\times(2n)}{2\times4\times6\times\cdots\times(2n)}$.

Corrigé des vrai/faux

1.	2.	3.	4.	5.	6.	7.	8.	9.	10.
F	F	V	V	V	F	V	F	V	V

1. L'entier k est l'indice de la somme, il ne peut donc pas "sortir" de la somme.

2. La somme du membre de gauche contient tous les termes x_i dont les indices i sont compris entre 0 et $2n$ et sont pairs alors que la somme du membre de droite contient tous les termes x_i dont les indices sont compris entre 0 et $2n$.

On a en fait : $\sum_{k=0}^{n} x_{2k} = x_0 + x_2 + \ldots x_{2n-2} + + x_{2n}$ et $\sum_{i=0}^{2n} x_i = x_0 + x_1 + x_2 + \ldots + x_{2n-1} + x_{2n}$

3. D'après le cours, on a : $\forall n \in \mathbb{N}^*,\ \sum_{k=1}^{n} k^3 = \frac{n^2(n+1)^2}{4} = \left(\frac{n(n+1)}{2}\right)^2 = (\sum_{k=1}^{n} k)^2$.

4. $\forall n \in \mathbb{N}^*, \sum_{k=2}^{n+1} k = \sum_{k=1}^{n+1} k - 1 = \frac{(n+1)(n+2)}{2} - 1 = \frac{n(n+3)}{2}$ et $\sum_{k=1}^{n} k = \frac{n(n+1)}{2}$, donc $\sum_{k=2}^{n+1} k \neq \sum_{k=1}^{n} k$.

En revanche, $\sum_{k=2}^{n+1} 1 = \sum_{k=1}^{n} 1$ puisque dans chacune de ces expressions, on somme n fois le terme 1.

5. $\sum_{k=0}^{n} (x_{k+2} - x_k) = \sum_{k=0}^{n} x_{k+2} - \sum_{k=0}^{n} x_k = \sum_{j=2}^{n+2} x_j - \sum_{k=0}^{n} x_k = x_{n+2} + x_{n+1} - x_1 - x_0$.

On vient de faire un "double" télescopage.

6. Pour tout entier n supérieur ou égal à 2, on considère $x_1 = 1$, $y_1 = 0$ et, pour tout i élément de $[\![2,n]\!], x_i = 0, y_i = 1$.

On a, d'une part $\sum_{k=1}^{n} x_k y_k = 0$, et d'autre part, $\left(\sum_{k=1}^{n} x_k\right)\left(\sum_{k=1}^{n} y_k\right) = 1(n-1) = n-1$.

7. Il y a autant de termes dans une somme que de choix des valeurs que peuvent prendre les indices (chaque terme correspond à l'un de ces choix). Or il y a n^2 couples d'entiers de $[\![1,n]\!]$ et

n couples d'entiers (i,j) tels que $i=j$, ce qui laisse n^2-n couples d'entiers (i,j) tels que $i \neq j$ et puisqu'il y a autant de couples d'entiers (i,j) tels que $i<j$ que de couples d'entiers (i,j) tels que $i>j$, on a bien $\dfrac{n(n-1)}{2}$ termes dans cette somme.

8. Ayant $S_n = \sum_{k=0}^{n} u_k$, si l'on veut S_{2n}, il faut remplacer n par $2n$ et rien d'autre (la suite S est fonction de n seulement, la lettre k n'est que l'indice de la somme).

On a alors $S_{2n} = \sum_{k=0}^{2n} u_k$, ce qui est différent de $\sum_{k=0}^{n} u_{2k}$.

9. Il s'agit de la généralisation de la propriété bien connue : $\ln(ab)=\ln a+\ln b$, valable pour tous réels a et b strictement positifs. Il suffit de faire une démonstration par récurrence pour s'en convaincre.

10. Il s'agit de la généralisation de la propriété bien connue : $(ab)^2=a^2b^2$, valable pour tous réels a et b. Ici aussi, on peut faire une démonstration par récurrence.

❑ Les erreurs classiques

- Dans une somme, il faut bien repérer l'indice de sommation et ne pas le sortir de la somme.
- L'indice d'une somme est muet et "n'a pas d'existence légale", la preuve c'est qu'on peut le remplacer par n'importe quelle autre lettre : $\sum_{i=0}^{n} u_i = \sum_{j=0}^{n} u_j$.

Aucun résultat d'une somme ne peut donc dépendre de l'indice de la somme.

- Dans un télescopage, il faut bien repérer quels sont les termes non communs aux deux sommes.
- Il est important de connaître le nombre de termes d'une somme simple ou d'une somme double.
- Rappelons que les seuls changements d'indice autorisés sont les suivants : $i=k+constante$ et $i=-k+constante$ (la constante pouvant bien sûr être négative).
- Il ne faut pas confondre, et ceci n'est qu'un exemple, $\sum_{k=1}^{n} k-1$ avec $\sum_{k=1}^{n}(k-1)$.

Corrigé des exercices

Exercice 2.1

1. $A=\sum_{k=1}^{5} 2k$ **2.** $B=\sum_{k=0}^{4}(2k+1)$ **3.** $C=\sum_{k=1}^{10} k(-1)^{k-1}$

Exercice 2.2

Tout entier naturel impair est de la forme $2k+1$ où k est un entier naturel.

On a $\sum_{k=0}^{n-1}(2k+1)=2\sum_{k=0}^{n-1}k+\sum_{k=0}^{n-1}1$ d'après les **propriétés 2.5** et **2.6**.

On trouve alors : $\sum_{k=0}^{n-1}(2k+1)=2\dfrac{(n-1)n}{2}+n=n^2$.

En conclusion, la somme des n premiers entiers naturels impairs vaut n^2.

Exercice 2.3

1. $S_m=\sum_{i=0}^{m}3^{-i}=\sum_{i=0}^{m}\left(\dfrac{1}{3}\right)^i=\dfrac{1-\left(\dfrac{1}{3}\right)^{m+1}}{1-\dfrac{1}{3}}=\dfrac{3}{2}\left(1-\dfrac{1}{3^{m+1}}\right)$.

2. On remarque que : $\forall k\in[\![2,n+1]\!],\ k^3-3k^2+3k-1=(k-1)^3$. Par conséquent, on a :

$T_n=\sum_{k=2}^{n+1}\left((k-1)^3+3\right)$. En posant $i=k-1$, on trouve : $T_n=\sum_{i=1}^{n}\left(i^3+3\right)=\sum_{i=1}^{n}i^3+\sum_{i=1}^{n}3$.

On a alors : $T_n=\left(\dfrac{n(n+1)}{2}\right)^2+3n=\dfrac{n\left(n^3+2n^2+n+12\right)}{4}$.

⇨ *Méthode 2.1*

3. On a : $U_n=\sum_{k=1}^{n}k\,k!=\sum_{k=1}^{n}(k+1-1)k!=\sum_{k=1}^{n}\left((k+1)k!-k!\right)$.

On en déduit : $U_n=\sum_{k=1}^{n}(k+1)!-\sum_{k=1}^{n}k!=(n+1)!-1$ (par télescopage).

⇨ *Méthode 2.3*

4. En faisant le changement d'indice $i = n - k$, on obtient : $V_n = \sum_{k=0}^{n-1}(n-k) = \sum_{i=1}^{n} i = \frac{n(n+1)}{2}$.

⇨ *Méthode 2.2*

Exercice 2.4

Pour tout entier naturel n non nul, on trouve en développant :

$(a-b)\sum_{k=0}^{n-1} a^k b^{n-1-k} = \sum_{k=0}^{n-1} a^{k+1}b^{n-1-k} - \sum_{k=0}^{n-1} a^k b^{n-k} = \sum_{j=1}^{n} a^j b^{n-j} - \sum_{k=0}^{n-1} a^k b^{n-k}$ (on a posé $j = k+1$ dans la première somme).

Par télescopage, on conclut : $(a-b)\sum_{k=0}^{n-1} a^k b^{n-1-k} = a^n - b^n$.

⇨ *Méthodes 2.1, 2.3*

Exercice 2.5

1. Pour tout entier naturel k non nul, on a : $\ln\left(\frac{(k+1)(k+2)}{k(k+3)}\right) = \ln\left(\frac{k+1}{k+3}\right) - \ln\left(\frac{k}{k+2}\right)$.

En posant $u_k = \ln\left(\frac{k}{k+2}\right)$, on obtient donc : $\ln\left(\frac{(k+1)(k+2)}{k(k+3)}\right) = u_{k+1} - u_k$.

2. Pour tout entier naturel n non nul, on a :

$$\sum_{k=1}^{n} \ln\left(1 + \frac{2}{k(k+3)}\right) = \sum_{k=1}^{n} \ln\left(\frac{k^2+3k+2}{k(k+3)}\right) = \sum_{k=1}^{n} \ln\left(\frac{(k+1)(k+2)}{k(k+3)}\right).$$

D'après la question **1**, on a : $\sum_{k=1}^{n} \ln\left(1 + \frac{2}{k(k+3)}\right) = \sum_{k=1}^{n}(u_{k+1} - u_k) = u_{n+1} - u_1$ (par télescopage).

Finalement, on obtient : $\sum_{k=1}^{n} \ln\left(1 + \frac{2}{k(k+3)}\right) = \ln\left(\frac{n+1}{n+3}\right) - \ln\left(\frac{1}{3}\right) = \ln\left(\frac{3n+3}{n+3}\right)$.

⇨ *Méthode 2.3*

Exercice 2.6

1. Pour tout entier naturel k non nul, on a :

$\frac{a}{k} + \frac{b}{k+1} + \frac{c}{k+2} = \frac{a(k+1)(k+2) + bk(k+2) + ck(k+1)}{k(k+1)(k+2)}$. En ordonnant, ceci s'écrit :

$\frac{a}{k} + \frac{b}{k+1} + \frac{c}{k+2} = \frac{k^2(a+b+c) + k(3a+2b+c) + 2a}{k(k+1)(k+2)}$. On a donc :

$$\frac{4k+1}{k(k+1)(k+2)} = \frac{a}{k} + \frac{b}{k+1} + \frac{c}{k+2} \Leftrightarrow \frac{4k+1}{k(k+1)(k+2)} = \frac{k^2(a+b+c) + k(3a+2b+c) + 2a}{k(k+1)(k+2)}.$$

Corrigé

Ainsi, par identification des coefficients (des deux numérateurs), on trouve : $\begin{cases} a+b+c=0 \\ 3a+2b+c=4 \\ 2a=1 \end{cases}$.

Ce qui équivaut à $\begin{cases} b+c=-\dfrac{1}{2} \\ 2b+c=\dfrac{5}{2} \\ a=\dfrac{1}{2} \end{cases}$ ou encore à $\begin{cases} c=-\dfrac{7}{2} \\ b=3 \\ a=\dfrac{1}{2} \end{cases}$.

Finalement : $\forall k \in \mathbb{N}^*,\ \dfrac{4k+1}{k(k+1)(k+2)} = \dfrac{1}{2k} + \dfrac{3}{k+1} - \dfrac{7}{2(k+2)}$.

2. Pour tout entier naturel n non nul, on pose $S_n = \sum_{k=1}^{n} \dfrac{4k+1}{k(k+1)(k+2)}$.

D'après la question précédente, on a :

$$S_n = \sum_{k=1}^{n}\left(\frac{1}{2k} + \frac{3}{k+1} - \frac{7}{2(k+2)}\right) = \sum_{k=1}^{n}\frac{1}{2k} + \sum_{k=1}^{n}\frac{3}{k+1} - \sum_{k=1}^{n}\frac{7}{2(k+2)}.$$

$S_n = \dfrac{1}{2}\sum_{k=1}^{n}\dfrac{1}{k} + 3\sum_{j=2}^{n+1}\dfrac{1}{j} - \dfrac{7}{2}\sum_{l=3}^{n+2}\dfrac{1}{l}$, après avoir posé $j=k+1$ dans la première somme et $l=k+2$ dans la seconde.

Ainsi, $S_n = \dfrac{1}{2}\left(1+\dfrac{1}{2}+\sum_{k=3}^{n}\dfrac{1}{k}\right) + 3\left(\dfrac{1}{2}+\sum_{j=3}^{n}\dfrac{1}{j}+\dfrac{1}{n+1}\right) - \dfrac{7}{2}\left(\sum_{l=3}^{n}\dfrac{1}{l}+\dfrac{1}{n+1}+\dfrac{1}{n+2}\right)$.

D'où $S_n = \dfrac{9}{4} + \dfrac{3}{n+1} - \dfrac{7}{2}\left(\dfrac{1}{n+1}+\dfrac{1}{n+2}\right) + \left(\dfrac{1}{2}+3-\dfrac{7}{2}\right)\left(\sum_{k=3}^{n}\dfrac{1}{k}\right) = \dfrac{9}{4} - \dfrac{1}{2(n+1)} - \dfrac{7}{2(n+2)}$.

⇨ *Méthode 2.1*

Exercice 2.7

1. En divisant par 2^{n+1} la relation définissant la suite (u_n), on trouve : $v_{n+1} = v_n + \dfrac{n(n-1)}{2}$.

2. On obtient ainsi : $\forall k \in \mathbb{N}, v_{k+1} - v_k = \dfrac{k(k-1)}{2}$.

On somme cette relation pour k allant de 0 à $n-1$ (avec $n \geq 1$) et on obtient :

$$\sum_{k=0}^{n-1}(v_{k+1}-v_k) = \sum_{k=0}^{n-1}\frac{k(k-1)}{2}$$

On a donc : $\sum_{k=0}^{n-1}(v_{k+1}-v_k)=\frac{1}{2}\sum_{k=0}^{n-1}k^2-\frac{1}{2}\sum_{k=0}^{n-1}k$.

En utilisant un télescopage dans la somme du membre de gauche ainsi que les sommes de référence dans le membre de droite, on obtient : $v_n - v_0 = \frac{(n-2)(n-1)n}{6}$.

Puisque $v_0 = \frac{u_0}{2^0} = 1$, on a : $v_n = \frac{n^3-3n^2+2n+6}{6}$.

On en déduit que $u_n = \frac{n^3-3n^2+2n+6}{6} \times 2^n$ (ce qui est encore valable pour $n = 0$).

⇨ *Méthode 2.3*

Exercice 2.8

1. Posons $R(k)$: "u_k est bien défini et est strictement positif".

$R(1)$ est vraie. En effet, u_1 est défini et vaut 1.

Soit n un entier naturel non nul tel que $R(1)$, ..., $R(n)$ sont vraies.

Vérifions que u_{n+1}, qui est égal à $\frac{1}{2n+1}\sum_{j=1}^{n}u_j$, est bien défini et strictement positif.

Puisque, pour tout entier j compris entre 1 et n, u_j existe et est strictement positif, $\sum_{j=1}^{n}u_j$ existe et est strictement positive.

Ainsi, comme $2n + 1 > 0$, on peut conclure que u_{n+1} existe et est strictement positif.

Donc $R(n+1)$ est vraie.

Finalement, par récurrence forte, pour tout entier naturel non nul n, u_n existe et est strictement positif.

2. Par définition, $u_2 = \frac{1}{3}u_1 = \frac{1}{3}$ et $u_3 = \frac{1}{5}(u_1+u_2) = \frac{1}{5}\left(1+\frac{1}{3}\right) = \frac{4}{15}$.

Exercice 2.9

1. Pour déterminer la valeur de cette somme, il suffit de connaître le nombre de termes de la somme, c'est-à-dire le nombre de couples d'entiers naturels (i,j) de $[\![1,n]\!]^2$ tels que $i<j$.

On a déjà dénombré (dans la question **7** du Vrai/Faux) $\frac{n(n-1)}{2}$ tels couples.

Il en résulte que : $K_n = \frac{n(n-1)}{2}$.

Remarque. On pouvait aussi écrire : $K_n = \sum_{1\le i<j\le n} 1 = \sum_{j=2}^{n}\sum_{i=1}^{j-1}1 = \sum_{j=2}^{n}(j-1) = \sum_{k=1}^{n-1}k = \frac{n(n-1)}{2}$.

2. $L_n = \sum_{i=1}^{n-1} \sum_{j=i+1}^{n} \frac{i}{j}$. Dans la somme intérieure, on a $i+1 \le j \le n$, et dans la somme extérieure, on a $1 \le i \le n-1$, on a donc : $2 \le j \le n$ (j ne peut pas prendre la valeur 1) et $1 \le i \le j-1$ (car $i+1 \le j$).

$L_n = \sum_{j=2}^{n} \sum_{i=1}^{j-1} \frac{i}{j} = \sum_{j=2}^{n} \frac{1}{j}\left(\sum_{i=1}^{j-1} i\right) = \sum_{j=2}^{n} \frac{1}{j} \frac{(j-1)j}{2}$ (on a reconnu une somme usuelle).

$L_n = \frac{1}{2}\sum_{j=2}^{n}(j-1) = \frac{1}{2}\sum_{k=1}^{n-1} k$ (changement d'indice $k = j-1$).

$L_n = \frac{1}{2} \times \frac{n(n-1)}{2} = \frac{n(n-1)}{4}$.

⇨ *Méthode 2.5*

Exercice 2.10

Pour tout entier naturel n supérieur ou égal à 2, on a : $I_n = \prod_{k=2}^{n} \frac{k^2-1}{k^2} = \prod_{k=2}^{n}\left(\frac{k-1}{k} \times \frac{k+1}{k}\right)$.

D'où $I_n = \prod_{k=2}^{n} \frac{k-1}{k} \times \prod_{k=2}^{n} \frac{k+1}{k}$ et par télescopage dans chaque produit, on obtient : $I_n = \frac{n+1}{2n}$.

Exercice 2.11

En multipliant en haut et en bas par $\prod_{k=1}^{n}(2k)$, on a : $\prod_{k=1}^{n}(2k+1) = \frac{\prod_{k=1}^{n}(2k+1) \times \prod_{k=1}^{n}(2k)}{\prod_{k=1}^{n}(2k)}$.

Le numérateur de cette expression est constitué du produit de tous les entiers pairs compris entre 2 et $2n$ multiplié par le produit de tous les entiers impairs compris entre 3 et $2n+1$, c'est-à-dire tous les entiers compris entre 1 et $2n+1$. On obtient ainsi : $\prod_{k=1}^{n}(2k+1) = \frac{\prod_{k=1}^{2n+1} k}{\prod_{k=1}^{n}(2k)} = \frac{(2n+1)!}{\prod_{k=1}^{n}(2k)}$.

De plus, $\prod_{k=1}^{n}(2k) = 2^n \prod_{k=1}^{n} k = 2^n n!$, on en déduit donc que : $\prod_{k=1}^{n}(2k+1) = \frac{(2n+1)!}{2^n n!}$.

Chapitre 3
Ensembles

Au cours du XIXe siècle, le besoin se fait sentir de séparer les mathématiques et la physique. Si les mathématiques ne se déduisent plus du monde qui nous environne, elles deviennent une discipline abstraite dont les bases reposent sur la logique, c'est-à-dire une construction intellectuelle, et non plus une matière basée sur l'expérience. Il est alors nécessaire d'en définir les fondements. La théorie des ensembles est introduite principalement par deux mathématiciens allemands. Richard **Dedekind** estime que les différents types de nombres, entiers, rationnels, réels ou complexes doivent se construire et non pas s'observer. Pour le faire, il utilise la notion abstraite d'ensemble, et d'opérations sur ceux-ci, que vient d'introduire son ami Georg **Cantor**. Ce dernier va plus loin en s'intéressant au cardinal, c'est-à-dire au nombre d'éléments, des ensembles infinis. Ces théories sont très contestées à l'époque. Georg Cantor terminera sa vie dans un hôpital psychiatrique.

Georg Cantor
1845-1918

Objectifs

Les incontournables

- ▷ Savoir démontrer qu'un ensemble est inclus dans un autre.
- ▷ Savoir démontrer que deux ensembles sont égaux.
- ▷ Savoir manipuler les opérations sur les ensembles.
- ▷ Savoir parfaitement ce qu'est une partition.

Et plus si affinités

- ▷ Savoir manipuler les intersections et réunions infinies d'ensembles (voir les chapitres consacrés aux probabilités).

Résumé de cours

Ensembles et éléments

Définitions, exemples et notations

Définition 3.1. — On définit un ensemble si l'on est capable d'affirmer sans ambiguïté qu'un élément appartient ou non à cet ensemble. En principe, on regroupe dans un ensemble des éléments ayant une propriété en commun.

On peut décrire un ensemble en extension, en donnant entre accolades la liste de ses éléments, comme $E = \{0, 2, 4, 6, \ldots\}$, ou en compréhension, c'est-à-dire, entre accolades toujours, en nommant les éléments, puis après une virgule, en les décrivant, ce qui, avec l'exemple précédent donne $E = \{n \in \mathbb{N}, n \text{ est pair}\}$.

Exemple 3.1. — Pour tout entier naturel n non nul, l'ensemble des entiers compris entre 1 et n, est noté $[\![1, n]\!]$, et est défini en compréhension par : $[\![1, n]\!] = \{i \in \mathbb{N}, 1 \leq i \leq n\}$.

Notations — On désigne les ensembles par des majuscules et les éléments par des minuscules.
On écrit "$x \in E$" pour traduire que "x appartient à E" ou encore que "x est élément de E".
On écrit "$x \notin E$" pour traduire que l'élément x n'appartient pas à l'ensemble E.
Le seul ensemble ayant zéro élément est l'ensemble vide, noté $\varnothing$.

Produit cartésien de deux ensembles

Définition 3.2. — Le produit cartésien des ensembles A et B est l'ensemble noté $A \times B$, on lit A *croix* B, constitué de tous les couples dont la première composante appartient à A et la deuxième à B. On a donc :

$$A \times B = \{ (x, y), x \in A \text{ et } y \in B \}$$

Remarque 3.1. — $A \times A$ est noté A^2.

Définition 3.3. — De la même façon, on définit, pour tout entier n supérieur ou égal à 2, l'ensemble $A_1 \times A_2 \times \ldots \times A_n$ des n-uplets $(x_1, x_2, \ldots, x_n)$, avec $x_1 \in A_1, x_2 \in A_2, \ldots, x_n \in A_n$.
On a donc :

$$A_1 \times A_2 \times \ldots \times A_n = \{ (x_1, x_2, \ldots, x_n), \forall i \in [\![1, n]\!], x_i \in A_i \}$$

Comparaison des ensembles

Inclusion

Définition 3.4. — On dit que l'ensemble A est inclus dans l'ensemble B, on note $A \subset B$, lorsque tout élément de A est élément de B.

⇨ **Méthode 3.1. Comment montrer qu'un ensemble est inclus dans un autre grâce à la définition ?**

Remarque 3.2. — Par convention, l'ensemble vide est inclus dans tout autre ensemble.

❑ Égalité

Définition 3.5. — On dit que deux ensembles A et B sont égaux, on note $A = B$, lorsque l'on a :

$$A \subset B \text{ et } B \subset A$$

⇨ **Méthode 3.4. Comment montrer que deux ensembles sont égaux grâce à la définition ?**

❑ Ensemble des parties d'un ensemble

Définitions 3.6. — On dit que l'ensemble A est une *partie* de l'ensemble E (ou encore un sous-ensemble de E) lorsque A est inclus dans E.
L'ensemble de toutes les parties de E est noté $\mathcal{P}(E)$.

Remarque 3.3. — Les phrases "$A \subset E$" et "$A \in \mathcal{P}(E)$" ont la même signification.

■ Opérations

Dans ce paragraphe, on considère des ensembles qui sont tous des parties d'un ensemble de référence, noté Ω (cette lettre est la lettre grecque omega majuscule).

❑ Intersection

Définition 3.7. — L'intersection des ensembles A et B est l'ensemble, noté $A \cap B$, (on lit "A inter B") constitué des éléments qui sont à la fois dans A et dans B. On a donc :

$$x \in A \cap B \Leftrightarrow x \in A \text{ et } x \in B$$

Définition 3.8. — De la même façon, on définit, pour tout entier naturel n non nul, l'ensemble $A_1 \cap A_2 \cap \ldots \cap A_n$, noté $\bigcap_{k=1}^{n} A_k$ (l'intersection se réduit à A_1 si $n = 1$). On a alors :

$$x \in \bigcap_{k=1}^{n} A_k \Leftrightarrow \forall k \in [\![1, n]\!], x \in A_k$$

Définition 3.9. — On définit aussi l'ensemble $\bigcap_{k=1}^{+\infty} A_k$, et on a : $x \in \bigcap_{k=1}^{+\infty} A_k \Leftrightarrow \forall k \in \mathbb{N}^*, x \in A_k$.

Propriété 3.1. — L'intersection est commutative : $A \cap B = B \cap A$.

Propriété 3.2. — L'intersection est associative : $(A \cap B) \cap C = A \cap (B \cap C) = A \cap B \cap C$.

Propriété 3.3. — $A \cap A = A$.

Propriété 3.4. — $A \subset B \Leftrightarrow A \cap B = A$.

Propriété 3.5. — Ω est élément neutre pour l'intersection : $A \cap \Omega = A$.

❑ Réunion

Définition 3.10. — La réunion des ensembles A et B est l'ensemble, noté $A \cup B$, (on lit "A union B") constitué des éléments qui sont dans l'un au moins des ensembles A ou B. On a donc :

$$x \in A \cup B \Leftrightarrow x \in A \text{ ou } x \in B$$

Remarque 3.4. — Le "ou" utilisé ci-dessus est dit inclusif : on peut avoir $x \in A \cap B$.

Définition 3.11. — De la même façon, on définit, pour tout entier naturel n non nul, l'ensemble $A_1 \cup A_2 \cup \ldots \cup A_n$, noté $\bigcup_{k=1}^{n} A_k$ (la réunion se réduit à A_1 si $n = 1$). On a alors :

$$x \in \bigcup_{k=1}^{n} A_k \Leftrightarrow \exists k \in [\![1, n]\!], x \in A_k$$

Définition 3.12. — On définit aussi l'ensemble $\bigcup_{k=1}^{+\infty} A_k$, et on a : $x \in \bigcup_{k=1}^{+\infty} A_k \Leftrightarrow \exists k \in \mathbb{N}^*, x \in A_k$.

Propriété 3.6. — La réunion est commutative : $A \cup B = B \cup A$.

Propriété 3.7. — La réunion est associative : $(A \cup B) \cup C = A \cup (B \cup C) = A \cup B \cup C$.

Propriété 3.8. — $A \cup A = A$.

Propriété 3.9. — $A \subset B \Leftrightarrow A \cup B = B$.

Propriété 3.10. — $\varnothing$ est élément neutre pour la réunion : $A \cup \varnothing = A$.

Propriété 3.11. — L'intersection et la réunion sont distributives l'une sur l'autre :

$$A \cap (B \cup C) = (A \cap B) \cup (A \cap C).$$
$$A \cup (B \cap C) = (A \cup B) \cap (A \cup C).$$

Propriété 3.12. — Un ordre à connaître : $A \cap B \subset A$ et $A \subset A \cup B$.

⇨ **Méthode 3.2. Comment montrer que E est inclus dans F en écrivant $E = F \cap G$?**
⇨ **Méthode 3.3. Comment montrer que E est inclus dans F en écrivant $F = E \cup G$?**

❑ Complémentaire

Définition 3.13. — Le complémentaire de A est l'ensemble, noté $\overline{A}$ (on lit "A barre"), contenant les éléments de Ω qui ne sont pas dans A. On a donc : $x \in \overline{A} \Leftrightarrow x \notin A$.

Propriété 3.13. — Quelques évidences : $\overline{\overline{A}} = A$; $\overline{\varnothing} = \Omega$; $\overline{\Omega} = \varnothing$.

Propriété 3.14. — $\overline{A}$ est la seule partie de Ω vérifiant : $A \cap \overline{A} = \varnothing$ et $A \cup \overline{A} = \Omega$.

Propriété 3.15. — Lois de Morgan : $\overline{A \cap B} = \overline{A} \cup \overline{B}$ et $\overline{A \cup B} = \overline{A} \cap \overline{B}$.

Propriété 3.16. — $A \subset B \Leftrightarrow \overline{B} \subset \overline{A}$.

⇨ **Méthode 3.5. Comment montrer que deux ensembles sont égaux en utilisant les propriétés des opérations ?**

■ Partition d'un ensemble E

❑ Partition finie de E en n classes ($n \geq 1$)

Définition 3.14. — Une partition d'un ensemble E en n classes est un ensemble $\{A_1, A_2, \ldots, A_n\}$ constitué de parties de E, appelées classes de la partition, et vérifiant :

- $\forall k \in [\![1, n]\!]$, $A_k \neq \varnothing$ (aucun A_k ne doit être vide).
- $\bigcup_{k=1}^{n} A_k = E$ (la réunion des A_k est égale à E).
- $\forall (i, j) \in [\![1, n]\!] \times [\![1, n]\!]$, $i \neq j$, $A_i \cap A_j = \varnothing$ (on dit que les A_i sont deux à deux disjoints, on dira en probabilités que les A_i sont deux à deux incompatibles).

Exemple 3.2. — Exemple de partition d'un ensemble E en 2 classes : $\{E \cap F, E \cap \overline{F}\}$, où F désigne une partie de E, non vide et différente de E.

Remarque 3.5. — L'**exercice 3.3** propose une propriété à connaître absolument.

❑ Partition infinie de E

Définition 3.15. — Une partition infinie de E est un ensemble $\{A_1, A_2, \ldots, A_k, \ldots\}$ de parties de E, toujours appelées classes de la partition, vérifiant :

- $\forall k \in \mathbb{N}^*$, $A_k \neq \varnothing$.
- $\bigcup_{k=1}^{+\infty} A_k = E$.
- $\forall (i, j) \in (\mathbb{N}^*)^2$, $i \neq j$, $A_i \cap A_j = \varnothing$.

Exemple 3.3. — $\{\{0\}, \{1\}, ..., \{n\}, \{n+1\}, ...\}$ est une partition infinie de $\mathbb{N}$.

■ Ensembles dénombrables, ensembles finis

❑ Ensemble dénombrable

Définition 3.16. — Un ensemble E est dit dénombrable s'il existe une bijection de E sur $\mathbb{N}$.

Remarque 3.6. — Ceci signifie qu'à chaque élément de E, on peut faire correspondre un unique entier naturel et qu'à chaque entier naturel, on peut faire correspondre un unique élément de E (voir la définition d'une bijection au **chapitre 4**).

Remarque 3.7. — Un ensemble E est dénombrable si on peut "numéroter" ses éléments avec tous les entiers naturels (on dit que les éléments de l'ensemble sont indexés par $\mathbb{N}$).

Exemple 3.4. — Les ensembles $\mathbb{N}$, $\mathbb{N}^*$, $\mathbb{Z}$ et $\mathbb{Q}$ sont dénombrables, mais $\mathbb{R}$ ne l'est pas.

❑ Ensemble fini

Définitions 3.17. — Un ensemble E est dit fini, soit s'il est vide, soit s'il existe un entier naturel n non nul tel qu'il existe une bijection de E vers $[\![1,n]\!]$.
Le nombre n est appelé *cardinal* de E, noté $\operatorname{card}(E)$, et on a $\operatorname{card}(\varnothing) = 0$.

Remarque 3.8. — Le cardinal d'un ensemble fini n'est rien d'autre que son nombre d'éléments.

Définitions 3.18. — On appelle *singleton* tout ensemble possédant un seul élément.
On appelle *paire* tout ensemble possédant deux éléments.

Méthodes

Inclusion

Méthode 3.1. Comment montrer qu'un ensemble est inclus dans un autre grâce à la définition ?

Pour montrer que A est inclus dans B, on prend un élément x quelconque de A et on prouve que x appartient à B.

⇨ Exercices 3.5, 3.7

Exemple. Soit A l'ensemble des entiers naturels multiples de 6 et B l'ensemble des entiers naturels pairs. Montrer que $A \subset B$.
Soit n un élément de A, alors il existe un entier naturel p tel que $n = 6p = 2\,(3p)$, ce qui prouve que n est multiple de 2 et appartient donc à B. Ainsi, $A \subset B$.

Méthode 3.2. Comment montrer que *E* est inclus dans *F* en écrivant $E = F \cap G$?

Pour montrer que E est inclus dans F, on peut écrire E comme l'intersection de F et d'un autre ensemble G et utiliser le fait que $F \cap G \subset F$.

⇨ Exercice 3.1

Exemple. Soit $E = \{x \in \mathbb{R}, |x-2| \leq 3\}$ et $F = \{x \in \mathbb{R}, x \leq 5\}$. Montrer que $E \subset F$.
$E = \{x \in \mathbb{R}, |x-2| \leq 3\} = \{x \in \mathbb{R}, -3 \leq x-2 \leq 3\} = \{x \in \mathbb{R}, -1 \leq x \leq 5\} = F \cap G$, avec $G = \{x \in \mathbb{R}, -1 \leq x\}$. On a donc bien $E \subset F$.

Méthode 3.3. Comment montrer que *E* est inclus dans *F* en écrivant $F = E \cup G$?

Pour montrer que E est inclus dans F, on peut écrire F comme la réunion de E et d'un autre ensemble G et utiliser le fait que $E \subset E \cup G$.

⇨ Exercice 3.1

Exemple. Soit $E = \{x \in \mathbb{R}, x < 1\}$ et $F = \{x \in \mathbb{R}, |x-3| > 2\}$. Montrer que $E \subset F$.
$F = \{x \in \mathbb{R}, |x-3| > 2\} = \{x \in \mathbb{R}, x-3 > 2 \text{ ou } x-3 < -2\} = \{x \in \mathbb{R}, x > 5 \text{ ou } x < 1\}$.
On a donc bien : $F = E \cup G$, avec $G = \{x \in \mathbb{R}, x > 5\}$. Par conséquent : $E \subset F$.

■ Égalité d'ensembles

❑ Méthode 3.4. Comment montrer que deux ensembles sont égaux grâce à la définition ?

Pour montrer que $A = B$, on peut procéder par double inclusion.

⇨ Exercices 3.4, 3.5

Exemple. Montrer que, si $A \cup B = A \cap B$, alors $A = B$.
Montrons dans un premier temps, que $A \subset B$.
Soit x un élément de A, alors, comme $A \subset A \cup B$, $x \in A \cup B$, mais $A \cup B = A \cap B$, on en déduit donc que $x \in A \cap B$, ce qui montre que, en particulier, $x \in B$. Ainsi, $A \subset B$.
De la même façon, on montre que $B \subset A$ et on conclut par double inclusion que $A = B$.

❑ Méthode 3.5. Comment montrer que deux ensembles sont égaux en utilisant les propriétés des opérations ?

Pour montrer que $A = B$, on peut procéder par égalités successives en transformant A jusqu'à obtenir B.

⇨ Exercices 3.2, 3.3, 3.8

Exemple. On considère 2 parties, E et F, de Ω. On pose $A = (E \cap F) \cup (E \cap \overline{F}) \cup (\overline{E} \cap F)$.
Montrer que $A = E \cup F$.
Par associativité de la réunion, on a : $A = [(E \cap F) \cup (E \cap \overline{F})] \cup (\overline{E} \cap F)$.
Par distributivité de l'intersection sur la réunion : $A = [E \cap (F \cup \overline{F})] \cup (\overline{E} \cap F)$.
$A = [E \cap \Omega] \cup (\overline{E} \cap F) = E \cup (\overline{E} \cap F)$, car $E \subset \Omega$, ce qui implique $E \cap \Omega = E$.
Par distributivité de la réunion sur l'intersection, on obtient : $A = (E \cup \overline{E}) \cap (E \cup F)$.
$A = \Omega \cap (E \cup F)$, et pour finir : $A = E \cup F$, car $E \cup F \subset \Omega$.

■■ Vrai/Faux

Les assertions suivantes sont-elles vérifiées par toutes parties A, B et C d'un ensemble Ω.

		Vrai	Faux
1.	$A \cap B \subset B$.	☐	☐
2.	$A \cup B \subset B$.	☐	☐
3.	$(A \cap B) \cap (A \cap C) = A \cap B \cap C$.	☐	☐
4.	$(B \cap A) \cup (B \cap \overline{A}) = \Omega$.	☐	☐
5.	$(A \cap B) \cap (\overline{A} \cap B) = \varnothing$.	☐	☐
6.	$A \cup (B \cap C) = (A \cup B) \cap (A \cup C)$.	☐	☐
7.	$A \cap (B \cup C) = (A \cup B) \cap (A \cup C)$.	☐	☐
8.	$A \cap \overline{B} \subset A \cup B$.	☐	☐
9.	$\overline{A \cup (B \cap C)} = \overline{A} \cap \overline{B} \cap \overline{C}$.	☐	☐
10.	$(A \cap \overline{B}) \cup B = A \cup B$.	☐	☐

■■ Énoncé des exercices

❑ **Exercice 3.1.** — On considère une suite d'ensembles $\left(A_j\right)_{j\in\mathbb{N}^*}$. Pour tout entier naturel n supérieur ou égal à 1, on pose :

$$I_n = \bigcap_{k=1}^{n} A_k \text{ et } U_n = \bigcup_{k=1}^{n} A_k$$

Montrer que, pour tout n de $\mathbb{N}^*$, on a : $I_{n+1} \subset I_n$ et $U_n \subset U_{n+1}$.

❑ **Exercice 3.2.** — Formules de Morgan généralisées.
On considère une suite d'ensembles $\left(A_j\right)_{j\in\mathbb{N}^*}$.

1. Montrer par récurrence la première formule de Morgan généralisée :

$$\forall n\in \mathbb{N}^*,\ \overline{\bigcap_{k=1}^{n} A_k} = \bigcup_{k=1}^{n} \overline{A_k}$$

2. En déduire, sans récurrence, la deuxième formule de Morgan généralisée :

$$\forall n\in \mathbb{N}^*,\ \overline{\bigcup_{k=1}^{n} A_k} = \bigcap_{k=1}^{n} \overline{A_k}$$

❑ **Exercice 3.3.** — On considère une partition $\{B_1, B_2, \ldots, B_n\}$ de Ω (avec $n \geq 1$), ainsi qu'une partie A non vide de Ω. Montrer que $A = \bigcup_{k=1}^{n} (A \cap B_k)$ et vérifier que cette réunion est formée d'ensembles deux à deux disjoints.

❑ **Exercice 3.4.** — Montrer que si l'on a $A \cup B = A \cap C$, $B \cup C = B \cap A$ et $C \cup A = C \cap B$, alors $A = B = C$.

❑ **Exercice 3.5.*** — On considère deux ensembles A et B tels qu'il existe un troisième ensemble X vérifiant : $A \cap X = B \cap X$ et $A \cup X = B \cup X$.
Montrer que $A = B$.

❑ **Exercice 3.6.** — Exhiber des exemples pour illustrer les deux affirmations suivantes :

1. Sous l'hypothèse $A \cup B = A \cup C$, on ne peut pas conclure que $B = C$.

2. Sous l'hypothèse $A \cap B = A \cap C$, on ne peut pas conclure que $B = C$.

❑ **Exercice 3.7.*** — On définit l'opération, notée \, par : $A \setminus B = A \cap \overline{B}$.

1. Déterminer $A \setminus A$ et $A \setminus \varnothing$.

2. Montrer que : $A \setminus B = A \Leftrightarrow B \setminus A = B$.

❑ **Exercice 3.8.** ** — L'opération \ ayant été définie dans l'**exercice 3.7**, on définit maintenant l'opération, notée Δ, par : $A \Delta B = (A \setminus B) \cup (B \setminus A)$.

1. Déterminer $A \Delta A$ et $A \Delta \varnothing$.

2. Montrer que $A \Delta B = (A \cup B) \setminus (A \cap B)$.

■ Pour vous aider à démarrer

Exercice 3.1. Montrer d'abord que $I_{n+1} = I_n \cap A_{n+1}$ et $U_{n+1} = U_n \cup A_{n+1}$.
Exercice 3.2. Pour la question **2**, appliquer la première question à la suite d'ensembles $\left(\overline{A_j}\right)_{j \in \mathbb{N}^*}$.

Exercice 3.3. Commencer en écrivant $A = A \cap \Omega$.
Exercice 3.4. Montrer d'abord que $A \cup B \subset C$.
Exercice 3.5. Pour l'inclusion de A dans B, on considère un élément a de A. Il faut ensuite montrer que a appartient à $B \cup X$, puis distinguer 2 cas : $a \in B$ ou $a \in X$.
Exercice 3.6. Trouver des exemples avec des ensembles simples, ayant au plus trois éléments.
Exercice 3.7. Pour la question **2**, on peut montrer une implication, puis constater que la deuxième implication s'obtient en échangeant les rôles de A et B. Le corrigé propose une deuxième méthode plus directe mais nécessitant une idée forte au départ !

Exercice 3.8. Pour la question **2**, après avoir écrit $A \Delta B = \left(A \cap \overline{B}\right) \cup \left(B \cap \overline{A}\right)$, utiliser la distributivité de la réunion sur l'intersection.

■■ Corrigé des vrai/faux

1.	2.	3.	4.	5.	6.	7.	8.	9.	10.
V	F	V	F	V	V	F	V	F	V

1. C'est du cours : tout élément de $A \cap B$ est à la fois dans A et dans B, il est donc, entre autres, élément de B (**propriété 3.12**).

2. Voici un exemple avec $A = \{0, 1\}$ et $B = \{2, 3\}$.

On a alors : $A \cup B = \{0, 1, 2, 3\}$ et il est évident que $A \cup B$ n'est pas inclus dans B.

3. Par associativité et commutativité de l'intersection, on a :
$(A \cap B) \cap (A \cap C) = A \cap B \cap A \cap C \ = A \cap A \cap B \cap C$.
Comme $A \cap A = A$, on obtient bien : $(A \cap B) \cap (B \cap C) = A \cap B \cap C$.

4. Par distributivité de l'intersection sur la réunion, on a : $(B \cap A) \cup (B \cap \overline{A}) = B \cap \left(A \cup \overline{A}\right)$, ce qui donne $(B \cap A) \cup (B \cap \overline{A}) = B \cap \Omega$.
Comme $B \subset \Omega$, on trouve : $(B \cap A) \cup (B \cap \overline{A}) = B$, qui est, en général différent de Ω.

5. Par associativité de l'intersection, on a : $(A \cap B) \cap (\overline{A} \cap B) = A \cap B \cap \overline{A} \cap B$.
Or l'intersection est commutative donc $(A \cap B) \cap (\overline{A} \cap B) = A \cap \overline{A} \cap B \cap B$, puis encore par associativité : $(A \cap B) \cap (\overline{A} \cap B) = (A \cap \overline{A}) \cap (B \cap B)$. Comme $A \cap \overline{A} = \varnothing$ et $B \cap B = B$, on trouve : $(A \cap B) \cap (\overline{A} \cap B) = \varnothing \cap B = \varnothing$.

6. Par distributivité de la réunion sur l'intersection, on a : $A \cup (B \cap C) = (A \cup B) \cap (A \cup C)$.

7. L'égalité proposée ressemble à la distributivité de l'intersection sur la réunion, mais...
Si l'on prend $\Omega = \{0, 1, 2, 3\}$, $A = \{0, 1\}$, $B = \{1, 2\}$ et $C = \{1, 3\}$.

- $B \cup C = \{1, 2, 3\}$ donc $A \cap (B \cup C) = \{1\}$.
- $A \cup B = \{0, 1, 2\}$ et $A \cup C = \{0, 1, 3\}$ donc $(A \cup B) \cap (A \cup C) = \{0, 1\}$.

On a donc : $A \cap (B \cup C) \neq (A \cup B) \cap (A \cup C)$.

8. On sait que $A \cap \overline{B} \subset A$ (**propriété 3.12**) et que $A \subset A \cup B$ (**propriété 3.12**).

9. On peut se douter que c'est faux puisque l'on sait (grâce aux lois de Morgan) que :

$$\overline{A}\cap\overline{B}\cap\overline{C}=\overline{A\cup B\cup C}.$$

Voici un contre exemple :

Avec $\Omega=\{0, 1, 2, 3\}$, considérons les ensembles : $A=\{0, 1\}$, $B=\{1, 2\}$ et $C=\{1, 3\}$.

- Alors $B\cap C=\{1\}$ donc $A\cup(B\cap C)=\{0, 1\}$ et $\overline{A\cup(B\cap C)}=\{2, 3\}$.
- De plus, $\overline{A}=\{2, 3\}$, $\overline{B}=\{0, 3\}$ et $\overline{C}=\{0, 2\}$ donc $\overline{A}\cap\overline{B}\cap\overline{C}=\varnothing$.

10. Par distributivité de la réunion sur l'intersection, on a : $(A\cap\overline{B})\cup B=(A\cup B)\cap(\overline{B}\cup B)$. Comme $\overline{B}\cup B=\Omega$, on obtient $(A\cap\overline{B})\cup B=(A\cup B)\cap\Omega$, et comme $A\cup B\subset\Omega$, la **propriété 3.4** permet de conclure : $(A\cap\overline{B})\cup B=A\cup B$.

❑ Les erreurs classiques

- Il ne faut surtout pas confondre réunion et intersection, notamment quand il faut établir des inclusions (ce qui sera le cas en probabilités).
- Il ne faut pas utiliser une propriété de distributivité lorsque l'on est en présence d'une seule opération ($\cap$ ou $\cup$).
- Le non respect des lois de Morgan entraîne de graves erreurs, similaires aux erreurs de logique (revoir à ce sujet le chapitre 1).
- Il vaut mieux ne pas trop se fier à son intuition lorsqu'il s'agit de mettre en place des inclusions (ce que l'on appelle le bon sens n'est parfois pas suffisant, voire trompeur).

Corrigé des exercices

Exercice 3.1

Soit n un entier naturel non nul.

- Par définition, on a :

$$I_{n+1} = \bigcap_{k=1}^{n+1} A_k = A_1 \cap A_2 \cap \ldots \cap A_n \cap A_{n+1} = \left(A_1 \cap A_2 \cap \ldots \cap A_n\right) \cap A_{n+1} = I_n \cap A_{n+1}.$$

Or $I_n \cap A_{n+1} \subset I_n$ (**propriété 3.12**) ainsi : $I_{n+1} \subset I_n$.

- De même, on a :

$$U_{n+1} = \bigcup_{k=1}^{n+1} A_k = A_1 \cup A_2 \cup \ldots \cup A_n \cup A_{n+1} = \left(A_1 \cup A_2 \cup \ldots \cup A_n\right) \cup A_{n+1} = U_n \cup A_{n+1}.$$

Or $U_n \subset U_n \cup A_{n+1}$ (**propriété 3.12**) ainsi : $U_n \subset U_{n+1}$.

Finalement, pour tout n de $\mathbb{N}^*$, on a bien : $I_{n+1} \subset I_n$ et $U_n \subset U_{n+1}$.

⇨ *Méthodes 3.2, 3.3*

Exercice 3.2

1. Soit n un entier naturel non nul. Posons R(n) : "$\overline{\bigcap_{k=1}^{n} A_k} = \bigcup_{k=1}^{n} \overline{A_k}$".

Montrons par récurrence que la propriété R(n) est vraie pour tout entier naturel non nul.

- R(1) est vraie. En effet, d'une part, $\overline{\bigcap_{k=1}^{1} A_k} = \overline{A_1}$ et d'autre part $\bigcup_{k=1}^{1} \overline{A_k} = \overline{A_1}$.

On a donc : $\overline{\bigcap_{k=1}^{1} A_k} = \bigcup_{k=1}^{1} \overline{A_k}$.

- Soit n un entier naturel non nul pour lequel R(n) est vraie. Montrons qu'alors R(n + 1) est vraie.

On a : $\overline{\bigcap_{k=1}^{n+1} A_k} = \overline{\bigcap_{k=1}^{n} A_k \cap A_{n+1}} = \left(\overline{\bigcap_{k=1}^{n} A_k}\right) \cup \overline{A_{n+1}}$, par la première loi de Morgan.

$= \left(\bigcup_{k=1}^{n} \overline{A_k}\right) \cup \overline{A_{n+1}}$, par hypothèse de récurrence R(n).

D'où $\overline{\bigcap_{k=1}^{n+1} A_k} = \bigcup_{k=1}^{n+1} \overline{A_k}$. Ceci signifie que R($n$+1) est vraie.

Ainsi, par récurrence, pour tout entier naturel n non nul, on a bien : $\overline{\bigcap_{k=1}^{n} A_k} = \bigcup_{k=1}^{n} \overline{A_k}$.

Corrigé

2. Appliquons la première formule de Morgan généralisée à la suite d'ensembles $\left(\overline{A_j}\right)_{j\in\mathbb{N}^*}$.

Nous obtenons : $\forall n \in \mathbb{N}^*$, $\overline{\bigcap_{k=1}^{n} \overline{A_k}} = \bigcup_{k=1}^{n} \overline{\overline{A_k}}$. Ceci signifie que : $\forall n \in \mathbb{N}^*$, $\overline{\bigcap_{k=1}^{n} \overline{A_k}} = \bigcup_{k=1}^{n} A_k$.

En passant au complémentaire, nous obtenons bien : $\forall n \in \mathbb{N}^*, \bigcap_{k=1}^{n} \overline{A_k} = \overline{\bigcup_{k=1}^{n} A_k}$.

⇨ *Méthode 3.5*

✐ *Il faut connaître ces généralisations des lois de Morgan.*

Exercice 3.3

- Montrons tout d'abord que : $A = \bigcup_{k=1}^{n} (A \cap B_k)$.

La **propriété 3.5** permet d'écrire : $A = A \cap \Omega$.

De plus, $\{B_1, B_2, .., B_n\}$ étant une partition de Ω, on a : $\Omega = \bigcup_{k=1}^{n} B_k$.

Nous obtenons donc : $A = A \cap \left(\bigcup_{k=1}^{n} B_k\right)$.

Montrons alors par récurrence la propriété R(n) : " $A \cap \left(\bigcup_{k=1}^{n} B_k\right) = \bigcup_{k=1}^{n} (A \cap B_k)$ ".

- R(1) est vraie. En effet $A \cap \left(\bigcup_{k=1}^{1} B_k\right) = A \cap B_1$ et $\bigcup_{k=1}^{1} (A \cap B_k) = A \cap B_1$.
- Soit n un entier naturel non nul tel que R(n) est vraie.

On a alors : $A \cap \left(\bigcup_{k=1}^{n+1} B_k\right) = A \cap \left(\left(\bigcup_{k=1}^{n} B_k\right) \cup B_{n+1}\right)$.

$A \cap \left(\bigcup_{k=1}^{n+1} B_k\right) = \left(A \cap \left(\bigcup_{k=1}^{n} B_k\right)\right) \cup (A \cap B_{n+1})$ par distributivité de l'intersection sur la réunion.

$A \cap \left(\bigcup_{k=1}^{n+1} B_k\right) = \left(\bigcup_{k=1}^{n} (A \cap B_k)\right) \cup (A \cap B_{n+1})$ par hypothèse de récurrence R(n).

D'où $A \cap \left(\bigcup_{k=1}^{n+1} B_k\right) = \bigcup_{k=1}^{n+1} (A \cap B_k)$ c'est-à-dire R(n + 1) est vraie.

Ainsi, par récurrence, pour tout entier naturel n non nul, on a : $A \cap \left(\bigcup_{k=1}^{n} B_k\right) = \bigcup_{k=1}^{n} (A \cap B_k)$.

Finalement, on a bien : $A = \bigcup_{k=1}^{n} (A \cap B_k)$.

- Montrons maintenant que cette réunion est formée d'ensembles deux à deux disjoints.

Ceci revient à montrer que : $\forall(i,j)\in[\![1;n]\!]^2, i\neq j, (A\cap B_i)\cap(A\cap B_j)=\varnothing$.

Soit i et j deux entiers compris entre 1 et n tels que $i\neq j$.

Alors $(A\cap B_i)\cap(A\cap B_j)=A\cap B_i\cap B_j = A\cap(B_i\cap B_j)$, par associativité et commutativité de l'intersection et grâce à la **propriété 3.3**.

De plus, par hypothèse, $B_i\cap B_j=\varnothing$, on en déduit que : $(A\cap B_i)\cap(A\cap B_j)=\varnothing$.

⇨ *Méthode 3.5*

✎ *La propriété R(n) démontrée par récurrence au cours de cet exercice est la généralisation de la propriété de distributivité de l'intersection sur la réunion. La généralisation de la distributivité de la réunion sur l'intersection se démontre de manière analogue. Il faut connaître ces généralisations.*

Exercice 3.4

Utilisons la **méthode 3.4**, pour obtenir des inclusions entre les différents ensembles.

- Puisque $A\cap C\subset C$, la relation $A\cup B=A\cap C$ donne alors $A\cup B\subset C$ ce qui implique $\begin{cases}B\subset C\\A\subset C\end{cases}$ (**propriété 3.12**).
- Puisque $B\cap A\subset A$, la relation $B\cup C=B\cap A$ donne alors $B\cup C\subset A$, ce qui implique $\begin{cases}B\subset A\\C\subset A\end{cases}$ (**propriété 3.12**).
- Enfin, puisque $C\cap B\subset B$, la relation $C\cup A=C\cap B$ donne alors $C\cup A\subset B$, ce qui implique $\begin{cases}C\subset B\\A\subset B\end{cases}$ (**propriété 3.12**).

Ces six relations nous permettent de conclure, par double inclusion, que $A=B=C$.

⇨ *Méthode 3.4*

Exercice 3.5

Prouvons dans un premier temps l'inclusion : $A\subset B$ par la **méthode 3.1**.
Considérons un élément a quelconque dans A.
La **propriété 3.12** assure que a est un élément de $A\cup X$.
Comme $A\cup X=B\cup X$, on obtient : $a\in B\cup X$.

On raisonne alors par disjonction de cas sur l'appartenance de a à X :
Si a n'appartient pas à X alors a appartient à B.
Si a appartient à X, alors a appartient à $A\cap X$. Mais $A\cap X=B\cap X$ par hypothèse.
Ainsi a est un élément de B (et de X).
Dans les deux cas, nous concluons que a appartient à B, ce qui prouve l'inclusion : $A\subset B$.

L'autre inclusion se prouvant de la même façon, on obtient : $A=B$.

⇨ *Méthode 3.4*

Exercice 3.6

1. Considérons $A=\{0,1\}$, $B=\{1,2\}$ et $C=\{0,2\}$. On a $A\cup B=A\cup C=\{0,1,2\}$ mais $B\neq C$.

2. Considérons $A=\{0\}$, $B=\{0,1,2\}$ et $C=\{0,2\}$. On a $A\cap B=A\cap C=\{0\}$ mais $B\neq C$.

Exercice 3.7

1. On a facilement : $A\setminus A=A\cap\overline{A}=\varnothing$ et $A\setminus\varnothing=A\cap\overline{\varnothing}=A\cap\Omega=A$.

2. Procédons par double implication.

- Montrons d'abord que : $A\cap\overline{B}=A\ \Rightarrow\ B\cap\overline{A}=B$.

Première méthode. On procède par double inclusion.

L'inclusion $(B\cap\overline{A})\subset B$ est toujours vraie (**propriété 3.12**).

Montrons maintenant que $B\subset\ B\cap\overline{A}$. Considérons un élément quelconque x de B et raisonnons par l'absurde : si x était élément de A, alors x serait élément de $A\cap\overline{B}$ par hypothèse. Par conséquent, x serait élément de $\overline{B}$, ce qui est absurde. Ainsi x est élément de $\overline{A}$ et x est donc élément de $B\cap\overline{A}$, ce qui prouve que : $B\subset(B\cap\overline{A})$.

Au final, on a bien : $B\cap\overline{A}=B$

Deuxième méthode.

Comme, par hypothèse $A\cap\overline{B}=A$, en prenant les complémentaires, on trouve : $\overline{A}\cup B=\overline{A}$ et on a, en remplaçant : $B\cap\overline{A}=B\cap\left(\overline{A}\cup B\right)$. Comme B est inclus dans $\overline{A}\cup B$, il reste : $B\cap\overline{A}=B$.

- Pour montrer que ($B\cap\overline{A}=B\ \Rightarrow\ A\cap\overline{B}=A$), il suffit d' échanger les rôles de A et B.
- On peut conclure : $A\cap\overline{B}=A\ \Leftrightarrow\ B\cap\overline{A}=B$, c'est-à-dire : $A\setminus B=A\Leftrightarrow B\setminus A=B$.

⇨ *Méthode 3.1*

Exercice 3.8

1. En utilisant les résultats de l'exercice précédent, on obtient :

- $A\,\Delta\,A=\left(A\setminus A\right)\cup\left(A\setminus A\right)\ =\left(A\setminus A\right)=\varnothing$.
- $A\,\Delta\,\varnothing=\left(A\setminus\varnothing\right)\cup\left(\varnothing\setminus A\right)\ =A\cup\varnothing=A$.

2. Par définition, on a : $A\,\Delta\,B=\left(A\cap\overline{B}\right)\cup\left(B\cap\overline{A}\right)$.

Par distributivité, on obtient : $A\,\Delta\,B=(A\cup B)\cap(\overline{B}\cup B)\cap(A\cup\overline{A})\cap(\overline{B}\cup\overline{A})$.

Comme $(\overline{B}\cup B)=(A\cup\overline{A})=\Omega$, il reste : $A\,\Delta\,B=(A\cup B)\cap(\overline{B}\cup\overline{A})$.

Grâce aux lois de Morgan, on a : $\overline{B}\cup\overline{A}=\overline{B\cap A}=\overline{A\cap B}$, ce qui donne :

$A\,\Delta\,B=(A\cup B)\cap\overline{A\cap B}$, et ceci traduit exactement le fait que : $A\,\Delta\,B=\left(A\cup B\right)\setminus\left(A\cap B\right)$.

⇨ *Méthode 3.5*

Chapitre 4
Applications

Henri Cartan
1904-2008

Dans les années 1930, un groupe de jeunes mathématiciens, parmi lesquels Henri **Cartan**, tous sortis de l'École normale supérieure de la rue d'Ulm, comprennent le besoin essentiel de faire entrer dans l'enseignement des mathématiques les nouveaux concepts apparus au tournant du siècle. Ils font le projet d'élaborer un traité présentant les structures fondamentales des mathématiques. Souhaitant produire un ouvrage collectif, ils prennent le pseudonyme de Nicolas **Bourbaki**. Pour préciser les concepts de base, ils introduisent parfois un vocabulaire nouveau. Ils délaissent le terme *fonction*, de définition souvent assez floue à l'époque, pour le mot *application*. Poussant plus loin leur étude,ils introduisent aussi les mots *injection, surjection* et *bijection*.

■■ Objectifs

■ Les incontournables

- ▷ Savoir montrer qu'une application est une bijection.
- ▷ Savoir démontrer qu'une équation possède une seule solution.
- ▷ Savoir déterminer la composée de deux applications.

■ Et plus si affinités

- ▷ Savoir déterminer, lorsque c'est possible, la bijection réciproque d'une bijection.
- ▷ Savoir montrer qu'une application est (ou n'est pas) une injection, une surjection.

Résumé de cours

Fonctions

Définition 4.1. — Une fonction f d'un ensemble E dans (ou vers) un ensemble F est un procédé qui permet d'associer certains éléments de E avec des éléments de F appelés leurs *images*, de telle façon que chaque élément x de E possède au maximum une image y dans F.

Notation et vocabulaire — Pour les éléments x de E ayant une image y dans F, on note $y = f(x)$ et on dit que x est un *antécédent* de y par f.

Définition 4.2. — L'ensemble E est appelé ensemble de départ de f et l'ensemble F est appelé ensemble d'arrivée de f.

Définition 4.3. — On appelle *graphe* de f l'ensemble des couples $(x, f(x))$ de $E \times F$.

Exemple 4.1. — $(x \mapsto \frac{1}{x})$ est une fonction de $\mathbb{R}$ vers $\mathbb{R}$.

Applications

Définition 4.4. — Une application f d'un ensemble E dans un ensemble F est une fonction de E dans F telle que chaque élément de E possède exactement une image par f dans F.
L'ensemble des applications de E dans F est noté $\mathcal{A}(E, F)$.

Exemple 4.2. — $(x \mapsto \frac{1}{x})$ est une application de $\mathbb{R}^*$ vers $\mathbb{R}$ (et même de $\mathbb{R}^*$ vers $\mathbb{R}^*$).

Remarque 4.1. — En ce qui concerne les applications de $\mathbb{R}$ dans $\mathbb{R}$, on remplace souvent le mot *application* par le mot *fonction*.

Définition 4.5. — Deux applications f et g sont égales si et seulement si elles ont même ensemble de départ E, même ensemble d'arrivée F et si, pour tout x de E, on a : $f(x) = g(x)$.

⇨ **Méthode 4.1. Comment montrer que deux applications sont égales ?**

Définition 4.6. — Soit E un ensemble. On appelle *identité* de E (ou *application identique* de E), l'application de E dans E, notée Id_E et définie par : $\forall x \in E, Id_E(x) = x$.

Définition 4.7. — Restriction d'une application.
Soit f une application d'un ensemble E dans un ensemble F et E' une partie de E. On appelle restriction de f à E', l'application notée $f_{|E'}$ définie par : $\forall x \in E', f_{|E'}(x) = f(x)$.

❑ Opérations sur les fonctions (ou applications) de $\mathbb{R}$ dans $\mathbb{R}$

Définition 4.8. — Soit f et g deux fonctions de $\mathbb{R}$ dans $\mathbb{R}$.
La fonction $f+g$ est définie par : $\forall x \in \mathbb{R}$, $(f+g)(x)=f(x)+g(x)$.
Pour tout réel α, la fonction αf est définie par : $\forall x \in \mathbb{R}$, $(\alpha f)(x)=\alpha f(x)$.
La fonction fg est définie par : $\forall x \in \mathbb{R}$, $(fg)(x)=f(x)g(x)$.

❑ Composition des applications

Définition 4.9. — Soit E, F et G trois ensembles, f une application de E dans F et g une application de F dans G. On note $g \circ f$ (et on lit "g rond f") l'application de E dans G qui à tout élément x de E associe $(g \circ f)(x) = g(f(x))$.

⇨ **Méthode 4.2. Comment composer deux applications ?**

Propriété 4.1. — La composition des applications est *associative*. Lorsque les composées écrites ci-après existent, on a : $(f \circ g) \circ h = f \circ (g \circ h) = f \circ g \circ h$.

Propriété 4.2. — Si f est une application de E dans F, on a :
$$f \circ Id_E = Id_F \circ f = f.$$

■ Applications particulières

❑ Injection

Définition 4.10. — Une application f d'un ensemble E dans un ensemble F est injective (ou est une injection) si chaque élément de F admet au plus un antécédent dans E par f.

Exemple 4.3. — $(x \mapsto x^2)$ est une injection de $\mathbb{R}_+$ vers $\mathbb{R}$, mais ce n'est pas une injection de $\mathbb{R}$ vers $\mathbb{R}$.

Théorème 4.1. — Une application f de E dans F est injective si et seulement si :
$$\forall (x_1, x_2) \in E^2, f(x_1) = f(x_2) \Rightarrow x_1 = x_2.$$

⇨ **Méthode 4.3. Comment montrer qu'une application est (ou n'est pas) injective ?**

❑ Surjection

Définition 4.11. — Une application f d'un ensemble E dans un ensemble F est surjective (ou est une surjection) si chaque élément de F admet au moins un antécédent dans E par f.

Exemple 4.4. — $(x \mapsto x^2)$ est une surjection de $\mathbb{R}$ vers $\mathbb{R}_+$, mais pas de $\mathbb{R}$ vers $\mathbb{R}$.

Théorème 4.2. — Une application f de E dans F est surjective si et seulement si :
$$\forall y \in F, \exists x \in E, y = f(x).$$

⇨ **Méthode 4.4. Comment montrer qu'une application est (ou n'est pas) surjective ?**

❑ Bijection

Définition 4.12. — Une application f d'un ensemble E dans un ensemble F est une application bijective (on dit aussi une bijection) si elle est injective et surjective.

Exemple 4.5. — $(x \mapsto x^2)$ est une bijection de $\mathbb{R}_+$ vers $\mathbb{R}_+$.

Théorème 4.3. — Une application f de E dans F est bijective si et seulement si :

$$\forall y \in F, \exists ! x \in E, y = f(x).$$

⇨ **Méthode 4.5. Comment montrer qu'une application est bijective en résolvant une équation ?**

Remarque 4.2. — En d'autres termes, f est bijective si l'équation $y = f(x)$, d'inconnue x, possède une unique solution.

Théorème 4.4. — Une application f d'un ensemble E dans un ensemble F est une bijection de E dans F si, et seulement si, il existe une application g de F dans E telle que :

$$g \circ f = Id_E \text{ et } f \circ g = Id_F$$

⇨ **Méthode 4.7. Comment montrer qu'une application f est bijective en cherchant f^{-1} par composition ?**

Propriété 4.3. — La fonction g définie au **théorème 4.4** est unique

Définition 4.13. — La fonction g définie au **théorème 4.4** est appelée bijection réciproque de f et est notée f^{-1}. On a alors l'équivalence :

$$y = f(x) \Leftrightarrow x = f^{-1}(y)$$

⇨ **Méthode 4.6. Comment déterminer l'application réciproque d'une bijection ?**

Théorème 4.5. — Composée de bijections. Si f est une bijection de E dans F et si g est une bijection de F dans G, alors $g \circ f$ est une bijection de E dans G et l'on a : $(g \circ f)^{-1} = f^{-1} \circ g^{-1}$.

❑ Théorème de la bijection

Théorème 4.6. — Théorème de la bijection. Soit f une application, définie sur un intervalle I de $\mathbb{R}$, continue et strictement monotone sur I, alors f est une bijection de I sur l'intervalle image de I par f.

⇨ **Méthode 4.8. Comment montrer qu'une application numérique est bijective ?**

Remarque 4.3. — La continuité est abordée dans le **chapitre 11**. C'est la propriété qui garantit que l'image d'un intervalle par une fonction continue est un intervalle. Les fonctions usuelles (ln, exp, fonctions polynomiales ou rationnelles, etc) sont continues là où elles sont définies.

Théorème 4.7. — Si une application f est une bijection strictement monotone d'un intervalle I de $\mathbb{R}$ vers un intervalle J de $\mathbb{R}$, alors f et f^{-1} ont les mêmes variations.

■■ Méthodes

■ Applications, composition des applications

❑ Méthode 4.1. Comment montrer que deux applications sont égales ?

Pour montrer que deux applications sont égales, on vérifie qu'elles ont même ensemble de départ, même ensemble d'arrivée, et que, pour tout x de l'ensemble de départ, on a $f(x) = g(x)$.

⇨ **Exercice 4.3**

Exemple. Soit f et g les applications de $\mathbb{R}$ dans $\mathbb{R}$ définies par :

$$f(x) = \ln(1+e^x) \text{ et } g(x) = x + \ln(1+e^{-x}).$$

Montrer que f et g sont égales.

Pour commencer, puisque, pour tout réel x, on a : $1+e^x > 0$ et $1+e^{-x} > 0$, les applications f et g sont toutes deux définies sur $\mathbb{R}$ et à valeurs dans $\mathbb{R}$. De plus, pour tout réel x, on a :

$f(x) = \ln(e^x(e^{-x}+1)) = \ln(e^x) + \ln(e^{-x}+1) = x + \ln(e^{-x}+1) = g(x)$.

Remarque. — On pouvait aussi commencer le calcul avec $g(x)$ en écrivant $x = \ln(e^x)$.

❑ Méthode 4.2. Comment composer deux applications ?

Pour déterminer $g \circ f$, il faut calculer, pour tout x de l'ensemble de départ de f, la quantité $(g \circ f)(x) = g(f(x))$.

⇨ **Exercices 4.3, 4.4**

Exemple. Soit f et g les applications définies, pour tout réel x, par $f(x) = x^2$ et $g(x) = x + 1$. Déterminer $g \circ f$ et $f \circ g$.

Pour tout réel x, on a : $(g \circ f)(x) = g(f(x)) = g(x^2) = x^2 + 1$.

$(f \circ g)(x) = f(g(x)) = f(x+1) = (x+1)^2 = x^2 + 2x + 1$.

Remarque. — On constate que $g \circ f \neq f \circ g$.

■ Injections, surjections et bijections

❑ Méthode 4.3. Comment montrer qu'une application est (ou n'est pas) injective ?

> Pour montrer qu'une application f de E dans F est injective, on se donne deux éléments quelconques, x_1 et x_2, de E tels que $f(x_1) = f(x_2)$ et on montre que $x_1 = x_2$.
> Pour montrer qu'une application f de E dans F n'est pas injective, on cherche deux éléments distincts de E ayant la même image.

⇨ **Exercices 4.9, 4.11**

Exemple 1. Soit f l'application de $\mathbb{N}$ dans $\mathbb{N}$ telle que, pour tout n de $\mathbb{N}$, on a $f(n) = 3n$. Montrer que f est injective.
Soit n et n' deux entiers naturels tels que $f(n) = f(n')$, on a alors $3n = 3n'$ d'où : $n = n'$. On en conclut que f est injective.

Exemple 2. Soit f l'application de $\mathbb{R}$ dans $\mathbb{R}$ telle que, pour tout x de $\mathbb{R}$, on a $f(x) = x^2$. Montrer que f n'est pas injective.
On a $f(2) = 4$ et $f(-2) = 4$ donc f n'est pas injective.

❑ Méthode 4.4. Comment montrer qu'une application est (ou n'est pas) surjective ?

> Pour montrer qu'une application f de E dans F est surjective, on se donne un élément quelconque de F et on montre qu'il a au moins un antécédent dans E.
> Pour montrer qu'une application f de E dans F n'est pas surjective, on cherche un élément de F n'ayant pas d'antécédent dans E.

⇨ **Exercices 4.9, 4.11**

Exemple 1. Soit f l'application de $\mathbb{R}$ dans $\mathbb{R}_+$ telle que, pour tout x de $\mathbb{R}$, on a $f(x) = x^2$.
Montrer que f est surjective.
Pour tout y de $\mathbb{R}_+$, l'équation $f(x) = y$ possède au moins une solution ($x = \sqrt{y}$ ou $x = -\sqrt{y}$) donc f est surjective.

Exemple 2. Soit f l'application de $\mathbb{N}$ dans $\mathbb{N}$ telle que, pour tout n de $\mathbb{N}$, on a $f(n) = 3n$.
Montrer que f n'est pas surjective.
On constate que 1 n'a pas d'antécédent dans $\mathbb{N}$ (car il n'y a pas d'entier naturel n tel que $3n = 1$) donc f n'est pas surjective.

❑ Méthode 4.5. Comment montrer qu'une application est bijective en résolvant une équation ?

Pour montrer qu'une application f de E dans F est bijective, on peut montrer que l'équation $f(x) = y$ (d'inconnue x) possède une unique solution.

⇨ Exercices 4.5, 4.6, 4.10

Exemple. Soit f l'application de $\mathbb{R}$ dans $\mathbb{R}$ telle que, pour tout réel x, on a $f(x) = 2x + 1$.

Montrer que f est bijective.

Soit y un réel tel que $y = f(x)$. On a alors $y = 2x + 1$, d'où $x = \frac{y-1}{2}$. L'équation $y = f(x)$ a une seule solution donc f est bijective.

❑ Méthode 4.6. Comment déterminer l'application réciproque d'une bijection ?

Pour déterminer f^{-1}, on résout l'équation $f(x) = y$ (d'inconnue x), dont l'unique solution est $x = f^{-1}(y)$.

⇨ Exercices 4.5, 4.6

Exemple. On reprend l'application f ci-dessus, définie pour tout réel x, par $f(x) = 2x + 1$.

L'équation $y = 2x + 1$ a pour seule solution $x = \frac{y-1}{2}$, ce qui prouve que f^{-1} est définie par :

$$\forall y \in \mathbb{R}, f^{-1}(y) = \frac{y-1}{2}$$

Remarque. Les deux méthodes précédentes sont très souvent couplées, puisque, après avoir montré que l'équation $y = f(x)$ possède une seule solution, on sait, par définition, que cette solution est $x = f^{-1}(y)$, ce qui définit de fait la fonction f^{-1}.

❑ Méthode 4.7. Comment montrer qu'une application *f* est bijective en cherchant f^{-1} par composition ?

Pour montrer qu'une application f de E dans F est bijective, on peut tenter de trouver une application g de F dans E telle que $g \circ f = Id_E$ et $f \circ g = Id_F$.

⇨ Exercice 4.4

Exemple. On pose $E = [\![1, n]\!]$ et on note f l'application qui à toute liste $L = (a_1, a_2, ..., a_{n-1}, a_n)$ de E^n associe la liste $f(L) = (a_n, a_{n-1}, ..., a_2, a_1)$.

Montrer que f est bijective et donner f^{-1}.

On s'aperçoit que f met les listes "à l'envers", ce qui donne l'idée de considérer $f \circ f$.

Pour toute liste $L = (a_1, a_2, ..., a_{n-1}, a_n)$, on a : $f \circ f(L) = f(a_n, a_{n-1}, ..., a_2, a_1)$ et, par définition de f, ceci donne : $f \circ f(L) = (a_1, a_2, ..., a_{n-1}, a_n) = L$.
On a montré que $f \circ f = Id_{E^n}$, ce qui prouve que f est bijective et que $f^{-1} = f$.

❑ Méthode 4.8. Comment montrer qu'une application numérique est bijective ?

> Pour montrer qu'une application f définie sur un intervalle I de $\mathbb{R}$ est une bijection de I sur l'intervalle $J = f(I)$, on peut montrer qu'elle est continue et strictement monotone sur I (c'est une condition suffisante).

⇨ **Exercices 4.5, 4.6, 4.7, 4.8**

Exemple. On considère la fonction g définie pour tout x de $\mathbb{R}_+^*$ par : $g(x) = \ln x + 2x + 1$. Étudier les variations de g et donner les limites de g en 0^+ et en $+\infty$.
En déduire que g est une bijection de $\mathbb{R}_+^*$ sur un intervalle que l'on déterminera.

La fonction g est continue sur $\mathbb{R}_+^*$ comme somme de fonctions continues.

De plus, g est dérivable sur $\mathbb{R}_+^*$ comme somme de fonctions dérivables et pour tout x de $\mathbb{R}_+^*$, on a : $g'(x) = \dfrac{1}{x} + 2 > 0$. Ceci montre que g est strictement croissante sur $\mathbb{R}_+^*$.

Pour finir, $\lim\limits_{\substack{x \to 0 \\ >}} g(x) = -\infty$ et $\lim\limits_{x \to +\infty} g(x) = +\infty$: l'image de $\mathbb{R}_+^*$ par f est égale à $\mathbb{R}$.

Conclusion : la fonction g est continue et strictement croissante sur $\mathbb{R}_+^*$ et $g(\mathbb{R}_+^*) = \mathbb{R}$, donc g est une bijection de $\mathbb{R}_+^*$ vers $\mathbb{R}$.

■■ Vrai/Faux

1. La fonction $(x \mapsto \frac{1}{x})$ est une bijection de $\mathbb{R}^*$ sur $\mathbb{R}^*$. ☐ ☐

2. La fonction valeur absolue est injective. ☐ ☐

3. La restriction d'une injection est encore une injection. ☐ ☐

4. La restriction d'une surjection est encore une surjection. ☐ ☐

5. Soit trois applications f, g et h de $\mathbb{R}$ dans $\mathbb{R}$. On a toujours $(f+g)\circ h = f\circ h + g\circ h$, mais en général, $h\circ(f+g) \neq h\circ f + h\circ g$. ☐ ☐

6. Si f et g sont deux applications de E dans E, on a toujours $g\circ f = f\circ g$. ☐ ☐

7. Si f est une bijection d'un intervalle I de $\mathbb{R}$ sur un intervalle J, alors f est continue et strictement monotone sur I. ☐ ☐

8. La somme de deux bijections est une bijection. ☐ ☐

9. On considère une application f de E dans F. S'il existe une application g de F dans E telle que $g\circ f = Id_E$ alors f est bijective. ☐ ☐

10. Si une application f de E dans F est injective, alors f est une bijection de E dans $f(E)$. ☐ ☐

Énoncé des exercices

❑ **Exercice 4.1.** — Soit f l'application définie, pour tout x de $\mathbb{R} \setminus \{1\}$, par $f(x) = \dfrac{1}{1-x}$.
Déterminer l'intervalle image de $]1, +\infty[$ par f.

❑ **Exercice 4.2.** * — Soit f l'application définie, pour tout x de $\mathbb{R} \setminus \{-3\}$, par $f(x) = \dfrac{x+4}{x+3}$.
Déterminer de quel intervalle I, l'intervalle $]1, +\infty[$ est l'image par f.

❑ **Exercice 4.3.** — Soit f et g les applications définies, pour tout réel x, par $f(x) = \ln(1+e^x)$ et $g(x) = -x$. Déterminer $f \circ g$ puis vérifier que : $\forall x \in \mathbb{R}, f(x) - (f \circ g)(x) = x$.

❑ **Exercice 4.4.** — Soit f l'application définie, pour tout x de $\mathbb{R} \setminus \{-1\}$, par : $f(x) = \dfrac{1-x}{1+x}$.
Déterminer $f \circ f$ et en déduire que f est une bijection de $\mathbb{R} \setminus \{-1\}$ vers $\mathbb{R} \setminus \{-1\}$.

❑ **Exercice 4.5.** * * — Soit f la fonction définie par : $\forall x \in \mathbb{R}, f(x) = \dfrac{e^x - e^{-x}}{2}$.
Montrer que f est une bijection de $\mathbb{R}$ dans $\mathbb{R}$ et déterminer sa bijection réciproque.

❑ **Exercice 4.6.** * * — Soit f la fonction définie par : $\forall x \in \mathbb{R}_+, f(x) = \dfrac{e^x + e^{-x}}{2}$.
Montrer que f est une bijection de $\mathbb{R}_+$ dans $[1, +\infty[$ et déterminer sa bijection réciproque.

❑ **Exercice 4.7.** * — On note g la fonction, définie pour tout réel x, par $g(x) = x^4 - 4x + 1$.

1. Montrer que, pour tout n de $\mathbb{N}$, l'équation $g(x) = n$, d'inconnue x possède deux solutions.

On note u_n la plus grande de ces deux solutions.

2. On note h la restriction de g à l'intervalle $[1, +\infty[$.

a) Montrer que h est une bijection strictement croissante de $[1, +\infty[$ dans $[-2, +\infty[$. Qu'en déduire pour h^{-1} ?

b) Déterminer $\lim_{n \to +\infty} u_n$.

❑ **Exercice 4.8.** — Pour tout entier naturel n non nul, on note f_n la fonction définie par : $\forall x \in]0, +\infty[, f_n(x) = x - n\ln x$.

1. Étudier cette fonction et dresser son tableau de variations.

2. En déduire, lorsque n est supérieur ou égal à 3, l'existence de deux réels, u_n et v_n, solutions de l'équation "$f_n(x) = 0$" et vérifiant $0 < u_n < n < v_n$.

D'après EDHEC

❑ **Exercice 4.9.** ** — Soit f la fonction, de $\mathbb{R}$ dans $\mathbb{R}_+$, définie par $f(x) = |x+1|$.

Montrer que f est surjective mais pas injective.

❑ **Exercice 4.10.** * — Soit f l'application de $\mathbb{N}$ dans $\mathbb{N}^*$ définie, pour tout n de $\mathbb{N}$, par :

$$f(n) = n+1$$

Montrer que f est bijective.

❑ **Exercice 4.11.** ** — Soit E, F et G trois ensembles, f une application de E dans F et g une application de F dans G.

1. Montrer que, si $g \circ f$ est injective, alors f est injective.
2. Montrer que, si $g \circ f$ est surjective, alors g est surjective.
3. Démontrer le **théorème 4.4**.

■ Pour vous aider à démarrer

Exercices 4.1 et 4.2. On peut étudier la fonction f.
Exercice 4.3. Déterminer $f \circ g$, c'est calculer, pour tout réel x, la quantité $(f \circ g)(x)$ définie par $(f \circ g)(x) = f(g(x))$.
Exercice 4.4. Même chose avec $f \circ f$.
Exercices 4.5 et 4.6. Pour déterminer f^{-1}, il faut résoudre l'équation $f(x) = y$, d'inconnue x et il sera judicieux de poser $X = e^x$.
Exercice 4.7. Pour la question **2**, noter que h^{-1} a les mêmes variations que h.
Exercice 4.8. Pour la question **2**, il faut montrer que $n(1-\ln n) < 0$.
Exercice 4.9. Pour la non-injectivité, chercher un contre exemple.
Exercice 4.10. Utiliser la **méthode 4.5**.
Exercice 4.11. Pour la question **1**, se donner x_1 et x_2 de E tels que $f(x_1) = f(x_2)$, puis composer par g.
Pour la question **2**, utiliser la définition.
Pour la question **3**, considérer une application f de E dans F et une application g de F dans E telles que $g \circ f = Id_E$ et $f \circ g = Id_F$.

Corrigé des vrai/faux

1.	2.	3.	4.	5.	6.	7.	8.	9.	10.
V	F	V	F	V	F	F	F	F	V

1. Tout élément y de $\mathbb{R}^*$ possède un unique antécédent x dans $\mathbb{R}^*$ par la fonction inverse (il s'agit de $x = \frac{1}{y}$).

2. En utilisant la **méthode 4.3**, -1 et 1 sont différents et pourtant on a : $|-1| = |1| = 1$. La fonction valeur absolue n'est donc pas injective.

3. Si $f : E \to F$ est injective alors : $\forall (x, y) \in E^2, (f(x) = f(y) \Rightarrow x = y)$. Ceci étant vrai pour tout couple (x, y) d'éléments de E, c'est donc vrai pour tout couple (x, y) d'éléments d'une partie E_1 de E (puisque E_1 est inclus dans E).

On a donc : $\forall (x, y) \in E_1, (f(x) = f(y) \Rightarrow x = y)$, c'est-à-dire que $f_{|E_1}$ est injective.

4. Considérons la fonction $f : \begin{cases} \mathbb{R} \to \mathbb{R} \\ x \mapsto x \end{cases}$ qui est bijective donc surjective.

Mais la fonction $g : \begin{cases} \mathbb{R}_+ \to \mathbb{R} \\ x \mapsto x \end{cases}$, qui est la restriction de f à $\mathbb{R}_+$ n'est pas surjective. En effet, -1 ne possède pas d'antécédent par g.

5. Soulignons déjà que les fonctions existent bien puisque d'une part, h est à valeurs dans $\mathbb{R}$, et $f + g$ est définie sur $\mathbb{R}$, et que d'autre part, $f + g$ est à valeurs dans $\mathbb{R}$ et h est définie sur $\mathbb{R}$.

- De plus, $(f + g) \circ h = f \circ h + g \circ h$.

En effet, pour tout réel x, $((f + g) \circ h)(x) = (f + g)(h(x))$.

Par définition de l'addition des fonctions, on a : $\forall x \in \mathbb{R}, ((f + g) \circ h)(x) = f(h(x)) + g(h(x))$.

Ou encore : $\forall x \in \mathbb{R}, ((f + g) \circ h)(x) = (f \circ h)(x) + (g \circ h)(x)$.

- Enfin, considérons les fonctions f, g et h de $\mathbb{R}$ dans $\mathbb{R}$ telles que : $\begin{cases} f(x) = 1 \\ g(x) = x \\ h(x) = x^2 \end{cases}$.

Alors, pour tout réel x, $h \circ (f + g)(x) = (x + 1)^2$ et $(h \circ f)(x) + (h \circ g)(x) = 1 + x^2$.

Corrigé

6. Il suffit, pour se convaincre que c'est faux, d'examiner, comme dans la **méthode 4.2**, les fonctions f et g de $\mathbb{R}$ dans $\mathbb{R}$ définies par : $f(x)=x+1$ et $g(x)=x^2$. On a alors sans difficulté l'existence des deux composées et pour tout réel x, $f\circ g(x)=f(x^2)=x^2+1$ et $g\circ f(x)=g(x+1)=(x+1)^2$. On a donc : $f\circ g\neq g\circ f$.

7. La réciproque de la proposition étudiée est vraie, mais pas la proposition elle-même.
En effet, il suffit de considérer l'intervalle $I=[-1,1]$ et la fonction f définie par :

$$\begin{cases} f(x)=-x+1 \text{ si } x\in[-1,0[\\ f(x)=x \text{ si } x\in[0,1] \end{cases}.$$

f est une bijection de I sur $[0, 2]$. En effet,

- Tout élément y de $[0, 1]$ possède un unique antécédent par f : lui-même.
- Tout élément y de $]1, 2]$ possède un unique antécédent par f : $1-y$.

Pourtant, f n'est ni continue (problème en 1), ni strictement monotone puisque $f(1)>f(0)$ et $f(0)<f(-1)$. Un dessin permet de bien voir la situation.

8. Les applications $f=id_{\mathbb{R}}$ et $g=-id_{\mathbb{R}}$ sont toutes deux bijectives (chacune est d'ailleurs sa propre bijection réciproque), et pourtant $f+g$ est l'application nulle qui n'est pas bijective.

9. Il suffit de considérer la fonction f définie de $\mathbb{R}_+$ dans $\mathbb{R}$ par : $f(x)=\sqrt{x}$.
La fonction g définie de $\mathbb{R}$ dans $\mathbb{R}_+$ par $g(x)=x^2$ vérifie, pour tout réel x positif ou nul, $g\circ f(x)=x$, soit $g\circ f=Id_{\mathbb{R}_+}$, mais f n'est pas une bijection de $\mathbb{R}_+$ dans $\mathbb{R}$ (elle n'est pas surjective).
Remarque. Dans cet exemple, on n'a pas $f\circ g(x)=x$, mais $f\circ g(x)=|x|$. Tout s'arrangerait si l'on considérait ces deux fonctions de $\mathbb{R}_+$ dans $\mathbb{R}_+$.

10. Grâce à la **définition 4.11**, il suffit d'examiner la surjectivité de cette application.
Or, par définition de l'ensemble $f(E)$, on a : $\forall y\in f(E), \exists x\in E, y=f(x)$. Autrement dit, tout élément de $f(E)$ possède au moins un antécédent par f dans E donc f est surjective.

❑ Les erreurs classiques

- Il ne faut pas croire que la bijectivité de f ne dépende que de l'expression de $f(x)$: les ensembles de départ et d'arrivée ont leur rôle à jouer.
- Il ne faut pas confondre l'ensemble d'arrivée d'une fonction f et son image $f(E)$, où E désigne l'ensemble de départ de f.
- La loi de composition des applications est associative mais pas commutative.
- La loi de composition des applications est distributive à droite sur l'addition, mais pas à gauche.

Corrigé des exercices

Exercice 4.1

La fonction f est dérivable sur $]1, +\infty[$ et : $\forall x > 1,\ f'(x) = \dfrac{1}{(x-1)^2} > 0$.

x	1		$+\infty$
$f'(x)$		$+$	
$f(x)$	$-\infty$	$\nearrow$	0

L'image de l'intervalle $]1, +\infty[$ par f est l'intervalle $]-\infty, 0[$.

✎ *C'est la continuité de f (**chapitre 11**) qui garantit que l'image de l'intervalle* $]1, +\infty[$ *est un intervalle.*

Exercice 4.2

La fonction f est dérivable sur $]-\infty;-3[$ et sur $]-3;+\infty[$ et : $\forall x \in \mathbb{R}\setminus\{-3\},\ f'(x) = \dfrac{-1}{(x+3)^2} < 0$.

x	$-\infty$		-3		$+\infty$
$f'(x)$		$-$	‖	$-$	
$f(x)$	1	$\searrow$	$-\infty$ ‖ $+\infty$	$\searrow$	1

C'est l'intervalle $]-3, +\infty[$ qui a pour image $]1, +\infty[$ par f.

Exercice 4.3

- La fonction g est à valeurs dans $\mathbb{R}$ et f est bien définie sur $\mathbb{R}$ donc la composée $f \circ g$ est bien définie.
- De plus, on a : $\forall x \in \mathbb{R}, (f \circ g)(x) = \ln(1 + e^{g(x)}) = \ln(1 + e^{-x})$.

Enfin, on obtient : $\forall x \in \mathbb{R}, f(x) - (f \circ g)(x) = \ln(1 + e^{x}) - \ln(1 + e^{-x})$.

Corrigé

Par propriété du logarithme, on obtient : $\forall x \in \mathbb{R}, f(x)-(f \circ g)(x)=\ln\left(\dfrac{1+e^x}{1+e^{-x}}\right)$.

Or $1+e^x=e^x\left(e^{-x}+1\right)$, donc, après simplification du quotient, on obtient :

$\forall x \in \mathbb{R}, f(x)-(f \circ g)(x)=\ln\left(e^x\right)=x$.

⇨ *Méthodes 4.1, 4.2*

Exercice 4.4

- Montrons tout d'abord que $f \circ f$ est bien définie.

Pour cela, il suffit de prouver que : $\forall x \in \mathbb{R} \setminus \{-1\}, f(x) \neq -1$. En effet, si l'on avait $f(x)=-1$, alors on aurait $1-x=-(1+x)$, soit $1=-1$, ce qui n'est pas acceptable !
Tout ceci signifie que l'équation $f(x)=-1$ n'a pas de solution dans $\mathbb{R} \setminus \{-1\}$.

- Pour tout réel x différent de -1, on a : $(f \circ f)(x)=\dfrac{1-f(x)}{1+f(x)}$.

Or $\dfrac{1-f(x)}{1+f(x)}=\dfrac{1-\dfrac{1-x}{1+x}}{1+\dfrac{1-x}{1+x}}=\dfrac{\dfrac{2x}{1+x}}{\dfrac{2}{1+x}}=x$. On obtient finalement : $\forall x \in \mathbb{R} \setminus \{-1\}, (f \circ f)(x)=x$.

Ceci veut dire que : $f \circ f = id_{\mathbb{R} \setminus \{-1\}}$.

Le **théorème 4.4** permet de conclure que f est une bijection de $\mathbb{R} \setminus \{-1\}$ dans $\mathbb{R} \setminus \{-1\}$.

⇨ *Méthodes 4.2, 4.7*

Exercice 4.5

Montrons dans un premier temps que f est bijective.

- f est continue sur $\mathbb{R}$ (somme de fonctions usuelles continues sur leur ensemble de définition, ici $\mathbb{R}$).
- f est dérivable sur $\mathbb{R}$ (somme de fonctions usuelles dérivables sur leur ensemble de définition, ici $\mathbb{R}$) et on a : $\forall x \in \mathbb{R}, f'(x)=\dfrac{e^x+e^{-x}}{2}>0$.

Donc f est strictement croissante sur $\mathbb{R}$.

Grâce au **théorème 4.6**, nous pouvons conclure, comme $\lim\limits_{x \to +\infty} f(x)=+\infty$ et $\lim\limits_{x \to -\infty} f(x)=-\infty$, que f est une bijection de $\mathbb{R}$ dans $f(\mathbb{R})=\mathbb{R}$.

Déterminons maintenant la bijection réciproque de f.
Il s'agit de résoudre l'équation : $y=f(x)$ pour un réel y quelconque et où x est l'inconnue.

$$y=f(x) \Leftrightarrow y=\frac{e^x-e^{-x}}{2} \Leftrightarrow e^x-e^{-x}-2y=0 \Leftrightarrow e^x-\frac{1}{e^x}-2y=0 \Leftrightarrow e^{2x}-1-2ye^x=0.$$

(en multipliant l'avant-dernière égalité par $e^x \neq 0$).

On a donc : $y=f(x) \Leftrightarrow \begin{cases} X=e^x \\ X^2-2yX-1=0 \end{cases}$.

Résolvons alors l'équation du second degré : $X^2-2yX-1=0$.

Le discriminant vaut $4\left(y^2+1\right)>0$. Cette équation possède donc deux racines réelles distinctes :

$X_1=y-\sqrt{1+y^2}$ et $X_2=y+\sqrt{1+y^2}$.

Ainsi : $y=f(x) \Leftrightarrow \left(e^x=X_1 \text{ ou } e^x=X_2\right)$.

Or pour tout y dans $\mathbb{R}$, on a $y^2<y^2+1$, et par stricte croissance de la fonction racine carrée sur $\mathbb{R}_+$, on en déduit $\sqrt{y^2}<\sqrt{y^2+1}$, soit $|y|<\sqrt{y^2+1}$.

Nous obtenons donc : $\forall y \in \mathbb{R}, -\sqrt{y^2+1}<y<\sqrt{y^2+1}$. Ceci donne : $\begin{cases} X_1<0 \\ X_2>0 \end{cases}$.

Comme $X=e^x$, on doit donc rejeter X_1, puisqu'une exponentielle est strictement positive.
On trouve alors :

$y=f(x) \Leftrightarrow e^x=y+\sqrt{y^2+1} \Leftrightarrow x=\ln\left(y+\sqrt{y^2+1}\right)$.

Nous en concluons que : $\forall y \in \mathbb{R}, f^{-1}(y)=\ln\left(y+\sqrt{y^2+1}\right)$.

⇨ *Méthodes 4.5, 4.6, 4.8*

Exercice 4.6

Montrons dans un premier temps que f est bijective.

- f est continue sur $\mathbb{R}_+$ (somme de fonctions usuelles continues sur leur ensemble de définition, ici $\mathbb{R}_+$).
- f est dérivable sur $\mathbb{R}_+$ (somme de fonctions usuelles dérivables sur leur ensemble de définition, ici $\mathbb{R}_+$), et on a : $\forall x \in \mathbb{R}_+, f'(x)=\dfrac{e^x-e^{-x}}{2}$.

$e^x-e^{-x}>0 \Leftrightarrow e^x>e^{-x} \Leftrightarrow x>-x \Leftrightarrow x>0$. Par conséquent, f est strictement croissante sur $\mathbb{R}_+$.
Grâce au **théorème 4.6**, nous pouvons conclure que f est une bijection de $\mathbb{R}_+$ dans $f(\mathbb{R}_+)=[1,+\infty[$, après examen de la limite en $+\infty$ et de la valeur de $f(0)$.

Déterminons maintenant la bijection réciproque de f.
Il s'agit de résoudre l'équation $y=f(x)$, d'inconnue x élément de $\mathbb{R}_+$, pour un y quelconque dans $[1,+\infty[$.

$y=f(x) \Leftrightarrow y=\dfrac{e^x+e^{-x}}{2} \Leftrightarrow e^x+e^{-x}-2y=0 \Leftrightarrow e^{2x}+1-2ye^x=0$.

(en multipliant l'avant-dernière égalité par $e^x \neq 0$).

D'où : $y=f(x) \Leftrightarrow \begin{cases} X=e^x \\ X^2-2yX+1=0 \end{cases}$.

Résolvons alors l'équation du second degré : $X^2 - 2yX + 1 = 0$.

Le discriminant vaut $4\left(y^2 - 1\right) \geq 0$.

Cette équation possède donc deux racines réelles, $X_1 = y - \sqrt{y^2 - 1}$ et $X_2 = y + \sqrt{y^2 - 1}$, ces racines étant égales si $y = 1$.
On sait que $X = e^x$ avec $x \geq 0$, par conséquent, on doit avoir $X \geq 1$.
Justement, comme $y \geq 1$, on a $X_2 \geq 1$, c'est donc X_2 qui convient (f étant bijective, on sait que l'équation $y = f(x)$ n'a qu'une solution, il n'est donc pas utile d'examiner si X_1 est supérieur ou égal à 1).

Finalement, on obtient : $y = f(x) \Leftrightarrow e^x = X_2 \Leftrightarrow x = \ln X_2 \Leftrightarrow x = \ln\left(y + \sqrt{y^2 - 1}\right)$.

Pour conclure : $\forall y \in [1, +\infty[,\ f^{-1}(y) = \ln\left(y + \sqrt{y^2 - 1}\right)$.

⇨ *Méthodes 4.5, 4.6, 4.8*

Exercice 4.7

1. La fonction g est dérivable sur $\mathbb{R}$ en tant que fonction polynomiale et :
$\forall x \in \mathbb{R},\ g'(x) = 4\left(x^3 - 1\right) = 4(x-1)\left(x^2 + x + 1\right)$. Comme $x^2 + x + 1 > 0$, on en déduit le tableau de variations suivant :

x	$-\infty$		1		$+\infty$
$g'(x)$		$-$	0	$+$	
$g(x)$	$+\infty$	↘	-2	↗	$+\infty$

La fonction g est donc strictement décroissante et continue sur $I_1 =]-\infty, 1]$ donc elle réalise une bijection de I_1 sur $g(I_1) = [-2, +\infty[$.
Puisque tout entier naturel n est dans $[-2, +\infty[$, on en déduit que l'équation $g(x) = n$ possède une unique solution dans $]-\infty, 1]$.
On prouve de même que l'équation $g(x) = n$ possède une unique solution dans $I_2 = [1, +\infty[$.

⇨ *Méthode 4.8*

2. a) Comme h est la restriction de g à l'intervalle I_2, h possède les mêmes propriétés que g sur I_2. On en déduit que h est une bijection strictement croissante de $[1, +\infty[$ sur $[-2, +\infty[$.
On sait alors (**théorème 4.7**) que h^{-1} est strictement croissante sur $[-2, +\infty[$ et à valeurs dans $I_2 = [1, +\infty[$. On en déduit, entre autres, que : $\begin{cases} h^{-1}(-2) = 1 \\ \lim\limits_{x \to +\infty} h^{-1}(x) = +\infty \end{cases}$.

b) On a vu que : $\forall n \in \mathbb{N}, g(u_n) = n$. Mais comme u_n est dans I_2, on en déduit que : $\forall n \in \mathbb{N}, h(u_n) = n$. Ce qui se traduit encore par : $\forall n \in \mathbb{N}, u_n = h^{-1}(n)$.
La question **2.a)** nous permet de conclure que : $\lim\limits_{n \to +\infty} u_n = +\infty$.

Exercice 4.8

1. Soit un entier naturel non nul n.
f_n est dérivable sur $]0, +\infty[$ en tant que somme de fonctions usuelles dérivables sur $]0, +\infty[$.

$\forall x \in]0, +\infty[, f_n'(x) = \dfrac{x-n}{x}$.

On en déduit le tableau de variations de f_n :

x	0		n		$+\infty$
$f_n'(x)$	‖	$-$	0	$+$	
$f_n(x)$	‖ $+\infty$	↘	$n(1-\ln n)$	↗	$+\infty$

Limite en $+\infty$: $\forall x \in]0, +\infty[, f_n(x) = x\left(1 - n\dfrac{\ln x}{x}\right)$ et $\lim\limits_{x \to +\infty} \dfrac{\ln x}{x} = 0$. On a donc :

$\lim\limits_{x \to +\infty}\left(1 - n\dfrac{\ln x}{x}\right) = 1$. On en déduit : $\lim\limits_{x \to +\infty} f_n(x) = +\infty$.

La limite en 0 n'est pas indéterminée : $\lim\limits_{x \to +\infty} x = 0$ donc $\lim\limits_{x \to +\infty} (x - n\ln x) = +\infty$ (car $n \geq 1$).

2. La fonction f_n est continue et strictement décroissante sur $]0, n[$, donc elle réalise une bijection de $]0, n[$ sur $]n(1-\ln n), +\infty[$. Or n est supérieur ou égal à 3, donc on a $\ln n > 1$ et on en déduit que $n(1-\ln n) < 0$. Par conséquent, 0 est dans $]n(1-\ln n), +\infty[$ donc l'équation $f_n(x) = 0$ possède une unique solution u_n dans $]0, n[$.
De même, l'équation $f_n(x) = 0$ possède une unique solution v_n dans $]n, +\infty[$.
On a donc bien : $0 < u_n < n < v_n$.

⇨ *Méthode 4.8*

Exercice 4.9

Soit f la fonction définie sur $\mathbb{R}$ et à valeurs dans $\mathbb{R}_+$, par $f(x) = |x+1|$.

- Soit y un élément de $\mathbb{R}_+$. On peut constater que $f(y-1) = |y|$, mais comme y est positif, on a : $f(y-1) = y$, ce qui prouve que f est surjective (puisque y possède au moins un antécédent : $y-1$).
- Par ailleurs, on a : $f(-2) = |-1| = 1$ et $f(0) = 1$, ce qui montre que 1 possède au moins deux antécédents (-2 et 0) donc f n'est pas injective.

⇨ *Méthodes 4.3, 4.4*

Corrigé

Exercice 4.10

Pour tout m de $\mathbb{N}^*$, l'équation $f(n) = m$ a une seule solution dans $\mathbb{N}$: $n = m - 1$.

⇨ *Méthode 4.5*

Exercice 4.11

1. Supposons $g \circ f$ injective et montrons qu'alors f est injective en utilisant le **théorème 4.1**.
Pour cela, considérons deux éléments quelconques x_1 et x_2 de E tels que : $f(x_1) = f(x_2)$.
Montrons que : $x_1 = x_2$.
Comme $f(x_1) = f(x_2)$, en appliquant g, on obtient $g(f(x_1)) = g(f(x_2))$, c'est-à-dire : $(g \circ f)(x_1) = (g \circ f)(x_2)$. Or, par hypothèse, $g \circ f$ est injective donc on peut conclure $x_1 = x_2$.
L'application f est injective.

⇨ *Méthode 4.3*

2. Supposons $g \circ f$ surjective et montrons qu'alors g est surjective en utilisant le **théorème 4.2**.
Considérons alors un élément quelconque z de G.
La surjectivité de $g \circ f$ assure l'existence d'un élément x de E tel que $z = (g \circ f)(x)$.
En posant $y = f(x)$, qui est un élément de F, on trouve $z = g(y)$.
Ainsi : $\forall z \in G, \exists y \in F, z = g(y)$. L'application g est surjective.

⇨ *Méthode 4.4*

3. Soit f une application de E dans F et g une application de F dans E.

• Si $g \circ f = Id_E$, alors, d'après la question **1)**, comme Id_E est injective (évident), on en déduit que f est injective.

• Si $f \circ g = Id_F$, alors, d'après la question **2)**, comme Id_F est surjective (évident aussi), on en déduit que f est surjective.

Conclusion : Si $g \circ f = Id_E$ et $f \circ g = Id_F$, alors f est bijective.

Réciproquement, si f est bijective, alors, pour tout y de F, il existe un unique x de E tel que $y = f(x)$. Ainsi, à tout y de F correspond un seul x de E, ce qui définit une fonction g de F dans E par : $x = g(y)$. Dès lors, on a :
Pour tout x de E : $(g \circ f)(x) = g(f(x)) = g(y) = x$. Ainsi, on trouve $g \circ f = Id_E$.
Pour tout y de F : $(f \circ g)(y) = f(g(y)) = f(x) = y$. Ainsi, on trouve $f \circ g = Id_F$.
Conclusion : il existe une fonction g de F dans E telle que $g \circ f = Id_E$ et $f \circ g = Id_F$.

Chapitre **5**

Coefficients binomiaux

Au XVIe siècle, Michael **Stifel**, un moine allemand devenu un réformateur passionné s'intéresse aux nombres au point de développer une mystique des nombres et de prophétiser la fin du monde le 3 octobre 1533. Ceci ne l'empêche pas de proposer des résultats intéressants. Il s'intéresse en particulier au développement du binôme, c'est-à-dire au calcul de $(a+b)^n$.

Blaise **Pascal**, mystique lui aussi, publie alors, en 1654, le *Traité du triangle arithmétique.* Ce triangle qui porte désormais son nom était connu bien avant lui puisque on le retrouve dans les écrits de plusieurs mathématiciens chinois, en particulier Yang **Hui** (1238-1298) ou arabes.

Blaise Pascal
1623-1662

■■ Objectifs

■ Les incontournables

- ▷ Connaître le nombre de parties à p éléments d'un ensemble à n éléments.
- ▷ Connaître le nombre de parties d'un ensemble à n éléments.
- ▷ Savoir utiliser la formule du binôme de Newton.

■ Et plus si affinités

- ▷ Savoir calculer des sommes compliquées faisant intervenir les coefficients binomiaux.

Résumé de cours

Permutations

Permutations

On désigne toujours par n un élément de $\mathbb{N}^*$ et on considère un ensemble E ayant n éléments.

Définition 5.1. — Une permutation de E est une bijection de E dans E.

Théorème 5.1. — Il y a $n!$ permutations d'un ensemble E à n éléments.

Combinaisons

Nombre de combinaisons

Définition 5.2. — Une combinaison de p éléments choisis parmi n est une partie à p éléments d'un ensemble à n éléments (avec $p \leq n$).

Théorème 5.2. — Le nombre de combinaisons de p éléments choisis parmi n (avec $p \leq n$) est égal à $\binom{n}{p}$, ce qui se prononce "p parmi n" et on a :

$$\binom{n}{p} = \frac{n!}{p!(n-p)!}.$$

Autrement dit :

Théorème 5.3. — Le nombre de parties à p éléments d'un ensemble à n éléments ($p \leq n$) est égal à $\binom{n}{p}$.

Théorème 5.4. — Le nombre $\binom{n}{p}$ est aussi égal au nombre de façons de choisir p objets distincts parmi n objets donnés (toujours avec $p \leq n$).

Conséquence 5.1. — Dans un arbre binaire (succès-échec), le nombre $\binom{n}{p}$ est égal au nombre de chemins sur lesquels on obtient p succès lors de n répétitions d'une épreuve aléatoire (voir le **chapitre 23** sur la loi binomiale).

Théorème 5.5. — Le nombre $\binom{n}{p}$ est aussi égal au nombre de suites strictement croissantes (ou strictement décroissantes) de p nombres réels choisis parmi n (toujours avec $p \leq n$).

Remarque 5.1. — Par convention, on pose $\binom{n}{p}=0$ si $p>n$ (en effet, il n'y a aucune partie d'un ensemble à n éléments qui contient plus de n éléments !).

Définition 5.3. — Les nombres $\binom{n}{p}$ sont appelés *coefficients binomiaux* (en référence à la formule du binôme de Newton énoncée plus loin) et sont des entiers naturels.

❑ Calcul des coefficients binomiaux

Valeurs remarquables — $\binom{n}{0}=1$, $\binom{n}{1}=n$.

Remarque 5.2. — L'expression la plus pratique pour le calcul est $\binom{n}{p}=\dfrac{n(n-1)\dots(n-p+1)}{p!}$.

Exemples 5.1. — $\binom{n}{2}=\dfrac{n(n-1)}{2}$, $\binom{n}{3}=\dfrac{n(n-1)(n-2)}{6}$.

❑ Propriétés des coefficients binomiaux

Propriété 5.1. — Symétrie : $\binom{n}{p}=\binom{n}{n-p}$.

On en déduit par exemple : $\binom{n}{n}=\binom{n}{0}=1$, $\binom{n}{n-1}=\binom{n}{1}=n$, $\binom{n}{n-2}=\binom{n}{2}=\dfrac{n(n-1)}{2}$, etc.

Propriété 5.2. — Formules "sans nom" mais très pratiques (à savoir démontrer) :

$$\forall p\geq 1,\ p\binom{n}{p}=n\binom{n-1}{p-1}$$

$$\forall p\geq 2,\ p(p-1)\binom{n}{p}=n(n-1)\binom{n-2}{p-2}$$

Propriété 5.3. — Triangle de Pascal :

$$\forall n\in\mathbb{N}^*, \forall p\in[\![1,n]\!], \text{ on a : } \binom{n}{p}=\binom{n-1}{p-1}+\binom{n-1}{p}$$

Propriété 5.4. — Formule de Vandermonde :

$$\forall (n_1,n_2,p)\in\mathbb{N}^3,\ \sum_{k=0}^{p}\binom{n_1}{k}\binom{n_2}{p-k}=\binom{n_1+n_2}{p}$$

Propriété 5.5. — Formule du binôme de Newton :

$$\forall (a,b)\in\mathbb{R}^2, \forall n\in\mathbb{N},\ (a+b)^n=\sum_{k=0}^{n}\binom{n}{k}a^k b^{n-k}=\sum_{k=0}^{n}\binom{n}{k}a^{n-k}b^k$$

⇨ **Méthode 5.1. Comment calculer des sommes grâce à la formule du binôme de Newton ?**

Avec $a=1$ et $b=1$, cette formule donne : $\sum_{k=0}^{n}\binom{n}{k}=2^n$ et l'on en déduit le théorème suivant :

Théorème 5.6. — Le nombre de parties d'un ensemble à n éléments est égal à 2^n.

Méthodes

Calcul de sommes "binomiales"

❑ Méthode 5.1. Comment calculer des sommes grâce à la formule du binôme de Newton ?

Il faut absolument reconnaître la formule du binôme de Newton ou, du moins, reconnaître que l'on a affaire à une somme très ressemblante (à un terme près, à un changement d'indice près, à une recomposition des termes de la somme près, ou encore à un panaché de tout ceci).

⇨ **Exercices 5.1, 5.2, 5.4, 5.5**

Méthodes

Exemple 1. Pour tout entier naturel n non nul, calculer $\sum_{k=1}^{n}\binom{n}{k}$.

On peut écrire $\sum_{k=1}^{n}\binom{n}{k} = \sum_{k=0}^{n}\binom{n}{k} - 1$ (on a ajouté le terme numéro 0 puis on l'a retranché).

On a donc : $\sum_{k=1}^{n}\binom{n}{k} = 2^n - 1$.

Exemple 2. Pour tout entier naturel n non nul, calculer $\sum_{k=1}^{n+1}\binom{n}{k-1}x^k$.

L'indice k apparaît sous la forme $k-1$ dans le coefficient binomial et la somme "démarre" à $k=1$, ce sont deux bonnes raisons de faire le changement d'indice $i = k-1$.

On obtient alors : $\sum_{k=1}^{n+1}\binom{n}{k-1}x^k = \sum_{i=0}^{n}\binom{n}{i}\,x^{i+1} = x\sum_{i=0}^{n}\binom{n}{i}x^i = x\sum_{i=0}^{n}\binom{n}{i}x^i\,1^{n-i} = x(x+1)^n$.

Exemple 3. Pour tout entier naturel n non nul, calculer $\sum_{k=1}^{n}k\binom{n}{k}x^{k-1}$.

On utilise la formule $k\binom{n}{k} = n\binom{n-1}{k-1}$. On a alors $\sum_{k=1}^{n}k\binom{n}{k}x^{k-1} = \sum_{k=1}^{n}n\binom{n-1}{k-1}x^{k-1}$.

On met n en facteur et on pose $i = k-1$ pour obtenir :

$$\sum_{k=1}^{n}k\binom{n}{k}x^{k-1} = n\sum_{i=0}^{n-1}\binom{n-1}{i}x^i = n\sum_{i=0}^{n-1}\binom{n-1}{i}x^i\,1^{n-1-i} = n(x+1)^{n-1}.$$

Vrai/Faux

		Vrai	Faux
1.	Pour tout entier naturel n, on a $(2n)! = 2\,n!$.	☐	☐
2.	Pour tout entier naturel n, $(2n+1)!$ est impair.	☐	☐
3.	Pour tout entier naturel n supérieur ou égal à 2, $n\,!$ est pair.	☐	☐
4.	$(n+1)! - n! = n \times n!$	☐	☐
5.	Pour tout entier naturel n supérieur ou égal à 4, on a : $\binom{n}{4} = \frac{n(n-1)(n-2)(n-3)}{12}$	☐	☐
6.	$\frac{n!}{(n-2)!} = n(n-1)$.	☐	☐
7.	Pour tout entier p de $[\![1, n]\!]$, $n\,(n-1)\,...\,(n-p+1)$ est un multiple de $p!$	☐	☐
8.	$\forall n \in \mathbb{N}, \forall p \in [\![0, n]\!], \sum_{k=p}^{n} \binom{n-p}{k-p} = 2^{n-p}$.	☐	☐
9.	Pour tout entier naturel n, la somme $\sum_{k=0}^{n} \binom{n}{k} (-1)^k$ est nulle.	☐	☐
10.	Pour tout entier naturel n, on a : $2^{2n} \geq \binom{2n}{n}$.	☐	☐

Énoncé des exercices

❑ **Exercice 5.1.** — Pour tout entier naturel n $(n \geq 2)$, calculer $\sum_{k=2}^{n} k(k-1)\binom{n}{k} x^{k-2}$.

❑ **Exercice 5.2.** — On désigne par n et k deux entiers naturels tels que $k \leq n$.

1. Montrer que : $\forall i \in [\![k,n]\!]$, $\binom{n}{i}\binom{i}{k} = \binom{n}{k}\binom{n-k}{i-k}$.

2. En déduire que, pour tout réel x, on a : $\sum_{i=k}^{n}\binom{n}{i}\binom{i}{k}x^{n-i} = \binom{n}{k}(1+x)^{n-k}$.

❑ **Exercice 5.3.** * — On désigne par n et p deux entiers naturels tels que $p \leq n$.

1. Démontrer par récurrence sur n, la formule dite "de Pascal généralisée" : $\sum_{k=p}^{n}\binom{k}{p} = \binom{n+1}{p+1}$.

2. En écrivant $\binom{k}{p} = \binom{k+1}{p+1} - \binom{k}{p+1}$, retrouver la formule de Pascal généralisée.

❑ **Exercice 5.4.** * — Soit n et k deux entiers naturels tels que $k \leq n$. Montrer que :

$$\sum_{p=0}^{k}\binom{n}{p}\binom{n-p}{k-p} = 2^k\binom{n}{k}$$

❑ **Exercice 5.5.** * — Pour tout n de $\mathbb{N}^*$, on pose $S_n = \sum_{\substack{k=0 \\ k \text{ pair}}}^{n}\binom{n}{k}$ et $T_n = \sum_{\substack{k=0 \\ k \text{ impair}}}^{n}\binom{n}{k}$.

Calculer $S_n + T_n$ et $S_n - T_n$, puis donner les valeurs de S_n et T_n.

D'après HEC

Pour vous aider à démarrer

Exercice 5.1. Utiliser une des **propriétés 5.2**.
Exercices 5.2 et **5.4.** Pour la question **1**, revenir aux factorielles.
Exercice 5.3. Pour la question **2**, scinder la somme obtenue puis effectuer un changement d'indice dans l'une des deux sommes.

Exercice 5.5. Pour $S_n - T_n$ écrire : $S_n = \sum_{\substack{k=0 \\ k \text{ pair}}}^{n}\binom{n}{k}(-1)^k$ et $-T_n = \sum_{\substack{k=0 \\ k \text{ impair}}}^{n}\binom{n}{k}(-1)^k$

Corrigé des vrai/faux

1.	2.	3.	4.	5.	6.	7.	8.	9.	10.
F	F	V	V	F	V	V	V	F	V

1. Il suffit de considérer $n = 2$ pour s'en convaincre : $4\,! = 24$ et $2 \times 2\,! = 4$.

2. Prendre $n = 1$, ce qui donne $3\,! = 6$, qui n'est pas impair.

3. Si $n = 2$, on a : $n! = 2 \times 1$. Si n est supérieur ou égal à 3, on a : $n! = 2 \times \left(\underbrace{3 \times \ldots \times n}_{\in \mathbb{N}} \right)$.

Dans les deux cas, $n!$ est multiple de 2, donc pair.

4. Comme $(n+1)! = (n+1)n!$, on peut factorise $(n+1)! - n!$, ce qui donne :
$(n+1)! - n! = (n+1)n! - n! = n!\big((n+1) - 1\big) = n!n$

5. Grâce à la **remarque 5.4**, on a : $\binom{n}{4} = \dfrac{n(n-1)(n-2)(n-3)}{4!}$, c'est-à-dire :
$\binom{n}{4} = \dfrac{n(n-1)(n-2)(n-3)}{24}$.

6. Par définition des factorielles (**chapitre 2**), on a effectivement :
$\dfrac{n!}{(n-2)!} = \dfrac{n(n-1)(n-2) \times \ldots \times 2 \times 1}{(n-2) \times \ldots \times 2 \times 1} = n(n-1)$.

Remarque. Ceci n'a de sens que si n est supérieur ou égal à 2, sinon on a affaire au dénominateur à la factorielle d'un entier négatif !

7. Par définition : $\binom{n}{p} = \dfrac{n!}{p!(n-p)!}$. On a donc $p!\binom{n}{p} = \dfrac{n!}{(n-p)!} = n(n-1)\ldots(n-p+1)$.

Comme $\binom{n}{p}$ est un entier naturel, on a bien montré que $n\,(n-1)\ldots(n-p+1)$ est multiple de $p!$.

8. Avec le changement d'indice $i = k - p$, on obtient :
$\displaystyle\sum_{k=p}^{n} \binom{n-p}{k-p} = \sum_{i=0}^{n-p} \binom{n-p}{i} = \sum_{i=0}^{n-p} \binom{n-p}{i} 1^i\, 1^{n-p-i} = 2^{n-p}$, d'après la formule du binôme de Newton.

9. La formule du binôme de Newton assure que : $\sum_{k=0}^{n}\binom{n}{k}(-1)^k = (1+(-1))^n$.

Si $n \geq 1$, alors effectivement $\sum_{k=0}^{n}\binom{n}{k}(-1)^k = 0$, mais si $n = 0$, cette somme ne contient qu'un seul terme qui vaut $\binom{0}{0}(-1)^0 = 1$.

10. $\forall n \in \mathbb{N},\ 2^{2n} = (1+1)^{2n} = \sum_{k=0}^{2n}\binom{2n}{k}1^k 1^{2n-k} = \sum_{k=0}^{2n}\binom{2n}{k}$, somme dont tous les termes sont positifs et dont le terme d'indice n vaut $\binom{2n}{n}$.

Il faut noter que, si $n = 0$, la somme ne contient qu'un seul terme et on a en fait égalité.

❑ Les erreurs classiques

- La factorielle de $2n$ ne s'écrit pas $2n!$, mais $(2n)!$.
- Il faut se souvenir que $\binom{n}{p}$ est un entier naturel (avec p et n entiers naturels).
- Attention à la gestion de la quantité 0^n qui vaut 0 si n est supérieur ou égal à 1, mais dans le cas où $n = 0$, on convient que $0^0 = 1$.

On peut toujours éviter d'avoir à utiliser cette convention, comme dans le **V/F 9**, en réglant d'entrée le cas particulier $n = 0$.

Corrigé

Corrigé des exercices

Exercice 5.1

Pour tout réel x et pour tout entier naturel n supérieur ou égal à 2, on a, d'après la deuxième **propriété 5.2** : $\sum_{k=2}^{n}\binom{n}{k}k(k-1)x^{k-2}=\sum_{k=2}^{n}n(n-1)\binom{n-2}{k-2}x^{k-2}$. En sortant (mise en facteur) $n(n-1)$ qui ne dépend pas de k, on obtient : $\sum_{k=2}^{n}\binom{n}{k}k(k-1)x^{k-2}=n(n-1)\sum_{k=2}^{n}\binom{n-2}{k-2}x^{k-2}$.

Le changement d'indice $i=k-2$ fournit alors : $\sum_{k=2}^{n}\binom{n}{k}k(k-1)x^{k-2}=n(n-1)\sum_{i=0}^{n-2}\binom{n-2}{i}x^{i}$

La formule du binôme de Newton permet de conclure : $\sum_{k=2}^{n}\binom{n}{k}k(k-1)x^{k-2}=n(n-1)(1+x)^{n-2}$.

⇨ *Méthode 5.1*

Exercice 5.2

1. On remarque tout d'abord que :

$$\forall(k,n)\in\mathbb{N}^2,k\le n,\forall i\in[\![k,n]\!],\binom{n}{i}\binom{i}{k}=\frac{n!}{i!(n-i)!}\times\frac{i!}{k!(i-k)!}.$$

Ceci donne : $\binom{n}{i}\binom{i}{k}=\frac{n!}{(n-i)!}\times\frac{1}{k!(i-k)!}=\frac{n!}{(n-i)!}\times\frac{1}{k!(i-k)!}\times\frac{(n-k)!}{(n-k)!}$.

En arrangeant, on a : $\binom{n}{i}\binom{i}{k}=\frac{n!}{k!(n-k)!}\times\frac{(n-k)!}{(i-k)!(n-i)!}$.

On trouve donc : $\binom{n}{i}\binom{i}{k}=\binom{n}{k}\binom{n-k}{i-k}$.

2. On en déduit que :

$$\forall(k,n)\in\mathbb{N}^2,\ k\le n,\ \sum_{i=k}^{n}\binom{n}{i}\binom{i}{k}x^{n-i}=\sum_{i=k}^{n}\binom{n}{k}\binom{n-k}{i-k}x^{n-i}=\binom{n}{k}\sum_{i=k}^{n}\binom{n-k}{i-k}x^{n-i}.$$

Après le changement d'indice $j=i-k$, puis utilisation de la formule du binôme de Newton, on trouve : $\forall(k,n)\in\mathbb{N}^2,k\le n,\sum_{i=k}^{n}\binom{n}{i}\binom{i}{k}x^{n-i}=\binom{n}{k}\sum_{j=0}^{n-k}\binom{n-k}{j}x^{(n-k)-j}=\binom{n}{k}(1+x)^{n-k}$.

⇨ *Méthode 5.4*

Exercice 5.3

1. Pour tout entier naturel n supérieur ou égal à p, on note $R(n):" \sum_{k=p}^{n}\binom{k}{p}=\binom{n+1}{p+1}"$.

• $R(p)$ est vraie. En effet, $\sum_{k=p}^{p}\binom{k}{p}=\binom{p}{p}=1=\binom{p+1}{p+1}$.

• Supposons $R(n)$ vraie pour un entier naturel n fixé, supérieur ou égal à p.

On a alors : $\sum_{k=p}^{n+1}\binom{k}{p}=\sum_{k=p}^{n}\binom{k}{p}+\binom{n+1}{p}$.

D'où : $\sum_{k=p}^{n+1}\binom{k}{p}=\binom{n+1}{p+1}+\binom{n+1}{p}=\binom{n+2}{p+1}$ (grâce à la formule de Pascal).

Ainsi $R(n+1)$ est vraie.

• Par récurrence, pour tout couple (n,p) d'entiers naturels tels que $p\leq n$, $\sum_{k=p}^{n}\binom{k}{p}=\binom{n+1}{p+1}$.

2. $\sum_{k=p}^{n}\binom{k}{p}=\sum_{k=p}^{n}\left(\binom{k+1}{p+1}-\binom{k}{p+1}\right)=\sum_{k=p}^{n}\binom{k+1}{p+1}-\sum_{k=p}^{n}\binom{k}{p+1}$.

En posant $i=k+1$ dans la première somme, on obtient : $\sum_{k=p}^{n}\binom{k}{p}=\sum_{i=p+1}^{n+1}\binom{i}{p+1}-\sum_{k=p}^{n}\binom{k}{p+1}$.

On voit alors que les deux sommes en présence ont tous leurs termes en commun, sauf le numéro $(n+1)$ de la première somme et le numéro p de la deuxième. Il reste donc :

$\sum_{k=p}^{n}\binom{k}{p}=\binom{n+1}{p+1}-\binom{p}{p+1}$. Le dernier terme est nul ($p+1>p$), et on a bien : $\sum_{k=p}^{n}\binom{k}{p}=\binom{n+1}{p+1}$.

Exercice 5.4

On recombinant les coefficients binomiaux comme à la question **1** de l'**exercice 5.2**, on a :

$$\binom{n}{p}\binom{n-p}{k-p}=\frac{n!}{p!(n-p)!}\times\frac{(n-p)!}{(k-p)!(n-k)!}=\frac{n!}{p!}\times\frac{1}{(k-p)!(n-k)!}.$$

$$\binom{n}{p}\binom{n-p}{k-p}=\frac{n!}{(n-k)!}\times\frac{1}{(k-p)!p!}=\frac{n!}{(n-k)!}\times\frac{1}{(k-p)!p!}\times\frac{k!}{k!}=\frac{n!}{k!(n-k)!}\times\frac{k!}{(k-p)!p!}.$$

On a finalement : $\binom{n}{p}\binom{n-p}{k-p}=\binom{n}{k}\binom{k}{p}$.

En remplaçant dans la somme à calculer, on trouve :

$$\sum_{p=0}^{k}\binom{n}{p}\binom{n-p}{k-p}=\sum_{p=0}^{k}\binom{n}{k}\binom{k}{p}=\binom{n}{k}\sum_{p=0}^{k}\binom{k}{p}$$

Corrigé

On peut alors écrire : $\sum_{p=0}^{k}\binom{n}{p}\binom{n-p}{k-p}=\binom{n}{k}\sum_{p=0}^{k}\binom{k}{p}1^p 1^{k-p}=\binom{n}{k}(1+1)^k$, grâce à la formule du binôme de Newton.

Conclusion : $\sum_{p=0}^{k}\binom{n}{p}\binom{n-p}{k-p}=2^k\binom{n}{k}$.

⇨ *Méthode 5.4*

Exercice 5.5

• $S_n+T_n = \sum_{\substack{k=0\\ k \text{ pair}}}^{n}\binom{n}{k} + \sum_{\substack{k=0\\ k \text{ impair}}}^{n}\binom{n}{k} = \sum_{k=0}^{n}\binom{n}{k} = (1+1)^n = 2^n$, en appliquant la formule du binôme de Newton.

• Comme $(-1)^k = \begin{cases} 1 \text{ si } k \text{ est pair} \\ -1 \text{ sinon} \end{cases}$, on en déduit :

$$S_n = \sum_{\substack{k=0\\ k \text{ pair}}}^{n}\binom{n}{k}(-1)^k \text{ et } T_n = -\sum_{\substack{k=0\\ k \text{ impair}}}^{n}\binom{n}{k}(-1)^k$$

D'où $S_n-T_n = \sum_{\substack{k=0\\ k \text{ pair}}}^{n}\binom{n}{k}(-1)^k + \sum_{\substack{k=0\\ k \text{ impair}}}^{n}\binom{n}{k}(-1)^k = \sum_{k=0}^{n}(-1)^k\binom{n}{k} = (1+(-1))^n$, en appliquant la formule du binôme de Newton.

Comme n est supérieur ou égal à 1, on a finalement : $S_n-T_n=0$, soit $S_n=T_n$.

• Comme $S_n+T_n=2^n$ et $S_n-T_n=0$, on obtient, en ajoutant les deux égalités : $2S_n=2^n$.

On en conclut : $S_n=2^{n-1}$ puis $T_n=2^{n-1}$.

Remarque. Comme $\binom{n}{k}$ est égal au nombre de parties à k éléments d'un ensemble à n éléments, S_n est égale au nombre de ces parties ayant un nombre pair d'éléments et T_n est égale au nombre de ces parties ayant un nombre impair d'éléments.

Nous venons donc de prouver qu'un ensemble fini possède autant de parties ayant un nombre pair d'éléments que de parties ayant un nombre impair d'éléments.

⇨ *Méthode 5.1*

Chapitre 6
Matrices

James **Sylvester** s'intéresse à des tableaux de nombres qu'il nomme *matrices* en 1850. Peu après, Arthur **Cayley** définit des opérations sur les matrices. Curieusement, c'est au barreau de Londres que les deux mathématiciens anglais se rencontrent et sympathisent malgré des caractères très différents. Sylvester est irascible, coléreux alors que Cayley est d'une gentillesse extrême. Hommes de culture tous les deux, le premier compose des poèmes alors que le second écrit des romans. Leur collaboration a fait faire de remarquables progrès à l'algèbre linéaire.

James Sylvester
1814-1897

Objectifs

Les incontournables

▷ Connaître les définitions des matrices particulières (matrices diagonales, triangulaires, symétriques...).

▷ Maîtriser les opérations matricielles, en particulier le produit.

▷ Connaître les propriétés des opérations matricielles.

▷ Connaître la définition d'une matrice inversible et les propriétés de l'inverse.

Et plus si affinités

▷ Savoir travailler sur des matrices de taille n.

Résumé de cours

Généralités

Définition 6.1. — Soit $(n,p)\in(\mathbb{N}^*)^2$. On appelle matrice à n lignes et p colonnes le tableau de réels suivant : $A=\begin{pmatrix} a_{1,1} & a_{1,2} & \dots & a_{1,p} \\ a_{2,1} & a_{2,2} & \dots & a_{2,p} \\ \vdots & \vdots & & \vdots \\ a_{n,1} & a_{n,2} & \dots & a_{n,p} \end{pmatrix}$.

L'ensemble des matrices à n lignes et p colonnes est noté $\mathcal{M}_{n,p}(\mathbb{R})$.

Si $p=n$, la matrice A est dite *carrée d'ordre n* et on note $\mathcal{M}_n(\mathbb{R})$ l'ensemble de ces matrices.

Remarque 6.1. — On identifie les éléments de $\mathcal{M}_1(\mathbb{R})$ à des réels.

Notation et vocabulaire — La matrice A s'écrit : $A=(a_{i,j})_{1\leq i\leq n, 1\leq j\leq p}$ ou simplement, s'il n'y a pas d'ambiguïté sur le nombre de lignes et de colonnes, $A=(a_{i,j})$.

Si tous les éléments de la matrice A sont nuls, on dit que A est la matrice nulle et on note $A=0$.

On appelle *matrices lignes* les éléments de $\mathcal{M}_{1,p}(\mathbb{R})$ et *matrices colonnes* ceux de $\mathcal{M}_{n,1}(\mathbb{R})$.

Définition 6.2. — Deux matrices sont égales si elles ont même nombre de lignes, même nombre de colonnes et si elles ont les mêmes coefficients.

Opérations matricielles

Addition de deux matrices

Définition 6.3. — Soit deux matrices $A=(a_{i,j})$ et $B=(b_{i,j})$ de $\mathcal{M}_{n,p}(\mathbb{R})$. On appelle somme de A et de B la matrice de $\mathcal{M}_{n,p}(\mathbb{R})$, notée $A+B$, définie par $A+B=(c_{i,j})$ où : $\forall(i,j)\in[\![1,n]\!]\times[\![1,p]\!]$, $c_{i,j}=a_{i,j}+b_{i,j}$.

Multiplication d'une matrice par un réel

Définition 6.4. — Soit une matrice $A=(a_{i,j})$ de $\mathcal{M}_{n,p}(\mathbb{R})$ et λ un réel.

On appelle produit de A par le réel λ, la matrice de $\mathcal{M}_{n,p}(\mathbb{R})$ notée λA définie par $\lambda A=(a'_{i,j})$ où : $\forall(i,j)\in[\![1,n]\!]\times[\![1,p]\!]$, $a'_{i,j}=\lambda a_{i,j}$.

Exemple 6.1. — Si $A=\begin{pmatrix}1 & 0 & -5\\ 2 & -4 & 6\end{pmatrix}$ et $B=\begin{pmatrix}-2 & -3 & 4\\ 1 & -4 & -5\end{pmatrix}$, on a : $2A-3B=\begin{pmatrix}8 & 9 & -22\\ 1 & 4 & 27\end{pmatrix}$.

❑ Produit de deux matrices

Définition 6.5. — Soit $(n,p,q)\in(\mathbb{N}^*)^3$, $A=(a_{i,j})$ une matrice de $\mathcal{M}_{n,p}(\mathbb{R})$ et $B=(b_{i,j})$ une matrice de $\mathcal{M}_{p,q}(\mathbb{R})$. On appelle produit de A par B la matrice de $\mathcal{M}_{n,q}(\mathbb{R})$ notée AB définie par $AB=(c_{i,j})_{1\le i\le n,\ 1\le j\le q}$ où : $\forall(i,j)\in[\![1,n]\!]\times[\![1,q]\!]$, $c_{i,j}=\sum_{k=1}^{p}a_{i,k}\,b_{k,j}$.

⇨ **Méthode 6.1. Comment multiplier deux matrices ?**

Remarque 6.2. — Le produit matriciel n'est pas commutatif. En revanche, il se peut que deux matrices A et B commutent (c'est-à-dire que l'on ait $AB = BA$).

Remarque 6.3. — Le produit de 2 matrices peut être nul sans qu'aucune des deux matrices ne soit nulle : par exemple, si $A=\begin{pmatrix}1 & -2\\ -2 & 4\end{pmatrix}$ et $B=\begin{pmatrix}2 & -6\\ 1 & -3\end{pmatrix}$, alors $AB=\begin{pmatrix}0 & 0\\ 0 & 0\end{pmatrix}$.

❑ Propriétés des opérations matricielles

Propriétés 6.1. — Pour toutes matrices *A, B, C* telles que les opérations ci-dessous soient possibles, on a :

- $A(BC)=(AB)C$.
- $A(B+C)=AB+AC$ et $(A+B)C=AC+BC$.
- $\forall\lambda\in\mathbb{R}$, $A(\lambda B)=(\lambda A)B=\lambda AB$.

❑ Transposée d'une matrice

Définition 6.6. — Soit une matrice $A=(a_{i,j})$ de $\mathcal{M}_{n,p}(\mathbb{R})$.

On appelle *transposée* de A la matrice de $\mathcal{M}_{p,n}(\mathbb{R})$ noté ${}^tA$ définie par ${}^tA=(a'_{i,j})$ où :

$$\forall(i,j)\in[\![1,p]\!]\times[\![1,n]\!]\quad a'_{i,j}=a_{j,i}.$$

Exemple 6.2. — Si $A=\begin{pmatrix}1 & 0 & -5\\ 2 & -4 & 6\end{pmatrix}$, alors ${}^tA=\begin{pmatrix}1 & 2\\ 0 & -4\\ -5 & 6\end{pmatrix}$.

Remarque 6.4. — Si $X=\begin{pmatrix}x_1\\ \vdots\\ x_n\end{pmatrix}$ et $Y=\begin{pmatrix}y_1\\ \vdots\\ y_n\end{pmatrix}$, ${}^tXY$ est le réel égal à $\sum_{i=1}^{n}x_iy_i$.

Propriétés 6.2. — Pour toutes matrices A et B telles que $A+B$ existe et pour tout réel λ, on a :

- ${}^t({}^tA)=A$.
- ${}^t(A+B)={}^tA+{}^tB$.
- ${}^t(\lambda A)=\lambda\,{}^tA$.

Matrices carrées

Définitions

Définitions 6.7. — Soit $A=(a_{i,j})$ une matrice de $\mathcal{M}_n(\mathbb{R})$.

- Pour tout i élément de $[\![1,n]\!]$, les réels $a_{i,i}$ sont appelés coefficients diagonaux.
- A est une matrice *triangulaire inférieure* si pour tout (i,j) de $[\![1,n]\!]^2$ tel que $i<j$, $a_{i,j}=0$.
- A est une matrice *triangulaire supérieure* si pour tout (i,j) de $[\![1,n]\!]^2$ tel que $i>j$, $a_{i,j}=0$.
- A est une matrice *diagonale* si pour tout (i,j) de $[\![1,n]\!]^2$ tel que $i\neq j$, $a_{i,j}=0$.
- A est une matrice *scalaire* si elle est diagonale et si tous ses éléments diagonaux sont égaux.
- A est une matrice *symétrique* si ${}^tA=A$.

Remarque 6.5. — On dit que A est *antisymétrique* si ${}^tA=-A$.

Définition 6.8. — La *matrice identité* (ou matrice unité) de $\mathcal{M}_n(\mathbb{R})$ est la matrice diagonale dont tous les éléments diagonaux sont égaux à 1. Elle est notée I_n ou tout simplement I.

Remarque 6.6. — Les matrices scalaires sont donc les matrices de la forme αI, où α est un réel.

Propriété 6.3. — $\forall A\in\mathcal{M}_n(\mathbb{R})$, $AI=IA=A$.

Puissance d'une matrice carrée

Définition 6.9. — Soit A une matrice de $\mathcal{M}_n(\mathbb{R})$.

Par convention, on pose $A^0=I_n$ et, pour tout entier naturel p non nul, on pose $A^p=A^{p-1}A$.

En fait, pour tout p de $\mathbb{N}^*$, A^p est le produit de p matrices toutes égales à A.

⇨ **Méthode 6.2. Comment calculer une puissance d'une matrice par conjecture ?**

Théorème 6.1. — Formule du binôme.
Soit A et B deux matrices de $\mathcal{M}_n(\mathbb{R})$ qui commutent ($AB=BA$).

Alors pour tout entier naturel p, $(A+B)^p=\sum_{k=0}^{p}\binom{p}{k}A^kB^{p-k}=\sum_{k=0}^{p}\binom{p}{k}A^{p-k}B^k$.

⇨ **Méthode 6.3. Comment utiliser la formule du binôme ?**

Matrices carrées inversibles

Définition 6.10. — On dit qu'une matrice A de $\mathcal{M}_n(\mathbb{R})$ est *inversible* s'il existe une matrice B de $\mathcal{M}_n(\mathbb{R})$ telle que $AB=BA=I$. La matrice B est *l'inverse* de A et on note $B=A^{-1}$.

Théorème 6.2. — Si A et B sont deux matrices de $\mathcal{M}_n(\mathbb{R})$ telles que $AB = I$, alors A et B sont inversibles et on a : $A^{-1} = B$ et $B^{-1} = A$.

⇨ **Méthode 6.4. Comment calculer l'inverse d'une matrice carrée par produit ?**

Exemple 6.3. — Soit $A = \begin{pmatrix} 1 & -3 \\ 2 & -7 \end{pmatrix}$ et $B = \begin{pmatrix} 7 & -3 \\ 2 & -1 \end{pmatrix}$. $AB = \begin{pmatrix} 1 & -3 \\ 2 & -7 \end{pmatrix}\begin{pmatrix} 7 & -3 \\ 2 & -1 \end{pmatrix} = \begin{pmatrix} 1 & 0 \\ 0 & 1 \end{pmatrix}$.

Comme $AB = I$, alors A et B sont inversibles et on a : $B = A^{-1}$ (ou si l'on veut $A = B^{-1}$).

Propriétés 6.4. — Si A est inversible, alors :

- A^{-1} est inversible et $\left(A^{-1}\right)^{-1} = A$.
- Pour tout entier naturel p, A^p est inversible et $\left(A^p\right)^{-1} = \left(A^{-1}\right)^p$, matrice que l'on note A^{-p}.
- Si A et B sont inversibles alors AB est inversible et on a : $(AB)^{-1} = B^{-1}A^{-1}$.

❑ Propriétés des matrices diagonales

Propriété 6.5. — Le produit de deux matrices diagonales est la matrice diagonale obtenue en multipliant entre eux les termes diagonaux de même place.

Par exemple, si $D = \begin{pmatrix} a & 0 \\ 0 & b \end{pmatrix}$ et $D' = \begin{pmatrix} a' & 0 \\ 0 & b' \end{pmatrix}$, alors $DD' = \begin{pmatrix} aa' & 0 \\ 0 & bb' \end{pmatrix}$.

Propriété 6.6. — La puissance $n^{\text{ème}}$ d'une matrice diagonale est la matrice diagonale obtenue en élevant les termes diagonaux à la puissance n.

Par exemple, si $D = \begin{pmatrix} a & 0 \\ 0 & b \end{pmatrix}$, alors $D^n = \begin{pmatrix} a^n & 0 \\ 0 & b^n \end{pmatrix}$.

Propriété 6.7. — Une matrice diagonale D est inversible lorsque tous ses coefficients diagonaux sont non nuls. D^{-1} est alors obtenue en inversant les coefficients diagonaux de D.

Par exemple, si $D = \begin{pmatrix} a & 0 \\ 0 & b \end{pmatrix}$, avec $a \neq 0$ et $b \neq 0$, alors $D^{-1} = \begin{pmatrix} 1/a & 0 \\ 0 & 1/b \end{pmatrix}$.

Méthodes

Le produit matriciel

Méthode 6.1. Comment multiplier deux matrices ?

Soit $A=(a_{i,j})$ une matrice de $\mathcal{M}_{n,p}(\mathbb{R})$ et $B=(b_{i,j})$ une matrice de $\mathcal{M}_{p,q}(\mathbb{R})$. On cherche à calculer AB.
On s'assure de la validité du produit en vérifiant que le nombre de colonnes de A est égal au nombre de lignes de B. On sait alors que $AB=(c_{i,j})\in\mathcal{M}_{n,q}(\mathbb{R})$ et, d'après la définition, pour tout couple (i,j) élément de $[\![1,n]\!]\times[\![1,q]\!]$, on a :

$c_{i,j}=\sum_{k=1}^{p}a_{i,k}b_{k,j}=a_{i,1}b_{1,j}+a_{i,2}b_{2,j}\ldots+a_{i,p}b_{p,j}$. Ainsi, le coefficient $c_{i,j}$ situé à la croisée de la $i^{\text{ème}}$ ligne et de la $j^{\text{ème}}$ colonne de AB s'obtient en considérant les coefficients de la $i^{\text{ème}}$ ligne de A et de la $j^{\text{ème}}$ colonne de B.

⇨ Exercices 6.1, 6.2, 6.4, 6.5, 6.6

Exemple. Soit $A=\begin{pmatrix}1&-1&3\\0&5&-2\end{pmatrix}$ et $B=\begin{pmatrix}0&-2&1&-3\\1&2&1&0\\-1&3&2&1\end{pmatrix}$. Calculer AB.

$A\in\mathcal{M}_{2,3}(\mathbb{R})$ et $B\in\mathcal{M}_{3,4}(\mathbb{R})$ donc le produit AB est possible et AB appartient à $\mathcal{M}_{2,4}(\mathbb{R})$.

$$AB=\begin{pmatrix}1&-1&3\\\boxed{0\;\;5\;\;-2}\end{pmatrix}\begin{pmatrix}0&-2&\boxed{1}&-3\\1&2&\boxed{1}&0\\-1&3&\boxed{2}&1\end{pmatrix}=\begin{pmatrix}-4&5&6&0\\7&4&\boxed{1}&-2\end{pmatrix}.$$

Par exemple, le coefficient $c_{2,3}$ du produit AB s'obtient en considérant les coefficients de la $2^{\text{ème}}$ ligne de A et ceux de la $3^{\text{ème}}$ colonne de B : $c_{2,3}=0\times1+5\times1-2\times2=1$.

Remarque. On peut aussi présenter le produit matriciel sous la forme suivante. Cette présentation est pratique pour visualiser les calculs mais prend de la place !

$$\begin{array}{c|c} & \begin{pmatrix}0&-2&\boxed{1}&-3\\1&2&\boxed{1}&0\\-1&3&\boxed{2}&1\end{pmatrix}\\ \hline \begin{pmatrix}1&-1&3\\\boxed{0\;\;5\;\;-2}\end{pmatrix} & \begin{pmatrix}-4&5&6&0\\7&4&\boxed{1}&-2\end{pmatrix}\end{array}.$$

■ Puissance d'une matrice

❑ Méthode 6.2. Comment calculer la puissance d'une matrice par conjecture ?

A étant une matrice carrée, pour calculer A^n ($n \in \mathbb{N}$), on peut calculer les premières puissances A^2, A^3, ... Puis on propose une formule donnant A^n que l'on démontre souvent par récurrence.

⇨ **Exercices 6.4, 6.5**

Exemple 1. Soit $A = \begin{pmatrix} 1 & 1 & 1 \\ 1 & 1 & 1 \\ 1 & 1 & 1 \end{pmatrix}$. Calculer, pour tout entier naturel n, la matrice A^n.

$$A^2 = \begin{pmatrix} 1 & 1 & 1 \\ 1 & 1 & 1 \\ 1 & 1 & 1 \end{pmatrix}\begin{pmatrix} 1 & 1 & 1 \\ 1 & 1 & 1 \\ 1 & 1 & 1 \end{pmatrix} = \begin{pmatrix} 3 & 3 & 3 \\ 3 & 3 & 3 \\ 3 & 3 & 3 \end{pmatrix} = 3A.$$

On propose de montrer par récurrence que pour tout entier naturel n non nul : $A^n = 3^{n-1}A$.
La proposition est vraie pour $n = 1$: en effet, on a bien $A^1 = 3^0 A$.
Supposons, pour n fixé dans $\mathbb{N}^*$, que $A^n = 3^{n-1}A$. Montrons que $A^{n+1} = 3^n A$.
$A^{n+1} = A^n \times A = 3^{n-1}A \times A$ par hypothèse de récurrence. On en déduit :
$A^{n+1} = 3^{n-1}A^2 = \left(3^{n-1} \times 3\right)A$, car $A^2 = 3A$, et on a enfin : $A^{n+1} = 3^n A$.

Conclusion. Pour tout entier naturel n non nul, $A^n = 3^{n-1}A$ (et bien sûr $A^0 = I$).

Exemple 2. Soit $A = \begin{pmatrix} 0 & -1 \\ 1 & 0 \end{pmatrix}$. Déterminer, pour tout n entier naturel, la matrice A^n.

$A^2 = \begin{pmatrix} 0 & -1 \\ 1 & 0 \end{pmatrix}\begin{pmatrix} 0 & -1 \\ 1 & 0 \end{pmatrix} = \begin{pmatrix} -1 & 0 \\ 0 & -1 \end{pmatrix} = -I$. On en déduit immédiatement que :

$\forall k \in \mathbb{N}$, $A^{2k} = \left(A^2\right)^k = (-I)^k = (-1)^k I$ et $A^{2k+1} = A^{2k} \times A = (-1)^k I \times A = (-1)^k A$.

En conclusion, pour tout entier naturel k, on a : $A^{2k} = (-1)^k I$ et $A^{2k+1} = (-1)^k A$.
Remarque : Dans ce cas, il est inutile de raisonner par récurrence.

❑ Méthode 6.3. Comment utiliser la formule du binôme ?

Dans certains cas, on peut écrire une matrice carrée A comme somme de deux matrices qui commutent. Souvent, l'une de ces matrices est I, ou une matrice scalaire (αI). On calcule alors A^n ($n \in \mathbb{N}$) à l'aide de la formule du binôme.

⇨ **Exercices 6.6, 6.7**

Exemple. Soit $A=\begin{pmatrix}5 & -4\\ 4 & -3\end{pmatrix}$. En posant $B=A-I$, calculer A^n pour tout entier naturel n.

$B=\begin{pmatrix}4 & -4\\ 4 & -4\end{pmatrix}$. On a $A=I+B$ et, comme I et B commutent, la formule du binôme s'applique :

$\forall n\in\mathbb{N}, A^n=(I+B)^n=\sum_{k=0}^{n}\binom{n}{k}B^k$.

De plus, on a $B^2=\begin{pmatrix}4 & -4\\ 4 & -4\end{pmatrix}\begin{pmatrix}4 & -4\\ 4 & -4\end{pmatrix}=0$ donc : $\forall k\geq 2,\ B^k=B^2B^{k-2}=0$.

$\forall n\geq 2,\ A^n=\sum_{k=0}^{1}\binom{n}{k}B^k+\sum_{k=2}^{n}\binom{n}{k}B^k=I+nB+0=I+nB$.

Comme cette formule reste valable pour $n=0$ ($A=I$) et $n=1$ ($A=I+B$), on peut conclure :

$\forall n\in\mathbb{N},\ A^n=I+nB=\begin{pmatrix}1+4n & -4n\\ 4n & 1-4n\end{pmatrix}$.

■ Matrices carrées inversibles

❑ Méthode 6.4. Comment calculer l'inverse d'une matrice carrée par produit ?

> Soit A une matrice carrée. Si l'on prouve qu'il existe une matrice B telle que $AB=I$ (ou $BA=I$), alors on peut conclure : A est inversible et $A^{-1}=B$.

⇨ Exercices 6.2, 6.9

Exemple. Soit la matrice $M=\begin{pmatrix}2 & -2 & 1\\ 2 & -3 & 2\\ -1 & 2 & 0\end{pmatrix}$. Calculer $(M-I)(M+3I)$. En déduire que M est inversible et exprimer son inverse.

$$(M-I)(M+3I)=\begin{pmatrix}1 & -2 & 1\\ 2 & -4 & 2\\ -1 & 2 & -1\end{pmatrix}\begin{pmatrix}5 & -2 & 1\\ 2 & 0 & 2\\ -1 & 2 & 3\end{pmatrix}=\begin{pmatrix}0 & 0 & 0\\ 0 & 0 & 0\\ 0 & 0 & 0\end{pmatrix}=0.$$

On en déduit, en développant, que : $M^2+3M-M-3I=0$. On a donc $M^2+2M=3I$, c'est-à-dire $M(M+2I)=3I$, ce qui s'écrit encore : $M\left[\frac{1}{3}(M+2I)\right]=I$.

Cette dernière égalité prouve que M est inversible et que : $M^{-1}=\frac{1}{3}(M+2I)$.

Méthodes

Vrai/Faux

A, B et C désignent des matrices définies de telle sorte que les propositions ci-dessous aient un sens.

		Vrai	Faux
1.	Si $AB = AC$, avec $A \neq 0$, alors on a : $B = C$.	☐	☐
2.	Si une matrice carrée A vérifie ${}^tA = -A$, alors les coefficients diagonaux de A sont nuls.	☐	☐
3.	Si X et Y sont des matrices colonnes de même taille, $X\,{}^tY$ est un réel.	☐	☐
4.	Si on a $A^2 + A = I$, on peut écrire $A(A+1) = I$, donc $A^{-1} = A + 1$.	☐	☐
5.	Si A vérifie $A \neq I$ et $A^2 = A$, alors A n'est pas inversible.	☐	☐
6.	$A = 0 \Leftrightarrow A^2 = 0$.	☐	☐
7.	Si $A^2 = 2I$, alors A est inversible et $A^{-1} = 2A$.	☐	☐
8.	La matrice $A = \begin{pmatrix} 1 & 0 \\ 0 & 2 \end{pmatrix}$ commute avec toute matrice carrée d'ordre 2.	☐	☐
9.	Pour tout entier naturel p, on a : $I^p = I$.	☐	☐
10.	$A = \begin{pmatrix} 0 & 1 & 1 \\ 0 & 0 & 1 \\ 0 & 0 & 0 \end{pmatrix}$, alors, pour tout entier naturel k supérieur ou égal à 3, on a $A^k = 0$.	☐	☐

Énoncé des exercices

Exercice 6.1. — Un entraînement aux calculs matriciels. On donne :

$$A=\begin{pmatrix}2&3&-2\\4&2&5\end{pmatrix},\ B=\begin{pmatrix}2&1&3\\-4&0&1\\3&-1&-2\end{pmatrix},\ C=\begin{pmatrix}-1&0&3&-2\\4&2&0&1\\3&1&-4&-3\end{pmatrix}\text{ et }D=\begin{pmatrix}-2&1&4\\3&-4&2\end{pmatrix}.$$

1. a) Calculer $2A-3D$.

b) Vérifier par le calcul que $(A+D)C=AC+DC$.

2. Vérifier sur cet exemple l'associativité du produit matriciel, c'est-à-dire : $(AB)C=A(BC)$.

3. Calculer ${}^tC\,{}^tA$ et vérifier que : ${}^t(AC)={}^tC\,{}^tA$.

Exercice 6.2. — Soit $\mathcal{M}_3(\mathbb{R})$ l'ensemble des matrices carrées réelles d'ordre 3. On note $I=\begin{pmatrix}1&0&0\\0&1&0\\0&0&1\end{pmatrix}$ la matrice unité de $\mathcal{M}_3(\mathbb{R})$ et on donne : $A=\begin{pmatrix}4&1&1\\1&4&1\\1&1&4\end{pmatrix}$.

1. Calculer A^2 et montrer qu'il existe deux réels α et β tels que $A^2=\alpha A+\beta I$.

2. En déduire que la matrice A est inversible et exprimer A^{-1}.

Exercice 6.3. — Soit A et B deux matrices de $\mathcal{M}_n(\mathbb{R})$ vérifiant : $AB\neq 0$ et $BA=0$.

1. a) Montrer que ni A ni B ne sont inversibles.

b) Donner un exemple de matrices vérifiant ces conditions dans le cas $n=2$.

2. Dans le cas général, calculer $(AB)^2$.

Exercice 6.4. — Dans chacun des cas suivants, calculer A^n pour tout entier naturel n.

1. $A=\begin{pmatrix}0&-1\\1&0\end{pmatrix}$. **2.** $A=\begin{pmatrix}1&0&1\\0&0&0\\1&0&1\end{pmatrix}$.

Exercice 6.5. — On donne $A=\begin{pmatrix}1&-2&-6\\-3&2&9\\2&0&-3\end{pmatrix}$.

1. Calculer A^2, A^3, puis A^n pour tout entier naturel n.

2. La matrice A est-elle inversible ?

❑ **Exercice 6.6.** — On donne $A = \begin{pmatrix} 1 & 1 & 1 \\ 0 & 1 & 1 \\ 0 & 0 & 1 \end{pmatrix}$ et $I = \begin{pmatrix} 1 & 0 & 0 \\ 0 & 1 & 0 \\ 0 & 0 & 1 \end{pmatrix}$.

1. Montrer que A peut s'écrire sous la forme $A = I + J$, où J est une matrice que l'on précisera.

2. a) Calculer J^2 et J^3.

b) En déduire, pour tout n entier naturel, l'expression de A^n en fonction de I, J et n.

❑ **Exercice 6.7.** * — On donne $A = \begin{pmatrix} 1 & 3 & 3 \\ 3 & 1 & 3 \\ 3 & 3 & 1 \end{pmatrix}$, $I = \begin{pmatrix} 1 & 0 & 0 \\ 0 & 1 & 0 \\ 0 & 0 & 1 \end{pmatrix}$ et $J = \begin{pmatrix} 1 & 1 & 1 \\ 1 & 1 & 1 \\ 1 & 1 & 1 \end{pmatrix}$.

1. Exprimer A sous la forme $\alpha I + \beta J$, où α et β sont deux réels.

2. En déduire l'expression de A^n pour tout entier naturel n.

❑ **Exercice 6.8.** * — Trouver toutes les matrices diagonales M d'ordre 3 telles que :

$$M^3 - 2M^2 - 5M + 6I = 0.$$

❑ **Exercice 6.9.** * — On donne : $A = \begin{pmatrix} 1 & 1 & -2 \\ -1 & -1 & 2 \\ -2 & -2 & 0 \end{pmatrix}$.

1. a) Calculer A^2, puis A^3.

b) En déduire que A n'est pas inversible.

2. a) Calculer $(I - A)(I + A + A^2)$.

b) En déduire que $I - A$ est inversible et donner son inverse.

3. Montrer également que $I + A$ est inversible et donner son inverse.

4. On souhaite généraliser les résultats précédents. Soit n un entier naturel supérieur ou égal à 2 et A une matrice carrée d'ordre n.

On suppose qu'il existe un entier naturel p non nul tel que : $A^{p-1} \neq 0$ et $A^p = 0$.

a) Montrer que A n'est pas inversible.

b) Montrer que $I - A$ est inversible et calculer son inverse.

c) Montrer également que $I + A$ est inversible et donner son inverse.

■ Pour vous aider à démarrer

Exercice 6.3. Pour la question **1.a)**, on pourra raisonner par l'absurde.
Exercice 6.4. Calculer les premières puissances de A pour se faire une idée.
Exercice 6.5. Pour la question **1**, le calcul de A^n nécessite de distinguer les cas A^{2p} et A^{2p+1} puis de procéder par récurrence.
Exercice 6.6. Pour la question **2.b)**, utiliser la formule du binôme.
Exercice 6.7. Pour la question **2**, on pensera dans la formule du binôme à isoler le terme d'indice zéro.
Exercice 6.8. Si a est un des coefficients diagonaux de M, il vérifie l'équation $x^3 - 2x^2 - 5x + 6 = 0$. Comme 1 est une solution évidente, on peut factoriser par $x - 1$.
Exercice 6.9. Pour la question **3**, calculer $(I + A)(I - A + A^2)$.

Pour la question **4.b)**, calculer $(I - A)(I + A + ... + A^{p-1})$.

Corrigé des vrai/faux

1.	2.	3.	4.	5.	6.	7.	8.	9.	10.
F	V	F	F	V	F	F	F	V	V

1. Considérons les matrices : $A=\begin{pmatrix}-1 & 1\\ 1 & -1\end{pmatrix}$, $B=\begin{pmatrix}1 & 1\\ 1 & 1\end{pmatrix}$ et $C=\begin{pmatrix}2 & 2\\ 2 & 2\end{pmatrix}$.

On a : $AB=AC=0$, $A\neq 0$, et pourtant $B\neq C$.

2. Si une matrice carrée A vérifie la relation ${}^tA=-A$, alors on a : $\forall (i,j)\in [\![1,n]\!]^2$, $a_{i,j}=-a_{j,i}$. En particulier : $\forall i\in [\![1,n]\!], a_{i,i}=-a_{i,i}$. Cela signifie que les coefficients diagonaux de A sont nuls.

3. Soit n un entier naturel non nul, X et Y deux matrices de $\mathcal{M}_{n,1}(\mathbb{R})$. La matrice ${}^tY$ est un élément de $\mathcal{M}_{1,n}(\mathbb{R})$, le produit $X\,{}^tY$ est donc bien défini et est élément de $\mathcal{M}_n(\mathbb{R})$.

4. On ne peut pas additionner des réels et des matrices, ainsi l'écriture " $A+1$ " n'a pas de sens. Plus correctement, de l'égalité $A^2+A=I$, on peut déduire : $A(A+I)=I$ et $A^{-1}=A+I$.

5. Considérons une matrice A telle que $A\neq I$ et $A^2=A$.
Montrons par l'absurde qu'elle n'est pas inversible.
Supposons que la matrice A est inversible. Alors A^{-1} existe et en multipliant la relation $A^2=A$ par A^{-1}, on obtient $A=I$ ce qui est absurde par hypothèse.
Finalement, si A est une matrice telle que $A\neq I$ et $A^2=A$, alors A n'est pas inversible.

6. L'implication $A=0\Rightarrow A^2=0$ est toujours vraie (il suffit d'effectuer le produit AA).

En revanche, la réciproque est fausse en général. Il suffit de considérer la matrice $A=\begin{pmatrix}0 & 1\\ 0 & 0\end{pmatrix}$.

On a $A^2=0$, et pourtant $A\neq 0$.

7. La relation $A^2=2I$ est équivalente à $A\left(\frac{1}{2}A\right)=I$. La matrice A est donc inversible d'inverse $A^{-1}=\frac{1}{2}A$, qui est différente de $2A$.

8. Soit $M=\begin{pmatrix} a & c \\ b & d \end{pmatrix}$ une matrice quelconque d'ordre 2. Comme on a $A=\begin{pmatrix} 1 & 0 \\ 0 & 2 \end{pmatrix}$, on obtient :

$$AM=\begin{pmatrix} 1 & 0 \\ 0 & 2 \end{pmatrix}\begin{pmatrix} a & c \\ b & d \end{pmatrix}=\begin{pmatrix} a & c \\ 2b & 2d \end{pmatrix} \text{ et } MA=\begin{pmatrix} a & c \\ b & d \end{pmatrix}\begin{pmatrix} 1 & 0 \\ 0 & 2 \end{pmatrix}=\begin{pmatrix} a & 2c \\ b & 2d \end{pmatrix}$$

Remarque. Les matrices A et M commuteraient si l'on avait $2b=b$ et $2c=c$, c'est-à-dire :

$$b=c=0$$

On en déduit que A commute avec toutes les matrices *diagonales* de $\mathcal{M}_2(\mathbb{R})$.

9. La matrice identité I est neutre pour la multiplication matricielle. Ainsi, pour tout entier naturel non nul p, $I^p=\underbrace{I\times\ldots\times I}_{p\text{ fois}}=I$ et le résultat est encore vrai pour $p=0$.

10. On peut vérifier que $A^2=\begin{pmatrix} 0 & 0 & 1 \\ 0 & 0 & 0 \\ 0 & 0 & 0 \end{pmatrix}$ puis $A^3=\begin{pmatrix} 0 & 0 & 0 \\ 0 & 0 & 0 \\ 0 & 0 & 0 \end{pmatrix}=0$. Ainsi, pour tout entier k tel que $k\geq 3$ $A^k=A^{k-3}A^3=0$.

❑ Les erreurs classiques

- La notion de puissance et d'inverse d'une matrice n'existe que pour les matrices "carrées".
- Les règles du produit matriciel ne sont absolument pas les mêmes que celles de la multiplication des nombres :

  La relation $AB=0$ n'implique pas $A=0$ ou $B=0$.

  Les égalités $A^2=A$ et $A=I$ sont rarement équivalentes (voir **V/F 5**).
- Faire attention de ne jamais ajouter une matrice et un réel (voir **V/F 4**).

Corrigé

Corrigé des exercices

Exercice 6.1

1. a) On trouve : $2A-3D=\begin{pmatrix}10 & 3 & -16\\ -1 & 16 & 4\end{pmatrix}$.

b) On a : $A+D=\begin{pmatrix}0 & 4 & 2\\ 7 & -2 & 7\end{pmatrix}$.

On en déduit que : $(A+D)C=\begin{pmatrix}22 & 10 & -8 & -2\\ 6 & 3 & -7 & -37\end{pmatrix}$.

Ensuite : $AC=\begin{pmatrix}4 & 4 & 14 & 5\\ 19 & 9 & -8 & -21\end{pmatrix}$ et $DC=\begin{pmatrix}18 & 6 & -22 & -7\\ -13 & -6 & 1 & -16\end{pmatrix}$.

Finalement, on a bien : $(A+D)C=AC+DC$.

2. On a : $AB=\begin{pmatrix}-14 & 4 & 13\\ 15 & -1 & 4\end{pmatrix}$ d'où $(AB)C=\begin{pmatrix}69 & 21 & -94 & -7\\ -7 & 2 & 29 & -43\end{pmatrix}$.

On a aussi : $BC=\begin{pmatrix}11 & 5 & -6 & -12\\ 7 & 1 & -16 & 5\\ -13 & -4 & 17 & -1\end{pmatrix}$ d'où $A(BC)=\begin{pmatrix}69 & 21 & -94 & -7\\ -7 & 2 & 29 & -43\end{pmatrix}$.

On retrouve bien l'associativité du produit matriciel : $(AB)C=A(BC)$.

3. On a : ${}^tA=\begin{pmatrix}2 & 4\\ 3 & 2\\ -2 & 5\end{pmatrix}$ et ${}^tC=\begin{pmatrix}-1 & 4 & 3\\ 0 & 2 & 1\\ 3 & 0 & -4\\ -2 & 1 & -3\end{pmatrix}$, on en déduit :

$${}^tC\,{}^tA=\begin{pmatrix}-1 & 4 & 3\\ 0 & 2 & 1\\ 3 & 0 & -4\\ -2 & 1 & -3\end{pmatrix}\begin{pmatrix}2 & 4\\ 3 & 2\\ -2 & 5\end{pmatrix}=\begin{pmatrix}4 & 19\\ 4 & 9\\ 14 & -8\\ 5 & -21\end{pmatrix}.\ \text{Or } {}^t(AC)=\begin{pmatrix}4 & 19\\ 4 & 9\\ 14 & -8\\ 5 & -21\end{pmatrix},\ \text{donc } {}^t(AC)={}^tC\,{}^tA.$$

⇨ *Méthode 6.1*

Exercice 6.2

1. On trouve : $A^2 = \begin{pmatrix} 18 & 9 & 9 \\ 9 & 18 & 9 \\ 9 & 9 & 18 \end{pmatrix}$.

⇨ *Méthode 6.1*

On cherche ensuite deux réels α et β tels que : $A^2 = \alpha A + \beta I$.

Ceci s'écrit : $\begin{pmatrix} 18 & 9 & 9 \\ 9 & 18 & 9 \\ 9 & 9 & 18 \end{pmatrix} = \begin{pmatrix} 4\alpha & \alpha & \alpha \\ \alpha & 4\alpha & \alpha \\ \alpha & \alpha & 4\alpha \end{pmatrix} + \begin{pmatrix} \beta & 0 & 0 \\ 0 & \beta & 0 \\ 0 & 0 & \beta \end{pmatrix}$.

Après addition, on a : $\begin{pmatrix} 18 & 9 & 9 \\ 9 & 18 & 9 \\ 9 & 9 & 18 \end{pmatrix} = \begin{pmatrix} 4\alpha+\beta & \alpha & \alpha \\ \alpha & 4\alpha+\beta & \alpha \\ \alpha & \alpha & 4\alpha+\beta \end{pmatrix}$. Par identification, on obtient le système suivant : $\begin{cases} 4\alpha+\beta = 18 \\ \alpha = 9 \end{cases}$. Finalement, on a : $A^2 = 9A - 18I$.

2. L'égalité obtenue à la question **1.** est équivalente à : $A^2 - 9A = -18I$.

En factorisant, on obtient : $A(A-9I) = -18I$ puis $A\left(\frac{-1}{18}(A-9I)\right) = I$. On en déduit que A est inversible et que son inverse est $A^{-1} = \frac{-1}{18}(A-9I)$.

⇨ *Méthode 6.4*

Exercice 6.3

Soit A et B deux éléments de $\mathcal{M}_n(\mathbb{R})$ tels que : $AB \neq 0$ et $BA = 0$.

1. a) Procédons à une démonstration par l'absurde.

• Si A était inversible, alors A^{-1} existerait et la relation $BA = 0$ donnerait, en multipliant chaque membre par A^{-1} à droite : $B = 0 \times A^{-1} = 0$ mais alors B serait nulle et le produit AB le serait aussi. C'est absurde.

• Si B était inversible, alors B^{-1} existerait et la relation $BA = 0$ donnerait, en multipliant chaque membre par B^{-1} à gauche : $A = B^{-1} \times 0 = 0$ mais alors A serait nulle et le produit AB aussi. C'est absurde.

On en déduit que ni A ni B n'est inversible.

b) Pour les matrices $A = \begin{pmatrix} 0 & 1 \\ 0 & 0 \end{pmatrix}$ et $B = \begin{pmatrix} 0 & 0 \\ 0 & 1 \end{pmatrix}$, on a bien : $BA = 0$ et $AB = \begin{pmatrix} 0 & 1 \\ 0 & 0 \end{pmatrix}$.

Corrigé

2. Par définition d'une puissance, on a : $(AB)^2 = (AB)(AB)$.

L'associativité du produit matriciel donne alors : $(AB)(AB) = A(BA)B$.

Le produit BA étant nul, on en déduit que : $(AB)^2 = 0$.

Exercice 6.4

1. On regarde les premières puissances de A :

$$A^2 = \begin{pmatrix} -1 & 0 \\ 0 & -1 \end{pmatrix} = -I,\ A^3 = -A \text{ et } A^4 = (A^2)^2 = I,\ A^5 = A^4 A = A.$$

Pour tout entier naturel n, on a alors :

- $A^{4n} = (A^4)^n = I^n = I$.
- $A^{4n+1} = A^{4n} \times A = I \times A = A$.
- $A^{4n+2} = A^{4n} \times A^2 = I \times (-I) = -I$.
- $A^{4n+3} = A^{4n} \times A^3 = I \times (-A) = -A$.

⇨ *Méthodes 6.1, 6.2*

2. Regardons les premières puissances de A :

$$A^2 = \begin{pmatrix} 2 & 0 & 2 \\ 0 & 0 & 0 \\ 2 & 0 & 2 \end{pmatrix} = 2A,\ A^3 = A^2 A = \begin{pmatrix} 4 & 0 & 4 \\ 0 & 0 & 0 \\ 4 & 0 & 4 \end{pmatrix} = 4A \text{ et } A^4 = A^2 A^2 = \begin{pmatrix} 8 & 0 & 8 \\ 0 & 0 & 0 \\ 8 & 0 & 8 \end{pmatrix} = 8A.$$

⇨ *Méthode 6.1*

On conjecture que : $\forall n \in \mathbb{N}^*,\ A^n = 2^{n-1} A$.

Pour tout entier naturel n non nul, posons $R(n)$: " $A^n = 2^{n-1} A$ ".

- On a déjà vu que $R(1)$ est vraie.
- Soit n un entier naturel non nul tel que $R(n)$ est vraie.

Alors : $A^{n+1} = A^n A = 2^{n-1} A \times A = 2^{n-1} A^2 = 2^{n-1}(2A) = 2^n A$: $R(n+1)$ est donc vraie.

- Finalement, pour tout entier naturel n non nul, $A^n = 2^{n-1} A$.

✎ *De façon plus explicite,* $\forall n \in \mathbb{N}^*,\ A^n = \begin{pmatrix} 2^{n-1} & 0 & 2^{n-1} \\ 0 & 0 & 0 \\ 2^{n-1} & 0 & 2^{n-1} \end{pmatrix}$. *Bien sûr,* $A^0 = I$.

⇨ *Méthode 6.2*

Exercice 6.5

1. On obtient successivement : $A^2 = \begin{pmatrix} -5 & -6 & -6 \\ 9 & 10 & 9 \\ -4 & -4 & -3 \end{pmatrix}$ et $A^3 = \begin{pmatrix} 1 & -2 & -6 \\ -3 & 2 & 9 \\ 2 & 0 & -3 \end{pmatrix} = A$.

⇨ *Méthode 6.1*

Posons pour tout entier naturel n non nul, $R(n)$: " $A^{2n} = A^2$ et $A^{2n+1} = A$ ".

- Les calculs préliminaires prouvent que $R(1)$ est vraie.
- Soit n un entier naturel non nul tel que $R(n)$ est vraie.

Comme $A^{2n+2} = A^{2n+1}A$, et, par hypothèse de récurrence, $A^{2n+1} = A$, on en déduit : $A^{2n+2} = A^2$.
On a alors : $A^{2n+3} = A^{2n+2}A = A^2 A = A^3 = A$.
On en déduit que $R(n+1)$ est vraie.

- Par récurrence, pour tout entier naturel n non nul, on a : $A^{2n} = A^2$ et $A^{2n+1} = A$.

✐ *Ici encore, on a :* $A^0 = I$.

⇨ *Méthode 6.2*

2. Utilisons un raisonnement par l'absurde.
Si A était inversible, en multipliant la relation $A^3 = A$ à gauche par A^{-1}, on obtiendrait : $A^2 = I$. Ceci contredit le résultat de la question **1**.
La matrice A n'est donc pas inversible.

Exercice 6.6

1. Pour déterminer la matrice J telle que $A = I + J$, il suffit de calculer $A - I$.

Comme $A - I = \begin{pmatrix} 0 & 1 & 1 \\ 0 & 0 & 1 \\ 0 & 0 & 0 \end{pmatrix}$, la matrice $J = \begin{pmatrix} 0 & 1 & 1 \\ 0 & 0 & 1 \\ 0 & 0 & 0 \end{pmatrix}$ vérifie donc $A = I + J$.

2. a) On obtient rapidement : $J^2 = \begin{pmatrix} 0 & 0 & 1 \\ 0 & 0 & 0 \\ 0 & 0 & 0 \end{pmatrix}$ et $J^3 = 0$.

⇨ *Méthode 6.1*

b) Connaissant une décomposition de A du type $A = I + J$, on pense à utiliser la formule du binôme de Newton.
Les matrices J et I commutent (la matrice I commute avec n'importe quelle matrice de même format).

On obtient donc, pour tout entier naturel n : $A^n = \sum_{k=0}^{n} \binom{n}{k} I^{n-k} J^k$.

Comme $I^{n-k} = I$ et que $I J^k = J^k$, on obtient, pour tout entier naturel n : $A^n = \sum_{k=0}^{n} \binom{n}{k} J^k$.

On remarque que, pour tout entier k supérieur ou égal à 3 : $J^k = J^3 J^{k-3} = 0$ car $J^3 = 0$.

Pour tout entier n supérieur ou égal à 3, $A^n = \sum_{k=0}^{2} \binom{n}{k} J^k + \sum_{k=3}^{n} \binom{n}{k} J^k$ (on coupe la somme en deux).

Comme $J^k = 0$ dès que k est supérieur ou égal à 3, on en déduit que la seconde somme est nulle.

Finalement, pour tout entier n supérieur ou égal à 3, $A^n = \binom{n}{0}J^0 + \binom{n}{1}J + \binom{n}{2}J^2$.

On en déduit que, pour tout entier n supérieur ou égal à 3 : $A^n = \begin{pmatrix} 1 & n & \dfrac{n(n+1)}{2} \\ 0 & 1 & n \\ 0 & 0 & 1 \end{pmatrix}$.

On remarque enfin que cette relation est encore vraie pour $n = 0$, $n = 1$ et $n = 2$.

⇨ *Méthode 6.3*

Exercice 6.7

1. Construisons A à partir des matrices I et J. Les termes qui ne sont pas sur la diagonale de A sont donnés par la matrice J. Il est nécessaire de prendre $3J$ pour obtenir ces coefficients dans A. Il reste à rectifier les termes diagonaux; on a besoin de $-2I$. On obtient alors : $A = 3J - 2I$.
Remarque. On pouvait aussi poser $A = \alpha I + \beta J$, et procéder par identification des éléments.

2. La matrice $2I$ (matrice scalaire) commute avec $3J$.
La formule du binôme de Newton assure que, pour tout entier naturel n :

$$A^n = \sum_{k=0}^{n} \binom{n}{k} (3J)^k (-2I)^{n-k}.$$

Comme $(3J)^k (-2I)^{n-k} = 3^k (-2)^{n-k} J^k$, alors pour tout entier naturel n, on a :

$$A^n = \sum_{k=0}^{n} \binom{n}{k} 3^k (-2)^{n-k} J^k$$

Il nous faut connaître les puissances de J.
Un petit calcul montre que $J^2 = 3J$. On prouve alors par récurrence que : $\forall k \in \mathbb{N}^*$, $J^k = 3^{k-1}J$.
Cette relation n'étant valable qu'à partir du rang 1, il faut isoler le premier terme de la somme donnant A^n. On en déduit alors que, pour tout entier naturel n non nul :

$$A^n = 3^0 (-2)^{n-0} J^0 + \sum_{k=1}^{n} \binom{n}{k} 3^k (-2)^{n-k} 3^{k-1} J = (-2)^n I + \frac{1}{3}\left(\sum_{k=1}^{n} \binom{n}{k} 9^k (-2)^{n-k} \right) J.$$

Or : $\displaystyle\sum_{k=1}^{n} \binom{n}{k} 9^k (-2)^{n-k} = \sum_{k=0}^{n} \binom{n}{k} 9^k (-2)^{n-k} - \binom{n}{0} 9^0 (-2)^{n-0} = \sum_{k=0}^{n} \binom{n}{k} 9^k (-2)^{n-k} - (-2)^n$.

On a donc : $\displaystyle\sum_{k=1}^{n} \binom{n}{k} 9^k (-2)^{n-k} = 7^n - (-2)^n$, grâce à la formule du binôme de Newton (sur les réels). Il ne reste qu'à remplacer dans l'égalité donnant A^n, ce qui donne, pour tout entier naturel n non nul : $A^n = (-2)^n I + \dfrac{1}{3}\left(7^n - (-2)^n\right) J$.

On remarque enfin que cette formule est encore valable pour $n = 0$.

⇨ *Méthode 6.3*

Exercice 6.8

La matrice $M = \begin{pmatrix} a & 0 & 0 \\ 0 & b & 0 \\ 0 & 0 & c \end{pmatrix}$ est solution de $M^3 - 2M^2 - 5M + 6I = 0$ si et seulement si :

$$\begin{pmatrix} a^3 & 0 & 0 \\ 0 & b^3 & 0 \\ 0 & 0 & c^3 \end{pmatrix} - 2\begin{pmatrix} a^2 & 0 & 0 \\ 0 & b^2 & 0 \\ 0 & 0 & c^2 \end{pmatrix} - 5\begin{pmatrix} a & 0 & 0 \\ 0 & b & 0 \\ 0 & 0 & c \end{pmatrix} + 6\begin{pmatrix} 1 & 0 & 0 \\ 0 & 1 & 0 \\ 0 & 0 & 1 \end{pmatrix} = \begin{pmatrix} 0 & 0 & 0 \\ 0 & 0 & 0 \\ 0 & 0 & 0 \end{pmatrix}.$$

Par identification, on trouve : $\begin{cases} a^3 - 2a^2 - 5a + 6 = 0 \\ b^3 - 2b^2 - 5b + 6 = 0 \\ c^3 - 2c^2 - 5c + 6 = 0 \end{cases}$. Les coefficients de M sont donc solutions de l'équation $x^3 - 2x^2 - 5x + 6 = 0$. On remarque que 1 est une solution évidente, on peut donc factoriser l'expression par $x - 1$: $x^3 - 2x^2 - 5x + 6 = (x-1)(\alpha x^2 + \beta x + \gamma)$. En développant et en identifiant les deux membres, on obtient : $\alpha = 1$, $\beta = -1$ et $\gamma = -6$. On a alors :
$x^3 - 2x^2 - 5x + 6 = (x-1)(x^2 - x - 6)$. L'équation $x^2 - x - 6 = 0$ a deux solutions : -2 et 3. Finalement, on a : $x^3 - 2x^2 - 5x + 6 = 0 \Leftrightarrow x = 1$ ou $x = -2$ ou $x = 3$.

On en déduit que les solutions du problème sont les matrices $M = \begin{pmatrix} a & 0 & 0 \\ 0 & b & 0 \\ 0 & 0 & c \end{pmatrix}$ avec $(a,b,c) \in \{-2, 1, 3\}^3$. Il y a donc 27 matrices solutions.

Exercice 6.9

1. a) On a : $A^2 = \begin{pmatrix} 4 & 4 & 0 \\ -4 & -4 & 0 \\ 0 & 0 & 0 \end{pmatrix}$ et $A^3 = 0$.

⇨ *Méthode 6.1*

b) Si A était inversible, alors en multipliant l'égalité $A^3 = 0$ par A^{-1}, on obtiendrait : $A^{-1} \times A^3 = A^{-1} \times 0$, c'est-à-dire $A^2 = 0$. Ceci est absurde donc A n'est pas inversible.

2. a) On a $(I - A)(I + A + A^2) = I + A + A^2 - A - A^2 - A^3 = I$ car $A^3 = 0$.

b) On déduit directement de la question **2.a)** que $I - A$ est inversible et que son inverse est $I + A + A^2$.

⇨ *Méthode 6.4*

3. On remarque que : $(I+A)(I-A+A^2)=I-A+A^2+A-A^2+A^3=I$. On en déduit que $I+A$ est inversible et que son inverse est $I-A+A^2$.

⇨ *Méthode 6.4*

4. a) Si A était inversible, en multipliant la relation $A^p=0$ par A^{-1}, on obtiendrait : $A^{p-1}=0$, ce qui est absurde. La matrice A n'est donc pas inversible.

b) On a : $(I-A)(I+A+...+A^{p-1})=(I-A)\sum_{k=0}^{p-1}A^k=\sum_{k=0}^{p-1}A^k-\sum_{k=0}^{p-1}A^{k+1}=\sum_{k=0}^{p-1}A^k-\sum_{h=1}^{p}A^h$ (on a posé $h=k+1$ dans la deuxième somme).

Par télescopage, on obtient : $(I-A)(I+A+...+A^{p-1})=I-A^p=I$ (puisque $A^p=0$).

Conclusion : $I-A$ est inversible et $(I-A)^{-1}=\sum_{k=0}^{p-1}A^k$.

⇨ *Méthode 6.4*

c) Développons $(I+A)\sum_{k=0}^{p-1}(-1)^k A^k$.

On a : $(I+A)\sum_{k=0}^{p-1}(-1)^k A^k=\sum_{k=0}^{p-1}(-1)^k A^k+\sum_{k=0}^{p-1}(-1)^k A^{k+1}=\sum_{k=0}^{p-1}(-1)^k A^k-\sum_{k=0}^{p-1}(-1)^{k+1} A^{k+1}$.

Le changement d'indice $h=k+1$ donne : $(I+A)\sum_{k=0}^{p-1}(-1)^k A^k=\sum_{k=0}^{p-1}(-1)^k A^k-\sum_{h=1}^{p}(-1)^h A^h$.

Toujours par télescopage, on obtient : $(I+A)\sum_{k=0}^{p-1}(-1)^k A^k=I-(-1)^p A^p$.

La nullité de A^p nous permet de conclure que : $(I+A)\sum_{k=0}^{p-1}(-1)^k A^k=I$ ce qui signifie que $I+A$ est inversible et que $(I+A)^{-1}=\sum_{k=0}^{p-1}(-1)^k A^k$.

⇨ *Méthode 6.4*

Chapitre 7
Systèmes linéaires

C'est dans le but de déterminer des courbes passant par des points donnés que le mathématicien genevois Gabriel **Cramer** se penche sur les systèmes d'équations linéaires. Pour les résoudre, il utilise, en l'expliquant en détail, une méthode énoncée avant lui par Colin **MacLaurin**. La grande diffusion de son ouvrage explique que la postérité ait retenu son nom plutôt que celui du savant écossais pour dénommer les systèmes de n équations à n inconnues possédant une unique solution.

Colin MacLaurin
1698 - 1746

■■ Objectifs

■ Les incontournables

- ▷ Reconnaître un système linéaire et savoir le résoudre.
- ▷ Savoir faire le lien entre matrice et système.
- ▷ Connaître la méthode de Gauss-Jordan.

■ Et plus si affinités

- ▷ Savoir travailler sur des systèmes de taille n.

Résumé de cours

Généralités

Définitions

Définitions 7.1. — Soit n et p deux entiers naturels non nuls. On appelle *système linéaire* de n équations, à p inconnues réelles $x_1, x_2, \ldots, x_p$, le système (S)
$$\begin{cases} a_{1,1}x_1 + a_{1,2}x_2 + \ldots + a_{1,p}x_p = y_1 \\ a_{2,1}x_1 + a_{2,2}x_2 + \ldots + a_{2,p}x_p = y_2 \\ \vdots \\ a_{n,1}x_1 + a_{n,2}x_2 + \ldots + a_{n,p}x_p = y_n \end{cases},$$
où, pour tout couple (i, j) de $[\![1,n]\!] \times [\![1,p]\!]$, on suppose connus les réels $a_{i,j}$ et y_i.

La $i^{\text{ème}}$ équation du système est notée (L_i) et est appelée $i^{\text{ème}}$ ligne de (S).

Résoudre (S), c'est chercher tous les p-uplets $(x_1, x_2, .., x_p)$ vérifiant les n équations de (S).

Si pour tout i de $[\![1,n]\!]$, $y_i = 0$, le système (S) est dit *homogène*.

Définition 7.2. — On dit que deux systèmes sont *équivalents* s'ils ont les mêmes solutions.

Remarque 7.1. — Un système homogène possède au moins une solution : le p-uplet $(0,\ldots,0)$.

Définition 7.3. — Soit (S) un système linéaire de n équations à n inconnues. On dit que (S) est un système de Cramer si (S) admet un unique n-uplet solution.

Opérations élémentaires

Définition 7.4. — Les opérations suivantes sur les lignes d'un système sont appelées opérations élémentaires (on suppose $i \neq j$).

- $L_i \leftrightarrow L_j$: échange de deux lignes.
- $L_i \leftarrow aL_i$ (avec $a \neq 0$) : remplacement d'une ligne par son produit par un réel non nul.
- $L_i \leftarrow L_i + bL_j$: remplacement d'une ligne par sa somme avec un multiple d'une autre ligne.
- Les deux dernières opérations peuvent se regrouper en : $L_i \leftarrow aL_i + bL_j$ (avec $a \neq 0$).

Propriété 7.1. — Les opérations élémentaires transforment tout système en un système équivalent.

❑ Méthode du pivot de Gauss

Théorème 7.1. — Grâce à des opérations élémentaires, on peut transformer tout système (S) en un système (S') dont chaque ligne contient davantage de coefficients nuls que la précédente (comprendre des coefficients nuls **avant** le premier coefficient non nul si ce dernier existe), ce dernier étant appelé *pivot*.
Dans le cas où (S) est un système à n équations et n inconnues, (S) est un système de Cramer si et seulement si (S') possède n pivots non nuls.

⇨ **Méthode 7.1. Comment résoudre un système par la méthode du pivot de Gauss ?**

■ Matrices et systèmes

❑ Écriture matricielle d'un système

Définition 7.5. — Soit le système linéaire (S) $\begin{cases} a_{1,1}x_1 + \cdots + a_{1,p}x_p = y_1 \\ \vdots \\ a_{n,1}x_1 + \ldots + a_{n,p}x_p = y_n \end{cases}$.

La matrice $A = \begin{pmatrix} a_{1,1} & \ldots & a_{1,p} \\ \vdots & & \vdots \\ a_{n,1} & \ldots & a_{n,p} \end{pmatrix}$ de $\mathcal{M}_{n,p}(\mathbb{R})$ est appelée matrice associée au système (S).

Notation 7.1 — Avec $X = \begin{pmatrix} x_1 \\ \vdots \\ x_p \end{pmatrix}$ et $Y = \begin{pmatrix} y_1 \\ \vdots \\ y_n \end{pmatrix}$, (S) $\begin{cases} a_{1,1}x_1 + \cdots + a_{1,p}x_p = y_1 \\ \vdots \\ a_{n,1}x_1 + \ldots + a_{n,p}x_p = y_n \end{cases}$ s'écrit $AX = Y$.

❑ Interprétation matricielle des systèmes de Cramer

Propriété 7.2. — Soit A une matrice de $\mathcal{M}_n(\mathbb{R})$.
La matrice A est inversible si et seulement si A est la matrice d'un système de Cramer, c'est-à-dire si le système $AX = Y$, d'inconnue X élément de $\mathcal{M}_{n,1}(\mathbb{R})$, possède une seule solution, cette solution étant $X = A^{-1}Y$.

⇨ **Méthode 7.3. Comment calculer l'inverse d'une matrice carrée par résolution de système ?**

Propriété 7.3. — Soit A une matrice de $\mathcal{M}_n(\mathbb{R})$. On a l'équivalence suivante :
A est inversible si et seulement si, pour toute matrice X de $\mathcal{M}_{n,1}(\mathbb{R})$: $AX = 0 \Leftrightarrow X = 0$.

Théorème 7.2. — Soit A une matrice **triangulaire**.
A est inversible si et seulement si les coefficients diagonaux de A sont tous non nuls.

❑ Réduite de Gauss

Définition 7.6. — Soit A une matrice carrée de $\mathcal{M}_n(\mathbb{R})$. On appelle réduite de Gauss de A, toute matrice triangulaire obtenue par des opérations élémentaires effectuées sur les lignes de A.

Remarque 7.2. — Les opérations élémentaires sur les lignes d'une matrice sont les mêmes que celles décrites sur les systèmes.

Théorème 7.3. — Soit A une matrice carrée de $\mathcal{M}_n(\mathbb{R})$.

- Si une réduite de Gauss de A est inversible, alors A est inversible.
- Si A est inversible, alors toutes ses réduites de Gauss sont inversibles.

⇨ **Méthode 7.2. Comment montrer qu'une matrice est (ou n'est pas) inversible ?**

❑ Méthode de Gauss-Jordan

Théorème 7.4. — La méthode de Gauss-Jordan.
Toute matrice inversible peut se transformer en la matrice identité à l'aide d'opérations élémentaires sur les lignes de cette matrice et son inverse s'obtient en effectuant, dans le même ordre, les mêmes opérations élémentaires sur les lignes de la matrice identité.

⇨ **Méthode 7.4. Comment calculer l'inverse d'une matrice carrée par la méthode de Gauss-Jordan ?**

Méthodes

Le pivot de Gauss

❑ Méthode 7.1. Comment résoudre un système par la méthode du pivot de Gauss ?

Décrivons la méthode dans le cas d'un système de trois équations à trois inconnues. Le lecteur pourra aisément généraliser à des systèmes "plus gros".

Soit le système (S) $\begin{cases} ax + by + cz = \alpha \\ a'x + b'y + c'z = \alpha' \\ a''x + b''y + c''z = \alpha'' \end{cases}$, d'inconnues x, y, z. On suppose $a \neq 0$.

Si ce n'est pas le cas, on permute les lignes du système pour que l'inconnue x soit présente dans la première équation. La 1ère étape consiste à éliminer l'inconnue x dans toutes les lignes du système à partir de la deuxième (ici, cela ne concerne que les deux dernières lignes). On effectue dans ce but les opérations élémentaires suivantes : $L_2 \leftarrow aL_2 - a'L_1$ et $L_3 \leftarrow aL_3 - a''L_1$. On obtient alors un système équivalent à (S), de la forme : $\begin{cases} ax + by + cz = \alpha \\ \quad\ dy + ez = \beta \\ \quad\ d'y + e'z = \beta' \end{cases}$.

On renouvelle ce principe sur le système "grisé". Si $d \neq 0$, la 2ème étape consiste à éliminer l'inconnue y dans toutes les équations à partir de la troisième (ici, seule la dernière ligne est concernée). On effectue dans ce but l'opération élémentaire : $L_3 \leftarrow dL_3 - d'L_2$. On obtient alors un système triangulaire équivalent à (S) :

$\begin{cases} ax + by + cz = \alpha \\ \quad\ dy + ez = \beta \\ \qquad\quad fz = \gamma \end{cases}$ que l'on résout "en remontant" en partant de la dernière ligne.

⇨ **Exercices 7.1, 7.2.**

Exemple. Résoudre le système (S) $\begin{cases} x + 2y + z = 3 \\ x - 2y + 3z = 1 \\ 2x + y + 5z = 2 \end{cases}$.

$$\begin{cases} x + 2y + z = 3 \\ x - 2y + 3z = 1 \\ 2x + y + 5z = 2 \end{cases} \underset{\substack{L_2 \leftarrow L_2 - L_1 \\ L_3 \leftarrow L_3 - 2L_1}}{\Leftrightarrow} \begin{cases} x + 2y + z = 3 \\ -4y + 2z = -2 \\ -3y + 3z = -4 \end{cases} \underset{L_3 \leftarrow -4L_3 + 3L_2}{\Leftrightarrow} \begin{cases} x + 2y + z = 3 \\ -4y + 2z = -2 \\ -6z = 10 \end{cases}.$$

ce qui conduit "en remontant" à : $z=-\frac{5}{3}$, $y=-\frac{1}{3}$ et $x=\frac{16}{3}$.

Le système (S) admet donc un unique triplet solution : $\left(\frac{16}{3},-\frac{1}{3},-\frac{5}{3}\right)$.

Remarque. La dernière opération élémentaire réalisée peut être remplacée sans danger par $L_3 \leftarrow 4L_3 - 3L_2$, si l'on préfère obtenir $6z=-10$, plutôt que $-6z=10$.

❑ Méthode 7.2. Comment montrer qu'une matrice carrée est (ou n'est pas) inversible ?

> A étant une matrice carrée donnée, pour savoir si A est inversible, on peut déterminer l'une de ses réduites de Gauss. On conclut ensuite en utilisant le **théorème 7.2.**

⇨ **Exercice 7.5.**

Exemple 1. La matrice $A=\begin{pmatrix}1 & 2 & 1\\ 1 & -2 & 3\\ 2 & 1 & 5\end{pmatrix}$ est-elle inversible ?

Cherchons une réduite de Gauss de A.

$$\begin{pmatrix}1 & 2 & 1\\ 1 & -2 & 3\\ 2 & 1 & 5\end{pmatrix}\begin{matrix}L_1\\ L_2 \leftarrow L_2 - L_1\\ L_3 \leftarrow L_3 - 2L_1\end{matrix} \quad \begin{pmatrix}1 & 2 & 1\\ 0 & -4 & 2\\ 0 & -3 & 3\end{pmatrix}\begin{matrix}L_1\\ L_2\\ L_3 \leftarrow 4L_3 - 3L_2\end{matrix} \quad \begin{pmatrix}1 & 2 & 1\\ 0 & -4 & 2\\ 0 & 0 & 6\end{pmatrix}.$$

Cette dernière matrice est une matrice triangulaire et tous ses coefficients diagonaux sont non nuls. Conclusion : A est inversible.

Remarque : A est la matrice associée au système proposé dans l'exemple de la **méthode 7.1**. On notera la similitude entre les opérations élémentaires pour obtenir cette réduite et celles utilisées pour résoudre le système.

Exemple 2. La matrice $A=\begin{pmatrix}4 & -2 & -2\\ 1 & 1 & -2\\ 2 & -4 & 2\end{pmatrix}$ est-elle inversible ?

Cherchons une réduite de Gauss de A.

$$\begin{pmatrix}4 & -2 & -2\\ 1 & 1 & -2\\ 2 & -4 & 2\end{pmatrix}\begin{matrix}L_1\\ L_2 \leftarrow 4L_2 - L_1\\ L_3 \leftarrow 2L_3 - L_1\end{matrix} \quad \begin{pmatrix}4 & -2 & -2\\ 0 & 6 & -6\\ 0 & -6 & 6\end{pmatrix}\begin{matrix}L_1\\ L_2\\ L_3 \leftarrow L_3 + L_2\end{matrix} \begin{pmatrix}4 & -2 & -2\\ 0 & 6 & -6\\ 0 & 0 & 0\end{pmatrix}.$$

Cette dernière matrice est une matrice triangulaire et l'un de ses coefficients diagonaux est nul. Conclusion : A n'est pas inversible.

Méthodes

■ Inverse d'une matrice carrée

❑ Méthode 7.3. Comment calculer l'inverse d'une matrice carrée par résolution de système ?

> Soit A une matrice carrée. On pose le système $AX = Y$. La matrice A est inversible si, et seulement si, le système est de Cramer. Dans le cas où A est inversible, $AX = Y$ équivaut à $X = A^{-1}Y$, ce qui permet de donner A^{-1}.

⇨ Exercice 7.3.

Exemple. Montrer que la matrice $A = \begin{pmatrix} 2 & 2 & 3 \\ 1 & -1 & 0 \\ -1 & 2 & 1 \end{pmatrix}$ est inversible et donner son inverse.

On note $X = \begin{pmatrix} x \\ y \\ z \end{pmatrix}$ et $Y = \begin{pmatrix} a \\ b \\ c \end{pmatrix}$.

Le système $AX = Y$ s'écrit $\begin{cases} 2x + 2y + 3z = a \\ x - y = b \\ -x + 2y + z = c \end{cases}$. On le résout :

$$\begin{cases} 2x + 2y + 3z = a \\ x - y = b \\ -x + 2y + z = c \end{cases} \underset{\substack{L_2 \leftarrow 2L_2 - L_1 \\ L_3 \leftarrow 2L_3 + L_1}}{\Leftrightarrow} \begin{cases} 2x + 2y + 3z = a \\ -4y - 3z = -a + 2b \\ 6y + 5z = a + 2c \end{cases} \underset{L_3 \leftarrow 2L_3 + 3L_2}{\Leftrightarrow} \begin{cases} 2x + 2y + 3z = a \\ -4y - 3z = -a + 2b \\ z = -a + 6b + 4c \end{cases}.$$

Le système est de Cramer (les coefficients diagonaux du système triangulaire sont tous non nuls) donc la matrice A est inversible. Ainsi $AX = Y$ équivaut à $X = A^{-1}Y$.
Pour déterminer A^{-1}, il reste à achever la résolution, toujours "en remontant", et après quelques calculs, on obtient : $\begin{cases} x = a - 4b - 3c \\ y = a - 5b - 3c \\ z = -a + 6b + 4c \end{cases}$, ce qui donne $A^{-1} = \begin{pmatrix} 1 & -4 & -3 \\ 1 & -5 & -3 \\ -1 & 6 & 4 \end{pmatrix}$.

Remarque. La dernière opération élémentaire ($L_3 \leftarrow 2L_3 + 3L_2$) effectuée ci-dessus, est équivalente à celle indiquée dans la **méthode 7.1**, à savoir : $L_3 \leftarrow -4L_3 - 6L_2$, mais elle permet d'éviter de nombreux signes "–" et de faciliter ainsi les calculs.

❑ Méthode 7.4. Comment calculer l'inverse d'une matrice carrée par la méthode de Gauss-Jordan ?

Soit A une matrice carrée. Si A est inversible, on transforme A en la matrice identité par des opérations élémentaires. Ces opérations élémentaires, appliquées dans le même ordre à la matrice identité, donnent A^{-1}. Les calculs sont menés de front comme dans l'exemple ci dessous qui reprend la matrice de la **méthode 7.3**.

⇨ **Exercice 7.4**

Exemple. Montrer que la matrice $A = \begin{pmatrix} 2 & 2 & 3 \\ 1 & -1 & 0 \\ -1 & 2 & 1 \end{pmatrix}$ est inversible et donner son inverse.

On présente côte à côte les matrices A et I. On écrit à droite les opérations élémentaires qui permettent de transformer A en I et on les applique simultanément aux deux matrices :

$$\begin{pmatrix} 2 & 2 & 3 \\ 1 & -1 & 0 \\ -1 & 2 & 1 \end{pmatrix} \quad \begin{pmatrix} 1 & 0 & 0 \\ 0 & 1 & 0 \\ 0 & 0 & 1 \end{pmatrix} \begin{matrix} L_1 \\ L_2 \leftarrow 2L_2 - L_1 \\ L_3 \leftarrow 2L_3 + L_1 \end{matrix} \rightarrow \begin{pmatrix} 2 & 2 & 3 \\ 0 & -4 & -3 \\ 0 & 6 & 5 \end{pmatrix} \quad \begin{pmatrix} 1 & 0 & 0 \\ -1 & 2 & 0 \\ 1 & 0 & 2 \end{pmatrix} \begin{matrix} L_1 \\ L_2 \\ L_3 \leftarrow 2L_3 + 3L_2 \end{matrix}$$

$$\begin{pmatrix} 2 & 2 & 3 \\ 0 & -4 & -3 \\ 0 & 0 & 1 \end{pmatrix} \begin{pmatrix} 1 & 0 & 0 \\ -1 & 2 & 0 \\ -1 & 6 & 4 \end{pmatrix}.$$

À ce stade, la matrice de gauche est une réduite de Gauss de A, triangulaire dont les coefficients diagonaux sont tous non nuls, elle est inversible et A aussi.

Pour déterminer A^{-1}, on poursuit le processus comme suit :

$$\begin{pmatrix} 2 & 2 & 3 \\ 0 & -4 & -3 \\ 0 & 0 & 1 \end{pmatrix} \begin{pmatrix} 1 & 0 & 0 \\ -1 & 2 & 0 \\ -1 & 6 & 4 \end{pmatrix} \begin{matrix} L_1 \leftarrow L_1 - 3L_3 \\ L_2 \leftarrow L_2 + 3L_3 \\ L_3 \end{matrix} \rightarrow \begin{pmatrix} 2 & 2 & 0 \\ 0 & -4 & 0 \\ 0 & 0 & 1 \end{pmatrix} \begin{pmatrix} 4 & -18 & -12 \\ -4 & 20 & 12 \\ -1 & 6 & 4 \end{pmatrix} \begin{matrix} L_1 \leftarrow 2L_1 + L_2 \\ L_2 \\ L_3 \end{matrix}$$

$$\begin{pmatrix} 4 & 0 & 0 \\ 0 & -4 & 0 \\ 0 & 0 & 1 \end{pmatrix} \begin{pmatrix} 4 & -16 & -12 \\ -4 & 20 & 12 \\ -1 & 6 & 4 \end{pmatrix} \begin{matrix} L_1 \leftarrow (1/4)L_1 \\ L_2 \leftarrow -(1/4)L_2 \\ L_3 \end{matrix} \rightarrow \begin{pmatrix} 1 & 0 & 0 \\ 0 & 1 & 0 \\ 0 & 0 & 1 \end{pmatrix} \begin{pmatrix} 1 & -4 & -3 \\ 1 & -5 & -3 \\ -1 & 6 & 4 \end{pmatrix}.$$

Ainsi : $A^{-1} = \begin{pmatrix} 1 & -4 & -3 \\ 1 & -5 & -3 \\ -1 & 6 & 4 \end{pmatrix}$.

■■ Vrai/Faux

	Vrai	Faux
1. On ne modifie pas les solutions d'un système de deux équations à deux inconnues si l'on effectue l'opération $L_2 \leftarrow L_1$.	☐	☐
2. On ne modifie pas les solutions d'un système de trois équations à trois inconnues si l'on effectue l'opération $L_3 \leftarrow L_3 + L_2 + L_1$.	☐	☐
3. Quels que soient les réels a et b, le système $\begin{cases} x - 2y = a \\ -2x + 4y = b \end{cases}$ n'est jamais de Cramer.	☐	☐
4. Un système de Cramer homogène ne possède qu'une seule solution : la liste nulle.	☐	☐
5. Un système de 3 équations à 3 inconnues peut avoir une infinité de solutions.	☐	☐
6. La matrice $A = \begin{pmatrix} 0 & 1 & 0 \\ 0 & 0 & 1 \\ 1 & 0 & 0 \end{pmatrix}$ est inversible.	☐	☐
7. La matrice $A = \begin{pmatrix} 1 & 2 & -3 \\ -2 & 3 & -1 \\ 0 & -1 & 1 \end{pmatrix}$ est inversible car ses coefficients diagonaux sont tous non nuls.	☐	☐
8. Soit A une matrice de $\mathcal{M}_n(\mathbb{R})$. S'il existe une matrice colonne X non nulle de $\mathcal{M}_{n,1}(\mathbb{R})$ telle que $AX = 0$, alors A n'est pas inversible.	☐	☐
9. Si le système $\begin{cases} ax + by = c \\ a'x + b'y = c' \end{cases}$ admet une infinité de solutions, alors $(a,b,c) = (a',b',c')$.	☐	☐
10. L'ensemble solution du système $\begin{cases} x + y - z = 0 \\ 3x - 6y + 3z = 0 \\ -x + 2y - z = 0 \end{cases}$ est $\{(1,2,3)\}$.	☐	☐

Énoncé des exercices

Exercice 7.1. — Résoudre dans $\mathbb{R}^3$ les systèmes suivants :

1. $\begin{cases} -x+2y-z=-5 \\ x-4y+2z=7 \\ -2x-2y+2z=0 \end{cases}$ **2.** $\begin{cases} 3x+y-z=0 \\ x+y-z=0 \\ -x-y+z=0 \end{cases}$ **3.** $\begin{cases} x+2y-z=a \\ -2x-3y+3z=b \\ x+y-2z=c \end{cases}$ (a, b et c réels donnés).

Exercice 7.2. * — On donne le système $(S)\begin{cases} (2-\lambda)x+4z=0 \\ 3x-(4+\lambda)y+12z=0 \\ x-2y+(5-\lambda)z=0 \end{cases}$.

1. Pour quelle(s) valeur(s) du paramètre réel λ le système (S) est-il de Cramer ?

2. Résoudre le système (S).

Exercice 7.3. ** — Soit n un entier supérieur ou égal à 2 et $A=\begin{pmatrix} 0 & \cdots & 0 & \lambda_1 \\ \vdots & \iddots & \lambda_2 & 0 \\ 0 & \iddots & \iddots & \vdots \\ \lambda_n & 0 & \dots & 0 \end{pmatrix}$, où

$\lambda_1, \lambda_2, \ldots, \lambda_n$ sont des réels non nuls. On pose $X=\begin{pmatrix} x_1 \\ \vdots \\ x_n \end{pmatrix}$ et $B=\begin{pmatrix} b_1 \\ \vdots \\ b_n \end{pmatrix}$.

1. Écrire le système $AX=B$ puis le résoudre.

2. En déduire que A est inversible et calculer l'inverse de A.

Exercice 7.4. — Montrer que les matrices suivantes sont inversibles et donner leur inverse.

1. $A=\begin{pmatrix} 1 & 0 & 2 \\ 3 & -1 & 1 \\ -2 & 4 & 3 \end{pmatrix}$ **2.** $B=\begin{pmatrix} 2 & -2 & 1 \\ 2 & -3 & 2 \\ -1 & 2 & 0 \end{pmatrix}$ **3.** $C=\begin{pmatrix} 1 & -a & 0 & 0 \\ 0 & 1 & -a & 0 \\ 0 & 0 & 1 & -a \\ 0 & 0 & 0 & 1 \end{pmatrix}$, avec a réel.

Exercice 7.5. — Soit a un réel donné. On donne $A=\begin{pmatrix} a & 1 & 1 \\ 1 & a & 1 \\ 1 & 1 & a \end{pmatrix}$.

Pour quelle(s) valeur(s) de a la matrice A est-elle inversible ?

■ Pour vous aider à démarrer

Exercice 7.1. Pour la question **3**, discuter selon que $a+b+c$ est nul ou non.
Exercice 7.2. Permuter en tout premier la ligne 1 avec la ligne 3 afin d'avoir un pivot non nul (indépendant de λ) à la première ligne.
Exercice 7.5. Chercher une réduite de Gauss de A sans oublier de permuter la ligne 1 avec la ligne 3 (car on ne sait pas si a est différent de 0 ou pas).

Corrigé des vrai/faux

1.	2.	3.	4.	5.	6.	7.	8.	9.	10.
F	V	V	V	V	V	F	V	F	F

1. L'opération $L_2 \leftarrow L_1$ peut faire perdre une information dans le système et donc en changer les solutions. Considérons le système suivant : $\begin{cases} x - y = 0 \\ x + 2y = 3 \end{cases}$. On trouve rapidement qu'il possède une unique solution, le couple $(1,1)$.

Avec l'opération $L_2 \leftarrow L_1$, ce système se réduit à l'équation $x - y = 0$ qui possède une infinité de solutions, les couples (x, x), avec x réel : on a, en fait, perdu la deuxième équation !

2. L'opération $L_3 \leftarrow L_3 + L_2 + L_1$ est équivalente à la succession des deux opérations suivantes : $L_3 \leftarrow L_3 + L_2$, suivie de $L_3 \leftarrow L_3 + L_1$, qui sont deux opérations élémentaires ne modifiant pas les solutions du système.

3. La matrice associée au système est $A = \begin{pmatrix} 1 & -2 \\ -2 & 4 \end{pmatrix}$. L'opération $L_2 \leftarrow 2L_1 + L_2$ donne $\begin{pmatrix} 1 & -2 \\ 0 & 0 \end{pmatrix}$. Cette réduite de Gauss de A n'est pas inversible (matrice triangulaire dont l'un des coefficients diagonaux est nul). Donc, A n'est pas inversible. Le système proposé n'est donc pas de Cramer et ce, quels que soient les réels a et b.

En fait, le système se résout ainsi :

L'opération $L_2 \leftarrow L_2 + 2L_1$ transforme le système initial en : $\begin{cases} x - 2y = a \\ \quad 0 = b + 2a \end{cases}$.

Deux cas de figure apparaissent alors :

- Si $b + 2a$ est nul, le système se réduit à la première équation et possède ainsi une infinité de solutions qui sont $(a + 2y, y)$ avec $y \in \mathbb{R}$.
- Si $b + 2a$ n'est pas nul, le système n'a pas de solution.

4. Par définition, un système de Cramer ne possède qu'une seule solution.
Un système homogène possède au moins une solution : la liste nulle.
On en déduit que tout système de Cramer homogène possède une seule solution : la liste nulle.

Corrigé

5. Considérons le système suivant : $(S)\begin{cases}x+y+z=0\\x-y+z=0\\x+z=0\end{cases}$.

Les opérations élémentaires $L_2 \leftarrow L_2 - L_1$ et $L_3 \leftarrow L_3 - L_1$ donnent le système équivalent suivant $\begin{cases}x+y+z=0\\-2y=0\\-y=0\end{cases}$. On a alors $(S) \Leftrightarrow \begin{cases}x=-z\\y=0\end{cases}$.

L'ensemble des solutions de ce système est : $\{(-z,0,z), z \in \mathbb{R}\}$.

Il existe donc des systèmes de trois équations à trois inconnues possédant une infinité de solutions.

6. Soit $X=\begin{pmatrix}x\\y\\z\end{pmatrix} \in \mathcal{M}_{3,1}(\mathbb{R})$ tel que $AX=0$. On a : $AX=0 \Leftrightarrow \begin{pmatrix}y\\z\\x\end{pmatrix}=\begin{pmatrix}0\\0\\0\end{pmatrix} \Leftrightarrow X=0$.

Par la **propriété 7.3**, la matrice A est inversible.

On peut aussi remarquer qu'en effectuant successivement les opérations élémentaires $L_1 \leftrightarrow L_3$ puis $L_2 \leftrightarrow L_3$, on obtient la matrice identité qui est inversible. Donc, A est aussi inversible.

7. Cherchons une réduite de Gauss de A.

$$A=\begin{pmatrix}1&2&-3\\-2&3&-1\\0&-1&1\end{pmatrix} L_2 \leftarrow L_2+2L_1 \rightarrow \begin{pmatrix}1&2&-3\\0&7&-7\\0&-1&1\end{pmatrix} L_3 \leftarrow 7L_3+L_2 \rightarrow \begin{pmatrix}1&2&-3\\0&7&-7\\0&0&0\end{pmatrix}.$$

Cette dernière matrice n'est pas inversible (matrice triangulaire dont l'un des coefficients diagonaux est nul). La matrice A n'est donc pas inversible.

8. La **propriété 7.3** indique que A est une matrice de $\mathcal{M}_n(\mathbb{R})$ inversible, si, et seulement si, pour toute matrice X de $\mathcal{M}_{n,1}(\mathbb{R})$ telle que $AX=0$, on a : $X=0$ (ce qui signifie que le système $AX=0$ est un système de Cramer.

Ici, ce système a au moins deux solutions, la solution nulle (comme toujours) et une solution non nulle d'après l'énoncé. Par conséquent le système $AX=0$ n'est pas un système de Cramer et la matrice A n'est pas inversible.

9. Le système $\begin{cases}x-2y=1\\-2x+4y=-2\end{cases}$ a une infinité de solutions (voir **V/F 3**) et pourtant $(a,b,c)\neq(a',b',c')$.

10. Le triplet $(1,2,3)$ est bien solution du système (il suffit de constater que les trois équations sont satisfaites lorsqu'on remplace *x*, *y*, *z* respectivement par 1, 2, 3) mais ce n'est pas le seul ! Le système étant homogène, il possède aussi la solution $(0,0,0)$. Le système possède en fait une infinité de triplets solutions qui sont, après résolution, donnés par : $(\alpha, 2\alpha, 3\alpha)$ avec α réel.

❑ Les erreurs classiques

- Les solutions d'un système linéaire sont des *n*-uplets. Ainsi, l'écriture $S=\{(1,2,3)\}$ ne signifie pas qu'il y a trois solutions mais signifie qu'il y a un unique triplet solution.
- Quand on écrit qu'un système a pour ensemble solution $S=\{(1,2,3)\}$, cela signifie que le triplet $(1,2,3)$ est solution du système et que c'est le seul.
- Ne pas oublier qu'un système homogène possède toujours au moins la solution nulle.
- La non nullité des coefficients diagonaux d'une matrice n'est utile pour justifier son inversibilité que lorsque cette matrice est triangulaire. Voir le **V/F 7**.
- Quand on veut remplacer une ligne (d'un système ou d'une matrice) à l'aide d'une opération élémentaire de Gauss, il est impératif que cette ligne intervienne dans l'expression de cette opération. Voir le **V/F 1**.

Corrigé

Corrigé des exercices

Exercice 7.1

Utilisons la **méthode 7.1.** du pivot de Gauss.

1. $$\begin{cases} -x+2y-z=-5 \\ x-4y+2z=7 \\ -2x-2y+2z=0 \end{cases} \underset{\substack{L_2\leftarrow L_2+L_1 \\ L_3\leftarrow L_3-2L_1}}{\Leftrightarrow} \begin{cases} -x+2y-z=-5 \\ -2y+z=2 \\ -6y+4z=10 \end{cases} \underset{L_3\leftarrow L_3-3L_2}{\Leftrightarrow} \begin{cases} -x+2y-z=-5 \\ -2y+z=2 \\ z=4 \end{cases}.$$

En "remontant", on obtient : $\begin{cases} x=3 \\ y=1 \\ z=4 \end{cases}$.

Ce système possède donc un unique triplet solution : $(3,1,4)$.

2. On remarque que $L_3=-L_2$, le système $\begin{cases} 3x+y-z=0 \\ x+y-z=0 \\ -x-y+z=0 \end{cases}$ équivaut alors à $\begin{cases} 3x+y-z=0 \\ x+y-z=0 \end{cases}$.

En effectuant $L_2\leftarrow 3L_2-L_1$, on obtient : $\begin{cases} 3x+y-z=0 \\ 2y-2z=0 \end{cases} \Leftrightarrow \begin{cases} x=0 \\ y=z \end{cases}$.

Ce système possède donc une infinité de solutions : $\{(0,y,y), y\in\mathbb{R}\}$.

3. Soit a, b et c des réels.

$$\begin{cases} x+2y-z=a \\ -2x-3y+3z=b \\ x+y-2z=c \end{cases} \underset{\substack{L_2\leftarrow L_2+2L_1 \\ L_3\leftarrow L_3-L_1}}{\Leftrightarrow} \begin{cases} x+2y-z=a \\ y+z=b+2a \\ -y-z=c-a \end{cases} \underset{L_3\leftarrow L_3+L_2}{\Leftrightarrow} \begin{cases} x+2y-z=a \\ y+z=b+2a \\ 0=b+c+a \end{cases}.$$

On en déduit que :

- Si $a+b+c\neq 0$, le système n'a pas de solution.
- Sinon, on obtient : $\begin{cases} x=3z-3a-2b \\ y=b+2a-z \end{cases}$.

Ce système possède alors une infinité de solutions : $\{(3z-3a-2b,\ 2a+b-z, z),\ z\in\mathbb{R}\}$.

⇨ *Méthode 7.1*

Exercice 7.2

1. Utilisons la **méthode 7.1.** pour échelonner le système linéaire.

$$(S)\Leftrightarrow\begin{cases}(2-\lambda)x & & +\ 4z & =0\\ 3x & -(4+\lambda)y+ & 12z & =0\\ x & -\ \ 2y & +(5-\lambda)z & =0\end{cases}\underset{L_1\leftrightarrow L_3}{\Leftrightarrow}\begin{cases}x & -\ \ 2y & +(5-\lambda)z & =0\\ 3x & -(4+\lambda)y+ & 12z & =0\\ (2-\lambda)x & & +\ 4z & =0\end{cases}$$

$$(S)\underset{\substack{L_2\leftarrow L_2-3L_1\\ L_3\leftarrow L_3-(2-\lambda)L_1}}{\Leftrightarrow}\begin{cases}x & -\ \ 2y & +\ (5-\lambda)z & =0\\ & (2-\lambda)y\ + & 3(\lambda-1)z & =0\\ & 2(2-\lambda)y- & (\lambda^2-7\lambda+6)z & =0\end{cases}\underset{L_3\leftarrow L_3-2L_2}{\Leftrightarrow}\begin{cases}x & -\ \ 2y & +(5-\lambda)z & =0\\ & (2-\lambda)y & +3(\lambda-1)z & =0\\ & & -\lambda(\lambda-1)z & =0\end{cases}$$

Le système est donc de Cramer si et seulement si les coefficients diagonaux sont tous non nuls, c'est-à-dire si et seulement si λ est différent de 0, 1 et 2.

2. On a vu que : $(S)\Leftrightarrow\begin{cases}x & -\ \ 2y & +(5-\lambda)z & =0\\ & (2-\lambda)y & +3(\lambda-1)z & =0\\ & & -\lambda(\lambda-1)z & =0\end{cases}.$

- Si $\lambda\notin\{0,1,2\}$, le système est de Cramer et homogène, il possède la seule solution : $(0,0,0)$.
- Si $\lambda=0$, $(S)\Leftrightarrow\begin{cases}x-2y+5z=0\\ 2y-3z=0\end{cases}\Leftrightarrow\begin{cases}x=-2z\\ y=\dfrac{3}{2}z\end{cases}$. Le système possède alors une infinité de solutions : $\left\{\left(-2z,\dfrac{3}{2}z,z\right),z\in\mathbb{R}\right\}$ ou encore $\{(-4\alpha,3\alpha,2\alpha),\alpha\in\mathbb{R}\}$.
- Si $\lambda=1$, $(S)\Leftrightarrow\begin{cases}x-2y+4z=0\\ y=0\end{cases}\Leftrightarrow\begin{cases}x=-4z\\ y=0\end{cases}$. Le système possède alors une infinité de solutions : $\{(-4z,0,z),z\in\mathbb{R}\}$.
- Si $\lambda=2$, $(S)\Leftrightarrow\begin{cases}x-2y+3z=0\\ 3z=0\\ -2z=0\end{cases}\Leftrightarrow\begin{cases}x=2y\\ z=0\end{cases}$. Le système possède alors une infinité de solutions : $\{(2y,y,0),y\in\mathbb{R}\}$.

⇨ *Méthode 7.1*

Exercice 7.3

Soit n un entier supérieur ou égal à 2.

1. $AX=B \Leftrightarrow \begin{cases} \lambda_1 x_n = b_1 \\ \lambda_2 x_{n-1} = b_2 \\ \lambda_3 x_{n-2} = b_3 \\ \vdots \\ \lambda_n x_1 = b_n \end{cases}.$

Les coefficients $(\lambda_i)_{1\le i\le n}$ étant tous non nuls, on en déduit que le système précédent possède une unique solution : le n-uplet $\left(\dfrac{b_n}{\lambda_n},\dfrac{b_{n-1}}{\lambda_{n-1}},\dots,\dfrac{b_2}{\lambda_2},\dfrac{b_1}{\lambda_1}\right)$.

2. La question précédente prouve que l'équation $AX=B$ possède une unique solution et on peut écrire :

$$\begin{cases} x_1 = 0b_1 + 0b_2 + \dots + 0b_{n-1} + \dfrac{1}{\lambda_n} b_n \\ x_2 = 0b_1 + 0b_2 + \dots + \dfrac{1}{\lambda_{n-1}} b_{n-1} + 0b_n \\ x_3 = 0b_1 + \dots + \dfrac{1}{\lambda_{n-2}} b_{n-2} + 0b_{n-1} + 0b_n \\ \vdots \\ x_n = \dfrac{1}{\lambda_1} b_1 + 0b_2 + \dots + 0b_n \end{cases}.$$

La **méthode 7.3.** assure alors que A est inversible et : $A^{-1} = \begin{pmatrix} 0 & \cdots & 0 & 1/\lambda_n \\ \vdots & \cdot^{\cdot^{\cdot}} & 1/\lambda_{n-1} & 0 \\ 0 & \cdot^{\cdot^{\cdot}} & \cdot^{\cdot^{\cdot}} & \vdots \\ 1/\lambda_1 & 0 & \cdots & 0 \end{pmatrix}$.

⇨ *Méthode 7.3*

Exercice 7.4

1. $\begin{pmatrix} 1 & 0 & 2 \\ 3 & -1 & 1 \\ -2 & 4 & 3 \end{pmatrix} \quad \begin{pmatrix} 1 & 0 & 0 \\ 0 & 1 & 0 \\ 0 & 0 & 1 \end{pmatrix} \quad \begin{matrix} L_1 \\ L_2 \leftarrow L_2 - 3L_1 \\ L_3 \leftarrow L_3 + 2L_1 \end{matrix}$

$\begin{pmatrix} 1 & 0 & 2 \\ 0 & -1 & -5 \\ 0 & 4 & 7 \end{pmatrix} \quad \begin{pmatrix} 1 & 0 & 0 \\ -3 & 1 & 0 \\ 2 & 0 & 1 \end{pmatrix} \quad \begin{matrix} L_1 \\ L_2 \\ L_3 \leftarrow L_3 + 4L_2 \end{matrix}$

$\begin{pmatrix} 1 & 0 & 2 \\ 0 & -1 & -5 \\ 0 & 0 & -13 \end{pmatrix} \quad \begin{pmatrix} 1 & 0 & 0 \\ -3 & 1 & 0 \\ -10 & 4 & 1 \end{pmatrix}.$

Cette réduite de Gauss de A a tous ses pivots non nuls (1, –1 et –13) donc A est inversible.
On poursuit :

$$\begin{pmatrix} 1 & 0 & 2 \\ 0 & -1 & -5 \\ 0 & 0 & -13 \end{pmatrix} \qquad \begin{pmatrix} 1 & 0 & 0 \\ -3 & 1 & 0 \\ -10 & 4 & 1 \end{pmatrix} \qquad \begin{matrix} L_1 \leftarrow 13L_1 + 2L_3 \\ L_2 \leftarrow 13L_2 - 5L_3 \\ L_3 \end{matrix}$$

$$\begin{pmatrix} 13 & 0 & 0 \\ 0 & -13 & 0 \\ 0 & 0 & -13 \end{pmatrix} \qquad \begin{pmatrix} -7 & 8 & 2 \\ 11 & -7 & -5 \\ -10 & 4 & 1 \end{pmatrix}$$

Enfin, les opérations élémentaires $L_1 \leftarrow \frac{1}{13}L_1$, $L_2 \leftarrow -\frac{1}{13}L_2$ et $L_3 \leftarrow -\frac{1}{13}L_3$ donnent :

$$\begin{pmatrix} 1 & 0 & 0 \\ 0 & 1 & 0 \\ 0 & 0 & 1 \end{pmatrix} \qquad \frac{1}{13}\begin{pmatrix} -7 & 8 & 2 \\ -11 & 7 & 5 \\ 10 & -4 & -1 \end{pmatrix}. \text{ Ainsi : } A^{-1} = \frac{1}{13}\begin{pmatrix} -7 & 8 & 2 \\ -11 & 7 & 5 \\ 10 & -4 & -1 \end{pmatrix}.$$

2.

$$\begin{pmatrix} 2 & -2 & 1 \\ 2 & -3 & 2 \\ -1 & 2 & 0 \end{pmatrix} \qquad \begin{pmatrix} 1 & 0 & 0 \\ 0 & 1 & 0 \\ 0 & 0 & 1 \end{pmatrix} \qquad \begin{matrix} L_1 \\ L_2 \leftarrow L_2 - L_1 \\ L_3 \leftarrow 2L_3 + L_1 \end{matrix}$$

$$\begin{pmatrix} 2 & -2 & 1 \\ 0 & -1 & 1 \\ 0 & 2 & 1 \end{pmatrix} \qquad \begin{pmatrix} 1 & 0 & 0 \\ -1 & 1 & 0 \\ 1 & 0 & 2 \end{pmatrix} \qquad \begin{matrix} L_1 \\ L_2 \\ L_3 \leftarrow L_3 + 2L_2 \end{matrix}$$

$$\begin{pmatrix} 2 & -2 & 1 \\ 0 & -1 & 1 \\ 0 & 0 & 3 \end{pmatrix} \qquad \begin{pmatrix} 1 & 0 & 0 \\ -1 & 1 & 0 \\ -1 & 2 & 2 \end{pmatrix}$$

Cette réduite de Gauss de B a tous ses pivots non nuls (2, –1 et 3) donc B est inversible.
On poursuit :

$$\begin{pmatrix} 2 & -2 & 1 \\ 0 & -1 & 1 \\ 0 & 0 & 3 \end{pmatrix} \qquad \begin{pmatrix} 1 & 0 & 0 \\ -1 & 1 & 0 \\ -1 & 2 & 2 \end{pmatrix} \qquad \begin{matrix} L_1 \leftarrow 3L_1 - L_3 \\ L_2 \leftarrow 3L_2 - L_3 \\ L_3 \end{matrix}$$

$$\begin{pmatrix} 6 & -6 & 0 \\ 0 & -3 & 0 \\ 0 & 0 & 3 \end{pmatrix} \qquad \begin{pmatrix} 4 & -2 & -2 \\ -2 & 1 & -2 \\ -1 & 2 & 2 \end{pmatrix} \qquad \begin{matrix} L_1 \leftarrow L_1 - 2L_2 \\ L_2 \\ L_3 \end{matrix}$$

$$\begin{pmatrix} 6 & 0 & 0 \\ 0 & -3 & 0 \\ 0 & 0 & 3 \end{pmatrix} \qquad \begin{pmatrix} 8 & -4 & 2 \\ -2 & 1 & -2 \\ -1 & 2 & 2 \end{pmatrix} \qquad \begin{matrix} L_1 \leftarrow (1/6)L_1 \\ L_2 \leftarrow -(1/3)L_2 \\ L_3 \leftarrow (1/3)L_3 \end{matrix}$$

$$\begin{pmatrix}1&0&0\\0&1&0\\0&0&1\end{pmatrix} \qquad \frac{1}{3}\begin{pmatrix}4&-2&1\\2&-1&2\\-1&2&2\end{pmatrix}. \text{ Ainsi : } B^{-1}=\frac{1}{3}\begin{pmatrix}4&-2&1\\2&-1&2\\-1&2&2\end{pmatrix}.$$

3. La matrice C est triangulaire à coefficients diagonaux tous non nuls donc elle est inversible.

$$\begin{pmatrix}1&-a&0&0\\0&1&-a&0\\0&0&1&-a\\0&0&0&1\end{pmatrix} \qquad \begin{pmatrix}1&0&0&0\\0&1&0&0\\0&0&1&0\\0&0&0&1\end{pmatrix} \qquad \begin{matrix}L_1\\L_2\\L_3\leftarrow L_3+aL_4\\L_4\end{matrix}$$

$$\begin{pmatrix}1&-a&0&0\\0&1&-a&0\\0&0&1&0\\0&0&0&1\end{pmatrix} \qquad \begin{pmatrix}1&0&0&0\\0&1&0&0\\0&0&1&a\\0&0&0&1\end{pmatrix} \qquad \begin{matrix}L_1\\L_2\leftarrow L_2+aL_3\\L_3\\L_4\end{matrix}$$

$$\begin{pmatrix}1&-a&0&0\\0&1&0&0\\0&0&1&0\\0&0&0&1\end{pmatrix} \qquad \begin{pmatrix}1&0&0&0\\0&1&a&a^2\\0&0&1&a\\0&0&0&1\end{pmatrix} \qquad \begin{matrix}L_1\leftarrow L_1+aL_2\\L_2\\L_3\\L_4\end{matrix}$$

$$\begin{pmatrix}1&0&0&0\\0&1&0&0\\0&0&1&0\\0&0&0&1\end{pmatrix} \qquad \begin{pmatrix}1&a&a^2&a^3\\0&1&a&a^2\\0&0&1&a\\0&0&0&1\end{pmatrix}. \text{ On obtient ainsi : } C^{-1}=\begin{pmatrix}1&a&a^2&a^3\\0&1&a&a^2\\0&0&1&a\\0&0&0&1\end{pmatrix}.$$

⇨ *Méthode 7.4*

Exercice 7.5

On cherche une réduite de Gauss de A.

$$A=\begin{pmatrix}a&1&1\\1&a&1\\1&1&a\end{pmatrix} \quad L_1\leftrightarrow L_3 \quad \begin{pmatrix}1&1&a\\1&a&1\\a&1&1\end{pmatrix}.$$

$$\begin{pmatrix}1&1&a\\1&a&1\\a&1&1\end{pmatrix}\begin{matrix}L_1\\L_2\leftarrow L_2-L_1\\L_3\leftarrow L_3-aL_1\end{matrix} \quad \begin{pmatrix}1&1&a\\0&a-1&1-a\\0&1-a&1-a^2\end{pmatrix}\begin{matrix}L_1\\L_2\\L_3\leftarrow L_3+L_2\end{matrix} \quad \begin{pmatrix}1&1&a\\0&a-1&1-a\\0&0&(1-a)(2+a)\end{pmatrix}.$$

Cette dernière matrice est une matrice triangulaire, inversible si et seulement si a est différent de 1 et de -2. Conclusion : A est inversible si et seulement si a est différent de 1 et de -2.

⇨ *Méthode 7.2*

Chapitre 8
Fonctions usuelles

Le logarithme est introduit en 1614 par le mathématicien John **Napier**, francisé en **Neper**. Il le définit comme étant le rapport des distances parcourues par deux mobiles, l'un avançant à vitesse constante et l'autre à une vitesse proportionnelle à la distance lui restant à parcourir. Pour Neper, le logarithme est le rapport de deux nombres. Utilisant les racines grecques *logos* et *arithmos* qui signifient respectivement *rapport* et *nombre*, il crée le mot *logarithme*. Le mathématicien anglais Henry **Briggs** se rend très vite compte de l'intérêt du logarithme pour simplifier les calculs et les définit en base 10. Se lançant dans des calculs impressionnants, il publie une table les donnant avec 14 décimales, y compris pour les fonctions trigonométriques. Ceci amènera des progrès scientifiques considérables, en particulier en astronomie. Neper pensait qu'il passerait à la postérité, non pas pour sa découverte mathématique mais pour ses écrits théologiques !

John Napier
1550-1617

Objectifs

Les incontournables

- ▷ Savoir déterminer les racines d'un polynôme de degré 2 et savoir le factoriser.
- ▷ Connaître les propriétés algébriques des fonctions logarithme, exponentielle et puissances.
- ▷ Savoir résoudre des (in)équations en e^x ou $\ln x$.
- ▷ Connaître l'allure des courbes représentatives des fonctions usuelles.
- ▷ Savoir étudier les fonctions du type $u(x)^{v(x)}$.

Et plus si affinités

- ▷ Savoir manipuler des expressions impliquant des valeurs absolues.
- ▷ Savoir conjecturer des résultats sur des polynômes.
- ▷ Connaître l'allure de la courbe représentative d'une fonction "proche" d'une fonction usuelle.

Résumé de cours

La fonction "valeur absolue"

Définition 8.1. — On appelle fonction "valeur absolue" la fonction f qui, à tout réel x, associe le nombre $|x|$ défini par : $f(x)=|x|=\begin{cases} x \text{ si } x\geq 0 \\ -x \text{ si } x<0 \end{cases}$.

Propriété 8.1. — La fonction "valeur absolue" est paire : $\forall x \in \mathbb{R},\ |-x|=|x|$.

Propriété 8.2. — La fonction "valeur absolue" est dérivable sur $]0,+\infty[$ et sur $]-\infty, 0[$.
On a : $f'(x)=1$ si $x>0$ et $f'(x)=-1$ si $x<0$.
La fonction "valeur absolue" décroît strictement sur $\mathbb{R}_-$ et croît strictement sur $\mathbb{R}_+$.

Propriété 8.3. — Soit x et y des réels quelconques.
Alors $|xy|=|x||y|$ et si de plus, y est non nul, $\left|\frac{x}{y}\right|=\frac{|x|}{|y|}$.

Propriété 8.4. — Inégalité triangulaire : $\forall (x,y)\in\mathbb{R}^2,\ |x+y|\leq|x|+|y|$.

Propriété 8.5. — Soit x un réel quelconque et M un réel positif.
- $|x|\leq M \Leftrightarrow -M\leq x\leq M$.
- $|x|>M \Leftrightarrow x>M$ ou $x<-M$.

Courbe de $x\mapsto|x|$

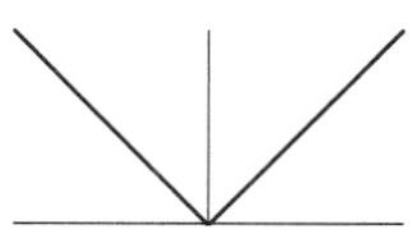

Les fonctions puissances entières

La fonction "carré" $f: x\mapsto x^2$

Définition 8.2. — On appelle fonction "carré", la fonction qui, à tout réel x, associe x^2.

Propriété 8.6. — Dérivée : $\forall x \in \mathbb{R},\ f'(x) = 2x$.
La fonction "carré" est strictement décroissante sur $\mathbb{R}_-$ et strictement croissante sur $\mathbb{R}_+$.

Propriété 8.7. — La fonction "carré" est paire.

Propriété 8.8. — Soit x un réel quelconque et a un réel positif. On a :
- $x^2 \le a^2 \Leftrightarrow -a \le x \le a$
- $x^2 \ge a^2 \Leftrightarrow (x \le -a \text{ ou } x \ge a)$.

Courbe de $x \mapsto x^2$

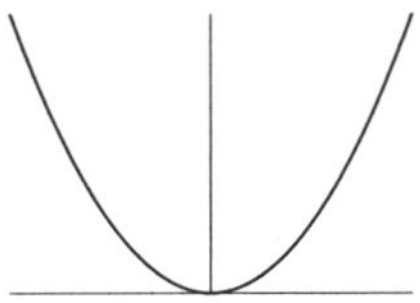

Remarque 8.1. — Plus généralement, pour tout entier naturel n non nul, la fonction $x \mapsto x^{2n}$ est paire et est strictement décroissante sur $]-\infty;0]$ et strictement croissante sur $[0;+\infty[$.

❑ La fonction "cube" $f : x \mapsto x^3$

Définition 8.3. — On appelle fonction "cube", la fonction qui, à tout réel x, associe x^3.

Propriété 8.9. — Dérivée : $\forall x \in \mathbb{R},\ f'(x) = 3x^2$.
La fonction cube est strictement croissante sur $\mathbb{R}$.

Propriété 8.10. — La fonction "cube" est impaire.

Courbe de $x \mapsto x^3$

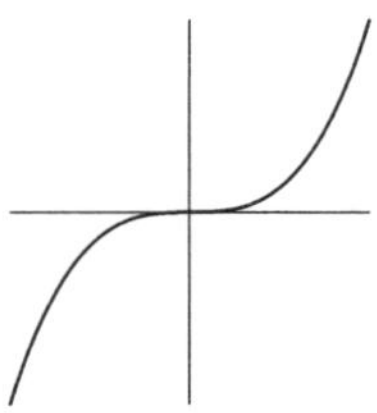

Remarque 8.2. — Plus généralement, pour tout entier naturel n, la fonction $x \mapsto x^{2n+1}$ est impaire et est strictement croissante sur $\mathbb{R}$.

❑ La fonction "inverse" $f : x \mapsto \dfrac{1}{x}$

Définition 8.4. — On appelle fonction "inverse", la fonction qui, à tout réel x de $\mathbb{R}^*$, associe $\dfrac{1}{x}$.

Propriété 8.11. — Dérivée : $\forall x \in \mathbb{R}^*,\ f'(x) = -\dfrac{1}{x^2}$.

La fonction inverse est strictement décroissante sur $]-\infty;0[$ et sur $]0;+\infty[$.

Propriété 8.12. — La fonction inverse est impaire.

Courbe de $x \mapsto \dfrac{1}{x}$

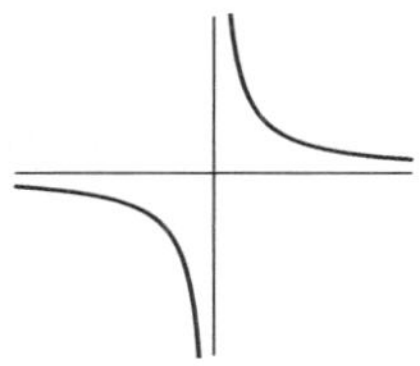

Remarque 8.3. — Pour tout n de $\mathbb{N}$, on définit la fonction $x \mapsto x^{-n}$ par : $\forall x \in \mathbb{R}^*, x^{-n} = \dfrac{1}{x^n}$.

■ La fonction "logarithme népérien"

Définition 8.5. — La fonction "logarithme népérien" (notée ln) est la fonction définie par :

$\ln(1) = 0$ et, pour tout x de $\mathbb{R}_+^*$, $\ln'(x) = \dfrac{1}{x}$.

La fonction "logarithme népérien" est donc l'unique primitive sur $\mathbb{R}_+^*$ de la fonction inverse, qui s'annule en 1.

Propriété 8.13. — Dérivée : $\forall x \in \mathbb{R}_+^*,\ (\ln)'(x) = \dfrac{1}{x}$.

La fonction ln est strictement croissante sur $\mathbb{R}_+^*$.

Remarque 8.4. — Il est utile de savoir que : $\ln 1 = 0$ et $\ln 2 \simeq 0{,}69$.

Propriété 8.14. — Soit a et b deux réels strictement positifs et q un rationnel.

- $\ln(ab) = \ln a + \ln b$
- $\ln(a^q) = q \ln a$
- $\ln\left(\dfrac{1}{a}\right) = -\ln a$
- $\ln\left(\dfrac{a}{b}\right) = \ln a - \ln b$.

Propriété 8.15. — Soit a et b deux réels strictement positifs.

- $\ln a = \ln b \Leftrightarrow a = b$
- $\ln a \leq \ln b \Leftrightarrow a \leq b$
- $\ln a < \ln b \Leftrightarrow a < b$.

Courbe de $x \mapsto \ln x$

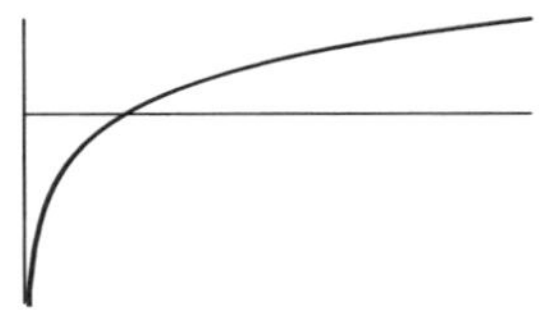

■ La fonction "exponentielle"

Définition 8.6. — La fonction "exponentielle" est la bijection réciproque de la fonction logarithme népérien. On la note exp mais on note souvent e^x à la place de exp(x).
On a donc : $\forall x \in \mathbb{R},\ \forall y \in \mathbb{R}_+^*,\ \left(e^x = y \Leftrightarrow x = \ln y\right)$.

Propriété 8.16. — Dérivée : $\forall x \in \mathbb{R},\ (\exp)'(x) = \exp(x)$.
La fonction exp est strictement croissante sur $\mathbb{R}$.

Remarque 8.5. — Il est utile de savoir que : $e^1 = e \simeq 2,72$ et $e^0 = 1$.

Propriété 8.17. — Pour tout réel x, $\ln\left(e^x\right) = x$ et pour tout réel y strictement positif, $e^{\ln y} = y$.

Propriété 8.18. — Soit a et b deux réels quelconques et q un rationnel. On a :

- $e^{a+b} = e^a e^b$
- $\left(e^a\right)^q = e^{aq}$
- $e^{-a} = \dfrac{1}{e^a}$
- $e^{a-b} = \dfrac{e^a}{e^b}$.

Propriété 8.19. — Soit a et b deux réels quelconques.

- $e^a = e^b \Leftrightarrow a = b$
- $e^a \leq e^b \Leftrightarrow a \leq b$
- $e^a < e^b \Leftrightarrow a < b$.

Courbe de $x \mapsto e^x$

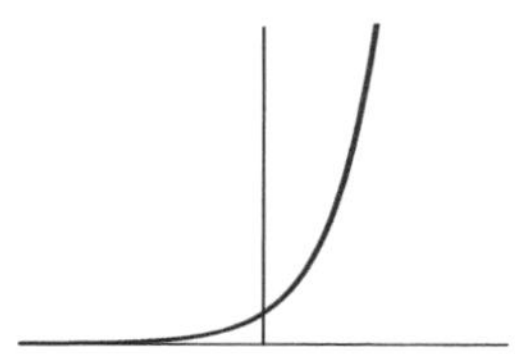

■ Les fonctions "puissances" $f_\alpha : x \mapsto x^\alpha$ (avec α réel)

❑ Généralités

Définition 8.7. — Soit α un réel. On appelle fonction "puissance α", la fonction qui, à tout réel x strictement positif, associe $x^\alpha = e^{\alpha \ln x}$.

⇨ **Méthode 8.3. Comment étudier les fonctions $x \mapsto u(x)^{v(x)}$?**

Propriété 8.20. —Dérivée : $\forall x \in \mathbb{R}_+^*,\ f_\alpha'(x) = \alpha\, x^{\alpha-1}$.

Si $\alpha > 0$, la fonction "puissance α" est strictement croissante sur $]0,+\infty[$.

Si $\alpha < 0$, la fonction "puissance α" est strictement décroissante sur $]0,+\infty[$.

Propriété 8.21. — Soit α un réel quelconque.

Pour tout réel x strictement positif, $\ln(x^\alpha) = \alpha \ln x$.

Propriété 8.22. — Soit α et β des réels, x et y des réels strictement positifs. On a :

• $x^{\alpha+\beta} = x^\alpha x^\beta$ • $x^{\alpha-\beta} = \dfrac{x^\alpha}{x^\beta}$ • $x^{-\alpha} = \dfrac{1}{x^\alpha}$ • $(xy)^\alpha = x^\alpha y^\alpha$ • $(x^\alpha)^\beta = x^{\alpha\beta}$ • $\left(\dfrac{x}{y}\right)^\alpha = \dfrac{x^\alpha}{y^\alpha}$.

❑ La fonction "racine carrée"

Définition 8.8. — On appelle fonction "racine carrée", la fonction f qui, à tout réel positif x, associe $f(x) = \sqrt{x}$.

Propriété 8.23. — Dérivée : $\forall x \in \mathbb{R}_+^*,\ f'(x) = \dfrac{1}{2\sqrt{x}}$.

La fonction "racine carrée" est donc strictement croissante sur $\mathbb{R}_+$.

Remarque 8.6. — Il est utile de savoir que : $\sqrt{0} = 0$, $\sqrt{1} = 1$, $\sqrt{2} \simeq 1{,}414$ et $\sqrt{3} \simeq 1{,}732$.

Remarque 8.7. — Pour tout réel x **strictement positif**, $x^{1/2} = \sqrt{x}$.

Propriété 8.24. — Pour tout réel x positif, on a : $\left(\sqrt{x}\right)^2 = x$.

Pour tout réel x, on a : $\sqrt{x^2} = |x|$.

Courbe de $x \mapsto \sqrt{x}$

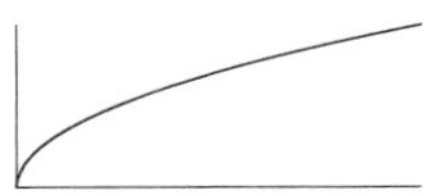

■ La fonction "partie entière"

Définition 8.9. — On appelle fonction "partie entière" la fonction qui, à tout réel x, associe le seul entier, noté $\lfloor x \rfloor$ ou Ent(x), qui vérifie : $\lfloor x \rfloor \le x < \lfloor x \rfloor + 1$.

Remarque 8.8. — Pour tout entier relatif n et pour tout réel x de $[n,n+1[$, on a : $\lfloor x \rfloor = n$: la fonction "partie entière" est donc constante sur chaque intervalle du type $[n,n+1[$.

Propriété 8.25. — Pour tout réel x, on a : $x-1<\lfloor x \rfloor \leq x$.

Courbe de $x \mapsto \lfloor x \rfloor$

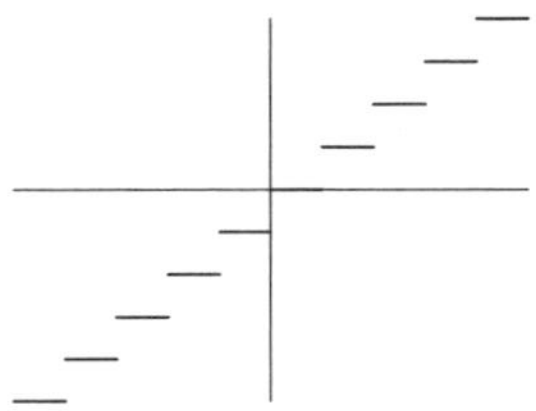

■ Fonctions polynomiales et fonctions rationnelles

❑ Polynômes ou fonctions polynomiales

Définition 8.10. — On appelle fonction polynomiale (ou polynôme) toute fonction P, définie pour tout réel x, par $P(x)=\sum_{k=0}^{n} p_k x^k$, où p_0, p_1, ..., p_n ($n \in \mathbb{N}$) sont des réels appelés *coefficients* de P.
De plus, si p_n est non nul, l'entier n est appelé degré de P, on note alors $\deg P = n$ et p_n est appelé *coefficient dominant* de P.

Remarque 8.9. — Par convention, le polynôme nul est de degré $-\infty$.

Propriété 8.26. — Deux polynômes sont égaux s'ils ont même degré et mêmes coefficients.

Définition 8.11. — On appelle racine du polynôme P tout réel a vérifiant $P(a)=0$.

Propriété 8.27. — Soit P un polynôme de degré n possédant une racine a. Alors P se factorise par $(x-a)$. Autrement dit, $P(x)=(x-a)Q(x)$, où Q est un polynôme de degré $(n-1)$.

⇨ **Méthode 8.1. Comment factoriser un polynôme par $x-a$ ($a \in \mathbb{R}$) ?**
⇨ **Méthode 8.4. Comment résoudre des équations et des inéquations polynomiales ?**

Propriété 8.28. — Un polynôme de degré n admettant strictement plus de n racines est le polynôme nul.

❑ Fonctions rationnelles

Définition 8.12. — On appelle fonction rationnelle tout quotient de fonctions polynômes.

⇨ **Méthode 8.2. Comment transformer des fonctions rationnelles ?**

Méthodes

Transformation d'expressions

Méthode 8.1. Comment factoriser un polynôme par $x-a$ ($a \in \mathbb{R}$) ?

On peut factoriser un polynôme par $(x-a)$ si l'on a vérifié auparavant que a est racine de ce polynôme.
Ensuite, si par exemple P est de degré n, on a deux options :

- Soit écrire $P(x)=(x-a)\left(q_0+q_1x+\ldots+q_{n-1}x^{n-1}\right)$, développer le second membre et identifier les coefficients.
- Soit poser ce que l'on appelle la "division euclidienne" de $P(x)$ par $x-a$.

L'exemple ci-dessous propose une illustration de ces deux façons de faire.

⇨ Exercices 8.1, 8.3, 8.4

Exemple. Factoriser le polynôme $P(x)=x^3-5x^2+3x+1$ par $x-1$.

On remarque, tout d'abord, que 1 est bien racine de x^3-5x^2+3x+1 puisque $1-5+3+1=0$.

- Première méthode : en posant $Q(x)=ax^2+bx+c$, on a :

$(x-1)Q(x)=(x-1)\left(ax^2+bx+c\right)=ax^3+(b-a)x^2+(c-b)x-c$.

Deux polynômes de même degré sont égaux si, et seulement si, ils ont les mêmes coefficients.
On obtient donc : $P(x)=(x-1)Q(x)$ si et seulement si : $a=1$, $b-a=-5$, $c-b=3$ et $-c=1$

On en conclut que : $a=1, b=-4$ et $c=-1$. Ainsi : $P(x)=(x-1)\left(x^2-4x-1\right)$.

- Deuxième méthode : en posant la division euclidienne.

On commence par : "en x^3, il y va combien de fois x ?" La réponse est x^2. Ensuite on développe $x^2(x-1)$ que l'on soustrait de x^3-5x^2+3x+1 et on poursuit ainsi jusqu'à obtenir un reste nul.

$$
\begin{array}{r|l}
x^3-5x^2+3x+1 & x-1 \\ \cline{2-2}
-\left(x^3-x^2\right) & x^2-4x-1 \\ \cline{1-1}
-4x^2+3x+1 & \\
-\left(-4x^2+4x\right) & \\ \cline{1-1}
-x+1 & \\
-(-x+1) & \\ \cline{1-1}
0 & \\ \cline{1-1}
\end{array}
$$

On trouve donc : $x^3-5x^2+3x+1=(x-1)\left(x^2-4x-1\right)$.

❑ Méthode 8.2. Comment transformer des fonctions rationnelles ?

> Pour transformer une fonction rationnelle en une somme de fonctions rationnelles plus simples, on réduit la somme au même dénominateur, puis on procède par identification des coefficients des numérateurs.

⇨ Exercices 8.4, 8.5

Exemple. Montrer qu'il existe deux réels a et b tels que : $\forall x \in \mathbb{R}\setminus\{-1, 0\}, \dfrac{1}{x(x+1)} = \dfrac{a}{x} + \dfrac{b}{x+1}$.

On a, pour tout x de $\mathbb{R}\setminus\{-1, 0\}$:

$$\frac{1}{x(x+1)} = \frac{a}{x} + \frac{b}{x+1} \Leftrightarrow \frac{1}{x(x+1)} = \frac{a+(a+b)x}{x(x+1)} \Leftrightarrow 1 = a+(a+b)x \Leftrightarrow \begin{cases} a=1 \\ a+b=0 \end{cases}.$$

On obtient : $a=1$ et $b=-1$. Finalement, on obtient : $\forall x \in \mathbb{R}\setminus\{-1, 0\}, \dfrac{1}{x(x+1)} = \dfrac{1}{x} - \dfrac{1}{x+1}$.

Remarque. La première étape de cette méthode est une simple mise au même dénominateur.

❑ Méthode 8.3. Comment étudier les fonctions $x \mapsto u(x)^{v(x)}$?

> L'expression $u(x)^{v(x)}$ est définie pour tout réel x tel que : $u(x) > 0$.
> Que l'on étudie les variations ou les limites d'une telle expression, il faut l'écrire sous forme exponentielle, à savoir : $u(x)^{v(x)} = e^{v(x)\ln u(x)}$.

⇨ Exercice 8.6

Exemple. Étudier les variations de la fonction $f : x \mapsto x^x$ sur son ensemble de définition.
On a déjà $D_f = \mathbb{R}_+^*$ et pour tout x strictement positif : $x^x = e^{x\ln x}$.
On en déduit que : $\forall x > 0, f'(x) = (\ln x + 1)e^{x\ln x}$.
f' est donc du signe de $\ln x + 1$ et, par stricte croissance de la fonction exponentielle sur $\mathbb{R}$:
$\ln x + 1 > 0 \Leftrightarrow \ln x > -1 \Leftrightarrow x > e^{-1}$.
Ainsi, f est décroissante sur $]0, e^{-1}[$ et croissante sur $]e^{-1}, +\infty[$.

■ Équations et inéquations

❑ Méthode 8.4. Comment résoudre des équations et des inéquations polynomiales ?

La résolution de $P(x) = 0$ ou $P(x) \geq 0$ dans le cas où P est de degré inférieur ou égal à 2 a été étudiée au lycée.
Dans le cas contraire, il faut trouver une racine évidente (notée ici a) de P.
Ensuite, on factorise P par $x-a$: $P(x)=(x-a)Q(x)$ avec $\deg Q = \deg P - 1$.
Si le quotient Q est de degré 2, on détermine ses racines, sinon on cherche une racine évidente b de Q, puis on continue ce procédé jusqu'à obtenir, après ces factorisations successives, un polynôme de degré 2.

⇨ **Exercices 8.2, 8.3**

Exemple 1. Résoudre l'équation $x^3 - 2x^2 + 4x - 3 = 0$.
On constate que 1 est racine évidente de $P(x) = x^3 - 2x^2 + 4x - 3$.
En effet, $P(1) = 1 - 2 + 4 - 3 = 0$.
On a alors une factorisation de $P(x)$ par $x-1$: $P(x) = (x-1)(x^2 - x + 3)$.
Le polynôme $x^2 - x + 3$ n'a pas de racine (le discriminant associé vaut $-11 < 0$).
L'équation $x^3 - 2x^2 + 4x - 3 = 0$ n'a donc qu'une solution : 1.
Remarque. Seules les racines 0, −1, 1 peuvent être qualifiées de racine évidente.

Exemple 2. Résoudre l'inéquation $x^3 - x^2 - 4x + 4 \leq 0$.
Le polynôme du membre de gauche possède une racine évidente qui est 1. On prouve (par identification des coefficients si on veut) que cette inéquation équivaut à : $(x-1)(x^2-4) \leq 0$.
D'où le tableau de signes suivant :

x	$-\infty$		-2		1		2		$+\infty$
$x-1$		$-$		$-$	0	$+$		$+$	
x^2-4		$+$	0	$-$		$-$	0	$+$	
$(x-1)(x^2-4)$		$-$	0	$+$	0	$-$	0	$+$	

Ainsi l'ensemble solution est $]-\infty, -2] \cup [1, 2]$.

Vrai/Faux

		Vrai	Faux
1.	Pour tous réels a et b, on a : $e^a \geq b \Leftrightarrow a \geq \ln b$.	☐	☐
2.	L'équation $\ln(-x) = 0$ possède une unique solution.	☐	☐
3.	Pour tout réel x, on a : $\lvert x^2 + x + 1 \rvert = x^2 + x + 1$.	☐	☐
4.	Pour tout réel x de $]-\infty, -2[$, on a : $\ln\left(\sqrt{x^2 - 4}\right) = \frac{1}{2}\left(\ln(x-2) + \ln(x+2)\right)$	☐	☐
5.	L'expression $(\ln x)^x$ existe si et seulement si : $x > 1$.	☐	☐
6.	Pour tout réel a, on a : $\lvert a - 2 \rvert \leq \lvert a \rvert + 2$.	☐	☐
7.	L'inéquation $e^x > -1$ n'a pas de solution.	☐	☐
8.	L'expression $\ln\left(\frac{\ln x}{1-x}\right)$ n'existe pour aucune valeur de x.	☐	☐
9.	Pour tout réel x, on a : $\lfloor 2x \rfloor = 2\lfloor x \rfloor$.	☐	☐
10.	Pour tout réel x et pour tout entier naturel n non nul, on a : $x^n \leq x^{n+1}$.	☐	☐

Énoncé des exercices

Exercice 8.1. — On considère le polynôme P tel que : $\forall x \in \mathbb{R},\ P(x) = 3x^3 - x - 2$.

1. Montrer que 1 est racine de P et déterminer le polynôme Q tel que :

$$\forall x \in \mathbb{R},\ P(x) = (x-1)Q(x)$$

2. Étudier le signe de P.

Exercice 8.2. — Soit le polynôme P défini, pour tout réel x, par $P(x) = x^3 + 4x^2 + x - 6$.

1. Montrer que 1 est racine de P.

2. Déterminer les réels a, b et c tels que : $\forall x \in \mathbb{R},\ P(x) = (x-1)(ax^2 + bx + c)$.

3. Résoudre alors l'équation $P(x) = 0$.

4. Résoudre l'équation (E) : $e^{2x} + 4e^x + 1 - 6e^{-x} = 0$.

Exercice 8.3. — On pose, pour tout réel x : $P(x) = x^5 + 5x^4 + 10x^3 + 11x^2 + 7x + 2$.

1. Prouver que -1 est racine de P et déterminer Q tel que : $\forall x \in \mathbb{R},\ P(x) = (x+1)Q(x)$.

2. Prouver que -1 est aussi racine de Q et déterminer R tel que : $\forall x \in \mathbb{R},\ Q(x) = (x+1)R(x)$.

3. Prouver que -2 est racine de R, en déduire une factorisation de P puis résoudre $P(x) \geq 0$.

4. Résoudre l'inéquation (I) : $(\ln x)^5 + 5(\ln x)^4 + 10(\ln x)^3 + 11(\ln x)^2 + 7\ln x + 2 > 0$.

Exercice 8.4. — Déterminer les réels a, b et c tels que :

$$\forall x \in \mathbb{R} \setminus \{-1, 0, 1\}, \frac{1}{x^3 - x} = \frac{a}{x-1} + \frac{b}{x} + \frac{c}{x+1}$$

Exercice 8.5. — Déterminer trois réels a, b et c tels que :

$$\forall x \in \mathbb{R} \setminus \{-1\}, \frac{x^2}{x+1} = ax + b + \frac{c}{x+1}$$

Exercice 8.6. — On pose $f(x) = x^{\ln x}$.

1. Déterminer l'ensemble de définition D_f de f.

2. On admet que f est dérivable sur D_f. Donner l'expression de $f'(x)$ pour tout x de D_f et en déduire les variations de f sur D_f.

Exercice 8.7. — Résoudre l'équation : $\sqrt{x} + 1 = 2x$.

❑ **Exercice 8.8.** — Résoudre l'équation : $\sqrt{x^2+1}-1=0$.

❑ **Exercice 8.9.** — Résoudre les équations suivantes :

1. $|x-2|=1$.

2. $|1-3x|=\dfrac{3}{2}$.

❑ **Exercice 8.10.** — Résoudre les inéquations suivantes :

1. $|2x+1|\leq 1$.

2. $|x+5|>5$.

■ Pour vous aider à démarrer

Exercice 8.1. Procéder par identification ou poser la division euclidienne.
Exercice 8.2. Pour la question **1**, vérifier que $P(1)=0$.
Pour la question **2**, utiliser la méthode d'identification des coefficients.
Exercice 8.3. Pour la question **1**, vérifier que $P(-1)=0$.
Pour la question **2**, vérifier que $Q(-1)=0$.
Pour la question **3**, vérifier que $R(-2)=0$.
Pour la question **4**, multiplier tout d'abord les deux membres par e^x.
Exercices 8.4 et **8.5.** Réduire le membre de droite au même dénominateur et identifier avec le membre de gauche.
Exercice 8.6. Remarquer que $x^{\ln x}=\mathrm{e}^{(\ln x)^2}$.
Exercice 8.7. Poser $X=\sqrt{x}$.
Exercice 8.8. Écrire $\sqrt{x^2+1}=1$ puis élever au carré.
Exercice 8.9. Utiliser la définition de la valeur absolue.
Exercice 8.10. Utiliser la **propriété 8.5.**

Corrigé des vrai/faux

1.	2.	3.	4.	5.	6.	7.	8.	9.	10.
F	V	V	F	V	V	F	V	F	F

1. La fonction logarithme n'étant définie que sur $\mathbb{R}_+^*$, la relation n'est valable que si b est strictement positif.

2. Remarquons tout d'abord que $\ln(-x)$ est défini si et seulement si x est strictement négatif. Ensuite, la **propriété 8.15** donne : $\ln(-x)=0 \Leftrightarrow \ln(-x)=\ln 1 \Leftrightarrow x=-1$.

3. L'expression x^2+x+1 est polynomiale de degré 2, à discriminant strictement négatif, elle est donc toujours du signe du coefficient dominant c'est-à-dire positive.
On en conclut que pour tout réel, $\left|x^2+x+1\right|=x^2+x+1$.

4. L'expression $\ln\left(\sqrt{x^2-4}\right)$ est définie pour tout x tel que x^2-4 est strictement positif soit pour tout x de $]-\infty,-2[\cup]2,+\infty[$.
De plus, pour tout x de $]-\infty,-2[$, l'expression x^2-4 est strictement positive, la **propriété 8.14** donne : $\ln\left(\sqrt{x^2-4}\right)=\ln\left(x^2-4\right)^{1/2}=\frac{1}{2}\ln\left(x^2-4\right)=\frac{1}{2}\ln\left((x-2)(x+2)\right)$.

À ce stade, on ne peut pas écrire $\frac{1}{2}\left(\ln(x-2)+\ln(x+2)\right)$ car ni $x+2$ ni $x-2$ n'est strictement positif.

5. L'expression $(\ln x)^x=\exp\left(x\ln(\ln x)\right)$ n'est définie que pour les réels x tels que : $\ln x$ existe et $\ln x>0$.
Par conséquent $(\ln x)^x$ existe si et seulement si $x>1$.

6. Soit a un réel.
Par l'inégalité triangulaire, on a : $|a-2|=|a+(-2)|\leq|a|+|-2|$. Soit $|a-2|\leq|a|+2$.
Remarque. L'inégalité triangulaire est encore valable "pour une différence" :
$$\forall(x,y)\in\mathbb{R}^2, |x-y|\leq|x|+|y|$$

7. Une exponentielle est toujours positive donc tout réel x est solution de l'inéquation $e^x>-1$.

Corrigé

8. L'expression $\ln\left(\frac{\ln x}{1-x}\right)$ existe si et seulement si :

- $x>0$ pour l'existence de $\ln x$.
- $1-x\neq 0$ pour l'existence du quotient.
- $\frac{\ln x}{1-x}>0$ pour l'existence de $\ln\left(\frac{\ln x}{1-x}\right)$.

En s'intéressant à cette dernière condition, on remarque alors que : $\ln x>0 \Leftrightarrow x>1 \Leftrightarrow 1-x<0$.

Les expressions $\ln x$ et $1-x$ sont donc de signes opposés et $\frac{\ln x}{1-x}$ n'est pas strictement positif.

L'expression $\ln\left(\frac{\ln x}{1-x}\right)$ n'existe donc pour aucune valeur de *x*.

9. Pour $x=1{,}5$, on a : $\lfloor x\rfloor=1$ et $\lfloor 2x\rfloor=\lfloor 3\rfloor=3$.

On en conclut que : $\lfloor 2x\rfloor\neq 2\lfloor x\rfloor$.

10. Soit *n* un entier naturel non nul.

Considérons $x=\frac{1}{2}$. On a alors : $\left(\frac{1}{2}\right)^{n+1}=\frac{1}{2}\left(\frac{1}{2}\right)^{n}<\left(\frac{1}{2}\right)^{n}$.

❑ Les erreurs classiques

- Il n'y a pas de formule pour transformer $\ln(x\pm y)$.
- L'expression $\ln\left(\frac{a}{b}\right)$ existe pour *a* et *b* de même signe et *b* non nul mais la propriété $\ln\left(\frac{a}{b}\right)=\ln a-\ln b$ n'est valable que si *a* et *b* sont strictement positifs.
- On ne peut utiliser un tableau de signe qu'avec une expression sous forme de produit ou de quotient, jamais avec une somme ou une différence.
- On n'a pas toujours x^{n+1} supérieur à x^n même si *x* est positif. En fait, si *x* est supérieur à 1, $x^n\leq x^{n+1}$ et si *x* est dans $[0,1]$, $x^n\geq x^{n+1}$. Pour les valeurs négatives, cela dépend aussi de la parité de *n*.
- Il est fondamental, pour progresser sur les thèmes plus complexes, de connaître par cœur toutes les propriétés des fonctions usuelles.

Corrigé des exercices

Exercice 8.1

1. On a : $P(1)=3-1-2=0$ donc 1 est racine de P.

Il existe donc une fonction polynomiale Q de degré 2 telle que : $\forall x\in\mathbb{R},\ P(x)=(x-1)Q(x)$.

En posant $Q(x)=ax^2+bx+c$, on obtient : $3x^3-x-2=(x-1)(ax^2+bx+c)$

En développant et ordonnant, on trouve : $3x^3-x-2=ax^3+(b-a)x^2+(c-b)x-c$.

Par identification des coefficients, on a alors : $\begin{cases} a=3 \\ b-a=0 \\ c-b=-1 \\ -c=-2 \end{cases}$, ce qui donne : $a=3,\ b=3,\ c=2$.

On en conclut : $P(x)=(x-1)(3x^2+3x+2)$.

⇨ *Méthode 8.1*

2. La fonction polynôme Q ne possède pas de racine (le discriminant associé est $-15<0$).
On en déduit que la fonction Q est toujours positive. Ainsi, $P(x)$ a le signe de $(x-1)$.

On en conclut que P est négatif sur $]-\infty,1[$, s'annule en 1 et est positif sur $]1,+\infty[$.

⇨ *Méthode 8.4*

Exercice 8.2

1. Le réel 1 est racine de P. En effet, on a : $P(1)=1+4+1-6=0$.

2. • Première méthode. Avec la division euclidienne, on a :

$$\begin{array}{r|l} x^3+4x^2+x-6 & x-1 \\ \cline{2-2} -(x^3-x^2) & x^2+5x+6 \\ \hline 5x^2+x & \\ -(x^2-5x) & \\ \hline 6x-6 & \\ -(6x-6) & \\ 0 & \end{array}$$

On trouve : $x^3+4x^2+x-6=(x-1)(x^2+5x+6)$.

• Deuxième méthode.

$P(x)=(x-1)(ax^2+bx+c)\Leftrightarrow x^3+4x^2+x-6=ax^3+(b-a)x^2+(c-b)x-c$.

Par identification des coefficients, on obtient : $\begin{cases} a=1 \\ b-a=4 \\ c-b=1 \\ -c=-6 \end{cases}$, ce qui donne : $\begin{cases} a=1 \\ b=5 \\ c=6 \end{cases}$.

Finalement, on trouve encore : $x^3+4x^2+x-6=(x-1)(x^2+5x+6)$.

⇨ *Méthode 8.1*

3. Le discriminant de x^2+5x+6 est $\Delta=1$ et les racines de x^2+5x+6 sont -2 et -3.
On en déduit que les solutions de l'équation $P(x)=0$ sont : –3, –2 et 1.

4. La fonction exponentielle ne s'annulant pas, on a, en multipliant par e^x :
$e^{2x}+4e^x+1-6e^{-x}=0 \Leftrightarrow e^{3x}+4e^{2x}+e^x-6=0 \Leftrightarrow (e^x)^3+4(e^x)^2+e^x-6=0 \Leftrightarrow P(e^x)=0$.
La question **3** nous donne alors : $e^x=-3$ ou $e^x=-2$ ou $e^x=1$.
Comme la fonction exponentielle est strictement positive, il ne reste que : $e^x=1$.
La seule solution de (*E*) est donc : 0.

Exercice 8.3

1. On a : $P(-1)=(-1)^5+5(-1)^4+10(-1)^3+11(-1)^2+7(-1)+2=-1+5-10+11-7+2=0$.
On en déduit que -1 est racine de *P*.
Il existe donc un polynôme *Q* tel que : $P(x)=(x+1)Q(x)$ où $Q(x)=ax^4+bx^3+cx^2+dx+e$.
Par identification, après avoir développé, réduit et ordonné $(x+1)Q(x)$, on obtient :
$P(x)=(x+1)Q(x) \Leftrightarrow a=1,\ b+a=5,\ c+b=10,\ d+c=11,\ e+d=7,\ e=2$.
On trouve alors : $a=1,\ b=4,\ c=6,\ d=5,\ e=2$.
On en conclut que : $P(x)=(x+1)(x^4+4x^3+6x^2+5x+2)$.
Remarque. On pouvait aussi poser la division euclidienne.

2. On prouve de la même façon que -1 est racine de *Q* et que : $Q(x)=(x+1)R(x)$.
Avec la même technique, on obtient : $R(x)=x^3+3x^2+3x+2$.

3. On remarque que : $(-2)^3+3(-2)^2+3(-2)+2=-8+12-6+2=0$.
–2 est donc racine de *R* et on obtient : $R(x)=(x+2)(x^2+x+1)$.
On en déduit que : $P(x)=(x+1)^2(x+2)(x^2+x+1)$.
Comme un carré est toujours positif (mais pas strictement) et que le polynôme x^2+x+1 est toujours strictement positif (il n'a pas de racine et est du signe du coefficient de x^2 qui vaut 1), $P(x)\geq 0$ est équivalente à $x+2\geq 0$. L'ensemble solution est donc : $[-2, +\infty[$.

⇨ *Méthodes 8.1, 8.4*

4. L'inéquation (I) est équivalente à $P(\ln x) > 0$.

On en déduit que x est solution de (I) si et seulement si : $\ln x + 2 > 0$ et $\ln x + 1 \neq 0$, soit $\ln x > -2$ et $x \neq 1/e$, c'est-à-dire : $x > e^{-2}$ et $x \neq 1/e$.

Finalement, l'ensemble solution est $\left]e^{-2}, +\infty\right[\setminus \{1/e\}$.

Exercice 8.4

Soit x un élément de $\mathbb{R} \setminus \{-1,0,1\}$. On a : $\dfrac{a}{x-1} + \dfrac{b}{x} + \dfrac{c}{x+1} = \dfrac{(a+b+c)x^2 + (a-c)x - b}{x(x-1)(x+1)}$.

Remarquons ensuite que : $x(x-1)(x+1) = x^3 - x$.

Ainsi, $\dfrac{1}{x^3 - x} = \dfrac{a}{x-1} + \dfrac{b}{x} + \dfrac{c}{x+1} \Leftrightarrow \begin{cases} a+b+c=0 \\ a-c=0 \\ -b=1 \end{cases} \Leftrightarrow \begin{cases} a=\frac{1}{2} \\ c=\frac{1}{2} \\ b=-1 \end{cases}$.

On conclut : $\forall x \in \mathbb{R} \setminus \{-1,0,1\}, \dfrac{1}{x^3 - x} = \dfrac{1/2}{x-1} - \dfrac{1}{x} + \dfrac{1/2}{x+1}$.

⇨ *Méthode 8.2*

Exercice 8.5

Soit x un réel différent de -1. On a alors : $ax + b + \dfrac{c}{x+1} = \dfrac{ax^2 + (b+a)x + (b+c)}{x+1}$.

Ainsi, $\dfrac{x^2}{x+1} = ax + b + \dfrac{c}{x+1} \Leftrightarrow \begin{cases} a=1 \\ b+a=0 \\ b+c=0 \end{cases} \Leftrightarrow \begin{cases} a=1 \\ b=-1 \\ c=1 \end{cases}$.

On conclut : $\forall x \in \mathbb{R} \setminus \{-1\}, \dfrac{x^2}{x+1} = x - 1 + \dfrac{1}{x+1}$.

⇨ *Méthode 8.2*

Exercice 8.6

1. On a : $x \in D_f \Leftrightarrow x > 0$ et $\ln x$ existe. On en déduit que : $D_f = \mathbb{R}_+^*$.

2. Pour tout réel x de D_f, on a : $f(x) = e^{\ln x \ln x} = e^{(\ln x)^2}$.

La fonction f est donc composée de la fonction logarithme qui est dérivable sur $\mathbb{R}_+^*$ et à valeurs dans $\mathbb{R}$, et des fonctions "carré" et exponentielle dérivables sur $\mathbb{R}$. Par conséquent, f est dérivable sur $\mathbb{R}_+^*$. On a alors, pour tout x de $\mathbb{R}_+^*$: $f'(x) = 2 \times \dfrac{1}{x} \times \ln x \times e^{(\ln x)^2} = \dfrac{2\ln x}{x} e^{(\ln x)^2}$.

Le signe de $f'(x)$ est celui de $\dfrac{\ln x}{x}$.

Corrigé

On a le tableau de signes suivant :

x	0		1		$+\infty$
x		+		+	
$\ln x$		$-$	0	+	
$\dfrac{\ln x}{x}$		$-$	0	+	

On en conclut que f est décroissante sur $]0,1]$ puis croissante sur $[1,+\infty[$.

⇨ *Méthode 8.3*

Exercice 8.7

En posant $X=\sqrt{x}$, l'équation $\sqrt{x}+1=2x$ devient $X+1=2X^2$. Cette équation s'écrit à son tour : $2X^2-X-1=0$. Les racines sont 1 et $-\frac{1}{2}$. Il faut maintenant résoudre $X=\sqrt{x}$, ce qui n'est possible qu'avec $X=1$ et on trouve $x=1$.
La seule solution de l'équation $\sqrt{x}+1=2x$ est $x=1$.

Exercice 8.8

L'équation $\sqrt{x^2+1}-1=0$ s'écrit $\sqrt{x^2+1}=1$. En élevant au carré, on obtient : $x^2+1=1$. On a alors $x^2=2$ et les solutions de l'équation $\sqrt{x^2+1}=1$ sont $\sqrt{2}$ et $-\sqrt{2}$.

Exercice 8.9

1. $|x-2|=1 \Leftrightarrow \begin{cases} x-2=1 \\ \text{ou} \\ x-2=-1 \end{cases} \Leftrightarrow (x=3 \quad \text{ou} \quad x=1)$.

2. $|1-3x|=\dfrac{3}{2} \Leftrightarrow \begin{cases} 1-3x=\dfrac{3}{2} \\ \text{ou} \\ 1-3x=-\dfrac{3}{2} \end{cases} \Leftrightarrow \left(x=-\dfrac{1}{6} \quad \text{ou} \quad x=\dfrac{5}{6}\right)$.

Exercice 8.10

1. $|2x+1|\leq 1 \Leftrightarrow -1\leq 2x+1\leq 1 \Leftrightarrow -2\leq 2x\leq 0 \Leftrightarrow -1\leq x\leq 0 \Leftrightarrow x\in[-1,0]$.

2. $|x+5|>5 \Leftrightarrow [(x+5<-5) \text{ ou } (x+5>5)] \Leftrightarrow [(x<-10) \text{ ou } (x>0)]$.
Pour conclure : $|x+5|>5 \Leftrightarrow (x\in]-\infty,-10[\cup]0,+\infty[)$.

Chapitre 9
Généralités sur les fonctions

En introduisant les coordonnées en géométrie, **Descartes**, le premier, utilise des fonctions pour étudier les courbes. Le mot même de *fonction* apparaît sous la plume de **Leibniz** sans définition. La première nous vient de Jean **Bernoulli** en 1718 lorsqu'il écrit : « On appelle ici fonction d'une grandeur variable, une quantité composée de quelque manière que ce soit de cette grandeur variable et de constantes ». Pour lui, comme par la suite pour **Euler**, une fonction se définit par une composition de fonctions élémentaires. En 1837, **Dirichlet** s'approche de la notion actuelle en affirmant : si à chaque x, correspond un unique y, alors y s'appelle une fonction de x. Dès lors, il n'est plus nécessaire d'avoir l'expression de $f(x)$ pour parler de fonction.

René Descartes
1596-1650

Objectifs

Les incontournables

- ▷ Savoir utiliser le sens de variation d'une fonction.
- ▷ Savoir montrer qu'une fonction est paire (ou impaire).

Et plus si affinités

- ▷ Savoir utiliser à bon escient la définition du sens de variation d'une fonction.
- ▷ Savoir montrer qu'une fonction est périodique.

Résumé de cours

Définition 9.1. — Soit *f* une fonction de $\mathbb{R}$ dans $\mathbb{R}$. L'ensemble des réels *x* ayant une image par *f* est appelé *ensemble de définition* de *f* et est noté D_f.

L'ensemble $\mathbb{R}$

Intervalles

Définition 9.2. — Soit deux réels *a* et *b*, avec $a \leq b$.
Les intervalles suivants sont *ouverts* : $]-\infty, a[$, $]b, +\infty[$, $]a, b[$.
Les intervalles suivants sont *fermés* : $]-\infty, a]$, $[b, +\infty[$, $[a, b]$.

Remarque 9.1. — Il existe des intervalles qui ne sont ni ouverts ni fermés, comme $[a, b[$.
Il existe aussi des intervalles à la fois ouverts et fermés comme $\mathbb{R}$ et $\varnothing$.

Voisinage

Définition 9.3. — Soit *a* un réel, ou $+\infty$, ou $-\infty$.
On dit qu'une proposition $\mathcal{P}(x)$, dépendant du réel *x*, est vraie *au voisinage de a*, si $\mathcal{P}(x)$ est vraie pour tout *x* élément d'un intervalle ouvert contenant *a* (ou d'extrémité *a* si *a* est un infini, ou si $\mathcal{P}(x)$ n'est définie que d'un côté de *a*).

Exemples 9.1. — La proposition " $x^2 - x \neq 0$ " est vraie au voisinage de $+\infty$, car elle l'est, par exemple, pour tout *x* élément de $]2, +\infty[$.
La proposition " $\ln x < 0$ " est vraie au voisinage de 0, car elle l'est pour tout *x* de $]0, 1/2[$.

Propriétés des fonctions

Définition 9.4. — Soit un repère orthogonal (*x*O*y*). On appelle *courbe représentative* de *f* l'ensemble (C_f) des points de coordonnées $(x, f(x))$, *x* parcourant l'ensemble de définition D_f.

Parité, imparité

Définitions 9.5. — Soit *f* une fonction telle que D_f soit centré en 0.
- La fonction *f* est dite *paire* lorsque : $\forall x \in D_f,\ f(-x) = f(x)$.
- La fonction *f* est dite *impaire* lorsque : $\forall x \in D_f,\ f(-x) = -f(x)$.

Exemples 9.2. — Les fonctions suivantes sont paires : $x \mapsto x^{2n}$ ($n \in \mathbb{Z}$), $x \mapsto |x|$.

Les fonctions suivantes sont impaires : $x \mapsto x^{2n+1}$ ($n \in \mathbb{Z}$).

Propriété 9.1. — Si f est paire, alors (C_f) est symétrique par rapport à l'axe (Oy).
Si f est impaire, alors (C_f) est symétrique par rapport à l'origine O du repère.

⇨ **Méthode 9.1. Comment étudier la parité d'une fonction ?**

❑ Périodicité

Définition 9.6. — La fonction f est dite *périodique* lorsqu'il existe un réel non nul T tel que : $x \in D_f \Leftrightarrow x+T \in D_f$ et $\forall x \in D_f,\ f(x+T)=f(x)$.

On dit alors que f est T-périodique, et le réel T est appelé une *période* de f.

⇨ **Méthode 9.2. Comment montrer qu'une fonction est périodique ?**

Remarque 9.2. — Dans la pratique, on recherche une période strictement positive et la plus petite possible.

❑ Majorants, minorants, extremums locaux, extremums globaux

Définitions 9.7. — Soit une fonction f définie sur une partie A de $\mathbb{R}$.

• La fonction f est dite *majorée* sur A lorsqu'il existe un réel M tel que : $\forall x \in A,\ f(x) \leq M$.

Le réel M est alors appelé un *majorant* de f sur A (M n'est pas unique).

• La fonction f est dite *minorée* sur A lorsqu'il existe un réel m tel que : $\forall x \in A,\ f(x) \geq m$.

Le réel m est alors appelé un *minorant* de f sur A (m n'est pas unique).

• La fonction f est dite *bornée* sur A lorsqu'elle est à la fois majorée et minorée sur A.

Théorème 9.1. — La fonction f est bornée si, et seulement si, $|f|$ est majorée.

Définitions 9.8. — Soit f une fonction définie sur une partie A de $\mathbb{R}$ et x_0 un point de A.

• On dit que f admet un *maximum global* sur A en x_0, lorsque : $\forall x \in A,\ f(x) \leq f(x_0)$.

On note alors $f(x_0) = \max\limits_{x \in A} f(x)$.

• On dit que f admet un *maximum local* sur A en x_0, lorsqu'il existe un voisinage V de x_0 tel que : $\forall x \in A \cap V,\ f(x) \leq f(x_0)$ ($f(x_0)$ est le plus grand des "$f(x)$" *autour de* x_0).

• On dit que f admet un *minimum global* sur A en x_0, lorsque : $\forall x \in A,\ f(x) \geq f(x_0)$.

On note alors $f(x_0) = \min\limits_{x \in A} f(x)$.

• On dit que f admet un *minimum local* sur A en x_0, lorsqu'il existe un voisinage V de x_0 tel que : $\forall x \in A \cap V,\ f(x) \geq f(x_0)$ ($f(x_0)$ est le plus petit des "$f(x)$" *autour de* x_0).

Remarque 9.3. — Il existe des fonctions sans extremum (qui n'ont donc ni maximum ni minimum), comme par exemple les fonctions logarithme et exponentielle.

❑ Sens de variation

Définition 9.9. — Soit une fonction *f* définie sur un intervalle *I* de $\mathbb{R}$.

• La fonction *f* est *croissante* sur *I* lorsque : $\forall(x, y) \in I^2,\ x \leq y \Rightarrow f(x) \leq f(y)$.

La fonction *f* est *strictement croissante* sur *I* lorsque : $\forall(x, y) \in I^2,\ x < y \Rightarrow f(x) < f(y)$.

• La fonction *f* est *décroissante* sur *I* lorsque : $\forall(x, y) \in I^2,\ x \leq y \Rightarrow f(x) \geq f(y)$.

La fonction *f* est *strictement décroissante* sur *I* lorsque : $\forall(x, y) \in I^2,\ x < y \Rightarrow f(x) > f(y)$.

• La fonction *f* est *monotone* sur *I* lorsque *f* est soit croissante, soit décroissante sur *I*. La fonction *f* est *strictement monotone* sur *I* lorsqu'elle est soit strictement croissante, soit strictement décroissante sur *I*.

Remarque 9.4. — Nous verrons au **chapitre 17** un outil commode pour étudier le sens de variation de certaines fonctions (il s'agit bien sûr de la dérivée).

⇨ **Méthode 9.3. Comment étudier les variations d'une fonction grâce à la définition ?**

Propriété 9.2. — Sens de variation d'une somme.
Si plusieurs fonctions ont le même sens de variation sur un intervalle *I*, alors leur somme a ce même sens de variation sur *I*.

Remarque 9.5. — Si de plus, l'une au moins des fonctions est strictement monotone, la somme l'est aussi.

Exemple 9.3. — Si *f* et *g* sont croissantes sur un intervalle *I*, alors $f+g$ est croissante sur *I*.

Remarque 9.6. — Il existe des règles pour le sens de variation d'un produit de fonctions monotones, mais il y a trop de cas à considérer pour qu'il soit utile de les retenir. La dérivation donnera les moyens de s'en sortir sans trop de mal.

Propriété 9.3. — Sens de variation d'une composée de fonctions.
Si *f* est monotone sur *I*, et si *g* est monotone sur $f(I)$, alors $g \circ f$ est monotone sur *I* selon la règle suivante : si *f* et *g* ont le même sens de variation, alors $g \circ f$ est croissante sur *I*, si *f* et *g* ont des sens de variation opposés, alors $g \circ f$ est décroissante sur *I*.

Remarque 9.7. — La fonction $g \circ f$ n'est strictement monotone que si *f* et *g* le sont toutes les deux.

Exemple 9.4. — Considérons la fonction *f* définie sur $[0, +\infty[$ par : $x \mapsto e^x(e^x - 1)$.

La fonction exp est croissante sur $[0, +\infty[$, à valeurs dans $[1, +\infty[$. Or, la fonction $x \mapsto x(x-1)$ est croissante sur $[1, +\infty[$ (variation d'un trinôme) donc finalement, *f* est croissante sur $[0, +\infty[$.

Propriété 9.4. — Sens de variation d'une bijection réciproque.
Soit *f* une fonction définie sur un intervalle *I* de $\mathbb{R}$, réalisant une bijection de *I* sur un intervalle *J* de $\mathbb{R}$. Si *f* est strictement monotone sur *I*, alors f^{-1} a le même sens de variation que *f*, sur *J*.

Méthodes

Éléments de symétrie d'une fonction

Méthode 9.1. Comment étudier la parité d'une fonction ?

Toujours en deux temps :
1. Vérifier que : $\forall x \in D_f, \ -x \in D_f$, c'est-à-dire que D_f est centré en 0 (pour cela, il suffit de le constater en déterminant D_f).
2. Exprimer $f(-x)$ à l'aide de $f(x)$. Si pour tout x de D_f, $f(-x) = f(x)$, alors f est paire, et si pour tout x de D_f, $f(-x) = -f(x)$, alors f est impaire.

Une astuce. Se souvenir que la somme de deux fonctions de même parité est une fonction de cette parité, et que le produit de deux fonctions de même parité est paire alors que le produit de deux fonctions de parités opposées est impaire.

⇨ **Exercices 9.1, 9.2, 9.3**

Exemple. Étudier la parité de la fonction f définie sur $\mathbb{R}$ par : $x \mapsto e^x - e^{-x}$.
• f est définie sur $\mathbb{R}$ qui est centré en 0.
• $\forall x \in \mathbb{R}, f(-x) = e^{-x} - e^x = -(e^x - e^{-x}) = -f(x)$.
Conclusion : f est impaire.

Méthode 9.2. Comment montrer qu'une fonction est périodique ?

Pour montrer qu'une fonction f est T-périodique, on procède en deux temps :
• On vérifie (il s'agit juste de le constater) que D_f est lui-même « périodique » c'est-à-dire que quel que soit le réel x de D_f, $x + T$ appartient aussi à D_f.
• On vérifie ensuite que : $\forall x \in D_f, \ f(x+T) = f(x)$.

⇨ **Exercice 9.5**

Exemple. Montrer que la fonction f, qui à x associe $x - \lfloor x \rfloor$, est périodique, de période $T = 1$ (on rappelle que $\lfloor x \rfloor$ désigne la partie entière de x).
• On commence par constater que, f étant définie sur $\mathbb{R}$, alors quel que soit le réel x, $x + 1$ appartient encore à $\mathbb{R}$.

• Considérons un réel x quelconque. Par définition, $\lfloor x \rfloor \in \mathbb{Z}$ et $\lfloor x \rfloor \leq x < \lfloor x \rfloor + 1$. On en déduit en ajoutant 1 à chaque membre, que : $\lfloor x \rfloor + 1 \leq x + 1 < (\lfloor x \rfloor + 1) + 1$. Comme $\lfloor x \rfloor + 1$ appartient à $\mathbb{Z}$, on en déduit, par unicité de la partie entière, que : $\lfloor x + 1 \rfloor = \lfloor x \rfloor + 1$. On a donc :
$\forall x \in \mathbb{R}, f(x+1) = (x+1) - \lfloor x+1 \rfloor = x + 1 - (\lfloor x \rfloor + 1) = x + 1 - \lfloor x \rfloor - 1 = x - \lfloor x \rfloor = f(x)$.
Conclusion : *f* est périodique, de période 1.

■ Sens de variation d'une fonction

❑ Méthode 9.3. Comment étudier les variations d'une fonction grâce à la définition ?

Nous verrons au **chapitre 17** que, pour les fonctions *dérivables*, le signe de la dérivée donne le sens de variation.
L'utilisation de la définition est bien adaptée aux fonctions qui ne sont pas dérivables, ou pour celles dont on ne sait pas si elles le sont.

Une remarque importante. Si l'ensemble de définition d'une fonction n'est pas un intervalle, mais la réunion de plusieurs intervalles, il faut mener l'étude du sens de variation sur chacun de ces intervalles séparément.

⇨ **Exercices 9.7, 9.8**

Exemple. En anticipant sur le **chapitre 18** ou en se souvenant des connaissances de terminale, étudier le sens de variation de la fonction *f* définie, pour tout réel *x*, par : $f(x) = \int_0^1 e^{t^2 x} dt$.

On considère deux réels *x* et *y* tels que $x \leq y$.
Pour tout *t* de $[0,1]$, on a donc : $t^2 x \leq t^2 y$ (puisque t^2 est positif) et, par croissance de la fonction exponentielle sur $\mathbb{R}$, on obtient : $e^{t^2 x} \leq e^{t^2 y}$.
Les fonctions $t \mapsto e^{t^2 x}$ et $t \mapsto e^{t^2 y}$ étant continues sur [0,1] et les bornes étant dans l'ordre croissant ($0 < 1$), on peut intégrer et on a : $\int_0^1 e^{t^2 x} dt \leq \int_0^1 e^{t^2 y} dt$, c'est-à-dire : $f(x) \leq f(y)$.
Bilan : $\forall (x,y) \in \mathbb{R}^2,\ x < y \Rightarrow f(x) \leq f(y)$. La fonction *f* est donc croissante sur $\mathbb{R}$.

Méthodes

Vrai/Faux

		Vrai	Faux
1.	La fonction $x \mapsto \dfrac{1}{x}$ est bornée sur $[1, +\infty[$.	☐	☐
2.	La seule fonction définie sur $\mathbb{R}$ à la fois paire et impaire, est la fonction nulle.	☐	☐
3.	Si une fonction f est impaire, alors $f(0) = 0$.	☐	☐
4.	Si une fonction f est paire, alors : $x \mapsto xf(x)$ est impaire.	☐	☐
5.	Si une fonction f est impaire, alors : $x \mapsto \lvert f(x) \rvert$ est paire.	☐	☐
6.	Si une fonction f est T-périodique, alors, pour tout x de D_f, on a : $$\forall k \in \mathbb{Z}, f(x+kT) = f(x)$$	☐	☐
7.	Si une fonction f est T-périodique, alors la fonction $x \mapsto f(\frac{x}{2})$ admet $\dfrac{T}{2}$ comme période.	☐	☐
8.	Si quel que soit le réel x, $f(x+1) \geq f(x)$, alors f est croissante sur $\mathbb{R}$.	☐	☐
9.	Si une fonction f est croissante sur les intervalles I et J, alors elle l'est sur $I \cup J$.	☐	☐
10.	Si la fonction f est strictement croissante sur un ensemble I, alors quels que soient les réels x et y de I, on a : $f(x) < f(y) \Leftrightarrow x < y$.	☐	☐

Énoncé des exercices

Exercice 9.1. — Étudier la parité de chacune des fonctions suivantes (on n'oubliera pas de déterminer les ensembles de définition des trois premières fonctions) :

1. $f(x)=\dfrac{e^{2x}-1}{e^{2x}+1}\cdot$ **2.** $f(x)=\ln\left(x+\sqrt{x^2+1}\right)\cdot$

3. $f(x)=\ln\left(\dfrac{1+x}{1-x}\right)\cdot$ **4.** $\begin{cases} f(x)=3^{-x} & \text{si } x\geq 0 \\ f(x)=3^{x} & \text{si } x<0 \end{cases}.$

Exercice 9.2. * — Soit une fonction f définie sur $\mathbb{R}$.

1. On suppose, dans cette question, que f est paire. Montrer que f n'est pas bijective.

2. On suppose, dans cette question, que f est une bijection impaire de $\mathbb{R}$ dans $\mathbb{R}$. Montrer que sa bijection réciproque est elle-même impaire.

Exercice 9.3. ** — Considérons la suite de fonctions $(f_n)_{n\in\mathbb{N}}$ définie sur $\mathbb{R}$ ainsi : $\forall x\in\mathbb{R}$, $f_0(x)=1$, $f_1(x)=x$ et, pour tout entier naturel n :

$$\forall x\in\mathbb{R},\ f_{n+2}(x)=2x\,f_{n+1}(x)-f_n(x)$$

1. Montrer par récurrence que : $\forall n\in\mathbb{N},\ f_n(-x)=(-1)^n f_n(x)$.

2. En déduire que, quel que soit l'entier naturel n, la fonction f_n a la même parité que n.

Exercice 9.4. —Soit f une fonction T-périodique (avec $T>0$). Montrer que f n'est pas bijective.

Exercice 9.5. ** — Soit h la fonction définie sur $\mathbb{R}$ par $h(x)=e^{e^x}$ et soit E l'ensemble des fonctions f définies sur $]1,+\infty[$ et vérifiant : $\forall x\in]1,+\infty[,\ f(x)=f(x^2)$.

1. L'ensemble E est-il vide ?

2. Soit f une fonction définie sur $]1,+\infty[$. Montrer que f appartient à E si, et seulement si, $f\circ h$ est ln2-périodique.

Exercice 9.6. — Étude des variations par décomposition.

1. Étudier les variations de la fonction f définie, pour tout réel x, par :

$$f(x)=\left|x^2-3x+2\right|$$

2. Étudier le sens de variation de la fonction f définie sur $\mathbb{R}_+$ par :

$$\forall x\geq 0,\ f(x)=x-e^{-x^2}$$

❑ **Exercice 9.7.** * — Soit une fonction ψ définie sur $\mathbb{R}_+^*$, strictement positive sur $]1,+\infty[$, et vérifiant : $\forall x > 0,\ \psi(xy) = \psi(x) + \psi(y)$.

1. Soit deux réels a et b tels que $0 < a < b$. Donner le signe de $\psi(b) - \psi(a)$ et en déduire le sens de variation de ψ sur $\mathbb{R}_+^*$.

2. Donner une fonction simple, vérifiant les conditions imposées dans cet exercice.

❑ **Exercice 9.8.** ** — Soit a un réel strictement positif. On note P_a la fonction polynomiale définie sur $\mathbb{R}$ par $P_a(x) = x^3 + ax - 1$ et on admet que l'équation $P_a(x) = 0$ admet une unique solution réelle. On la note $u(a)$ et on considère alors la fonction u définie sur $\mathbb{R}_+$, qui à tout réel positif a associe $u(a)$.

1. En comparant $P_a(u(a))$ et $P_a(0)$, montrer que : $\forall a \geq 0,\ u(a) > 0$.

2. a) Montrer que, quels que soient les réels positifs a et b, $P_a(u(b)) = (a-b)u(b)$.

b) En déduire le sens de variation de la fonction u.

D'après HEC

Pour vous aider à démarrer

Exercice 9.1. Donner d'abord les ensembles de définition.
Pour la question **2**, montrer d'abord que : $\forall x \in \mathbb{R},\ \sqrt{x^2+1} > |x|$.
Pour la question **4**, penser à écrire $f(x)$ à l'aide de la valeur absolue.

Exercice 9.2. Pour la question **1**, montrer que f n'est pas injective.
Pour la question **2**, se donner un réel y et poser $x = f^{-1}(y)$, écrire y en fonction de f et de x, puis utiliser l'imparité de f.

Exercice 9.3. Pour la question **1**, faire une récurrence d'ordre 2.

Exercice 9.4. Montrer que f n'est pas injective, en trouvant deux réels distincts ayant la même image.

Exercice 9.5. Pour la question **2**, montrer d'abord que $(f \circ h)(x + \ln 2) = f(e^{2e^x})$.

Exercice 9.6. Se souvenir des variations des fonctions "trinômes".

Exercice 9.7. Pour la question **1**, faire attention que ψ n'est pas donnée dérivable puis penser à écrire $b = \dfrac{b}{a} \times a$.

Exercice 9.8. Pour la question **1**, utiliser le résultat du **Vrai/Faux 10**.
Pour la question **2.a)**, utiliser la définition de $u(b)$, à savoir : $P_b(u(b)) = 0$.
Pour la question **2.b)**, comparer $P_a(u(a))$ et $P_a(u(b))$. Ici aussi, on ne sait pas que u est dérivable.

Corrigé des vrai/faux

1.	2.	3.	4.	5.	6.	7.	8.	9.	10.
V	V	F	V	V	V	F	F	F	V

1. Pour tout x de l'intervalle $[1,+\infty[$, on a : $0<\dfrac{1}{x}\leq 1$. On en déduit que la fonction inverse est bornée sur $[1,+\infty[$.

2. Soit f une fonction définie sur $\mathbb{R}$ qui est à la fois paire et impaire.
- Comme f est paire, pour tout réel x, on a : $f(-x)=f(x)$.
- Comme f est impaire, pour tout réel x, on a : $f(-x)=-f(x)$.

On obtient ainsi, pour tout x réel : $f(x)=-f(x)$.
On en déduit que, pour tout x réel : $2f(x)=0$ puis $f(x)=0$.
f est donc bien la fonction nulle.

3. Considérons la fonction inverse, c'est-à-dire la fonction f définie sur $\mathbb{R}^*$ par $f(x)=\dfrac{1}{x}$.
La fonction f est impaire mais ne s'annule pas en 0 (elle n'est pas définie en 0).

4. Soit f une fonction paire. Pour tout x de D_f, on a : $(-x)f(-x)=-xf(x)=-(xf(x))$, par parité de f. La fonction $x\mapsto xf(x)$ est donc impaire.

5. Soit f une fonction impaire. Pour tout x de D_f, on a : $|f(-x)|=|-f(x)|=|f(x)|$.
La fonction $x\mapsto|f(x)|$ est donc paire.

6. Soit f une fonction T-périodique et x un élément de son ensemble de définition.
Pour tout entier naturel k, on pose $R(k)$: « $\forall x\in D_f, f(x+kT)=f(x)$ ».
$R(0)$ est clairement vraie.
Soit k un entier naturel tel que $R(k)$ est vraie.
On a alors, pour tout x de D_f, $f(x+(k+1)T)=f((x+T)+kT)=f(x+T)=f(x)$, par hypothèse de récurrence (appliquée à $x+T$) puis par définition de la périodicité. $R(k+1)$ est donc vraie.
Finalement, par récurrence, on obtient : $\forall k\in\mathbb{N}, f(x+kT)=f(x)$.

Corrigé

Enfin, pour tout entier naturel *k*, on a : $f(x-kT)=f((x-kT)+kT)=f(x)$ d'après l'égalité précédente. La relation proposée est donc vérifiée pour tout entier relatif.

7. En notant g la fonction $x \mapsto f(\frac{x}{2})$, on a : $g(x+\frac{T}{2}) = f(\frac{x}{2}+\frac{T}{4})$ dont on ne peut pas dire grand-chose. En revanche, on a : $g(x+2T) = f(\frac{x+2T}{2}) = f(\frac{x}{2}+T) = f(x)$. Ceci prouve que g admet $2T$ comme période. Pour préciser, reprenons l'exemple étudié à la **méthode 9.2**, où l'on a montré que la fonction *f*, qui à x associe $x-\lfloor x \rfloor$, est 1-périodique.

La fonction dénommée g plus haut est donc définie par : $g(x) = \frac{x}{2}-\left\lfloor \frac{x}{2} \right\rfloor$. On peut alors constater que g n'est pas $\frac{1}{2}$-périodique, puisque, par exemple :

$g(3+\frac{1}{2}) = g(3{,}5) = 1{,}75-\lfloor 1{,}75 \rfloor = 1{,}75-1 = 0{,}75$, alors que $g(3) = \frac{3}{2}-\left\lfloor \frac{3}{2} \right\rfloor = 1{,}5-1 = 0{,}5$.

On a bien : $g(3+\frac{1}{2}) \neq g(3)$.

Remarque. On peut se convaincre, à titre d'exercice, que g est 2-périodique.

8. C'est tentant, mais c'est faux ! C'est valable pour les suites (si $u_{n+1} \geq u_n$, alors la suite (u_n) est croissante), mais ici, on a besoin d'une fonction un peu "tordue".

Considérons la fonction *f* définie sur $\mathbb{R}$ par : $f(x)=\begin{cases} x^3 \text{ si } x \in \mathbb{R}\setminus\mathbb{Z} \\ x \text{ sinon} \end{cases}$.

On a bien : $\forall x \in \mathbb{R}, f(x+1) \geq f(x)$. En effet :

- Si x est dans $\mathbb{Z}$, $x+1$ est aussi dans $\mathbb{Z}$, on a donc : $f(x+1)=x+1$ et $f(x)=x$.

On en déduit alors facilement que : $f(x+1) \geq f(x)$.

- Sinon, $f(x+1)=(x+1)^3=x^3+3x^2+3x+1=f(x)+3x^2+3x+1$.

Comme $3x^2+3x+1$ a un discriminant strictement négatif, $3x^2+3x+1$ est toujours positif et on obtient : $f(x+1) \geq f(x)$.

Pourtant f n'est pas croissante. En effet, $2{,}5<3$ et pourtant $f(3)=3$ et $f(2{,}5)=\frac{125}{8}>3$.

Ainsi : $2{,}5<3$ n'implique pas $f(2{,}5) \leq f(3)$.

9. Considérons la fonction *f* définie pour tout x non nul par : $f(x)=-\frac{1}{x}$.

f est bien croissante sur $\mathbb{R}_-^*$ et sur $\mathbb{R}_+^*$, et pourtant *f* n'est pas croissante sur $\mathbb{R}^*$.

Par exemple, on a : $-2<3$ et $f(-2)>f(3)$. En effet, $f(-2)=\frac{1}{2}$ et $f(3)=-\frac{1}{3}$.

10. Soit *f* une fonction strictement croissante sur un ensemble *I*.

• Par définition, on a : $\forall(x,y)\in I^2, x<y \Rightarrow f(x)<f(y)$.

• Prouvons que : $\forall(x,y)\in I^2, f(x)<f(y) \Rightarrow x<y$.

Utilisons le raisonnement par l'absurde, c'est-à-dire supposons que : $x\geq y$.

• Si $x=y$ alors nécessairement $f(x)=f(y)$, ce qui contredit l'inégalité $f(x)<f(y)$.

• Si $x>y$, alors par stricte croissance de *f* sur *I*, on a : $f(x)>f(y)$, ce qui contredit aussi l'inégalité $f(x)<f(y)$.

On a bien prouvé, par l'absurde, que : $\forall(x,y)\in I^2, f(x)<f(y) \Rightarrow x<y$.

Finalement, si *f* est strictement croissante sur *I* alors : $\forall(x,y)\in I^2, f(x)<f(y) \Leftrightarrow x<y$.

❑ Les erreurs classiques

• Lorsque l'on étudie la monotonie d'une fonction, il est impératif de préciser que l'on travaille sur des intervalles.

• Pour étudier la parité d'une fonction, il est nécessaire d'examiner au préalable son ensemble de définition. Ensuite seulement, on compare $f(-x)$ avec $f(x)$ ou $-f(x)$.

• Ne pas confondre l'étude des variations d'une suite, pour laquelle on compare u_{n+1} et u_n, avec celle des fonctions, pour laquelle la comparaison de $f(x+1)$ et $f(x)$ est inopérante. La seule chose que l'on puisse affirmer, mais elle est sans grand intérêt, c'est que si *f* est croissante, alors on a bien $f(x+1)\geq f(x)$.

Corrigé

Corrigé des exercices

Exercice 9.1

1. Pour tout réel *x*, on a $e^{2x}+1\neq 0$, donc $D_f=\mathbb{R}$ et D_f est bien centré en 0.

Pour tout réel *x*, $f(-x)=\dfrac{e^{-2x}-1}{e^{-2x}+1}$. En multipliant le numérateur et le dénominateur par e^{2x} qui est non nul, on obtient : $f(-x)=\dfrac{1-e^{2x}}{1+e^{2x}}=-\dfrac{e^{2x}-1}{e^{2x}+1}$.

Finalement, pour tout réel *x*, $f(-x)=-f(x)$ et *f* est donc impaire.

2. Pour tout *x* réel, on a : $x^2+1>x^2\geq 0$. Par stricte croissance de la fonction racine carrée sur $\mathbb{R}_+$, on obtient : $\sqrt{x^2+1}>\sqrt{x^2}$. Finalement, puisque $\sqrt{x^2}=|x|$, on a : $\sqrt{x^2+1}>|x|$.

- si $x\leq 0$, comme $\sqrt{x^2+1}>|x|$, on a $\sqrt{x^2+1}>-x$, c'est-à-dire : $x+\sqrt{x^2+1}>0$.
- si $x>0$, $x+\sqrt{x^2+1}>0$ est toujours vérifiée puisque $\sqrt{x^2+1}>0$ et $x>0$.

Finalement, $D_f=\mathbb{R}$ donc D_f est centré en 0.

Pour tout réel *x*, $f(-x)=\ln\left(-x+\sqrt{x^2+1}\right)=\ln\left(\dfrac{\left(\sqrt{x^2+1}-x\right)\left(\sqrt{x^2+1}+x\right)}{\sqrt{x^2+1}+x}\right)$.

Après simplifications, $f(-x)=\ln\left(\dfrac{1}{\sqrt{x^2+1}+x}\right)=-\ln\left(\sqrt{x^2+1}+x\right)$.

Finalement, pour tout réel *x*, $f(-x)=-f(x)$ et *f* est donc impaire.

3. $x\in D_f \Leftrightarrow \dfrac{1+x}{1-x}>0$. Utilisons un tableau de signes :

x	$-\infty$		-1		1		$+\infty$
$1+x$		$-$	0	$+$		$+$	
$1-x$		$+$		$+$	0	$-$	
$\dfrac{1+x}{1-x}$		$-$	0	$+$	$\Vert$	$-$	

On en déduit que : $D_f=\left]-1,1\right[$, qui est bien centré en 0.

De plus, pour tout réel x de $]-1, 1[$, $f(-x) = \ln\left(\dfrac{1-x}{1+x}\right) = \ln\left(\dfrac{1}{\dfrac{1+x}{1-x}}\right) = -\ln\left(\dfrac{1+x}{1-x}\right)$.

On en déduit que, pour tout réel x de $]-1, 1[$, $f(-x) = -f(x)$ et f est donc impaire.

4. On a $D_f = \mathbb{R}$ qui est centré en 0, et on peut écrire : $f(x) = 3^{-|x|}$ (c'est facile à vérifier). La fonction valeur absolue est paire donc : $\forall x \in \mathbb{R},\ f(-x) = 3^{-|-x|} = 3^{-|x|} = f(x)$.

On conclut que f est paire.

⇨ *Méthode 9.1*

Exercice 9.2

1. Supposons f paire.

Considérons un réel x non nul. La parité de f assure alors que : $f(x) = f(-x)$.

Comme x est différent de $-x$, la fonction f n'est pas injective donc elle n'est pas bijective.

Finalement, si f est paire, elle ne peut pas être bijective.

2. Supposons f impaire et bijective de $\mathbb{R}$ dans $\mathbb{R}$.

Soit y un réel quelconque. On pose $x = f^{-1}(y)$ et on a alors : $y = f(x)$. Par imparité de f, on obtient : $y = -f(-x)$, soit : $-y = f(-x)$.

En appliquant f^{-1}, cette égalité s'écrit : $f^{-1}(-y) = -x$.

Comme $x = f^{-1}(y)$, on obtient : $f^{-1}(-y) = -f^{-1}(y)$. Finalement, f^{-1} est aussi impaire.

⇨ *Méthode 9.1*

Exercice 9.3

1. Pour tout entier naturel n, posons $R(n)$: « $\forall x \in \mathbb{R}, f_n(-x) = (-1)^n f_n(x)$ ».

$R(0)$ est vraie, car pour tout x réel, on a : $f_0(-x) = 1 = (-1)^0 f_0(x)$.

$R(1)$ est vraie car pour tout x réel, on a : $f_1(-x) = -x = (-1)^1 f_1(x)$.

Soit n un entier naturel tel que $R(n)$ et $R(n+1)$ sont vraies.

Pour tout réel x, on a : $f_{n+2}(-x) = 2(-x)f_{n+1}(-x) - f_n(-x) = -2x(-1)^{n+1} f_{n+1}(x) - (-1)^n f_n(x)$.

$f_{n+2}(-x) = (-1)^{n+2}\left(2x f_{n+1}(x) - f_n(x)\right) = (-1)^{n+2} f_{n+2}(x)$: $R(n+2)$ est donc vraie.

Finalement, par récurrence, pour tout entier naturel n, on a : $\forall x \in \mathbb{R},\ f_n(-x) = (-1)^n f_n(x)$.

Corrigé

2. On déduit de la question **1.** que :

- si n est pair, alors : $\forall x \in \mathbb{R}, f_n(-x) = f_n(x)$, c'est-à-dire f_n est paire.
- si n est impair, alors : $\forall x \in \mathbb{R}, f_n(-x) = -f_n(x)$, c'est-à-dire f_n est impaire.

La fonction f_n a donc la même parité que n.

⇨ *Méthode 9.1*

Exercice 9.4

La fonction f est T-périodique (avec $T > 0$), donc, par définition : $\forall x \in \mathbb{R},\ f(x) = f(x+T)$.
Comme x et $x+T$ ne sont pas égaux, on en conclut que f n'est pas injective, donc n'est, a fortiori, pas bijective.

Exercice 9.5

1. Les fonctions constantes vérifient, pour tout réel x, $f(x) = f(x^2)$ donc E n'est pas vide.

2. Procédons par double implication.
Soit f une fonction définie sur $]1,+\infty[$.

- Montrons que si f est dans E alors $f \circ h$ est ln2-périodique.

Considérons une fonction quelconque f de E.
Alors pour tout réel x, $(f \circ h)(x+\ln 2) = f(h(x+\ln 2)) = f\left(e^{e^{x+\ln 2}}\right)$.
Comme $e^{e^{x+\ln 2}} = e^{e^x e^{\ln 2}} = e^{2e^x}$, on obtient alors :
$\forall x \in \mathbb{R}, (f \circ h)(x+\ln 2) = f\left(e^{2e^x}\right) = f\left(\left(e^{e^x}\right)^2\right) = f\left(e^{e^x}\right)$, puisque f appartient à E.
On en conclut que : $\forall x \in \mathbb{R},\ (f \circ h)(x+\ln 2) = (f \circ h)(x)$ et $f \circ h$ est ln2-périodique.

⇨ *Méthode 9.2*

- Réciproquement, montrons que si $f \circ h$ est ln2-périodique alors f appartient à E.

La fonction h étant continue et strictement croissante sur $\mathbb{R}$, elle réalise une bijection de $\mathbb{R}$ dans $h(\mathbb{R}) =]1,+\infty[$, on en déduit que : $\forall x \in\ ]1,+\infty[,\ \exists!\, y \in \mathbb{R},\ x = h(y) = e^{e^y}$.
On a alors : $f(x) = (f \circ h)(y) = (f \circ h)(y+\ln 2)$, par hypothèse.
Ceci signifie : $f(x) = f\left(e^{e^{y+\ln 2}}\right) = f\left(\left(e^{e^y}\right)^2\right) = f(x^2)$. La fonction f appartient à E.

Exercice 9.6

1. Posons, pour tout réel x, $g(x) = x^2 - 3x + 2$.
L'équation $g(x) = 0$ a pour solutions $x = 1$ et $x = 2$, on en déduit, avec le signe du trinôme, que la fonction g est positive sur $]-\infty,1]$ et $[2,+\infty[$ et négative sur $[1,2]$.

On a alors: $f(x)=\begin{cases} g(x) \text{ si } x\in\left]-\infty,1\right]\cup\left[2,+\infty\right[\\ -g(x) \text{ si } x\in[1,2] \end{cases}$.

D'après le cours de la classe de première, on sait que la fonction g est décroissante sur $\left]-\infty,\frac{3}{2}\right]$ et croissante sur $\left[\frac{3}{2},+\infty\right[$. On en déduit alors que :

- La fonction f est décroissante sur $\left]-\infty,1\right]$, puisque cet intervalle est inclus dans $\left]-\infty,\frac{3}{2}\right]$ et croissante sur $\left[2,+\infty\right[$, puisque cet intervalle est inclus dans $\left[\frac{3}{2},+\infty\right[$.
- Sur $\left[1,\frac{3}{2}\right]$, la fonction g est décroissante, mais $f=-g$, donc f est croissante sur $\left[1,\frac{3}{2}\right]$.

Sur $\left[\frac{3}{2},2\right]$, la fonction g est croissante, mais $f=-g$, donc f est décroissante sur $\left[\frac{3}{2},2\right]$.

2. • La fonction $x\mapsto x$ est strictement croissante sur $\mathbb{R}_+$.

• La fonction $x\mapsto -x^2$ est strictement décroissante sur $\mathbb{R}_+$, à valeurs dans $\mathbb{R}_-$ et exp est strictement croissante sur $\mathbb{R}_-$, donc la fonction $x\mapsto e^{-x^2}$ est strictement décroissante sur $\mathbb{R}_+$. Par suite, la fonction $x\mapsto -e^{-x^2}$ est strictement croissante sur $\mathbb{R}_+$.

Conclusion : f est strictement croissante sur $\mathbb{R}_+$ comme somme de deux telles fonctions.

Exercice 9.7

1. Pour tous réels a et b strictement positifs, on a : $\psi(b)=\psi\left(\frac{b}{a}\times a\right)=\psi\left(\frac{b}{a}\right)+\psi(a)$.

Ceci s'écrit encore : $\psi(b)-\psi(a)=\psi\left(\frac{b}{a}\right)$.

Pour tous réels a et b tels que $0<a<b$, on a : $\frac{b}{a}>1$. Par définition, la fonction ψ est à valeurs strictement positives sur $]1,+\infty[$ donc $\psi\left(\frac{b}{a}\right)>0$. On obtient alors : $\psi(b)-\psi(a)>0$.

Finalement, pour tous réels a et b tels que $0<a<b$, on a : $\psi(b)>\psi(a)$.

La fonction ψ est donc strictement croissante sur $\mathbb{R}_+^*$.

⇨ *Méthode 9.3*

2. La fonction ln répond à la question.

Elle est en effet définie sur $\mathbb{R}_+^*$, strictement positive sur $\left]1,+\infty\right[$.

De plus, pour tous réels strictement positifs x et y, on a : $\ln(xy)=\ln x+\ln y$.

Exercice 9.8

1. Par définition de $u(a)$, on a $P_a(u(a)) = 0$, et un simple calcul montre que $P_a(0) = -1$.
On en déduit que : $P_a(u(a)) > P_a(0)$.

Par ailleurs, pour tout réel x, on a : $P_a'(x) = 3x^2 + a$.

Comme a est strictement positif, on en déduit : $P_a'(x) > 0$.

La fonction P_a est donc strictement croissante sur $\mathbb{R}$ et l'inégalité $P_a(u(a)) > P_a(0)$, écrite trois lignes plus haut, implique : $u(a) > 0$ (se référer au **Vrai/Faux 10**).

2. a) Soit a et b deux réels positifs.
Par définition de $u(b)$, on a $P_b(u(b)) = 0$, c'est-à-dire : $(u(b))^3 + bu(b) - 1 = 0$.
Dès lors, $P_a(u(b)) = (u(b))^3 + au(b) - 1 = \underbrace{(u(b))^3 + bu(b) - 1}_{P_b(u(b))=0} + au(b) - bu(b)$.

Finalement, $P_a(u(b)) = (a-b)u(b)$.

b) Soit a et b deux réels positifs tels que $a < b$.
Par définition, $P_a(u(a)) = 0$. De plus, $P_a(u(b)) = (a-b)u(b) < 0$, car $a - b < 0$ et $u(b) > 0$ (d'après la question **1**). Ainsi, on a : $P_a(u(b)) < P_a(u(a))$. La stricte croissance de P_a sur $\mathbb{R}$ assure alors que : $u(b) < u(a)$. Finalement : $\forall (a,b) \in \mathbb{R}^2, (a < b \Rightarrow u(b) < u(a))$.
On en déduit que la fonction u est strictement décroissante sur $\mathbb{R}_+$.

⇨ *Méthode 9.3*

Chapitre 10
Limites et asymptotes

Les Anciens, déjà, s'intéressaient aux courbes. Deux siècles avant Jésus-Christ, **Dioclès** introduit la cissoïde, ce qui signifie *en forme de lierre*, pour résoudre le problème de la duplication du cube. Peu après, **Nicomède** introduit la conchoïde, en forme de coquillage, pour trouver une solution à celui de la trisection de l'angle (la trisection de l'angle consiste à partager géométriquement un angle en trois parties égales). La conchoïde de Nicomède possède une asymptote verticale.

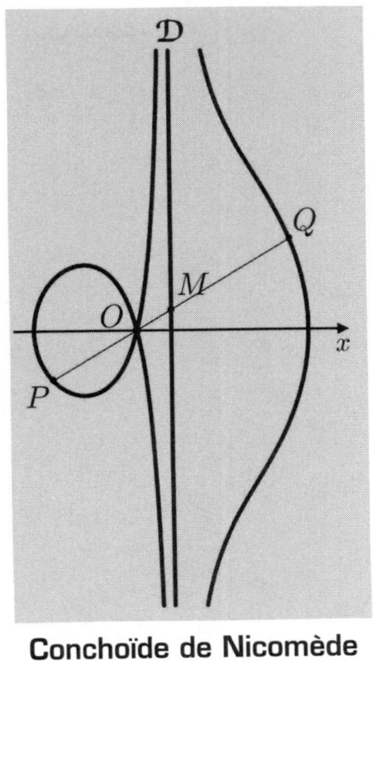

Conchoïde de Nicomède

Objectifs

Les incontournables

▷ Connaître les limites de référence.

Et plus si affinités

▷ Savoir étudier les branches infinies de la courbe d'une fonction.

▷ Savoir utiliser les définitions des limites.

Résumé de cours

Limites

Limite finie en un point

Définition 10.1. — Soit un réel ℓ et une fonction f définie au voisinage du réel x_0. On dit que la limite de f en x_0 est égale à ℓ lorsque $f(x)$ peut être rendu aussi proche que l'on veut de ℓ, pourvu que x s'approche suffisamment près de x_0 :

$$\forall \varepsilon > 0,\ \exists \alpha > 0,\ \forall x \in D_f, \left| x - x_0 \right| \leq \alpha \Rightarrow \left| f(x) - \ell \right| \leq \varepsilon$$

On note alors : $\lim\limits_{x \to x_0} f(x) = \ell$ ou $\lim\limits_{x_0} f = \ell$, ou encore $f(x) \underset{x \to x_0}{\to} \ell$.

Remarque 10.1. — L'usage des « ε » est réservé aux exercices théoriques ou très difficiles.

Propriété 10.1. — Si f est définie en x_0 et si f admet une limite ℓ en x_0, alors $\ell = f(x_0)$ et on dit que f est continue en x_0 (voir **chapitre 11**).

Théorème 10.1. — Si f admet une limite en x_0, alors celle-ci est unique.

Définition 10.2. — Limite à gauche en x_0, limite à droite en x_0.

• Soit un réel ℓ et une fonction f définie sur un voisinage à gauche de x_0. On dit que la limite de f à gauche en x_0 est égale à ℓ lorsque :

$$\forall \varepsilon > 0,\ \exists \alpha > 0,\ \forall x \in D_f,\ x_0 - \alpha \leq x < x_0 \Rightarrow \left| f(x) - \ell \right| \leq \varepsilon$$

On note alors : $\lim\limits_{x \to x_0^-} f(x) = \ell$ ou $\lim\limits_{\substack{x \to x_0 \\ x < x_0}} f(x) = \ell$.

• Soit un réel ℓ et une fonction f définie sur un voisinage à droite de x_0. On dit que la limite de f à droite en x_0 est égale à ℓ lorsque :

$$\forall \varepsilon > 0,\ \exists \alpha > 0,\ \forall x \in D_f,\ x_0 < x \leq x_0 + \alpha \Rightarrow \left| f(x) - \ell \right| \leq \varepsilon$$

On note alors : $\lim\limits_{x \to x_0^+} f(x) = \ell$ ou $\lim\limits_{\substack{x \to x_0 \\ x > x_0}} f(x) = \ell$.

Remarque 10.2. — L'existence de la limite à gauche en x_0 ou de la limite à droite en x_0 ne dépend, ni de l'existence, ni de la valeur de $f(x_0)$.

Théorème 10.2. — Soit f une fonction définie au voisinage de x_0.

• Si f n'est pas définie en x_0 alors on a : $\lim\limits_{x \to x_0^+} f(x) = \lim\limits_{x \to x_0^-} f(x) = \ell \Leftrightarrow \lim\limits_{x \to x_0} f(x) = \ell$.

• Si f est définie en x_0 alors on a : $\lim\limits_{x \to x_0^+} f(x) = \lim\limits_{x \to x_0^-} f(x) = f(x_0) \Leftrightarrow \lim\limits_{x \to x_0} f(x) = f(x_0)$.

⇨ **Méthode 10.6. Comment utiliser les limites à gauche et à droite ?**

Remarque 10.3. — L'étude de la limite de f en un point à l'aide des limites à droite et à gauche est pertinente dès que $f(x)$ s'exprime différemment à droite et à gauche du point en question.

Exemple 10.1. — La fonction *partie entière* : $x \mapsto \lfloor x \rfloor$ admet une limite à gauche en 1, égale à 0, et une limite à droite en 1, égale à 1, mais elle n'admet pas de limite en 1.

❑ Limite infinie en un point

Définitions 10.3. — Soit une fonction f définie au voisinage du réel x_0. On dit que la limite de f en x_0 est égale à $+\infty$ lorsque :

$$\forall A \in \mathbb{R},\ \exists \alpha > 0,\ \forall x \in D_f,\ |x - x_0| \leq \alpha \Rightarrow f(x) \geq A$$

On note alors : $\lim\limits_{x \to x_0} f(x) = +\infty$ ou bien $\lim\limits_{x_0} f = +\infty$.

- À gauche en x_0 : $\forall A \in \mathbb{R},\ \exists \alpha > 0,\ \forall x \in D_f,\ x_0 - \alpha \leq x < x_0 \Rightarrow f(x) \geq A$ ($\lim\limits_{x \to x_0^-} f(x) = +\infty$).
- À droite en x_0 : $\forall A \in \mathbb{R},\ \exists \alpha > 0,\ \forall x \in D_f,\ x_0 < x \leq x_0 + \alpha \Rightarrow f(x) \geq A$ ($\lim\limits_{x \to x_0^+} f(x) = +\infty$).

On définit de même le cas de la limite égale à $-\infty$ lorsque x tend vers x_0 :
$\forall A \in \mathbb{R},\ \exists \alpha > 0,\ \forall x \in D_f,\ |x - x_0| \leq \alpha \Rightarrow f(x) \leq A$ (on note $\lim\limits_{x \to x_0} f(x) = -\infty$).

- À gauche en x_0 : $\forall A \in \mathbb{R},\ \exists \alpha > 0,\ \forall x \in D_f,\ x_0 - \alpha \leq x < x_0 \Rightarrow f(x) \leq A$ ($\lim\limits_{x \to x_0^-} f(x) = -\infty$).
- À droite en x_0 : $\forall A \in \mathbb{R},\ \exists \alpha > 0,\ \forall x \in D_f,\ x_0 < x \leq x_0 + \alpha \Rightarrow f(x) \leq A$ ($\lim\limits_{x \to x_0^+} f(x) = -\infty$).

❑ Limites en l'infini

Définitions 10.4. — Limite finie en l'infini. Soit une fonction f définie au voisinage de $+\infty$ et un réel ℓ. On dit que la limite de f en $+\infty$ est égale à ℓ lorsque :

$$\forall \varepsilon > 0,\ \exists B > 0,\ \forall x \geq B,\ |f(x) - \ell| \leq \varepsilon$$

On note $\lim\limits_{x \to +\infty} f(x) = \ell$ ou $\lim\limits_{+\infty} f = \ell$.

De même, on note $\lim\limits_{x \to -\infty} f(x) = \ell$ lorsque : $\forall \varepsilon > 0,\ \exists B < 0,\ \forall x \leq B,\ |f(x) - \ell| \leq \varepsilon$.

Définitions 10.5. — Limites infinies en l'infini.
Soit une fonction f définie au voisinage de $+\infty$.

- $\lim\limits_{x \to +\infty} f(x) = +\infty \Leftrightarrow \forall A \in \mathbb{R},\ \exists B > 0,\ \forall x \geq B,\ f(x) \geq A$.
- $\lim\limits_{x \to +\infty} f(x) = -\infty \Leftrightarrow \forall A \in \mathbb{R},\ \exists B > 0,\ \forall x \geq B,\ f(x) \leq A$.

Soit une fonction f définie au voisinage de $-\infty$.

- $\lim\limits_{x \to -\infty} f(x) = +\infty \Leftrightarrow \forall A \in \mathbb{R},\ \exists B < 0,\ \forall x \leq B,\ f(x) \geq A$.
- $\lim\limits_{x \to -\infty} f(x) = -\infty \Leftrightarrow \forall A \in \mathbb{R},\ \exists B < 0,\ \forall x \leq B,\ f(x) \leq A$.

■ Théorèmes généraux sur les limites

❑ Limites et opérations (a désigne un réel, ou $-\infty$, ou $+\infty$).

Limite d'une somme

$\lim\limits_a f$	$-\infty$	$+\infty$	$-\infty$	ℓ	ℓ
$\lim\limits_a g$	$-\infty$	$+\infty$	$+\infty$	$+\infty$	$-\infty$
$\lim\limits_a (f+g)$	$-\infty$	$+\infty$	FI	$+\infty$	$-\infty$

FI signifie : forme indéterminée

Limite d'un produit

$\lim\limits_a f$	$\pm\infty$	$\ell \neq 0$	0
$\lim\limits_a g$	$\pm\infty$	$\pm\infty$	$\pm\infty$
$\lim\limits_a (fg)$	$\pm\infty$	$\pm\infty$	FI
	la règle des signes donne le signe de la limite du produit		

⇨ **Méthode 10.2. Comment calculer une limite indéterminée avec des racines carrées ?**

Limite de l'inverse d'une fonction

$\lim\limits_a f$	$\pm\infty$	$\ell \neq 0$	$0 \begin{pmatrix}\text{et } f(x) < 0 \text{ au} \\ \text{voisinage de } a\end{pmatrix}$	$0 \begin{pmatrix}\text{et } f(x) > 0 \text{ au} \\ \text{voisinage de } a\end{pmatrix}$
$\lim\limits_a \frac{1}{f}$	0	$\frac{1}{\ell}$	$-\infty$	$+\infty$

Théorème 10.3. — Règle de composition des limites. Soit a, b et c réels, ou $-\infty$, ou $+\infty$. On considère une fonction f définie au voisinage de a et une fonction g définie au voisinage de b.

$$\text{Si } \lim_{x\to a} f(x) = b \text{ et } \lim_{x\to b} g(x) = c \text{, alors } \lim_{x\to a} g(f(x)) = c .$$

⇨ **Méthode 10.1. Comment calculer une limite par composition ?**

Remarque 10.4. — On adapte le **théorème 10.3** au cas où les limites en jeu sont des limites lorsque x tend vers a^+, vers a^-, vers b^+ ou encore vers b^-.

❑ Limites usuelles (formes indéterminées)

Théorème 10.4. —Limites à connaître : $\lim\limits_{x\to 0} \frac{e^x - 1}{x} = 1$; $\lim\limits_{x\to 0} \frac{\ln(1+x)}{x} = 1$; $\lim\limits_{x\to 1} \frac{\ln x}{x-1} = 1$.

Théorème 10.5. — Croissances comparées : $\lim\limits_{x\to 0^+} x\ln x = 0$; $\lim\limits_{x\to +\infty} \frac{\ln x}{x} = 0$; $\lim\limits_{x\to +\infty} \frac{e^x}{x} = +\infty$.

Plus généralement : $\forall \alpha > 0$, $\lim\limits_{x\to 0^+} x^\alpha \ln x = 0$; $\lim\limits_{x\to +\infty} \frac{\ln x}{x^\alpha} = 0$ et $\lim\limits_{x\to +\infty} \frac{e^x}{x^\alpha} = +\infty$.

Si indétermination, l'exponentielle l'emporte sur la puissance, qui l'emporte sur le logarithme.

⇨ **Méthode 10.3. Comment utiliser les limites usuelles ?**

❑ Limite et ordre

Théorème 10.6. — Prolongement des inégalités.
Si au voisinage de a, $f < g$ ou $f \leq g$, et si $\lim\limits_{x \to a} f(x) = \ell$ et $\lim\limits_{x \to a} g(x) = \ell'$, alors $\ell \leq \ell'$.

Remarque 10.5. — On dit qu'on est passé à la limite dans l'inégalité. Il est important de noter que l'inégalité obtenue est toujours large.

Théorème 10.7. — Théorème de comparaison des limites.
- Si au voisinage de a, $f(x) \leq g(x)$, et si $\lim\limits_{x \to a} f(x) = +\infty$, alors $\lim\limits_{x \to a} g(x) = +\infty$.
- Si au voisinage de a, $f(x) \leq g(x)$, et si $\lim\limits_{x \to a} g(x) = -\infty$, alors $\lim\limits_{x \to a} f(x) = -\infty$.

⇨ **Méthode 10.4. Comment utiliser le théorème de comparaison ?**

Théorème 10.8. — Théorème d'encadrement (dit aussi "des gendarmes").
Soit trois fonctions f, g et h définies au voisinage de a et soit ℓ un réel.
Si au voisinage de a, $f(x) \leq g(x) \leq h(x)$, si $\lim\limits_{x \to a} f(x) = \ell$ et si $\lim\limits_{x \to a} h(x) = \ell$, alors $\lim\limits_{x \to a} g(x) = \ell$.

Théorème 10.9. — Conséquence importante.
Si au voisinage de a, $|f(x) - \ell| \leq g(x)$ et si $\lim\limits_{x \to a} g(x) = 0$, alors $\lim\limits_{x \to a} f(x) = \ell$.

⇨ **Méthode 10.5. Comment utiliser le théorème d'encadrement ?**

❑ Limite et sens de variation

Théorème 10.10. — Théorème de limite monotone.
Si f est une fonction monotone sur $]a, b[$, avec a et b réels ou infinis, alors :
- f admet en tout point de l'intervalle $]a, b[$ une limite (finie) à droite et à gauche.
- f possède une limite (finie ou infinie) en a et en b.

Plus précisément :

	f croissante	**f décroissante**
f majorée	f admet une limite finie en b^-	f admet une limite finie en a^+
f non majorée	$\lim\limits_{x \to b^-} f(x) = +\infty$	$\lim\limits_{x \to a^+} f(x) = +\infty$
f minorée	f admet une limite finie en a^+	f admet une limite finie en b^-
f non minorée	$\lim\limits_{x \to a^+} f(x) = -\infty$	$\lim\limits_{x \to b^-} f(x) = -\infty$

■ Asymptotes et branches infinies (a, b et x_0 désignent des réels)

Théorème 10.11. — Soit une fonction f définie au voisinage d'un réel x_0. Si la limite (à droite ou à gauche) de f en x_0 est infinie, alors (C_f) a une asymptote *verticale* d'équation $x = x_0$.

Théorème 10.12. — Soit une fonction *f* définie au voisinage de $+\infty$.
Si $\lim_{x \to +\infty} f(x) = a$, alors ($C_f$) a en $+\infty$ une asymptote *horizontale* d'équation $y = a$.
Si $\lim_{x \to +\infty} (f(x) - (ax+b)) = 0$, alors ($C_f$) a en $+\infty$ une asymptote *oblique* d'équation $y = ax + b$.

Remarque 10.6. — On définit de même une asymptote horizontale ou oblique en $-\infty$.

⇨ **Méthode 10.7. Comment trouver une asymptote oblique ?**

Théorème 10.13. — Soit une fonction *f* telle que $\lim_{x \to +\infty} f(x) = +\infty$.

Si $\lim_{x \to +\infty} \frac{f(x)}{x} = 0$, alors (C_f) a une branche parabolique (en $+\infty$) de direction (Ox).

Si $\lim_{x \to +\infty} \frac{f(x)}{x} = +\infty$, alors (C_f) a une branche parabolique (en $+\infty$) de direction (Oy)

⇨ **Méthode 10.8. Comment étudier systématiquement les branches infinies de (C_f) ?**

Exemples 10.2. — Au voisinage de $+\infty$, les courbes ayant une branche parabolique de direction (Ox) "ressemblent" à celles de $x \mapsto \ln x$ ou de $x \mapsto \sqrt{x}$ et les courbes qui ont une branche parabolique de direction (Oy) "ressemblent" à celles de $x \mapsto e^x$ ou de $x \mapsto x^2$.

Remarque 10.7. — On définit de même les branches paraboliques lorsque *x* tend vers $-\infty$.

Méthodes

Calculs de limites

Méthode 10.1. Comment calculer une limite par composition ?

Pour calculer $\lim_{x\to a} g(f(x))$ dans le cas où $\lim_{x\to a} f(x)=b$ et $\lim_{x\to b} g(x)=c$ (avec a, b et c réels ou infinis), on procède ainsi :

- on commence par écrire $\lim_{x\to a} f(x)=b$;
- on pose $X=f(x)$ et on conclut : $\lim_{x\to a} g(f(x))=\lim_{X\to b} g(X)=c$.

⇨ Exercices 10.1, 10.2, 10.5

Exemple. Étudier la limite à droite en 0 de la fonction f définie par : $\forall x>0, f(x)=x^x$.
Commençons par remarquer que : $\forall x>0, f(x)=e^{x\ln x}$.
Comme $\lim_{x\to 0^+} x\ln x=0$, en posant $X=x\ln x$, on obtient $\lim_{x\to 0^+} e^{x\ln x}=\lim_{X\to 0} e^X=1$.
Conclusion : $\lim_{x\to 0^+} f(x)=1$.

Méthode 10.2. Comment calculer des limites indéterminées avec racines carrées ?

Dans le cas où la quantité dont on veut la limite fait apparaître une expression de la forme $\sqrt{u}+v$, ou $\sqrt{u}-v$, ou $\sqrt{u}+\sqrt{v}$, ou encore $\sqrt{u}-\sqrt{v}$, alors une idée est de multiplier par la *quantité conjuguée* de cette expression (c'est-à-dire la même expression en changeant le signe « – » en « + » et vice versa). L'identité remarquable $(a-b)(a+b)=a^2-b^2$ fait disparaître les racines carrées et permet de conclure.

⇨ Exercice 10.1

Exemple. Calculer $\lim_{x\to 1}\dfrac{x-1}{\sqrt{x^2+1}-\sqrt{2}}$.

$\lim_{x\to 1}(x-1)=\lim_{x\to 1}(\sqrt{x^2+1}-\sqrt{2})=0$: la première analyse conduit à une forme indéterminée.

La quantité conjuguée de $\sqrt{x^2+1}-\sqrt{2}$ est $\sqrt{x^2+1}+\sqrt{2}$. En multipliant haut et bas par cette quantité, pour tout x différent de 1 et de –1, on obtient :

$$\frac{x-1}{\sqrt{x^2+1}-\sqrt{2}}=\frac{(x-1)(\sqrt{x^2+1}+\sqrt{2})}{(\sqrt{x^2+1}-\sqrt{2})(\sqrt{x^2+1}+\sqrt{2})}=\frac{(x-1)(\sqrt{x^2+1}+\sqrt{2})}{(\sqrt{x^2+1})^2-(\sqrt{2})^2}=\frac{(x-1)(\sqrt{x^2+1}+\sqrt{2})}{x^2-1}.$$

On obtient enfin : $\dfrac{x-1}{\sqrt{x^2+1}-\sqrt{2}}=\dfrac{(x-1)(\sqrt{x^2+1}+\sqrt{2})}{(x-1)(x+1)}=\dfrac{\sqrt{x^2+1}+\sqrt{2}}{x+1}$.

Or, $\lim\limits_{x\to 1}(\sqrt{x^2+1}+\sqrt{2})=2\sqrt{2}$ et $\lim\limits_{x\to 1}(x+1)=2$, donc $\lim\limits_{x\to 1}\dfrac{\sqrt{x^2+1}+\sqrt{2}}{x+1}=\dfrac{2\sqrt{2}}{2}=\sqrt{2}$.

Par suite, $\lim\limits_{x\to 1}\dfrac{x-1}{\sqrt{x^2+1}-\sqrt{2}}=\sqrt{2}$.

❑ Méthode 10.3. Comment utiliser les limites usuelles ?

Les limites usuelles (celles des **théorèmes 10.4** et **10.5**) sont autant de formes indéterminées qui peuvent servir à en lever d'autres.

⇨ Exercices 10.1, 10.2, 10.3

Exemple. Calculer $\lim\limits_{x\to 0^+}\dfrac{\ln(1+x)}{x^2}$.

On a $\dfrac{\ln(1+x)}{x^2}=\dfrac{1}{x}\times\dfrac{\ln(1+x)}{x}$. Or $\lim\limits_{x\to 0}\dfrac{\ln(1+x)}{x}=1$ (limite usuelle) et $\lim\limits_{x\to 0^+}\dfrac{1}{x}=+\infty$ donc, par produit : $\lim\limits_{x\to 0^+}\dfrac{\ln(1+x)}{x^2}=+\infty$.

❑ Méthode 10.4 Comment utiliser le théorème de comparaison ?

On suppose qu'au voisinage de a (a réel ou infini), on a : $f(x)\leq g(x)$.

- si $\lim\limits_{x\to a}f(x)=+\infty$, alors $\lim\limits_{x\to a}g(x)=+\infty$
- si $\lim\limits_{x\to a}g(x)=-\infty$, alors $\lim\limits_{x\to a}f(x)=-\infty$.

⇨ Exercice 10.6

Exemple. Calculer $\lim\limits_{x\to+\infty}\dfrac{\lfloor x\rfloor+1}{\sqrt{x}}$ ($\lfloor x\rfloor$ est la partie entière de x).

$\forall x\in\mathbb{R}$, $\lfloor x\rfloor\leq x<\lfloor x\rfloor+1$ (définition de la partie entière), d'où : $x-1<\lfloor x\rfloor\leq x$.

L'inégalité de gauche donne $\lfloor x\rfloor+1>x$ et en divisant par $\sqrt{x}>0$ (x est au voisinage de $+\infty$), on obtient $\dfrac{\lfloor x\rfloor+1}{\sqrt{x}}>\dfrac{x}{\sqrt{x}}$, c'est-à-dire : $\dfrac{\lfloor x\rfloor+1}{\sqrt{x}}>\sqrt{x}$. Comme $\lim\limits_{x\to+\infty}\sqrt{x}=+\infty$, alors, par minoration, on trouve : $\lim\limits_{x\to+\infty}\dfrac{\lfloor x\rfloor+1}{\sqrt{x}}=+\infty$.

❑ Méthode 10.5 Comment utiliser le théorème d'encadrement ?

> Si au voisinage de a (a réel ou infini), on a $f(x) \leq g(x) \leq h(x)$, et si les limites de f et h en a sont égales à un même réel ℓ, alors $\lim_{x \to a} g(x) = \ell$.

⇨ Exercice 10.4

Exemple. Calculer $\lim_{x \to +\infty} \frac{\lfloor x \rfloor}{x+1}$ ($\lfloor x \rfloor$ désigne toujours la partie entière de x).

$\forall x \in \mathbb{R}$, $\lfloor x \rfloor \leq x < \lfloor x \rfloor + 1$ (définition de la partie entière), d'où : $x - 1 < \lfloor x \rfloor \leq x$.

Au voisinage de $+\infty$, on peut diviser par $x + 1 > 0$, ce qui donne : $\frac{x-1}{x+1} \leq \frac{\lfloor x \rfloor}{x+1} < \frac{x}{x+1}$.

Comme un quotient de polynômes se comporte, au voisinage de l'infini comme le quotient de ses termes de plus haut degré, on obtient : $\lim_{x \to +\infty} \frac{x-1}{x+1} = \lim_{x \to +\infty} \frac{x}{x} = 1$ et $\lim_{x \to +\infty} \frac{x}{x+1} = \lim_{x \to +\infty} \frac{x}{x} = 1$.

D'après le théorème d'encadrement, $\lim_{x \to +\infty} \frac{\lfloor x \rfloor}{x+1} = 1$.

❑ Méthode 10.6. Comment utiliser les limites à gauche et à droite ?

> Cette méthode est incontournable dans le cas où l'expression de f est différente à droite et à gauche de x_0 (exemple 1), mais aussi dans d'autres cas (exemple 2).
> La fonction f admet une limite en x_0 dans les deux cas suivants :
> - Si f n'est pas définie en x_0 et si la limite de f à gauche en x_0 et la limite de f à droite en x_0 existent et sont égales.
> - Si f est définie en x_0 et si la limite de f à gauche en x_0 et la limite de f à droite en x_0 existent et sont égales à $f(x_0)$: on dit alors que f est continue en x_0.

⇨ Exercices 10.1, 10.2, 10.4

Exemple 1. Étudier la limite en 0 de la fonction f définie par $\begin{cases} f(x) = 0 \text{ si } x \geq 0 \\ f(x) = e^{1/x} \text{ si } x < 0 \end{cases}$.

- $\lim_{x \to 0^-} f(x) = \lim_{x \to 0^-} e^{1/x} = \lim_{u \to -\infty} e^u = 0$ (on a posé $u = 1/x$). On a donc : $\lim_{x \to 0^-} f(x) = f(0)$.
- $\lim_{x \to 0^+} f(x) = \lim_{x \to 0^+} 0 = 0 = f(0)$.

Conclusion : f a une limite en 0 et $\lim_{x \to 0} f(x) = 0$.

Exemple 2. Étudier la limite de la fonction f définie par $f(x) = e^{1/x}$ en 0.

- $\lim_{x \to 0^-} f(x) = \lim_{x \to 0^-} e^{1/x} = \lim_{u \to -\infty} e^u = 0$ (déjà vu à l'**exemple 1**)

- $\lim_{x\to 0^+} f(x) = \lim_{x\to 0^+} e^{1/x} = \lim_{u\to+\infty} e^u = +\infty$ (on a posé $u = 1/x$).

Conclusion : f n'a pas de limite en 0, mais elle a une limite à gauche en 0, égale à 0.

■ Les branches infinies de la courbe (C_f)

❑ Méthode 10.7. Comment trouver une asymptote oblique ?

Si au voisinage de $\pm\infty$, on a $f(x) = ax + b + g(x)$, où $\lim_{x\to\pm\infty} g(x) = 0$, alors ($C_f$) admet en $\pm\infty$ la droite d'équation $y = ax + b$ pour asymptote.

⇨ Exercice 10.5

Exemple. On considère la fonction f définie sur $\mathbb{R}$ par : $f(x) = \ln(e^x + 1)$. Montrer que la courbe représentative de f possède une asymptote oblique en $+\infty$.

Pour tout réel x, on peut écrire : $f(x) = \ln\left(e^x(1+e^{-x})\right) = \ln(e^x) + \ln(1+e^{-x}) = x + \ln(1+e^{-x})$.

On a $\lim_{x\to+\infty} \left(f(x) - x\right) = \lim_{x\to+\infty} \ln(1+e^{-x}) = 0$ donc la droite d'équation $y = x$ est asymptote oblique à (C_f) en $+\infty$.

❑ Méthode 10.8. Comment étudier systématiquement les branches infinies ?

Soit une fonction f telle que $\lim_{x\to+\infty} f(x) = \pm\infty$. Pour étudier la branche infinie en $+\infty$ (technique identique en $-\infty$), on procède ainsi :

- Si $\lim_{x\to+\infty} \frac{f(x)}{x} = 0$: (C_f) possède une branche parabolique de direction (Ox).
- Si $\lim_{x\to+\infty} \frac{f(x)}{x} = \pm\infty$: (C_f) possède une branche parabolique de direction (Oy).
- Si $\lim_{x\to+\infty} \frac{f(x)}{x} = a$, où a est un réel non nul, alors on poursuit ainsi :

Si $\lim_{x\to+\infty} (f(x) - ax) = b \in \mathbb{R}$: la droite d'équation $y = ax + b$ est asymptote à (C_f).

Si $\lim_{x\to+\infty} (f(x) - ax) = \pm\infty$: (C_f) a pour direction asymptotique la droite D : $y = ax$.

⇨ Exercice 10.5

Exemple. Étudier la branche infinie (en $+\infty$) de (C_f), où f est définie par : $f(x) = \sqrt{x^2 - x + 1}$.

Méthodes

Comme $\lim_{x\to+\infty} x^2 - x + 1 = \lim_{x\to+\infty} x^2 = +\infty$ et $\lim_{X\to+\infty} \sqrt{X} = +\infty$, on obtient par composition de limites : $\lim_{x\to+\infty} \sqrt{x^2 - x + 1} = +\infty$.

On a donc $\lim_{x\to+\infty} f(x) = +\infty$ et l'étude de la branche infinie de (C_f) est légitime.

En factorisant sous le radical de $f(x)$ par x^2, on obtient : $\forall x > 0, \dfrac{f(x)}{x} = \dfrac{|x|\sqrt{1 - \frac{1}{x} + \frac{1}{x^2}}}{x}$.

Après simplifications ($|x| = x$ puisque $x > 0$), il vient : $\dfrac{f(x)}{x} = \sqrt{1 - \dfrac{1}{x} + \dfrac{1}{x^2}}$.

On en déduit, en composant les limites : $\lim_{x\to+\infty} \dfrac{f(x)}{x} = 1$.

On étudie maintenant la limite de $f(x) - x$ en $+\infty$:

Pour tout $x > 0$, on a : $f(x) - x = \sqrt{x^2 - x + 1} - x = x\left(\sqrt{1 - \dfrac{1}{x} + \dfrac{1}{x^2}} - 1\right)$.

L'utilisation de la quantité conjuguée donne :

$$f(x) - x = x\frac{\left(\sqrt{1 - \frac{1}{x} + \frac{1}{x^2}} - 1\right)\left(\sqrt{1 - \frac{1}{x} + \frac{1}{x^2}} + 1\right)}{\sqrt{1 - \frac{1}{x} + \frac{1}{x^2}} + 1} = x\frac{-\frac{1}{x} + \frac{1}{x^2}}{\sqrt{1 - \frac{1}{x} + \frac{1}{x^2}} + 1}.$$

On obtient alors : $\lim_{x\to+\infty} \left(f(x) - x\right) = \lim_{x\to+\infty} \dfrac{-1 + \frac{1}{x}}{\sqrt{1 - \frac{1}{x} + \frac{1}{x^2}} + 1} = -\dfrac{1}{2}$ (quotient de limites).

Conclusion : la droite d'équation $y = x - \dfrac{1}{2}$ est asymptote à (C_f) en $+\infty$.

■■ Vrai/Faux

	Vrai	Faux
1. On a $\lim\limits_{x \to 0^+} \frac{1}{x} e^{1/x} = +\infty$ par croissances comparées.	☐	☐
2. Si une fonction f est croissante sur $\mathbb{R}$ et si, pour tout réel x, on a $f(x) \leq 1$, alors $\lim\limits_{x \to +\infty} f(x) = 1$.	☐	☐
3. Soit f la fonction définie par : $\forall x \in \mathbb{R}^*,\ f(x) = \frac{\lvert x \rvert}{x}$. La fonction f possède une limite en 0.	☐	☐
4. Le quotient $\frac{x}{\ln x}$ conduit à une forme indéterminée en 0, à droite de 0.	☐	☐
5. Si f est bornée sur $\mathbb{R}$ et si $\lim\limits_{x \to +\infty} g(x) = 0$, alors $\lim\limits_{x \to +\infty} f(x)g(x) = 0$.	☐	☐
6. Si $\lim\limits_{x \to a} f(x) = \ell$ et $\lim\limits_{x \to a} g(x) = \ell$, où ℓ est un réel, alors $\lim\limits_{x \to a} \frac{f(x)}{g(x)} = 1$.	☐	☐
7. $\lim\limits_{x \to +\infty} \left(1 + \frac{1}{x}\right)^x = 1$.	☐	☐
8. Si $\lim\limits_{x \to +\infty} f(x) = 0$, alors on a : $\lim\limits_{x \to +\infty} \frac{1}{f(x)} = +\infty$.	☐	☐
9. Si pour tout réel x, on a : $0 \leq f(x) \leq 1$ alors $\lim\limits_{x \to +\infty} f(x) \in [0,1]$.	☐	☐
10. Si f est bornée sur $\mathbb{R}$ et si $\lim\limits_{x \to +\infty} g(x) = +\infty$, alors $\lim\limits_{x \to +\infty} \frac{f(x)}{g(x)} = 0$.	☐	☐

Énoncé des exercices

Exercice 10.1. — Dans chacun des cas suivants, déterminer les limites de la fonction f aux bornes de son domaine de définition :

1. $f(x)=\dfrac{x^2+1}{x-1}$. **2.*** $f(x)=\dfrac{\ln x}{x^2-1}$.

3.* $f(x)=x^{1/x}$. **4.** $f(x)=\dfrac{x^2-1}{\sqrt{3x^2+1}-2}$.

Exercice 10.2.* — Étudier les limites des fonctions suivantes en x_0.

1. f est définie sur $\mathbb{R}^*$ par : $f(x)=xe^{1/x}$ ($x_0=0$).

2. f est définie sur $\mathbb{R}$ par : $f(x)=0$ si $x\leq 1$ et $f(x)=x^{\ln(\ln x)}$ si $x>1$ ($x_0=1$).

Exercice 10.3.* — Soit deux réels strictement positifs a et b. Calculer $\lim\limits_{x\to+\infty}\dfrac{(\ln x)^a}{x^b}$.

Exercice 10.4.* — On considère la fonction f définie sur $\mathbb{R}^*$ par : $f(x)=x\left\lfloor\dfrac{1}{x}\right\rfloor$.

On rappelle que $\lfloor t\rfloor$ désigne la *partie entière* de t, c'est-à-dire le seul nombre entier vérifiant :

$$\lfloor t\rfloor\leq t<\lfloor t\rfloor+1.$$

1. Exprimer $f(x)$ pour $x>1$. En déduire la limite de f en $+\infty$.

2. S'inspirer de la question précédente pour déterminer la limite de f en $-\infty$.

3. a) Montrer que : $\forall x>0,\ 1-x<f(x)\leq 1$. En déduire que f admet une limite à droite en 0.

b) Montrer de même que f admet une limite à gauche en 0.

Exercice 10.5.* — Étudier les limites en $+\infty$ des fonctions f définies ci-dessous puis les branches infinies de leurs courbes représentatives au voisinage de $+\infty$.

1. $\forall x>0,\ f(x)=x+\ln x$.

2. $\forall x>0,\ f(x)=xe^{1/x}$ (on pourra considérer $f(x)-x$).

3. $\forall x>-1,\ f(x)=\dfrac{x^2-x+1}{x+1}$ (on déterminera les réels a, b et c tels que : $f(x)=ax+b+\dfrac{c}{x+1}$).

Exercice 10.6.** — Autour de la partie entière.

On rappelle que : $\forall x\in\mathbb{R},\ \lfloor x\rfloor\leq x<\lfloor x\rfloor+1$.

1. Montrer que : $\forall x\in\mathbb{R},\ \dfrac{1}{2}\leq\dfrac{1}{2-\left(x-\lfloor x\rfloor\right)}\leq 1$.

2. En déduire la valeur de $\lim_{x\to+\infty} \dfrac{x}{2-(x-\lfloor x\rfloor)}$.

■ Pour vous aider à démarrer

Exercice 10.1. Pour la question **3**, transformer $x^{1/x}$ à l'aide des fonctions exp et ln.
Exercice 10.2. Pour la question **1**, poser $u = 1/x$.
Pour la question **2**, poser $u = \ln x$.
Exercice 10.4. Pour la question **2**, travailler pour des x plus petits que -1.
Exercice 10.5. Pour la question **2**, mettre en facteur x dans $f(x)-x$.
Exercice 10.6. Pour la question **2**, multiplier l'encadrement précédent par $x \geq 0$, puis utiliser la **méthode 10.4**.

Corrigé des vrai/faux

1.	2.	3.	4.	5.	6.	7.	8.	9.	10.
F	F	F	F	V	F	F	F	F	V

1. On a : $\lim_{x\to 0^+} \frac{1}{x} = +\infty$. Par composition de limites, on obtient : $\lim_{x\to 0^+} e^{\frac{1}{x}} = +\infty$. Ensuite, par produit de limites, on obtient : $\lim_{x\to 0^+} \frac{1}{x} e^{\frac{1}{x}} = +\infty$ (sans forme indéterminée, donc sans avoir à citer les croissances comparées).

2. Un majorant n'est pas nécessairement la limite ! Considérons la fonction : $f : x \mapsto -e^{-x}$.
Pour tout réel x, on a $e^{-x} > 0$ donc : $-e^{-x} < 0 \leq 1$.
La fonction f est croissante sur $\mathbb{R}$, majorée par 1, mais on a : $\lim_{x\to +\infty} f(x) = 0$.

3. La fonction f n'est pas définie en 0.
De plus, pour tout réel x strictement positif, on a : $f(x) = \frac{x}{x} = 1$ On en déduit : $\lim_{x\to 0^+} f(x) = 1$.
Ensuite, pour tout réel x strictement négatif, on a : $f(x) = \frac{-x}{x} = -1$.
On en déduit $\lim_{x\to 0^-} f(x) = -1$ et ainsi, on a : $\lim_{x\to 0^-} f(x) \neq \lim_{x\to 0^+} f(x)$.
Conclusion : f n'a pas de limite en 0.

4. On a, pour tout réel x strictement positif : $\frac{x}{\ln x} = x \times \frac{1}{\ln x}$.
Comme $\lim_{x\to 0^+} \ln x = -\infty$, on a : $\lim_{x\to 0^+} \frac{1}{\ln x} = 0$.
Le quotient $\frac{x}{\ln x}$ possède alors, par produit de limites, une limite nulle quand x tend vers 0^+.

Remarque. "$\frac{0}{\infty}$" n'est pas une forme indéterminée, pas plus que "$\frac{\infty}{0}$".

5. Soit f une fonction bornée sur $\mathbb{R}$ et g une fonction de limite nulle en $+\infty$.
Comme f est bornée, il existe un réel M tel que : $\forall x \in \mathbb{R}, |f(x)| \leq M$.
On en déduit que : $\forall x \in \mathbb{R}, 0 \leq |f(x)g(x)| = |f(x)||g(x)| \leq M|g(x)|$.

Puisque $\lim_{x\to+\infty} g(x)=0$, alors $\lim_{x\to+\infty} |g(x)|=0$ donc : $\lim_{x\to+\infty} M|g(x)|=0$.

Finalement, par encadrement, on obtient : $\lim_{x\to+\infty} f(x)g(x)=0$.

6. Il suffit de considérer *f* et *g* telles que : $f(x)=x^2$ et $g(x)=x$, avec $a=0$.

On a bien : $\lim_{x\to0} f(x)=\lim_{x\to0} g(x)=0$ et pourtant : $\lim_{x\to0}\dfrac{f(x)}{g(x)}=\lim_{x\to0} x=0\neq1$.

Remarque. Si ℓ est un réel **non nul** tel que $\lim_{x\to a} f(x)=\lim_{x\to a} g(x)=\ell$, alors $\lim_{x\to a}\dfrac{f(x)}{g(x)}=1$ (en tant que quotient de limites sans problème).

7. Pour tout x strictement positif, on a : $\left(1+\dfrac{1}{x}\right)^x=e^{x\ln\left(1+\frac{1}{x}\right)}$.

On a : $x\ln\left(1+\dfrac{1}{x}\right)=\dfrac{\ln\left(1+\dfrac{1}{x}\right)}{\dfrac{1}{x}}$. En posant $X=\dfrac{1}{x}$, on a : $\lim_{x\to+\infty}\dfrac{\ln\left(1+\dfrac{1}{x}\right)}{\dfrac{1}{x}}=\lim_{X\to0}\dfrac{\ln(1+X)}{X}=1$.

On obtient donc : $\lim_{x\to+\infty} x\ln\left(1+\dfrac{1}{x}\right)=1$.

Par composition de limites, on trouve : $\lim_{x\to+\infty}\left(1+\dfrac{1}{x}\right)^x=e$.

Remarque. Ce qui autorise la composition de limites ci-dessus est en fait la continuité de la fonction exponentielle en 1 : voir le **chapitre 11**.

8. Le fait de savoir que $\lim_{x\to+\infty} f(x)=0$ ne donne pas le signe de $f(x)$.

Si l'on a $\lim_{x\to+\infty} f(x)=0^+$, alors on a effectivement : $\lim_{x\to+\infty}\dfrac{1}{f(x)}=+\infty$.

En revanche, si l'on a $\lim_{x\to+\infty} f(x)=0^-$, alors : $\lim_{x\to+\infty}\dfrac{1}{f(x)}=-\infty$ (c'est la règle des signes).

L'exemple de la fonction *f* définie par $f(x)=-\dfrac{1}{x}$ illustre bien la deuxième possibilité.

9. Tout ceci serait vrai si l'on était certain que *f* possède une limite en $+\infty$. Le problème qui pourrait se poser concerne l'existence de cette limite. Voici un contre exemple.

Soit *f* une fonction 2-périodique définie par : $f(x)=\begin{cases} x & \text{si } x\in[0,1] \\ 2-x & \text{si } x\in[1,2] \end{cases}$.

On a facilement $f(x)\in[0,1]$ pour tout x de $[0,2]$ et, par périodicité : $\forall x\in\mathbb{R}, f(x)\in[0,1]$.

En revanche, la fonction f n'a pas de limite en $+\infty$: il suffit de dessiner la courbe représentative de f pour s'en convaincre.

10. Soit f une fonction bornée alors il existe deux réels m et M tels que :

$$\forall x \in \mathbb{R},\ m \leq f(x) \leq M$$

Comme $\lim\limits_{x \to +\infty} g(x) = +\infty$, la fonction g est strictement positive pour un x assez grand (revoir la définition d'une limite infinie).

On peut alors, pour tout x assez grand, diviser par $g(x) > 0$ et on obtient : $\dfrac{m}{g(x)} \leq \dfrac{f(x)}{g(x)} \leq \dfrac{M}{g(x)}$.

Le théorème d'encadrement permet de conclure que : $\lim\limits_{x \to +\infty} \dfrac{f(x)}{g(x)} = 0$.

❑ Les erreurs classiques

- Dans le cadre du théorème d'encadrement, il ne faut pas passer à la limite sur l'encadrement, mais seulement constater que les fonctions qui encadrent ont la même limite finie, ce qui garantit que la fonction encadrée a une limite finie et que cette limite est égale à la limite commune des fonctions qui encadrent.
- Pour étudier la limite d'une expression sous forme de puissance, il faut toujours passer à la forme exponentielle ($1^{\infty}, 0^0$ et ∞^0 sont des formes indéterminées).

Corrigé des exercices

Exercice 10.1

1. Au voisinage de $\pm\infty$, les polynômes se comportent comme leur monôme de plus haut degré, on en déduit que : $\lim\limits_{x\to+\infty} f(x)=\lim\limits_{x\to+\infty}\dfrac{x^2}{x}=\lim\limits_{x\to+\infty} x=+\infty$ et $\lim\limits_{x\to-\infty} f(x)=\lim\limits_{x\to-\infty}\dfrac{x^2}{x}=\lim\limits_{x\to-\infty} x=-\infty$.

Enfin, en 1, on a : $\lim\limits_{x\to 1} x^2+1=2$, on en déduit que : $\lim\limits_{x\to 1^+} f(x)=+\infty$ et $\lim\limits_{x\to 1^-} f(x)=-\infty$.

⇨ *Méthode 10.6*

2. On remarque que : $x\in D_f \Leftrightarrow \left(x>0 \text{ et } x^2\neq 1\right)$. D'où $D_f=\left]0,1\right[\cup\left]1,+\infty\right[$.

- Les opérations sur les limites donnent : $\lim\limits_{x\to 0^+} f(x)=+\infty$.
- Remarquons ensuite que : $\forall x\in D_f, \dfrac{\ln x}{x^2-1}=\dfrac{\ln x}{(x-1)(x+1)}$.

On sait que $\lim\limits_{x\to 1}\dfrac{\ln x}{x-1}=1$ et on a $\lim\limits_{x\to 1}(x+1)=2$. On en déduit que : $\lim\limits_{x\to 1}\dfrac{\ln x}{x^2-1}=\dfrac{1}{2}$.

- On a enfin $\dfrac{\ln x}{x^2-1}=\dfrac{\ln x}{x^2}\times\dfrac{1}{1-\dfrac{1}{x^2}}$ et comme $\lim\limits_{x\to+\infty}\dfrac{1}{1-\dfrac{1}{x^2}}=1$ et $\lim\limits_{x\to+\infty}\dfrac{\ln x}{x^2}=0$ (croissances comparées), on obtient : $\lim\limits_{x\to+\infty}\dfrac{\ln x}{x^2-1}=0$.

⇨ *Méthode 10.3*

3. Passons à la forme exponentielle : $f(x)=e^{\frac{1}{x}\ln x}$. On en déduit : $D_f=\mathbb{R}_+^*$.

- Les opérations sur les limites donnent (sans indétermination) : $\lim\limits_{x\to 0^+}\dfrac{1}{x}\ln x=-\infty$.

Par composition des limites : $\lim\limits_{x\to 0^+} f(x)=0$.

- On sait que : $\lim\limits_{x\to+\infty}\dfrac{1}{x}\ln x=\lim\limits_{x\to+\infty}\dfrac{\ln x}{x}=0$ (croissances comparées).

Par continuité de la fonction exponentielle en 0, on obtient : $\lim\limits_{x\to+\infty} f(x)=1$.

⇨ *Méthode 10.1*

4. On remarque que pour tout x réel, $3x^2+1$ est positif donc : $x\in D_f \Leftrightarrow \sqrt{3x^2+1}-2\neq 0$.

On résout : $\sqrt{3x^2+1}-2=0 \Leftrightarrow \sqrt{3x^2+1}=2 \Leftrightarrow 3x^2+1=4 \Leftrightarrow 3x^2=3 \Leftrightarrow x=1$ ou $x=-1$.

On en déduit : $D_f=\left]-\infty,-1\right[\cup\left]-1,1\right[\cup\left]1,+\infty\right[$.

Pour tout x de D_f, on a :

$$f(x)=\frac{(x^2-1)\left(\sqrt{3x^2+1}+2\right)}{\left(\sqrt{3x^2+1}-2\right)\left(\sqrt{3x^2+1}+2\right)}=\frac{(x^2-1)\left(\sqrt{3x^2+1}+2\right)}{3x^2-3}=\frac{\sqrt{3x^2+1}+2}{3}.$$

On obtient donc, sans indétermination : $\lim\limits_{x\to\pm\infty} f(x)=+\infty$, $\lim\limits_{x\to-1} f(x)=\frac{4}{3}$ et $\lim\limits_{x\to1} f(x)=\frac{4}{3}$.

➪ *Méthode 10.2*

Exercice 10.2

1. On a tout d'abord : $\lim\limits_{x\to0^-}\frac{1}{x}=-\infty$.

Par composition puis produit de limites, on obtient : $\lim\limits_{x\to0^-} f(x)=0$.

D'autre part, pour tout x non nul, on a : $f(x)=\frac{e^{1/x}}{1/x}$. Comme $\lim\limits_{x\to0^+}\frac{1}{x}=+\infty$, en posant $u=\frac{1}{x}$, on obtient : $\lim\limits_{x\to0^+} f(x)=\lim\limits_{u\to+\infty}\frac{e^u}{u}=+\infty$ (croissances comparées).

D'après le **théorème 10.2,** *f* n'admet donc pas de limite en 0.

➪ *Méthodes 10.1, 10.3*

2. La fonction *f* étant nulle sur $]-\infty,1]$, on a déjà : $\lim\limits_{x\to1^-} f(x)=0$.

Ensuite, pour tout réel x strictement supérieur à 1, on a : $x^{\ln(\ln x)}=e^{\ln(\ln x)\ln x}$.

Comme $\lim\limits_{x\to1^+}\ln x=0^+$, en posant $u=\ln x$, on obtient : $\lim\limits_{x\to1^+}\ln x\times\ln(\ln x)=\lim\limits_{u\to0^+}u\ln u=0$.

Par continuité de la fonction exponentielle en 0, on en déduit que : $\lim\limits_{x\to1^+}x^{\ln(\ln x)}=1$.

On a donc $\lim\limits_{x\to1^+} f(x)=1$ et la fonction *f* ne possède pas de limite en 1.

➪ *Méthodes 10.1, 10.3, 10.6*

Exercice 10.3

Soit a et b deux réels strictement positifs. On a : $\forall x>1,\ \frac{(\ln x)^a}{x^b}=\left(\frac{\ln x}{x^{b/a}}\right)^a$.

Comme $\frac{b}{a}>0$, on a $\lim\limits_{x\to+\infty}\frac{\ln x}{x^{b/a}}=0$ puis, $\lim\limits_{x\to+\infty}\left(\frac{\ln x}{x^{b/a}}\right)^a=\lim\limits_{X\to0^+}X^a=0$ (car $a>0$).

Finalement, on obtient : $\lim\limits_{x\to+\infty}\frac{(\ln x)^a}{x^b}=0$.

➪ *Méthode 10.3*

Exercice 10.4

1. Pour tout réel x strictement supérieur à 1, on a : $0<\frac{1}{x}<1$. On en déduit: $\forall x>1, \left\lfloor \frac{1}{x} \right\rfloor = 0$.

Finalement, pour tout réel x strictement supérieur à 1, on a $f(x)=0$, donc : $\lim\limits_{x\to+\infty} f(x)=0$.

2. De même, pour tout réel x strictement inférieur à -1, on a : $-1<\frac{1}{x}<0$.

On en déduit que : $\forall x<-1, \left\lfloor \frac{1}{x} \right\rfloor = -1$.

Finalement, pour tout réel x strictement inférieur à -1, $f(x)=-x$ donc : $\lim\limits_{x\to-\infty} f(x)=+\infty$.

3. a) Pour tout réel x strictement positif, on a, par définition : $\left\lfloor \frac{1}{x} \right\rfloor \leq \frac{1}{x} < \left\lfloor \frac{1}{x} \right\rfloor + 1$.

En recentrant cet encadrement, on en déduit : $\frac{1}{x}-1<\left\lfloor \frac{1}{x} \right\rfloor \leq \frac{1}{x}$.

En multipliant cet encadrement par x positif, on obtient : $\forall x>0,\ 1-x<f(x)\leq 1$.

Comme $\lim\limits_{x\to 0^+}(1-x)=1$, le théorème d'encadrement permet de conclure que f possède une limite à droite en 0 et : $\lim\limits_{x\to 0^+} f(x)=1$.

b) En utilisant le même encadrement que l'on multiplie toujours par x (supposé cette fois négatif), on obtient : $\forall x<0, 1\leq f(x)<1-x$.

Comme $\lim\limits_{x\to 0^-}(1-x)=1$, le théorème d'encadrement permet de conclure que f possède une limite à gauche en 0 et : $\lim\limits_{x\to 0^-} f(x)=1$.

⇨ *Méthodes 10.5, 10.6*

Remarque. La fonction f a une limite en 0 et $\lim\limits_{x\to 0} f(x)=1$.

Exercice 10.5

1. Comme, pour tout réel x strictement positif, $f(x)=x+\ln x$, on a sans indétermination : $\lim\limits_{x\to+\infty} f(x)=+\infty$.

On a aussi : $\lim\limits_{x\to+\infty} \frac{f(x)}{x} = \lim\limits_{x\to+\infty} (1+\frac{\ln x}{x})=1$ (puisque l'on sait que $\lim\limits_{x\to+\infty} \frac{\ln x}{x}=0$).

Pour finir, $\lim\limits_{x\to+\infty} \left(f(x)-x\right) = \lim\limits_{x\to+\infty} \ln x = +\infty$.

C_f possède au voisinage de $+\infty$ une direction asymptotique, la droite D d'équation $y=x$.

⇨ *Méthode 10.8*

2. Comme $\lim\limits_{x\to+\infty}\dfrac{1}{x}=0$, on en déduit $\lim\limits_{x\to+\infty}e^{1/x}=1$, puis par produit : $\lim\limits_{x\to+\infty}f(x)=+\infty$.

On a aussi : $\lim\limits_{x\to+\infty}\dfrac{f(x)}{x}=\lim\limits_{x\to+\infty}e^{1/x}=1$.

Enfin : $\forall x>0, f(x)-x=x\left(e^{1/x}-1\right)=\dfrac{\left(e^{1/x}-1\right)}{1/x}$.

Comme $\lim\limits_{x\to+\infty}\dfrac{1}{x}=0$, on obtient : $\lim\limits_{x\to+\infty}\left(f(x)-x\right)=\lim\limits_{x\to+\infty}\dfrac{\left(e^{1/x}-1\right)}{1/x}=\lim\limits_{u\to0}\dfrac{e^u-1}{u}=1$.

Ainsi, la courbe C_f possède au voisinage de $+\infty$ une asymptote oblique d'équation : $y=x+1$.

⇨ *Méthodes 10.1, 10.7*

3. On a : $\forall x>-1$, $f(x)=ax+b+\dfrac{c}{x+1}\Leftrightarrow\dfrac{x^2-x+1}{x+1}=\dfrac{ax^2+(a+b)x+(b+c)}{x+1}$.

Ainsi : $f(x)=ax+b+\dfrac{c}{x+1}\Leftrightarrow x^2-x+1=ax^2+(a+b)x+(b+c)\Leftrightarrow\begin{cases}a=1\\a+b=-1\\b+c=1\end{cases}\Leftrightarrow\begin{cases}a=1\\b=-2\\c=3\end{cases}$.

Finalement, pour tout réel x strictement supérieur à -1, on a : $f(x)=x-2+\dfrac{3}{x+1}$.

Comme $\lim\limits_{x\to+\infty}\dfrac{3}{x+1}=0$, on obtient alors : $\lim\limits_{x\to+\infty}\left(f(x)-(x-2)\right)=0$.

La droite d'équation $y=x-2$ est asymptote oblique à C_f au voisinage de $+\infty$.

⇨ *Méthode 10.7*

Exercice 10.6

1. Par définition de la partie entière, on sait que : $\forall x\in\mathbb{R}, \lfloor x\rfloor\le x<\lfloor x\rfloor+1$.

On a alors : $0\le x-\lfloor x\rfloor<1$. On en déduit : $0\ge-\left(x-\lfloor x\rfloor\right)>-1$.

En ajoutant 2, on obtient : $2\ge2-\left(x-\lfloor x\rfloor\right)>1$.

Les membres de l'inégalité sont strictement positifs donc : $\forall x\in\mathbb{R}, \dfrac{1}{2}\le\dfrac{1}{2-\left(x-\lfloor x\rfloor\right)}\le1$.

2. En multipliant par x positif, on trouve : $\forall x\ge0, \dfrac{x}{2}\le\dfrac{x}{2-\left(x-\lfloor x\rfloor\right)}\le x$.

De cette double inégalité, on ne retient que celle de gauche : $\dfrac{x}{2-\left(x-\lfloor x\rfloor\right)}\ge\dfrac{x}{2}$.

Comme $\lim\limits_{x\to+\infty}\dfrac{x}{2}=+\infty$, alors par minoration : $\lim\limits_{x\to+\infty}\dfrac{x}{2-\left(x-\lfloor x\rfloor\right)}=+\infty$.

Méthode 10.4

Chapitre 11
Continuité

Les notions de limite et de continuité sont omniprésentes en analyse. À l'époque de **Leibniz** et d'**Euler**, le concept de fonction ne fait qu'émerger, interdisant de donner une définition précise à ces notions. On parle plutôt alors de discontinuité pour des fonctions particulières. Un besoin de définition précis se fait sentir dès le XVIIIe siècle avec Jean Le Rond **d'Alembert**, mais ce qu'il propose est très confus, faute d'une construction des nombres réels. La définition donnée par **Cauchy**, au début du siècle suivant, est déjà plus satisfaisante. Cependant, c'est le mathématicien allemand Karl **Weierstrass** qui introduit la définition actuelle avec des ε et des α.

Jean Le Rond d'Alembert
1717-1783

Objectifs

Les incontournables

▷ Savoir étudier la continuité d'une fonction en un point.

▷ Savoir utiliser le théorème de la bijection.

Et plus si affinités

▷ Savoir utiliser le théorème des valeurs intermédiaires.

▷ Savoir utiliser la définition de la continuité.

Résumé de cours

Continuité en un point

Premières définitions

Définition 11.1. — Soit une fonction f définie sur un voisinage d'un réel x_0, où x_0 appartient à l'ensemble de définition D_f de f. On dit que f est *continue* en x_0 si f admet une limite finie en x_0, cette limite étant nécessairement égale à $f(x_0)$.
La fonction f est *continue à droite* en x_0 lorsque $\lim\limits_{x \to x_0^+} f(x) = f(x_0)$.
La fonction f est *continue à gauche* en x_0 lorsque $\lim\limits_{x \to x_0^-} f(x) = f(x_0)$.

Remarque 11.1. — Pour que f soit continue en x_0, il est nécessaire que f soit définie en x_0.
Remarque 11.2. — On rappelle que $\lim\limits_{x \to x_0} f(x) = f(x_0)$ signifie :

$$\forall \varepsilon > 0,\ \exists \alpha > 0,\ \forall x \in D_f \quad |x - x_0| \leq \alpha \Rightarrow |f(x) - f(x_0)| \leq \varepsilon$$

Théorème 11.1. — Une fonction f définie en x_0, est continue en x_0 si, et seulement si, f est continue à gauche et à droite en x_0.

Exemple 11.1. — Soit la fonction f définie sur $\mathbb{R}$ par : $f(x) = e^x$ si $x < 0$ et $f(x) = x^2$ si $x \geq 0$.
On a : $\lim\limits_{x \to 0^-} f(x) = \lim\limits_{x \to 0^-} e^x = 1 \neq f(0)$, et $\lim\limits_{x \to 0^+} f(x) = \lim\limits_{x \to 0^+} x^2 = 0 = f(0)$. Donc la fonction f n'est pas continue en 0, mais est continue à droite en 0.

⇨ **Méthodes 11.1, 11.2. Comment étudier la continuité d'une fonction en un point ?**

Prolongement par continuité

Définition 11.2. — Soit une fonction f définie au voisinage d'un réel x_0, **mais pas en x_0**. Si f admet une limite réelle ℓ en x_0, alors la fonction g, coïncidant avec f sur D_f, et telle que $g(x_0) = \ell$, est continue en x_0.
La fonction g s'appelle le *prolongement par continuité* de f en x_0.

Remarque 11.3. — Souvent on prolonge f par continuité en x_0, en posant tout simplement $f(x_0) = \ell$ (on confond alors les fonctions f et g).

Exemple 11.2. — La fonction f, définie sur $]0, +\infty[$ par $f(x) = x \ln x$, est prolongeable par continuité en 0 (à droite) en posant $f(0) = 0$, puisque $\lim\limits_{x \to 0^+} f(x) = \lim\limits_{x \to 0^+} x \ln x = 0$.

⇨ **Méthode 11.3. Comment prolonger une fonction par continuité en un point ?**

■ Continuité sur un intervalle

❑ Généralités

Définition 11.3. — On dit qu'une fonction est continue sur un intervalle I si elle est continue en tout point de I.
L'ensemble des fonctions continues sur l'intervalle I est noté $C(I)$ ou $C^0(I)$.

Remarque 11.4. — Si I est de la forme $[a, b[$, $]a, b]$ ou $[a, b]$, alors f est continue sur I lorsqu'elle est continue en tout point de $]a, b[$ et continue à droite en a si I contient a, et à gauche en b si I contient b.

Théorème 11.2. — Les fonctions polynomiales (en particulier les fonctions constantes), les fonctions rationnelles (quotient de fonctions polynomiales), la fonction *valeur absolue*, les fonctions *logarithme népérien* et *exponentielle*, les fonctions puissances (en particulier la fonction *racine carrée*), sont continues là où elles sont définies.

Exemple 11.3. — Si n est un entier, la fonction *partie entière* est continue sur tout intervalle $[n, n+1[$, puisqu'elle est constante égale à n sur cet intervalle.

Exemple 11.4. — Soit f la fonction définie par : $f(x) = 2x+1$ si $x \leq 0$ et $f(x) = 3x-1$ si $x > 0$.
La fonction f est continue sur $]-\infty, 0[$ et sur $]0, +\infty[$ car sur chacun de ces intervalles, f est affine. De plus, $\lim\limits_{x \to 0^-} f(x) = \lim\limits_{x \to 0^-} (2x+1) = 1 = f(0)$ et $\lim\limits_{x \to 0^+} f(x) = \lim\limits_{x \to 0^+} (3x-1) = -1 \neq f(0)$.
La fonction f n'est donc pas continue en 0 et ainsi, f n'est pas continue sur $\mathbb{R}$.

Théorème 11.3. — Si f et g sont deux fonctions continues sur un intervalle I, alors :
$f+g$, λf (où λ est un réel quelconque) et fg sont continues sur I.
Si, de plus, g ne s'annule pas sur I, alors $\dfrac{f}{g}$ est continue sur I.

Théorème 11.4. — Si f est une fonction continue sur l'intervalle I, à valeurs dans l'intervalle J, et si g est continue sur J, alors $g \circ f$ est continue sur I.

❑ Le théorème des valeurs intermédiaires

Théorème 11.5. — L'image d'un intervalle par une fonction continue est un intervalle.

Théorème 11.6. — Version équivalente du théorème des valeurs intermédiaires.
Soit une fonction f continue sur $[a, b]$, avec $a < b$. Quel que soit le réel λ compris entre $f(a)$ et $f(b)$, il existe (au moins) un réel c appartenant à $[a, b]$ tel que $f(c) = \lambda$.

Remarque 11.5. — Le réel c n'est pas nécessairement unique.

Théorème 11.7. — Conséquence importante du théorème des valeurs intermédiaires.
Toute fonction continue qui change de signe sur un intervalle, s'annule au moins une fois sur cet intervalle.

⇨ **Méthode 11.4. Comment utiliser le théorème des valeurs intermédiaires ?**

❑ Image d'un segment par une fonction continue

Définition 11.4. — On appelle *segment* tout intervalle de $\mathbb{R}$ de la forme $[a, b]$.

Théorème 11.8. — Si une fonction f est continue sur le segment $[a,b]$, alors f est bornée sur $[a,b]$ et atteint ses bornes.

⇨ **Méthode 11.5. Comment utiliser la continuité sur un segment ?**

Remarque 11.6. — Ce théorème énonce que f admet un maximum et un minimum sur $[a, b]$. Si on note $m = \min\limits_{x\in[a,b]} f(x)$ et $M = \max\limits_{x\in[a,b]} f(x)$, alors on a : $f\big([a,b]\big) = [m,M]$.

Ceci a pour conséquence le théorème suivant :

Théorème 11.9. — L'image d'un segment par une fonction continue est un segment.

❑ Théorème de la bijection

Théorème 11.10. — Si une fonction f est continue et strictement monotone sur un intervalle I, alors f définit une bijection de l'intervalle I sur l'intervalle $J = f(I)$, image de I par f.

Théorème 11.11. — Théorème de la bijection.
Si une fonction f est continue et strictement monotone sur un intervalle I, alors quel que soit le réel b appartenant à l'intervalle J, image de l'intervalle I par f, l'équation $f(x) = b$ admet une unique solution sur I.

⇨ **Méthode 11.6. Comment utiliser le théorème de la bijection ?**

Théorème 11.12. — Si f est une bijection de l'intervalle I sur l'intervalle J, alors la bijection réciproque f^{-1} de f est une bijection de J sur I, elle est continue sur J et elle possède sur J le même sens de variation que f.
Pour finir, les courbes représentatives de f et f^{-1} dans un repère orthonormé sont symétriques par rapport à la droite d'équation $y = x$.

Remarque 11.7. — On peut illustrer ce qui précède en considérant les courbes des fonctions "logarithme népérien" et "exponentielle" (ces fonctions sont réciproques l'une de l'autre).

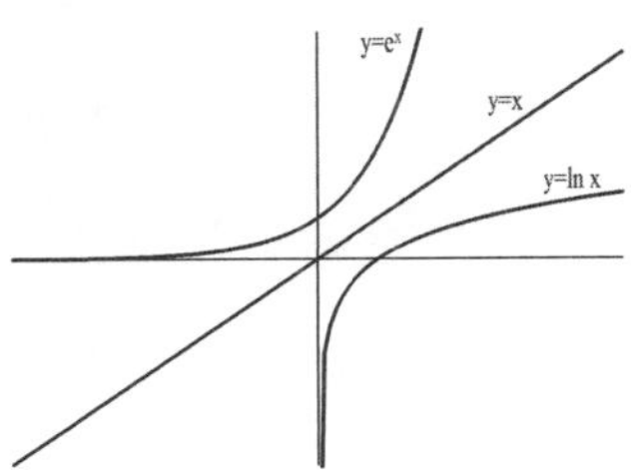

Méthodes

Continuité d'une fonction en un point

Méthode 11.1. Comment étudier la continuité d'une fonction f en un point x_0 lorsque $f(x)$ est défini "à part" en x_0 ?

Pour montrer que f est continue en x_0, il suffit de montrer que $\lim_{x\to x_0} f(x) = f(x_0)$.

⇨ **Exercices 11.1, 11.2, 11.4**

Exemple 1. Étudier la continuité en 1 de la fonction f définie par $\begin{cases} f(x) = \dfrac{\ln x}{x-1} & \text{si } x \neq 1 \\ f(1) = 1 \end{cases}$.

On sait que $\lim_{x\to 1} \dfrac{\ln x}{x-1} = \lim_{u\to 0} \dfrac{\ln(1+u)}{u} = 1$ (limite usuelle) donc $\lim_{x\to 1} f(x) = f(1)$.
Conclusion : f est continue en 1.

Exemple 2. Étudier la continuité en 3 de f définie par $\begin{cases} f(x) = \dfrac{\sqrt{x+1}-2}{x-3} & \text{si } x \in [0,3[\cup]3,+\infty[\\ f(3) = \dfrac{1}{4} \end{cases}$

$\forall x \in [0,3[\cup]3,+\infty[,\ \dfrac{\sqrt{x+1}-2}{x-3} = \dfrac{(\sqrt{x+1}-2)(\sqrt{x+1}+2)}{(x-3)(\sqrt{x+1}+2)} = \dfrac{x-3}{(x-3)(\sqrt{x+1}+2)} = \dfrac{1}{\sqrt{x+1}+2}$

On a donc, $\lim_{x\to 3} \dfrac{\sqrt{x+1}-2}{x-3} = \lim_{x\to 3} \dfrac{1}{\sqrt{x+1}+2} = \dfrac{1}{4}\cdot$ Comme $f(3) = \dfrac{1}{4}$, on a donc : $\lim_{x\to 3} f(x) = f(3)$.
Conclusion : f est continue en 3.

Méthode 11.2. Comment étudier la continuité d'une fonction en un point x_0 lorsque l'expression de $f(x)$ change en x_0 ?

Pour étudier la continuité de f en x_0, il suffit de calculer $\lim_{x\to x_0^-} f(x)$, $\lim_{x\to x_0^+} f(x)$ et $f(x_0)$. Si $\lim_{x\to x_0^-} f(x) = f(x_0)$ et $\lim_{x\to x_0^+} f(x) = f(x_0)$, alors f est continue en x_0.

⇨ **Exercices 11.3, 11.4**

Exemple. Soit la fonction f définie par $\begin{cases} f(x)=x \text{ si } x\leq 0 \\ f(x)=\dfrac{1}{x}e^{-1/x} \text{ si } x>0 \end{cases}$.

• Commençons par remarquer que $f(0)=0$.

• $\lim\limits_{x\to 0^-} f(x)=\lim\limits_{x\to 0^-} x=0=f(0)$.

• En posant $X=\dfrac{1}{x}$, on a $\lim\limits_{x\to 0^+}\dfrac{1}{x}e^{-1/x}=\lim\limits_{X\to+\infty} Xe^{-X}=0$ (limite usuelle), donc $\lim\limits_{x\to 0^+} f(x)=f(0)$.

Conclusion : f est continue en 0.

❑ Méthode 11.3. Comment prolonger une fonction par continuité en un point ?

L'opportunité de prolonger une fonction f par continuité en un point x_0 ne se présente que lorsque cette fonction **n'est pas** définie en un **réel** x_0. Il s'agit alors de savoir si cette fonction admet une limite réelle ℓ en x_0. Si oui, on pose $f(x_0)=\ell$ et la fonction f ainsi prolongée est continue en x_0. Sinon, f n'est tout simplement pas prolongeable par continuité en x_0.

Remarque. En donnant une valeur à $f(x_0)$, on modifie l'ensemble de définition de f, et donc on modifie la fonction f elle-même (puisque l'ensemble de définition d'une fonction fait partie intégrante de la définition de cette fonction). C'est pourquoi la fonction prolongée est parfois notée différemment (par exemple $\tilde{f}$).

⇨ Exercice 11.6

Exemple 1. Peut-on prolonger par continuité en 0 la fonction f définie sur $\mathbb{R}_+^*$ par $f(x)=x^x$?
Commençons par remarquer que, quel que soit le réel x strictement positif, $f(x)=e^{x\ln x}$.
Or, $\lim\limits_{x\to 0^+} x\ln x=0$ (négligeabilité classique), et $\lim\limits_{X\to 0} e^X=1$, donc, par composition des limites, $\lim\limits_{x\to 0^+} e^{x\ln x}=1$, c'est-à-dire que $\lim\limits_{x\to 0^+} f(x)=1$. On note $\tilde{f}$ la fonction définie comme suit :

$$\tilde{f}(x)=f(x) \text{ si } x>0 \text{ et } \tilde{f}(0)=1.$$

La fonction $\tilde{f}$ ainsi définie sur $\mathbb{R}_+$ est continue en 0.

Exemple 2. Peut-on prolonger par continuité en 0 la fonction définie sur $\mathbb{R}^*$ par : $f(x)=\dfrac{e^x-1}{x^3}$?

On sait, d'après le **théorème 10.4** du **chapitre 10**, que $\lim\limits_{x\to 0}\dfrac{e^x-1}{x}=1$.

Comme $f(x)=\dfrac{e^x-1}{x}\times\dfrac{1}{x^2}$, on obtient : $\lim\limits_{x\to 0} f(x)=+\infty$.
Conclusion : f n'est pas prolongeable par continuité en 0.

Méthodes

■ Utilisation de la continuité

❑ Méthode 11.4. Comment utiliser le théorème des valeurs intermédiaires ?

> Pour montrer que l'équation $f(x)=0$ admet (au moins) une solution sur un intervalle I, il suffit de vérifier que f est continue sur I et que I contient deux réels a et b tels que $f(a)f(b)<0$.

⇨ **Exercices 11.7, 11.8, 11.10**

Exemple. Montrer que tout polynôme P de degré impair possède au moins une racine réelle.
On note n le degré de P et a le coefficient dominant de P (on suppose pour l'instant a strictement positif).
Comme $a>0$, on a $\lim\limits_{x\to-\infty} P(x)=\lim\limits_{x\to-\infty} ax^n=-\infty$ (n est impair) et $\lim\limits_{x\to+\infty} P(x)=\lim\limits_{x\to+\infty} ax^n=+\infty$.

- $\lim\limits_{x\to-\infty} P(x)=-\infty$, donc il existe un réel x_1 tel que $P(x_1)<0$ (sinon, on aurait $P(x)\geq 0$, pour tout réel x, ce qui contredirait la limite égale à $-\infty$ en $-\infty$).
- $\lim\limits_{x\to+\infty} P(x)=+\infty$, donc il existe un réel x_2 tel que $P(x_2)>0$ (même raison).

On a donc $P(x_1)P(x_2)<0$. La fonction P étant continue sur $\mathbb{R}$ (c'est un polynôme), le théorème des valeurs intermédiaires assure l'existence d'un réel c entre x_1 et x_2 tel que $P(c)=0$.
Finalement, l'équation $P(x)=0$ admet (au moins) une solution réelle.
Remarque. La preuve est similaire si on suppose a strictement négatif.

❑ Méthode 11.5. Comment utiliser la continuité sur un segment ?

> La continuité d'une fonction sur un segment assure que cette fonction est bornée.

⇨ **Exercice 11.11**

Exemple. Montrer que toute fonction continue et périodique sur $\mathbb{R}$ est bornée (sur $\mathbb{R}$).
Notons f une fonction continue et périodique sur $\mathbb{R}$. On note t une période strictement positive de f. La fonction f étant continue sur le segment $[0, t]$, elle y est bornée et atteint ses bornes. Notons alors m le minimum de f et M le maximum de f sur $[0, t]$.
Soit alors un réel x quelconque. Il existe un entier k tel que $kt\leq x<(k+1)t$ (l'entier k est la partie entière de x/t). On a alors $0\leq x-kt<t$, c'est-à-dire : $x-kt\in[0,t]$.
Par suite, puisque f est bornée sur $[0, t]$, on a : $m\leq f(x-kt)\leq M$.

Or t est une période de f, donc $f(x-kt)=f(x)$ et ainsi : $\forall x\in\mathbb{R},\ m\leq f(x)\leq M$.

Conclusion : la fonction f est bornée.

❑ Méthode 11.6. Comment utiliser le théorème de la bijection ?

Si une fonction f est continue et strictement monotone sur un intervalle I, alors f est une bijection de I sur $f(I)$.
Pour trouver le nombre de solutions de l'équation $f(x)=y$, d'inconnue x, on étudie le sens de variation de f, on met ainsi en évidence des intervalles $[a, b]$ (éventuellement ouverts en a ou en b, a et b étant finis ou non) sur lesquels f est continue, strictement monotone, et tels que l'image de $[a, b]$ par f contienne y : le théorème de la bijection assure alors l'existence et l'unicité d'une solution sur $[a, b]$.

⇨ Exercice 11.9

Exemple. Montrer que l'équation $x^3-3x^2+1=0$ possède une unique solution dans l'intervalle $]2,+\infty[$.
Soit f la fonction définie par : $\forall x\in\mathbb{R}$, $f(x)=x^3-3x^2+1$.
Bien que les rappels sur la dérivation soient faits plus tard, on se souvient que f est dérivable sur $\mathbb{R}$ et que l'on a : $\forall x\in\mathbb{R}$, $f'(x)=3x^2-6x=3x(x-2)$.
Pour tout x strictement supérieur à 2, on a $f'(x)>0$ donc f est strictement croissante sur $]2,+\infty[$. En outre, f est continue sur $]2,+\infty[$ car elle est polynomiale. Comme $f(2)=-3$ et $\lim\limits_{x\to+\infty} f(x)=\lim\limits_{x\to+\infty} x^3=+\infty$, f réalise une bijection de $]2,+\infty[$ sur $]-3,+\infty[$.
Pour finir, 0 appartient à $]-3,+\infty[$ donc 0 possède un unique antécédent dans $]2,+\infty[$, ce qui signifie que l'équation $x^3-3x^2+1=0$ possède une seule solution dans l'intervalle $]2,+\infty[$.
Remarque. Le même théorème permettrait de démontrer que l'équation proposée a aussi une solution sur chacun des intervalles $]-\infty,0[$ et $]0,2[$.

Méthodes

Vrai/Faux

		Vrai	Faux
1.	Si une fonction f est continue sur $\mathbb{R}$, strictement négative sur $\mathbb{R}_-^*$ et strictement positive sur $\mathbb{R}_+^*$, alors $f(0)=0$.	☐	☐
2.	Si une fonction est continue sur $[a,b]$, alors elle est bornée sur $[a,b]$.	☐	☐
3.	Si une fonction est bornée sur $[a,b]$, alors elle est continue sur $[a,b]$.	☐	☐
4.	L'image de l'intervalle $[a,b]$ par une fonction continue est, soit l'intervalle $[f(a),f(b)]$, soit l'intervalle $[f(b),f(a)]$.	☐	☐
5.	Si une fonction est continue sur un intervalle et ne s'y annule pas, alors elle garde un signe constant sur cet intervalle.	☐	☐
6.	La fonction $f : x \mapsto e^{-1/x^2}$ est prolongeable par continuité en 0.	☐	☐
7.	Si f est continue et strictement monotone sur $[0,1]$, et si $f(0)f(1)<0$, alors l'équation $f(x)=x$ a toujours une seule solution sur $[0,1]$.	☐	☐
8.	L'image d'un intervalle borné par une fonction continue est un intervalle borné.	☐	☐
9.	Le prolongement par continuité, en 0, de la fonction f définie sur $]0,+\infty[$ par $f(x)=x^{1/2}$, est la fonction *racine carrée*.	☐	☐
10.	Si une fonction f vérifie : $\forall (x,y)\in\mathbb{R}^2,\ \lvert f(x)-f(y)\rvert \leq \lvert x-y\rvert$, alors f est continue sur $\mathbb{R}$.	☐	☐

Énoncé des exercices

❑ **Exercice 11.1.** — On considère la fonction f définie sur $\mathbb{R}$ par : $f(x)=\dfrac{x}{e^x-1}$ si $x\neq 0$ et $f(0)=1$. Montrer que f est continue sur $\mathbb{R}$.

❑ **Exercice 11.2.** — Étudier la continuité de la fonction f définie sur $]-1,+\infty[$ par :

$$\begin{cases} f(x)=\dfrac{x}{\ln(1+x)} \text{ si } x\in]-1,0[\cup]0,+\infty[\\ f(0)=1 \end{cases}$$

❑ **Exercice 11.3.** — Étudier la continuité de la fonction f définie sur $\mathbb{R}$ par :

$$\begin{cases} f(x)=0 \text{ si } x<0 \\ f(x)=e^x \text{ si } x\geq 0 \end{cases}$$

❑ **Exercice 11.4.** — Soit la fonction f définie par $f(x)=\dfrac{|x-1|}{1-\sqrt{x}}$ si $x\in[0,1[\cup]1,+\infty[$ et $f(1)=2$. Montrer que f n'est pas continue en 1.

❑ **Exercice 11.5.** — Étudier la continuité en 0 de la fonction f définie sur $\mathbb{R}$ par :

$$f(x)=x-\lfloor x \rfloor$$

❑ **Exercice 11.6.** — Pour chacune des fonctions f suivantes, dire si elle admet un prolongement par continuité au point x_0 considéré, et si oui, l'effectuer.

1. f est définie sur $]0,1[$ par : $f(x)=\dfrac{1}{\ln x}$; $x_0=0$, puis $x_0=1$.

2. f est définie sur $]0,+\infty[$ par : $f(x)=x^{\alpha}$; $x_0=0$ (on discutera selon les valeurs du réel α).

❑ **Exercice 11.7.**** — On considère une fonction f, continue sur $[0,1]$, et prenant ses valeurs dans l'intervalle $[0,1]$.

On note g la fonction définie sur $[0,1]$ par : $g(x)=f(x)-x$.

1. Quel est le signe de $g(0)$? Quel est celui de $g(1)$?

2. En déduire qu'il existe au moins un réel x_0 de $[0,1]$ tel que $f(x_0)=x_0$.

❑ **Exercice 11.8.** * — On considère un réel p de $]0,1[$ et on note $q = 1 - p$.

Montrer que l'équation $x^2 - qx - pq = 0$, d'inconnue réelle x, admet deux racines réelles distinctes, notées r et s, vérifiant : $-1 < r < 0 < s < 1$.

D'après HEC

❑ **Exercice 11.9.** — Montrer que l'équation $e^{-x^2} = x$ admet une unique solution sur $\mathbb{R}_+^*$.

❑ **Exercice 11.10.** ** — On désigne par n un entier naturel non nul et on considère n réels distincts $a_1, a_2, \ldots, a_n$, tous éléments de $[0, 1]$.

On considère la fonction f_n définie pour tout réel x de $[0, 1]$ par : $f_n(x) = \dfrac{1}{n}\sum_{k=1}^{n} | x - a_k |$.

Calculer $f_n(0) + f_n(1)$ et en déduire qu'il existe au moins un réel u de $[0, 1]$ tel que $f_n(u) = \dfrac{1}{2}$.

❑ **Exercice 11.11.** ** — Le but de cet exercice est de montrer que toute fonction continue sur $\mathbb{R}$, de limite finie en $-\infty$ et $+\infty$, est bornée.

Soit donc f une telle fonction. On note $\lim_{x \to -\infty} f(x) = a$ et $\lim_{x \to +\infty} f(x) = b$.

1. En utilisant la définition de la limite de f en $-\infty$, justifier l'existence d'un réel négatif B tel que : $\forall x < B,\ a - 1 \leq f(x) \leq a + 1$.

2. Montrer de même qu'il existe un réel B' positif tel que : $\forall x > B',\ b - 1 \leq f(x) \leq b + 1$.

3. Justifier l'existence de deux réels m et M tels que : $\forall x \in [B, B'],\ m \leq f(x) \leq M$.

4. Conclure.

Pour vous aider à démarrer

Exercice 11.1. Ne pas se contenter d'étudier la continuité en 0.
Exercice 11.4. Écrire $f(x)$ différemment selon que $x > 1$ ou $x < 1$.
Exercice 11.5. Se souvenir que $\lfloor x \rfloor$ est le seul entier vérifiant : $\lfloor x \rfloor \leq x < \lfloor x \rfloor + 1$ et appliquer cette définition pour des réels x éléments de $\left]-1, 0\right[$ et pour des réels x éléments de $\left[0, 1\right[$.
Exercice 11.8. L'équation étant polynomiale de degré deux, elle admet au plus deux solutions distinctes. Évaluer $x^2 - qx - pq$ en -1, en 0 et en 1.
Exercice 11.9. Utiliser le théorème de la bijection.
Exercice 11.11. Pour les questions **1** et **2**, prendre $\varepsilon = 1$ dans la définition de la limite.

Corrigé des vrai/faux

1.	2.	3.	4.	5.	6.	7.	8.	9.	10.
V	V	F	F	V	V	F	F	V	V

1. La fonction f est strictement positive sur $\mathbb{R}_+^*$ et strictement négative sur $\mathbb{R}_-^*$. Comme f est continue sur $\mathbb{R}$, le théorème des valeurs intermédiaires garantit que f s'annule au moins une fois. Comme elle ne s'annule ni sur $\mathbb{R}_+^*$, ni sur $\mathbb{R}_-^*$, c'est qu'elle s'annule en 0.
On en conclut que : $f(0)=0$.

2. C'est un résultat du cours, se référer au **théorème 11.8.**

3. La fonction partie entière est bornée sur l'intervalle $[-1, 1]$ car elle ne prend que les valeurs -1, 0 et 1. Pourtant cette fonction n'est pas continue en 0 donc n'est pas continue sur $[-1, 1]$.

4. Considérons la fonction carrée sur l'intervalle $[-1, 1]$.
On prouve grâce aux variations de cette fonction que : $f([-1, 1])=[0, 1]$.
Or, l'intervalle $[0, 1]$ n'est ni égal à $[f(-1), f(1)]$ ni à $[f(1), f(-1)]$.

5. Considérons une fonction continue sur un intervalle I et ne s'y annulant pas.
Prouvons, par l'absurde, que f garde un signe constant sur cet intervalle.
Si f changeait de signe sur cet intervalle, le théorème des valeurs intermédiaires assurerait qu'il existe un élément c de cet intervalle en lequel f s'annule, ce qui contredirait le fait que f ne s'annule pas. On en conclut que f garde un signe constant sur cet intervalle.

6. Comme, $\lim\limits_{x\to 0} -\dfrac{1}{x^2}=-\infty$, on en déduit, par composition de limites, que : $\lim\limits_{x\to 0} e^{-\frac{1}{x^2}}=0$.

La fonction f : $x \mapsto e^{-\frac{1}{x^2}}$ est donc prolongeable par continuité en 0 en posant $f(0)=0$.

7. La fonction $f : x \mapsto x-\dfrac{1}{2}$ est continue et strictement croissante sur $[0,1]$.

De plus, $f(0)f(1)=-\dfrac{1}{2}\times\dfrac{1}{2}=-\dfrac{1}{4}<0$.

Corrigé

Pourtant l'équation $f(x)=x$ n'a pas de solution sur $[0,1]$ puisque cette équation équivaut à $x-\frac{1}{2}=x$, ce qui donne $-\frac{1}{2}=0$ (!).

Remarque. L'équation "$f(x) = 0$", elle, a une unique solution sur $[0,1]$.

8. La fonction logarithme est continue sur l'intervalle $]0,1]$, qui est borné.

Sa stricte croissance sur cet intervalle nous assure que $f(]0,1]) = \left]\lim_{x\to 0^+} \ln x, \ln 1\right] =]-\infty, 0]$.

L'intervalle $]-\infty, 0]$ n'est pas borné. L'image d'un intervalle borné par une fonction continue sur cet intervalle n'est donc pas nécessairement un intervalle borné.

9. La fonction f définie sur $\mathbb{R}_+^*$ par $f(x)=x^{1/2}$ vérifie : $\forall x>0, x^{\frac{1}{2}}=e^{\frac{1}{2}\ln x}=e^{\ln\sqrt{x}}=\sqrt{x}$.

De plus, comme $\lim_{x\to 0^+}\frac{1}{2}\ln x=-\infty$, on en déduit, par composée, que : $\lim_{x\to 0^+} x^{\frac{1}{2}}=0=\sqrt{0}$.

On en conclut que le prolongement par continuité de f en 0 est la fonction racine carrée.

10. Montrons que f est continue en tout point x_0 de $\mathbb{R}$.

On a : $\forall x\in\mathbb{R}, 0\leq |f(x)-f(x_0)|\leq |x-x_0|$.

Le théorème d'encadrement assure alors que : $\lim_{x\to x_0} f(x)=f(x_0)$.

Cela signifie que f est continue en tout x_0 de $\mathbb{R}$ donc f est continue sur $\mathbb{R}$.

❑ Les erreurs classiques

- Il faut bien distinguer « f continue en x_0 » (cas où $x_0\in D_f$) de « f prolongeable par continuité en x_0 » (cas où $x_0\notin D_f$).
- Pour des équations du type $f(x)=g(x)$, on n'applique jamais le théorème des valeurs intermédiaires ou le théorème de la bijection à la fonction f mais à $f-g$.
- La dérivabilité en un point implique la continuité en ce point. Pourtant, on n'utilise quasiment jamais la dérivabilité pour prouver la continuité (surtout lorsque la question est abordée d'entrée de jeu dans un problème).
- On ne peut pas parler de prolongement par continuité en « l'infini ».
- L'image de l'intervalle $[a,b]$ par une fonction continue est toujours un intervalle, mais seules les variations de f permettent de savoir de quel intervalle il s'agit.

Corrigé des exercices

Exercice 11.1

La fonction $x \mapsto \dfrac{x}{e^x - 1}$ est continue sur $]-\infty, 0[$ et $]0, +\infty[$, en tant que quotient de fonctions continues sur ces intervalles, dont le dénominateur ne s'annule pas.

De plus, comme $\lim\limits_{x\to 0} \dfrac{e^x - 1}{x} = 1$, on a : $\lim\limits_{x\to 0} f(x) = \dfrac{1}{1} = 1 = f(0)$.

On en déduit que f est continue en 0.

Finalement, f est continue sur $\mathbb{R}$.

⇨ *Méthode 11.1*

Exercice 11.2

Étudions la continuité de f sur $]-1, 0[$, sur $]0, +\infty[$, et enfin en 0.

- Sur $]-1, 0[$, f est continue en tant que quotient bien défini de deux fonctions continues sur cet intervalle.
- Sur $]0, +\infty[$, le raisonnement et la conclusion sont les mêmes : f est continue sur $]0, +\infty[$.
- On sait que $\lim\limits_{x\to 0} \dfrac{\ln(1+x)}{x} = 1$ donc $\lim\limits_{x\to 0} \dfrac{x}{\ln(1+x)} = 1$, soit $\lim\limits_{x\to 0} f(x) = f(0)$. Ainsi, f est continue en 0.

Conclusion : f est continue sur $]-1, +\infty[$.

⇨ *Méthode 11.1*

Exercice 11.3

- Sur l'intervalle $]-\infty, 0[$, f est continue en tant que fonction constante sur cet intervalle.
- Sur l'intervalle $]0, +\infty[$, f est continue (c'est une fonction de référence).
- $\lim\limits_{x\to 0^-} f(x) = \lim\limits_{x\to 0^-} 0 = 0 \neq f(0)$ et $\lim\limits_{x\to 0^+} f(x) = \lim\limits_{x\to 0^+} e^x = 1 = f(0)$, donc f n'est pas continue en 0.

Conclusion : f est continue sur $]-\infty, 0[$ et sur $]0, +\infty[$, mais pas en 0 (seulement à droite).

⇨ *Méthode 11.2*

Exercice 11.4

Commençons par remarquer que, du fait de la valeur absolue : $\begin{cases} f(x) = \dfrac{1-x}{1-\sqrt{x}} & \text{si } x \in [0,1[\\ f(1) = 2 & \\ f(x) = \dfrac{x-1}{1-\sqrt{x}} & \text{si } x > 1 \end{cases}$.

- On a $f(1) = 2$.

• $\forall x \in [0,1[,\ \dfrac{1-x}{1-\sqrt{x}} = \dfrac{(1-x)(1+\sqrt{x})}{(1-\sqrt{x})(1+\sqrt{x})} = \dfrac{(1-x)(1+\sqrt{x})}{1-x} = 1+\sqrt{x}$.

On a alors, $\lim\limits_{x\to 1^-} \dfrac{1-x}{1-\sqrt{x}} = \lim\limits_{x\to 1^-}(1+\sqrt{x}) = 2$, c'est-à-dire $\lim\limits_{x\to 1^-} f(x) = f(1)$.

• $\forall x > 1,\ \dfrac{x-1}{1-\sqrt{x}} = -\dfrac{1-x}{1-\sqrt{x}} = -1-\sqrt{x}$ (voir le calcul fait pour x élément de $[0,1[$).

On a alors, $\lim\limits_{x\to 1^+} \dfrac{x-1}{1-\sqrt{x}} = \lim\limits_{x\to 1^+}(-1-\sqrt{x}) = -2$, et donc $\lim\limits_{x\to 1^+} f(x) \neq f(1)$.

Conclusion : *f* n'est pas continue en 1. Plus précisément, *f* est continue à gauche en 1 mais pas à droite en 1.

➪ *Méthodes 11.1, 11.2*

Exercice 11.5

Commençons par remarquer que $f(0) = 0 - \lfloor 0 \rfloor = 0$.

• $\forall x \in]-1,0[,\ \lfloor x \rfloor = -1$, donc $f(x) = x+1$, si bien que $\lim\limits_{x\to 0^-} f(x) = \lim\limits_{x\to 0^-}(x+1) = 1$.

• $\forall x \in [0,1[,\ \lfloor x \rfloor = 0$, donc $f(x) = x$, si bien que $\lim\limits_{x\to 0^+} f(x) = \lim\limits_{x\to 0^+} x = 0$.

Conclusion : *f* n'est donc pas continue en 0. Plus précisément, elle est continue à droite en 0 mais pas à gauche en 0.

➪ *Méthode 11.2*

Exercice 11.6

1. Connaissant les limites de la fonction logarithme aux bornes de son ensemble de définition, on obtient : $\lim\limits_{x\to 0^+} f(x) = 0$ et $\lim\limits_{x\to 1^-} f(x) = -\infty$.

La fonction *f* est donc prolongeable par continuité en 0 en posant $f(0) = 0$ mais pas en 1.

2. On désigne par α un réel et pour tout réel x strictement positif, on a : $f(x) = e^{\alpha \ln x}$.

Comme, on sait que : $\lim\limits_{x\to 0^+} \ln x = -\infty$, trois cas sont à distinguer.

• Si α est strictement positif, $\lim\limits_{x\to 0^+} \alpha \ln x = -\infty$, et alors, par composition de limites, $\lim\limits_{x\to 0^+} f(x) = 0$.

La fonction *f* est, dans ce cas, prolongeable par continuité en 0 en posant $f(0) = 0$.

• Si α est nul, alors, pour tout x strictement positif, $f(x) = 1$. Comme $\lim\limits_{x\to 0^+} f(x) = 1$, on en conclut qu'alors, *f* est prolongeable par continuité en 0 en posant $f(0) = 1$.

• Si α est strictement négatif, on obtient : $\lim\limits_{x\to 0} \alpha \ln x = +\infty$. Ainsi, par composition de limites, on obtient : $\lim\limits_{x\to 0^+} f(x) = +\infty$. La fonction *f* n'est alors pas prolongeable par continuité en 0.

➪ *Méthode 11.3*

Exercice 11.7

1. On a tout d'abord $g(0) = f(0) \geq 0$ car *f* est à valeurs dans $[0,1]$.
De même, $g(1) = f(1) - 1 \leq 0$ car $f(1) \leq 1$, puisque *f* est à valeurs dans $[0,1]$.

2. La fonction *g* est continue sur $[0,1]$ comme somme de fonctions continues sur $[0,1]$.
De plus, $g(0)g(1) \leq 0$.
Le théorème des valeurs intermédiaires assure qu'il existe un réel x_0 de $[0,1]$ tel que : $g(x_0) = 0$. On en conclut qu'il existe un réel x_0 de $[0,1]$ tel que : $f(x_0) = x_0$.

⇨ *Méthode 11.4*

Exercice 11.8

L'équation $x^2 - qx - pq = 0$ est une équation polynomiale de degré 2 et possède donc au plus deux racines réelles.
En posant $f(x) = x^2 - qx - pq$, on remarque alors que :

- $f(-1) = 1 + q - pq = 1 + q(1-p) = 1 + q^2 > 0$.
- $f(0) = -pq = -p(1-p) < 0$ (car *p* appartient à $]0,1[$).
- $f(1) = 1 - q - pq = p - pq = p(1-q) = p^2 > 0$.

La fonction *f* étant continue sur $\mathbb{R}$ en tant que fonction polynomiale, le théorème des valeurs intermédiaires appliqué deux fois assure que la fonction *f* s'annule au moins une fois sur $]-1,0[$ et au moins une fois sur $]0,1[$.
Bilan : l'équation $x^2 - qx - pq = 0$ possède 2 racines réelles *r* et *s* telles que : $-1 < r < 0 < s < 1$.

⇨ *Méthode 11.4*

Exercice 11.9

Commençons par noter *f* la fonction définie sur $\mathbb{R}$ par $f(x) = e^{-x^2} - x$.

- Puisque, quel que soit le réel *x*, $e^{-x^2} > 0$, alors l'égalité $e^{-x^2} = x$ ne peut avoir lieu que si $x > 0$. On en déduit que l'équation $e^{-x^2} = x$ n'a pas de solution sur $]-\infty, 0]$.
- Sur $\mathbb{R}_+^*$, la fonction $x \mapsto e^{-x^2}$ est strictement décroissante (par composition) et comme la fonction $x \mapsto -x$ est strictement décroissante sur $\mathbb{R}_+^*$, la fonction *f* est strictement décroissante sur $\mathbb{R}_+^*$ comme somme de deux fonctions strictement décroissantes sur $\mathbb{R}_+^*$. En outre, *f* est continue sur $\mathbb{R}_+^*$ comme somme de telles fonctions, donc *f* définit une bijection de $\mathbb{R}_+^*$ sur l'image de $\mathbb{R}_+^*$. Comme $f(0) = 1$ et $\lim\limits_{x \to +\infty} f(x) = -\infty$, *f* réalise une bijection de $\mathbb{R}_+^*$ sur $]-\infty, 1[$.

Puisque 0 appartient à $]-\infty, 1[$, l'équation $f(x) = 0$ a une unique solution sur $\mathbb{R}_+^*$, ce qui signifie que l'équation $e^{-x^2} = x$ admet une unique solution sur $\mathbb{R}_+^*$.

⇨ *Méthode 11.6*

Corrigé

Remarque. Pour obtenir la monotonie de f, on aurait pu (en anticipant sur le **chapitre 17**), dériver f. On trouvait alors : $\forall x>0, f'(x)=-\left(2xe^{-x^2}+1\right)<0$. Ceci permettait de conclure plus vite que f est strictement décroissante sur $\mathbb{R}_+^*$.

Exercice 11.10

Comme $a_1, a_2, \ldots, a_n$, sont éléments de [0, 1], on a : $\forall k \in [\![1,n]\!]$, $a_k \geq 0$ et $1-a_k \geq 0$. On en déduit alors : $f_n(0)=\frac{1}{n}\sum_{k=1}^{n}|-a_k|=\frac{1}{n}\sum_{k=1}^{n}a_k$ et $f_n(1)=\frac{1}{n}\sum_{k=1}^{n}|1-a_k|=\frac{1}{n}\sum_{k=1}^{n}(1-a_k)$.

On a alors : $f_n(0)+f_n(1)=\frac{1}{n}\sum_{k=1}^{n}a_k+\frac{1}{n}\sum_{k=1}^{n}(1-a_k) = \frac{1}{n}\sum_{k=1}^{n}1 = 1$.

Comme f_n est à valeurs positives (et même d'ailleurs à valeurs dans [0, 1]), deux cas sont à considérer :

- soit $f_n(0)=f_n(1)=\frac{1}{2}$ et l'équation $f_n(x)=\frac{1}{2}$ a au moins deux solutions : 0 et 1 ;
- soit l'un des deux nombres $f_n(0)$ et $f_n(1)$ est plus grand que $\frac{1}{2}$ et l'autre est plus petit que $\frac{1}{2}$,

et dans ce cas, comme f_n est continue sur [0, 1] (la fonction valeur absolue l'est), le théorème des valeurs intermédiaires garantit qu'il existe au moins un réel u de]0, 1[tel que $f_n(u)=\frac{1}{2}$.

⇨ *Méthode 11.4*

Exercice 11.11

1. Utilisons la définition de $\lim_{x\to-\infty} f(x)=a$, avec $\varepsilon=1$: $\exists B<0,\ \forall x<B,\ |f(x)-a|\leq 1$.

On a donc prouvé l'existence d'un réel négatif B tel que : $\forall x<B,\ a-1\leq f(x)\leq a+1$.

2. En exploitant de façon similaire la définition de $\lim_{x\to+\infty} f(x)=b$, on obtient l'existence d'un réel B' positif tel que : $\forall x>B',\ b-1\leq f(x)\leq b+1$.

3. La fonction f est continue sur le segment $[B,B']$, on en conclut que f est bornée sur le segment $[B,B']$.

Ainsi, on obtient l'existence de deux réels m et M tels que : $\forall x\in[B,B'],\ m\leq f(x)\leq M$.

⇨ *Méthode 11.5*

4. Nous avons prouvé successivement que :
- $\forall x<B,\ a-1\leq f(x)\leq a+1$.
- $\forall x\in[B,B'],\ m\leq f(x)\leq M$.
- $\forall x>B',\ b-1\leq f(x)\leq b+1$.

Nous pouvons en conclure que f est bornée sur $\mathbb{R}$.

Chapitre 12
Suites

Augustin-Louis **Cauchy** pensait avoir démontré la convergence des suites de réels dont les termes sont infiniment proches les uns des autres à partir d'un certain rang – on les appelle désormais des *suites de Cauchy*. Charles **Méray** se rendit compte que cette erreur était due au fait que l'ensemble **R** des nombres réels n'avait jamais été défini correctement. Il en entreprit alors une construction, en 1869, en partant des rationnels. Son but était de donner un fondement à l'analyse en créant de nouveaux nombres, au lieu d'étudier, comme on le faisait jusqu'alors, les propriétés de nombres dont l'existence résultait de l'évidence géométrique. En 1872, Karl **Weierstrass**, Richard **Dedekind** et Georg **Cantor** publièrent chacun un travail du même type.

Karl Weierstrass
1815-1897

Objectifs

Les incontournables

- ▷ Savoir étudier le sens de variation d'une suite.
- ▷ Savoir étudier la convergence d'une suite.

Et plus si affinités

- ▷ Savoir étudier des suites qui ne sont pas définies explicitement.

Résumé de cours

Généralités

Définition

Définition 12.1. — On appelle *suite réelle* (ou plus simplement *suite*) toute application u d'une partie I de $\mathbb{N}$ (souvent $I = \mathbb{N}$ ou $I = \mathbb{N}^*$) dans $\mathbb{R}$.

Notations — Le réel $u(n)$ est toujours noté u_n. Si la suite u est définie sur I, on peut la noter $(u_n)_{n\in I}$. Elle pourra être notée (u_n) s'il n'y a pas d'ambiguïté sur son ensemble de définition. On note $\mathcal{A}(\mathbb{N}, \mathbb{R})$ l'ensemble des suites réelles.

Les définitions qui suivent sont données pour des suites définies sur une partie I infinie de $\mathbb{N}$.

Majoration, minoration, sens de variation

Définition 12.2. — Suite majorée, minorée, bornée.

• On dit que la suite $(u_n)_{n\in I}$ est *majorée* lorsqu'il existe un réel M tel que : $\forall n \in I,\ u_n \leq M$.

Le réel M est alors appelé un *majorant* de la suite.

• On dit que la suite $(u_n)_{n\in I}$ est *minorée* lorsqu'il existe un réel m tel que : $\forall n \in I,\ u_n \geq m$.

Le réel m est alors appelé un *minorant* de la suite.

• On dit que la suite $(u_n)_{n\in I}$ est *bornée* lorsqu'elle est à la fois majorée et minorée.

Propriété 12.1. — Caractérisation des suites bornées.
La suite $(u_n)_{n\in I}$ est bornée si, et seulement si, il existe un réel M tel que : $\forall n \in I,\ |u_n| \leq M$.

Définition 12.3. — Suites croissantes, décroissantes.

• On dit que la suite $(u_n)_{n\in I}$ est *croissante* lorsque : $\forall n \in I,\ u_{n+1} \geq u_n$.

• On dit que la suite $(u_n)_{n\in I}$ est *décroissante* lorsque : $\forall n \in I,\ u_{n+1} \leq u_n$.

• On dit que la suite $(u_n)_{n\in I}$ est *monotone* lorsqu'elle est soit croissante, soit décroissante.

• On définit la stricte croissance, la stricte décroissance et la stricte monotonie en remplaçant les inégalités larges par des inégalités strictes.

Définition 12.4. — Suites constantes, stationnaires. On dit que la suite $(u_n)_{n\in I}$ est *constante* lorsque, pour tout n de I, on a : $u_{n+1} = u_n$. Si cette égalité n'a lieu qu'à partir d'un certain rang n_0, la suite est dite *stationnaire* et il existe alors un réel α tel que : $\forall n \geq n_0,\ u_n = \alpha$.

⇨ **Méthode 12.1. Comment étudier le sens de variation d'une suite ?**

Convergence

Définitions

Définition 12.5. — On dit que la suite $(u_n)_{n\in\mathbb{N}}$ *converge* vers le réel ℓ si tout intervalle ouvert contenant ℓ contient tous les termes de la suite $(u_n)_{n\in\mathbb{N}}$ sauf un nombre fini d'entre eux.
On dit alors que ℓ est la limite de la suite $(u_n)_{n\in\mathbb{N}}$ et on note : $\lim\limits_{n\to+\infty} u_n = \ell$.
Une suite qui n'est pas convergente est dite *divergente*.

Propriété 12.2. — La limite d'une suite, lorsqu'elle existe, est unique.

Propriété 12.3. — Toute suite convergente est bornée.

La réciproque est fausse, comme le montre le cas de la suite $((-1)^n)_{n\in\mathbb{N}}$.

Définition 12.6. — On dit que $(u_n)_{n\in\mathbb{N}}$ tend vers $+\infty$, et on écrit $\lim\limits_{n\to+\infty} u_n = +\infty$, si tout intervalle du type $[A, +\infty[$ contient tous les termes de la suite, sauf un nombre fini d'entre eux.

On dit que $(u_n)_{n\in\mathbb{N}}$ tend vers $-\infty$, et on écrit $\lim\limits_{n\to+\infty} u_n = -\infty$, si tout intervalle du type $]-\infty, B]$ contient tous les termes de la suite, sauf un nombre fini d'entre eux.

Remarque 12.1. — Dans les deux cas ci-dessus, $(u_n)_{n\in\mathbb{N}}$ diverge, mais une suite divergente n'a pas nécessairement une limite infinie : elle peut ne pas avoir de limite, comme $((-1)^n)_{n\in\mathbb{N}}$.

Convergence et opérations

Limite d'une somme

$\lim\limits_{n\to+\infty} u_n$	$-\infty$	$+\infty$	$-\infty$	ℓ	ℓ
$\lim\limits_{n\to+\infty} v_n$	$-\infty$	$+\infty$	$+\infty$	$+\infty$	$-\infty$
$\lim\limits_{n\to+\infty} (u_n+v_n)$	$-\infty$	$+\infty$	FI	$+\infty$	$-\infty$

FI signifie : forme indéterminée

Limite d'un produit

$\lim\limits_{n\to+\infty} u_n$	$\pm\infty$	$\pm\infty$	$\pm\infty$
$\lim\limits_{n\to+\infty} v_n$	$\pm\infty$	$\ell\neq 0$	0
$\lim\limits_{n\to+\infty} (u_nv_n)$	$\pm\infty$	$\pm\infty$	FI
	la règle des signes donne le signe de la limite du produit		

Remarque 12.2. — En cas de forme indéterminée, il y a un vrai travail à fournir pour "lever" l'indétermination. Les outils seront donnés plus loin.

Limite de l'inverse d'une suite

$\lim\limits_{n\to+\infty} u_n$	$\pm\infty$	$\ell \neq 0$	$0 \begin{pmatrix}\text{et } u_n < 0 \text{ à partir} \\ \text{d'un certain rang}\end{pmatrix}$	$0 \begin{pmatrix}\text{et } u_n > 0 \text{ à partir} \\ \text{d'un certain rang}\end{pmatrix}$
$\lim\limits_{n\to+\infty} \dfrac{1}{u_n}$	0	$\dfrac{1}{\ell}$	$-\infty$	$+\infty$

❑ Convergence et monotonie

Théorème 12.1. — Théorème de limite monotone (suite croissante ou décroissante).

- Si $(u_n)_{n\in\mathbb{N}}$ est une suite croissante et majorée, alors $(u_n)_{n\in\mathbb{N}}$ est convergente.
  Si $(u_n)_{n\in\mathbb{N}}$ est une suite croissante mais non majorée, alors : $\lim\limits_{n\to+\infty} u_n = +\infty$.
- Si $(u_n)_{n\in\mathbb{N}}$ est une suite décroissante et minorée, alors $(u_n)_{n\in\mathbb{N}}$ est convergente.
  Si $(u_n)_{n\in\mathbb{N}}$ est une suite décroissante mais non minorée, alors : $\lim\limits_{n\to+\infty} u_n = -\infty$.

⇨ **Méthode 12.2. Comment montrer qu'une suite converge avec le théorème de limite monotone ?**

❑ Convergence et ordre

Théorème 12.2. — Théorème de prolongement des inégalités.
Soit deux suites $(u_n)_{n\in\mathbb{N}}$ et $(v_n)_{n\in\mathbb{N}}$ telles que $u_n \leq v_n$, au moins à partir d'un certain rang.
Si $(u_n)_{n\in\mathbb{N}}$ converge vers ℓ_1 et $(v_n)_{n\in\mathbb{N}}$ converge vers ℓ_2, alors $\ell_1 \leq \ell_2$.

Remarque 12.3. — Attention ! Si l'on a $u_n < v_n$ à la place de $u_n \leq v_n$, la conclusion reste $\ell_1 \leq \ell_2$: les inégalités strictes deviennent larges après passage à la limite.

Théorème 12.3. — Théorème d'encadrement.
Soit trois suites $(u_n)_{n\in\mathbb{N}}$, $(v_n)_{n\in\mathbb{N}}$ et $(w_n)_{n\in\mathbb{N}}$ telles que $v_n \leq u_n \leq w_n$, au moins à partir d'un certain rang. Si $(v_n)_{n\in\mathbb{N}}$ et $(w_n)_{n\in\mathbb{N}}$ convergent vers la même limite ℓ, alors :

$$(u_n)_{n\in\mathbb{N}} \text{ converge et } \lim_{n\to+\infty} u_n = \ell.$$

⇨ **Méthode 12.3. Comment montrer qu'une suite converge par encadrement ?**

Cas particulier important : soit deux suites $(u_n)_{n\in\mathbb{N}}$ et $(v_n)_{n\in\mathbb{N}}$, et un réel ℓ tels que $|u_n - \ell| \leq v_n$, au moins à partir d'un certain rang. Si $\lim\limits_{n\to+\infty} v_n = 0$, alors $(u_n)_{n\in\mathbb{N}}$ converge vers ℓ.

Théorème 12.4. — Soit deux suites $(u_n)_{n\in\mathbb{N}}$ et $(v_n)_{n\in\mathbb{N}}$ telles que $u_n \leq v_n$, au moins à partir d'un certain rang.

• Si $\lim\limits_{n\to+\infty} u_n = +\infty$, alors $\lim\limits_{n\to+\infty} v_n = +\infty$.

• Si $\lim\limits_{n\to+\infty} v_n = -\infty$, alors $\lim\limits_{n\to+\infty} u_n = -\infty$.

⇨ **Méthode 12.4. Comment montrer qu'une suite tend vers l'infini par majoration ou minoration ?**

❑ Limite et composition

Théorème 12.5. — Soit une fonction f de $\mathbb{R}$ dans $\mathbb{R}$ et une suite $(u_n)_{n\in\mathbb{N}}$.

Si $\lim\limits_{n\to+\infty} u_n = a$ et si $\lim\limits_{x\to a} f(x) = b$, alors $\lim\limits_{n\to+\infty} f(u_n) = b$.

Cas particulier important.

Si $\lim\limits_{n\to+\infty} u_n = \ell \in \mathbb{R}$ et si f est continue en ℓ, alors $\lim\limits_{n\to+\infty} f(u_n) = f(\ell)$.

❑ Convergence et suites adjacentes

Définition 12.7. — On dit que deux suites $(u_n)_{n\in\mathbb{N}}$ et $(v_n)_{n\in\mathbb{N}}$ sont *adjacentes* lorsque l'une est croissante, l'autre décroissante, et $\lim\limits_{n\to+\infty} (u_n - v_n) = 0$.

Théorème 12.6. — Deux suites adjacentes convergent et leurs limites sont égales.

■ Étude asymptotique des suites

❑ Limites usuelles

Théorème 12.7. — Pour tout réel α strictement positif, on a : $\lim\limits_{n\to+\infty} n^{\alpha} = +\infty$ et $\lim\limits_{n\to+\infty} \dfrac{1}{n^{\alpha}} = 0$.

Pour tout réel q élément de $]-1, 1[$, on a : $\lim\limits_{n\to+\infty} q^n = 0$.

Pour tout réel q élément de $]1, +\infty[$, on a : $\lim\limits_{n\to+\infty} q^n = +\infty$.

❑ Croissances comparées

Théorème 12.8. — Pour tout réel $a > 0$ et pour tout réel $b > 0$, on a : $\lim\limits_{n\to+\infty} \dfrac{(\ln n)^b}{n^a} = 0$.

Théorème 12.9. — Pour tout réel $a > 0$ et pour tout réel q de $]-1, 1[$, on a : $\lim\limits_{n\to+\infty} n^a q^n = 0$.

Méthodes

Étude d'une suite

Méthode 12.1. Comment étudier le sens de variation d'une suite ?

- Si on a : $\forall n \in \mathbb{N},\ u_{n+1} - u_n \geq 0$, alors la suite (u_n) est croissante.
- Si on a : $\forall n \in \mathbb{N},\ u_{n+1} - u_n \leq 0$, alors la suite (u_n) est décroissante.

(Si les inégalités sont strictes, la monotonie est également stricte).

Remarque. Lorsque $u_n > 0$, on peut aussi procéder comme suit :

Si $\dfrac{u_{n+1}}{u_n} \leq 1$, alors (u_n) est décroissante et si $\dfrac{u_{n+1}}{u_n} \geq 1$, alors (u_n) est croissante.

⇨ Exercices 12.2, 12.4, 12.6

Exemple. Soit la suite (u_n) définie par : $\forall n \geq 1,\ u_n = \sum_{k=1}^{n} \frac{1}{k}$. Étudier les variations de cette suite.

$\forall n \geq 1,\ u_{n+1} - u_n = \sum_{k=1}^{n+1} \frac{1}{k} - \sum_{k=1}^{n} \frac{1}{k} = \frac{1}{n+1} \geq 0$. La suite (u_n) est croissante.

Méthode 12.2. Comment montrer qu'une suite converge à l'aide du théorème de limite monotone ?

Une suite croissante et majorée, ou décroissante et minorée, est convergente.
Remarque. Ce théorème ne permet pas de calculer la limite de la suite.

⇨ Exercices 12.4, 12.7

Exemple. Soit (x_n) la suite définie par $x_0 = 2$, ainsi que par la relation : $\forall n \in \mathbb{N},\ x_{n+1} = \dfrac{x_n}{1+n x_n^2}$.

Montrer que la suite (x_n) est positive. En déduire qu'elle est convergente.

- La positivité se traite par une récurrence : on a $x_0 \geq 0$ et si l'on suppose, pour un n fixé dans $\mathbb{N}$, que $x_n \geq 0$, alors $x_{n+1} \geq 0$ en tant que quotient bien défini de réels positifs.
- Par ailleurs, $x_{n+1} - x_n = \dfrac{x_n}{1+n x_n^2} - x_n = \dfrac{-n x_n^{\,3}}{1+n x_n^2} \leq 0$ (puisque $x_n^{\,3} \geq 0$) donc la suite (x_n) est décroissante.
- (x_n) est décroissante et minorée (par 0) donc convergente, mais on ne connaît pas sa limite.

❑ Méthode 12.3. Comment montrer qu'une suite converge avec le théorème d'encadrement ?

Si l'on peut encadrer (au moins à partir d'un certain rang) u_n entre deux termes de suites qui convergent vers la même limite, alors (u_n) converge vers cette limite.
Si $\exists n_0 \in \mathbb{N},\ \forall n \geq n_0,\ v_n \leq u_n \leq w_n$ et si $\lim\limits_{n \to +\infty} v_n = \lim\limits_{n \to +\infty} w_n = \ell$, alors $\lim\limits_{n \to +\infty} u_n = \ell$.

- Ce théorème permet de prouver la convergence de (u_n) et de trouver sa limite.
- Ce théorème requiert non seulement la convergence des suites (v_n) et (w_n) mais l'égalité de leurs limites.

⇨ Exercices 12.3, 12.5, 12.7, 12.8

Exemple. Soit (u_n) la suite définie par : $\forall n \geq 1,\ u_n = \sum\limits_{k=0}^{n} \dfrac{n}{n^2 + k}$.

Montrer que la suite (u_n) converge et donner sa limite.
Pour tout k de $[\![0, n]\!]$, on a : $n^2 \leq n^2 + k \leq n^2 + n$.
Tout étant strictement positif, la décroissance de la fonction inverse sur $]0, +\infty[$ donne :
$\dfrac{1}{n^2+n} \leq \dfrac{1}{n^2+k} \leq \dfrac{1}{n^2}$. Comme $n > 0$, on obtient : $\dfrac{n}{n^2+n} \leq \dfrac{n}{n^2+k} \leq \dfrac{n}{n^2}$.

En simplifiant, on trouve : $\dfrac{1}{n+1} \leq \dfrac{n}{n^2+k} \leq \dfrac{1}{n}$.

En sommant, il vient : $\sum\limits_{k=0}^{n} \dfrac{1}{n+1} \leq \sum\limits_{k=0}^{n} \dfrac{n}{n^2+k} \leq \sum\limits_{k=0}^{n} \dfrac{1}{n}$. Ceci s'écrit : $1 \leq u_n \leq \dfrac{n+1}{n}$.

Comme $\lim\limits_{n \to +\infty} 1 = \lim\limits_{n \to +\infty} \dfrac{n+1}{n} = 1$, alors (u_n) converge et sa limite est égale à 1.

❑ Méthode 12.4. Comment montrer qu'une suite tend vers l'infini par majoration ou minoration ?

Une suite minorée par une suite qui tend vers $+\infty$ tend elle-même vers $+\infty$.
Une suite majorée par une suite qui tend vers $-\infty$ tend elle-même vers $-\infty$.

⇨ Exercice 12.7

Exemple. On pose : $\forall n \geq 1,\ u_n = \sum\limits_{k=1}^{n} e^{1/k}$. Montrer que $\lim\limits_{n \to +\infty} u_n = +\infty$.

Pour tout entier naturel k supérieur ou égal à 1, on a : $e^{1/k} \geq 1$. On en déduit :

$\forall n \geq 1,\ \sum\limits_{k=1}^{n} e^{1/k} \geq \sum\limits_{k=1}^{n} 1$, c'est-à-dire : $u_n \geq n$. Or $\lim\limits_{n \to +\infty} n = +\infty$, donc $\lim\limits_{n \to +\infty} u_n = +\infty$.

■■ Vrai/Faux

	Vrai	Faux
1. Si la suite (u_n) est croissante et si, pour tout entier naturel n, on a : $0 \leq u_n \leq 1$, alors $\lim\limits_{n\to+\infty} u_n = 1$.	☐	☐
2. Toute suite de réels strictement positifs de limite nulle est décroissante à partir d'un certain rang.	☐	☐
3. Si pour tout n de $\mathbb{N}$, on a $u_{n+1} > u_n$, alors $\lim\limits_{n\to+\infty} u_n = +\infty$.	☐	☐
4. Si $\lim\limits_{n\to+\infty} (u_{n+1} - u_n) = 0$, alors (u_n) converge.	☐	☐
5. Si (u_n) est une suite convergente, alors $\lim\limits_{n\to+\infty} \dfrac{u_{n+1}}{u_n} = 1$.	☐	☐
6. Si, pour tout n de $\mathbb{N}^*$, $u_n = \sum\limits_{k=1}^{n} \dfrac{1}{k}$ alors $u_{2n} = \sum\limits_{k=1}^{n} \dfrac{1}{2k}$.	☐	☐
7. Si, pour tout entier naturel n, on a $u_{2n+2} \geq u_{2n}$, alors la suite $(u_{2n})_{n\in\mathbb{N}}$ est croissante.	☐	☐
8. Toute suite non majorée diverge.	☐	☐
9. Si la suite (u_n) converge vers un réel ℓ, alors à partir d'un certain rang, on a $u_n = \ell$.	☐	☐
10. Si pour tout entier naturel n supérieur ou égal à 1, on a $-1 \leq u_n \leq 1$, alors $\lim\limits_{n\to+\infty} u_n \in [-1, 1]$.	☐	☐

■■ Énoncé des exercices

❑ **Exercice 12.1.** — Étudier la limite de la suite (u_n) dans les cas suivants :

1. $\forall n \geq 2,\ u_n = \dfrac{n+1}{\sqrt{n^3 - 2n + 1}}$.

2. $\forall n \in \mathbb{N},\ u_n = \dfrac{a^n - b^n}{a^n + b^n}$, où $0 < a < b$.

3. $\forall n \geq 1,\ u_n = \dfrac{n^2 \left(\ln(n+1) - \ln n\right)}{\sqrt{n^2 + 1}}$.

❑ **Exercice 12.2.** — Soit (u_n) la suite définie par son premier terme $u_0 = 1$ et la relation de récurrence : $\forall n \in \mathbb{N},\ u_{n+1} = u_n + {u_n}^4$.

1. Étudier le sens de variation de la suite (u_n).

2. Montrer que, pour tout entier naturel n, on a $u_n \geq 1$.

3. a) Montrer que si la suite (u_n) convergeait vers une certaine limite ℓ, on aurait $\ell = 0$.

b) Conclure quant à la limite de la suite (u_n).

❑ **Exercice 12.3.** * — On définit la suite (u_n) par $u_0 = 1$ et : $\forall n \in \mathbb{N},\ u_{n+1} = 1 + \dfrac{u_n}{n+1}$.

1. Établir que : $\forall n \in \mathbb{N},\ 1 \leq u_n \leq 2$.

2. Montrer que (u_n) converge vers 1.

❑ **Exercice 12.4.** — Soit deux réels a et b tels que $0 < a < b$.
On considère les deux suites (a_n) et (b_n) définies par la donnée de $a_0 = a$, $b_0 = b$, ainsi que par les relations : $\forall n \in \mathbb{N},\ a_{n+1} = \sqrt{a_n b_n}$ et $b_{n+1} = \dfrac{1}{2}(a_n + b_n)$.

1. Montrer que (a_n) et (b_n) sont bien définies et à termes strictement positifs.

2. a) Montrer que : $\forall n \in \mathbb{N},\ b_{n+1} - a_{n+1} = \dfrac{1}{2}(\sqrt{b_n} - \sqrt{a_n})^2$. En déduire : $\forall n \in \mathbb{N},\ a_n \leq b_n$.

b) Montrer que : $\forall n \in \mathbb{N},\ a_{n+1} - a_n = \left(\sqrt{b_n} - \sqrt{a_n}\right)\sqrt{a_n}$ et $b_{n+1} - b_n = \dfrac{1}{2}(a_n - b_n)$.

3. Montrer que les suites (a_n) et (b_n) sont convergentes et ont même limite.

❑ **Exercice 12.5.** — On rappelle que, pour tout réel u, $\lfloor u \rfloor$ désigne la partie entière de u, c'est-à-dire le seul entier vérifiant : $\lfloor u \rfloor \leq u < \lfloor u \rfloor + 1$.

1. Montrer que : $\forall x \in \mathbb{R}, \forall n \in \mathbb{N}^*$, $\dfrac{\lfloor nx \rfloor}{n} \leq x < \dfrac{\lfloor nx \rfloor + 1}{n}$.

2. En déduire que, pour tout réel x, la suite $\left(\dfrac{\lfloor nx \rfloor}{n}\right)_{n\geq 1}$ converge, et déterminer sa limite.

❑ **Exercice 12.6.** — On considère les suites (a_n) et (b_n) définies par : $\forall n \in \mathbb{N},\ a_n = \displaystyle\sum_{k=0}^{n} \frac{1}{k!}$ et $b_n = a_n + \dfrac{1}{n!}$. Montrer que ces deux suites sont convergentes et de même limite.

❑ **Exercice 12.7.** ** — On désigne par n un entier supérieur ou égal à 3.
On note f_n la fonction définie sur $\mathbb{R}_+^*$ par : $\forall x > 0,\ f_n(x) = x - n\ln x$.

1. Montrer que l'équation $f_n(x) = 0$ admet exactement deux solutions. En notant u_n la plus petite et v_n la plus grande de ces deux solutions, on vérifiera que : $\forall n \geq 3,\ 0 < u_n < n < v_n$.

2. Quelle est la nature de la suite $(v_n)_{n\geq 3}$?

3. a) Montrer que $\forall n \geq 3,\ 1 < u_n < e$.

b) Montrer que $\forall n \geq 3, f_n(u_{n+1}) = \ln u_{n+1}$. En déduire le sens de variation de $(u_n)_{n\geq 3}$.

c) Montrer que $(u_n)_{n\geq 3}$ est convergente, puis en encadrant $\ln u_n$, établir que $\lim\limits_{n\to+\infty} u_n = 1$.

D'après EDHEC

❑ **Exercice 12.8.** ** — Soit f la fonction définie sur $]0,+\infty[$ par : $f(x) = x + \ln x$.

1. Prouver que f est une bijection strictement croissante de $]0,+\infty[$ sur $\mathbb{R}$.

2. a) Pour tout n de $\mathbb{N}^*$, montrer que l'équation $x + \ln x = n$ possède une unique solution, que l'on notera x_n.

b) Calculer x_1. Étudier la monotonie et la convergence de la suite (x_n).

3. a) Pour tout n de $\mathbb{N}^*$, comparer $f(n)$ et n. En déduire que $x_n \leq n$.

b) En déduire que : $\forall n \in \mathbb{N}^*$, $n - \ln n \leq x_n$.

c) Déterminer $\lim\limits_{n\to+\infty} \dfrac{x_n}{n}$.

D'après HEC

❑ **Exercice 12.9.** ** — On pose : $\begin{cases} u_0 = 2,\ u_1 = 0,\ u_2 = 7 \\ \forall n \in \mathbb{N},\ u_{n+3} = 3u_{n+1} - 2u_n \end{cases}$.

On note $M = \begin{pmatrix} 0 & 1 & 0 \\ 0 & 0 & 1 \\ -2 & 3 & 0 \end{pmatrix}$ et on pose, pour tout entier naturel n : $X_n = \begin{pmatrix} u_n \\ u_{n+1} \\ u_{n+2} \end{pmatrix}$.

1. Pour tout entier naturel n, que vaut le produit MX_n ? En déduire X_n en fonction de M et X_0.

2. Montrer que quel que soit l'entier naturel n, la première ligne de M^n est :

$$\begin{pmatrix} \frac{1}{9}\left((-2)^n - 6n + 8\right) & \frac{1}{9}\left((-2)^{n+1} + 3n + 2\right) & \frac{1}{9}\left((-2)^n + 3n - 1\right) \end{pmatrix}$$

3. En déduire, pour tout entier naturel n, l'expression de u_n en fonction de n.

D'après ESSEC

■ Pour vous aider à démarrer

Exercice 12.2. Pour la question **3.b)**, montrer par l'absurde que (u_n) diverge.
Exercice 12.3. Pour la question **1**, traiter le cas $n = 0$ à part.
Exercice 12.4. Pour la question **1**, procéder par récurrence.
Pour la question **2.a)**, ne pas oublier de vérifier à part que $a_0 \leq b_0$.
Pour la question **3**, utiliser $a_n \leq b_n$ pour obtenir les variations des suites (a_n) et (b_n).
Exercice 12.6. Montrer que les deux suites sont adjacentes.
Exercice 12.7. Pour la question **1**, dériver f_n pour obtenir ses variations.
Pour la question **3.a)**, étudier le signe de $f_n(1)$ et de $f_n(e)$.
Pour la question **3.b)**, calculer $f_n(u_{n+1})$ et $f_n(u_n)$, puis utiliser les variations de f_n.
Pour la question **3.c)**, écrire $u_n = n \ln u_n$ et se souvenir de la question **3.a)**.
Exercice 12.8. Pour la question **1**, dériver f pour obtenir ses variations.
Pour la question **2.a)**, utiliser le théorème de la bijection.
Pour la question **2.b)**, utiliser f^{-1} pour calculer la limite de (x_n).

Corrigé des vrai/faux

1.	2.	3.	4.	5.	6.	7.	8.	9.	10.
F	F	F	F	F	F	V	V	F	F

1. On considère la suite $(u_n)_{n\in\mathbb{N}}$ définie par : $\forall n\in\mathbb{N},\ u_n=\frac{1}{2}(1-\frac{1}{n+1})$. Il est facile de vérifier qu'elle est croissante, que tous ses termes sont compris entre 0 et 1 et pourtant sa limite vaut $\frac{1}{2}$.

2. On considère la suite $(u_n)_{n\in\mathbb{N}^*}$ définie par : $\forall n\in\mathbb{N}^*,\ u_n=\frac{2+(-1)^n}{n}$.

$(u_n)_{n\in\mathbb{N}^*}$ est à termes strictement positifs et on a : $\forall n\in\mathbb{N}^*,\ \frac{1}{n}\leq u_n\leq\frac{3}{n}$.

Comme $\lim\limits_{n\to+\infty}\frac{1}{n}=\lim\limits_{n\to+\infty}\frac{3}{n}=0$, le théorème d'encadrement assure que $\lim\limits_{n\to+\infty}u_n=0$.

Pourtant, pour tout entier naturel *n*, on a $u_{2n+1}=\frac{1}{2n+1}$, $u_{2n+2}=\frac{3}{2n+2}$ et $u_{2n+3}=\frac{1}{2n+3}$, et on montre aisément que : $u_{2n+1}<u_{2n+2}$, mais $u_{2n+2}>u_{2n+3}$. La suite (u_n) n'est donc pas décroissante.

3. On considère la suite $(u_n)_{n\in\mathbb{N}}$ définie par : $\forall n\in\mathbb{N},\ u_n=1-\frac{1}{n+1}$. On a bien $u_{n+1}>u_n$, pour tout entier naturel *n*, et pourtant la suite (u_n) converge vers 1.

4. Considérons la suite (u_n) définie par : $\forall n\in\mathbb{N},\ u_n=\ln n$.

Pour tout entier naturel *n*, $u_{n+1}-u_n=\ln(n+1)-\ln(n)=\ln\left(1+\frac{1}{n}\right)$ et alors $\lim\limits_{n\to+\infty}(u_{n+1}-u_n)=0$ et pourtant la suite (u_n) diverge. La propriété " $\lim\limits_{n\to+\infty}(u_{n+1}-u_n)=0\Rightarrow(u_n)$ converge" est fausse.

5. Considérons la suite (u_n) définie, pour tout entier naturel *n* non nul par : $u_n=e^{-n}$.

La suite (u_n) converge vers 0 mais $\frac{u_{n+1}}{u_n}=\frac{1}{e}$, ce qui ne tend pas vers 1 lorsque *n* tend vers $+\infty$.

6. Si, pour tout n de $\mathbb{N}^*, u_n = \sum_{k=1}^{n} \frac{1}{k}$, on a alors $u_{2n} = \sum_{k=1}^{2n} \frac{1}{k}$.

Ainsi, $u_2 = \sum_{k=1}^{4} \frac{1}{k} = \frac{25}{12}$ alors que $\sum_{k=1}^{2} \frac{1}{2k} = \frac{3}{4}$. On en conclut que : $u_{2n} \neq \sum_{k=1}^{n} \frac{1}{2k}$.

7. Si l'on pose $v_n = u_{2n}$, alors effectivement $v_{n+1} - v_n = u_{2n+2} - u_{2n} \geq 0$. La suite (v_n) est bien croissante, ce qui veut dire que la suite (u_{2n}) l'est.

8. On sait que toute suite convergente est bornée, donc majorée.
Par contraposée, on en déduit que toute suite non majorée n'est pas convergente, c'est-à-dire divergente.

9. Considérons la suite (u_n) définie par : $\forall n \in \mathbb{N}^*,\ u_n = \frac{1}{n}$. La suite (u_n) converge vers $\ell = 0$, pourtant, pour tout entier naturel n non nul, on a : $\frac{1}{n} \neq 0$.

10. On considère la suite (u_n) définie par : $\forall n \in \mathbb{N},\ u_n = (-1)^n$.
On a clairement : $\forall n \in \mathbb{N}, u_n \in [-1,1]$. Pourtant cette suite n'a pas de limite.

❑ Les erreurs classiques

- On ne peut passer à la limite dans un encadrement que dans deux cas :
  - si on est dans le cadre du théorème d'encadrement ;
  - si on a prouvé la convergence de tous les objets en jeu.
- Il faut faire attention aux encadrements qui ne prouvent rien.
- Il faut prendre garde aux décalages d'indice, notamment dans les raisonnements de monotonie. Par exemple si on examine la monotonie de la suite (u_{2n}), c'est bien le signe de $u_{2n+2} - u_{2n}$ (et pas $u_{2n+1} - u_{2n}$) qu'il faut étudier.
- Dans l'expression : $\forall n \in \mathbb{N},\ u_n \leq M$, M ne sera qualifié de majorant pour le théorème de limite monotone que s'il est indépendant de n.

Corrigé des exercices

Exercice 12.1

1. On a : $u_n = \dfrac{n\left(1+\dfrac{1}{n}\right)}{\sqrt{n^2\left(n-\dfrac{2}{n}+\dfrac{1}{n^2}\right)}} = \dfrac{1+\dfrac{1}{n}}{\sqrt{n-\dfrac{2}{n}+\dfrac{1}{n^2}}}$. Comme $\lim\limits_{n\to+\infty} n-\dfrac{2}{n}+\dfrac{1}{n^2}=+\infty$, grâce au **théorème 12.5**, on obtient : $\lim\limits_{n\to+\infty}\sqrt{n-\dfrac{2}{n}+\dfrac{1}{n^2}}=+\infty$. D'autre part, on a : $\lim\limits_{n\to+\infty} 1+\dfrac{1}{n}=1$. On en déduit : $\lim\limits_{n\to+\infty} u_n = 0$.

2. On a : $u_n = \dfrac{b^n\left(\dfrac{a^n}{b^n}-1\right)}{b^n\left(\dfrac{a^n}{b^n}+1\right)} = \dfrac{\dfrac{a^n}{b^n}-1}{\dfrac{a^n}{b^n}+1} = \dfrac{\left(\dfrac{a}{b}\right)^n-1}{\left(\dfrac{a}{b}\right)^n+1}$.

Comme $0 \leq \dfrac{a}{b} < 1$, on a, d'après le **théorème 12.7**, $\lim\limits_{n\to+\infty}\left(\dfrac{a}{b}\right)^n = 0$, d'où : $\lim\limits_{n\to+\infty} u_n = -1$.

3. On remarque que, pour tout entier naturel non nul, on a : $n^2\left(\ln(n+1)-\ln n\right) = n^2\ln\left(1+\dfrac{1}{n}\right)$.

D'autre part, on a : $\sqrt{n^2+1} = n\sqrt{1+\dfrac{1}{n^2}}$. On en déduit : $u_n = \dfrac{n\ln\left(1+\dfrac{1}{n}\right)}{\sqrt{1+\dfrac{1}{n^2}}}$.

De plus, on a $n\ln\left(1+\dfrac{1}{n}\right) = \dfrac{\ln\left(1+\dfrac{1}{n}\right)}{\dfrac{1}{n}}$ et on a ainsi : $\lim\limits_{n\to+\infty}\dfrac{\ln\left(1+\dfrac{1}{n}\right)}{\dfrac{1}{n}} = \lim\limits_{x\to0}\dfrac{\ln(1+x)}{x} = 1$.

Comme $\lim\limits_{n\to+\infty}\sqrt{1+\dfrac{1}{n^2}} = 1$, on en conclut : $\lim\limits_{n\to+\infty} u_n = 1$.

Exercice 12.2

1. Pour tout entier naturel *n*, $u_{n+1}-u_n = u_n^{\,4} \geq 0$ et donc la suite (u_n) est bien croissante.

⇨ *Méthode 12.1*

Corrigé

2. Posons pour tout entier naturel n, $P(n)$: "$u_n \geq 1$".

$P(0)$ est vraie puisque $u_0 = 1$.

Soit n un entier naturel fixé pour lequel on suppose $P(n)$ vraie. On a donc $u_n \geq 1$, et par croissance de la fonction $x \mapsto x^4$ sur $\mathbb{R}_+$, on obtient ${u_n}^4 \geq 1$.

Ainsi $u_{n+1} \geq 2 \geq 1$ et $P(n+1)$ est vraie.

Finalement, par récurrence, pour tout entier naturel n, on a : $u_n \geq 1$.

3. a) Supposons que la suite (u_n) converge vers un réel ℓ.

Alors $\lim\limits_{n\to+\infty} u_n = \lim\limits_{n\to+\infty} u_{n+1} = \ell$ et $\lim\limits_{n\to+\infty} {u_n}^4 = \ell^4$ (par continuité de la fonction $x \mapsto x^4$ sur $\mathbb{R}$ et en appliquant le **théorème 12.5**).

La relation $u_{n+1} = u_n + {u_n}^4$ devient en "passant à la limite" : $\ell = \ell^4 + \ell$.

On en déduit $\ell^4 = 0$ puis $\ell = 0$.

b) Si la suite (u_n) convergeait vers un réel ℓ, on aurait, grâce à la question **3.a)**, $\ell = 0$.

Mais le théorème de prolongement des inégalités (**théorème 12.2**) appliqué à la question **2** nous donne alors $\ell \geq 1$ ce qui est contradictoire.

La suite (u_n) n'est donc pas convergente, et puisqu'elle est croissante, on obtient $\lim\limits_{n\to+\infty} u_n = +\infty$.

Exercice 12.3

1. Pour tout entier naturel non nul n, posons $P(n)$: "$1 \leq u_n \leq 2$".

$P(1)$ est vraie puisque $u_1 = 1 + \frac{1}{1} = 2$.

Soit n un entier naturel non nul fixé pour lequel on suppose $P(n)$ vraie.

Puisque $1 \leq u_n \leq 2$, on obtient facilement : $\frac{1}{n+1} \leq \frac{u_n}{n+1} \leq \frac{2}{n+1}$.

On en déduit alors, en ajoutant 1 à chaque membre de l'encadrement, que :

$1 + \frac{1}{n+1} \leq u_{n+1} \leq 1 + \frac{2}{n+1}$, d'où, en élargissant un peu : $1 \leq u_{n+1} \leq 1 + \frac{2}{n+1}$.

Comme $n \geq 1$, on a $n+1 \geq 2$ et ainsi $\frac{2}{n+1} \leq 1$. On en déduit alors : $1 \leq u_{n+1} \leq 2$. Ceci prouve que $P(n+1)$ est vraie.

Finalement, par récurrence : $\forall n \in \mathbb{N}^*, 1 \leq u_n \leq 2$.

Ce résultat est encore vrai si $n = 0$ (car $u_0 = 1$) donc : $\forall n \in \mathbb{N}, 1 \leq u_n \leq 2$.

2. Pour tout entier naturel n, comme $1 \leq u_n \leq 2$, on obtient, en divisant tout par $n+1$, puis en ajoutant 1 à chaque membre : $\forall n \in \mathbb{N}, 1 + \frac{1}{n+1} \leq u_{n+1} \leq 1 + \frac{2}{n+1}$.

Ainsi, en descendant d'un rang, on trouve : $\forall n \in \mathbb{N}^*,\ 1+\dfrac{1}{n} \leq u_n \leq 1+\dfrac{2}{n}$.

Comme $\lim\limits_{n\to+\infty}\left(1+\dfrac{1}{n}\right) = \lim\limits_{n\to+\infty}\left(1+\dfrac{2}{n}\right) = 1$, le théorème d'encadrement permet de conclure que la suite (u_n) converge vers 1.

⇨ *Méthode 12.3*

Exercice 12.4

1. Pour tout entier naturel *n*, posons *P*(*n*) : " a_n et b_n sont bien définis et strictement positifs".
P(0) est vraie. En effet, a_0 et b_0 sont bien définis et l'énoncé donne $a_0 = a > 0$ et $b_0 = b > 0$.
Soit *n* un entier naturel fixé tel que *P*(*n*) est vraie.
Puisque a_n et b_n sont bien définis et $a_n > 0$ et $b_n > 0$, on a $a_n b_n > 0$ et donc $a_{n+1} = \sqrt{a_n b_n}$ existe bien et est strictement positif (racine carrée d'un nombre strictement positif).
De même, $b_{n+1} = \dfrac{1}{2}(a_n + b_n)$ existe bien et est strictement positif (moyenne arithmétique de termes positifs). Ainsi, *P*(*n* + 1) est vraie.
Finalement, par récurrence, pour tout entier naturel *n*, a_n et b_n sont bien définis et strictement positifs.

2. a) Pour tout entier naturel *n*, on a :
$b_{n+1} - a_{n+1} = \dfrac{1}{2}\left((a_n + b_n) - 2\sqrt{a_n b_n}\right) = \dfrac{1}{2}\left((a_n + b_n) - 2\sqrt{a_n}\sqrt{b_n}\right)$ et on reconnaît une identité remarquable. Ainsi, $b_{n+1} - a_{n+1} = \dfrac{1}{2}\left(\sqrt{b_n} - \sqrt{a_n}\right)^2 \geq 0$.
De plus, comme $b \geq a$, on a : $b_0 \geq a_0$. Ainsi, pour tout entier naturel *n*, on a : $b_n \geq a_n$.

b) • Comme pour tout entier naturel *n*, a_n est positif, on a : $a_n = \sqrt{a_n}\sqrt{a_n}$.
On en déduit : $a_{n+1} - a_n = \sqrt{a_n}\left(\sqrt{b_n} - \sqrt{a_n}\right)$.

• Pour tout entier naturel *n*, on a : $b_{n+1} - b_n = \dfrac{1}{2}(a_n + b_n - 2b_n) = \dfrac{1}{2}(a_n - b_n)$.

3. De la relation $a_n \leq b_n$, on obtient :
• Grâce à la question **2.b)**, on a : $b_{n+1} - b_n \leq 0$: la suite (b_n) est donc une suite décroissante.
• Par croissance de la fonction racine carrée sur $\mathbb{R}_+$, on a $\sqrt{a_n} \leq \sqrt{b_n}$ et on obtient $a_{n+1} - a_n \geq 0$: la suite (a_n) est donc une suite croissante.
Puisque (a_n) est une suite croissante et (b_n) est une suite décroissante, on étend l'inégalité de la question **2.a)** en : $a_0 \leq a_n \leq b_n \leq b_0$.

Corrigé

Ainsi la suite (a_n) est croissante et majorée par b_0 et la suite (b_n) est décroissante et minorée par a_0. D'après le théorème de limite monotone, ces deux suites sont convergentes.
Notons alors ℓ_1 et ℓ_2 les limites respectives de (a_n) et (b_n).
En passant à la limite sur les relations définissant les suites (a_n) et (b_n), on obtient :

$$\ell_1 = \sqrt{\ell_1 \ell_2} \text{ et } \ell_2 = \frac{1}{2}(\ell_1 + \ell_2)$$

La deuxième relation donne $\ell_1 = \ell_2$, ce qui rend la première relation inutile : $\ell_1 = |\ell_1| = \ell_1$ (car $\ell_1 \geq a_0 > 0$). Finalement, les suites (a_n) et (b_n) convergent et ont même limite.

⇨ *Méthodes 12.1, 12.2*

Exercice 12.5

1. Pour tout réel y, $\lfloor y \rfloor \leq y < \lfloor y \rfloor + 1$ (par définition de la partie entière).

En appliquant cet encadrement à $y = nx$ (avec x dans $\mathbb{R}$ et n dans $\mathbb{N}^*$), on obtient :

$\lfloor nx \rfloor \leq nx < \lfloor nx \rfloor + 1$. En divisant cet encadrement par $n > 0$, on obtient : $\dfrac{\lfloor nx \rfloor}{n} \leq x < \dfrac{\lfloor nx \rfloor + 1}{n}$.

2. L'inégalité de droite de l'encadrement précédent s'écrit : $\dfrac{\lfloor nx \rfloor}{n} > x - \dfrac{1}{n}$.

En associant cette inégalité à l'inégalité de gauche du même encadrement, on obtient :

$x - \dfrac{1}{n} < \dfrac{\lfloor nx \rfloor}{n} \leq x$, valable pour tout entier naturel n non nul.

Comme $\lim\limits_{n \to +\infty} x - \dfrac{1}{n} = \lim\limits_{n \to +\infty} x = x$, le théorème d'encadrement assure que $\lim\limits_{n \to +\infty} \dfrac{\lfloor nx \rfloor}{n} = x$.

⇨ *Méthode 12.3*

Exercice 12.6

- $\forall n \in \mathbb{N},\ a_{n+1} - a_n = \displaystyle\sum_{k=0}^{n+1} \frac{1}{k!} - \sum_{k=0}^{n} \frac{1}{k!} = \frac{1}{(n+1)!}$, donc $a_{n+1} - a_n \geq 0$ et (a_n) est croissante.

- $\forall n \in \mathbb{N},\ b_{n+1} - b_n = a_{n+1} - a_n + \dfrac{1}{(n+1)!} - \dfrac{1}{n!} = \dfrac{2}{(n+1)!} - \dfrac{1}{n!} = \dfrac{2}{(n+1)!} - \dfrac{n+1}{(n+1)!} = -\dfrac{(n-1)}{(n+1)!}$, donc,

dès que n est supérieur ou égal à 1, on a : $b_{n+1} - b_n \leq 0$. La suite $(b_n)_{n\geq 1}$ est décroissante.

- $\forall n \in \mathbb{N},\ b_n - a_n = \dfrac{1}{n!}$ donc $\lim\limits_{n \to +\infty} (b_n - a_n) = 0$.

Les suites (a_n) et (b_n) sont adjacentes donc elles convergent et ont la même limite.

Exercice 12.7

1. La fonction f_n est dérivable sur $\mathbb{R}_+^*$ en tant que somme de fonctions dérivables sur $\mathbb{R}_+^*$ et pour tout x strictement positif, $f_n'(x) = 1 - \frac{n}{x} = \frac{x-n}{x}$.

On en déduit que f_n' est du signe de $x - n$, ce qui permet d'écrire les deux points suivants :

• La fonction f_n est strictement décroissante sur $]0,n[$.

Puisque f_n est aussi continue sur $]0,n[$, elle réalise une bijection de $]0,n[$ sur $\left]f_n(n), \lim\limits_{x\to 0} f_n(x)\right[=]n - n\ln n, +\infty[$. En effet, $\lim\limits_{x\to 0^+} f_n(x) = +\infty$ (somme de limites usuelles).

Or pour tout entier n supérieur à 3, on a $n > e$, donc $\ln n > 1$ et $n - n\ln n = n(1-\ln n) < 0$, donc $0 \in]n - n\ln n, +\infty[$. Ainsi, l'équation $f_n(x) = 0$ possède une unique solution u_n sur $]0,n[$.

• La fonction f_n est strictement croissante sur $]n,+\infty[$.

Puisque f_n est aussi continue sur $]n,+\infty[$, elle réalise une bijection de $]n,+\infty[$ sur $]f_n(n), \lim\limits_{x\to+\infty} f_n(x)[=]n - n\ln n, +\infty[$. En effet, on a $\lim\limits_{x\to+\infty} f_n(x) = \lim\limits_{x\to+\infty} x\left(1 - n\frac{\ln x}{x}\right) = +\infty$, puisque l'on sait que $\lim\limits_{x\to+\infty} \frac{\ln x}{x} = 0$.

Comme $0 \in]n - n\ln n, +\infty[$, l'équation $f_n(x) = 0$ possède une unique solution v_n sur $]n,+\infty[$.

L'équation $f_n(x) = 0$ possède deux solutions, u_n et v_n, qui vérifient : $\forall n \geq 3,\ 0 < u_n < n < v_n$.

2. On a vu que : $\forall n \geq 3,\ n < v_n$. Comme $\lim\limits_{n\to+\infty} n = +\infty$, on en déduit, grâce au théorème de comparaison, que : $\lim\limits_{n\to+\infty} v_n = +\infty$. La suite $(v_n)_{n\geq 3}$ est donc divergente.

⇨ *Méthode 12.4*

3. a) Pour tout n supérieur ou égal à 3, on a : $f_n(1) = 1 > 0$ et $f_n(e) = e - n < 0$. On en déduit : $\forall n \geq 3,\ f_n(e) < f_n(u_n) < f_n(1)$. Puisque 1, e et u_n sont des éléments de $]0,n[$, la stricte décroissance de f_n sur $]0,n[$ assure que : $\forall n \geq 3, 1 < u_n < e$.

b) On remarque que : $\forall n \geq 3, f_n(u_{n+1}) = u_{n+1} - n\ln(u_{n+1}) = \underbrace{u_{n+1} - (n+1)\ln(u_{n+1})}_{f_{n+1}(u_{n+1})} + \ln(u_{n+1})$.

Par définition de la suite $(u_n)_{n\geq 3}$, pour tout n supérieur ou égal à 3, $f_{n+1}(u_{n+1}) = 0$, on en déduit que : $\forall n \geq 3, f_n(u_{n+1}) = \ln(u_{n+1})$.

D'après la question **3.a)**, $u_{n+1} > 1$ donc : $\forall n \geq 3, f_n(u_{n+1}) = \ln(u_{n+1}) > 0$.

Comme $f_n(u_n) = 0$, on en déduit que : $\forall n \geq 3, f_n(u_{n+1}) > f_n(u_n)$.

Les réels u_n et u_{n+1} étant dans $\left]0,n\right[$, et la fonction f_n étant strictement décroissante sur $\left]0,n\right[$, on obtient : $\forall n \geq 3,\ u_{n+1} < u_n$: la suite $(u_n)_{n\geq 3}$ est donc décroissante.

c) La suite $(u_n)_{n\geq 3}$ est décroissante et minorée par 1 (question **3.a**), elle converge donc.

La relation $f_n(u_n)=0$ se traduit par $u_n = n\ln(u_n)$, soit encore : $\dfrac{u_n}{n}=\ln(u_n)$.

Comme $1<u_n<e$, on en déduit que : $\dfrac{1}{n}<\dfrac{u_n}{n}<\dfrac{e}{n}$.

Finalement, pour tout entier n supérieur ou égal à 3, on a : $\dfrac{1}{n}<\ln(u_n)<\dfrac{e}{n}$.

Le théorème d'encadrement nous permet de conclure que : $\lim\limits_{n\to+\infty} \ln(u_n)=0$.

La continuité en 0 de la fonction exponentielle prouve alors que : $\lim\limits_{n\to+\infty} u_n = 1$.

⇨ *Méthodes 12.2, 12.3*

Exercice 12.8

1. La fonction f est dérivable sur $\mathbb{R}_+^*$ en tant que somme de fonctions usuelles dérivables sur $\mathbb{R}_+^*$ et, pour tout réel x strictement positif, $f'(x)=1+\dfrac{1}{x}>0$.

La fonction f est donc strictement croissante sur $\mathbb{R}_+^*$.

Puisqu'elle y est également continue, elle réalise une bijection de $\mathbb{R}_+^*$ sur $f\left(\mathbb{R}_+^*\right)=\mathbb{R}$ (car $\lim\limits_{x\to 0^+} f(x)=-\infty$ et $\lim\limits_{x\to+\infty} f(x)=+\infty$).

2. a) Le théorème de la bijection assure de l'existence d'une unique solution x_n sur $\mathbb{R}_+^*$ à l'équation $x+\ln x = n$. On a donc : $\forall n \in \mathbb{N}^*, f(x_n)=n$.

b) • On remarque déjà que : $1+\ln 1 = 1$ donc 1 est solution de l'équation $x+\ln x = 1$.
Par unicité de la solution, on en déduit que : $x_1 = 1$.

• Pour étudier la monotonie de la suite $(x_n)_{n\in\mathbb{N}^*}$, on part du constat simple que : $n<n+1$.
On obtient alors, par définition de la suite $(x_n)_{n\in\mathbb{N}^*}$: $f(x_n)<f(x_{n+1})$.
La stricte croissance de f sur $\mathbb{R}_+^*$ assure alors que : $\forall n\in\mathbb{N}^*, x_n<x_{n+1}$.
La suite $(x_n)_{n\in\mathbb{N}^*}$ est donc croissante.

• La relation $f(x_n)=n$ s'écrit aussi $x_n = f^{-1}(n)$.
On a vu à la question **1** que $\lim\limits_{x\to+\infty} f(x)=+\infty$, on a donc : $\lim\limits_{x\to+\infty} f^{-1}(x)=+\infty$.
On en déduit que : $\lim\limits_{n\to+\infty} x_n = \lim\limits_{n\to+\infty} f^{-1}(n)=+\infty$.

3. a) Comme $n \geq 1$, on a $\ln n \geq 0$ et ainsi : $f(n) = n + \ln n \geq n$.
De plus, on sait que $f(x_n) = n$, on en déduit : $\forall n \in \mathbb{N}^*, f(n) \geq f(x_n)$.
La stricte croissance de *f* sur $\mathbb{R}_+^*$ assure alors que : $\forall n \in \mathbb{N}^*, n \geq x_n$.

b) Par définition de la suite (x_n), on a $x_n + \ln x_n = n$, soit : $x_n = n - \ln x_n$. On vient de voir à la question **3.a)**, que $n \geq x_n$ d'où l'on déduit $-\ln x_n \geq -\ln n$. On obtient alors :

$$\forall n \in \mathbb{N}^*,\ x_n \geq n - \ln n$$

c) Les résultats des questions **3.a)** et **3.b)** donnent : $\forall n \in \mathbb{N}^*, n - \ln n \leq x_n \leq n$.
On a , en divisant par $n \geq 1 > 0$: $\forall n \in \mathbb{N}^*, 1 - \dfrac{\ln n}{n} \leq \dfrac{x_n}{n} \leq 1$.
Comme $\lim\limits_{n \to +\infty} \dfrac{\ln n}{n} = 0$ on en déduit que : $\lim\limits_{n \to +\infty} \left(1 - \dfrac{\ln n}{n}\right) = 1$.
Le théorème d'encadrement nous permet alors de conclure que : $\lim\limits_{n \to +\infty} \dfrac{x_n}{n} = 1$.

⇨ *Méthode 12.3*

Exercice 12.9

1. On remarque que : $MX_n = \begin{pmatrix} u_{n+1} \\ u_{n+2} \\ 3u_{n+1} - 2u_n \end{pmatrix} = \begin{pmatrix} u_{n+1} \\ u_{n+2} \\ u_{n+3} \end{pmatrix}$.
On en déduit que : $\forall n \in \mathbb{N}, MX_n = X_{n+1}$.
Pour tout entier naturel *n*, posons *R*(*n*) : " $X_n = M^n X_0$ ".
R(0) est vraie. En effet : $M^0 X_0 = I\, X_0 = X_0$.
Soit *n* un entier naturel tel que *R*(*n*) soit vraie, c'est-à-dire : $X_n = M^n X_0$.
On a : $X_{n+1} = MX_n = M(M^n X_0) = M^{n+1} X_0$ donc *R*(*n* +1) est vraie.
Finalement, par récurrence, pour tout entier naturel *n*, on a : $X_n = M^n X_0$.

2. Pour tout entier naturel *n*, posons *P*(*n*) :
"la première ligne de M^n est $\left(\frac{1}{9}\left((-2)^n - 6n + 8\right) \quad \frac{1}{9}\left((-2)^{n+1} + 3n + 2\right) \quad \frac{1}{9}\left((-2)^n + 3n - 1\right)\right)$ ".

- *P*(0) est vraie, car, d'une part $M^0 = I$ dont la première ligne est $(1 \quad 0 \quad 0)$ et d'autre part :
$\frac{1}{9}\left((-2)^0 - 6\times 0 + 8\right) = 1$, $\frac{1}{9}\left((-2)^{0+1} + 3\times 0 + 2\right) = 0$ et $\frac{1}{9}\left((-2)^{0+1} + 3\times 0 + 2\right) = 0$.
- Soit *n* un entier naturel tel que *P*(*n*) soit vraie.

De la relation $M^{n+1} = M^n \times M$, on sait, par définition du produit matriciel, que la première ligne de M^{n+1} s'obtient en multipliant la première ligne de M^n par les colonnes de *M*.

Corrigé

On obtient alors dans l'ordre :

- $\frac{1}{9}\left((-2)^n-6n+8\right)\times 0+\frac{1}{9}\left((-2)^{n+1}+3n+2\right)\times 0+\frac{1}{9}\left((-2)^n+3n-1\right)\times(-2)$.
- $\frac{1}{9}\left((-2)^n-6n+8\right)\times 1+\frac{1}{9}\left((-2)^{n+1}+3n+2\right)\times 0+\frac{1}{9}\left((-2)^n+3n-1\right)\times 3$.
- $\frac{1}{9}\left((-2)^n-6n+8\right)\times 0+\frac{1}{9}\left((-2)^{n+1}+3n+2\right)\times 1+\frac{1}{9}\left((-2)^n+3n-1\right)\times 0$.

Après simplifications, la première ligne de M^{n+1} est :

$$\begin{pmatrix}\frac{1}{9}\left((-2)^{n+1}-6(n+1)+8\right) & \frac{1}{9}\left((-2)^{n+2}+3(n+1)+2\right) & \frac{1}{9}\left((-2)^{n+1}+3(n+1)-1\right)\end{pmatrix}$$

P(*n* +1) est donc vraie.

Finalement, par récurrence, pour tout entier naturel *n*, la première ligne de M^n est :

$$\begin{pmatrix}\frac{1}{9}\left((-2)^n-6n+8\right) & \frac{1}{9}\left((-2)^{n+1}+3n+2\right) & \frac{1}{9}\left((-2)^n+3n-1\right)\end{pmatrix}$$

3. Comme $X_n=M^nX_0$, le premier coefficient de X_n, c'est-à-dire u_n, s'obtient en multipliant la première ligne de M^n par la colonne $X_0=\begin{pmatrix}2\\0\\7\end{pmatrix}$.

En effectuant ce produit, on obtient : $\forall n\in\mathbb{N},\ u_n=(-2)^n+n+1$.

Chapitre 13
Suites usuelles

Dans l'Antiquité, les Grecs déjà se passionnaient pour les nombres entiers. Leur vision était géométrique puisqu'ils les représentaient par des points. Ils nommaient ainsi nombres carrés ceux que l'on peut disposer en carré ; nous parlons encore de nos jours du carré d'un nombre. Les nombres triangles sont ceux de la forme $n(n+1)/2$, c'est-à-dire somme des n premiers entiers. Le mot *arithmétique* vient du mot grec *arithmos* qui signifie *nombre*. Pour le traduire, les Romains choisirent le mot *numerus* qui désignait une grande quantité. Dans notre langue encore, *nombre* a toujours les deux sens. Comme *arithmos*, il désigne un nombre, mais on retrouve son sens latin originel dans l'expression *ils sont venus en nombre*. Au Moyen Âge, le mathématicien italien **Fibonacci** introduit une suite récurrente qu'il étaye sur la reproduction de couples de lapins.

Fibonacci
env. 1180- env. 1250

Objectifs

Les incontournables

- Savoir utiliser les suites arithmétiques et géométriques.
- Savoir étudier les suites arithmético-géométriques.
- Savoir étudier les suites vérifiant une relation de récurrence d'ordre 2.

Et plus si affinités

- Savoir étudier les suites aux récurrences linéaires imbriquées.

Résumé de cours

Suites arithmétiques

Définition 13.1. — On dit que la suite $(u_n)_{n\in\mathbb{N}}$ est *arithmétique* lorsque $u_{n+1}-u_n$ ne dépend pas de *n*, c'est-à-dire lorsqu'il existe un réel *r*, indépendant de *n*, appelé *raison* de $(u_n)_{n\in\mathbb{N}}$, tel que :

$$\forall n\in\mathbb{N},\ u_{n+1}=u_n+r$$

⇨ **Méthode 13.1. Comment montrer qu'une suite est arithmétique ?**

Théorème 13.1. — Soit une suite arithmétique $(u_n)_{n\in\mathbb{N}}$ de raison *r*. Alors :

$$\forall n\in\mathbb{N},\ u_n=u_0+nr.$$

Plus généralement, on a :

$$\forall p\in\mathbb{N},\ \forall n\geq p,\ u_n=u_p+(n-p)r.$$

Suites géométriques

Définition

Définition 13.2. — On dit que la suite $(u_n)_{n\in\mathbb{N}}$ est *géométrique* lorsqu'il existe un réel *q*, indépendant de *n*, appelé *raison* de $(u_n)_{n\in\mathbb{N}}$, tel que :

$$\forall n\in\mathbb{N},\ u_{n+1}=qu_n$$

⇨ **Méthode 13.2. Comment montrer qu'une suite est géométrique ?**

Théorème 13.2. — Soit une suite géométrique $(u_n)_{n\in\mathbb{N}}$ de raison *q*. Alors :

$$\forall n\in\mathbb{N},\ u_n=u_0q^n$$

Plus généralement, on a :

$$\forall p\in\mathbb{N},\ \forall n\geq p,\ u_n=u_pq^{n-p}$$

Limites

Théorème 13.3. — Convergence de la suite $(q^n)_{n\in\mathbb{N}}$

- Si $|q|<1$, alors $\lim\limits_{n\to+\infty} q^n=0$.
- Si $q=1$, alors la suite $(q^n)_{n\in\mathbb{N}}$ est constante égale à 1 donc elle converge vers 1.
- Si $q>1$, alors $\lim\limits_{n\to+\infty} q^n=+\infty$.
- Si $q\leq-1$, alors la suite $(q^n)_{n\in\mathbb{N}}$ diverge (elle est bornée si $q=-1$, non bornée sinon).

❑ Croissances comparées (rappel)

Théorème 13.4. — Pour tout réel $a > 0$ et pour tout réel q de $]-1, 1[$, on a : $\lim\limits_{n \to +\infty} n^a q^n = 0$.

■ Suites arithmético-géométriques

Définition 13.3. — On dit que la suite $(u_n)_{n\in\mathbb{N}}$ est *arithmético-géométrique* lorsqu'il existe deux réels a et b, indépendants de n, avec $a \neq 1$, tels que : $\forall n \in \mathbb{N},\ u_{n+1} = au_n + b$.

Remarque 13.1. — Si $a = 1$, la suite est arithmétique et si $b = 0$, elle est géométrique.

Théorème 13.5. — Soit la suite $(u_n)_{n\in\mathbb{N}}$, définie par : $\forall n \in \mathbb{N},\ u_{n+1} = au_n + b$ (avec $a \neq 1$).
Si x est le réel vérifiant $x = ax + b$, alors la suite $(u_n - x)$ est géométrique de raison a.

⇨ **Méthode 13.3. Comment étudier une suite arithmético-géométrique ?**

■ Suites vérifiant une relation de récurrence linéaire d'ordre 2

Définition 13.4. — On dit que la suite $(u_n)_{n\in\mathbb{N}}$ est une *suite récurrente linéaire d'ordre* 2 lorsqu'il existe deux réels a et b, indépendants de n, tels que : $\forall n \in \mathbb{N},\ u_{n+2} = au_{n+1} + bu_n$.
L'équation (E) " $x^2 - ax - b = 0$ " est appelée *équation caractéristique* de la suite (u_n).

Théorème 13.6. — Schéma d'étude de $(u_n)_{n\in\mathbb{N}}$ vérifiant : $\forall n \in \mathbb{N},\ u_{n+2} = au_{n+1} + bu_n$.

• Si l'équation (E) admet deux solutions r_1 et r_2, alors il existe deux réels λ et μ tels que :

$$\forall n \in \mathbb{N},\ u_n = \lambda r_1^n + \mu r_2^n$$

• Si l'équation (E) admet une seule solution r, alors il existe deux réels λ et μ tels que :

$$\forall n \in \mathbb{N},\ u_n = (\lambda + \mu n) r^n$$

⇨ **Méthode 13.4. Comment étudier une suite récurrente linéaire d'ordre 2 ?**

Méthodes

Étude des suites usuelles

Méthode 13.1. Comment montrer qu'une suite est arithmétique ?

Pour montrer qu'une suite $(u_n)_{n\in\mathbb{N}}$ est arithmétique, il suffit d'exprimer, pour tout entier naturel n, la différence $u_{n+1}-u_n$, et de constater que c'est un réel indépendant de n. Dans ce cas, ce réel est la raison de la suite.

⇨ Exercices 13.1, 13.2

Exemple. Soit la suite $(u_n)_{n\in\mathbb{N}}$ définie par : $\begin{cases} u_0 = 1 \\ \forall n\in\mathbb{N},\ u_{n+1} = 3u_n + 3^n. \end{cases}$

Pour tout n de $\mathbb{N}$, on pose $v_n = \dfrac{u_n}{3^n}$. Montrer que la suite $(v_n)_{n\in\mathbb{N}}$ est arithmétique.

$$\forall n\in\mathbb{N},\ v_{n+1}-v_n = \frac{u_{n+1}}{3^{n+1}} - \frac{u_n}{3^n} = \frac{3u_n+3^n}{3^{n+1}} - \frac{u_n}{3^n} = \frac{u_n}{3^n} + \frac{1}{3} - \frac{u_n}{3^n} = \frac{1}{3}.$$

La quantité $v_{n+1}-v_n$ ne dépend pas de n, donc la suite $(v_n)_{n\in\mathbb{N}}$ est arithmétique, de raison $\dfrac{1}{3}$.

Méthode 13.2. Comment montrer qu'une suite est géométrique ?

Pour montrer qu'une suite $(u_n)_{n\in\mathbb{N}}$ est géométrique, il suffit d'exprimer, pour tout entier naturel n, la quantité u_{n+1} sous la forme $q\,u_n$, où q est un réel indépendant de n. Dans ce cas, ce réel est la raison de la suite.

On peut aussi considérer le quotient $\dfrac{u_{n+1}}{u_n}$ et montrer qu'il est indépendant de n, mais cela suppose que l'on ait prouvé au préalable que u_n n'est jamais nul.

⇨ Exercice 13.3

Exemple. Soit la suite $(u_n)_{n\in\mathbb{N}}$ définie par la donnée de $u_0 > 1$ et par la relation de récurrence :

$$\forall n\in\mathbb{N},\ u_{n+1} = u_n^2 - 2u_n + 2.$$

En écrivant $u_{n+1} = (u_n - 1)^2 + 1$, il est facile de prouver par récurrence que : $\forall n\in\mathbb{N},\ u_n > 1$.

On pose alors : $\forall n\in\mathbb{N},\ v_n = \ln(u_n - 1)$. Montrer que la suite $(v_n)_{n\in\mathbb{N}}$ est géométrique.

$\forall n\in\mathbb{N},\ v_{n+1} = \ln(u_{n+1}-1) = \ln(u_n^2 - 2u_n + 1) = \ln((u_n-1)^2) = 2\ln(u_n-1) = 2v_n$. La suite $(v_n)_{n\in\mathbb{N}}$ est donc géométrique, de raison 2.

❑ Méthode 13.3. Comment étudier une suite arithmético-géométrique ?

On considère donc une suite (u_n) telle que : $\forall n \in \mathbb{N},\ u_{n+1} = au_n + b,\ a \neq 1$.

• Comme $a \neq 1$, il existe un réel x tel que $x = ax + b$ et on a : $x = b/(1-a)$.

• On soustrait alors membre à membre les deux égalités : $\begin{bmatrix} u_{n+1} = au_n + b \\ x = ax + b \end{bmatrix}$.

On trouve $u_{n+1} - x = a(u_n - x)$; la suite $(u_n - x)$ est donc géométrique, de raison a.

• On en déduit que : $\forall n \in \mathbb{N},\ u_n - x = (u_0 - x)a^n$, puis $u_n = (u_0 - x)a^n + x$.

⇨ Exercice 13.4

Exemple. Soit la suite u définie par $u_1 = 1$ et la relation : $\forall n \in \mathbb{N}^*,\ u_{n+1} = 2u_n + 3$.
Déterminer u_n en fonction de n, pour tout n de $\mathbb{N}^*$.
L'équation $x = 2x + 3$ a pour solution $x = -3$.

On soustrait membre à membre les deux égalités $\begin{bmatrix} u_{n+1} = 2u_n + 3 \\ x = 2x + 3 \end{bmatrix}$. On obtient $u_{n+1} - x = 2(u_n - x)$, soit $u_{n+1} + 3 = 2(u_n + 3)$. La suite $(u_n + 3)_{n \geq 1}$ est donc géométrique de raison 2, d'où : $\forall n \geq 1,\ u_n + 3 = 2^{n-1}(u_1 + 3)$. En arrangeant : $\forall n \geq 1,\ u_n = 2^{n+1} - 3$.

❑ Méthode 13.4. Comment étudier une suite récurrente linéaire d'ordre 2 ?

On suppose connus deux termes de la suite (souvent u_0 et u_1, mais pas toujours).
On considère l'équation caractéristique (E) : $x^2 - ax - b = 0$.

• Si (E) admet 2 racines réelles distinctes r_1 et r_2, alors : $\forall n \in \mathbb{N},\ u_n = \lambda r_1^n + \mu r_2^n$.

Avec $n = 0$ et $n = 1$, on obtient le système : $\begin{cases} \lambda + \mu = u_0 \\ \lambda r_1 + \mu r_2 = u_1 \end{cases}$, ce qui donne λ et μ.

• Si (E) admet une seule racine réelle r_0, alors : $\forall n \in \mathbb{N},\ u_n = (\lambda + \mu n)r_0^n$.

Avec $n = 0$ et $n = 1$, on obtient le système : $\begin{cases} \lambda = u_0 \\ (\lambda + \mu)r_0 = u_1 \end{cases}$, ce qui donne λ et μ.

⇨ Exercices 13.4, 13.5

Exemple 1. Soit la suite u définie par : $\forall n \in \mathbb{N},\ u_{n+2} = 5u_{n+1} - 6u_n$ (avec $u_0 = u_1 = 1$).

Déterminer u_n en fonction de n, pour tout n de $\mathbb{N}$.

La suite (u_n) vérifie une relation de récurrence linéaire d'ordre 2.

L'équation caractéristique de (u_n) est : $x^2 - 5x + 6 = 0$. Cette équation a deux racines réelles distinctes : il s'agit de 2 et 3.

Il existe donc deux réels λ et μ tels que : $\forall n \in \mathbb{N},\ u_n = \lambda 2^n + \mu 3^n$.

Pour $n=0$ et $n=1$, on obtient le système $\begin{cases} \lambda + \mu = 1 \\ 2\lambda + 3\mu = 1 \end{cases}$, d'où $\lambda = 2$ et $\mu = -1$.

Conclusion : $\forall n \in \mathbb{N},\ u_n = 2^{n+1} - 3^n$.

Exemple 2. Soit la suite u définie par : $\forall n \in \mathbb{N},\ u_{n+2} = 4u_{n+1} - 4u_n$ (avec $u_0 = 1$ et $u_1 = 4$).
Déterminer u_n en fonction de n, pour tout n de $\mathbb{N}$.

La suite (u_n) vérifie une relation de récurrence linéaire d'ordre 2.
L'équation caractéristique de (u_n) est : $x^2 - 4x + 4 = 0$, soit $(x-2)^2 = 0$. Cette équation admet une seule racine, égale à 2. Il existe donc deux réels λ et μ tels que $\forall n \in \mathbb{N},\ u_n = (\lambda + \mu n)2^n$.

Pour $n=0$ et $n=1$, on obtient le système $\begin{cases} \lambda = 1 \\ 2(\lambda + \mu) = 4 \end{cases}$, d'où $\lambda = 1$ et $\mu = 1$.

Conclusion : $\forall n \in \mathbb{N},\ u_n = (1+n)2^n$.

Méthodes

■■ Vrai/Faux

		Vrai	Faux
1.	Si une suite vérifie, pour tout entier naturel n, $u_{n+3} = 5u_{n+1} - 6u_n$, alors il existe deux réels λ et μ tels que : $\forall n \in \mathbb{N}$, $u_n = \lambda 2^n + \mu 3^n$.	☐	☐
2.	Si la suite $(u_n)_{n\in\mathbb{N}}$ est arithmétique, alors la suite $(e^{u_n})_{n\in\mathbb{N}}$ est géométrique.	☐	☐
3.	Toute suite arithmétique de raison non nulle diverge.	☐	☐
4.	Toute suite géométrique de raison négative diverge.	☐	☐
5.	Si la suite (u_n) vérifie la relation $u_{n+1} = (n+1)\,u_n$, avec $u_0 = 1$, alors : $\forall n \in \mathbb{N},\ u_n = (n+1)^n$	☐	☐
6.	Une suite (u_n) vérifiant la relation $u_{n+1} = u_n + 2n + 3$ est arithmético-géométrique.	☐	☐
7.	Une suite géométrique de raison nulle est la suite nulle.	☐	☐
8.	La suite des entiers naturels est arithmétique.	☐	☐
9.	La suite u définie par : $\forall n \in \mathbb{N}^*, u_{n+1} = 2u_n - u_{n-1}$ et $u_0 = u_1 = 1$ est une suite récurrente linéaire d'ordre 2.	☐	☐
10.	Si $0 < a < b$ alors la suite $\left(\dfrac{a^n}{b^n}\right)$ converge vers 0.	☐	☐

Énoncé des exercices

❑ **Exercice 13.1.** — Soit $(u_n)_{n\in\mathbb{N}}$ une suite vérifiant : $\forall n\in\mathbb{N},\ u_{n+2}=2u_{n+1}-u_n$.
On définit la suite $(v_n)_{n\in\mathbb{N}}$ par : $\forall n\in\mathbb{N},\ v_n=u_{n+1}-u_n$.
Calculer, pour tout entier naturel n, $v_{n+1}-v_n$. Que peut-on en déduire pour $(u_n)_{n\in\mathbb{N}}$?

❑ **Exercice 13.2.** — Soit (u_n) la suite définie par $u_0=0$ et : $\forall n\in\mathbb{N},\ u_{n+1}=\sqrt{u_n^2+1}$.
Pour tout n de $\mathbb{N}$, on pose $v_n=u_n^2$. Montrer que (v_n) est arithmétique et en déduire $\lim\limits_{n\to+\infty} u_n$.

❑ **Exercice 13.3.** — Soit $(u_n)_{n\in\mathbb{N}}$ la suite définie par $u_0=\dfrac{2}{3}$ et : $\forall n\in\mathbb{N},\ u_{n+1}=\dfrac{u_n}{2-u_n}$.

1. Montrer que, pour tout n de $\mathbb{N}$, u_n existe et appartient à $]0,1[$.

2. On pose : $\forall n\in\mathbb{N},\ v_n=1-\dfrac{1}{u_n}$.

a) Montrer que la suite $(v_n)_{n\in\mathbb{N}}$ est géométrique.

b) En déduire, pour tout n de $\mathbb{N}$, v_n, puis u_n en fonction de n, et déterminer $\lim\limits_{n\to+\infty} u_n$.

❑ **Exercice 13.4.** — Dans chacun des cas suivants, exprimer u_n en fonction de n.
1. $u_1=0$ et $\forall n\geq 1,\ u_{n+1}=-u_n+2$.
2. $u_0=u_1=1$ et $\forall n\in\mathbb{N},\ u_{n+2}=u_{n+1}+u_n$ (suite dite de *Fibonacci*).
3. $u_1=1$, $u_2=0$ et $\forall n\geq 1,\ u_{n+2}=u_{n+1}-\dfrac{1}{4}u_n$.

❑ **Exercice 13.5.** * — On considère les deux suites (x_n) et (y_n) définies par :

$$x_0=2,\ y_0=-1 \text{ et : } \forall n\in\mathbb{N},\ \begin{cases} x_{n+1}=-2x_n+y_n \\ y_{n+1}=2x_n-3y_n \end{cases}.$$

1. Déterminer deux réels a et b tels que : $\forall n\in\mathbb{N},\ x_{n+2}=a\,x_{n+1}+b\,x_n$.
2. En déduire une expression de x_n, puis de y_n, en fonction de n, $n\in\mathbb{N}$.

Pour vous aider à démarrer

Exercice 13.2. Exprimer v_{n+1} en fonction de u_{n+1} puis de u_n et enfin de v_n.
Exercice 13.5. Pour la question **1**, écrire $x_{n+2}=-2x_{n+1}+y_{n+1}$ puis remplacer y_{n+1}.

Corrigé des vrai/faux

1.	2.	3.	4.	5.	6.	7.	8.	9.	10.
F	V	V	F	F	F	F	V	V	V

1. La suite (u_n) vérifie la relation $u_{n+3} = 5u_{n+1} - 6u_n$, donc (u_n) n'est pas une suite récurrente linéaire d'ordre 2 (elle ne vérifie pas $u_{n+2} = 5u_{n+1} - 6u_n$), et on ne peut pas conclure que : $\forall n \in \mathbb{N}, u_n = \lambda 2^n + \mu 3^n$.

2. Si la suite (u_n) est arithmétique, il existe un réel r tel que : $\forall n \in \mathbb{N}, u_{n+1} = u_n + r$.
On en déduit que : $\forall n \in \mathbb{N}, e^{u_{n+1}} = e^{u_n + r} = e^{u_n} e^r$.
Finalement, il existe un réel $q = e^r$ tel que $e^{u_{n+1}} = qe^{u_n}$. La suite (e^{u_n}) est donc géométrique.

3. Soit (u_n) une suite arithmétique de raison non nulle r.
Alors pour tout entier naturel n, $u_n = u_0 + nr$.
Comme $r \neq 0$, alors $\lim_{n \to +\infty} nr = \pm\infty$, et on en déduit que la suite (u_n) diverge vers $\pm\infty$.

4. Toute suite géométrique de raison q appartenant à $]-1, 0]$ converge vers 0, donc une suite géométrique de raison négative ne diverge pas systématiquement.

5. On peut se convaincre que c'est faux avec par exemple : $u_1 = 1 \neq (1+1)^1 = 2$.
Remarque. Attention ! La suite (u_n) n'est pas géométrique car $(n+1)$ dépend de n.

6. Une suite (u_n) vérifiant $u_{n+1} = u_n + 2n + 3$ n'est pas arithmético-géométrique car $(2n + 3)$ dépend de n.

7. Soit (u_n) la suite définie par : $u_0 = 1$ et $\forall n \in \mathbb{N}^*$, $u_n = 0$. On a bien : $\forall n \in \mathbb{N}$, $u_{n+1} = qu_n$ avec $q = 0$. Cette suite est géométrique de raison nulle mais n'est pas la suite nulle.

8. Soit (u_n) la suite des entiers naturels. On a : $\forall n \in \mathbb{N}$, $u_n = n$.
Par conséquent, on en déduit : $\forall n \in \mathbb{N}$, $u_{n+1} = n + 1 = u_n + 1$. On en conclut que la suite (u_n) est arithmétique de raison égale à 1.

9. La suite u définie par : $\forall n \in \mathbb{N}^*, u_{n+1} = 2u_n - u_{n-1}$ et $u_0 = u_1 = 1$ est bien une suite récurrente linéaire d'ordre 2. En effet, la relation $\forall n \in \mathbb{N}^*, u_{n+1} = 2u_n - u_{n-1}$ est équivalente à $\forall k \in \mathbb{N}, u_{k+2} = 2u_{k+1} - u_k$.(il suffit de poser $n = k + 1$)

10. On a : $\forall n \in \mathbb{N}, \dfrac{a^n}{b^n} = \left(\dfrac{a}{b}\right)^n$. Comme $0 < a < b$, on en déduit : $0 < \dfrac{a}{b} < 1$.

On en conclut que : $\lim\limits_{n \to +\infty} \dfrac{a^n}{b^n} = 0$.

❑ Les erreurs classiques

- Une relation du type : $u_{n+3} = au_{n+1} + bu_n$ ne définit pas une suite récurrente linéaire d'ordre 2, mais d'ordre 3.
- Si une suite (u_n) vérifie une relation du type $u_{n+1} = q_n u_n$, on ne peut pas en déduire que la suite (u_n) est géométrique car q_n dépend de n.
- Une relation du type $u_{n+1} = au_n + b$ ne définit une suite arithmético-géométrique que si a et b sont indépendants de n.
- De même, une relation du type $u_{n+2} = au_{n+1} + bu_n$ ne définit une suite récurrente linéaire d'ordre 2 que si a et b sont indépendants de n.

Corrigé des exercices

Exercice 13.1

Pour tout entier naturel, on a : $v_{n+1} - v_n = (u_{n+2} - u_{n+1}) - (u_{n+1} - u_n) = u_{n+2} - 2u_{n+1} + u_n = 0$.

On obtient alors : $v_{n+1} - v_n = 0$.

La suite (v_n) est donc constante égale à $v_0 = u_1 - u_0$ donc : $\forall n \in \mathbb{N}$, $v_n = u_1 - u_0$.

On en déduit, par définition de la suite (v_n), que : $\forall n \in \mathbb{N}$, $u_{n+1} - u_n = u_1 - u_0$.

Ceci permet de conclure que la suite (u_n) est arithmétique de raison $u_1 - u_0$.

⇨ *Méthode 13.1*

Exercice 13.2

On a : $v_{n+1} = (u_{n+1})^2 = 1 + u_n^2$. Ainsi , on obtient : $v_{n+1} = 1 + v_n$.

La suite (u_n) est donc arithmétique de raison 1 et de premier terme $v_0 = u_0^2 = 0$.

On a donc pour tout entier naturel *n*, $v_n = n$.

Puisque $u_n \geq 0$ (u_n est une racine carrée), on en déduit : $u_n = \sqrt{n}$.

On a alors facilement : $\lim\limits_{n \to +\infty} u_n = +\infty$.

⇨ *Méthode 13.1*

Exercice 13.3

1. Posons $P(n)$: "u_n existe et $0 < u_n < 1$".

Initialisation : $P(0)$ est vraie. En effet, u_0 existe et vaut $\dfrac{2}{3}$ par définition.

Hérédité : soit *n* un entier naturel tel que $P(n)$ soit vraie.

Comme par hypothèse de récurrence, on a $0 < u_n < 1$ alors u_{n+1} existe (puisque $2 - u_n \neq 0$). De plus, on a $1 < 2 - u_n < 2$, puis $\dfrac{1}{2} < \dfrac{1}{2 - u_n} < 1$, et enfin, en multipliant membre à membre avec $0 < u_n < 1$, on trouve : $0 < \dfrac{u_n}{2 - u_n} < 1$. On a montré que u_{n+1} existe et $u_{n+1} \in]0, 1[$.

Conclusion : $P(n+1)$ vraie.

Finalement, on a montré par récurrence que, pour tout entier naturel *n*, on a : $0 < u_n < 1$.

2. La question précédente nous assure de l'existence de la suite (v_n).

a) Pour tout entier naturel *n*, on a : $v_{n+1} = 1 - \dfrac{1}{u_{n+1}} = 1 - \dfrac{2 - u_n}{u_n} = 1 - \dfrac{2}{u_n} + 1 = 2(1 - \dfrac{1}{u_n})$.

Ainsi, on obtient : $v_{n+1} = 2v_n$.

La suite (v_n) est donc géométrique de raison 2 et de premier terme $v_0 = \dfrac{u_0 - 1}{u_0} = -\dfrac{1}{2}$.

⇨ *Méthode 13.2*

b) La question précédente nous assure donc que : $\forall n \in \mathbb{N},\ v_n = -\dfrac{1}{2} \times 2^n = -2^{n-1}$.

Comme $v_n = \dfrac{u_n - 1}{u_n}$, on a : $u_n v_n = u_n - 1$. On en tire : $u_n = \dfrac{1}{1 - v_n} = \dfrac{1}{1 + 2^{n-1}}$.

Comme $\lim\limits_{n \to +\infty} 2^{n-1} = +\infty$, on trouve : $\lim\limits_{n \to +\infty} u_n = 0$.

Exercice 13.4

1. La suite u est arithmético-géométrique. Le réel x vérifiant $x = -x + 2$ est $x = 1$.

On soustrait membre à membre les deux égalités $\left[\begin{array}{l} u_{n+1} = -u_n + 2 \\ x = -x + 2 \end{array}\right.$, d'où : $u_{n+1} - x = -(u_n - x)$.

En remplaçant x par 1, on a : $u_{n+1} - 1 = -(u_n - 1)$.

La suite $(u_n - 1)$ est donc géométrique de raison -1 et on a : $\forall n \in \mathbb{N}^*,\ u_n - 1 = (-1)^{n-1}(u_1 - 1)$.

Ainsi, comme $u_1 = 0$ $\forall n \in \mathbb{N}^*,\ u_n = (-1)^n + 1$.

⇨ *Méthode 13.3*

2. La suite (u_n) vérifie une relation de récurrence linéaire d'ordre 2.

L'équation caractéristique associée est : $x^2 - x - 1 = 0$, de discriminant $5 > 0$ et de racines $r_1 = \dfrac{1 - \sqrt{5}}{2}$ et $r_2 = \dfrac{1 + \sqrt{5}}{2}$.

Il existe donc deux réels λ et μ tels que, pour tout entier naturel n, on a : $u_n = \lambda(r_1)^n + \mu(r_2)^n$.

Pour $n = 0$ et $n = 1$, on obtient $\begin{cases} \lambda + \mu = 1 \\ \lambda r_1 + \mu r_2 = 1 \end{cases}$, soit $\begin{cases} \lambda + \mu = 1 \\ \mu(r_2 - r_1) = 1 - r_1 \end{cases}$ ($L_2 \leftarrow L_2 - r_1 L_1$).

Après calculs, on trouve : $\mu = \dfrac{1 + \sqrt{5}}{2\sqrt{5}}$ et $\lambda = \dfrac{\sqrt{5} - 1}{2\sqrt{5}}$.

Finalement, pour tout entier naturel n, on a : $u_n = \dfrac{1}{\sqrt{5}}\left(\left(\dfrac{1 + \sqrt{5}}{2}\right)^{n+1} - \left(\dfrac{1 - \sqrt{5}}{2}\right)^{n+1}\right)$.

⇨ *Méthode 13.4*

3. La suite (u_n) vérifie une relation de récurrence linéaire d'ordre 2.

L'équation caractéristique associée est $x^2 - x + \dfrac{1}{4} = 0$, de discriminant 0 et de racine $r = \dfrac{1}{2}$.

Donc il existe λ et μ réels tels que, pour tout entier naturel n non nul, on a : $u_n = (\lambda + \mu n) r^n$.

Pour $n = 1$ et $n = 2$, on obtient $\begin{cases} \frac{1}{2}(\lambda+\mu)=1 \\ \frac{1}{4}(\lambda+2\mu)=0 \end{cases}$, soit $\begin{cases} \lambda+\mu=2 \\ \lambda+2\mu=0 \end{cases}$, d'où : $\mu=-2$, $\lambda=4$.

Finalement : $\forall n \in \mathbb{N}^*$, $u_n = (4-2n)\left(\frac{1}{2}\right)^n = (2-n)\left(\frac{1}{2}\right)^{n-1}$.

⇨ *Méthode 13.4*

Exercice 13.5

1. Par définition des suites (x_n) et (y_n), on a : $\forall n \in \mathbb{N}$, $x_{n+2} = -2x_{n+1} + y_{n+1}$ (première égalité de définition des suites (x_n) et (y_n) écrite au rang supérieur). Or, toujours par définition des suites (x_n) et (y_n), on a aussi : $\forall n \in \mathbb{N}$, $y_{n+1} = 2x_n - 3y_n$.

On en déduit : $(*)$ $\forall n \in \mathbb{N}$, $x_{n+2} = -2x_{n+1} + 2x_n - 3y_n$.
Mais, encore par définition des suites (x_n) et (y_n), on a : $\forall n \in \mathbb{N}$, $x_{n+1} = -2x_n + y_n$.
On en déduit cette fois : $y_n = x_{n+1} + 2x_n$.

En remplaçant dans $(*)$, on obtient : $x_{n+2} = -2x_{n+1} + 2x_n - 3(x_{n+1} + 2x_n)$.
En arrangeant, on a finalement : $x_{n+2} = -5x_{n+1} - 4x_n$.
On a donc trouvé : $a = -5$ et $b = -4$.

2. La suite (x_n) vérifie une relation de récurrence linéaire d'ordre 2. L'équation caractéristique associée est $x^2 + 5x + 4 = 0$ de discriminant 9 et de racines $r_1 = -4$ et $r_2 = -1$.
Il existe donc deux réels λ et μ tels que, pour tout entier naturel n, $x_n = \lambda(-4)^n + \mu(-1)^n$.
Pour $n = 0$ et $n = 1$, on a $x_0 = 2$ et $x_1 = -2x_0 + y_0 = -2\times 2 - 1 = -5$.
On obtient alors le système $\begin{cases} \lambda+\mu=2 \\ -4\lambda-\mu=-5 \end{cases}$, équivalent à $\begin{cases} \lambda+\mu=2 \\ 3\mu=3 \end{cases}$ ($L_2 \leftarrow L_2 + 4L_1$), ce qui donne : $\mu = 1$ et $\lambda = 1$.

Finalement, pour tout entier naturel n, on a : $x_n = (-4)^n + (-1)^n$.
D'après l'énoncé, pour tout entier naturel n, $y_n = x_{n+1} + 2x_n$. On obtient, en remplaçant :
$y_n = (-4)^{n+1} + (-1)^{n+1} + 2\left((-4)^n + (-1)^n\right) = -4(-4)^n - (-1)^n + 2(-4)^n + 2(-1)^n$.

On a donc : $y_n = -2(-4)^n + (-1)^n$.

⇨ *Méthode 13.4*

Chapitre 14

Probabilité sur un univers fini

Le verbe latin *probare* signifiait *vérifier* ; le mot *probabilité* lui-même apparaît dans notre langue vers 1350. La logique de Port royal l'utilise pour désigner quelque chose de mesurable dans le but d'aider les hommes à s'orienter en tenant compte de l'utilité de leurs actes ; le pari pascalien en est un exemple.

Vers la fin du XVIIIe siècle, il évince peu à peu le mot *chance* pour désigner la théorie mathématique traitant du hasard et s'impose sous la plume de **Condorcet** et de **Laplace**. Pourtant, en 1843, Antoine **Cournot** allie les deux mots dans le titre de son ouvrage *Exposition de la théorie des chances et des probabilités*.

Marie Caritat,
Marquis de Condorcet
1743-1794

Objectifs

Les incontournables

- ▷ Savoir écrire symboliquement un événement simple décrit "en français".
- ▷ Savoir reconnaître une situation d'équiprobabilité.
- ▷ Savoir faire la différence entre réunion et intersection.

Et plus si affinités

- ▷ Savoir démontrer une inclusion entre deux événements.

Résumé de cours

Les événements

Épreuve aléatoire

Définitions 14.1. — On appelle *épreuve aléatoire* (ou *expérience aléatoire*) une expérience dont les résultats ne dépendent que du hasard.
L'ensemble de tous les résultats possibles, noté Ω, est appelé *univers* associé à l'expérience.
Chaque élément de Ω est un *possible* : un seul d'entre eux est observé à l'issue de l'épreuve.

On suppose dans la suite de ce chapitre que Ω est fini.

Définition 14.2. — Un *événement* est une partie de Ω, c'est-à-dire un ensemble dont les éléments sont des éléments de Ω. Chaque partie de Ω est un événement.

Notation 14.1. — On note $\mathcal{P}(\Omega)$ l'ensemble des parties de Ω, c'est-à-dire l'ensemble des événements.

Exemple 14.1. — Lors du lancer d'un dé, on a $\Omega = \{1, 2, 3, 4, 5, 6\}$. L'événement « le numéro obtenu est pair » est la partie $\{2, 4, 6\}$ de Ω.

Exemple 14.2. — Lors du lancer de deux pièces, Ω peut être défini par $\Omega = \{PF, PP, FF, FP\}$. L'événement « on obtient au moins un *Pile* » est $\{PF, PP, FP\}$.

Définitions 14.3. — Ω est appelé l'*événement certain*, $\varnothing$ est appelé l'*événement impossible*.
Les *singletons* de Ω (parties à 1 élément) sont appelés *événements élémentaires*.

Opérations sur les événements

Définition 14.4. — L'événement $A \cap B$ (on lit "A inter B") est l'événement qui est réalisé si et seulement si A et B sont réalisés.

⇨ **Méthode 14.1. Comment reconnaître et écrire une intersection ?**

Exemple 14.3. — Lors du lancer d'un dé, si l'on note A l'événement « le numéro obtenu est pair » et B l'événement « le numéro obtenu est supérieur ou égal à 5 », alors on a :

$$A = \{2, 4, 6\}, \ B = \{5, 6\} \text{ et } A \cap B = \{6\}$$

Définition 14.5. — L'événement $A \cup B$ (on lit "A union B") est l'événement qui est réalisé si et seulement si l'un au moins des événements A ou B est réalisé.

⇨ **Méthode 14.2. Comment reconnaître et écrire une réunion ?**

Exemple 14.4. — Lors du lancer d'un dé, si l'on note toujours A l'événement « le numéro obtenu est pair » et B l'événement « le numéro obtenu est supérieur ou égal à 5 », alors on a :

$$A=\{2, 4, 6\}, \ B=\{5, 6\} \text{ et } A\cup B=\{2, 4, 5, 6\}$$

On constate qu'effectivement $A\cup B$ est réalisé dès que l'un au moins des événements A ou B est réalisé (éventuellement les deux si par exemple on obtient le numéro 6).

Définition 14.6. — L'événement $\overline{A}$ (on lit "A barre") est l'événement *contraire* de A : il est réalisé si, et seulement si, A ne l'est pas.

Exemple 14.5. — Lors du lancer d'un dé, si A est l'événement $\{1, 3, 4\}$ alors $\overline{A} = \{2, 5, 6\}$.

Propriété 14.1. — Les propriétés des opérations sur les événements sont les mêmes que celles décrites dans le **chapitre 3** sur les ensembles.

❑ Comparaison des événements

Définition 14.7. — $A \subset B$ signifie que A est inclus dans B, c'est-à-dire que chaque élément de A est élément de B.
En termes probabilistes, ceci veut dire que la réalisation de A implique celle de B.

Exemple 14.6. — Lors du lancer d'un dé, en notant A l'événement « le numéro obtenu est pair » et B l'événement « le numéro obtenu est supérieur ou égal à 2 », alors on a :

$$A=\{2, 4, 6\} \text{ et } B=\{2, 3, 4, 5, 6\}$$

On constate effectivement que A est inclus dans B et ceci signifie bien que, si le numéro obtenu est pair, alors il est supérieur ou égal à 2 (et pas le contraire : il faut s'en convaincre avec l'événement « obtenir le numéro 3 » qui réalise B mais pas A).

Définition 14.8. — Deux événements A et B sont égaux si l'on a : $A \subset B$ et $B \subset A$.

❑ Opérations et inclusion

Théorème 14.1 — Soit A et B deux événements quelconques.

$$\text{Si } A \subset B \text{ alors } \overline{B} \subset \overline{A}$$

Théorème 14.2 — Soit A et B deux événements quelconques. On a :

$$A\cap B\subset A \text{ et } A\subset A\cup B$$

❑ Opérations et égalité

Théorème 14.3 — Lois de Morgan.
Quels que soient les événements A et B, on a : $\overline{A\cap B} = \overline{A} \cup \overline{B}$ et $\overline{A\cup B} = \overline{A} \cap \overline{B}$.

Remarque 14.1. — On peut généraliser ces égalités au cas de n événements $A_1, A_2, \dots, A_n$:
$\overline{A_1 \cap A_2 \cap \ldots \cap A_n} = \overline{A_1} \cup \overline{A_2} \cup \ldots \cup \overline{A_n}$ et $\overline{A_1 \cup A_2 \cup \ldots \cup A_n} = \overline{A_1} \cap \overline{A_2} \cap \ldots \cap \overline{A_n}$.

❑ Système complet d'événements

Définition 14.9. — Deux événements A et B sont dits *incompatibles* si $A \cap B = \varnothing$.
En fait, deux événements sont *incompatibles* s'ils ne peuvent pas se réaliser simultanément.

⇨ **Méthode 14.3. Comment écrire une réunion d'événements 2 à 2 incompatibles ?**

Exemple 14.7. — Lors du lancer d'un dé, si l'on note A l'événement « le numéro obtenu est multiple de 3 » et B l'événement « le numéro obtenu est inférieur ou égal à 2 », alors A et B sont incompatibles. En effet, on a : $A = \{3, 6\}$, $B = \{1, 2\}$ et $A \cap B = \varnothing$.

Définition 14.10. — La famille $(A_1, A_2, ..., A_n)$ est un *système complet d'événements* si les A_k sont deux à deux incompatibles et si leur réunion est égale à Ω.

Exemple 14.8. — Pour tout événement A, le couple $\left(A, \overline{A}\right)$ est un système complet d'événements.

■ Probabilité

❑ Définition

Définition 14.11. — On appelle *probabilité* définie sur $\mathcal{P}(\Omega)$, toute application P de $\mathcal{P}(\Omega)$ dans $[0, 1]$ vérifiant $P(\Omega) = 1$ et telle que, si A et B sont deux événements incompatibles, alors :

$$P(A \cup B) = P(A) + P(B)$$

❑ Un exemple de probabilité : l'équiprobabilité

Définition 14.12. — Lors d'une épreuve aléatoire pour laquelle Ω est fini, on dit que l'on est en situation d'équiprobabilité lorsque les événements élémentaires ont tous la même probabilité.

Exemple 14.9. — On lance une pièce *équilibrée* et on note P_k (respectivement F_k) l'événement « obtenir *Pile* (respectivement *Face*) au $k^{\text{ème}}$ lancer ($k \geq 1$) ». On a alors $P(P_k) = P(F_k) = \dfrac{1}{2}$.

Exemple 14.10. — On lance une fois un dé *équilibré* à 6 faces numérotées 1, 2, ..., 6 et, pour tout k de $[\![1, 6]\!]$, on note A_k l'événement « le numéro porté par la face supérieure est égal à k ».
On a alors : $\forall k \in [\![1, 6]\!]$, $P(A_k) = \dfrac{1}{6}$.

Exemple 14.11. — Si l'on extrait *au hasard* une boule d'une urne contenant n boules, alors chaque boule a une probabilité égale à $\dfrac{1}{n}$ d'être tirée de cette urne.

Exemple 14.12. — On lance deux fois un dé *équilibré* à 6 faces numérotées 1, 2, ..., 6, alors Ω est constitué des 36 couples (i, j), où i est le numéro du premier lancer et j celui du second.

Chacun de ces 36 résultats a une probabilité égale à $\dfrac{1}{36}$ de se produire.

Définition 14.13. — Pour rappel, le cardinal d'un ensemble fini A, noté $\text{card}(A)$, est le nombre d'éléments de A.

Théorème 14.4. — Dans le cas de l'équiprobabilité, la probabilité d'un événement A est égale à :

$$P(A) = \frac{\text{card}(A)}{\text{card}(\Omega)}$$

❑ Conséquences de la définition d'une probabilité

Propriété 14.2. — $P(\varnothing) = 0$.

Propriété 14.3. — Pour toute famille $(A_1, A_2, \ldots, A_n)$ d'événements 2 à 2 incompatibles, on a :

$$P\left(\bigcup_{k=1}^{n} A_k\right) = \sum_{k=1}^{n} P(A_k)$$

⇨ **Méthode 14.5. Comment calculer la probabilité d'une réunion d'événements 2 à 2 incompatibles ?**

Propriété 14.4. — Pour tout événement A, on a : $P(\overline{A}) = 1 - P(A)$.

⇨ **Méthode 14.4. Comment utiliser l'événement contraire ?**

Propriété 14.5. — Croissance de la probabilité. On désigne par A et B deux événements :

Si $A \subset B$, alors $P(A) \leq P(B)$

❑ Formules du crible (ou formules de Poincaré)

Théorème 14.5. — Si A et B sont des événements quelconques, alors on a :

$$P(A \cup B) = P(A) + P(B) - P(A \cap B)$$

Théorème 14.6. — Si A, B et C sont des événements quelconques, alors on a :

$$P(A \cup B \cup C) = P(A) + P(B) + P(C) - P(A \cap B) - P(B \cap C) - P(A \cap C) + P(A \cap B \cap C)$$

❑ Formule des probabilités totales (première version)

Théorème 14.7. — Si $(A_1, A_2, \ldots, A_n)$ est un système complet d'événements, alors pour tout événement B, on a : $P(B) = \sum_{k=1}^{n} P(B \cap A_k)$.

Exemple 14.13. — Cas particulier très important.
Avec $n = 2$, en posant $A_1 = A$ et $A_2 = \overline{A}$, la formule des probabilités totales associée au système complet d'événements $\left(A, \overline{A}\right)$ s'écrit : $P(B) = P(B \cap A) + P(B \cap \overline{A})$.

Remarque 14.2. — Une version beaucoup plus performante de cette formule sera étudiée au **chapitre 15** (conditionnement et indépendance).

Méthodes

Opérations sur les événements

Méthode 14.1. Comment reconnaître et écrire une intersection ?

On repère une intersection à la présence (parfois implicite) des mots suivants : "et", "chaque", "chacun", "tous", "tout" dans la définition d'un événement.

⇨ **Exercices 14.1, 14.2, 14.5**

Exemple. On désigne par n un entier naturel non nul. Une épreuve consiste à lancer n fois une pièce. Pour tout k de $[\![1, n]\!]$, on note P_k l'événement « on obtient *Pile* lors du $k^{\text{ème}}$ lancer » et on note A_n l'événement « on n'obtient que des *Piles* pendant les n lancers ».
Écrire A_n en fonction de certains des événements P_k.
Ici, il faut comprendre que A_n est réalisé si et seulement si *chacun* des n lancers donne *Pile*, ce qui amène à écrire : $A_n = \bigcap_{k=1}^{n} P_k$ ou encore $A_n = P_1 \cap P_2 \cap \ldots \cap P_n$.

Méthode 14.2. Comment reconnaître et écrire une réunion ?

On repère une réunion à la présence (parfois implicite) des mots ou expressions suivants : "ou", "au moins", "il existe" dans la définition d'un événement.

⇨ **Exercices 14.1, 14.2, 14.5**

Exemple. Une épreuve consiste à extraire successivement n boules d'une urne contenant des boules blanches et des boules rouges (avec n dans $\mathbb{N}^*$). Pour tout entier naturel k non nul, on note B_k l'événement « on obtient une boule blanche lors du $k^{\text{ème}}$ tirage » et A_n l'événement « on obtient au moins une boule blanche lors des n tirages effectués ». Écrire A_n en fonction de certains des événements B_k.
Ici, il faut comprendre que A_n est réalisé si et seulement si *au moins un* des n tirages donne une boule blanche, ce qui amène à écrire : $A_n = \bigcup_{k=1}^{n} B_k$ ou encore $A_n = B_1 \cup B_2 \cup \ldots \cup B_n$.

Remarque. Cette réunion n'est pas composée d'événements deux à deux incompatibles : il se peut que plusieurs boules blanches soient obtenues à des tirages différents.

❑ Méthode 14.3. Comment écrire une réunion d'événements 2 à 2 incompatibles ?

> Une réunion d'événements deux à deux incompatibles se repère au fait que l'on doive utiliser l'expression "soit ..., soit ..., ..., soit ..."

⇨ Exercice 14.4

Exemple. On désigne par n un entier naturel non nul.
Une épreuve consiste à lancer n fois une pièce et on note A_n l'événement « le premier *Pile* apparaît, au plus tard, au $n^{\text{ème}}$ lancer ».
Écrire A_n comme une réunion d'événements deux à deux incompatibles.
Pour tout n de $\mathbb{N}^*$, notons E_k l'événement « le premier *Pile* apparaît lors du $k^{\text{ème}}$ lancer ».
Réaliser A_n, c'est obtenir le premier *Pile*, soit au premier lancer, soit au deuxième lancer, ..., soit au $n^{\text{ème}}$ lancer, c'est donc réaliser, soit E_1, soit E_2, ..., soit E_n. On a donc $A_n = \bigcup_{k=1}^{n} E_k$ et cette réunion est formée d'événements deux à deux incompatibles (car il n'y a qu'une première fois).

■ Calcul de probabilités

❑ Méthode 14.4. Comment utiliser l'événement contraire ?

> Si un événement A semble compliqué (comme peut l'être, par exemple, une réunion), il est intéressant de calculer $P(\overline{A})$ puis conclure avec $P(A) = 1 - P(\overline{A})$.

⇨ Exercice 14.7

Exemple. On lance un dé rouge et un dé vert, tous les deux équilibrés, et dont les faces sont numérotées de 1 à 6. Déterminer la probabilité que l'un au moins de ces dés montre un entier pair sur sa face supérieure (après immobilisation !).
Si l'on note A l'événement « l'un au moins des dés montre un entier pair sur sa face supérieure », alors $\overline{A}$ est l'événement « les deux dés montrent un entier impair sur leur face supérieure ».
Sur les $6^2 = 36$ couples possibles de résultats, il y a $3^2 = 9$ couples pour lesquels les dés montrent un entier impair : 3 possibilités (1, 3 ou 5) pour le dé rouge et 3 également pour le dé vert). On a donc par équiprobabilité : $P(\overline{A}) = \frac{9}{36} = \frac{1}{4}$. Par conséquent $P(A) = \frac{3}{4}$.
On peut bien sûr vérifier ce résultat en listant les couples pour lesquels au moins l'un des deux dés donne un entier pair, mais c'est vraiment plus long.

Méthodes

❑ Méthode 14.5. Comment calculer la probabilité d'une réunion d'événements 2 à 2 incompatibles ?

Le cas où les événements formant une réunion sont deux à deux incompatibles est le plus simple : pour obtenir la probabilité de la réunion, il suffit d'ajouter les probabilités de chaque événement la formant.
Il faut, bien sûr, prouver sérieusement que les dits événements sont deux à deux incompatibles.

⇨ **Exercices 14.4, 14.5, 14.6 (2)**

Exemple. On lance 3 fois une pièce équilibrée (la probabilité de faire *Pile* est égale à $\frac{1}{2}$).

On note A l'événement « on obtient un seul *Pile* pendant ces 3 lancers ».
Pour tout entier naturel k non nul, on note E_k l'événement « un seul *Pile* apparaît et c'est au $k^{\text{ème}}$ lancer ». Déterminer la probabilité de E_k, puis en déduire celle de A.

• L'univers Ω peut être modélisé par l'ensemble de toutes les listes comportant 3 éléments, et contenant soit des P (pour *Pile*), soit des F (pour *Face*). Il y a 8 listes de ce type (il y a deux choix par place et 3 places dans chaque liste).
En écrivant PPP au lieu de (P, P, P) afin de simplifier, on a :

$$\Omega = \{PPP, PPF, PFP, PFF, FPP, FPF, FFP, FFF\}$$

• L'événement E_1 est constitué d'une seule de ces listes : PFF.

Par équiprobabilité, on a donc : $P(E_1) = \frac{1}{8}$.

De la même façon, on a aussi : $P(E_2) = P(E_3) = \frac{1}{8}$.

• D'après la définition de A, on a : $A = E_1 \cup E_2 \cup E_3$ (le *Pile* obtenu se situe, soit au premier lancer, soit au deuxième, soit au troisième). De plus, les événements E_k sont deux à deux incompatibles (le seul *Pile* ne peut pas être obtenu à deux lancers différents !) donc on a :

$P(A) = P(E_1) + P(E_2) + P(E_3) = \frac{3}{8}$.

■■ Vrai/Faux

		Vrai	Faux
1.	On effectue un certain nombre de tirages d'une boule avec remise dans une urne contenant des boules blanches et des boules noires et on note A l'événement « on n'obtient que des boules noires ». L'événement $\overline{A}$ est « on n'obtient que des boules blanches ».	☐	☐
2.	On lance une pièce et, pour tout entier naturel n non nul, on note A_n l'événement : « on n'obtient que des *Piles* pendant les n premiers lancers » On a : $A_{n+1} \subset A_n$.	☐	☐
3.	On lance une pièce et, pour tout entier naturel n non nul, on note B_n l'événement : « on obtient au moins un *Pile* pendant les n premiers lancers » On a : $B_n \subset B_{n+1}$.	☐	☐
4.	Si A et B sont deux événements, alors $P(A \cap B) \leq P(B)$.	☐	☐
5.	Deux événements A et B sont incompatibles si et seulement si : $A \subset \overline{B}$	☐	☐
6.	Si deux événements A et B sont incompatibles alors on a : $\overline{A} \subset B$.	☐	☐
7.	Si A et B sont deux événements, alors $P(A \cup B) = 1 - P(\overline{A} \cap \overline{B})$.	☐	☐
8.	Si A et B sont deux événements, alors $P(A \cap \overline{B}) = P(A) - P(B)$.	☐	☐
9.	Si A et B sont deux événements, alors $P(A \cap B) = P(A)P(B)$.	☐	☐
10.	Si A, B et C sont trois événements, alors il est possible que l'on ait : $P(A \cap B) \neq 0$, $P(B \cap C) \neq 0$, $P(A \cap C) \neq 0$ et $P(A \cap B \cap C) = 0$.	☐	☐

Énoncé des exercices

❑ **Exercice 14.1.** — Une épreuve aléatoire consiste à tirer successivement deux cartes d'un jeu. Soit A l'événement « la première carte tirée est rouge » et B l'événement : « la deuxième carte tirée est rouge ». Écrire les événements suivants à l'aide de A et B et des opérations autorisées sur les événements.
R : « Au moins l'une des cartes est rouge ».
S : « Une seule des cartes est rouge ».

❑ **Exercice 14.2.** — Une épreuve aléatoire consiste à effectuer des lancers successifs d'un dé.
Pour tout entier naturel k supérieur ou égal à 1, A_k désigne l'événement : « le $k^{\text{ème}}$ lancer a fourni un as ».
Exprimer les événements ci-dessous à l'aide des événements A_k et des opérations autorisées sur les événements.

1. E_2 : « Le premier as a été obtenu au deuxième lancer ».
E_5 : « Le premier as a été obtenu au cinquième lancer ».
E_n : « Le premier as a été obtenu au $n^{\text{ème}}$ lancer », où n désigne un entier naturel supérieur ou égal à 2.

2. G_3 : « Le deuxième as a été obtenu au troisième lancer ».
G_4 : « Le deuxième as a été obtenu au quatrième lancer ».

❑ **Exercice 14.3.** — Démontrer l'inégalité suivante : $P(E \cap F) \geq P(E) + P(F) - 1$.

❑ **Exercice 14.4.** — On désigne par E et F deux événements.

1. Justifier que $P\left(\overline{E} \cap F\right) = P(F) - P(E \cap F)$.

2. Écrire de la même façon $P\left(E \cap \overline{F}\right)$ en fonction de $P(E \cap F)$.

❑ **Exercice 14.5.** — On désigne par E et F deux événements. On considère une épreuve aléatoire lors de laquelle E et F peuvent se réaliser et on note A l'événement « un seul d'entre eux se réalise ».

1. Écrire A comme une réunion de deux événements incompatibles.

2. En déduire, grâce à l'exercice précédent, que $P(A) = P(E) + P(F) - 2\,P(E \cap F)$.

❑ **Exercice 14.6.** — On extrait 3 cartes d'un jeu de 32 cartes, une par une, avec remise à chaque fois de la carte tirée.

1. Quelle est la probabilité que l'on obtienne 3 valets ?

2. Quelle est la probabilité que l'on obtienne 3 fois une carte de même hauteur ?

❑ **Exercice 14.7.** — On extrait 3 cartes d'un jeu de 52 cartes, une par une, avec remise à chaque fois de la carte tirée. Quelle est la probabilité qu'au moins une de ces cartes soit un valet ?

❑ **Exercice 14.8.** — On lance un dé équilibré deux fois de suite.

1. Quelle est la probabilité que la somme des numéros obtenus soit égale à 8 ?

2. Il y a 11 sommes possibles (tous les entiers entre 2 et 12). Pourquoi la probabilité calculée à la première question n'est-elle pas tout simplement égale à $\frac{1}{11}$?

❑ **Exercice 14.9.** — Une urne contient $2n$ boules numérotées de 1 à $2n$ (avec $n \geq 1$). On extrait au hasard une boule de cette urne.

1. Quelle est la probabilité que le numéro obtenu soit inférieur ou égal à n ?

2. Quelle est la probabilité que le numéro obtenu soit pair ?

3. Reprendre les 2 questions précédentes avec une urne contenant $(2n + 1)$ boules numérotées de 0 à $2n$.

❑ **Exercice 14.10.** ** — Deux inégalités concernant la réunion d'événements.

1. Soit E et F deux événements. Montrer que $P(E \cup F) \leq P(E) + P(F)$.

2. a) En déduire que, si A, B et C sont trois événements, alors on a :

$$P(A \cup B \cup C) \leq P(A) + P(B) + P(C)$$

b) En écrivant l'inégalité précédente pour les événements $\overline{A}$, $\overline{B}$ et $\overline{C}$, établir que, si trois événements A, B et C sont équiprobables, de même probabilité p, et vérifient $P(A \cap B \cap C) = 0$, alors on a : $p \leq \frac{2}{3}$.

■ Pour vous aider à démarrer

Exercice 14.2. Pour la question **1**, la locution "le premier as..." impose que l'on n'obtienne aucun as avant.
Pour la question **2**, la locution "le deuxième as..." impose que l'on obtienne un as avant, mais où est-il ?
Exercice 14.3. Utiliser la formule du crible (**théorème 14.5**).
Exercice 14.4. Pour la question **1**, il faut reconnaître la formule des probabilités totales.
Pour la question **2**, c'est presque la même chose.
Exercice 14.5. Pour la question **1**, traduire le fait que, soit E se réalise et pas F, soit F se réalise et pas E.
Exercice 14.6. Pour la question **1**, il y a 4 valets dans le jeu donc 4 chances d'avoir un valet à chaque tirage.

Pour la question **2**, il y a **8** "hauteurs" de carte : les 7, les **8**, les 9, les 10, les valets, les dames, les rois et les as.

Exercice 14.7. Considérer l'événement contraire $\overline{A}$ de celui qui est proposé.

Exercice 14.8. Pour la question **1**, il y a 36 couples dans Ω. Combien d'entre eux donnent une somme égale à 8 ?

Exercice 14.9. Pour la question **1**, combien a-t-on de boules portant des numéros inférieurs ou égaux à *n* dans l'urne ?

Pour la question **2**, les numéros pairs sont : 2, 4, …, 2*n*. Combien sont-ils ?

Exercice 14.10. Pour la question **1**, utiliser la formule du crible (**théorème 14.5**).

Pour la question **2.a)**, appliquer la question **1** avec $E = A \cup B$ et $F = C$,

Pour la question **2.b)**, appliquer la question **2.a)** aux événements $\overline{A}$, $\overline{B}$ et $\overline{C}$.

Corrigé des vrai/faux

1.	2.	3.	4.	5.	6.	7.	8.	9.	10.
F	V	V	V	V	F	V	F	F	V

1. L'événement A « on n'obtient que des boules noires » signifie que toutes les boules obtenues sont noires. Affirmer que A ne s'est pas réalisé, c'est être capable de déceler une boule blanche parmi les boules tirées, c'est-à-dire que l'événement $\overline{A}$ est : « il existe au moins une boule qui est blanche parmi les boules obtenues ».

2. Si l'on n'a obtenu que des *Piles* pendant les $n+1$ premiers lancers c'est qu'en particulier, on n'a obtenu que des *Piles* pendant les n premiers lancers.
On a donc : $A_{n+1} \subset A_n$.

Remarque. On pouvait aussi écrire $A_n = \bigcap_{k=1}^{n} P_k$, où P_k désigne l'événement « obtenir *Pile* au $k^{\text{ème}}$ lancer ». On a alors $A_{n+1} = \bigcap_{k=1}^{n+1} P_k = \left(\bigcap_{k=1}^{n} P_k\right) \cap P_{n+1} = A_n \cap P_{n+1}$, ce qui prouve que : $A_{n+1} \subset A_n$.

3. Si l'on obtient au moins un *Pile* pendant les n premiers lancers, alors, a fortiori, on a au moins un *Pile* avec un lancer de plus, soit pendant les $n+1$ premiers lancers. On a donc : $B_n \subset B_{n+1}$.

Remarque. On pouvait aussi écrire $B_n = \bigcup_{k=1}^{n} P_k$, où P_k désigne l'événement « obtenir *Pile* au $k^{\text{ème}}$ lancer ». On a alors : $B_{n+1} = \bigcup_{k=1}^{n+1} P_k = \left(\bigcup_{k=1}^{n} P_k\right) \cup P_{n+1} = B_n \cup P_{n+1}$, ce qui prouve l'inclusion de B_n dans B_{n+1} (grâce au **théorème 14.2** qui assure que $B_n \subset B_n \cup P_{n+1}$).

4. Puisque $(A \cap B) \subset B$, on a $P(A \cap B) \leq P(B)$, par croissance de la probabilité.

5. Dire que A et B sont incompatibles signifie $A \cap B = \varnothing$. Ceci veut dire que les éléments ω de A ne sont pas éléments de B, donc éléments de $\overline{B}$. On a donc : $A \subset \overline{B}$ (on a aussi $B \subset \overline{A}$).

6. On considère un lancer de dé à 6 faces numérotées de 1 à 6.
Si A désigne l'événement « obtenir 1 ou 2 » et si B désigne l'événement « obtenir 5 ou 6 », alors $\overline{A}$ désigne l'événement « obtenir 3, 4, 5 ou 6 ». On constate que A et B sont incompatibles, et pourtant $\overline{A}$ n'est pas inclus dans B.

Remarque. Si l'on se réfère à la question précédente, dire que A et B sont incompatibles signifie $A \subset \overline{B}$, c'est-à-dire $B \subset \overline{A}$ (**théorème 14.1**) et non pas $\overline{A} \subset B$.

7. D'après les lois de Morgan, on a : $\overline{A} \cap \overline{B} = \overline{A \cup B}$.
On en déduit : $P\left(\overline{A} \cap \overline{B}\right) = P\left(\overline{A \cup B}\right) = 1 - P(A \cup B)$.

On a donc bien : $P(A \cup B) = 1 - P\left(\overline{A} \cap \overline{B}\right)$.

8. En reprenant l'expérience du **V/F 6**, on remarque que : $P\left(A \cap \overline{B}\right) = P(A)$.

Pourtant, par équiprobabilité, on a : $P(B) = \frac{1}{3}$. Finalement, $P\left(A \cap \overline{B}\right) \neq P(A) - P(B)$.

Remarque. On verra à l'**exercice 14.4** ce qu'il en est réellement. Une chose est sûre : l'égalité $P\left(A \cap \overline{B}\right) = P(A) - P(B)$ est absurde dans le cas où $P(A) < P(B)$.

9. Il faut se convaincre que ce n'est pas dans le cours !
Toujours en reprenant l'expérience du **V/F 6**, on remarque que : $A \cap B = \varnothing$.

On a donc $P(A \cap B) = 0$, alors que $P(A)P(B) = \frac{1}{3} \times \frac{1}{3} = \frac{1}{9}$.

Remarque. On verra dans le chapitre suivant que **dans certains cas** (indépendance des événements), on a $P(A \cap B) = P(A)P(B)$.

10. Si l'on considère le lancer d'un dé à 6 faces ainsi que les événements :
A : « obtenir le numéro 1 ou le numéro 2 », B : « obtenir le numéro 2 ou le numéro 3 » et C : « obtenir le numéro 1 ou le numéro 3 ou le numéro 4 », on a bien $P(A \cap B \cap C) = 0$.

On peut vérifier que : $P(A \cap B) = \frac{1}{6}$, $P(B \cap C) = \frac{1}{6}$ et $P(A \cap C) = \frac{1}{6}$.

❑ Les erreurs classiques

- Ne pas confondre $\cap$ et $\cup$ (encore moins que dans le **chapitre 3**).
- Le non respect des lois de Morgan entraîne de graves erreurs de logique.
- Il vaut mieux ne pas trop se fier à son intuition lorsqu'il s'agit de mettre en place des inclusions (ce que l'on appelle le bon sens est souvent trompeur).
- Lorsque la locution " au moins un" est présente, c'est que l'on a affaire à une réunion et pas à une intersection qui, elle se repère souvent à la locution "on n'obtient **que**...".

Corrigé des exercices

Exercice 14.1

Au moins l'une des cartes est rouge : $R = A \cup B$.

Une seule des cartes est rouge (donc l'autre est noire) : $S = \left(A \cap \overline{B}\right) \cup \left(\overline{A} \cup B\right)$.

⇨ *Méthodes 14.1, 14.2*

Exercice 14.2

1. • E_2 est l'événement : « Le premier as a été obtenu au deuxième lancer » donc $E_2 = \overline{A_1} \cap A_2$ (autre chose qu'un as au premier lancer, et un as au deuxième).

• E_5 : « Le premier as a été obtenu au cinquième lancer ».

$E_5 = \overline{A_1} \cap \overline{A_2} \cap \overline{A_3} \cap \overline{A_4} \cap A_5$ (aucun as lors des 4 premiers lancers, puis un as au cinquième).

• E_n : « Le premier as a été obtenu au $n^{\text{ème}}$ lancer ».

$E_n = \overline{A_1} \cap \overline{A_2} \cap ... \cap \overline{A_{n-1}} \cap A_n$ (aucun as lors des $n-1$ premiers lancers, puis un as au $n^{\text{ème}}$).

On peut écrire : $E_n = \left(\bigcap_{k=1}^{n-1} \overline{A_k} \right) \cap A_n$.

2. • G_3 : « Le deuxième as a été obtenu au troisième lancer ». Il faut et il suffit que l'on obtienne, soit un as au premier tirage, pas d'as au deuxième et de nouveau un as au troisième tirage, soit pas d'as au premier tirage, un as au deuxième et de nouveau un as au troisième tirage. On a donc : $G_3 = \left(A_1 \cap \overline{A_2} \cap A_3\right) \cup \left(\overline{A_1} \cap A_2 \cap A_3\right)$.

• G_4 : « Le deuxième as a été obtenu au quatrième lancer ».

De même , on a : $G_4 = \left(A_1 \cap \overline{A_2} \cap \overline{A_3} \cap A_4\right) \cup \left(\overline{A_1} \cap A_2 \cap \overline{A_3} \cap A_4\right) \cup \left(\overline{A_1} \cap \overline{A_2} \cap A_3 \cap A_4\right)$.

⇨ *Méthodes 14.1, 14.2*

Exercice 14.3

On sait que $P(E \cup F) = P(E) + P(F) - P(E \cap F)$ et on sait aussi que $P(E \cup F) \leq 1$ (une probabilité est inférieure ou égale à 1), on a donc : $P(E) + P(F) - P(E \cap F) \leq 1$. On en déduit :

$$P(E \cap F) \geq P(E) + P(F) - 1$$

Exercice 14.4

1. La formule des probabilités totales associée au système complet d'événements $\left(E, \overline{E}\right)$, donnée à l'**exemple 14.13**, s'écrit : $P(F) = P(F \cap E) + P\left(F \cap \overline{E}\right)$.

Comme les éléments communs à E et à F sont les mêmes que ceux qui sont communs à F et à E (ce qui semble plus qu'évident), on a : $F \cap E = E \cap F$.
De même pour $\overline{E}$ et F, on a : $F \cap \overline{E} = \overline{E} \cap F$.
En remplaçant dans la formule écrite au début, on trouve : $P(F) = P(E \cap F) + P(\overline{E} \cap F)$.

Ainsi, on obtient : $P(\overline{E} \cap F) = P(F) - P(E \cap F)$.

2. On raisonne de la même façon, en échangeant les rôles de E et F, c'est-à-dire en écrivant la formule des probabilités totales à l'événement E avec le système complet d'événements $(F, \overline{F})$.

On a alors : $P(E) = P(E \cap F) + P(E \cap \overline{F})$. On en déduit : $P(E \cap \overline{F}) = P(E) - P(E \cap F)$.

⇨ *Méthodes 14.3, 14.5*

Remarque. Si F est inclus dans E, on a : $P(E \cap \overline{F}) = P(E) - P(F)$.

Exercice 14.5

1. L'événement « un seul d'entre eux se réalise » est l'événement « E se réalise mais pas F **ou** F se réalise mais pas E ». On a donc : $A = (E \cap \overline{F}) \cup (\overline{E} \cap F)$.

$E \cap \overline{F}$ et $\overline{E} \cap F$ sont incompatibles car, par associativité et commutativité de l'intersection, on a : $(E \cap \overline{F}) \cap (\overline{E} \cap F) = (E \cap \overline{E}) \cap (\overline{F} \cap F) = \varnothing \cap \varnothing = \varnothing$.

2. Les événements $E \cap \overline{F}$ et $\overline{E} \cap F$ sont incompatibles donc : $P(A) = P(E \cap \overline{F}) + P(\overline{E} \cap F)$.
En utilisant les deux questions de l'exercice précédent, on obtient :
$P(A) = P(E) - P(E \cap F) + P(F) - P(E \cap F) = P(E) + P(F) - 2P(E \cap F)$.

⇨ *Méthodes 14.1, 14.2, 14.5*

Exercice 14.6

1. Soit A l'événement « les trois cartes tirées sont des valets ».
- À chaque tirage, il y a 32 résultats possibles, ce qui fait pour trois tirages : 32^3 résultats possibles. Par conséquent : $\text{card}(\Omega) = 32^3$.
- Si l'on veut obtenir trois fois un valet, il y a 4 façons de faire à chaque tirage (valet de pique, valet de cœur, valet de carreau ou valet de trèfle) ce qui fait pour 3 tirages : 4^3 façons de faire. Par conséquent : $\text{card}(A) = 4^3 = 64$.

La probabilité cherchée est égale à $P(A) = \dfrac{4^3}{32^3} = \left(\dfrac{4}{32}\right)^3 = \dfrac{1}{8^3} = \dfrac{1}{512}$.

2. L'événement « obtenir 3 fois une carte de même hauteur » est la réunion de 8 événements du type de A, tous de probabilité $\frac{1}{512}$: « les trois cartes tirées sont des 7 », « les trois cartes tirées sont des 8 »,…, « les trois cartes tirées sont des rois », « les trois cartes tirées sont des as ».
Ces événements sont deux à deux incompatibles et la probabilité de leur réunion est donc égale à la somme des probabilités de chacun d'entre eux.

Conclusion : la probabilité d'obtenir 3 fois une carte de même hauteur est égale à $8\times\frac{1}{512}=\frac{1}{64}$.

⇨ Méthode 14.5

Exercice 14.7

Soit A l'événement « au moins l'une des cartes tirées est un valet ». Cherchons la probabilité de l'événement contraire $\overline{A}$: « n'obtenir aucun valet ».

- À chaque tirage, il y a 52 résultats possibles, ce qui fait pour trois tirages : 52^3 résultats possibles. Par conséquent : $\text{card}(\Omega)=52^3$.
- Si l'on veut n'obtenir aucun valet, il y a 48 façons de faire à chaque tirage, ce qui fait pour trois tirages : 48^3 résultats possibles. Par conséquent : $\text{card}\left(\overline{A}\right)=48^3$.

Par équiprobabilité, on obtient : $P\left(\overline{A}\right)=\frac{48^3}{52^3}=\left(\frac{48}{52}\right)^3=\left(\frac{12}{13}\right)^3=\frac{1728}{2197}$.

On en déduit alors : $P(A)=1-\frac{1728}{2197}=\frac{469}{2197}$.

⇨ Méthode 14.4

Exercice 14.8

1. L'expérience consiste à lancer deux fois un dé équilibré et faire la somme des nombres obtenus.
Assimilons les résultats de cette expérience à des couples (a,b), où a désigne le résultat du premier lancer et b le résultat du deuxième lancer.
Comme $a\in[\![1,6]\!]$ et $b\in[\![1,6]\!]$, on a tout de suite $\text{card}(\Omega)=36$.
Dénombrons alors les couples de Ω dont la somme des composantes vaut 8.
Il y a $(2,6),(3,5),(4,4),(5,3)$ et $(6,2)$ soit 5 couples.

Par équiprobabilité, la probabilité d'obtenir une somme égale à 8 vaut donc $\frac{5}{36}$.

2. Cette probabilité n'est pas $\frac{1}{11}$: certes il y a 11 sommes possibles mais ces sommes ne sont pas équiprobables. En effet, la somme 2 par exemple ne se réalise que pour le couple $(1,1)$ alors que, par exemple, la somme 7 se réalise pour 6 couples distincts.

Corrigé

Exercice 14.9

1. On a $\Omega = [\![1, 2n]\!]$ donc $\text{card}(\Omega) = 2n$.

Un numéro est inférieur ou égal à n si ce numéro est, soit 1, soit 2,..., soit n.

Par équiprobabilité, la probabilité que le numéro soit inférieur ou égal à n est $\frac{n}{2n} = \frac{1}{2}$.

2. Il y a exactement n numéros pairs dans Ω et ces numéros sont : 2, 4, ..., $2n$.

Par équiprobabilité, la probabilité que le numéro soit pair est donc aussi $\frac{1}{2}$.

3. Cette fois $\Omega = [\![0, 2n]\!]$ et card $(\Omega) = 2n+1$.

L'équiprobabilité assure toujours que la probabilité que le numéro soit inférieur ou égal à n est $\frac{n+1}{2n+1}$ (il y a en effet $n+1$ numéros inférieurs ou égaux à n : 0, 1, …, n).

De même, la probabilité que le numéro soit pair est aussi égale à $\frac{n+1}{2n+1}$ (il y a $n+1$ numéros pairs : 0, 2, ..., $2n$).

Exercice 14.10

1. On sait que, si E et F sont deux événements, on a :

$$P(E \cup F) = P(E) + P(F) - P(E \cap F)$$

Comme $P(E \cap F) \geq 0$, on a $P(E \cup F) \leq P(E) + P(F)$.

2. a) En appliquant cette inégalité avec $E = A \cup B$ et $F = C$, on obtient :

$$P(A \cup B \cup C) \leq P(A \cup B) + P(C)$$

Mais comme $P(A \cup B) \leq P(A) + P(B)$, on a : $P(A \cup B) + P(C) \leq P(A) + P(B) + P(C)$.

Des inégalités $P(A \cup B \cup C) \leq P(A \cup B) + P(C)$ et $P(A \cup B) + P(C) \leq P(A) + P(B) + P(C)$, on déduit : $P(A \cup B \cup C) \leq P(A) + P(B) + P(C)$.

b) On sait que : $P(A) = P(B) = P(C) = p$ et $P(A \cap B \cap C) = 0$.

En appliquant l'inégalité de la question **2.a)** aux événements $\overline{A}$, $\overline{B}$ et $\overline{C}$, on obtient :

$$P(\overline{A} \cup \overline{B} \cup \overline{C}) \leq P(\overline{A}) + P(\overline{B}) + P(\overline{C})$$

On obtient ainsi, grâce aux lois de Morgan : $P(\overline{A \cap B \cap C}) \leq P(\overline{A}) + P(\overline{B}) + P(\overline{C})$.

Par équiprobabilité des événements, on a alors : $1 \leq 3(1-p)$, c'est-à-dire : $1 \leq 3 - 3p$.

Finalement, on obtient : $p \leq \frac{2}{3}$.

Chapitre 15
Conditionnement Indépendance

Abraham **de Moivre** fuit la France à dix-huit ans à la révocation de l'Edit de Nantes. Il lit avec passion *Principia*, le principal ouvrage de **Newton** puis il rencontre ce dernier et devient son ami.
Son principal apport aux mathématiques concerne les probabilités. Poursuivant l'œuvre de Jacques **Bernoulli**, il établit par exemple que la probabilité de la conjonction (on dit de nos jours l'intersection) de deux événements indépendants est le produit de leurs probabilités. Il étudie la loi binomiale et voit qu'en un certain sens, elle a pour limite la loi normale.

Abraham de Moivre
1667-1754

■■ Objectifs

■ Les incontournables

- ▷ Savoir utiliser la formule des probabilités composées.
- ▷ Savoir utiliser la formule des probabilités totales.
- ▷ Savoir montrer que deux événements sont indépendants.

■ Et plus si affinités

- ▷ Savoir utiliser la formule de Bayes.
- ▷ Savoir distinguer l'indépendance d'épreuves de celle d'événements associés.

Résumé de cours

On suppose dans tout ce chapitre que Ω est fini.

Conditionnement

Probabilités conditionnelles

Définition 15.1. — Soit A et B deux événements tels que $P(A) \neq 0$. On appelle « probabilité de B sachant que A est réalisé » ou « probabilité de B sachant A » ou encore « probabilité de B conditionnellement à l'événement A », le réel noté $P_A(B)$ défini par : $P_A(B) = \dfrac{P(A \cap B)}{P(A)}$.

Remarque 15.1. — Dans la pratique (en excluant donc certains exercices théoriques), il est plus simple de déterminer $P_A(B)$ que $P(A \cap B)$. La définition ci-dessus est donc performante quand on l'utilise pour calculer $P(A \cap B)$ sous la forme : $P(A \cap B) = P(A)P_A(B)$.

⇨ **Méthode 15.1. Comment calculer la probabilité de l'intersection de deux événements ?**

Théorème 15.1. — L'application P_A est une probabilité.

Propriétés 15.1. — Quelques conséquences à connaître.
$P_A(\Omega) = 1$.
$P_A(\varnothing) = 0$.
$P_A(\overline{B}) = 1 - P_A(B)$.
$P_A(E \cup F) = P_A(E) + P_A(F) - P_A(E \cap F)$.

Formule des probabilités composées

Théorème 15.2. — Si $A_1, A_2, ..., A_n$ sont n événements tels que $P(A_1 \cap A_2 \cap ... \cap A_{n-1}) \neq 0$, alors on a :

$$P\left(\bigcap_{k=1}^{n} A_k\right) = P(A_1)\ P_{A_1}(A_2)\ P_{A_1 \cap A_2}(A_3) \ldots P_{A_1 \cap A_2 \cap \ldots \cap A_{n-1}}(A_n)$$

⇨ **Méthode 15.2. Comment calculer la probabilité de l'intersection de plusieurs événements ?**

Exemple 15.1. — Cette formule est intéressante lorsque l'on a affaire à une (ou des) urne(s) à contenu évolutif (on ne remet pas les boules déjà extraites ou l'on n'en remet que certaines, ou l'on remet les boules extraites accompagnées de boules supplémentaires...).

❑ Formule des probabilités totales

Théorème 15.3. — Rappel (première version)
Si $(A_1, A_2, ..., A_n)$ est un système complet d'événements, alors pour tout événement B, on a :

$$P(B) = \sum_{k=1}^{n} P(B \cap A_k)$$

Théorème 15.4. — Conséquence immédiate (deuxième version).
Si $(A_1, A_2, ..., A_n)$ est un système complet d'événements, chacun étant de probabilité non nulle, alors pour tout événement B, on a :

$$P(B) = \sum_{k=1}^{n} P(A_k) P_{A_k}(B)$$

⇨ **Méthode 15.5. Comment appliquer la formule des probabilités totales ?**

Remarque 15.2. — Des deux théorèmes précédents, c'est le **théorème 15.4** qui est le plus performant, les probabilités conditionnelles $P_{A_k}(B)$ étant très souvent faciles à déterminer.

Remarque 15.3. — Il va de soi que si les événements du système complet utilisé sont numérotés différemment que de 1 à n, ces formules restent valables.
Par exemple, si $(A_0, A_1, ..., A_n)$ est un système complet d'événements, chacun étant de probabilité non nulle, alors pour tout événement B, on a : $P(B) = \sum_{k=0}^{n} P(A_k) P_{A_k}(B)$.

Exemple 15.2. — Avec le système complet d'événements $(A, \overline{A})$, en supposant $P(A) \neq 0$ et $P(\overline{A}) \neq 0$, la formule des probabilités totales s'écrit : $P(B) = P(A)P_A(B) + P(\overline{A})\,P_{\overline{A}}(B)$.

❑ Formule de Bayes

Théorème 15.5. — Si A et B sont deux événements de probabilités non nulles, on a :

$$P_B(A) = \frac{P(A)P_A(B)}{P(B)}$$

Théorème 15.6. — Formule de Bayes généralisée.
Si $(A_1, A_2, ..., A_n)$ est un système complet d'événements de probabilités non nulles, alors pour tout événement B de probabilité non nulle, on a :

$$\forall i \in [\![1, n]\!],\ P_B(A_i) = \frac{P(A_i)P_{A_i}(B)}{\sum_{k=1}^{n} P(A_k) P_{A_k}(B)}$$

⇨ **Méthode 15.6. Comment utiliser la formule de Bayes ?**

Remarque 15.4. — Cette dernière formule semble compliquée, mais elle est tout simplement obtenue en appliquant la formule des probabilités totales à la probabilité $P(B)$ du dénominateur de la formule de Bayes (**théorème 15.5**).

■ Indépendance

❑ Indépendance deux à deux de plusieurs événements

Définition 15.2. — On dit que deux événements A et B sont *indépendants* lorsque :

$$P(A \cap B) = P(A)\, P(B)$$

⇨ **Méthode 15.4. Comment montrer que deux événements sont indépendants ?**

Théorème 15.7. — Si $P(A) \neq 0$, alors A et B sont indépendants si et seulement si $P_A(B) = P(B)$.

Remarque 15.5 — Si $P(B) \neq 0$, alors A et B sont indépendants si et seulement si $P_B(A) = P(A)$.

Définition 15.3. — Soit $A_1, A_2, ..., A_n$ des événements définis sur un même espace probabilisé $(\Omega, \mathcal{P}(\Omega), P)$. On dit que ces événements sont deux à deux indépendants si, pour tout couple (i, j) d'éléments distincts de $[\![1, n]\!]$, les événements A_i et A_j sont indépendants.

Théorème 15.8. — Si deux événements A et B sont indépendants, alors A et $\overline{B}$ sont indépendants, $\overline{A}$ et B sont indépendants, et, pour finir, $\overline{A}$ et $\overline{B}$ sont indépendants.

Remarque 15.6. — La démonstration de ce résultat est proposée à l'**exercice 15.2**.

❑ Indépendance mutuelle de plusieurs événements

Définition 15.4. — On dit que les événements $A_1, A_2, ..., A_n$ sont mutuellement indépendants si, pour tout k de $[\![1, n]\!]$ et pour toute famille $(i_1, i_2, ..., i_k)$ d'éléments distincts de $[\![1, n]\!]$, on a :

$$P\left(A_{i_1} \cap A_{i_2} \cap ... \cap A_{i_k}\right) = P\left(A_{i_1}\right) P\left(A_{i_2}\right) ... P\left(A_{i_k}\right)$$

⇨ **Méthode 15.3. Comment calculer la probabilité d'une intersection d'événements mutuellement indépendants ?**

Exemple 15.3. — Les événements A, B et C sont mutuellement indépendants si et seulement si :
1) $P(A \cap B) = P(A)\, P(B)$, $P(A \cap C) = P(A)\, P(C)$, $P(B \cap C) = P(B)\, P(C)$
2) $P(A \cap B \cap C) = P(A)\, P(B)\, P(C)$.

Exemple 15.4. — On lance deux dés, l'un rouge, l'autre bleu, et on désigne par A l'événement « le numéro obtenu avec le dé rouge est pair », B « le numéro obtenu avec le dé bleu est pair » et C « la somme des deux numéros obtenus est paire ».

On vérifie assez vite que : $P(A)=\frac{1}{2}$, $P(B)=\frac{1}{2}$, $P(C)=\frac{1}{2}$, $P(A\cap B)=\frac{1}{4}$, $P(B\cap C)=\frac{1}{4}$, $P(A\cap C)=\frac{1}{4}$ et $P(A\cap B\cap C)=\frac{1}{4}$. On a donc :

$$P(A\cap B)=P(A)P(B)$$
$$P(B\cap C)=P(B)P(C)$$
$$P(A\cap C)=P(A)P(C)$$
$$P(A\cap B\cap C)\neq P(A)P(B)P(C)$$

Ceci montre que A, B et C sont deux à deux indépendants, mais pas mutuellement indépendants.

Théorème 15.9. — Si n événements A_k sont mutuellement indépendants, il en est de même pour les événements B_k, où B_k désigne, soit A_k, soit $\overline{A_k}$.

Exemple 15.5. — Si A_1, A_2, A_3 et A_4 sont indépendants, alors A_1, $\overline{A_2}$, $\overline{A_3}$ et A_4 le sont aussi.

Théorème 15.10. — Si des événements sont mutuellement indépendants alors tout événement formé avec certains d'entre eux est indépendant de tout événement formé à partir d'autres.

Remarque 15.7. — Le théorème précédent est parfois appelé le "lemme des coalitions".

Remarque 15.8. — Lors d'épreuves dites indépendantes (lancers successifs d'une pièce donnée, tirages avec remise dans une urne connue), les résultats de chaque épreuve sont mutuellement indépendants les uns des autres, on peut parler, à ce sujet, d'indépendance "naturelle".
En revanche, il ne faut pas en conclure que tous les événements liés à une suite d'épreuves indépendantes sont indépendants. Voici un exemple assez parlant.

On lance un certain nombre de fois une pièce équilibrée (la probabilité de faire *Pile* vaut $\frac{1}{2}$) et, pour tout entier naturel k non nul, on note P_k (respectivement F_k) l'événement « on obtient *Pile* (respectivement *Face*) au $k^{\text{ème}}$ lancer » et, pour finir, on pose $E_k = P_k \cap F_{k+1}$.

On a (par indépendance des lancers) : $P(E_k) = P(P_k)\, P(F_{k+1}) = \frac{1}{2} \times \frac{1}{2} = \frac{1}{4}$.

De même, on a $P(E_{k+1}) = \frac{1}{4}$, mais :

$P(E_k \cap E_{k+1}) = P(P_k \cap F_{k+1} \cap P_{k+1} \cap F_{k+2}) = P(P_k \cap \varnothing \cap F_{k+2}) = P(\varnothing) = 0$.
On a donc : $P(E_k \cap E_{k+1}) \neq P(E_k)\, P(E_{k+1})$.

On pouvait aussi remarquer plus directement que $P_{E_k}(E_{k+1}) = 0$, alors que $P(E_{k+1}) = \frac{1}{4}$.

Quelle que soit la manière de procéder, on constate que les événements E_k et E_{k+1} ne sont pas indépendants.

■■ Méthodes

■ Intersection d'événements, indépendance

❑ Méthode 15.1. Comment calculer la probabilité de l'intersection de deux événements ?

On utilise la définition d'une probabilité conditionnelle sous l'une des deux formes suivantes, selon les probabilités que l'on pense déjà connaître.

$$P(A \cap B) = P(B)\,P_B(A) \text{ ou } P(A \cap B) = P(A)\,P_A(B)$$

⇨ Exercices 15.4, 15.5

Exemple. On extrait 2 boules au hasard, successivement et sans remise, d'une urne contenant 4 boules blanches et 6 boules noires. Quelle est la probabilité d'obtenir 2 boules noires ?
En notant, pour tout entier k supérieur ou égal à 1, N_k l'événement « on obtient une boule noire au $k^{\text{ème}}$ tirage », on cherche la probabilité de $N_1 \cap N_2$.

On a alors : $P(N_1 \cap N_2) = P(N_1)\,P_{N_1}(N_2)$. Par équiprobabilité, $P(N_1) = \dfrac{6}{10}$ et, comme il ne reste pour le $2^{\text{ème}}$ tirage que 9 boules en tout dont 5 boules noires, on a $P_{N_1}(N_2) = \dfrac{5}{9}$.

En conclusion : $P(N_1 \cap N_2) = \dfrac{6}{10} \times \dfrac{5}{9} = \dfrac{1}{3}$.

❑ Méthode 15.2. Comment calculer la probabilité de l'intersection de plusieurs événements ?

Il faut utiliser la formule des probabilités composées et soigner particulièrement les explications justifiant les valeurs des probabilités conditionnelles qui sont en jeu. Souvent, $A_1, A_2, \ldots, A_n$ sont des événements se produisant dans l'ordre chronologique. Dès lors, c'est parce que l'on sait que A_1 s'est produit qu'il est possible de déterminer $P_{A_1}(A_2)$, puis c'est parce que l'on sait que A_1 et A_2 se sont produits qu'il est possible de déterminer $P_{A_1 \cap A_2}(A_3)$ et ainsi de suite.

⇨ Exercices 15.3, 15.4, 15.5

Exemple. Une urne contient n boules blanches et n boules noires. On effectue n tirages au hasard d'une boule sans remise de la boule dans l'urne.
Quelle est la probabilité que les n boules tirées soient blanches ?

Méthodes

• En notant, pour tout entier k supérieur ou égal à 1, B_k l'événement « on obtient une boule blanche au $k^{\text{ème}}$ tirage », on cherche la probabilité de l'événement $\bigcap_{k=1}^{n} B_k = B_1 \cap ... \cap B_n$.

• On applique la formule des probabilités composées, ce qui donne :

$$P(\bigcap_{k=1}^{n} B_k) = P(B_1)\,P_{B_1}(B_2)\ \ P_{B_1\cap B_2}(B_3)\ \ldots\ P_{B_1\cap\ldots\cap B_{n-1}}(B_n).$$

• En remplaçant les différentes probabilités par leur expression en fonction de n (en prenant soin de remarquer qu'après chaque tirage, il y a une boule blanche en moins dans l'urne, ce qui fait qu'il manquera $(n-1)$ boules blanches au moment de calculer $P_{B_1\cap\ldots\cap B_{n-1}}(B_n)$.

On trouve : $P(\bigcap_{k=1}^{n} B_k) = \dfrac{n}{2n}\times\dfrac{n-1}{2n-1}\times\ldots\times\dfrac{n-(n-1)}{2n-(n-1)} = \dfrac{n!}{2n(2n-1)\ldots(n+1)}$.

Le dénominateur est égal à $\dfrac{(2n)!}{n!}$ et on obtient finalement : $P(\bigcap_{k=1}^{n} B_k) = \dfrac{(n!)^2}{(2n)!}$.

❑ Méthode 15.3. Comment calculer la probabilité d'une intersection d'événements mutuellement indépendants ?

La probabilité de l'intersection d'événements mutuellement indépendants est égale au produit des probabilités de chacun de ces événements.
Ceci se produit lorsque l'on réalise des épreuves dites indépendantes (jeux de pile ou face, lancers d'un dé, tirages avec remise dans une urne, ...).

⇨ **Exercices 15.6, 15.8**

Exemple. On lance n fois (on suppose n supérieur ou égal à 2) une pièce amenant *Pile* avec la probabilité p (avec $0 < p < 1$).
Quelle est la probabilité que le premier *Pile* arrive au $n^{\text{ème}}$ lancer ?
En notant, pour tout entier naturel k non nul, P_k l'événement « on obtient *Pile* au $k^{\text{ème}}$ lancer », on cherche la probabilité de l'événement $E_n = \overline{P_1} \cap ... \cap \overline{P_{n-1}} \cap P_n$.
On a (par indépendance des lancers) : $P(E_n) = P(\overline{P_1})\ ...\ P(\overline{P_{n-1}})\,P(P_n) = (1-p)^{n-1}p$.

❑ Méthode 15.4. Comment montrer que deux événements sont indépendants ?

A et B sont indépendants si : $P(A\cap B) = P(A)\,P(B)$.
Dans le cas où l'on est certain que A (ou B) a une probabilité différente de 0, on peut utiliser le résultat suivant :
A et B sont indépendants si et seulement si : $P_A(B) = P(B)$ ou $P_B(A) = P(A)$.

⇨ **Exercice 15.2**

Exemple. On lance deux fois un dé équilibré et on considère les 3 événements suivants :
E_1 « la somme des 2 lancers est égale à 6 »
E_2 « la somme des 2 lancers est égale à 7 »
F « le premier lancer a donné un 4 ».
Étudier l'indépendance de E_1 et F, puis celle de E_2 et F.

On a $E_1 = \{(1, 5), (2, 4), (3, 3), (4, 2), (5, 1)\}$ donc (par équiprobabilité) $P(E_1) = \dfrac{5}{36}$.

On a $E_2 = \{(1, 6), (2, 5), (3, 4), (4, 3), (5, 2), (6, 1)\}$ donc $P(E_2) = \dfrac{6}{36} = \dfrac{1}{6}$.

On a $F = \{(4, 1), (4, 2), (4, 3), (4, 4), (4, 5), (4, 6)\}$ donc $P(F) = \dfrac{6}{36} = \dfrac{1}{6}$.

- $E_1 \cap F = \{(4, 2)\}$ donc $P(E_1 \cap F) = \dfrac{1}{36}$, alors que $P(E_1)P(F) = \dfrac{5}{216}$.

Les événements E_1 et F ne sont pas indépendants.

- $E_2 \cap F = \{(4, 3)\}$ donc $P(E_2 \cap F) = \dfrac{1}{36}$. Comme on a $P(E_2)\,P(F) = \dfrac{1}{6} \times \dfrac{1}{6} = \dfrac{1}{36}$, les événements E_2 et F sont indépendants.

Remarque — Cet exercice montre à quel point l'indépendance n'est pas une notion intuitive, il ne faut pas se laisser influencer par ce que l'on croit être du bon sens...

■ Systèmes complets d'événements

❑ Méthode 15.5. Comment appliquer la formule des probabilités totales ?

- Avec le système complet $\left(A, \overline{A}\right)$: $P(B) = P(A)P_A(B) + P(\overline{A})\,P_{\overline{A}}(B)$.

On utilise la formule des probabilités totales lorsque l'on sent que l'on hésite entre deux options, et que l'on serait prêt à faire l'erreur de donner deux valeurs différentes à la probabilité cherchée (ce qui serait absurde), selon que l'on choisisse l'une ou l'autre option.

- Avec le système complet $\left(A_1, A_2, ..., A_n\right)$: $P(B) = \sum_{k=1}^{n} P(A_k)P_{A_k}(B)$.

C'est la même chose, on utilise la formule des probabilités totales chaque fois que l'on ressent un manque d'informations pour pouvoir calculer $P(B)$. On cherche le système complet d'événements $\left(A_1, A_2, ..., A_n\right)$ adapté à la situation, et, en principe, les probabilités $P(A_k)$ sont connues ou supposées telles et les probabilités conditionnelles $P_{A_k}(B)$ sont faciles à calculer.

⇨ **Exercices 15.2, 15.5, 15.6, 15.7**

Méthodes

Exemple 1. Une compagnie d'assurances estime que les gens peuvent être classés en deux catégories : ceux qui ont plus de deux accidents de voiture par an et les autres.
Elle estime que la première catégorie représente 30 % de la population. Par ailleurs, des études statistiques montrent que la probabilité pour un individu de la première catégorie d'avoir un accident de voiture dans l'année est égale 0,4 alors que cette probabilité vaut 0,2 pour un individu de la deuxième catégorie.
Quelle est la probabilité qu'un nouveau client (dénommé plus loin "le client") de cette compagnie ait un accident durant l'année qui suit la signature de son contrat ?

• Le malaise est vite identifié : à quelle catégorie appartient ce nouveau client ? On n'en sait RIEN ! C'est ceci qui est typique de l'utilisation de la formule des probabilités totales.
• Notons C l'événement « "le client" appartient à la première catégorie » et A l'événement « "le client" aura un accident durant l'année suivant la signature de son contrat ».
La formule des probabilités totales s'écrit : $P(A) = P(C)\,P_C(A) + P(\overline{C})\,P_{\overline{C}}(A)$.
L'énoncé a donné toutes les valeurs numériques, on peut donc remplacer :
$P(A) = 0,3 \times 0,4 + (1 - 0,3) \times 0,2$, ce qui donne $P(A) = 0,26$.

Exemple 2. On dispose de n urnes ($n \geq 2$), numérotées de 1 à n, et telles que, pour tout k élément de $[\![1, n]\!]$, l'urne numérotée k contient k boules blanches et $(n - k)$ boules noires. On choisit une urne au hasard et on en extrait une boule. Quelle est la probabilité que cette boule soit blanche ?
Ici aussi, c'est typique : la réponse serait facile si l'on SAVAIT dans quelle urne on joue !
• On met donc en place le système complet d'événements $(U_1, U_2, \ldots, U_n)$ adapté à la situation, en ayant bien sûr noté U_k l'événement « l'urne numérotée k a été choisie ».

• On note B l'événement « on obtient une boule blanche ». On a alors $P(B) = \sum_{k=1}^{n} P(U_k)P_{U_k}(B)$.

L'urne étant choisie au hasard, on a $P(U_k) = \frac{1}{n}$ et comme l'urne numérotée k contient n boules dont k boules blanches, on a $P_{U_k}(B) = \frac{k}{n}$.

En remplaçant, on obtient : $P(B) = \sum_{k=1}^{n} \frac{1}{n} \times \frac{k}{n} = \frac{1}{n^2} \sum_{k=1}^{n} k = \frac{1}{n^2} \times \frac{n(n+1)}{2} = \frac{n+1}{2n}$.

❑ Méthode 15.6. Comment utiliser la formule de Bayes ?

On utilise cette formule quand on a l'impression de "remonter le temps"... On sait qu'un événement B s'est réalisé et on cherche la probabilité d'un événement A, *antérieur* à B. On recherche la probabilité de la cause de B : $P_B(A) = \frac{P(A)P_A(B)}{P(B)}$.

Le calcul de $P(B)$ nécessite souvent l'utilisation de la formule des probabilités totales avec un système complet d'événements bien adapté.

⇨ **Exercices 15.5, 15.6, 15.7**

Exemple. On reprend la situation décrite dans l'exemple précédent.

On dispose de n urnes ($n \geq 2$), numérotées de 1 à n, et telles que, pour tout k élément de $[\![1, n]\!]$, l'urne numérotée k contient k boules blanches et $(n-k)$ boules noires. On choisit une urne au hasard, on en extrait une boule et on constate qu'elle est blanche. Quelle est la probabilité que cette boule provienne de l'urne numérotée 1 ?

On cherche $P_B(U_1)$ et la formule de Bayes donne : $P_B(U_1) = \dfrac{P(U_1)P_{U_1}(B)}{P(B)}$. Il ne reste plus qu'à remplacer et on obtient : $P_B(U_1) = \dfrac{\frac{1}{n} \times \frac{1}{n}}{\frac{n+1}{2n}} = \dfrac{1}{n^2} \times \dfrac{2n}{n+1} = \dfrac{2}{n(n+1)}$.

Méthodes

Vrai/Faux

		Vrai	Faux
1.	Si A et B sont deux événements tels que $A \subset B$, alors on a $P_A(B) = 1$.	☐	☐
2.	A est un événement tel que $P(B) \neq 0$ et $P(B) \neq 1$. Pour tout événement B, on a : $P_{\overline{B}}(A) = 1 - P_B(A)$.	☐	☐
3.	Pour tout couple d'événements (A, B), on a : $$P(A) = P_B(A) + P_{\overline{B}}(A)$$	☐	☐
4.	Si A est indépendant de B et de C et si B et C sont incompatibles, alors A est indépendant de $B \cup C$.	☐	☐
5.	Quels que soient les événements A et B, on a $P_B(A) \leq P(A)$.	☐	☐
6.	Si A, B et C sont deux à deux indépendants, alors on a : $$P(A \cap B \cap C) = P(A)\,P(B)\,P(C)$$	☐	☐
7.	Si A et B sont indépendants, alors $P(A \cup B) = P(A)P(\overline{B}) + P(B)$.	☐	☐
8.	On lance un dé deux fois, on note A l'événement « Le premier lancer donne un 6 » et B l'événement « La somme des numéros obtenus à ces deux lancers est égale à 11 ». On a $P_A(B) = 1/36$.	☐	☐
9.	On lance quatre fois une pièce et, pour tout n de $\mathbb{N}^*$, on note P_n (resp. F_n) l'événement « le $n^{\text{ème}}$ lancer donne un *Pile* (resp. *Face*) ». Les événements $P_1 \cap F_2$ et $P_3 \cap F_4$ sont indépendants.	☐	☐
10.	On lance trois fois une pièce donnant *Pile* avec la probabilité p $(0 < p < 1)$. Avec les mêmes notations qu'au **V/F 9**, on pose, pour tout n de $\mathbb{N}^*$, $E_n = P_n \cap P_{n+1}$. Par indépendance des lancers, on a : $P(E_1 \cap E_2) = p^4$.	☐	☐

Énoncé des exercices

❑ **Exercice 15.1.** — On considère deux événements, A et B, la probabilité de l'événement A étant différente de 0.

1. On suppose A et B incompatibles, quelle est la valeur de $P_A(B)$?

2. On suppose que A est inclus dans B, quelle est la valeur de $P_A(B)$?

❑ **Exercice 15.2.** — Preuve du **théorème 15.8**. On considère deux événements A et B indépendants.

1. Justifier que $P(A \cap \overline{B}) = P(A) - P(A \cap B)$ et en déduire que A et $\overline{B}$ sont indépendants.

2. Utiliser ce qui précède pour établir que $\overline{A}$ et B sont indépendants puis que $\overline{A}$ et $\overline{B}$ sont également indépendants.

❑ **Exercice 15.3.** — Une urne contient 5 boules rouges et 4 boules vertes. On extrait 3 boules au hasard, successivement et sans remise de cette urne.
Quelle est la probabilité que l'on obtienne 2 boules vertes ?

❑ **Exercice 15.4.** — On dispose d'une urne qui contient 5 boules noires et 3 boules blanches. On extrait des boules de cette urne, une par une et sans remise.
Pour tout n de $[\![1, 8]\!]$, on note E_n l'événement « la première boule noire est obtenue au $n^{\text{ème}}$ tirage » et B_n l'événement « on obtient une boule blanche au $n^{\text{ème}}$ tirage ».

1. Exprimer E_1, E_2, E_3 et E_4 en fonction de certains des événements B_k (et $\overline{B_k}$) puis donner les probabilités de E_1, E_2, E_3 et E_4.

2. Déterminer $P(E_n)$ pour tout entier naturel n supérieur ou égal à 5.

❑ **Exercice 15.5.** — On dispose de deux urnes U et V. L'urne U contient 5 boules noires et 3 boules blanches et l'urne V contient 6 boules noires et 2 boules blanches.

1. On choisit une urne *au hasard* et on en extrait une boule.

a) Quelle est la probabilité que cette boule soit noire ?

b) On constate que la boule tirée est noire. Calculer la probabilité qu'elle provienne de U.

2. On choisit une urne *au hasard* et on en extrait des boules, une par une et sans remise.
Pour tout n de $[\![1, 4]\!]$, on note E_n l'événement « la première boule noire est obtenue au $n^{\text{ème}}$ tirage » et B_n l'événement « on obtient une boule blanche au $n^{\text{ème}}$ tirage ».
Exprimer E_n en fonction de certains des événements B_k (et $\overline{B_k}$), puis déterminer, pour tout n de $[\![1, 4]\!]$, la probabilité $P(E_n)$.

❑ **Exercice 15.6.** * — Un joueur est en présence de 2 urnes A et B. Dans l'urne A, il y a 3 boules blanches et 5 boules rouges. Dans l'urne B, il y a 7 boules blanches et 5 boules rouges.

Il dispose d'autre part de 2 dés non pipés qu'il lance une fois. Si la somme des points obtenus est inférieure ou égal à 7, il choisit l'urne A. Si elle est strictement supérieure à 7, il choisit l'urne B. Il tire alors, dans l'urne choisie, 4 boules avec remise.

1. Quelle est la probabilité qu'il n'obtienne que des boules rouges ?

2. Le joueur n'obtient que des boules rouges. Quelle est la probabilité que ce soit l'urne A qui ait été choisie ?

3. ** Comment modifier la condition de choix des urnes, à partir du total des points obtenus, pour que la probabilité calculée à la question précédente soit inférieure ou égale à 0,5.

❑ **Exercice 15.7.** ** — Le finaliste d'un jeu télévisé est placé face à trois portes P_1, P_2 et P_3. Derrière l'une d'entre elles, il y a une voiture et derrière les deux autres il n'y a rien. L'animateur sait derrière quelle porte se trouve la voiture et le candidat l'ignore bien sûr. Le candidat choisit la porte P_1. À cet instant l'animateur ouvre la porte P_3 derrière laquelle le candidat constate qu'il n'y a rien et l'animateur propose au candidat de changer son choix s'il le souhaite.

On note V_i l'événement : « la voiture se trouve derrière la porte numérotée i » et E l'événement : « le présentateur ouvre la porte numérotée 3 ».

1. a) Déterminer sans calcul $P_{V_1}(E)$, $P_{V_2}(E)$ et $P_{V_3}(E)$.

b) Calculer $P_E(V_1)$ et $P_E(V_2)$.

2. Le candidat augmentera-t-il sa probabilité de gagner à ce jeu en changeant de choix ?

❑ **Exercice 15.8.** — On extrait, une par une, et avec remise à chaque fois de la boule tirée, n boules d'une urne contenant une boule noire et une boule blanche. Quelle est la probabilité qu'au moins l'une des boules tirées soit blanche ?

■ Pour vous aider à démarrer

Exercice 15.1. Revenir à la définition d'une probabilité conditionnelle.
Exercice 15.2. Utiliser le fait que : $A = (A \cap B) \cup (A \cap \overline{B})$.
Exercices 15.3, 15.4. Utiliser la formule des probabilités composées.
Exercice 15.5. Pour la question **1.b)**, utiliser la formule de Bayes. Pour la question **2.**, utiliser la formule des probabilités totales.
Exercice 15.6. Pour la question **1**, utiliser la formule des probabilités totales. Pour la question **2**, c'est la formule de Bayes.
Exercice 15.7. Pour la question **1.b)**, utiliser la formule de Bayes.

Corrigé des vrai/faux

1.	2.	3.	4.	5.	6.	7.	8.	9.	10.
V	F	F	V	F	F	V	F	V	F

1. La relation $A \subset B$ signifie que si A est réalisé alors B l'est aussi.
On en déduit que $P_A(B) = 1$.

Remarque. Dans le cas où A n'est pas de probabilité nulle, on peut se convaincre en écrivant : $P_A(B) = \dfrac{P(A \cap B)}{P(A)}$. Comme A est inclus dans B, on a $A \cap B = A$, d'où $P_A(B) = 1$.

2. On considère l'expérience suivante : on lance un dé cubique équilibré et on note le numéro obtenu. Soit A l'événement : « obtenir 2 » et B l'événement : « obtenir un numéro pair ».

Il y a trois numéros pairs entre 1 et 6, donc $P(B) = \dfrac{1}{2}$. On a bien $P(B) \neq 0$ et $P(B) \neq 1$.

De plus, comme 2 est pair, on a : $P_B(A) = \dfrac{1}{3}$ et $P_{\overline{B}}(A) = 0$.

On en déduit que : $1 - P_B(A) \neq P_{\overline{B}}(A)$.

Remarque. Il ne fallait pas confondre avec la formule $P_B(\overline{A}) = 1 - P_B(A)$, vue dans les **propriétés 15.1**.

3. En considérant la même expérience qu'à la question **2**, on a :

$P_B(A) = \dfrac{1}{3}$, $P_{\overline{B}}(A) = 0$ et $P(A) = \dfrac{1}{6}$. On en déduit donc que : $P(A) \neq P_B(A) + P_{\overline{B}}(A)$.

Remarque. Il ne fallait pas confondre avec la formule des probabilités totales :

$$P(A) = P(B)\,P_B(A) + P(\overline{B})\,P_{\overline{B}}(A)$$

4. Il s'agit de comparer $P(A \cap (B \cup C))$ et $P(A)P(B \cup C)$.

Par distributivité de l'intersection par rapport à la réunion :

$P(A \cap (B \cup C)) = P((A \cap B) \cup (A \cap C))$.

Comme B et C sont incompatibles, alors $A \cap B$ et $A \cap C$ le sont également. En effet, $(A \cap B) \cap (A \cap C) = A \cap (B \cap C) = A \cap \varnothing = \varnothing$.

On en déduit que : $P(A \cap (B \cup C)) = P(A \cap B) + P(A \cap C)$.

Corrigé

Or, par indépendance de A et B, et par indépendance de A et C, on a :
$P(A\cap B)+P(A\cap C)=P(A)P(B)+P(A)P(C)=P(A)\big(P(B)+P(C)\big)$.
L'incompatibilité de B et C assure alors que : $P\big(A\cap(B\cup C)\big)=P(A)P(B\cup C)$.

5. Encore une fois, avec l'expérience de la question **2**, on a : $P_B(A)=\dfrac{1}{3}$ et $P(A)=\dfrac{1}{6}$.

On en déduit que la relation $P_B(A)\leq P(A)$ est fausse en général.

Remarque. Ceci apparaît très nettement si l'on choisit $B = A$, car alors : $P_B(A) = P_A(A) = 1$, qui est supérieur (et pas inférieur) à $P(A)$!

6. Toujours avec la même expérience et en notant C l'événement : « obtenir un 5 », on a les résultats suivants : $P(B)=\dfrac{1}{2}$, $P(A)=P(C)=\dfrac{1}{6}$ et $P(A\cap B\cap C)=0$ puisque A et C sont incompatibles. On en déduit que : $P(A\cap B\cap C)\neq P(A)P(B)P(C)$.

Remarque. C'est l'indépendance mutuelle des événements A, B et C qui permet d'avoir :

$$P(A\cap B\cap C)=P(A)\,P(B)\,P(C)$$

7. Par la formule du crible, on a : $P(A\cup B)=P(A)+P(B)-P(A\cap B)$.

L'indépendance de A et B assure que : $P(A\cup B)=P(A)+P(B)-P(A)P(B)$.

On obtient alors : $P(A\cup B)=P(A)\big(1-P(B)\big)+P(B)$.

On en déduit que : $P(A\cup B)=P(A)P(\overline{B})+P(B)$.

8. On a $P(A)=\dfrac{1}{6}\neq 0$, et par définition, on a : $P_A(B)=\dfrac{P(A\cap B)}{P(A)}$.

$A\cap B$ signifie ici : « obtenir 6 au premier lancer et 5 au second ».
En notant C : « obtenir 5 au deuxième lancer », l'indépendance des lancers donne :
$P(A\cap B)=P(A\cap C)=P(A)P(C)=\dfrac{1}{6}\times\dfrac{1}{6}=\dfrac{1}{36}$. On en déduit que : $P_A(B)=\dfrac{1}{6}$.

Remarque. Plus simplement, si l'on sait que le premier lancer a donné 6, alors, pour avoir une somme égale à 11, il faut et il suffit que l'on obtienne 5 au deuxième lancer, ce qui donne bien $P_A(B)=\dfrac{1}{6}$.

9. Les événements P_n étant mutuellement indépendants, le "lemme des coalitions" assure que $P_1\cap\overline{P_2}$ et $P_3\cap\overline{P_4}$ sont indépendants (chacun de ces deux événements concernent des lancers distincts).

10. On a : $E_1 \cap E_2 = (P_1 \cap P_2) \cap (P_2 \cap P_3) = P_1 \cap P_2 \cap P_3$.

Par indépendance, $P(E_1 \cap E_2) = P(P_1 \cap P_2 \cap P_3) = p^3$, qui est différent de p^4 (car p n'est ni égal à 0, ni égal à 1).

❑ Les erreurs classiques

- Il ne faut pas confondre incompatibilité et indépendance des événements A et B :
  - l'incompatibilité se traduit par : $A \cap B = \varnothing$, ce qui implique $P(A \cap B) = 0$
  - l'indépendance se traduit par : $P(A \cap B) = P(A)P(B)$.
- L'indépendance mutuelle implique l'indépendance 2 à 2, mais la réciproque est fausse.
- Il ne faut pas "trahir" la formule des probabilités totales en inventant des formules qui lui ressemblent...
- L'indépendance d'épreuves aléatoires ne garantit pas l'indépendance de tous les événements qui leur sont liés (relire la **remarque 15.8**).
- Il faut absolument faire l'effort de réflexion suffisant pour ne pas confondre $P_B(A)$ et $P(A \cap B)$: dans le premier cas, on SAIT que B est réalisé et on ne s'occupe donc pas de sa probabilité (en fait, on a un renseignement supplémentaire qui permet de trouver plus facilement la probabilité de A), alors que dans le deuxième cas, on se pose la question de savoir si, et A, et B se réalisent.

Corrigé des exercices

Exercice 15.1

1. D'après la **définition 15.1** et puisque $P(A) \neq 0$, on a : $P_A(B) = \dfrac{P(A \cap B)}{P(A)}$.

L'incompatibilité de A et B assure alors que : $P(A \cap B) = 0$.

On en déduit que : $P_A(B) = 0$.

2. De même, on a toujours : $P_A(B) = \dfrac{P(A \cap B)}{P(A)}$.

L'inclusion de A dans B assure que : $A \cap B = A$.

On en déduit que : $P_A(B) = 1$.

Exercice 15.2

On considère deux événements, A et B, indépendants.

1. La formule des probabilités totales associée au système complet d'événements $(B, \overline{B})$ s'écrit : $P(A) = P(A \cap B) + P(A \cap \overline{B})$.

On a ainsi : $P(A \cap \overline{B}) = P(A) - P(A \cap B)$.

L'indépendance de A et B assure que : $P(A \cap B) = P(A)\, P(B)$.

La relation obtenue au début de la question se traduit par : $P(A \cap \overline{B}) = P(A) - P(A)\, P(B)$.

On obtient alors $P(A \cap \overline{B}) = P(A)(1 - P(B))$.

Finalement, on a : $P(A \cap \overline{B}) = P(A) P(\overline{B})$, c'est-à-dire que A et $\overline{B}$ sont indépendants.

2. De la même façon, avec la formule des probabilités totales associée au système complet d'événements $(A, \overline{A})$, on a $P(B) = P(A \cap B) + P(\overline{A} \cap B)$, ce qui prouve que :

$P(\overline{A} \cap B) = P(B) - P(A \cap B)$.

L'indépendance de A et B assure alors que : $P(\overline{A} \cap B) = P(B) - P(A)P(B) = P(\overline{A})P(B)$.

On en déduit que $\overline{A}$ et B sont indépendants.

Enfin on prouve, avec la formule des probabilités totales associée au système complet d'événements $(B, \overline{B})$, que : $P(\overline{A}) = P(\overline{A} \cap B) + P(\overline{A} \cap \overline{B})$.

On en déduit : $P(\overline{A}\cap\overline{B})=P(\overline{A})-P(\overline{A}\cap B)$

L'indépendance de $\overline{A}$ et B assure alors que : $P(\overline{A}\cap\overline{B})=P(\overline{A})-P(\overline{A})P(B)=P(\overline{A})P(\overline{B})$.

On en déduit que $\overline{A}$ et $\overline{B}$ sont indépendants.

⇨ *Méthodes 15.4, 15.5*

Exercice 15.3

Pour tout entier i de $[\![1,3]\!]$, notons V_i l'événement « obtenir une boule verte au $i^{\text{ème}}$ tirage » et A l'événement « obtenir deux boules vertes lors des trois tirages ».

On a : $A = (V_1\cap V_2\cap\overline{V_3}) \cup (V_1\cap\overline{V_2}\cap V_3) \cup (\overline{V_1}\cap V_2\cap V_3)$.

Le contenu de l'urne étant évolutif (tirages successifs sans remise), nous allons appliquer la formule des probabilités composées.

On obtient alors : $P(V_1\cap V_2\cap\overline{V_3})=P(V_1)\,P_{V_1}(V_2)\,P_{V_1\cap V_2}(\overline{V_3})$.

• Il y a 4 boules vertes pour 9 boules au total dans l'urne avant le premier tirage. L'équiprobabilité assure que $P(V_1)=\dfrac{4}{9}$.

• Sachant V_1, il reste 3 boules vertes pour 8 boules au total dans l'urne avant le deuxième tirage. L'équiprobabilité assure alors que : $P_{V_1}(V_2)=\dfrac{3}{8}$.

• Sachant $V_1\cap V_2$, il reste toujours 5 boules rouges pour 7 boules au total dans l'urne avant le troisième tirage. L'équiprobabilité assure alors que : $P_{V_1\cap V_2}(\overline{V_3})=\dfrac{5}{7}$.

Finalement la probabilité d'obtenir trois boules vertes est $\dfrac{4}{9}\times\dfrac{3}{8}\times\dfrac{5}{7}=\dfrac{5}{42}$.

On trouve de même : $P(V_1\cap\overline{V_2}\cap V_3)=\dfrac{4}{9}\times\dfrac{5}{8}\times\dfrac{3}{7}=\dfrac{5}{42}$ et $P(\overline{V_1}\cap V_2\cap V_3)=\dfrac{5}{9}\times\dfrac{4}{8}\times\dfrac{3}{7}=\dfrac{5}{42}$.

Les événements $(V_1\cap V_2\cap\overline{V_3})$, $(V_1\cap\overline{V_2}\cap V_3)$ et $(\overline{V_1}\cap V_2\cap V_3)$ étant deux à deux incompatibles, on a : $P(A)=3\times\dfrac{5}{42}=\dfrac{5}{14}$.

⇨ *Méthode 15.2*

Exercice 15.4

1. • On a déjà $E_1=\overline{B_1}$. Il y a 5 boules noires pour 8 boules au total dans l'urne avant le premier tirage. Par équiprobabilité, on trouve $P(\overline{B_1})=\dfrac{5}{8}$, d'où : $P(E_1)=\dfrac{5}{8}$.

Si i est un entier naturel supérieur ou égal à 2, E_i signifie « n'obtenir que des boules blanches pendant les $(i-1)$ premiers tirages puis une boule noire au $i^{\text{ème}}$ tirage ».

Corrigé

• On a donc : $E_2 = B_1 \cap \overline{B_2}$

La formule des probabilités composées donne alors :

$$P(E_2) = P\left(B_1 \cap \overline{B_2}\right) = P(B_1)\, P_{B_1}\left(\overline{B_2}\right)$$

Il y a 3 boules blanches pour 8 boules au total dans l'urne avant le premier tirage donc, toujours par équiprobabilité, on obtient : $P(B_1) = \frac{3}{8}$.

Sachant qu'une boule blanche a été tirée au premier tirage, il reste 2 boules blanches et 5 boules noires avant le deuxième tirage. On en déduit que : $P_{B_1}\left(\overline{B_2}\right) = \frac{5}{7}$.

Finalement, on trouve : $P(E_2) = \frac{15}{56}$.

• De même, on a $E_3 = B_1 \cap B_2 \cap \overline{B_3}$ et on obtient :

$$P(E_3) = P\left(B_1 \cap B_2 \cap \overline{B_3}\right) = P(B_1)\, P_{B_1}(B_2)\, P_{B_1 \cap B_2}\left(\overline{B_3}\right)$$

On en déduit : $P(E_3) = \frac{3}{8} \times \frac{2}{7} \times \frac{5}{6} = \frac{5}{56}$.

• Pour finir, on a $E_4 = B_1 \cap B_2 \cap B_3 \cap \overline{B_4}$ et :

$$P(E_4) = P\left(B_1 \cap B_2 \cap B_3 \cap \overline{B_4}\right) = P(B_1)\, P_{B_1}(B_2) P_{B_1 \cap B_2}(B_3) P_{B_1 \cap B_2 \cap B_3}\left(\overline{B_4}\right)$$

On obtient alors : $P(E_4) = \frac{3}{8} \times \frac{2}{7} \times \frac{1}{6} \times \frac{5}{5} = \frac{1}{56}$.

2. Puisqu'il n'y a que trois boules blanches et que les tirages sont sans remise, la première boule noire apparaît au maximum au quatrième tirage. Les événements E_n sont donc impossibles dès que n est un entier supérieur ou égal à 5, d'où : $\forall n \geq 5,\ P(E_n) = 0$.

⇨ *Méthodes 15.1, 15.2*

Exercice 15.5

Notons U l'événement « tirer les boules dans l'urne U » et V l'événement « tirer les boules dans l'urne V », B_k l'événement « obtenir une boule blanche au $k^{\text{ème}}$ tirage » et enfin $\overline{B_k}$ l'événement « obtenir une boule noire au $k^{\text{ème}}$ tirage ».

1. a) On cherche $P\left(\overline{B_1}\right)$.

Le système (U, V) est un système complet d'événements, la formule des probabilités totales assure alors que : $P\left(\overline{B_1}\right) = P(U) P_U\left(\overline{B_1}\right) + P(V) P_V\left(\overline{B_1}\right)$.

Le choix de l'urne se faisant au hasard, on a : $P(U) = P(V) = \frac{1}{2}$.

Par équiprobabilité, $P_U\left(\overline{B_1}\right) = \frac{5}{8}$ et $P_V\left(\overline{B_1}\right) = \frac{3}{4}$ et on obtient : $P\left(\overline{B_1}\right) = \frac{11}{16}$.

b) On cherche $P_{\overline{B_1}}(U)$ par la formule de Bayes (le choix de l'urne étant antérieur au tirage d'une boule). On a : $P_{\overline{B_1}}(U)=\dfrac{P_U\left(\overline{B_1}\right)P(U)}{P\left(\overline{B_1}\right)}$.

Les résultats mentionnés et obtenus à la question **1.a)** nous donnent : $P_{\overline{B_1}}(U)=\dfrac{5}{11}$.

⇨ *Méthodes 15.5, 15.6*

2. Les tirages sont sans remise. Soit n un élément de $[\![1,4]\!]$.

• On a : $E_1=\overline{B_1}$ et dès que n est supérieur ou égal à 2, $E_n=\left(\bigcap_{i=1}^{n-1}B_i\right)\cap\overline{B_n}$.

On obtient facilement : $P(E_1)=\dfrac{11}{16}$ (il s'agit de la situation de la question **1.a**).

• Pour calculer $P(E_2)$, on applique la formule des probabilités totales, toujours avec le système complet d'événements (U,V) et on a :
$P(E_2)=P_U(E_2)P(U)+P_V(E_2)P(V)$.

Le choix de l'urne se faisant au hasard, on trouve : $P(E_2)=\dfrac{1}{2}P_U(E_2)+\dfrac{1}{2}P_V(E_2)$.

Pour calculer $P_U(E_2)$, il s'agit de choisir **dans l'urne *U*** une boule blanche puis une boule noire.

On obtient ainsi : $P_U(E_2)=\dfrac{3}{8}\times\dfrac{5}{7}=\dfrac{15}{56}$.

Pour calculer $P_V(E_2)$, il s'agit de choisir **dans l'urne *V*** une boule blanche puis une boule noire.

On obtient ainsi : $P_V(E_2)=\dfrac{2}{8}\times\dfrac{6}{7}=\dfrac{3}{14}$. Finalement, on trouve : $P(E_2)=\dfrac{27}{112}$.

• De même, on a : $P(E_3)=P_U(E_3)P(U)+P_V(E_3)P(V)$.

Le choix de l'urne se faisant au hasard, on trouve : $P(E_3)=\dfrac{1}{2}P_U(E_3)+\dfrac{1}{2}P_V(E_3)$.

Pour calculer $P_U(E_3)$, il s'agit de tirer successivement dans l'urne U deux boules blanches puis une boule noire. On obtient ainsi : $P_U(E_3)=\dfrac{3}{8}\times\dfrac{2}{7}\times\dfrac{5}{6}=\dfrac{5}{56}$.

Pour calculer $P_V(E_3)$, il s'agit de tirer successivement dans l'urne V deux boules blanches puis une boule noire. On obtient ainsi : $P_V(E_3)=\dfrac{2}{8}\times\dfrac{1}{7}\times\dfrac{6}{6}=\dfrac{1}{28}$. Finalement, on a : $P(E_3)=\dfrac{7}{112}$.

• Enfin, on a : $P(E_4) = P_U(E_4)P(U) + P_V(E_4)P(V)$.

Le choix de l'urne se faisant au hasard, on trouve : $P(E_4) = \frac{1}{2}P_U(E_4) + \frac{1}{2}P_V(E_4)$.

Pour calculer $P_U(E_4)$, il s'agit de tirer successivement dans l'urne U trois boules blanches puis une boule noire. On obtient ainsi : $P_U(E_4) = \frac{3}{8} \times \frac{2}{7} \times \frac{1}{6} \times \frac{5}{5} = \frac{1}{56}$.

Pour calculer $P_V(E_4)$, il s'agit de tirer successivement dans l'urne V trois boules blanches puis une boule noire. L'urne V ne contenant que deux boules blanches, cette probabilité est nulle.

On obtient ainsi : $P_V(E_4) = 0$. Finalement, on trouve : $P(E_4) = \frac{1}{112}$.

⇨ *Méthodes 15.1, 15.2, 15.5*

Exercice 15.6

1. Notons respectivement R_4, A et B les événements « obtenir 4 boules rouges », « effectuer les tirages dans l'urne A » et « effectuer les tirages dans l'urne B ».

La formule des probabilités totales associées au système complet d'événements (A, B) donne : $P(R_4) = P_A(R_4)P(A) + P_B(R_4)P(B)$.

• Déterminons tout d'abord $P(A)$ et $P(B)$.

Les résultats des deux dés peuvent être assimilés à des couples d'éléments de $[\![1,6]\!]$.

Il y a 21 couples d'éléments de $[\![1,6]\!]$ dont la somme des composantes est inférieur ou égal à 7 : $(1,1),(1,2),\ldots,(1,6),(2,1),\ldots,(2,5),(3,1),\ldots,(3,4),\ldots,(6,1)$.

Par équiprobabilité de ces couples, on a : $P(A) = \frac{21}{36} = \frac{7}{12}$ et $P(B) = \frac{15}{36} = \frac{5}{12}$.

• Déterminons ensuite $P_A(R_4)$.

Sachant que l'on effectue les tirages dans l'urne A, il y a 5 boules rouges sur un total de 8 boules avant chaque tirage (il y a remise). On en déduit par indépendance que : $P_A(R_4) = \left(\frac{5}{8}\right)^4$.

• De la même façon, $P_B(R_4) = \left(\frac{5}{12}\right)^4$.

Finalement, on trouve : $P(R_4) = \frac{7}{12}\left(\frac{5}{8}\right)^4 + \frac{5}{12}\left(\frac{5}{12}\right)^4$.

⇨ *Méthodes 15.3, 15.5*

2. On cherche à déterminer $P_{R_4}(A)$. Le choix de l'urne étant antérieur aux tirages des boules, on utilise la formule de Bayes.

On a ainsi : $P_{R_4}(A)=\dfrac{P_A(R_4)\,P(A)}{P(R_4)}=\dfrac{\dfrac{7}{12}\left(\dfrac{5}{8}\right)^4}{\dfrac{7}{12}\left(\dfrac{5}{8}\right)^4+\dfrac{5}{12}\left(\dfrac{5}{12}\right)^4}$.

En multipliant par 12 et en divisant par $(5/8)^4$ numérateur et dénominateur, on obtient :

$$P_{R_4}(A)=\frac{7}{7+5\left(\dfrac{2}{3}\right)^4}=\frac{7\times 81}{7\times 81+5\times 16}=\frac{567}{647}.$$

⇨ *Méthode 15.6*

3. Notons p la probabilité de choisir l'urne A (en fait p remplace 7/12).

On obtient alors : $P_{R_4}(A)=\dfrac{p\left(\dfrac{5}{8}\right)^4}{p\left(\dfrac{5}{8}\right)^4+(1-p)\left(\dfrac{5}{12}\right)^4}$.

Dès lors : $P_{R_4}(A)\le 0{,}5 \iff \dfrac{p\left(\dfrac{5}{8}\right)^4}{p\left(\dfrac{5}{8}\right)^4+(1-p)\left(\dfrac{5}{12}\right)^4}\le 0{,}5$.

Soit : $p\left(\dfrac{5}{8}\right)^4\le 0{,}5\times\left[p\left(\dfrac{5}{8}\right)^4+(1-p)\left(\dfrac{5}{12}\right)^4\right]$.

En multipliant par 2 on obtient : $P_{R_4}(A)\le 0{,}5 \iff 2p\left(\dfrac{5}{8}\right)^4\le p\left(\dfrac{5}{8}\right)^4+(1-p)\left(\dfrac{5}{12}\right)^4$.

$P_{R_4}(A)\le 0{,}5 \iff p\left[\left(\dfrac{5}{8}\right)^4+\left(\dfrac{5}{12}\right)^4\right]\le\left(\dfrac{5}{12}\right)^4$.

En multipliant les deux membres par $\left(\dfrac{12}{5}\right)^4$, on trouve : $p\left(\left(\dfrac{3}{2}\right)^4+1\right)\le 1$.

On a ainsi : $P_{R_4}(A)\le 0{,}5 \iff p\le\dfrac{16}{97}$.

On s'aperçoit ensuite que la condition « la somme des points obtenus aux dés est inférieure ou égale à 4 » donne $p=\dfrac{1}{6}>\dfrac{16}{97}$, alors que la condition «la somme des points obtenus aux dés est inférieure ou égale à 3 » donne $p=\dfrac{1}{12}<\dfrac{16}{97}$.

On peut donc conclure que la condition « la somme des points obtenus aux dés est inférieure ou égale à 3 » assure que $P_{R_4}(A)\le 0{,}5$.

Exercice 15.7

1. a) • $P_{V_1}(E)=\frac{1}{2}$, car sachant que la voiture est derrière la porte 1 (choisie par le joueur), le présentateur peut ouvrir la porte 3 comme la porte 2 avec la même probabilité.

• $P_{V_2}(E)=1$, car sachant que la voiture est derrière la porte 2, le présentateur ne peut ouvrir que la porte 3.

• $P_{V_3}(E)=0$, car le présentateur sait que la voiture est derrière la porte 3, donc il ne l'ouvre pas.

b) (V_1,V_2,V_3) est un système complet d'événements et, en tenant compte du fait que $P(V_1)=P(V_2)=P(V_3)=\frac{1}{3}$, la formule de Bayes généralisée donne :

$$P_E(V_1)=\frac{P_{V_1}(E)P(V_1)}{P_{V_1}(E)P(V_1)+P_{V_2}(E)P(V_2)+P_{V_3}(E)P(V_3)}=\frac{\frac{1}{2}\times\frac{1}{3}}{\frac{1}{2}\times\frac{1}{3}+1\times\frac{1}{3}+0}=\frac{\frac{1}{6}}{\frac{1}{2}}=\frac{1}{3}.$$

et $$P_E(V_2)=\frac{P_{V_2}(E)P(V_2)}{P_{V_1}(E)P(V_1)+P_{V_2}(E)P(V_2)+P_{V_3}(E)P(V_3)}=\frac{1\times\frac{1}{3}}{\frac{1}{2}\times\frac{1}{3}+1\times\frac{1}{3}+0}=\frac{\frac{1}{3}}{\frac{1}{2}}=\frac{2}{3}.$$

2. Finalement, le joueur augmentera sa probabilité de gagner en changeant de choix (à méditer).

⇨ *Méthodes 15.5, 15.6*

Exercice 15.8

Soit A l'événement « au moins l'une des boules tirées est blanche ». Cherchons la probabilité de l'événement contraire $\overline{A}$: « obtenir n boules noires ». En notant N_k l'événement : « on obtient une boule noire au $k^{\text{ème}}$ tirage », on a : $\overline{A}=\bigcap_{k=1}^{n} N_k$. Comme les tirages ont lieu avec remise, les événements N_k sont mutuellement indépendants et, comme $P(N_k)=\frac{1}{2}$, on obtient :

$P(\overline{A})=\left(\frac{1}{2}\right)^n$. On en déduit alors : $P(A)=1-\frac{1}{2^n}$.

⇨ *Méthode 15.3*

Chapitre 16
Espaces vectoriels et applications linéaires

Hermann **Grassmann**, mathématicien allemand, publie en 1844 un ouvrage qui contient tous les germes de l'algèbre linéaire : combinaisons linéaires, indépendance linéaire, bases, ainsi que des notions plus complexes qui serviront soixante ans plus tard en géométrie différentielle.
Très confus, son ouvrage ne sera pas compris de ses contemporains. Il faudra attendre 1888 pour que le mathématicien italien Giuseppe **Peano** en saisisse toute l'importance et introduise l'axiomatique des espaces vectoriels, proche de celle que nous utilisons de nos jours. Quant à Grassmann, il préféra se tourner vers la linguistique et mit son intelligence au service de la traduction en allemand des textes sacrés védiques.

Hermann Grassmann
1809-1877

■■ Objectifs

■ Les incontournables

- ▷ Connaître les espaces vectoriels de référence.
- ▷ Savoir reconnaître un sous-espace vectoriel.
- ▷ Connaître la notion de sous-espace vectoriel engendré.
- ▷ Connaître les bases canoniques des espaces vectoriels de référence.
- ▷ Connaître la définition de base d'un sous-espace vectoriel.
- ▷ Connaître la définition d'une d'application linéaire.
- ▷ Connaître les définitions du noyau et de l'image d'une application linéaire.

■ Et plus si affinités

- ▷ Savoir déterminer noyau et image d'une application linéaire.

Résumé de cours

Espaces vectoriels

Généralités

Définition 16.1. — Soit E un ensemble non vide.
On dit que la loi + est une *loi de composition interne* sur E si : $\forall (x,y) \in E^2$, $x+y \in E$.
On dit que la loi $\cdot$ est une *loi de composition externe* sur E si : $\forall x \in E$, $\forall \lambda \in \mathbb{R}$, $\lambda \cdot x \in E$.

Exemple 16.1. — Dans $\mathcal{M}_{2,1}(\mathbb{R})$, l'addition des matrices à deux lignes et une colonne est une loi de composition interne et la multiplication d'une matrice par un scalaire est une loi de composition externe.

Définition 16.2. — On appelle *espace vectoriel sur* $\mathbb{R}$ ou plus simplement *espace vectoriel*, tout ensemble E non vide, muni d'une loi de composition interne, notée +, et d'une loi de composition externe, notée $\cdot$, qui vérifient :
- $\forall (x,y) \in E^2$, $x+y=y+x$ (on dit que la loi + est *commutative*).
- $\forall (x,y,z) \in E^3$, $x+(y+z)=(x+y)+z$ (on dit que la loi + est *associative*).
- Il existe un élément de E noté 0_E tel que : $\forall x \in E$, $x+0_E=0_E+x=x$ (0_E est appelé *élément neutre de E pour la loi* +, il est unique et est noté 0 s'il n'y a pas de risque de confusion).
- Pour tout élément x de E, il existe un élément y de E qui vérifie : $x+y=y+x=0_E$ (y est unique et est appelé *opposé de* x. Il est noté $-x$).
- $\forall (\lambda,\mu) \in \mathbb{R}^2$, $\forall x \in E$, $(\lambda\mu)\cdot x=\lambda\cdot(\mu\cdot x)$.
- $\forall (\lambda,\mu) \in \mathbb{R}^2$, $\forall x \in E$, $(\lambda+\mu)\cdot x=\lambda\cdot x+\mu\cdot x$
- $\forall \lambda \in \mathbb{R}$, $\forall (x,y) \in E^2$, $\lambda\cdot(x+y)=\lambda\cdot x+\lambda\cdot y$.
- $\forall x \in E$, $1\cdot x=x$.

Vocabulaire 16.1— Lorsque E est un espace vectoriel, les éléments de E sont appelés *vecteurs* et les éléments de $\mathbb{R}$, c'est-à-dire les réels, sont parfois appelés *scalaires*.

Remarque 16.1. — Le symbole $\cdot$ de la loi de composition externe qui se trouve entre un scalaire et un vecteur est la plupart du temps omis, comme c'est le cas par exemple lorsqu'on multiplie une matrice A par le réel 2 : on écrit $2A$ et non $2\cdot A$.

Propriété 16.1. — Soit E un espace vectoriel. Pour tout réel λ et pour tout vecteur x de E, on a :

$$\lambda x=0_E \Leftrightarrow \lambda=0 \text{ ou } x=0_E$$

❑ Espaces vectoriels de référence

Théorème 16.1. — $\mathcal{M}_{1,1}(\mathbb{R})$, $\mathcal{M}_{2,1}(\mathbb{R})$, $\mathcal{M}_{3,1}(\mathbb{R})$, $\mathcal{M}_{4,1}(\mathbb{R})$ sont des espaces vectoriels.

Remarque 16.2. — Pour un premier contact, nous travaillerons uniquement dans le cadre de ces espaces vectoriels. Une étude plus complète sera développée dans le **tome 2**.

Remarque 16.3. — Pour tout n élément de $\{1,2,3,4\}$, les lois en vigueur dans $\mathcal{M}_{n,1}(\mathbb{R})$ sont l'addition des matrices et la multiplication d'une matrice par un réel définies dans le **chapitre 6**.

Par exemple, dans l'espace vectoriel $\mathcal{M}_{2,1}(\mathbb{R})$, les lois sont définies pour tout $X = \begin{pmatrix} x_1 \\ x_2 \end{pmatrix}$, pour tout $Y = \begin{pmatrix} y_1 \\ y_2 \end{pmatrix}$ et pour tout réel λ, par : $X + Y = \begin{pmatrix} x_1 + y_1 \\ x_2 + y_2 \end{pmatrix}$ et $\lambda X = \begin{pmatrix} \lambda x_1 \\ \lambda x_2 \end{pmatrix}$.

Dans la suite de ce chapitre, la lettre majuscule E désigne l'espace vectoriel $\mathcal{M}_{n,1}(\mathbb{R})$, avec n élément de $\{1,2,3,4\}$.

❑ Combinaisons linéaires

Définition 16.3. — Soit p un entier naturel non nul. On appelle *famille* de vecteurs de E tout p-uplet $(e_1,\dots,e_p)$ formé de p vecteurs de E.

Définition 16.4. — Soit p un entier naturel non nul et $\mathcal{F} = (e_1,\dots,e_p)$ une famille de p vecteurs de E. On dit qu'un vecteur x de E est *combinaison linéaire* des p vecteurs de $\mathcal{F}$ s'il existe p réels $\lambda_1,\dots,\lambda_p$ tels que : $x = \sum_{i=1}^{p} \lambda_i e_i$ (les scalaires λ_i sont les *coefficients* de la combinaison linéaire).

⇨ **Méthode 16.1. Comment montrer qu'un vecteur est combinaison linéaire des vecteurs d'une famille ?**

Remarque 16.4. — Le vecteur nul est combinaison linéaire de n'importe quels autres vecteurs.

■ Sous-espaces vectoriels

❑ Généralités

Définition 16.5. — On appelle *sous-espace vectoriel* de E ou *sous-espace* de E, toute partie F non vide de E telle que :

- $\forall (x,y) \in F^2,\ x + y \in F$ (on dit que F est stable pour l'addition).
- $\forall (\lambda, x) \in \mathbb{R} \times F,\ \lambda x \in F$ (on dit que F est stable pour la multiplication par un scalaire).

Théorème 16.2. — F est un sous-espace vectoriel de E si et seulement si :

- F est une partie non vide de E.
- $\forall (x,y) \in F^2$, $\forall (\lambda,\mu) \in \mathbb{R}^2$, $\lambda x + \mu y \in F$.

Remarque 16.5. — Le **théorème 16.2.** est encore vrai si l'on remplace la deuxième condition par : $\forall (x,y) \in F^2$, $\forall \lambda \in \mathbb{R}$, $\lambda x + y \in F$.

⇨ **Méthode 16.2. (1) Comment montrer qu'un ensemble est un sous-espace vectoriel de *E* ?**

Exemple 16.2. — $\{0_E\}$ et E sont des sous-espaces vectoriels de E.

Propriété 16.2. — Tout sous-espace vectoriel de E est lui-même un espace vectoriel.

Propriété 16.3. — Tout sous-espace vectoriel de E contient 0_E .

❑ Sous-espace vectoriel engendré

Théorème 16.3. — Soit $(e_1,\ldots,e_p)$ une famille de vecteurs de E. L'ensemble de toutes les combinaisons linéaires de vecteurs de cette famille est un sous-espace vectoriel de E appelé *sous-espace vectoriel engendré* par $(e_1,\ldots,e_p)$. Il est noté Vect $(e_1,\ldots,e_p)$.

⇨ **Méthode 16.2. (2) Comment montrer qu'un ensemble est un sous-espace vectoriel de *E* ?**

Propriété 16.4. — Si $F = \text{Vect } (e_1,\ldots,e_{p+1})$ et si e_{p+1} est combinaison linéaire des vecteurs $e_1,\ldots,e_p$, alors $F = \text{Vect}(e_1,\ldots,e_p)$. En particulier, $\text{Vect } (e_1,\ldots,e_p,0_E) = \text{Vect } (e_1,\ldots,e_p)$.

Propriété 16.5. — Si $F = \text{Vect}(\alpha_1 e_1,\ldots,\alpha_p e_p)$ et si les scalaires $\alpha_1,\ldots,\alpha_p$ sont tous non nuls, alors $F = \text{Vect}(e_1,\ldots,e_p)$.

■ Bases

❑ Bases d'un espace vectoriel

Définition 16.6. — Soit E un espace vectoriel. La famille $\mathcal{B} = (e_1,\ldots,e_p)$ est une *base* de E si pour tout vecteur x de E, il existe un unique p-uplet $(x_1,\ldots,x_p)$ de réels tel que :

$$x = \sum_{i=1}^{p} x_i\, e_i$$

Les réels $x_1,\ldots,x_p$ sont les *coordonnées* de x dans la base $\mathcal{B}$.

❑ Bases canoniques des espaces vectoriels de référence

Théorème 16.4. — Dans l'espace $\mathcal{M}_{2,1}(\mathbb{R})$, on note $e_1 = \begin{pmatrix} 1 \\ 0 \end{pmatrix}$ et $e_2 = \begin{pmatrix} 0 \\ 1 \end{pmatrix}$.

La famille (e_1, e_2) est une base de $\mathcal{M}_{2,1}(\mathbb{R})$, appelée base canonique de $\mathcal{M}_{2,1}(\mathbb{R})$.

Théorème 16.5. — Dans l'espace $\mathcal{M}_{3,1}(\mathbb{R})$, on note $e_1 = \begin{pmatrix} 1 \\ 0 \\ 0 \end{pmatrix}$, $e_2 = \begin{pmatrix} 0 \\ 1 \\ 0 \end{pmatrix}$ et $e_3 = \begin{pmatrix} 0 \\ 0 \\ 1 \end{pmatrix}$.

La famille (e_1, e_2, e_3) est une base de $\mathcal{M}_{3,1}(\mathbb{R})$, appelée base canonique de $\mathcal{M}_{3,1}(\mathbb{R})$.

Théorème 16.6. — Dans l'espace $\mathcal{M}_{4,1}(\mathbb{R})$, on note $e_1 = \begin{pmatrix} 1 \\ 0 \\ 0 \\ 0 \end{pmatrix}$, $e_2 = \begin{pmatrix} 0 \\ 1 \\ 0 \\ 0 \end{pmatrix}$, $e_3 = \begin{pmatrix} 0 \\ 0 \\ 1 \\ 0 \end{pmatrix}$ et $e_4 = \begin{pmatrix} 0 \\ 0 \\ 0 \\ 1 \end{pmatrix}$.

La famille (e_1, e_2, e_3, e_4) est une base de $\mathcal{M}_{4,1}(\mathbb{R})$, appelée base canonique de $\mathcal{M}_{4,1}(\mathbb{R})$.

■ Applications linéaires

Dans ce qui suit, la lettre E désigne toujours l'espace vectoriel $\mathcal{M}_{n,1}(\mathbb{R})$, avec n élément de $\{1,2,3,4\}$ et la lettre F désigne l'espace $\mathcal{M}_{p,1}(\mathbb{R})$, avec p élément de $\{1,2,3,4\}$.

❑ Généralités

Définition 16.7. — On appelle *application linéaire* de E dans F toute application f de E dans F telle que : $\forall (x,y) \in E^2$, $f(x+y) = f(x) + f(y)$ et $\forall x \in E$, $\forall \lambda \in \mathbb{R}$, $f(\lambda x) = \lambda f(x)$.

Propriété 16.6. — f est une application linéaire de E dans F si, et seulement si :

$$\forall (x,y) \in E^2,\ \forall (\lambda,\mu) \in \mathbb{R}^2,\ f(\lambda x + \mu y) = \lambda f(x) + \mu f(y).$$

Propriété 16.7. — f est une application linéaire de E dans F si, et seulement si :

$$\forall (x,y) \in E^2,\ \forall \lambda \in \mathbb{R},\ f(\lambda x + y) = \lambda f(x) + f(y).$$

⇨ **Méthode 16.3. Comment montrer qu'une application est linéaire ?**

Théorème 16.7. — Toute application linéaire de $\mathcal{M}_{n,1}(\mathbb{R})$ dans $\mathcal{M}_{p,1}(\mathbb{R})$ est de la forme $f : X \mapsto MX$, où M est une matrice de $\mathcal{M}_{p,n}(\mathbb{R})$.

Définitions 16.8. — Deux exemples d'applications linéaires.
L'application *identité de E*, notée id_E est définie pour tout X de E par $id_E(X) = X$.
L'*application nulle de E* est l'application qui, à tout X de E associe 0_E.

Remarques 16.6. — En liaison avec le **théorème 16.7**.

- L'application id_E est une application linéaire de E dans E et la matrice M du **théorème 16.7** n'est autre que la matrice identité de $\mathcal{M}_n(\mathbb{R})$.
- L'application nulle est une application linéaire de E dans E et la matrice M du **théorème 16.7** n'est autre que la matrice nulle de $\mathcal{M}_n(\mathbb{R})$.

❑ Noyau d'une application linéaire

Définition 16.9. — Soit f une application linéaire de E dans F. On appelle *noyau de f*, noté $\operatorname{Ker} f$ le sous-ensemble de E défini par :

$$\operatorname{Ker} f = \{x \in E,\ f(x) = 0_F\}$$

⇨ **Méthode 16.4. Comment déterminer le noyau d'une application linéaire ?**

Propriété 16.8. — Soit f une application linéaire de E dans F.
$\operatorname{Ker} f$ est un sous-espace vectoriel de E.

❑ Image d'une application linéaire

Définition 16.10. — Soit f une application linéaire de E dans F. On appelle *image de f*, notée $\operatorname{Im} f$, le sous-ensemble de F défini par :

$$\operatorname{Im} f = \{y \in F,\ \exists x \in E,\ y = f(x)\}$$

Propriété 16.9. — Soit f une application linéaire de E dans F. On note $\mathcal{B} = (e_1, \ldots, e_n)$ la base canonique de E. $\operatorname{Im} f$ est le sous-espace vectoriel de F engendré par la famille $(f(e_1), \ldots, f(e_n))$, c'est-à-dire :

$$\operatorname{Im} f = \operatorname{Vect}\left(f(e_1), \ldots, f(e_n)\right)$$

⇨ **Méthode 16.5. Comment déterminer l'image d'une application linéaire ?**

Méthodes

Structure d'espaces vectoriels

La lettre E désigne l'un des espaces vectoriels $\mathcal{M}_{2,1}(\mathbb{R})$ ou $\mathcal{M}_{3,1}(\mathbb{R})$ ou $\mathcal{M}_{4,1}(\mathbb{R})$.

❑ Méthode 16.1. Comment montrer qu'un vecteur est combinaison linéaire des vecteurs d'une famille ?

> Soit p un entier naturel non nul et $\mathcal{F} = (e_1, \ldots, e_p)$ une famille de p vecteurs de E. Pour montrer qu'un vecteur x de E est combinaison linéaire des p vecteurs de $\mathcal{F}$, on montre qu'il existe des réels $\lambda_1, \ldots, \lambda_p$ tels que : $x = \sum_{i=1}^{p} \lambda_i e_i$.
>
> Cette recherche conduit généralement à la résolution d'un système linéaire.

⇨ **Exercices 16.5, 16.6**

Exemple. Soit $e_1 = \begin{pmatrix} -1 \\ 2 \\ 0 \end{pmatrix}$, $e_2 = \begin{pmatrix} 3 \\ -5 \\ -1 \end{pmatrix}$, $e_3 = \begin{pmatrix} 0 \\ 1 \\ -2 \end{pmatrix}$ et $e_4 = \begin{pmatrix} 1 \\ -1 \\ 1 \end{pmatrix}$. Montrer que e_4 est combinaison linéaire des vecteurs de la famille (e_1, e_2, e_3).

Montrons qu'il existe trois réels α, β, γ tels que : $e_4 = \alpha e_1 + \beta e_2 + \gamma e_3$.

Cela revient à résoudre le système : $\begin{cases} -\alpha + 3\beta = 1 \\ 2\alpha - 5\beta + \gamma = -1 \\ -\beta - 2\gamma = 1 \end{cases}$.

$$\begin{cases} -\alpha + 3\beta = 1 \\ 2\alpha - 5\beta + \gamma = -1 \\ -\beta - 2\gamma = 1 \end{cases} \underset{L_2 \leftarrow L_2 + 2L_1}{\Leftrightarrow} \begin{cases} -\alpha + 3\beta = 1 \\ \beta + \gamma = 1 \\ -\beta - 2\gamma = 1 \end{cases} \underset{L_3 \leftarrow L_3 + L_2}{\Leftrightarrow} \begin{cases} -\alpha + 3\beta = 1 \\ \beta + \gamma = 1 \\ -\gamma = 2 \end{cases}.$$

On trouve : $\gamma = -2$, $\beta = 3$ et $\alpha = 8$. On a donc : $e_4 = 8e_1 + 3e_2 - 2e_3$.

Le vecteur e_4 est bien combinaison linéaire des vecteurs de la famille (e_1, e_2, e_3).

❑ Méthode 16.2. Comment montrer qu'un ensemble est un sous-espace vectoriel de E ?

> Montrer qu'un ensemble F est un sous-espace de E, c'est :
> **(1)** Soit montrer les points suivants :
> • F est une partie de E et F n'est pas vide (on peut vérifier que 0_E appartient à F)
> • $\forall (x,y) \in F^2$, $\forall \lambda \in \mathbb{R}$, $\lambda x + y \in F$.
> **(2)** Soit montrer que $F = \text{Vect}\left(e_1,\ldots,e_p\right)$, où $e_1,\ldots,e_p$ sont des vecteurs de E.

⇨ **Exercices 16.1, 16.2, 16.3, 16.4**

Exemple 1. Soit $F = \left\{ \begin{pmatrix} x_1 \\ x_2 \\ x_3 \end{pmatrix} \in \mathcal{M}_{3,1}(\mathbb{R}), x_1 + 3x_2 - x_3 = 0 \right\}$. Montrer que F est un sous-espace vectoriel de $\mathcal{M}_{3,1}(\mathbb{R})$.

• F est, par définition, inclus dans $\mathcal{M}_{3,1}(\mathbb{R})$ et F n'est pas l'ensemble vide car : $\begin{pmatrix} 0 \\ 0 \\ 0 \end{pmatrix} \in F$.

• Soit $x = \begin{pmatrix} x_1 \\ x_2 \\ x_3 \end{pmatrix}$ et $y = \begin{pmatrix} y_1 \\ y_2 \\ y_3 \end{pmatrix}$ des éléments de F. On sait, par définition de F, que : $x_1 + 3x_2 - x_3 = 0$ et $y_1 + 3y_2 - y_3 = 0$. De plus, pour tout réel λ, $\lambda x + y = \begin{pmatrix} \lambda x_1 + y_1 \\ \lambda x_2 + y_2 \\ \lambda x_3 + y_3 \end{pmatrix}$ et on a :

$(\lambda x_1 + y_1) + 3(\lambda x_2 + y_2) - (\lambda x_3 + y_3) = \lambda(x_1 + 3x_2 - x_3) + (y_1 + 3y_2 - y_3) = 0$ donc $\lambda x + y \in F$.

Conclusion : F est un sous-espace vectoriel de $\mathcal{M}_{3,1}(\mathbb{R})$.

Exemple 2. On donne : $e_1 = \begin{pmatrix} 1 \\ 0 \\ -1 \end{pmatrix}$, $e_2 = \begin{pmatrix} 0 \\ 1 \\ 2 \end{pmatrix}$ et $e_3 = \begin{pmatrix} 1 \\ -3 \\ 0 \end{pmatrix}$. Soit $F = \left\{ \begin{pmatrix} a+c \\ b-3c \\ -a+2b \end{pmatrix}, (a,b,c) \in \mathbb{R}^3 \right\}$.

Montrer que F est un sous-espace vectoriel de $\mathcal{M}_{3,1}(\mathbb{R})$.

On remarque que :

$$F = \left\{ a\begin{pmatrix} 1 \\ 0 \\ -1 \end{pmatrix} + b\begin{pmatrix} 0 \\ 1 \\ 2 \end{pmatrix} + c\begin{pmatrix} 1 \\ -3 \\ 0 \end{pmatrix}, (a,b,c) \in \mathbb{R}^3 \right\} = \left\{ ae_1 + be_2 + ce_3, (a,b,c) \in \mathbb{R}^3 \right\} = \text{Vect}\left(e_1, e_2, e_3\right).$$

Comme e_1, e_2 et e_3 appartiennent à $\mathcal{M}_{3,1}(\mathbb{R})$, F est un sous-espace vectoriel de $\mathcal{M}_{3,1}(\mathbb{R})$.

Méthodes

■ Applications linéaires

Les lettres E et F désignent l'un des espaces vectoriels $\mathcal{M}_{1,1}(\mathbb{R})$, $\mathcal{M}_{2,1}(\mathbb{R})$, $\mathcal{M}_{3,1}(\mathbb{R})$ ou $\mathcal{M}_{4,1}(\mathbb{R})$.

Remarque. On pourra confondre les éléments de $\mathcal{M}_{1,1}(\mathbb{R})$ avec les éléments de $\mathbb{R}$.

❑ Méthode 16.3. Comment montrer qu'une application est linéaire ?

Pour montrer qu'une application $f : E \to F$ est linéaire, on montre que :

- $\forall (x,y) \in E^2$, $f(x+y) = f(x) + f(y)$ et $\forall x \in E$, $\forall \lambda \in \mathbb{R}$, $f(\lambda x) = \lambda f(x)$
- ou, "en une seule fois" : $\forall (x,y) \in E^2$, $\forall \lambda \in \mathbb{R}$, $f(\lambda x + y) = \lambda f(x) + f(y)$.

⇨ **Exercices 16.7, 16.8, 16.9, 16.10**

Exemple. Soit f l'application de $\mathcal{M}_{2,1}(\mathbb{R})$ dans $\mathcal{M}_{3,1}(\mathbb{R})$ définie par :

$$\forall x = \begin{pmatrix} x_1 \\ x_2 \end{pmatrix} \in \mathcal{M}_{2,1}(\mathbb{R}),\ f\left(\begin{pmatrix} x_1 \\ x_2 \end{pmatrix}\right) = \begin{pmatrix} -x_1 + x_2 \\ 2x_1 - 3x_2 \\ x_1 + 2x_2 \end{pmatrix}.$$

Montrer que f est une application linéaire de $\mathcal{M}_{2,1}(\mathbb{R})$ dans $\mathcal{M}_{3,1}(\mathbb{R})$.

Par définition, f est bien une application de $\mathcal{M}_{2,1}(\mathbb{R})$ dans $\mathcal{M}_{3,1}(\mathbb{R})$.

Soit deux vecteurs $x = \begin{pmatrix} x_1 \\ x_2 \end{pmatrix}$ et $y = \begin{pmatrix} y_1 \\ y_2 \end{pmatrix}$ de $\mathcal{M}_{2,1}(\mathbb{R})$ et un réel λ.

On a $\lambda x + y = \begin{pmatrix} \lambda x_1 + y_1 \\ \lambda x_2 + y_2 \end{pmatrix}$ et par définition de f :

$$f(\lambda x + y) = \begin{pmatrix} -(\lambda x_1 + y_1) + \lambda x_2 + y_2 \\ 2(\lambda x_1 + y_1) - 3(\lambda x_2 + y_2) \\ \lambda x_1 + y_1 + 2(\lambda x_2 + y_2) \end{pmatrix} = \lambda \begin{pmatrix} -x_1 + x_2 \\ 2x_1 - 3x_2 \\ x_1 + 2x_2 \end{pmatrix} + \begin{pmatrix} -y_1 + y_2 \\ 2y_1 - 3y_2 \\ y_1 + 2y_2 \end{pmatrix} = \lambda f(x) + f(y).$$

Conclusion : f est bien une application linéaire de $\mathcal{M}_{2,1}(\mathbb{R})$ dans $\mathcal{M}_{3,1}(\mathbb{R})$.

❑ Méthode 16.4. Comment déterminer le noyau d'une application linéaire ?

Pour chercher le noyau d'une application linéaire de E dans F, on détermine les vecteurs x de E tels que $f(x) = 0_F$. Cette recherche conduit à la résolution d'un système linéaire.

⇨ **Exercices 16.7, 16.8, 16.9, 16.10**

Exemple. Soit f l'application linéaire de $\mathcal{M}_{2,1}(\mathbb{R})$ dans $\mathcal{M}_{2,1}(\mathbb{R})$ définie par :

$\forall x=\begin{pmatrix} x_1 \\ x_2 \end{pmatrix} \in \mathcal{M}_{2,1}(\mathbb{R})$, $f(x)=\begin{pmatrix} x_1+x_2 \\ 2x_1+2x_2 \end{pmatrix}$. Déterminer $\operatorname{Ker} f$.

Soit $x=\begin{pmatrix} x_1 \\ x_2 \end{pmatrix}$ un vecteur de $\mathcal{M}_{2,1}(\mathbb{R})$.

On a : $x \in \operatorname{Ker} f \Leftrightarrow f(x)=0_{\mathcal{M}_{2,1}(\mathbb{R})} \Leftrightarrow \begin{pmatrix} x_1+x_2 \\ 2x_1+2x_2 \end{pmatrix}=\begin{pmatrix} 0 \\ 0 \end{pmatrix} \Leftrightarrow x_1+x_2=0 \Leftrightarrow x_2=-x_1$.

Donc $\operatorname{Ker} f = \left\{\begin{pmatrix} x_1 \\ -x_1 \end{pmatrix}, x_1 \in \mathbb{R}\right\}=\left\{x_1\begin{pmatrix} 1 \\ -1 \end{pmatrix}, x_1 \in \mathbb{R}\right\}$, c'est-à-dire : $\operatorname{Ker} f = \operatorname{Vect}\left(\begin{pmatrix} 1 \\ -1 \end{pmatrix}\right)$.

❑ Méthode 16.5. Comment déterminer l'image d'une application linéaire ?

Si f est une application linéaire de E dans F et si $\mathcal{B}=(e_1,\ldots,e_n)$ est une base de E, alors on a :

$$\operatorname{Im} f=\operatorname{Vect}\left(f(e_1),\ldots,f(e_n)\right).$$

⇨ Exercices 16.8, 16.9, 16.10

Exemple. On note $\mathcal{B}=(e_1,e_2)$ la base canonique de $\mathcal{M}_{2,1}(\mathbb{R})$ et f l'application linéaire de $\mathcal{M}_{2,1}(\mathbb{R})$ dans $\mathcal{M}_{2,1}(\mathbb{R})$ définie par :

$\forall x=\begin{pmatrix} x_1 \\ x_2 \end{pmatrix} \in \mathcal{M}_{2,1}(\mathbb{R})$, $f(x)=\begin{pmatrix} x_1+x_2 \\ 2x_1+2x_2 \end{pmatrix}$. Déterminer $\operatorname{Im} f$.

On sait que $\operatorname{Im} f=\operatorname{Vect}\left(f(e_1),f(e_2)\right)$.

De plus, $f(e_1)=f\left(\begin{pmatrix} 1 \\ 0 \end{pmatrix}\right)=\begin{pmatrix} 1 \\ 2 \end{pmatrix}$ et $f(e_2)=f\left(\begin{pmatrix} 0 \\ 1 \end{pmatrix}\right)=\begin{pmatrix} 1 \\ 2 \end{pmatrix}$, donc $f(e_1)=f(e_2)$.

On en conclut que $\operatorname{Im} f=\operatorname{Vect}\left(f(e_1)\right)$, soit encore : $\operatorname{Im} f=\operatorname{Vect}\left(\begin{pmatrix} 1 \\ 2 \end{pmatrix}\right)$.

■■ Vrai/Faux

Dans les cinq premières questions, les vecteurs *u*, *v*, *w* sont des vecteurs de $\mathcal{M}_{4,1}(\mathbb{R})$.

		Vrai	Faux
1.	Le vecteur $u+v$ appartient à $\text{Vect}(u,v,w)$.	☐	☐
2.	Si $w \in \text{Vect}(u,v)$, alors $\text{Vect}(u,v,w) = \text{Vect}(u,v)$.	☐	☐
3.	Si $v \in \text{Vect}(u)$, alors *v* est proportionnel à *u*.	☐	☐
4.	$\text{Vect}(u,v) = \text{Vect}(u,u+v)$.	☐	☐
5.	On donne deux vecteurs *u* et *v* non nuls. Il est possible que l'on ait : $2u+3v=0$.	☐	☐
6.	$\mathcal{M}_{2,1}(\mathbb{R})$ est un sous-espace vectoriel de $\mathcal{M}_{3,1}(\mathbb{R})$.	☐	☐
7.	Soit *f* une application linéaire de $\mathcal{M}_{3,1}(\mathbb{R})$ dans $\mathcal{M}_{3,1}(\mathbb{R})$. Si $\text{Ker} f$ est réduit au vecteur nul de $\mathcal{M}_{3,1}(\mathbb{R})$, alors *f* est l'application nulle.	☐	☐
8.	Soit *f* une application linéaire de $\mathcal{M}_{3,1}(\mathbb{R})$ dans $\mathcal{M}_{3,1}(\mathbb{R})$. Si $\text{Im} f$ est réduite au vecteur nul de $\mathcal{M}_{3,1}(\mathbb{R})$, alors *f* est l'application nulle.	☐	☐
9.	Soit *f* une application linéaire de $\mathcal{M}_{3,1}(\mathbb{R})$ dans $\mathcal{M}_{3,1}(\mathbb{R})$. Si $\text{Ker} f = \mathcal{M}_{3,1}(\mathbb{R})$ alors *f* est l'application nulle.	☐	☐
10.	Soit *f* une application linéaire de $\mathcal{M}_{2,1}(\mathbb{R})$ dans $\mathcal{M}_{2,1}(\mathbb{R})$. Il est possible que $\text{Ker} f = \text{Im} f$.	☐	☐

Énoncé des exercices

❑ **Exercice 16.1.** — Montrer que les ensembles suivants sont des sous-espaces vectoriels de $\mathcal{M}_{2,1}(\mathbb{R})$.

1. $F=\left\{\begin{pmatrix}x_1\\x_2\end{pmatrix}\in\mathcal{M}_{2,1}(\mathbb{R}),x_1-5x_2=0\right\}$.

2. $F=\left\{\begin{pmatrix}x_1\\x_2\end{pmatrix}\in\mathcal{M}_{2,1}(\mathbb{R}),x_2=0\right\}$.

❑ **Exercice 16.2.** — Montrer que les ensembles suivants sont des sous-espaces vectoriels de $\mathcal{M}_{3,1}(\mathbb{R})$.

1. $F=\left\{\begin{pmatrix}x_1\\x_2\\x_3\end{pmatrix}\in\mathcal{M}_{3,1}(\mathbb{R}),x_1=x_2=x_3\right\}$.

2. $F=\left\{\begin{pmatrix}x_1\\x_2\\x_3\end{pmatrix}\in\mathcal{M}_{3,1}(\mathbb{R}),2x_1-5x_2+x_3=0 \text{ et } x_2+x_3=0\right\}$.

3. $F=\left\{\begin{pmatrix}x_1\\x_2\\x_3\end{pmatrix}\in\mathcal{M}_{3,1}(\mathbb{R}),x_1+2x_2=0\right\}$.

4. $F=\left\{\begin{pmatrix}x_1\\x_2\\x_3\end{pmatrix}\in\mathcal{M}_{3,1}(\mathbb{R}),2x_1+3x_2+x_3=0\right\}$.

❑ **Exercice 16.3.** — Montrer que les ensembles suivants sont des sous-espaces vectoriels de $\mathcal{M}_{4,1}(\mathbb{R})$.

1. $F=\left\{\begin{pmatrix}x_1\\x_2\\x_3\\x_4\end{pmatrix}\in\mathcal{M}_{4,1}(\mathbb{R}),x_1+x_2+x_3+x_4=0 \text{ et } x_1-2x_2-x_3+2x_4=0\right\}$.

2. $F=\left\{\begin{pmatrix}x_1\\x_2\\x_3\\x_4\end{pmatrix}\in\mathcal{M}_{4,1}(\mathbb{R}),x_1+x_2+x_3+x_4=0\right\}$.

❑ **Exercice 16.4.** — Soit M une matrice de $\mathcal{M}_3(\mathbb{R})$ et $F=\left\{X=\begin{pmatrix}x_1\\x_2\\x_3\end{pmatrix}\in\mathcal{M}_{3,1}(\mathbb{R}),\ MX=0\right\}$.

Montrer que F est un sous-espace vectoriel de $\mathcal{M}_{3,1}(\mathbb{R})$.

❑ **Exercice 16.5.** — Dans $\mathcal{M}_{3,1}(\mathbb{R})$, on pose : $e_1=\begin{pmatrix}1\\-1\\2\end{pmatrix}$ et $e_2=\begin{pmatrix}1\\1\\-1\end{pmatrix}$.

Montrer que les vecteurs suivants s'écrivent comme combinaison linéaire des vecteurs e_1 et e_2.

1. $x=\begin{pmatrix}3\\1\\0\end{pmatrix}$ **2.** $y=\begin{pmatrix}1\\5\\-7\end{pmatrix}$ **3.** $z=\begin{pmatrix}-1\\-3\\4\end{pmatrix}$ **4.** $t=\begin{pmatrix}10\\-2\\8\end{pmatrix}$.

❑ **Exercice 16.6.** — Dans $\mathcal{M}_{3,1}(\mathbb{R})$, on pose pour tout réel k : $e_1=\begin{pmatrix}1\\k\\2\end{pmatrix}$ et $e_2=\begin{pmatrix}-1\\8\\k\end{pmatrix}$.

Déterminer les valeurs du réel k pour que le vecteur $x=\begin{pmatrix}1\\2\\1\end{pmatrix}$ soit combinaison linéaire des vecteurs e_1 et e_2.

❑ **Exercice 16.7.** — On considère l'application f définie par :

$$\forall X=\begin{pmatrix}x_1\\x_2\\x_3\end{pmatrix}\in\mathcal{M}_{3,1}(\mathbb{R}),\ f(X)=x_1-2x_2+x_3.$$

1. Montrer que f est une application linéaire de $\mathcal{M}_{3,1}(\mathbb{R})$ dans $\mathbb{R}$.
2. Déterminer $\operatorname{Ker} f$.

❑ **Exercice 16.8.** — On considère l'application f définie par :

$$\forall X=\begin{pmatrix}x_1\\x_2\end{pmatrix}\in\mathcal{M}_{2,1}(\mathbb{R}),\ f(X)=\begin{pmatrix}4x_1-6x_2\\2x_1-3x_2\end{pmatrix}.$$

1. Montrer que f est une application linéaire de $\mathcal{M}_{2,1}(\mathbb{R})$ dans $\mathcal{M}_{2,1}(\mathbb{R})$.
2. Déterminer $\operatorname{Ker} f$.
3. Déterminer $\operatorname{Im} f$.

❑ **Exercice 16.9.** —On considère l'application f définie par :

$$\forall X = \begin{pmatrix} x_1 \\ x_2 \\ x_3 \\ x_4 \end{pmatrix} \in \mathcal{M}_{4,1}(\mathbb{R}),\ f(X) = \begin{pmatrix} x_1 - x_2 + x_3 + x_4 \\ x_1 + 2x_2 - x_4 \\ x_1 + x_2 + 3x_3 - 3x_4 \end{pmatrix}.$$

1. Montrer que f est une application linéaire de $\mathcal{M}_{4,1}(\mathbb{R})$ dans $\mathcal{M}_{3,1}(\mathbb{R})$.

2. Déterminer $\operatorname{Ker} f$.

3. Déterminer $\operatorname{Im} f$.

❑ **Exercice 16.10.** — On considère l'application f définie par :

$$\forall X = \begin{pmatrix} x_1 \\ x_2 \\ x_3 \end{pmatrix} \in \mathcal{M}_{3,1}(\mathbb{R}),\ f(X) = \begin{pmatrix} x_1 + x_2 + x_3 \\ x_1 + x_2 + x_3 \\ x_1 + x_2 + x_3 \end{pmatrix}.$$

1. Montrer que f est une application linéaire de $\mathcal{M}_{3,1}(\mathbb{R})$ dans $\mathcal{M}_{3,1}(\mathbb{R})$.

2. Déterminer $\operatorname{Ker} f$.

3. Déterminer $\operatorname{Im} f$.

■ Pour vous aider à démarrer

Exercice 16.1. On peut utiliser n'importe laquelle des deux options présentées dans la **méthode 16.2**.
Exercices 16.2, 16.3. Même remarque.
Exercice 16.4. Utiliser la première façon mentionnée dans la **méthode 16.2**.
Exercice 16.5. Pour la question **1**, on peut "voir" la décomposition.
Pour les autres questions, procéder par identification.
Exercice 16.6. Traduire l'égalité $x = ae_1 + be_2$, puis résoudre le système obtenu en discutant selon les valeurs de k.
Exercice 16.7. Pour la question **1**, montrer que si X et Y sont deux vecteurs de $\mathcal{M}_{3,1}(\mathbb{R})$ et si λ est un réel, alors on a : $f(\lambda X + Y) = \lambda f(X) + f(Y)$.
Pour la question **2**, résoudre $f(X) = 0$.
Exercice 16.8, Pour les questions **1** et **2**, mêmes remarques que ci-dessus en remplaçant $\mathcal{M}_{3,1}(\mathbb{R})$ par $\mathcal{M}_{2,1}(\mathbb{R})$.
Pour la question **3**, on sait que si (e_1, e_2) est une base de $\mathcal{M}_{2,1}(\mathbb{R})$, alors $\operatorname{Im} f = \operatorname{Vect}(f(e_1), f(e_2))$.
Exercices 16.9, 16.10. même remarques avec respectivement $\mathcal{M}_{4,1}(\mathbb{R})$ et $\mathcal{M}_{3,1}(\mathbb{R})$ comme espaces de départ.

Corrigé des vrai/faux

1.	2.	3.	4.	5.	6.	7.	8.	9.	10.
V	V	V	V	V	F	F	V	V	V

1. Le vecteur $u+v$ est combinaison linéaire de u et v et s'écrit aussi : $u+v+0w$ et est donc bien combinaison linéaire de u, v et w. On en conclut que le vecteur $u+v$ appartient à $\text{Vect}(u,v,w)$.

2. Comme $w \in \text{Vect}(u,v)$, w est alors combinaison linéaire des vecteurs u et v. La **propriété 16.4** nous permet de conclure que : $\text{Vect}(u,v,w) = \text{Vect}(u,v)$.

3. On sait que : $\text{Vect}(u) = \{\lambda u, \lambda \in \mathbb{R}\}$. Si v appartient à $\text{Vect}(u)$, on en déduit qu'il existe un réel λ tel que : $v = \lambda u$. Les vecteurs v et u sont ainsi proportionnels.

4. Les vecteurs u et $u+v$ sont combinaison linéaire des vecteurs u et v. On en déduit qu'ils sont des éléments de $\text{Vect}(u,v)$ et donc toutes les combinaisons linéaires des vecteurs u et $u+v$ le sont aussi. On en conclut que : $\text{Vect}(u,u+v) \subset \text{Vect}(u,v)$.
De même, v est combinaison linéaire de u et $u+v$ puisque l'on a : $v=(u+v)-u$.
On prouve alors de la même façon que : $\text{Vect}(u,v) \subset \text{Vect}(u,u+v)$.
Finalement, on a : $\text{Vect}(u,v) = \text{Vect}(u,u+v)$.

5. Considérons les vecteurs non nuls suivants : $u = \begin{pmatrix} -3 \\ -3 \\ -3 \\ -3 \end{pmatrix}$ et $v = \begin{pmatrix} 2 \\ 2 \\ 2 \\ 2 \end{pmatrix}$.

On a alors : $2u + 3v = 0$.

6. On n'a pas : $\mathcal{M}_{2,1}(\mathbb{R}) \subset \mathcal{M}_{3,1}(\mathbb{R})$. L'espace vectoriel $\mathcal{M}_{2,1}(\mathbb{R})$ n'est donc pas un sous-espace vectoriel de $\mathcal{M}_{3,1}(\mathbb{R})$.

7. Considérons l'application *identité* de $\mathcal{M}_{3,1}(\mathbb{R})$ dans $\mathcal{M}_{3,1}(\mathbb{R})$.
Cette application est bien linéaire.

Soit $x=\begin{pmatrix} x_1 \\ x_2 \\ x_3 \end{pmatrix} \in \mathcal{M}_{3,1}(\mathbb{R})$.

On a alors : $x \in \operatorname{Ker} f \Leftrightarrow \begin{cases} x_1 = 0 \\ x_2 = 0 \\ x_3 = 0 \end{cases} \Leftrightarrow x = 0$. On a donc bien $\operatorname{Ker} f$ réduit au vecteur nul de $\mathcal{M}_{3,1}(\mathbb{R})$. Pourtant l'application *identité* n'est pas l'*application nulle*.

8. Soit f une application linéaire de $\mathcal{M}_{3,1}(\mathbb{R})$ dans $\mathcal{M}_{3,1}(\mathbb{R})$ tel que $\operatorname{Im} f$ est réduite au vecteur nul de $\mathcal{M}_{3,1}(\mathbb{R})$.
Cela signifie que tout élément de $\mathcal{M}_{3,1}(\mathbb{R})$ a pour image par f le vecteur nul de $\mathcal{M}_{3,1}(\mathbb{R})$.
L'application f est donc, par définition, l'application nulle.

9. Soit f une application linéaire de $\mathcal{M}_{3,1}(\mathbb{R})$ dans $\mathcal{M}_{3,1}(\mathbb{R})$ tel que : $\operatorname{Ker} f = \mathcal{M}_{3,1}(\mathbb{R})$.
Cela signifie que tout vecteur de $\mathcal{M}_{3,1}(\mathbb{R})$ est dans le noyau de f, c'est-à-dire que tout vecteur de $\mathcal{M}_{3,1}(\mathbb{R})$ a pour image par f le vecteur nul.
L'application f est donc, par définition, l'application nulle.

10. Utilisons le **théorème 16.7** et considérons l'application linéaire de $\mathcal{M}_{2,1}(\mathbb{R})$ dans $\mathcal{M}_{2,1}(\mathbb{R})$, définie par : $f : X \mapsto MX$, où $M=\begin{pmatrix} 1 & 1 \\ -1 & -1 \end{pmatrix}$.

D'une part, on a : $X=\begin{pmatrix} x_1 \\ x_2 \end{pmatrix} \in \operatorname{Ker} f \Leftrightarrow MX = 0 \Leftrightarrow \begin{cases} x_1 + x_2 = 0 \\ -x_1 - x_2 = 0 \end{cases} \Leftrightarrow x_1 + x_2 = 0$.

On en déduit que : $\operatorname{Ker} f = \left\{ \begin{pmatrix} x_1 \\ -x_1 \end{pmatrix}, x_1 \in \mathbb{R} \right\} = \left\{ x_1 \begin{pmatrix} 1 \\ -1 \end{pmatrix}, x_1 \in \mathbb{R} \right\}$. D'où : $\operatorname{Ker} f = \operatorname{Vect}\left(\begin{pmatrix} 1 \\ -1 \end{pmatrix} \right)$.

D'autre part, en notant $\mathcal{B} = (e_1, e_2)$ la base canonique de $\mathcal{M}_{2,1}(\mathbb{R})$, on a : $\operatorname{Im} f = \operatorname{Vect}(f(e_1), f(e_2))$.

De plus, $f(e_1) = M\begin{pmatrix} 1 \\ 0 \end{pmatrix} = \begin{pmatrix} 1 \\ -1 \end{pmatrix}$ et $f(e_2) = M\begin{pmatrix} 0 \\ 1 \end{pmatrix} = \begin{pmatrix} 1 \\ -1 \end{pmatrix}$, donc $f(e_1) = f(e_2)$.

On en déduit que $\operatorname{Im} f = \operatorname{Vect}(f(e_1))$, soit encore : $\operatorname{Im} f = \operatorname{Vect}\left(\begin{pmatrix} 1 \\ -1 \end{pmatrix} \right)$.

Finalement, on obtient : $\operatorname{Ker} f = \operatorname{Im} f$.

Corrigé

❑ Les erreurs classiques

- Attention à ne pas confondre la caractérisation des sous-espaces vectoriels et celles des applications linéaires.
- Pour montrer que F est un sous-espace vectoriel de E, on doit prouver que $\lambda x + \mu y$ est un élément de F, **avec x et y éléments de F**, et non pas éléments de E.
- Les doubles parenthèses sont obligatoires dans l'écriture d'un Vect lorsque l'écriture des vecteurs en jeu nécessite une parenthèse (voir le **V/F 10**). Leur oubli peut conduire à des erreurs graves sur les espaces vectoriels vus en seconde année.
- Le noyau d'une application linéaire est toujours inclus dans l'ensemble de départ et l'image est incluse dans l'ensemble d'arrivée.
- Le noyau et l'image d'une application linéaire ne peuvent être vides. Ils contiennent au moins le vecteur nul de l'espace vectoriel dans lequel ils sont inclus.

Corrigé des exercices

Exercice 16.1

1. F est, par définition, inclus dans $\mathcal{M}_{2,1}(\mathbb{R})$ et F n'est pas l'ensemble vide car : $\begin{pmatrix} 0 \\ 0 \end{pmatrix} \in F$.

• Soit $x = \begin{pmatrix} x_1 \\ x_2 \end{pmatrix}$ et $y = \begin{pmatrix} y_1 \\ y_2 \end{pmatrix}$ des éléments de F. On sait, par définition de F, que : $x_1 - 5x_2 = 0$ et $y_1 - 5y_2 = 0$. De plus, pour tout réel λ, $\lambda x + y = \begin{pmatrix} \lambda x_1 + y_1 \\ \lambda x_2 + y_2 \end{pmatrix}$ et on a :

$(\lambda x_1 + y_1) - 5(\lambda x_2 + y_2) = \lambda(x_1 - 5x_2) + (y_1 - 5y_2) = 0$ donc $\lambda x + y \in F$.

Conclusion : F est un sous-espace vectoriel de $\mathcal{M}_{2,1}(\mathbb{R})$.

Remarque. On pouvait aussi écrire que tout élément $x = \begin{pmatrix} x_1 \\ x_2 \end{pmatrix}$ de F s'écrit $x = \begin{pmatrix} 5x_2 \\ x_2 \end{pmatrix} = x_2 \begin{pmatrix} 5 \\ 1 \end{pmatrix}$.

Par conséquent : $F = \text{Vect}\left(\begin{pmatrix} 5 \\ 1 \end{pmatrix}\right)$, ce qui fait de F le sous-espace vectoriel de $\mathcal{M}_{2,1}(\mathbb{R})$ engendré par $\begin{pmatrix} 5 \\ 1 \end{pmatrix}$.

2. On remarque que : $F = \left\{\begin{pmatrix} x_1 \\ 0 \end{pmatrix}, x_1 \in \mathbb{R}\right\} = \left\{x_1 \begin{pmatrix} 1 \\ 0 \end{pmatrix}, x_1 \in \mathbb{R}\right\} = \text{Vect}\left(\begin{pmatrix} 1 \\ 0 \end{pmatrix}\right)$.

Comme $\begin{pmatrix} 1 \\ 0 \end{pmatrix}$ est un élément de $\mathcal{M}_{2,1}(\mathbb{R})$, on en conclut que F est un sous-espace vectoriel de $\mathcal{M}_{2,1}(\mathbb{R})$.

⇨ *Méthode 16.2*

Exercice 16.2

1. On remarque que : $F = \left\{\begin{pmatrix} x_1 \\ x_1 \\ x_1 \end{pmatrix}, x_1 \in \mathbb{R}\right\} = \left\{x_1 \begin{pmatrix} 1 \\ 1 \\ 1 \end{pmatrix}, x_1 \in \mathbb{R}\right\} = \text{Vect}\left(\begin{pmatrix} 1 \\ 1 \\ 1 \end{pmatrix}\right)$.

Comme $\begin{pmatrix}1\\1\\1\end{pmatrix}$ est un élément de $\mathcal{M}_{3,1}(\mathbb{R})$, on en déduit que F est un sous-espace vectoriel de $\mathcal{M}_{3,1}(\mathbb{R})$.

2. F est, par définition, inclus dans $\mathcal{M}_{3,1}(\mathbb{R})$ et F n'est pas l'ensemble vide car : $\begin{pmatrix}0\\0\\0\end{pmatrix} \in F$.

• Soit $x = \begin{pmatrix}x_1\\x_2\\x_3\end{pmatrix}$ et $y = \begin{pmatrix}y_1\\y_2\\y_3\end{pmatrix}$ des éléments de F. On sait, par définition de F, que : $2x_1 - 5x_2 + x_3 = 0$, $x_2 + x_3 = 0$, $2y_1 - 5y_2 + y_3 = 0$ et $y_2 + y_3 = 0$.

De plus, pour tout réel λ, $\lambda x + y = \begin{pmatrix}\lambda x_1 + y_1\\\lambda x_2 + y_2\\\lambda x_3 + y_3\end{pmatrix}$ et on a :

- $2(\lambda x_1 + y_1) - 5(\lambda x_2 + y_2) + (\lambda x_3 + y_3) = \lambda(2x_1 - 5x_2 + x_3) + (2y_1 - 5y_2 + y_3) = 0$.
- $(\lambda x_2 + y_2) + (\lambda x_3 + y_3) = \lambda(x_2 + x_3) + (y_2 + y_3) = 0$.

On en déduit que : $\lambda x + y \in F$.

Conclusion : F est un sous-espace vectoriel de $\mathcal{M}_{3,1}(\mathbb{R})$.

Remarque. On pouvait aussi écrire que pour tout élément $x = \begin{pmatrix}x_1\\x_2\\x_3\end{pmatrix}$ de F, on a $2x_1 - 5x_2 + x_3 = 0$ et $x_2 + x_3 = 0$, ce qui équivaut à : $x_2 = -x_3$ et $x_1 = -3x_3$. On a donc : $x = \begin{pmatrix}-3x_3\\-x_3\\x_3\end{pmatrix} = x_3\begin{pmatrix}-3\\-1\\1\end{pmatrix}$. Par conséquent : $F = \text{Vect}\left(\begin{pmatrix}-3\\-1\\1\end{pmatrix}\right)$, ce qui fait de F le sous-espace vectoriel de $\mathcal{M}_{3,1}(\mathbb{R})$ engendré par $\begin{pmatrix}-3\\-1\\1\end{pmatrix}$.

3. On remarque que : $F = \left\{\begin{pmatrix}x_1\\x_2\\x_3\end{pmatrix} \in \mathcal{M}_{3,1}(\mathbb{R}), x_1 = -2x_2\right\} = \left\{\begin{pmatrix}-2x_2\\x_2\\x_3\end{pmatrix}, (x_2, x_3) \in \mathbb{R}^2\right\}$.

On en déduit que : $F=\left\{x_2\begin{pmatrix}-2\\1\\0\end{pmatrix}+x_3\begin{pmatrix}0\\0\\1\end{pmatrix},(x_2,x_3)\in\mathbb{R}^2\right\}=\mathrm{Vect}\left(\begin{pmatrix}-2\\1\\0\end{pmatrix},\begin{pmatrix}0\\0\\1\end{pmatrix}\right)$.

Comme $\begin{pmatrix}-2\\1\\0\end{pmatrix}$ et $\begin{pmatrix}0\\0\\1\end{pmatrix}$ sont tous les deux des éléments de $\mathcal{M}_{3,1}(\mathbb{R})$, on conclut que F est un sous-espace vectoriel de $\mathcal{M}_{3,1}(\mathbb{R})$.

4. F est, par définition, inclus dans $\mathcal{M}_{3,1}(\mathbb{R})$ et F n'est pas l'ensemble vide car : $\begin{pmatrix}0\\0\\0\end{pmatrix}\in F$.

- Soit $x=\begin{pmatrix}x_1\\x_2\\x_3\end{pmatrix}$ et $y=\begin{pmatrix}y_1\\y_2\\y_3\end{pmatrix}$ des éléments de F. On sait, par définition de F, que : $2x_1+3x_2+x_3=0$ et $2y_1+3y_2+y_3=0$.

De plus, pour tout réel λ, $\lambda x+y=\begin{pmatrix}\lambda x_1+y_1\\\lambda x_2+y_2\\\lambda x_3+y_3\end{pmatrix}$ et on a :

$2(\lambda x_1+y_1)+3(\lambda x_2+y_2)+(\lambda x_3+y_3)=\lambda(2x_1+3x_2+x_3)+(2y_1+3y_2+y_3)=0$.

On en déduit que : $\lambda x+y\in F$.

Conclusion : F est un sous-espace vectoriel de $\mathcal{M}_{3,1}(\mathbb{R})$.

Remarque. On pouvait aussi écrire que tout élément $x=\begin{pmatrix}x_1\\x_2\\x_3\end{pmatrix}$ de F s'écrit :

$x=\begin{pmatrix}x_1\\x_2\\-2x_1-3x_2\end{pmatrix}=x_1\begin{pmatrix}1\\0\\-2\end{pmatrix}+x_2\begin{pmatrix}0\\1\\-3\end{pmatrix}$. Par conséquent : $F=\mathrm{Vect}\left(\begin{pmatrix}1\\0\\-2\end{pmatrix},\begin{pmatrix}0\\1\\-3\end{pmatrix}\right)$, ce qui montre que F est le sous-espace vectoriel de $\mathcal{M}_{3,1}(\mathbb{R})$ engendré par $\left(\begin{pmatrix}1\\0\\-2\end{pmatrix},\begin{pmatrix}0\\1\\-3\end{pmatrix}\right)$.

⇨ *Méthode 16.2*

Exercice 16.3

1. F est, par définition, inclus dans $\mathcal{M}_{4,1}(\mathbb{R})$ et F n'est pas l'ensemble vide car : $\begin{pmatrix} 0 \\ 0 \\ 0 \\ 0 \end{pmatrix} \in F$.

• Soit $x = \begin{pmatrix} x_1 \\ x_2 \\ x_3 \\ x_4 \end{pmatrix}$ et $y = \begin{pmatrix} y_1 \\ y_2 \\ y_3 \\ y_4 \end{pmatrix}$ des éléments de F. On sait, par définition de F, que :

$x_1 + x_2 + x_3 + x_4 = 0$, $x_1 - 2x_2 - x_3 + 2x_4 = 0$, $y_1 + y_2 + y_3 + y_4 = 0$ et $y_1 - 2y_2 - y_3 + 2y_4 = 0$.

De plus, pour tout réel λ, $\lambda x + y = \begin{pmatrix} \lambda x_1 + y_1 \\ \lambda x_2 + y_2 \\ \lambda x_3 + y_3 \\ \lambda x_4 + y_4 \end{pmatrix}$ et on a :

• $(\lambda x_1 + y_1) + (\lambda x_2 + y_2) + (\lambda x_3 + y_3) + (\lambda x_4 + y_4) = \lambda(x_1 + x_2 + x_3 + x_4) + (y_1 + y_2 + y_3 + y_4) = 0$.

• $(\lambda x_1 + y_1) - 2(\lambda x_2 + y_2) - (\lambda x_3 + y_3) + 2(\lambda x_4 + y_4)$

$$= \lambda(x_1 - 2x_2 - x_3 + 2x_4) + (y_1 - 2y_2 - y_3 + 2y_4) = 0.$$

On en déduit que : $\lambda x + y \in F$.

Conclusion : F est un sous-espace vectoriel de $\mathcal{M}_{4,1}(\mathbb{R})$.

⇨ *Méthode 16.2 (1)*

2. On remarque que : $F = \left\{ \begin{pmatrix} x_1 \\ x_2 \\ x_3 \\ x_4 \end{pmatrix} \in \mathcal{M}_{4,1}(\mathbb{R}), x_1 = -x_2 - x_3 - x_4 \right\}$

$$F = \left\{ \begin{pmatrix} -x_2 - x_3 - x_4 \\ x_2 \\ x_3 \\ x_4 \end{pmatrix}, (x_2, x_3, x_4) \in \mathbb{R}^3 \right\} = \left\{ x_2 \begin{pmatrix} -1 \\ 1 \\ 0 \\ 0 \end{pmatrix} + x_3 \begin{pmatrix} -1 \\ 0 \\ 1 \\ 0 \end{pmatrix} + x_4 \begin{pmatrix} -1 \\ 0 \\ 0 \\ 1 \end{pmatrix}, (x_2, x_3, x_4) \in \mathbb{R}^3 \right\}.$$

Finalement, on a : $F = \text{Vect}\left(\begin{pmatrix} -1 \\ 1 \\ 0 \\ 0 \end{pmatrix}, \begin{pmatrix} -1 \\ 0 \\ 1 \\ 0 \end{pmatrix}, \begin{pmatrix} -1 \\ 0 \\ 0 \\ 1 \end{pmatrix} \right)$.

Comme $\begin{pmatrix}-1\\1\\0\\0\end{pmatrix}$, $\begin{pmatrix}-1\\0\\1\\0\end{pmatrix}$ et $\begin{pmatrix}-1\\0\\0\\1\end{pmatrix}$ sont trois éléments de $\mathcal{M}_{4,1}(\mathbb{R})$, on en conclut que F est un sous-espace vectoriel de $\mathcal{M}_{4,1}(\mathbb{R})$.

⇨ *Méthode 16.2 (2)*

Exercice 16.4

Par définition, F est inclus dans $\mathcal{M}_{3,1}(\mathbb{R})$.

Par ailleurs, $M\begin{pmatrix}0\\0\\0\end{pmatrix} = \begin{pmatrix}0\\0\\0\end{pmatrix}$. Par conséquent $\begin{pmatrix}0\\0\\0\end{pmatrix} \in F$ donc F n'est pas l'ensemble vide.

• Soit $X = \begin{pmatrix}x_1\\x_2\\x_3\end{pmatrix}$ et $Y = \begin{pmatrix}y_1\\y_2\\y_3\end{pmatrix}$ des éléments de F.

On sait, par définition de F, que : $MX = 0$ et $MY = 0$.
De plus, pour tout réel λ, $M(\lambda X + Y) = \lambda MX + MY = 0$. Ainsi, $\lambda X + Y$ appartient à F.

On conclut que F est un sous-espace vectoriel de $\mathcal{M}_{3,1}(\mathbb{R})$.

⇨ *Méthode 16.2 (1)*

Exercice 16.5

1. Rien n'empêche d'avoir de l'intuition. On remarque que : $e_1 + 2e_2 = x$.
Le vecteur x est bien combinaison linéaire des vecteurs e_1 et e_2.

2. Cherchons s'il existe des réels a et b tels que : $y = ae_1 + be_2$.

On a alors : $y = ae_1 + be_2 \Leftrightarrow \begin{cases} a+b=1 \\ -a+b=5 \\ 2a-b=-7 \end{cases} \underset{\substack{L_2 \leftarrow L_2+L_1 \\ L_3 \leftarrow L_3-2L_1}}{\Leftrightarrow} \begin{cases} a+b=1 \\ 2b=6 \\ -3b=-9 \end{cases}$.

Les deux dernières équations sont équivalentes et l'on obtient $b = 3$ puis $a = -2$.
On en conclut que $y = -2e_1 + 3e_2$. Ainsi, y s'écrit bien comme combinaison linéaire de e_1 et e_2.

3. Utilisons le même procédé.

$z = ae_1 + be_2 \Leftrightarrow \begin{cases} a+b=-1 \\ -a+b=-3 \\ 2a-b=4 \end{cases} \underset{\substack{L_2 \leftarrow L_2+L_1 \\ L_3 \leftarrow L_3-2L_1}}{\Leftrightarrow} \begin{cases} a+b=-1 \\ 2b=-4 \\ -3b=6 \end{cases}$.

Les deux dernières équations sont équivalentes et l'on obtient $b = -2$ puis $a = 1$.
On en conclut que $z = e_1 - 2e_2$, et z s'écrit bien comme combinaison linéaire de e_1 et e_2.

4. Utilisons le même procédé.

$$t = ae_1 + be_2 \Leftrightarrow \begin{cases} a+b=10 \\ -a+b=-2 \\ 2a-b=8 \end{cases} \underset{\substack{L_2 \leftarrow L_2+L_1 \\ L_3 \leftarrow L_3-2L_1}}{\Leftrightarrow} \begin{cases} a+b=10 \\ 2b=8 \\ -3b=-12 \end{cases}.$$

Les deux dernières équations sont équivalentes et l'on obtient $b = 4$ puis $a = 6$.

On en conclut que : $t = 6e_1 + 4e_2$. Ainsi, t s'écrit bien comme combinaison linéaire de e_1 et e_2.

⇨ *Méthode 16.1*

Exercice 16.6

Utilisons le procédé de l'**exercice 16.5**.

Le vecteur x est combinaison linéaire de e_1 et e_2 si et seulement si il existe deux réels a et b tels que : $x = ae_1 + be_2$.

Plus précisément : $x = ae_1 + be_2 \Leftrightarrow \begin{cases} a-b=1 \\ ka+8b=2 \\ 2a+kb=1 \end{cases} \underset{\substack{L_2 \leftarrow L_2-kL_1 \\ L_3 \leftarrow L_3-2L_1}}{\Leftrightarrow} \begin{cases} a-b=1 \\ (8+k)b=2-k \\ (k+2)b=-1 \end{cases}.$

Procédons à une distinction de cas.

• Si $k = -2$ ou $k = -8$, l'une des deux dernières équations est impossible.

Le système n'a donc pas de solution et x ne peut pas être combinaison linéaire de e_1 et e_2.

• Sinon, le système devient : $\begin{cases} a-b=1 \\ b=\dfrac{2-k}{8+k} \\ b=\dfrac{-1}{k+2} \end{cases} \Leftrightarrow \begin{cases} a-b=1 \\ b=\dfrac{2-k}{8+k} \\ \dfrac{2-k}{8+k}=\dfrac{-1}{k+2} \end{cases}$

Cette dernière équation se traduit par : $-8-k = 4-k^2$ qui possède deux racines -3 et 4.

Le système possède donc une solution si et seulement si k vaut -3 ou 4.

Ainsi, le vecteur x est combinaison linéaire de e_1 et e_2 si et seulement si k vaut -3 ou 4.

⇨ *Méthode 16.1*

Exercice 16.7

1. Par définition, f est bien une application de $\mathcal{M}_{3,1}(\mathbb{R})$ dans $\mathbb{R}$.

Soit deux vecteurs $X = \begin{pmatrix} x_1 \\ x_2 \\ x_3 \end{pmatrix}$ et $Y = \begin{pmatrix} y_1 \\ y_2 \\ y_3 \end{pmatrix}$ de $\mathcal{M}_{3,1}(\mathbb{R})$ et un réel λ.

On a $\lambda X + Y = \begin{pmatrix} \lambda x_1 + y_1 \\ \lambda x_2 + y_2 \\ \lambda x_3 + y_3 \end{pmatrix}$ et, par définition de f :

$$f(\lambda X + Y) = (\lambda x_1 + y_1) - 2(\lambda x_2 + y_2) + (\lambda x_3 + y_3) = \lambda(x_1 - 2x_2 + x_3) + (y_1 - 2y_2 + y_3)$$

$$f(\lambda X + Y) = \lambda f(X) + f(Y).$$

Conclusion : f est bien une application linéaire de $\mathcal{M}_{3,1}(\mathbb{R})$ dans $\mathbb{R}$.

⇨ *Méthode 16.3*

2. Soit $X = \begin{pmatrix} x_1 \\ x_2 \\ x_3 \end{pmatrix}$ un vecteur de $\mathcal{M}_{3,1}(\mathbb{R})$.

On a : $X \in \operatorname{Ker} f \Leftrightarrow f(X) = 0 \Leftrightarrow x_1 - 2x_2 + x_3 = 0 \Leftrightarrow x_1 = 2x_2 - x_3$.

On a donc : $\operatorname{Ker} f = \left\{ \begin{pmatrix} 2x_2 - x_3 \\ x_2 \\ x_3 \end{pmatrix}, (x_2, x_3) \in \mathbb{R}^2 \right\} = \left\{ x_2 \begin{pmatrix} 2 \\ 1 \\ 0 \end{pmatrix} + x_3 \begin{pmatrix} -1 \\ 0 \\ 1 \end{pmatrix}, (x_2, x_3) \in \mathbb{R}^2 \right\}$.

Ainsi : $\operatorname{Ker} f = \operatorname{Vect}\left(\begin{pmatrix} 2 \\ 1 \\ 0 \end{pmatrix}, \begin{pmatrix} -1 \\ 0 \\ 1 \end{pmatrix} \right)$.

⇨ *Méthode 16.4*

Exercice 16.8

1. Par définition, f est bien une application de $\mathcal{M}_{2,1}(\mathbb{R})$ dans $\mathcal{M}_{2,1}(\mathbb{R})$.

Soit deux vecteurs $X = \begin{pmatrix} x_1 \\ x_2 \end{pmatrix}$ et $Y = \begin{pmatrix} y_1 \\ y_2 \end{pmatrix}$ de $\mathcal{M}_{2,1}(\mathbb{R})$ et un réel λ.

On a $\lambda X + Y = \begin{pmatrix} \lambda x_1 + y_1 \\ \lambda x_2 + y_2 \end{pmatrix}$ et par définition de f :

$$f(\lambda X + Y) = \begin{pmatrix} 4(\lambda x_1 + y_1) - 6(\lambda x_2 + y_2) \\ 2(\lambda x_1 + y_1) - 3(\lambda x_2 + y_2) \end{pmatrix} = \lambda \begin{pmatrix} 4x_1 - 6x_2 \\ 2x_1 - 3x_2 \end{pmatrix} + \begin{pmatrix} 4y_1 - 6y_2 \\ 2y_1 - 3y_2 \end{pmatrix} = \lambda f(X) + f(Y).$$

Conclusion : f est bien une application linéaire de $\mathcal{M}_{2,1}(\mathbb{R})$ dans $\mathcal{M}_{2,1}(\mathbb{R})$.

2. Soit $X = \begin{pmatrix} x_1 \\ x_2 \end{pmatrix}$ un vecteur de $\mathcal{M}_{2,1}(\mathbb{R})$.

On a : $X \in \operatorname{Ker} f \Leftrightarrow f(X) = 0_{\mathcal{M}_{2,1}(\mathbb{R})} \Leftrightarrow \begin{cases} 4x_1 - 6x_2 = 0 \\ 2x_1 - 3x_2 = 0 \end{cases} \Leftrightarrow 2x_1 - 3x_2 = 0 \Leftrightarrow x_1 = \dfrac{3}{2} x_2$.

Donc $\operatorname{Ker} f = \left\{ \begin{pmatrix} \frac{3}{2}x_2 \\ x_2 \end{pmatrix}, x_2 \in \mathbb{R} \right\} = \left\{ x_2 \begin{pmatrix} \frac{3}{2} \\ 1 \end{pmatrix}, x_2 \in \mathbb{R} \right\}$.

Ainsi : $\operatorname{Ker} f = \operatorname{Vect}\left(\begin{pmatrix} \frac{3}{2} \\ 1 \end{pmatrix} \right) = \operatorname{Vect}\left(\begin{pmatrix} 3 \\ 2 \end{pmatrix} \right)$.

3. En notant $\mathcal{B} = (e_1, e_2)$ la base canonique de $\mathcal{M}_{2,1}(\mathbb{R})$, on a : $\operatorname{Im} f = \operatorname{Vect}(f(e_1), f(e_2))$.

De plus, $f(e_1) = f\left(\begin{pmatrix} 1 \\ 0 \end{pmatrix} \right) = \begin{pmatrix} 4 \\ 2 \end{pmatrix}$ et $f(e_2) = f\left(\begin{pmatrix} 0 \\ 1 \end{pmatrix} \right) = \begin{pmatrix} -6 \\ -3 \end{pmatrix}$, donc $f(e_1) = -\frac{3}{2} f(e_2)$.

On en conclut que $\operatorname{Im} f = \operatorname{Vect}(f(e_1))$, soit encore : $\operatorname{Im} f = \operatorname{Vect}\left(\begin{pmatrix} 4 \\ 2 \end{pmatrix} \right)$.

⇨ *Méthodes 16.3, 16.4, 16.5*

Exercice 16.9

1. Par définition, f est bien une application de $\mathcal{M}_{4,1}(\mathbb{R})$ dans $\mathcal{M}_{3,1}(\mathbb{R})$.

Soit deux vecteurs $X = \begin{pmatrix} x_1 \\ x_2 \\ x_3 \\ x_4 \end{pmatrix}$ et $Y = \begin{pmatrix} y_1 \\ y_2 \\ y_3 \\ y_4 \end{pmatrix}$ de $\mathcal{M}_{4,1}(\mathbb{R})$ et un réel λ.

On a $\lambda X + Y = \begin{pmatrix} \lambda x_1 + y_1 \\ \lambda x_2 + y_2 \\ \lambda x_3 + y_3 \\ \lambda x_4 + y_4 \end{pmatrix}$ et par définition de f :

$$f(\lambda X + Y) = \begin{pmatrix} (\lambda x_1 + y_1) - (\lambda x_2 + y_2) + (\lambda x_3 + y_3) + (\lambda x_4 + y_4) \\ (\lambda x_1 + y_1) + 2(\lambda x_2 + y_2) - (\lambda x_4 + y_4) \\ (\lambda x_1 + y_1) + (\lambda x_2 + y_2) + 3(\lambda x_3 + y_3) - 3(\lambda x_4 + y_4) \end{pmatrix}$$

$$= \lambda \begin{pmatrix} x_1 - x_2 + x_3 + x_4 \\ x_1 + 2x_2 - x_4 \\ x_1 + x_2 + 3x_3 - 3x_4 \end{pmatrix} + \begin{pmatrix} y_1 - y_2 + y_3 + y_4 \\ y_1 + 2y_2 - y_4 \\ y_1 + y_2 + 3y_3 - 3y_4 \end{pmatrix} = \lambda f(X) + f(Y).$$

Conclusion : f est bien une application linéaire de $\mathcal{M}_{4,1}(\mathbb{R})$ dans $\mathcal{M}_{3,1}(\mathbb{R})$.

2. Soit $X = \begin{pmatrix} x_1 \\ x_2 \\ x_3 \\ x_4 \end{pmatrix}$ un vecteur de $\mathcal{M}_{4,1}(\mathbb{R})$.

On a :

$$X \in \operatorname{Ker} f \Leftrightarrow f(X)=0_{\mathcal{M}_{4,1}(\mathbb{R})} \Leftrightarrow \begin{cases} x_1-x_2+x_3+x_4=0 \\ x_1+2x_2-x_4=0 \\ x_1+x_2+3x_3-3x_4=0 \end{cases} \underset{\substack{L_2 \leftarrow L_2-L_1 \\ L_3 \leftarrow L_3-L_1}}{\Leftrightarrow} \begin{cases} x_1-x_2+x_3+x_4 \quad =0 \\ \quad 3x_2-x_3-2x_4 \ =0 \\ \quad 2x_2+2x_3-4x_4=0 \end{cases}.$$

$$X \in \operatorname{Ker} f \underset{L_3 \leftarrow 3L_3-2L_2}{\Leftrightarrow} \begin{cases} x_1-x_2+x_3+x_4 \ =0 \\ \quad 3x_2-x_3-2x_4=0 \\ \quad \quad 8x_3-8x_4=0 \end{cases} \Leftrightarrow \begin{cases} x_1=-x_4 \\ x_2=x_4 \\ x_3=x_4 \end{cases}.$$

Donc $\operatorname{Ker} f = \left\{ \begin{pmatrix} -x_4 \\ x_4 \\ x_4 \\ x_4 \end{pmatrix}, x_4 \in \mathbb{R} \right\} = \left\{ x_4 \begin{pmatrix} -1 \\ 1 \\ 1 \\ 1 \end{pmatrix}, x_4 \in \mathbb{R} \right\}$. Ainsi : $\operatorname{Ker} f = \operatorname{Vect}\left(\begin{pmatrix} -1 \\ 1 \\ 1 \\ 1 \end{pmatrix} \right)$.

3. En notant $\mathcal{B}=(e_1,e_2,e_3,e_4)$ la base canonique de $\mathcal{M}_{4,1}(\mathbb{R})$, on a :
$\operatorname{Im} f = \operatorname{Vect}\big(f(e_1), f(e_2), f(e_3), f(e_4)\big)$.

De plus : $f(e_1)=f\left(\begin{pmatrix} 1 \\ 0 \\ 0 \\ 0 \end{pmatrix}\right)=\begin{pmatrix} 1 \\ 1 \\ 1 \end{pmatrix}$. $\quad f(e_2)=f\left(\begin{pmatrix} 0 \\ 1 \\ 0 \\ 0 \end{pmatrix}\right)=\begin{pmatrix} -1 \\ 2 \\ 1 \end{pmatrix}$.

$f(e_3)=f\left(\begin{pmatrix} 0 \\ 0 \\ 1 \\ 0 \end{pmatrix}\right)=\begin{pmatrix} 1 \\ 0 \\ 3 \end{pmatrix}$. $\quad f(e_4)=f\left(\begin{pmatrix} 0 \\ 0 \\ 0 \\ 1 \end{pmatrix}\right)=\begin{pmatrix} 1 \\ -1 \\ -3 \end{pmatrix}$.

On remarque alors que : $f(e_1)=f(e_2)+f(e_3)+f(e_4)$.

On en conclut que $\operatorname{Im} f = \operatorname{Vect}\left(\begin{pmatrix} -1 \\ 2 \\ 1 \end{pmatrix}, \begin{pmatrix} 1 \\ 0 \\ 3 \end{pmatrix}, \begin{pmatrix} 1 \\ -1 \\ -3 \end{pmatrix} \right)$.

⇨ *Méthodes 16.3, 16.4, 16.5*

Exercice 16.10

1. Par définition, f est bien une application de $\mathcal{M}_{3,1}(\mathbb{R})$ dans $\mathcal{M}_{3,1}(\mathbb{R})$.

Soit deux vecteurs $X=\begin{pmatrix} x_1 \\ x_2 \\ x_3 \end{pmatrix}$ et $Y=\begin{pmatrix} y_1 \\ y_2 \\ y_3 \end{pmatrix}$ de $\mathcal{M}_{3,1}(\mathbb{R})$ et un réel λ.

On a $\lambda X+Y=\begin{pmatrix}\lambda x_1+y_1\\ \lambda x_2+y_2\\ \lambda x_3+y_3\end{pmatrix}$ et par définition de f :

$$f(\lambda X+Y)=\begin{pmatrix}(\lambda x_1+y_1)+(\lambda x_2+y_2)+(\lambda x_3+y_3)\\ (\lambda x_1+y_1)+(\lambda x_2+y_2)+(\lambda x_3+y_3)\\ (\lambda x_1+y_1)+(\lambda x_2+y_2)+(\lambda x_3+y_3)\end{pmatrix}=\lambda\begin{pmatrix}x_1+x_2+x_3\\ x_1+x_2+x_3\\ x_1+x_2+x_3\end{pmatrix}+\begin{pmatrix}y_1+y_2+y_3\\ y_1+y_2+y_3\\ y_1+y_2+y_3\end{pmatrix}$$
$$=\lambda f(X)+f(Y).$$

Conclusion : f est bien une application linéaire de $\mathcal{M}_{3,1}(\mathbb{R})$ dans $\mathcal{M}_{3,1}(\mathbb{R})$.

2. Soit $X=\begin{pmatrix}x_1\\ x_2\\ x_3\end{pmatrix}$ un vecteur de $\mathcal{M}_{3,1}(\mathbb{R})$.

On a : $X\in\operatorname{Ker} f \iff f(X)=0 \iff x_1+x_2+x_3=0 \iff x_1=-x_2-x_3$.

Donc $\operatorname{Ker} f=\left\{\begin{pmatrix}-x_2-x_3\\ x_2\\ x_3\end{pmatrix},(x_2,x_3)\in\mathbb{R}^2\right\}=\left\{x_2\begin{pmatrix}-1\\ 1\\ 0\end{pmatrix}+x_3\begin{pmatrix}-1\\ 0\\ 1\end{pmatrix},(x_2,x_3)\in\mathbb{R}^2\right\}$.

Ainsi : $\operatorname{Ker} f=\operatorname{Vect}\left(\begin{pmatrix}-1\\ 1\\ 0\end{pmatrix},\begin{pmatrix}-1\\ 0\\ 1\end{pmatrix}\right)$.

3. En notant $\mathcal{B}=(e_1,e_2,e_3)$ la base canonique de $\mathcal{M}_{3,1}(\mathbb{R})$, on a :
$\operatorname{Im} f=\operatorname{Vect}(f(e_1),f(e_2),f(e_3))$.

De plus, $f(e_1)=f\left(\begin{pmatrix}1\\ 0\\ 0\end{pmatrix}\right)=\begin{pmatrix}1\\ 1\\ 1\end{pmatrix}$, $f(e_2)=f\left(\begin{pmatrix}0\\ 1\\ 0\end{pmatrix}\right)=\begin{pmatrix}1\\ 1\\ 1\end{pmatrix}$ et $f(e_3)=f\left(\begin{pmatrix}0\\ 0\\ 1\end{pmatrix}\right)=\begin{pmatrix}1\\ 1\\ 1\end{pmatrix}$.

On remarque que : $f(e_1)=f(e_2)=f(e_3)$. On en conclut : $\operatorname{Im} f=\operatorname{Vect}(f(e_1))=\operatorname{Vect}\left(\begin{pmatrix}1\\ 1\\ 1\end{pmatrix}\right)$.

⇨ *Méthodes 16.3, 16.4, 16.5*

Chapitre 17
Dérivabilité

Plusieurs mathématiciens, parmi lesquels Pierre **de Fermat**, ont cherché à définir la pente de la tangente à une courbe en un point. Il faut cependant attendre **Newton** pour donner une bonne définition en introduisant ce que nous appelons de nos jours la dérivée. Inspiré par une approche cinématique, bien qu'il se rende compte que sa théorie est plus générale, il l'appelle *fluxion*. Son travail, terminé en 1666, ne sera publié qu'en 1687. Entre temps, **Leibniz** introduit, de manière un peu différente, le même concept. S'est-il inspiré des idées de **Newton** ? On ne le sait pas. Une querelle s'élèvera entre les deux hommes sur la primauté de cette découverte.

Pierre de Fermat
1601-1665

Objectifs

Les incontournables

▷ Savoir étudier la dérivabilité d'une fonction en un point et sur un intervalle.

▷ Connaître les formules de dérivation des fonctions usuelles.

▷ Savoir interpréter graphiquement la limite du taux d'accroissement en un point.

▷ Savoir utiliser les inégalités des accroissements finis.

Et plus si affinités

▷ Savoir étudier la convexité d'une fonction.

▷ Savoir utiliser la convexité d'une fonction pour établir des inégalités.

Résumé de cours

Dérivabilité en un point

Premières définitions

Définition 17.1. — Soit une fonction f définie au voisinage d'un réel x_0 appartenant à son ensemble de définition. On dit que f est *dérivable* en x_0 lorsque le rapport $\dfrac{f(x)-f(x_0)}{x-x_0}$, appelé *taux d'accroissement de f en x_0*, a une limite finie lorsque x tend vers x_0.
Dans ce cas, cette limite, que l'on note $f'(x_0)$, est appelée *nombre dérivé* de f en x_0.

⇨ **Méthode 17.1. Comment étudier la dérivabilité en un point ?**

Remarque 17.1. — Si f est dérivable en x_0, on a, en posant $x = x_0 + h$:

$$f'(x_0) = \lim_{h\to 0}\frac{f(x_0+h)-f(x_0)}{h}$$

Définition 17.2. — La fonction f est dite *dérivable à droite* (ou *à gauche*) en x_0 lorsque le taux d'accroissement de f en x_0 admet une limite à droite (ou à gauche) en x_0. Cette limite est alors appelée *nombre dérivé de f à droite* (ou *à gauche*) *en* x_0, que l'on note $f'_d(x_0)$ (ou $f'_g(x_0)$).

Remarque 17.2. — Si f n'est pas définie à gauche de x_0, alors la notion de dérivabilité à droite se confond avec celle de dérivabilité tout court (de même en échangeant *gauche* et *droite*).

Théorème 17.1. — Une fonction f est dérivable en x_0 si, et seulement si, f est dérivable à droite et à gauche en x_0, et si de plus $f'_d(x_0) = f'_g(x_0)$.

Exemple 17.1. — La fonction $f : x \mapsto |x|$ n'est pas dérivable en 0, mais $f'_g(0) = -1$ et $f'_d(0) = 1$.

Remarque 17.3. — Si f est dérivable en x_0, alors f est continue en x_0. La réciproque est fausse, comme le montre la fonction *valeur absolue*, continue en 0, mais pas dérivable en 0.

❑ Interprétation graphique

Théorème 17.2. — On note (C_f) la courbe de la fonction f dans un repère orthogonal.
• Si f est dérivable en x_0, alors (C_f) admet une tangente au point $(x_0, f(x_0))$, de coefficient directeur égal à $f'(x_0)$. Son équation est donc : $y = f'(x_0)(x - x_0) + f(x_0)$.
• Si f n'est pas dérivable en x_0 mais admet une dérivée à gauche (ou à droite) en x_0, alors on parle de *demi tangente* (même équation en remplaçant $f'(x_0)$ par $f'_g(x_0)$ (ou $f'_d(x_0)$)).
• Si f n'est pas dérivable en x_0, mais si $\lim\limits_{x \to x_0} \dfrac{f(x) - f(x_0)}{x - x_0} = \infty$ ($+\infty$ ou $-\infty$), alors (C_f) admet une tangente *verticale* au point $(x_0, f(x_0))$ (ou une demi tangente verticale si la limite n'est infinie qu'à gauche ou à droite en x_0).

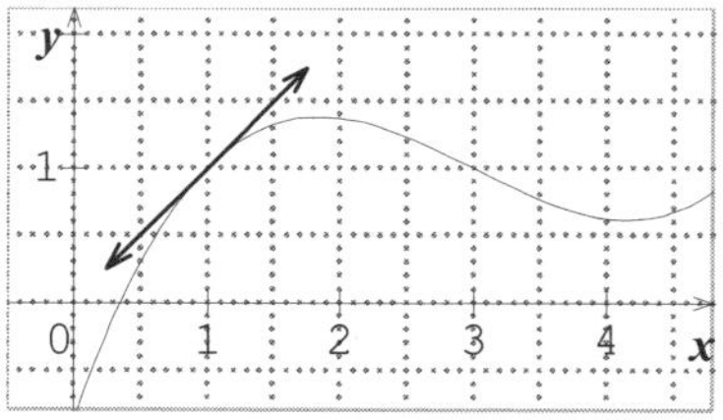

f est dérivable en 1 et $f'(1) = 1$

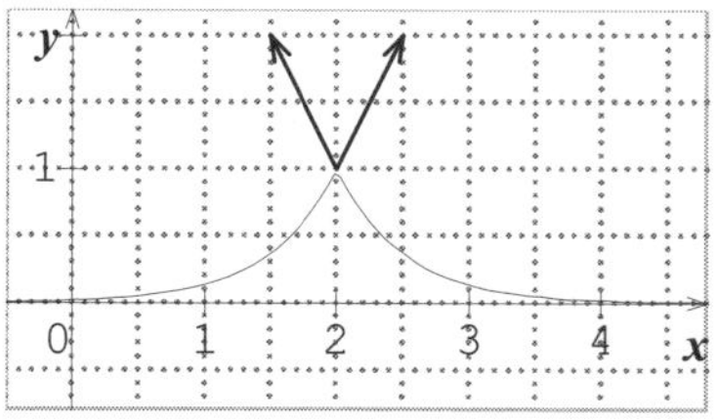

f n'est pas dérivable en 2 et $f'_g(2) = 2$ et $f'_d(2) = -2$

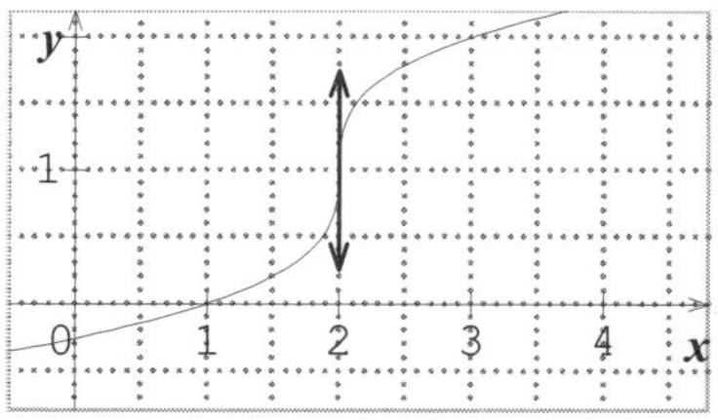

f n'est pas dérivable en 2 et $\lim\limits_{x \to 2} \dfrac{f(x) - f(2)}{x - 2} = +\infty$

■ Dérivabilité sur un intervalle

❑ Fonction dérivée

Définition 17.3. — On dit qu'une fonction f est dérivable sur un intervalle I d'extrémités a et b ($a < b$) lorsque f est dérivable en tout point de $]a, b[$, à droite en a si l'intervalle est fermé en a, et à gauche en b si l'intervalle est fermé en b.
On note $D^1(I)$ l'ensemble des fonctions dérivables sur I.

Définition 17.4. — L'ensemble des points en lesquels une fonction f est dérivable est appelé *l'ensemble de dérivabilité* de f. La fonction qui, à tout réel x de cet ensemble, fait correspondre $f'(x)$ s'appelle *fonction dérivée* de f (ou plus simplement *dérivée* de f), et est notée f'.

Théorème 17.3. — Les fonctions polynomiales, les fonctions rationnelles (quotient de fonctions polynomiales), les fonctions *exponentielle* et *logarithme*, la fonction $x \mapsto x^\alpha$ (où α est un réel non entier), sont dérivables là où elles sont définies.
Les fonctions *valeur absolue* et *racine carrée*, plus généralement $x \mapsto \sqrt[n]{x}$ (avec n entier supérieur ou égal à 2), ne sont pas dérivables en 0.

❑ **Dérivation et opérations**

$f(x)$	$f'(x)$
a (constante)	0
x^α $(\alpha \in \mathbb{R}^*)$	$\alpha x^{\alpha-1}$
$\sqrt{x}$	$\dfrac{1}{2\sqrt{x}}$
$\ln\|x\|$	$\dfrac{1}{x}$
e^x	e^x
a^x $(a>0)$	$(\ln a)a^x$

***u* et *v* sont des fonctions dérivables**	
$(u+v)' = u'+v'$	$(\lambda u)' = \lambda u'$, $\lambda \in \mathbb{R}$
$(uv)' = u'v+uv'$	$(u \circ v)' = v' \times (u' \circ v)$
$\left(\dfrac{u}{v}\right)' = \dfrac{u'v-uv'}{v^2}$	$\left(\dfrac{1}{u}\right)' = -\dfrac{u'}{u^2}$
$(u^\alpha)' = \alpha u' u^{\alpha-1}$ $(\alpha \in \mathbb{R}^*)$	$\left(\sqrt{u}\right)' = \dfrac{u'}{2\sqrt{u}}$
$(\ln\|u\|)' = \dfrac{u'}{u}$	$(e^u)' = u'e^u$

❑ **Dérivation et composition**

Théorème 17.4. — Si f est une fonction dérivable sur un intervalle I, à valeurs dans un intervalle J, et si g est une fonction dérivable sur J, alors $g \circ f$ est dérivable sur I et on a :

$$\forall x \in I,\ (g \circ f)'(x) = g'(f(x)) \times f'(x)$$

Théorème 17.5. — Soit f une fonction bijective d'un intervalle I sur un intervalle J, et dérivable sur I. Soit y élément de J. Si f' ne s'annule pas en $f^{-1}(y)$, alors f^{-1} est dérivable en y et on a :

$$(f^{-1})'(y) = \frac{1}{f'(f^{-1}(y))}$$

Remarque 17.4. — Ce théorème permet de retrouver le fait que f et f^{-1} ont les mêmes variations (voir **théorème 4.7**).

❑ **Dérivation et sens de variation**

Théorème 17.6. — Soit une fonction f dérivable sur un intervalle I.
- Si, quel que soit le réel x de I, on a $f'(x) \geq 0$, alors f est croissante sur I.
- Si, quel que soit le réel x de I, on a $f'(x) \leq 0$, alors f est décroissante sur I.
- Si, quel que soit le réel x de I, on a $f'(x) > 0$, alors f est strictement croissante sur I.
- Si, quel que soit le réel x de I, on a $f'(x) < 0$, alors f est strictement décroissante sur I.
- Si, quel que soit le réel x de I, on a $f'(x) = 0$, alors f est constante sur I.

Remarque 17.5. — Si quel que soit le réel x de I, on a $f'(x) \geq 0$, mais si f' ne s'annule qu'un nombre **fini** de fois sur I, alors f est **strictement** croissante sur I (idem pour la décroissance).

⇨ **Méthode 17.2. Comment étudier les variations d'une fonction ?**

Théorème 17.7. — Soit une fonction *f* dérivable sur un intervalle ouvert *I*, et x_0 un réel de *I*. *f* admet un extremum local en x_0 si, et seulement si, $f'(x_0)=0$ et f' change de signe en x_0.

Remarque 17.6. — Si f' passe d'une valeur négative à une valeur positive, l'extremum local est un minimum local, sinon c'est un maximum local.

❑ Les inégalités des accroissements finis

Théorème 17.8. — Première inégalité des accroissements finis.
Soit une fonction *f* continue sur $[a,b]$ et dérivable sur $]a,b[$, avec $a<b$. S'il existe deux réels *m* et *M* tels que, quel que soit le réel *x* de $]a,b[$, $m \le f'(x) \le M$, alors :

$$m(b-a) \le f(b)-f(a) \le M(b-a).$$

Théorème 17.9. — Deuxième inégalité des accroissements finis.
Soit *f* une fonction dérivable sur un intervalle *I*. S'il existe un réel *k* tel que, pour tout réel *x* de *I*, on a $|f'(x)| \le k$, alors : $\forall (a,b) \in I^2$, $|f(b)-f(a)| \le k|b-a|$.

⇨ **Méthode 17.3. Comment utiliser les inégalités des accroissements finis ?**

■ Dérivées successives

❑ Définitions

Définition 17.5. — Soit une fonction *f* définie sur un intervalle *I* de $\mathbb{R}$. Si *f* est dérivable *k* fois de suite sur *I*, ($k \in \mathbb{N}$), on note $f^{(k)}$ la dérivée $k^{\text{ème}}$ de *f*.

On a $f^{(0)}=f$ et, pour tout *k* de $\mathbb{N}^*$: $f^{(k)}=\left(f^{(k-1)}\right)'$.

Remarque 17.7. — La dérivée deuxième de *f* est appelée dérivée seconde de *f* et est notée f''.

Définition 17.6. — Soit une fonction *f* définie sur un intervalle *I* de $\mathbb{R}$. Si *f* est dérivable *k* fois sur *I* et si $f^{(k)}$ est continue sur *I*, alors *f* est dite *de classe* C^k sur *I*.
On note $C^k(I)$ l'ensemble des fonctions *f* de classe C^k sur *I*.
On note enfin $C^\infty(I)$ l'ensemble des fonctions indéfiniment dérivables sur *I*, c'est-à-dire de classe C^k sur *I*, pour tout entier naturel *k*.

Théorème 17.10. — Les fonctions mentionnées au **théorème 17.3.** sont de classe C^∞ là où elles sont définies, sauf *valeur absolue* et *racine* $n^{\text{ème}}$ ($n \ge 2$) qui ne le sont pas en 0.

Théorème 17.11. — Sommes, combinaisons linéaires, produits, quotients bien définis, composées de fonctions de classe C^k, *k* étant un entier naturel, sont encore des fonctions de classe C^k. On a les mêmes résultats pour la classe C^∞.

Théorème 17.12. — Théorème de prolongement de la dérivée. Soit une fonction *f* continue sur $[a,b]$ et de classe C^1 sur $]a,b]$.

Si $\lim_{x \to a^+} f'(x) = \ell$ (avec $\ell \in \mathbb{R}$), alors *f* est de classe C^1 sur $[a,b]$, et on a : $f'(a) = \ell$.

Remarque 17.8. — On peut énoncer le même théorème du côté de *b*.

■ Convexité, concavité

❑ Définition

Définition 17.7. — Soit une fonction *f* et un intervalle *I* inclus dans l'ensemble de définition de *f*. La fonction *f* est dite *convexe* sur *I* lorsque, quel que soit le segment $[a,b]$ inclus dans *I*, et quel que soit le réel *t* de $[0,1]$, on a : $f(ta+(1-t)b) \leq t\,f(a)+(1-t)f(b)$
La fonction *f* est dite *concave* sur *I* lorsque l'inégalité est dans l'autre sens.

❑ Interprétation géométrique

L'ensemble des réels $ta+(1-t)b$ lorsque *t* parcourt $[0,1]$ est le segment $[a,b]$.

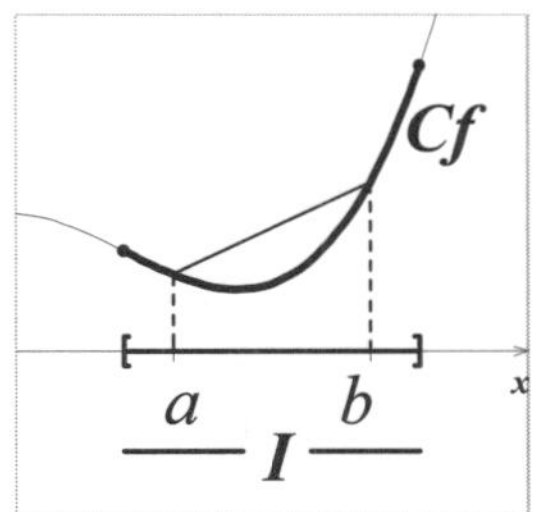

Graphiquement (voir ci-contre), *f* est *convexe* sur l'intervalle *I* lorsque la portion de (C_f) correspondant à tout segment $[a,b]$ inclus dans *I*, est en dessous de la *corde* passant par les points $(a, f(a))$ et $(b, f(b))$.

Elle est concave quand (C_f) est au-dessus de ses *cordes*.

❑ Caractérisation de la convexité pour les fonctions de classe C^1

Théorème 17.13. — Soit une fonction *f* de classe C^1 sur un intervalle *I*.
Les propositions suivantes sont équivalentes :
- f est convexe sur *I*.
- f' est croissante sur *I*.
- La portion de (C_f) sur *I* est au-dessus de chacune de ses tangentes.

❑ Caractérisation de la convexité pour les fonctions de classe C^2

Théorème 17.14. — Soit une fonction *f* de classe C^2 sur un intervalle *I*.

f est convexe sur *I* si, et seulement si : $\forall x \in I,\ f''(x) \geq 0$

⇨ **Méthode 17.4. Comment utiliser la convexité ?**

Remarque 17.9. — Avec la même hypothèse de classe C^2, *f* est concave sur *I* si, et seulement si, quel que soit le réel *x* de *I*, on a : $f''(x) \leq 0$.

❑ Point d'inflexion

Définition 17.8. — Soit une fonction f définie au voisinage d'un réel x_0 de son ensemble de définition. On dit que le point $(x_0, f(x_0))$ est un *point d'inflexion* de la courbe (C_f) lorsque f passe de "convexe" à "concave", ou de "concave" à "convexe", en x_0.

Remarque 17.10. — Soit une fonction f dérivable en x_0. La courbe (C_f) présente un point d'inflexion en $(x_0, f(x_0))$, si et seulement si la tangente à (C_f) en ce point "*traverse*" (C_f).

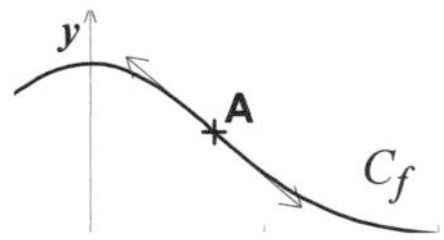

Théorème 17.15. — Soit une fonction f de classe C^2 sur un intervalle I et x_0 un élément intérieur à I (c'est-à-dire pas une extrémité).
Le point $(x_0, f(x_0))$ est un point d'inflexion de f si, et seulement si, f'' s'annule en changeant de signe en x_0.

Méthodes

Dérivabilité et variations

Méthode 17.1. Comment étudier la dérivabilité d'une fonction en un point ?

En chaque point où la dérivabilité d'une fonction *f* n'est pas assurée par les théorèmes généraux, il est nécessaire d'utiliser la définition. C'est le cas si *f* est définie de façon particulière en x_0 (voir l'exemple ci-dessous), ou si *f* est définie à l'aide d'une racine carrée.

La fonction *f* est dérivable en x_0 si $\lim\limits_{x\to x_0} \dfrac{f(x)-f(x_0)}{x-x_0}$ est un nombre réel.

Lorsque c'est le cas, on a : $f'(x_0)=\lim\limits_{x\to x_0} \dfrac{f(x)-f(x_0)}{x-x_0}=\lim\limits_{h\to 0}\dfrac{f(x_0+h)-f(x_0)}{h}$.

⇨ Exercices 17.1, 17.3

Exemple. Soit la fonction *f* définie sur $[0,+\infty[$ par : $f(0)=0$ et $f(x)=x^2\ln x$ si $x>0$.
La fonction *f* est-elle dérivable en 0 ? Si oui, que vaut $f'(0)$?

$\forall x>0,\ \dfrac{f(x)-f(0)}{x-0}=\dfrac{x^2\ln x}{x}=x\ln x$, et $\lim\limits_{x\to 0^+} x\ln x=0$, donc $\lim\limits_{x\to 0^+}\dfrac{f(x)-f(0)}{x-0}=0$.

Conclusion : *f* est dérivable en 0, et $f'(0)=0$.

Méthode 17.2. Comment étudier les variations d'une fonction ?

Pour étudier le sens de variation d'une fonction *f* dérivable sur son ensemble de définition, on étudie le signe de $f'(x)$ sur cet ensemble.

- Avant de dériver une fonction, on justifie (même brièvement) sa dérivabilité.
- On ne parle de monotonie que sur un intervalle, pas sur une réunion d'intervalles.
- Pour étudier le signe de $f'(x)$, il peut être utile d' étudier une fonction auxiliaire.
- Pour étudier les extremums locaux d'une fonction *f* dérivable sur un **intervalle ouvert** $]a,b[$, il suffit de calculer $f'(x)$ pour tout x de $]a,b[$: *f* admet alors un extremum local en x_0 si et seulement si f' s'annule et change de signe en x_0.

⇨ Exercices 17.2, 17.4, 17.5

Méthodes

Exemple 1. Étudier le sens de variation de la fonction *f* définie sur $\mathbb{R}$ par :

$$f(x) = (x^2 - 2x + 2)e^x.$$

La fonction *f* est dérivable sur $\mathbb{R}$ comme produit de telles fonctions (fonction polynomiale et exponentielle) et : $\forall x \in \mathbb{R}, f'(x) = (2x-2)e^x + (x^2 - 2x + 2)e^x = x^2 e^x$.

On a donc : $\forall x \in \mathbb{R}, f'(x) \geq 0$ et ne s'annule qu'en 0. Ainsi, *f* est **strictement** croissante sur $\mathbb{R}$.

Exemple 2. Soit un réel *a*. On définit la fonction F_a sur $\mathbb{R}$ par : $F_a(x) = ax - e^x$. Discuter suivant les valeurs du réel *a*, l'existence du maximum de F_a sur $\mathbb{R}$ et donner éventuellement sa valeur.

La fonction F_a est dérivable sur $\mathbb{R}$ comme différence de telles fonctions (polynomiale et exponentielle) et, pour tout réel *x*, $F_a'(x) = a - e^x$.

- Si $a \leq 0$, alors quel que soit le réel *x*, $F_a'(x) < 0$. La fonction F_a' ne s'annulant pas sur $\mathbb{R}$ (qui est un intervalle ouvert), F_a n' admet pas de maximum.
- Si $a > 0$, alors : $F_a'(x) \geq 0 \Leftrightarrow a - e^x \geq 0 \Leftrightarrow e^x \leq a \Leftrightarrow x \leq \ln a$.

La fonction F_a' est positive sur $]-\infty, \ln a]$, nulle en $\ln a$ et négative sur $[\ln a, +\infty[$, donc F_a admet un maximum en $\ln a$, égal à $F_a(\ln a) = a \ln a - a$.

■ Obtention d'inégalités

❑ Méthode 17.3. Comment utiliser les inégalités des accroissements finis ?

> Pour appliquer l'une des inégalités des accroissements finis à la fonction *f* entre *a* et *b*, il suffit, soit d'encadrer $f'(x)$ sur $[a,b]$, avec $a < b$, soit de majorer $|f'(x)|$ sur un intervalle *I* contenant *a* et *b*, avec *a* et *b* quelconques dans *I*.

⇨ **Exercices 17.6, 17.7, 17.8, 17.9**

Exemple 1. Montrer que : $\forall x > 0, \dfrac{1}{x+1} \leq \ln(x+1) - \ln(x) \leq \dfrac{1}{x}$.

$\forall t \in]0, +\infty[, \ln'(t) = \dfrac{1}{t}$. Comme la fonction inverse décroît sur $]0, +\infty[$, on a :

$$\forall x > 0, \forall t \in [x, x+1], \frac{1}{x+1} \leq f'(t) \leq \frac{1}{x}.$$

La fonction logarithme népérien est dérivable sur $]0, +\infty[$, on peut donc appliquer la première inégalité des accroissements finis sur l'intervalle $[x, x+1]$, ce qui donne :

$$\forall x > 0, \frac{1}{x+1} \leq \ln(x+1) - \ln(x) \leq \frac{1}{x}.$$

Exemple 2. Soit f la fonction définie, pour tout réel x de $I = [3, +\infty[$, par : $f(x) = \sqrt{6+x}$.

Montrer que, pour tout couple (x, y) de réels de I, on a : $|f(x) - f(y)| \leq \frac{1}{6}|x - y|$.

La fonction f est dérivable sur I et on a : $\forall t \in I,\ f'(t) = \frac{1}{2\sqrt{6+t}}$. Comme $\sqrt{6+t} \geq 3$, on en déduit : $|f'(t)| = f'(t) \leq \frac{1}{6}$. La deuxième inégalité des accroissements finis donne le résultat.

❑ Méthode 17.4. Comment utiliser la convexité ?

La convexité de la fonction f permet d'obtenir certaines inégalités en écrivant, soit que (C_f) est en dessous de chacune de ses cordes soit que (C_f) est au-dessus de chacune de ses tangentes. Ces résultats sont inversés pour une fonction concave.

⇨ **Exercice 17.11**

Exemple. Montrer que : $\forall x \in \mathbb{R},\ e^x \geq x + 1$.

La fonction exp est de classe C^2, et quel que soit le réel x, $(\exp)''(x) = \exp x > 0$.

La fonction exp est convexe sur $\mathbb{R}$. Par suite, la courbe $(C_{\exp})$ est toujours au dessus de chacune de ses tangentes. En particulier, $(C_{\exp})$ est au-dessus de sa tangente au point d'abscisse 0, dont une équation est : $y = 1 \times (x - 0) + 1$, c'est-à-dire $y = x + 1$. On a donc : $\forall x \in \mathbb{R},\ e^x \geq x + 1$.

Remarque importante. Pour établir des inégalités telles que celle obtenue ci-dessus, on peut toujours tout faire passer dans le même membre puis étudier, si besoin est, la fonction ainsi obtenue (ceci a déjà été évoqué à la **méthode 1.2** du **chapitre 1**).

Vrai/Faux

		Vrai	Faux
1.	Si une fonction f possède un extremum en a alors $f'(a)=0$.	☐	☐
2.	S'il existe un réel a tel que $f'(a)=0$, alors f possède un extremum en a.	☐	☐
3.	Soit une fonction f dérivable sur $\mathbb{R}$. Si f est paire, alors f' est impaire.	☐	☐
4.	Si f' est positive sur les intervalles $]-\infty,0[$ et $]0,+\infty[$, alors f est croissante sur $\mathbb{R}^*$.	☐	☐
5.	Soit deux fonctions f et g dérivables sur un intervalle I de $\mathbb{R}$. Si pour tout réel x de I, on a $f(x) \leq g(x)$, alors $f'(x) \leq g'(x)$.	☐	☐
6.	Si f est définie et dérivable sur $\mathbb{R}$ et si, pour tout réel x, $f'(x) \geq 0$, il est possible que f soit strictement croissante sur $\mathbb{R}$.	☐	☐
7.	Si f est dérivable sur $\mathbb{R}_+$ et si $\lim\limits_{x\to+\infty} f'(x)=0$, alors f est bornée sur $\mathbb{R}_+$.	☐	☐
8.	Si f est dérivable sur $\mathbb{R}$ et telle que $f(0)=0$, alors la fonction $g : x \mapsto \dfrac{f(x)}{x}$ est prolongeable par continuité en 0.	☐	☐
9.	Une fonction convexe sur $\mathbb{R}$ a un minimum.	☐	☐
10.	Si f est une fonction de classe C^2 sur $\mathbb{R}$, convexe et impaire, alors f'' est nulle sur $\mathbb{R}$.	☐	☐

Énoncé des exercices

Exercice 17.1. — Étudier la dérivabilité des fonctions *f* suivantes au point x_0.

1. $\forall x \in \mathbb{R}$, $f(x) = \left|x^3\right|$ en $x_0 = 0$. **2.** $\forall x \in [1,+\infty[$, $f(x) = \sqrt{x^3 - 1}$ en $x_0 = 1$.

Exercice 17.2. * — Une étude de fonction.

1. Déterminer l'ensemble *D* des réels *x* tel que $e^x - e^{-x} > 0$.

On définit la fonction *f* sur *D* par $f(x) = \ln(e^x - e^{-x})$. On note (C) sa courbe représentative dans un repère orthonormé.

2. a) Étudier le sens de variation de *f* et donner les limites de *f* aux bornes de *D*.

b) Montrer l'existence d'un unique réel *a* vérifiant $f(a) = 0$, et donner la valeur exacte de *a*.

c) Montrer que le coefficient directeur de la tangente à (*C*) au point d'abscisse *a* vaut $\sqrt{5}$.

D'après EDHEC

Exercice 17.3. ** — On note *f* la fonction définie par $f(0) = 1$, $f(1) = 0$ et, pour tout *x* strictement positif et différent de 1, par : $f(x) = \exp\left(\frac{1}{\ln x}\right)$.

1. Montrer que *f* est continue en 0 et continue à gauche en 1.

2. a) La fonction *f* est-elle dérivable en 0 ?

b) Déterminer les limites suivantes : $\lim\limits_{x \to 1^-} \dfrac{\ln x}{x-1}$ et $\lim\limits_{x \to 1^-} \dfrac{1}{\ln x} \exp\left(\frac{1}{\ln x}\right)$.

c) En déduire que *f* est dérivable à gauche en 1, et donner $f_g'(1)$.

3. Dresser le tableau de variation de *f*.

Exercice 17.4. * — On considère la fonction *f* définie sur $[0,1]$ par $f(x) = x\sqrt{1-x^2}$.

1. Montrer que *f* admet un maximum et un minimum sur $[0,1]$.

2. Calculer $f(0)$ et en déduire le minimum de *f* sur $[0,1]$.

3. Montrer que *f* atteint son maximum sur $]0,1[$ et le déterminer.

D'après HEC

Exercice 17.5. — On définit la fonction *f* sur $\mathbb{R}$ par $f(x) = \dfrac{e^x - e^{-x}}{e^x + e^{-x}}$.

1. Étudier le sens de variation de *f*, ses limites aux bornes de son ensemble de définition et tracer enfin sa courbe représentative dans un repère orthonormé.

2. Montrer que, quel que soit le réel *x*, on a : $f'(x) = 1 - \left(f(x)\right)^2$.

3. a) Montrer que *f* est bijective de $\mathbb{R}$ sur $]-1,1[$.

b) Montrer que f^{-1} est dérivable sur $]-1,1[$ et donner une expression de $(f^{-1})'(x)$.

❑ **Exercice 17.6.** — Soit la fonction *f* définie par $f(x)=\ln(\ln x)$.

1. Donner l'ensemble de définition de *f* et vérifier que f' est décroissante sur $[2,+\infty[$.

2. a) Montrer que, pour tout entier *k* supérieur ou égal à 2, on a : $f(k+1)-f(k)\leq\dfrac{1}{k\ln k}$.

b) En déduire que : $\forall n\geq 2,\ \displaystyle\sum_{k=2}^{n}\frac{1}{k\ln k}\geq\ln(\ln(n+1))-\ln(\ln 2)$.

c) Déterminer alors la limite de $\displaystyle\sum_{k=2}^{n}\frac{1}{k\ln k}$ lorsque n tend vers $+\infty$.

❑ **Exercice 17.7** — On pose, pour tout *n* de $\mathbb{N}^*$, $u_n=\displaystyle\sum_{k=1}^{n}\frac{1}{\sqrt{k}}$.

1. Montrer, à l'aide de l'inégalité des accroissements finis, que :

$$\forall k\in\mathbb{N}^*,\ \frac{1}{\sqrt{k+1}}\leq 2\left(\sqrt{k+1}-\sqrt{k}\right)\leq\frac{1}{\sqrt{k}}$$

2. a) En déduire, pour tout entier naturel *n* non nul, que :

$$2\sqrt{n}-2\leq u_n\leq 2\sqrt{n}-1$$

b) Montrer que : $\displaystyle\lim_{n\to+\infty}\frac{u_n}{\sqrt{n}}=2$.

❑ **Exercice 17.8.*** — Soit *f* la fonction définie sur $\mathbb{R}$ par : $f(x)=\exp\left(-\dfrac{x^2}{2}\right)$.

On définit la suite (u_n) par $u_0=0$ et : $\forall n\in\mathbb{N},\ u_{n+1}=f(u_n)$.

1. a) Montrer que l'équation $f(x)=x$, d'inconnue $x\in[0,1]$, admet une seule solution, notée λ.

b) Montrer que quel que soit le réel *x* de $[0,1]$, $f(x)$ appartient aussi à $[0,1]$.

c) Montrer que $\forall x\in[0,1],\ |f'(x)|\leq\dfrac{1}{\sqrt{e}}$.

2. a) Montrer que $\forall n\in\mathbb{N},\ u_n\in[0,1]$.

b) Montrer que $\forall n\in\mathbb{N},\ |u_{n+1}-\lambda|\leq\dfrac{1}{\sqrt{e}}|u_n-\lambda|$. En déduire : $\forall n\in\mathbb{N},\ |u_n-\lambda|\leq\left(\dfrac{1}{\sqrt{e}}\right)^n$.

c) Montrer que la suite (u_n) est convergente et déterminer sa limite.

D'après ESCP

❑ **Exercice 17.9** — Soit φ la fonction définie par : $\forall x\in\mathbb{R},\ \varphi(x)=1+e^{-x}$.

1. a) Montrer que l'équation $\varphi(x)=x$ possède une unique solution que l'on note α.

b) Montrer que $\alpha>1$ puis en déduire : $\alpha-1<e^{-1}$.

2. Établir que : $\forall x\in\mathbb{R},\ \varphi(x)\geq 1$.

3. Montrer, pour tout réel x élément de $[1,+\infty[$, que l'on a : $|\varphi(x)-\alpha| \leq \frac{1}{e}|x-\alpha|$.

❑ **Exercice 17.10.*** — On désigne par n un entier naturel. Calculer la dérivée $n^{\text{ème}}$ de la fonction f dans chacun des deux cas suivants :

1. $\forall x \in \mathbb{R},\ f(x)=x^k$, où k est un entier naturel. **2.** $\forall x>-1,\ f(x)=\ln(1+x)$.

❑ **Exercice 17.11.*** — En utilisant la concavité d'une fonction bien choisie, montrer l'inégalité suivante : $\forall t>-1,\ \ln(1+t)\leq t$.

❑ **Exercice 17.12.** — Soit la fonction f définie sur $\mathbb{R}$ par : $\forall x \in \mathbb{R},\ f(x)=\exp\left(-\frac{x^2}{2}\right)$.

Déterminer les points d'inflexion de la courbe représentative de f.

■ Pour vous aider à démarrer

Exercice 17.2. Pour la question **2.b)**, poser $X=e^x$.

Exercice 17.3. Pour la question **2.a)**, se rappeler que $\lim\limits_{u\to 0}\frac{e^u-1}{u}=1$.

Exercice 17.4. Pour la question **2**, s'aider du signe de f sur $[0,1]$.

Pour la question **3,** calculer d'abord $f(1)$, puis réfléchir au fait qu'il suffit ensuite de trouver la solution de $f'(x)=0$ sur $]0,1[$.

Exercice 17.5. Pour la question **3.b)**, se reporter au **théorème 17.5** puis utiliser le résultat de la question **2**.

Exercice 17.6. Pour la question **2.a)**, appliquer l'inégalité des accroissements finis à f entre k et $k+1$. Pour la question **2.b)**, sommer les inégalités précédentes.

Exercice 17.7. Pour la question **2.a)**, sommer l'encadrement obtenu précédemment.

Exercice 17.8. Pour la question **1.a)**, appliquer le théorème de la bijection à la fonction $x \mapsto f(x)-x$.

Pour la question **2.a)**, faire une récurrence.

Pour la question **2.b)**, utiliser une inégalité des accroissements finis, puis faire une récurrence.

Exercice 17.9. Pour la question **1.a)**, appliquer le théorème de la bijection à une fonction bien choisie.

Pour la question **2**, utiliser les variations de φ.

Exercice 17.10. Pour la question **1**, faire deux cas : $n>k$ et $n\leq k$.

Pour la question **2**, conjecturer puis démontrer par récurrence.

Corrigé des vrai/faux

1.	2.	3.	4.	5.	6.	7.	8.	9.	10.
F	F	V	F	F	V	F	V	F	V

1. Considérons la fonction $f : x \mapsto x^2$ sur $[0,1]$ qui est croissante sur cet intervalle et possède un maximum en 1, pourtant $f'(1) = 2 \neq 0$.

2. Considérons la fonction $f : x \mapsto x^3$ qui est dérivable sur $\mathbb{R}$. On a $f'(0) = 0$ et pourtant, la fonction f ne présente pas d'extremum en 0 car f est strictement croissante sur $\mathbb{R}$ (voir **V/F 6**).

3. Soit f une fonction dérivable sur $\mathbb{R}$.
Si f est une fonction paire alors pour tout réel x, $f(x) = f(-x)$.
En dérivant cette relation (ce qui est possible puisque f est dérivable sur $\mathbb{R}$ donc la fonction $x \mapsto f(-x)$ l'est aussi), on obtient : $\forall x \in \mathbb{R}, f'(x) = -f'(-x)$.
Ceci signifie bien que f' est impaire.

4. Considérons la fonction f définie sur $\mathbb{R}^*$ par : $\forall x \in \mathbb{R}^*, f(x) = -\dfrac{1}{x}$.
Cette fonction est dérivable sur $]-\infty,0[$ et $]0,+\infty[$ en tant qu'opposé d'une fonction de référence dérivable sur $]-\infty,0[$ et $]0,+\infty[$. Pour tout réel x non nul, on a : $f'(x) = \dfrac{1}{x^2} \geq 0$.
Pour autant, f n'est pas croissante sur $\mathbb{R}^*$ puisque l'on a : $-1 < 2$ et $f(-1) = 1 > -\dfrac{1}{2} = f(2)$.

5. Considérons les fonctions f et g définies sur $\mathbb{R}$ par : $f(x) = 0$ et $g(x) = e^{-x}$
On remarque que pour tout réel x, on a : $f(x) < g(x)$. On a donc, a fortiori : $f(x) \leq g(x)$.
Les fonctions f et g sont dérivables sur $\mathbb{R}$ et pour tout réel x, on a : $f'(x) = 0$ et $g'(x) = -e^{-x} < 0$. Ainsi, pour tout réel x, on a : $f'(x) > g'(x)$.

6. Considérons la fonction $f : x \mapsto x^3$ qui est définie et dérivable sur $\mathbb{R}$. Pour tout réel x, on a : $f'(x) = 3x^2 \geq 0$.
Soit x et y deux réels tels que : $x < y$.
On a : $x^3 - y^3 = (x-y)(x^2 + yx + y^2) = \dfrac{x-y}{2}\left((x+y)^2 + x^2 + y^2\right)$.

Comme $x-y<0$ et $(x+y)^2+x^2+y^2>0$ (une somme de carrés étant positive et x et y ne pouvant être nuls simultanément puisque $x<y$), on en déduit : $x^3-y^3<0$.
La fonction f est donc strictement croissante sur $\mathbb{R}$.

7. Le fait que $\lim_{x\to+\infty} f'(x)=0$ n'assure pas que la fonction f est bornée.
Considérons la fonction f définie sur $\mathbb{R}_+$ par : $\forall x\in\mathbb{R}_+, f(x)=\ln(1+x)$.
La fonction f est dérivable sur $\mathbb{R}_+$ en tant que composée de la fonction $x\mapsto x+1$, dérivable sur $\mathbb{R}_+$ à valeurs dans $[2,+\infty[$, et de la fonction ln dérivable sur $[2,+\infty[$. De plus, pour tout réel x positif, on a : $f'(x)=\dfrac{1}{x+1}$. On en déduit donc : $\lim_{x\to+\infty} f'(x)=0$.
Ainsi, f est dérivable sur $\mathbb{R}_+$ et $\lim_{x\to+\infty} f'(x)=0$, pourtant la fonction f n'est pas bornée : sa limite en $+\infty$ est égale à $+\infty$.

8. Par définition de la dérivabilité de f en 0, et aussi car $f(0)=0$, on a :

$$\lim_{x\to0}\frac{f(x)}{x}=\lim_{x\to0}\frac{f(x)-f(0)}{x-0}=f'(0)$$

On en déduit que la fonction g est prolongeable par continuité en 0, en posant : $g(0)=f'(0)$.

9. Considérons la fonction convexe la plus simple : la fonction exponentielle exponentielle.
On sait que exp réalise une bijection de $\mathbb{R}$ sur $\mathbb{R}_+^*$ et donc, pour tout réel x, on a : $\exp(x)>0$.
Pourtant la valeur 0 n'est jamais atteinte donc exp n'a pas de minimum.

10. Comme f est impaire, on prouve que f'' est également impaire en dérivant deux fois l'égalité : $\forall x\in\mathbb{R}, f(-x)=-f(x)$. On a alors : $\forall x\in\mathbb{R}, f''(x)=-f''(-x)$. De plus, comme f est convexe, f'' est positive sur $\mathbb{R}$, ce qui donne : $\forall x\in\mathbb{R},\ f''(x)\geq0$ et $f''(-x)\geq0$.
On en déduit : $\forall x\in\mathbb{R},\ f''(x)=-f''(-x)\leq0$.
On a donc $\forall x\in\mathbb{R},\ f''(x)\geq0$ et $f''(x)\leq0$, ce qui prouve que f'' est nulle.

❑ Les erreurs classiques

- La dérivabilité de f en un point a implique sa continuité en a mais la réciproque est fausse.
- Si f est une fonction dérivable sur I, la positivité de f' sur I n'assurera la croissance de f sur I que si I est un intervalle.
- On ne peut pas dériver les inégalités.
- Bien comprendre la différence entre $f'(1)$ et la dérivée de $x\mapsto f(1)$. Dans le premier cas, on dérive f d'abord et ensuite on applique en 1. Dans le second, on applique en 1 et on dérive ensuite (ce qui donnera nécessairement 0).

• Une fonction f dérivable sur un intervalle ouvert possède un extremum en a si f' s'annule en changeant de signe en a.
• Une fonction peut avoir un extremum en un point sans pour autant que la dérivée s'annule en ce point : ce peut être le cas si le point en question est l'extrémité d'un segment, ou, tout simplement, si la fonction n'est pas dérivable en ce point.

Corrigé des exercices

Exercice 17.1

1. Pour tout réel x, en utilisant les propriétés de la valeur absolue, on a :
$\left|x^3\right| = \left|x x^2\right| = |x|\left|x^2\right| = |x| x^2$.

On obtient alors, pour tout réel x non nul : $t(x) = \dfrac{f(x)-f(0)}{x-0} = \dfrac{x^2|x|}{x} = x|x|$.

De plus, $\lim\limits_{x\to 0} x|x| = 0$. On conclut: $\lim\limits_{x\to 0} t(x) = 0$. Ainsi, f est dérivable en 0 et $f'(0) = 0$.

2. On pose, pour tout réel x strictement supérieur à 1 : $t(x) = \dfrac{f(x)-f(1)}{x-1} = \dfrac{\sqrt{x^3-1}-0}{x-1}$.

Comme $x^3 - 1 = (x-1)\left(x^2+x+1\right)$, on obtient après simplification : $t(x) = \dfrac{\sqrt{x^2+x+1}}{\sqrt{x-1}}$.

Comme $\lim\limits_{x\to 1} \sqrt{x^2+x+1} = \sqrt{3}$ et comme $\lim\limits_{x\to 1^+} \sqrt{x-1} = 0^+$, par quotient on a : $\lim\limits_{x\to 1} t(x) = +\infty$.
La fonction f n'est pas dérivable en 1.

⇨ *Méthode 17.1*

Exercice 17.2

1. Pour tout réel x, on a : $e^x - e^{-x} > 0 \Leftrightarrow e^x > e^{-x} \Leftrightarrow x > -x$, car la fonction ln est une bijection strictement croissante sur $\mathbb{R}_+^*$.
On obtient donc : $e^x - e^{-x} > 0 \Leftrightarrow x > 0$. On en déduit : $D = \mathbb{R}_+^*$.

2. a) La fonction $x \mapsto e^x - e^{-x}$ est dérivable sur D (en tant que différence de telles fonctions) et à valeurs strictement positives (d'après la question **1**).
La fonction ln est dérivable sur $\mathbb{R}_+^*$ donc, par composition, la fonction f est dérivable sur D.

De plus, pour tout x de D, $f'(x) = \dfrac{e^x + e^{-x}}{e^x - e^{-x}}$.

Le numérateur est strictement positif en tant que somme d'exponentielles et le dénominateur est strictement positif par définition de D. On en déduit que, pour tout x de D, $f'(x)$ est strictement positif, et f est ainsi strictement croissante sur D.
Comme $\lim\limits_{x\to 0^+}\left(e^x - e^{-x}\right) = 1 - 1 = 0$ et, comme $e^x - e^{-x} > 0$ sur D, alors $\lim\limits_{x\to 0^+}\left(e^x - e^{-x}\right) = 0^+$.

Pour finir, comme $\lim\limits_{u\to 0^+} \ln u = -\infty$, on a : $\lim\limits_{x\to 0^+} f(x) = -\infty$.

Enfin, comme $\lim\limits_{x\to +\infty} e^x = +\infty$ et $\lim\limits_{x\to +\infty} e^{-x} = 0$, on a : $\lim\limits_{x\to +\infty}\left(e^x - e^{-x}\right) = +\infty$.

Comme $\lim_{u \to +\infty} \ln u = +\infty$, on en déduit : $\lim_{x \to +\infty} f(x) = +\infty$.

⇨ *Méthode 17.2*

b) La fonction *f* est continue sur *D* (nous avons prouvé qu'elle y était dérivable).
De plus, *f* est strictement croissante sur *D*.
Elle réalise donc une bijection de *D* sur $f(D) = \mathbb{R}$ (en utilisant les limites de la question **2.a)**).
Comme 0 est dans $\mathbb{R}$, l'équation $f(x) = 0$ possède une unique solution sur *D*.
L'équation $f(x) = 0$ est équivalente à $e^x - e^{-x} = 1$ (par bijectivité de la fonction ln).
Or $e^x - e^{-x} = 1 \Leftrightarrow e^{2x} - 1 = e^x \Leftrightarrow X^2 - X - 1 = 0$ (en posant $X = e^x$).
Cette équation du second degré a un discriminant valant 5 et l'équation possède alors deux racines réelles : $X_1 = \dfrac{1-\sqrt{5}}{2} < 0$ et $X_2 = \dfrac{1+\sqrt{5}}{2}$.

Seule l'équation $e^x = X_2$ possède une solution, c'est $\ln\left(\dfrac{1+\sqrt{5}}{2}\right)$. Ainsi, $a = \ln\left(\dfrac{1+\sqrt{5}}{2}\right)$.

c) Le coefficient directeur de la tangente (*T*) à la courbe (*C*) au point d'abscisse *a* est donné par : $f'(a) = \dfrac{e^a + e^{-a}}{e^a - e^{-a}}$.

Puisque *f*(*a*) est nul, on sait que : $e^a - e^{-a} = 1$. On en déduit donc : $f'(a) = e^a + e^{-a}$.

Enfin, $e^a + e^{-a} = \dfrac{1+\sqrt{5}}{2} + \dfrac{2}{1+\sqrt{5}} = \dfrac{\left(1+\sqrt{5}\right)^2 + 4}{2\left(1+\sqrt{5}\right)} = \dfrac{10+2\sqrt{5}}{2\left(1+\sqrt{5}\right)} = \dfrac{5+\sqrt{5}}{1+\sqrt{5}} = \dfrac{\sqrt{5}\left(\sqrt{5}+1\right)}{1+\sqrt{5}} = \sqrt{5}$.

Le coefficient directeur de la tangente (*T*) à la courbe (*C*) est $f'(a) = \sqrt{5}$.

> ✐ *Pour minimiser les calculs, en partant de l'égalité* $e^a - e^{-a} = 1$, *on pouvait déduire* $e^{-a} = e^a - 1$, *d'où :* $e^a + e^{-a} = 2e^a - 1 = 2 \times \dfrac{1+\sqrt{5}}{2} - 1 = \sqrt{5}$.

Exercice 17.3

1. On sait que $\lim_{x \to 0^+} \ln x = -\infty$ donc : $\lim_{x \to 0^+} \dfrac{1}{\ln x} = 0$.
Ainsi, par composition avec la fonction exponentielle continue en 0, on a :
$\lim_{x \to 0^+} f(x) = 1 = f(0)$. On en conclut que *f* est continue en 0.

D'autre part, on sait que $\lim_{x \to 1^-} \ln x = 0^-$ donc $\lim_{x \to 1^-} \dfrac{1}{\ln x} = -\infty$ et puisque $\lim_{X \to -\infty} e^X = 0$, on obtient :
$\lim_{x \to 1^-} f(x) = 0 = f(1)$. La fonction *f* est donc continue à gauche en 1.

2. a) Pour tout réel x de $]0,1[$, on a : $t(x)=\dfrac{f(x)-f(0)}{x-0}=\dfrac{1}{x}\left(\exp\left(\dfrac{1}{\ln x}\right)-1\right)$.

Il faut être malin et écrire :

$t(x)=\dfrac{1}{x\ln x}\left(\dfrac{\exp\left(\dfrac{1}{\ln x}\right)-1}{\dfrac{1}{\ln x}}\right)$. Comme $\lim\limits_{x\to 0^+}\dfrac{1}{\ln x}=0$, on a : $\lim\limits_{x\to 0^+}\dfrac{\exp\left(\dfrac{1}{\ln x}\right)-1}{\dfrac{1}{\ln x}}=\lim\limits_{u\to 0}\dfrac{e^u-1}{u}=1$.

De plus, $\lim\limits_{x\to 0^+}x\ln x=0^-$ donc $\lim\limits_{x\to +\infty}t(x)=-\infty$. On en conclut que f n'est pas dérivable en 0.

⇨ *Méthode 17.1*

Remarque. En deuxième année, la notion d'équivalent rendra ce genre de calcul de limite plus simple.

b) Grâce au changement de variable $X=x-1$, on a : $\lim\limits_{x\to 1^-}\dfrac{\ln x}{x-1}=\lim\limits_{X\to 0^-}\dfrac{\ln(X+1)}{X}=1$.

Grâce au changement de variable $X=\dfrac{1}{\ln x}$, on a : $\lim\limits_{x\to 1^-}\dfrac{1}{\ln x}\exp\left(\dfrac{1}{\ln x}\right)=\lim\limits_{X\to -\infty}Xe^X=0$.

c) Pour tout réel x de $]0,1[$, on a : $t(x)=\dfrac{f(x)-f(1)}{x-1}=\dfrac{1}{x-1}\exp\left(\dfrac{1}{\ln x}\right)$.

On en déduit que : $t(x)=\dfrac{\ln x}{x-1}\times\dfrac{1}{\ln x}\exp\left(\dfrac{1}{\ln x}\right)$.

En utilisant les deux résultats de la question **2.b)**, on en déduit : $\lim\limits_{x\to 1^-}t(x)=0$.

Ainsi, f est dérivable à gauche en 1 et $f'_g(1)=0$.

⇨ *Méthode 17.1*

3. La fonction f est dérivable sur $]0,1[$ et sur $]1,+\infty[$ comme composée de $x\mapsto\dfrac{1}{\ln x}$ qui est définie et dérivable sur ces intervalles et de la fonction exponentielle qui est partout dérivable.

De plus, pour tout réel x de $]0,1[\cup]1,+\infty[$, on a : $f'(x)=\dfrac{-1}{x(\ln x)^2}\exp\left(\dfrac{1}{\ln x}\right)$. Un carré étant positif et la fonction exponentielle étant à valeurs dans $\mathbb{R}_+^*$, la dérivée de f est du signe de $\dfrac{-1}{x}$, c'est-à-dire strictement négative. De plus, on a : $\lim\limits_{x\to 1^+}f(x)=+\infty$ et $\lim\limits_{x\to +\infty}f(x)=1$.

Corrigé

On en déduit alors le tableau de variations suivant :

x	0		1		$+\infty$
f'	$\|$	$-$	$\|$	$-$	
f	1	↘	0 $\|$ $+\infty$	↘	1

⇨ *Méthode 17.2*

Exercice 17.4

1. On note f la fonction définie sur $[0,1]$ par : $f(x)=x\sqrt{1-x^2}$.

La fonction $x\mapsto 1-x^2$ est continue sur $[0,1]$ à valeurs dans $[0,1]$.

Les fonctions racine carrée et identité étant continues sur $[0,1]$, la fonction f est continue sur le segment $[0,1]$, comme composée et produit de fonctions continues. Elle y est donc bornée et atteint ses bornes.

Conclusion : f admet un minimum et un maximum sur $[0,1]$.

2. On a facilement : $f(0)=0$.

De plus, pour tout x de $[0,1]$, $f(x)\geq 0$, en tant que produit de facteurs positifs.

Ainsi, pour tout x de $[0,1]$, $f(x)\geq f(0)$. On en déduit que le minimum de f sur $[0,1]$ vaut 0 et est atteint en 0.

✎ *Ce minimum est aussi atteint en 1.*

3. On a : $f(1)=0$. La fonction f n'étant pas la fonction nulle sur $[0,1]$, on en conclut que le maximum de f est atteint en un point x_0 de $]0,1[$.

Or f admet un maximum en $x_0\in]0,1[$ si et seulement si $f'(x_0)$ s'annule en changeant de signe.

Pour tout x de $]0,1[$, $f'(x)=\sqrt{1-x^2}-\dfrac{x^2}{\sqrt{1-x^2}}=\dfrac{1-2x^2}{\sqrt{1-x^2}}$.

Une racine carrée étant toujours positive, $f'(x)$ est du signe de $1-2x^2$.

Le trinôme $1-2x^2$ possède deux racines : $\dfrac{1}{\sqrt{2}}$ et $-\dfrac{1}{\sqrt{2}}$.

On a de plus : $1-2x^2>0 \Leftrightarrow x\in\left]-\dfrac{1}{\sqrt{2}},\dfrac{1}{\sqrt{2}}\right[$.

Comme x appartient à [0, 1], on obtient : f' positive sur $\left]0,\frac{1}{\sqrt{2}}\right[$, nulle en $\frac{1}{\sqrt{2}}$, puis négative sur $\left]\frac{1}{\sqrt{2}},1\right[$. La fonction f est donc croissante sur $\left]0,\frac{1}{\sqrt{2}}\right[$, puis décroissante sur $\left]\frac{1}{\sqrt{2}},1\right[$.

Par conséquent, elle atteint son maximum en $\frac{1}{\sqrt{2}}$ et ce maximum vaut $f\left(\frac{1}{\sqrt{2}}\right)=\frac{1}{2}$.

⇨ *Méthode 17.2*

Exercice 17.5

1. La fonction f est dérivable sur $\mathbb{R}$ en tant que quotient de fonctions dérivables sur $\mathbb{R}$ dont le dénominateur ne s'annule pas.

De plus, pour tout réel x, on a : $f'(x)=\dfrac{\left(e^x+e^{-x}\right)^2-\left(e^x-e^{-x}\right)^2}{\left(e^x+e^{-x}\right)^2}=\dfrac{4}{\left(e^x+e^{-x}\right)^2}>0$.

Conclusion : f est strictement croissante sur $\mathbb{R}$.

⇨ *Méthode 17.2*

On a : $f(x)=\dfrac{e^x-e^{-x}}{e^x+e^{-x}}=\dfrac{e^x\left(1-e^{-2x}\right)}{e^x\left(1+e^{-2x}\right)}=\dfrac{1-e^{-2x}}{1+e^{-2x}}$.

Comme $\lim\limits_{x\to+\infty}\dfrac{1-e^{-2x}}{1+e^{-2x}}=1$, on obtient : $\lim\limits_{x\to+\infty}f(x)=1$.

De la même façon, on a : $f(x)=\dfrac{e^x-e^{-x}}{e^x+e^{-x}}=\dfrac{e^{-x}\left(e^{2x}-1\right)}{e^{-x}\left(e^{2x}+1\right)}=\dfrac{e^{2x}-1}{e^{2x}+1}$.

Comme $\lim\limits_{x\to-\infty}\dfrac{e^{2x}-1}{e^{2x}+1}=\dfrac{-1}{1}=-1$, on obtient : $\lim\limits_{x\to-\infty}f(x)=-1$.

On déduit de tout ce qui précède la courbe suivante :

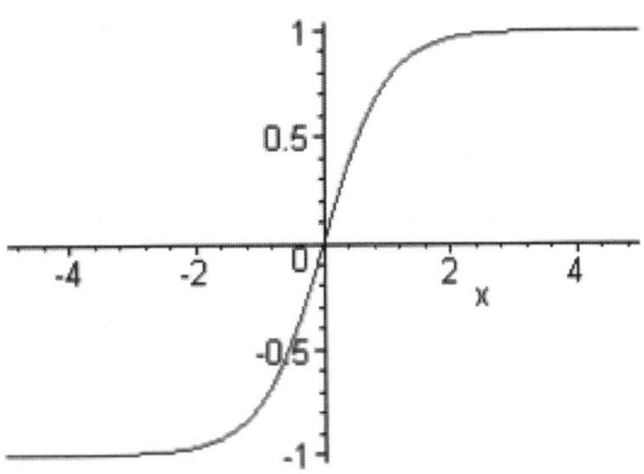

Corrigé

2. En réinvestissant la toute première expression de $f'(x)$, on en déduit :

$$f'(x)=\frac{\left(e^x+e^{-x}\right)^2-\left(e^x-e^{-x}\right)^2}{\left(e^x+e^{-x}\right)^2}=\frac{\left(e^x+e^{-x}\right)^2}{\left(e^x+e^{-x}\right)^2}-\frac{\left(e^x-e^{-x}\right)^2}{\left(e^x+e^{-x}\right)^2}=1-\left(\frac{e^{-x}-e^x}{e^{-x}+e^x}\right)^2.$$

Ainsi, pour tout réel x, on a : $f'(x)=1-\left(f(x)\right)^2$.

3. a) On a prouvé que *f* est strictement croissante sur $\mathbb{R}$. Elle y est de plus continue. Ainsi, *f* réalise une bijection de $\mathbb{R}$ sur $\left]\lim\limits_{x\to-\infty} f(x), \lim\limits_{x\to+\infty} f(x)\right[=]-1,1[$.

b) On sait déjà que, pour tout réel x, on a : $f'(x)>0$.

La dérivée de *f* ne s'annulant pas sur $\mathbb{R}$, f^{-1} est dérivable sur $]-1,1[$ et on a :

$$\forall x\in]-1,1[,\left(f^{-1}\right)'(x)=\frac{1}{f'\left(f^{-1}(x)\right)}=\frac{1}{1-\left(f\left(f^{-1}(x)\right)\right)^2}=\frac{1}{1-x^2}.$$

Exercice 17.6

1. On a : $x\in D_f \Leftrightarrow x>0$ et $\ln x>0 \Leftrightarrow x>1$. On en déduit que : $D_f=]1,+\infty[$.

De plus, la fonction *f* est deux fois dérivable sur D_f.

On a alors : $\forall x>1, f'(x)=\dfrac{\frac{1}{x}}{\ln x}=\dfrac{1}{x\ln x}$ puis $f''(x)=-\dfrac{\ln x+1}{(x\ln x)^2}$.

Pour tout réel x de D_f, on a : $(x\ln x)^2>0$ et $\ln x>0$ donc $\ln x+1>1>0$. On en déduit que f'' est strictement négative sur D_f. La fonction f' est donc décroissante sur D_f et en particulier décroissante sur $[2,+\infty[$.

2. a) Pour tout entier k supérieur ou égal à 2, la fonction f' est décroissante et positive sur $[k,k+1]$ (car $x\ln x>0$ pour tout x de D_f), donc : $\forall x\in[k,k+1]\ 0<f'(x)\leq\dfrac{1}{k\ln k}$.

L'inégalité des accroissements finis appliquée à *f* sur l'intervalle $[k,k+1]$ donne alors :

$0\leq f(k+1)-f(k)\leq\dfrac{1}{k\ln k}$. En particulier, on a : $\forall k\geq 2, f(k+1)-f(k)\leq\dfrac{1}{k\ln k}$.

⇨ *Méthode 17.3*

b) Pour tout entier n supérieur ou égal à 2, en sommant la relation précédente pour k allant de 2 à n, on trouve : $\displaystyle\sum_{k=2}^{n}\left(f(k+1)-f(k)\right)\leq\sum_{k=2}^{n}\frac{1}{k\ln k}$.

Après télescopage dans le membre de gauche, il vient : $\sum_{k=2}^{n} \frac{1}{k \ln k} \geq \ln(\ln(n+1)) - \ln(\ln 2)$.

c) Puisque $\lim_{n\to+\infty} \ln(n+1) = +\infty$, par composition, on a : $\lim_{n\to+\infty} \ln(\ln(n+1)) = +\infty$.

Ainsi, par minoration, on obtient : $\lim_{n\to+\infty} \sum_{k=2}^{n} \frac{1}{k \ln k} = +\infty$.

Exercice 17.7

1. On considère la fonction *f* définie pour tout réel x élément de $]0,+\infty[$ par : $f(x) = 2\sqrt{x}$.

La fonction *f* est définie, continue et dérivable sur $]0,+\infty[$ donc sur $[k,k+1]$. De plus, pour tout réel x strictement positif, on a : $f'(x) = \frac{1}{\sqrt{x}}$.

On en déduit, pour tout entier naturel k non nul : $\forall x \in [k, k+1]$, $\frac{1}{\sqrt{k+1}} \leq f'(x) \leq \frac{1}{\sqrt{k}}$.

Selon la première inégalité des accroissements finis, on a :

$\forall k \in \mathbb{N}^*$, $\frac{1}{\sqrt{k+1}}(k+1-k) \leq f(k+1) - f(k) \leq \frac{1}{\sqrt{k}}(k+1-k)$, c'est-à-dire :

$$\forall k \in \mathbb{N}^*, \ \frac{1}{\sqrt{k+1}} \leq 2\left(\sqrt{k+1} - \sqrt{k}\right) \leq \frac{1}{\sqrt{k}}$$

⇨ *Méthode 17.3*

2. a) On somme l'encadrement établi dans la question **1** pour k allant de 1 à $n-1$. On obtient :

$$\forall n \geq 2, \ \sum_{k=1}^{n-1} \frac{1}{\sqrt{k+1}} \leq 2\sum_{k=1}^{n-1}\left(\sqrt{k+1} - \sqrt{k}\right) \leq \sum_{k=1}^{n-1} \frac{1}{\sqrt{k}}$$

Par un changement d'indice dans la somme du membre de gauche et par télescopage dans la somme du milieu, on a, pour tout entier n supérieur ou égal à 2 :

$$\sum_{k=2}^{n} \frac{1}{\sqrt{k}} \leq 2\left(\sqrt{n} - 1\right) \leq \sum_{k=1}^{n-1} \frac{1}{\sqrt{k}}$$

De plus, $\sum_{k=1}^{n} \frac{1}{\sqrt{k}} - \sum_{k=1}^{n-1} \frac{1}{\sqrt{k}} = \frac{1}{\sqrt{n}} \geq 0$ donc : $\sum_{k=1}^{n-1} \frac{1}{\sqrt{k}} \leq \sum_{k=1}^{n} \frac{1}{\sqrt{k}}$.

On en déduit : $\forall n \geq 2$, $\sum_{k=2}^{n} \frac{1}{\sqrt{k}} \leq 2\left(\sqrt{n} - 1\right) \leq \sum_{k=1}^{n} \frac{1}{\sqrt{k}}$. Ceci s'écrit : $u_n - 1 \leq 2\sqrt{n} - 2 \leq u_n$.

Il en résulte que, pour tout entier n supérieur ou égal à 2, on a : $2\sqrt{n} - 2 \leq u_n \leq 2\sqrt{n} - 1$.

Comme l'encadrement est encore vrai pour $n = 1$ (en effet $0 \leq u_1 \leq 1$), on peut conclure que, pour tout entier naturel n non nul, on a : $2\sqrt{n} - 2 \leq u_n \leq 2\sqrt{n} - 1$.

Corrigé

b) On divise l'inégalité précédente par $\sqrt{n}$ qui est strictement positif car n est supérieur ou égal à 1. On obtient : $\forall n \in \mathbb{N}^*,\ 2-\frac{2}{\sqrt{n}} \leq \frac{u_n}{\sqrt{n}} \leq 2-\frac{1}{\sqrt{n}}$.

Comme $\lim\limits_{n\to+\infty} \frac{1}{\sqrt{n}}=0$, on peut conclure par encadrement que : $\lim\limits_{n\to+\infty} \frac{u_n}{\sqrt{n}}=2$.

Exercice 17.8

1. a) Soit g la fonction définie sur $[0,1]$ par : $\forall x \in [0,1],\ g(x)=f(x)-x$.
La fonction g est dérivable sur $[0,1]$ (somme de fonctions dérivables sur $[0,1]$).

Pour tout x de $[0,1]$, $g'(x)=f'(x)-1=-\left(xe^{-\frac{1}{2}x^2}+1\right)<0$.

La fonction g est donc strictement décroissante sur $[0,1]$. Puisqu'elle y est continue, elle réalise une bijection de $[0,1]$ dans $\left[g(1),g(0)\right]=\left[e^{-\frac{1}{2}}-1,1\right]$.

Comme $-\frac{1}{2}<0$, alors $e^{-\frac{1}{2}}<1$ (par stricte croissance de la fonction exponentielle sur $\mathbb{R}$) et on en déduit : $0 \in \left[e^{-\frac{1}{2}}-1,1\right]$. Il existe donc un unique réel λ de $[0,1]$ tel que $g(\lambda)=0$.

Finalement, l'équation $f(x)=x$ possède une unique solution λ sur $[0,1]$.

b) On a vu que : $\forall x \in [0,1],\ f'(x)=-xe^{-\frac{1}{2}x^2} \leq 0$.
La fonction f est donc décroissante sur $[0,1]$ et pour tout x de $[0,1]$, on a : $f(1) \leq f(x) \leq f(0)$.
Comme $f(1)=e^{-\frac{1}{2}}>0$ et $f(0)=1$, on en déduit que : $\forall x \in [0,1],\ f(x) \in [0,1]$.

c) Posons pour tout réel x de $[0,1]$, $h(x)=\left|f'(x)\right|=xe^{-\frac{1}{2}x^2}$.

La fonction h est dérivable et pour tout x de $[0,1]$, on a : $h'(x)=\left(1-x^2\right)e^{-\frac{1}{2}x^2} \geq 0$.
On en déduit que h est croissante sur $[0,1]$ et ainsi : $\forall x \in [0,1],\ h(0) \leq h(x) \leq h(1)$.
Comme $h(0)=0$ et $h(1)=e^{-\frac{1}{2}}=\frac{1}{\sqrt{e}}$, on obtient : $\forall x \in [0,1],\ \left|f'(x)\right| \leq \frac{1}{\sqrt{e}}$.

2. a) Pour tout entier naturel n, posons $R(n)$: " $u_n \in [0,1]$ ".
$R(0)$ est vraie puisque $u_0=0$.
Soit n un entier naturel tel que $R(n)$ est vraie : d'après la question **1.b)**, $f(u_n) \in [0,1]$.

Ainsi, $u_{n+1} \in [0,1]$ et $R(n+1)$ est vraie.

Finalement, pour tout entier naturel n, on a : $u_n \in [0,1]$.

b) La fonction f est dérivable sur $[0,1]$ et : $\forall x \in [0,1], \left| f'(x) \right| \leq \frac{1}{\sqrt{e}}$.

De plus, pour tout entier naturel n, on a : $u_n \in [0,1]$ et $\lambda \in [0,1]$.

L'inégalité des accroissements finis appliquée à f entre u_n et λ donne :

$$\forall n \in \mathbb{N}, \left| f(u_n) - f(\lambda) \right| \leq \frac{1}{\sqrt{e}} \left| u_n - \lambda \right|$$

D'après la question **1.a)**, on a $f(\lambda) = \lambda$ et, par définition de la suite (u_n), on a : $f(u_n) = u_{n+1}$.

Finalement, on obtient : $\forall n \in \mathbb{N}, \left| u_{n+1} - \lambda \right| \leq \frac{1}{\sqrt{e}} \left| u_n - \lambda \right|$.

Pour tout entier naturel n, posons $R(n)$: "$\left| u_n - \lambda \right| \leq \left(\frac{1}{\sqrt{e}} \right)^n$".

$R(0)$ est vraie. En effet, $\left| u_0 - \lambda \right| = \lambda \leq 1$ et $1 = \left(\frac{1}{\sqrt{e}} \right)^0$.

Soit n un entier naturel tel que $R(n)$ est vraie.

Comme $\left| u_{n+1} - \lambda \right| \leq \frac{1}{\sqrt{e}} \left| u_n - \lambda \right|$, l'hypothèse de récurrence donne : $\left| u_{n+1} - \lambda \right| \leq \frac{1}{\sqrt{e}} \left(\frac{1}{\sqrt{e}} \right)^n$.

Ainsi : $\left| u_{n+1} - \lambda \right| \leq \left(\frac{1}{\sqrt{e}} \right)^{n+1}$ et $R(n+1)$ est vraie.

Finalement, pour tout entier naturel n, on a : $\left| u_n - \lambda \right| \leq \left(\frac{1}{\sqrt{e}} \right)^n$.

⇨ *Méthode 17.3*

c) D'après la question précédente, on a : $\forall n \in \mathbb{N}, 0 \leq \left| u_n - \lambda \right| \leq \left(\frac{1}{\sqrt{e}} \right)^n$.

Comme $0 \leq \frac{1}{\sqrt{e}} < 1$, la suite $\left(\left(\frac{1}{\sqrt{e}} \right)^n \right)$ converge vers 0.

D'après le théorème d'encadrement, la suite (u_n) converge vers λ.

Exercice 17.9

1. a) On étudie la fonction h qui à tout réel x associe : $h(x) = \varphi(x) - x$. Cette fonction est dérivable sur $\mathbb{R}$ (combinaison linéaire de fonctions usuelles dérivables sur $\mathbb{R}$) et on a :
$\forall x \in \mathbb{R}$, $h'(x) = -e^{-x} - 1 < 0$. La fonction h est donc strictement décroissante sur $\mathbb{R}$.

De plus, on a :

- $\lim\limits_{x\to-\infty} h(x) = \lim\limits_{x\to-\infty}\left(1+e^{-x}-x\right) = +\infty$ (sans indétermination puisque $\lim\limits_{x\to-\infty} e^{-x} = \lim\limits_{x\to-\infty}(-x) = +\infty$).
- $\lim\limits_{x\to+\infty} h(x) = \lim\limits_{x\to+\infty}\left(1+e^{-x}-x\right) = -\infty$ (sans indétermination puisque $\lim\limits_{x\to+\infty} e^{-x} = 0$).

Comme h est continue (on a vu qu'elle était dérivable) et strictement décroissante, on déduit de tout ceci que h réalise une bijection de $\mathbb{R}$ dans $\mathbb{R}$, et comme 0 appartient à l'intervalle d'arrivée $\mathbb{R}$, l'équation $h(x)=0$ possède une unique solution α.

Conclusion : l'équation $\varphi(x)=x$ possède une unique solution α.

b) Le résultat précédent signifie que : $\alpha = 1+e^{-\alpha}$.
Une exponentielle étant toujours strictement positive, on obtient : $\alpha > 1$.
La relation $\alpha=\varphi(\alpha)$ se traduit par : $\alpha - 1 = e^{-\alpha}$. De plus, par stricte décroissance de la fonction $t \mapsto e^{-t}$ sur $\mathbb{R}$, l'inégalité $\alpha>1$ donne : $e^{-\alpha} < e^{-1}$. On obtient alors : $\alpha - 1 < e^{-1}$.

2. La fonction φ est décroissante sur $\mathbb{R}$ ($\varphi'(t) = -e^{-t} < 0$).
De plus, on a : $\lim\limits_{x\to+\infty}\varphi(x) = 1$. On en conclut que : $\forall x \in \mathbb{R}$, $\varphi(x) \geq 1$.

3. Pour tout réel x supérieur ou égal à 1, on a : $\left|\varphi'(x)\right| = \left|-e^{-x}\right| = e^{-x} \leq e^{-1}$, par décroissance de $t\mapsto e^{-t}$ sur $[1,+\infty[$.

Comme α appartient à $[1,+\infty[$, on peut écrire, pour tout x dans $[1,+\infty[$, la deuxième inégalité des accroissements finis appliquée à φ entre α et x, ce qui donne :

$$\forall x \geq 1, \left|\varphi(x)-\varphi(\alpha)\right| \leq e^{-1}\left|x-\alpha\right|$$

D'après la question **1.a)**, on a $\varphi(\alpha)=\alpha$ et, comme $e^{-1} = \dfrac{1}{e}$, on peut conclure :

$$\forall x \geq 1, \left|\varphi(x)-\alpha\right| \leq \frac{1}{e}\left|x-\alpha\right|$$

⇨ *Méthode 17.3*

Exercice 17.10

1. Soit n et k deux entiers naturels et f la fonction définie par $f(x)=x^k$.

La fonction f est de classe C^∞ sur $\mathbb{R}$ en tant que fonction polynomiale.
On obtient alors, pour tout réel x :

- Si n est inférieur ou égal à k, on a : $f^{(n)}(x) = \dfrac{k!}{(k-n)!}x^{k-n}$.

On prouve ce résultat par récurrence finie sur n appartenant à $[\![0,k]\!]$.

Pour $n = 0$, c'est évident, et si l'on suppose que, pour un certain n de $[\![0,k-1]\!]$, on a $f^{(n)}(x)=\dfrac{k!}{(k-n)!}x^{k-n}$, alors :

$$f^{(n+1)}(x)=\frac{k!}{(k-n)!}(k-n)x^{k-n-1}=\frac{k!}{(k-n-1)!}x^{k-n-1}=\frac{k!}{(k-(n+1))!}x^{k-(n+1)}.$$

• Si n est strictement supérieur à k, on a : $f^{(n)}(x)=0$ (on dérive un nombre de fois supérieur strictement au degré du polynôme).

2. Dans cette question, on a : $f(x)=\ln(1+x)$. Comme composée, la fonction f est de classe C^∞ sur $]-1,+\infty[$. Pour tout réel x de $]-1,+\infty[$, on a : $f'(x)=\dfrac{1}{1+x}$, $f''(x)=\dfrac{-1}{(1+x)^2}$, $f^{(3)}(x)=\dfrac{2}{(1+x)^3}$, $f^{(4)}(x)=\dfrac{-6}{(1+x)^4}$, etc.

Le calcul des premières dérivées nous fait conjecturer que : $\forall n\in\mathbb{N}^*, f^{(n)}(x)=\dfrac{(-1)^{n-1}(n-1)!}{(1+x)^n}$.

Prouvons ce résultat par récurrence sur n en posant $R(n)$: $f^{(n)}(x)=\dfrac{(-1)^{n-1}(n-1)!}{(1+x)^n}$.

$R(1)$ est vraie. En effet : $f'(x)=\dfrac{1}{x+1}=\dfrac{(-1)^0 0!}{(x+1)^1}$.

Soit n un entier naturel non nul tel que $R(n)$ est vraie.

On a alors : $f^{(n+1)}(x)=\left(f^{(n)}\right)'(x)=-\dfrac{(-1)^{n-1}(n-1)!\,n(1+x)^{n-1}}{(1+x)^{2n}}$.

Après simplifications, on trouve : $f^{(n+1)}(x)=\dfrac{(-1)^n n!}{(1+x)^{n+1}}$ et, ainsi $R(n+1)$ est vraie.

On en conclut, par récurrence, que pour tout entier naturel n non nul, on a, pour tout réel x strictement supérieur à -1 : $f^{(n)}(x)=\dfrac{(-1)^{n-1}(n-1)!}{(1+x)^n}$, avec de plus $f^{(0)}(x)=\ln(1+x)$.

Exercice 17.11

La fonction ln est de classe C^2 sur $\mathbb{R}_+^*$, et quel que soit le réel x de $\mathbb{R}_+^*$, $\ln''(x)=-\dfrac{1}{x^2}<0$. La fonction ln est donc concave sur $\mathbb{R}_+^*$ donc sa courbe est en dessous de ses tangentes.

Corrigé

Comme la tangente à cette courbe au point d'abscisse 1 a pour équation $y = x - 1$, on en déduit :

$$\forall x > 0, \ln x \leq x - 1$$

Enfin, en posant $t = x - 1$, on obtient : $\forall t > -1,\ \ln(1+t) \leq t$.

⇨ *Méthode 17.4*

Exercice 17.12

Les fonctions exponentielle et $x \mapsto -\dfrac{x^2}{2}$ sont de classe C^2 sur $\mathbb{R}$, donc, par composition, la fonction *f* est aussi de classe C^2 sur $\mathbb{R}$.

De plus, pour tout réel *x*, on a : $\forall x \in \mathbb{R},\ f'(x) = -x \exp\left(-\dfrac{x^2}{2}\right)$.

En dérivant encore, on trouve : $\forall x \in \mathbb{R},\ f''(x) = \exp\left(-\dfrac{x^2}{2}\right)(-1 + x^2)$.

La fonction exponentielle étant à valeurs strictement positives, on en déduit que $f''(x)$ est du signe de $x^2 - 1$, et ne s'annule en changeant de signe qu'en –1 et 1.
Finalement, la courbe représentative de *f* possède deux points d'inflexion qui ont pour coordonnées : $\left(-1, \exp\left(-\frac{1}{2}\right)\right)$ et $\left(1, \exp\left(-\frac{1}{2}\right)\right)$.

Remarque. Il est normal de trouver deux points d'inflexion symétriques par rapport à l'axe des ordonnées puisque *f* est une fonction paire.

Chapitre 18
Intégration sur un segment

Intégration : tout étudiant de prépa en rêve ! Mais quel rapport avec celle étudiée en maths ? Ce mot provient du latin *integer* signifiant *non touché* donc *intact*. Par extension, il qualifie ce qui forme un tout. L'anglais l'a repris pour désigner un entier comme on le voit dans les programmes informatiques. Jacques **Bernoulli** reprend en 1696 l'adjectif latin *integralis* pour parler du calcul intégral naissant. À l'époque, le but principal était de calculer l'aire située sous une courbe. On passait ainsi de l'équation de cette courbe, c'est-à-dire du bord de la surface, à l'aire, donc à la surface entière, intégrale.

$\int$

Objectifs

Les incontournables

- ▷ Connaître le lien entre intégrale et primitive.
- ▷ Connaître par cœur les primitives usuelles.
- ▷ Savoir utiliser les propriétés des intégrales.
- ▷ Savoir intégrer par parties.
- ▷ Savoir réaliser un changement de variable.

Et plus si affinités

- ▷ Savoir étudier une fonction définie par une intégrale.
- ▷ Savoir réaliser un changement de variable non affine.

Résumé de cours

Généralités

Intégrale et primitives

Définition 18.1. — Soit une fonction f définie sur un intervalle I de $\mathbb{R}$. On appelle *primitive* de f sur I toute fonction F dérivable sur I telle que, pour tout x de I, $F'(x) = f(x)$.

Théorème 18.1. — Toute fonction continue sur un intervalle I de $\mathbb{R}$ admet une primitive sur I.

Théorème 18.2. — Si une fonction f est continue sur un intervalle I et si F est une primitive de f sur I, alors toute primitive de f sur I est de la forme $F + k$, où k est une constante réelle.

Théorème 18.3. — Soit une fonction f continue sur un intervalle I, et F une primitive de f sur I. Pour tout couple (a, b) d'éléments de I, le réel $F(b) - F(a)$ est indépendant de la primitive F choisie.

Définition 18.2. — Soit une fonction f continue sur un intervalle I, et F une primitive de f sur I. Pour tout couple (a, b) d'éléments de I, on appelle *intégrale* de a à b de la fonction f (ou intégrale de f entre a et b), le réel noté $\int_a^b f(x)\,dx$, et défini par : $\int_a^b f(x)dx = F(b) - F(a)$.

Remarque 18.1. — Dans les calculs, la quantité $F(b) - F(a)$ est notée $\left[F(x) \right]_a^b$.

Remarque 18.2. — On déduit de la définition que $\int_a^b f(x)dx = -\int_b^a f(x)dx$ et $\int_a^a f(x)dx = 0$.

Fonction définie par une intégrale

Théorème 18.4. — Soit une fonction f continue sur I. Les primitives de f sont des fonctions de classe C^1 sur I.

Soit x_0 un réel de I, la fonction F, définie pour tout x de I par $F(x) = \int_{x_0}^x f(t)dt$, est une fonction de classe C^1 sur I et c'est **la** primitive de f qui s'annule en x_0.

Théorème 18.5. — Soit deux fonctions u et v dérivables sur un intervalle I, à valeurs dans J, et une fonction f continue sur J. La fonction φ définie sur I par $\varphi(x) = \int_{u(x)}^{v(x)} f(t)dt$ est dérivable sur I, et pour tout réel x de I, $\varphi'(x) = v'(x)f(v(x)) - u'(x)f(u(x))$.

⇨ **Méthode 18.5. Comment montrer l'existence d'une intégrale fonction de ses bornes ?**
⇨ **Méthode 18.6. Comment dériver une intégrale fonction de ses bornes ?**
⇨ **Méthode 18.7. Comment étudier la parité d'une intégrale fonction de ses bornes ?**

■ Propriétés des intégrales

❑ Linéarité de l'intégration

Propriété 18.1. — Soit deux fonctions f et g continues sur un intervalle I, et soit a et b deux éléments de I. Pour tous réels λ et μ, on a : $\int_a^b (\lambda f(x)+\mu g(x))dx = \lambda\int_a^b f(x)dx + \mu\int_a^b g(x)dx$.

❑ Relation de Chasles

Propriété 18.2. — Soit une fonction f continue sur un intervalle I.

$\forall (a, b, c) \in I^3$, on a : $\int_a^b f(x)dx = \int_a^c f(x)dx + \int_c^b f(x)dx$.

❑ Intégration et inégalités

Propriété 18.3. — Si une fonction f est continue, positive sur $[a,b]$, avec $a \leq b$, alors on a :

$$\int_a^b f(x)dx \geq 0$$

Propriété 18.4. — Soit deux fonctions f et g continues sur $[a,b]$ (avec $a \leq b$).
Si pour tout réel x de $[a,b]$, on a $f(x) \leq g(x)$, alors : $\int_a^b f(x)dx \leq \int_a^b g(x)dx$.

⇨ **Méthode 18.1. Comment encadrer (ou seulement minorer ou majorer) une intégrale ?**

Propriété 18.5. — • Si une fonction f est continue, positive sur $[a,b]$, avec $a < b$, et si f n'est pas la fonction nulle, alors on a : $\int_a^b f(x)dx > 0$.

• Si une fonction f est continue, positive sur $[a,b]$, si $a < b$, et si $\int_a^b f(x)dx = 0$, alors f est identiquement nulle sur $[a,b]$ (c'est-à-dire : $\forall x \in [a,b], f(x) = 0$).

⇨ **Méthode 18.2. Comment utiliser le cas de nullité de l'intégrale ?**

Propriété 18.6. — Inégalité triangulaire. Si a et b sont deux réels tels que $a \leq b$ et si f est une fonction continue sur $[a,b]$, alors on a : $\left| \int_a^b f(x)dx \right| \leq \int_a^b |f(x)| dx$.

❑ Interprétation graphique

Théorème 18.6. — Si f est continue et positive sur $[a,b]$, avec $a \leq b$, alors $\int_a^b f(x)dx$ est égale à l'*aire* de la surface comprise entre les droites d'équations $x = a$ et $x = b$, l'axe des abscisses et la courbe représentative de f dans un repère orthogonal.

❑ Sommes de Riemann

Définition 18.3. — Soit une fonction f continue sur $[a,b]$ et un entier naturel n non nul. On appelle *sommes de Riemann* associées à f sur $[a,b]$, les sommes suivantes :

$$S_n = \frac{b-a}{n}\sum_{k=1}^{n} f\left(a+k\frac{b-a}{n}\right) \text{ et } T_n = \frac{b-a}{n}\sum_{k=0}^{n-1} f\left(a+k\frac{b-a}{n}\right)$$

Théorème 18.7. — Les suites $(S_n)_{n\in\mathbb{N}^*}$ et $(T_n)_{n\in\mathbb{N}^*}$ précédentes convergent vers $\int_a^b f(x)dx$.

Cas particulier. — Si f est une fonction continue sur $[0,1]$, alors :

$$\lim_{n\to+\infty}\frac{1}{n}\sum_{k=0}^{n-1} f\left(\frac{k}{n}\right) = \lim_{n\to+\infty}\frac{1}{n}\sum_{k=1}^{n} f\left(\frac{k}{n}\right) = \int_0^1 f(t)dt$$

■ Calcul des intégrales

❑ Primitives usuelles

$f(x)$	$F(x)$	$f(x)$	$F(x)$
a, $a\in\mathbb{R}$	ax		
x^α, $\alpha\neq -1$	$\dfrac{x^{\alpha+1}}{\alpha+1}$	$\dfrac{1}{x}$	$\ln\lvert x\rvert$
$\ln x$	$x\ln x - x$	e^x	e^x
$\dfrac{1}{\sqrt{x}}$	$2\sqrt{x}$	a^x, $a>0$	$\dfrac{a^x}{\ln a}$

f	F	f	F
$\lambda u' + \mu v'$, $(\lambda,\mu)\in\mathbb{R}^2$	$\lambda u + \mu v$	$\dfrac{u'}{u}$	$\ln\lvert u\rvert$
$u'u^\alpha$, $\alpha\neq -1$	$\dfrac{u^{\alpha+1}}{\alpha+1}$	$\dfrac{u'}{\sqrt{u}}$	$2\sqrt{u}$
$u'e^u$	e^u		

Dans ce tableau, u et v sont des fonctions.

❑ Intégration par parties

Théorème 18.8. — Pour toutes fonctions u et v de classe C^1 sur $[a,b]$, on a :

$$\int_a^b u'(x)v(x)dx = \left[u(x)v(x)\right]_a^b - \int_a^b u(x)v'(x)dx$$

⇨ **Méthode 18.3. Comment utiliser l'intégration par parties ?**

❑ Changement de variable

Théorème 18.9. — Soit une fonction f continue sur un intervalle I, et φ une fonction de classe C^1 sur $[a,b]$, telle que $\varphi([a,b])\subset I$. Alors, $\int_a^b f(\varphi(x))\varphi'(x)dx = \int_{\varphi(a)}^{\varphi(b)} f(u)du$.

⇨ **Méthode 18.4. Comment faire un changement de variable ?**

Remarque 18.3 — Soit a un réel positif et f une fonction continue sur $[-a, a]$. Le changement de variable $u=-x$ permet de montrer que :

- Si f est paire, alors : $\int_{-a}^{a} f(x)dx = 2\int_{0}^{a} f(x)dx$.
- Si f est impaire, alors : $\int_{-a}^{a} f(x)dx = 0$.

Intégrale d'une fonction continue par morceaux

Définition 18.4. — Une fonction f est dite *continue par morceaux* sur $[a,b]$ lorsque f est continue sur $[a,b]$ sauf en un nombre fini de points $x_1 < \cdots < x_n$ de $[a,b]$, en lesquels f a une limite finie à droite et à gauche (on notera f_i la restriction de f à $]x_i, x_{i+1}[$, $x_0 = a$ et $x_{n+1} = b$).

Définition 18.5. — Pour tout i de $[\![0,n]\!]$, notons $\tilde{f}_i$ le prolongement par continuité de f_i à l'intervalle $[x_i, x_{i+1}]$. L'intégrale de f sur $[a,b]$ est définie par : $\int_a^b f(x)dx = \sum_{i=0}^{n} \int_{x_i}^{x_{i+1}} \tilde{f}_i(x)dx.$

Propriétés 18.7. — Propriétés des intégrales de fonctions continues par morceaux. Les propriétés suivantes sont conservées : la linéarité, la relation de Chasles, la positivité et l'inégalité triangulaire. Seule la **propriété 18.5.** n'est pas conservée.

Méthodes

Intégration et ordre

Méthode 18.1. Comment encadrer (ou seulement minorer ou majorer) une intégrale ?

Soit deux réels a et b tels que $a \leq b$.

Pour encadrer l'intégrale $\int_a^b f(x)dx$, il faut commencer par encadrer $f(x)$ sur $[a,b]$. Ayant obtenu $g(x) \leq f(x) \leq h(x)$, si les fonctions *f*, *g* et *h* sont continues sur $[a,b]$, alors on peut *intégrer* l'encadrement $g(x) \leq f(x) \leq h(x)$ sur $[a,b]$ et en déduire : $\int_a^b g(x)dx \leq \int_a^b f(x)dx \leq \int_a^b h(x)dx$ (on dit qu'*on a intégré l'inégalité avec les bornes dans l'ordre croissant*). Cette technique est efficace si les intégrales de *g* et *h* sont faciles à calculer.

⇨ Exercice 18.6

Exemple. Montrer que, quel que soit l'entier naturel *n*, $0 \leq \int_0^1 \frac{x^n}{x+1}dx \leq \frac{1}{n+1}$.

Pour tout réel x de $[0,1]$, on a : $1+x \geq 1$. On en déduit : $0 \leq \frac{1}{x+1} \leq 1$. En multipliant par $x^n \geq 0$, on a enfin : $0 \leq \frac{x^n}{x+1} \leq x^n$.

Les fonctions en présence sont continues sur $[0,1]$ et les bornes sont dans le bon sens ($0 \leq 1$), on peut donc intégrer les inégalités sur [0, 1] : $\int_0^1 0dx \leq \int_0^1 \frac{x^n}{1+x}dx \leq \int_0^1 x^n dx$.

On a donc : $0 \leq \int_0^1 \frac{x^n}{1+x}dx \leq \left[\frac{x^{n+1}}{n+1}\right]_0^1$. Pour finir, on obtient bien : $0 \leq \int_0^1 \frac{x^n}{1+x}dx \leq \frac{1}{n+1}$.

Méthode 18.2. Comment utiliser le cas de nullité de l'intégrale ?

Si $\int_a^b f(x)dx = 0$ et si *f* est continue sur $[a,b]$, de signe constant sur $[a,b]$, avec $a < b$, alors on peut conclure que *f* est nulle sur $[a,b]$.

⇨ Exercice 18.4

Méthodes

Exemple. Soit une fonction f continue sur $[0,1]$ telle que $\int_0^1 f(x)dx = 0$. Montrer que f s'annule au moins une fois sur $[0,1]$.

La fonction f étant continue sur $[0,1]$, si elle ne s'annulait pas sur $[0,1]$, alors elle serait de signe constant sur $[0,1]$. Comme de plus $\int_0^1 f(x)dx = 0$, alors f serait nulle sur $[0,1]$, ce qui est absurde. Il est donc certain que f s'annule une fois au moins sur $[0,1]$.

■ Calcul d'une intégrale

❑ Méthode 18.3. Comment utiliser l'intégration par parties ?

Pour u et v de classe C^1 sur $[a,b]$, $\int_a^b u'(t)v(t)dt = \left[u(t)v(t)\right]_a^b - \int_a^b u(t)v'(t)dt$.

L'intérêt est donc de passer de l'intégrale $\int_a^b u'(t)v(t)dt$ à l'intégrale $\int_a^b u(t)v'(t)dt$ si cette dernière intégrale est plus facile à calculer que la première. C'est le cas si :

- $u'(t) = e^t$ (plus généralement $u'(t) = e^{at+b}$) et v est polynomiale. En effet, dans ce cas, u reste (à peu près) la même, et v' perd un degré. On peut alors continuer à intégrer par parties jusqu'à ce que v' soit constante.
- u' est polynomiale et $v(t) = \ln t$. Dans ce cas, on choisit u polynomiale sans constante (constante nulle), de telle sorte que uv' est polynomiale.

⇨ **Exercice 18.1**

Exemple 1. Calculer $I = \int_0^1 t\,e^t dt$.

L'intégrande est le produit de $t \mapsto e^t$ et de $t \mapsto t$ (polynomiale, donc candidat à être dérivée).

On pose donc $\left| \begin{array}{ll} u'(t) = e^t & u(t) = e^t \\ v(t) = t & v'(t) = 1 \end{array} \right.$.

Les fonctions u et v sont de classe C^1 sur $[0,1]$. On peut donc intégrer par parties :

$\int_0^1 t\,e^t dt = \left[t\,e^t\right]_0^1 - \int_0^1 e^t dt$. Par suite, $I = e - \left[e^t\right]_0^1 = e - (e-1) = 1$.

Exemple 2. Calculer $J = \int_1^e t \ln t\,dt$.

On pose $\left| \begin{array}{ll} u'(t) = t & u(t) = \frac{1}{2}t^2 \\ v(t) = \ln t & v'(t) = 1/t \end{array} \right.$. Les fonctions u et v sont de classe C^1 sur $[1,e]$.

On peut donc intégrer par parties :

$$J=\int_1^e t\ln t\,dt=\left[\frac{t^2}{2}\ln t\right]_1^e-\int_1^e\frac{t^2}{2}\times\frac{1}{t}dt=\frac{1}{2}e^2-\frac{1}{2}\int_1^e t\,dt=\frac{1}{2}e^2-\frac{1}{2}\left[\frac{t^2}{2}\right]_1^e=\frac{1}{4}(e^2+1).$$

❑ Méthode 18.4. Comment faire un changement de variable ?

Le programme distingue deux types de changement de variable : les changements de variables *affines*, et les autres. Les changements de variables affines sont officiellement les seuls dont on peut avoir l'initiative, les autres doivent être suggérés par l'énoncé.

> Soit l'intégrale $I=\int_a^b f(t)dt$.
>
> • On pose $u=\varphi(t)$, avec φ de classe C^1 sur $[a,b]$ et $du=\varphi'(t)\,dt$.
>
> • Ensuite, on gère les bornes :
> lorsque $t=a$, alors $u=\varphi(a)$ et lorsque $t=b$, alors $u=\varphi(b)$.
>
> • Pour finir, on exprime $f(t)$ et dt uniquement en fonction de u, afin d'obtenir $\int_a^b f(t)dt=\int_{\varphi(a)}^{\varphi(b)}g(u)du$, cette dernière intégrale étant plus simple à calculer.

⇨ **Exercices 18.2, 18.5**

Exemple. Calculer l'intégrale $\int_0^1\frac{\ln(1+e^t)}{1+e^{-t}}dt$ à l'aide du changement de variable $u=1+e^t$.

Notons φ la fonction définie par $\varphi(t)=1+e^t$. On a $\varphi(0)=2$ et $\varphi(1)=1+e$. La fonction φ est de classe C^1 sur $[0,1]$, le changement de variable est donc licite. En outre, comme $t=\ln(u-1)$, on a : $dt=\frac{du}{u-1}\cdot$ On a donc :

$$\int_0^1\frac{\ln(1+e^t)}{1+e^{-t}}dt=\int_2^{e+1}\frac{\ln u}{1+e^{-\ln(u-1)}}\times\frac{du}{u-1}=\int_2^{e+1}\frac{\ln u}{1+\frac{1}{u-1}}\times\frac{du}{u-1}=\int_2^{e+1}\frac{\ln u}{u}du.$$

On obtient enfin : $\int_0^1\frac{\ln(1+e^t)}{1+e^{-t}}dt=\left[\frac{1}{2}(\ln u)^2\right]_2^{e+1}=\frac{1}{2}\left((\ln(e+1))^2-(\ln 2)^2\right).$

■ Intégrale fonction de ses bornes

❑ Méthode 18.5. Comment montrer l'existence d'une intégrale fonction de ses bornes ?

On considère la fonction φ définie sur un intervalle I par $\varphi(x)=\int_{u(x)}^{v(x)} f(t)dt$.

Pour montrer que φ est définie sur I, on vérifie que les fonctions u et v sont définies sur I, et que f est continue sur un intervalle J contenant tous les $u(x)$ et $v(x)$, x parcourant I (le mieux est de déterminer les ensembles images de I par u et v et de vérifier alors la continuité de f sur un intervalle qui les contient tous les deux).

⇨ **Exercices 18.5, 18.6**

Exemple (*d'après EML*). Soit la fonction f définie sur $\mathbb{R}$ par $f(t)=\dfrac{e^t}{\sqrt{1+t^2}}\cdot$ On définit la fonction G par $G(x)=\int_{-x}^{x} f(t)dt$. Montrer que G est bien définie sur $\mathbb{R}$.

La fonction f est continue sur $\mathbb{R}$, donc continue sur tout intervalle de la forme $[-x,x]$ ou $[x,-x]$ (selon que x est positif ou négatif). L'intégrale de f entre $-x$ et x est donc définie, quel que soit le réel x, et G est bien définie sur $\mathbb{R}$.

❑ Méthode 18.6. Comment dériver une intégrale fonction de ses bornes ?

On considère toujours la fonction φ définie sur un intervalle I par :

$$\varphi(x)=\int_{u(x)}^{v(x)} f(t)dt.$$

La fonction f étant continue sur J, elle y admet des primitives. On note alors F l'une d'entre elles et on a donc, quel que soit le réel x de I :

$$\varphi(x)=\left[F(t)\right]_{u(x)}^{v(x)}=F(v(x))-F(u(x))$$

Il reste alors à appliquer les règles bien connues sur la dérivabilité des fonctions composées : si u et v sont dérivables sur I, à valeurs dans J, alors puisque F est dérivable sur J (primitive d'une fonction continue, elle y est même de classe C^1), les fonctions $F\circ v$ et $F\circ u$ sont dérivables sur I, et par suite φ aussi.
En outre :

$$\forall x\in I,\ \varphi'(x)=v'(x)F'(v(x))-u'(x)F'(u(x))=v'(x)f(v(x))-u'(x)f(u(x)).$$

⇨ **Exercices 18.5, 18.6**

Exemple. On reprend l'exemple précédent : $G(x)=\int_{-x}^{x}\frac{e^t}{\sqrt{1+t^2}}dt$.

Montrer que G est de classe C^1 et calculer $G'(x)$ pour tout réel x.

La fonction $f : t \mapsto \frac{e^t}{\sqrt{1+t^2}}$ étant continue sur $\mathbb{R}$, elle y admet des primitives. Notons F l'une d'entre elles. Alors, pour tout réel x, $G(x)=\left[F(t)\right]_{-x}^{x}=F(x)-F(-x)$. La fonction F étant de classe C^1 sur $\mathbb{R}$ (primitive d'une fonction continue sur $\mathbb{R}$), et la fonction $x \mapsto -x$ aussi, alors G est de classe C^1 sur $\mathbb{R}$ et on a :

$$\forall x \in \mathbb{R},\ G'(x)=F'(x)-(-F'(-x))=f(x)+f(-x)=\frac{e^x}{\sqrt{1+x^2}}+\frac{e^{-x}}{\sqrt{1+(-x)^2}}=\frac{e^x+e^{-x}}{\sqrt{1+x^2}}.$$

❑ Méthode 18.7. Comment étudier la parité d'une intégrale fonction de ses bornes ?

> On considère toujours la fonction φ, définie sur un intervalle I centré en 0, par : $\varphi(x)=\int_{u(x)}^{v(x)}f(t)dt$. Pour montrer que φ est paire (ou impaire), le changement de variable $z=-t$ est efficace.

⇨ **Exercice 18.5**

Exemple. Soit la fonction G définie par : $\forall x \in \mathbb{R},\ G(x)=\int_0^x \frac{1}{\sqrt{t^2+1}}dt$.

Montrer que G est impaire.

Il n'y a aucun problème de définition de la fonction G (car t^2+1 est toujours strictement positif et $g : t \mapsto \frac{1}{\sqrt{t^2+1}}$ est bien continue sur $\mathbb{R}$). Pour tout réel x, on a : $G(-x)=\int_0^{-x}\frac{1}{\sqrt{t^2+1}}dt$.

On pose $z=-t$ qui est bien de classe C^1 sur $\mathbb{R}$. On a $dz=-dt$ et en remplaçant, on trouve :

$$G(-x)=\int_0^x \frac{1}{\sqrt{(-z)^2+1}}(-dz)=-\int_0^x \frac{1}{\sqrt{z^2+1}}dz=-G(x).$$

Conclusion : la fonction G est impaire.

Méthodes

Vrai/Faux

		Vrai	Faux
1.	Si f est continue sur $[0,1]$, alors on a : $\left(\forall t \in [0,1], f(t) \geq 0\right) \Leftrightarrow \left(\int_0^1 f(t)dt \geq 0\right)$.	☐	☐
2.	Une primitive de la fonction $x \mapsto 2^x$ sur $\mathbb{R}$ est la fonction $x \mapsto \frac{2^{x+1}}{x+1}$.	☐	☐
3.	Une primitive de $x \mapsto \frac{1}{x^n}$ sur $]0,+\infty[$ est $x \mapsto -\frac{1}{(n-1)x^{n-1}}$.	☐	☐
4.	Une primitive de $x \mapsto \frac{2x}{x^2-1}$ sur $]-1,1[$ est $x \mapsto \ln(x^2-1)$.	☐	☐
5.	Toute primitive d'une fonction impaire est paire.	☐	☐
6.	Toute primitive d'une fonction paire est impaire.	☐	☐
7.	$\int_0^1 \sqrt{\ln(1+e^t)}\, dt = 0$.	☐	☐
8.	Si une fonction f est continue sur $\mathbb{R}$, alors $\lim_{x\to 0} \frac{1}{x}\int_0^x f(t)dt = f(0)$.	☐	☐
9.	Soit une fonction f continue sur $\mathbb{R}$. On définit la fonction G sur $\mathbb{R}$ par $G(x) = \int_1^{x^2} f(t)dt$. Alors G est dérivable sur $\mathbb{R}$, et pour tout réel x, on a : $G'(x) = 2x\,f(x^2) - f(1)$.	☐	☐
10.	Pour calculer $\int_0^1 x^3 e^{x^2} dx$, une bonne idée est d'intégrer par parties en posant $u'(x) = e^{x^2}$ et $v(x) = x^3$.	☐	☐

Énoncé des exercices

❑ **Exercice 18.1.** * — Calculer les intégrales suivantes.

1. $A=\int_0^1 xe^{-x^2}dx$. **2.** $B=\int_e^{e^2}\frac{dx}{x\sqrt{\ln x}}$. **3.** $C=\int_{1/2}^1 \frac{\exp(1/t)}{t^2}dt$. **4.** $D=\int_e^{e^2}\frac{dx}{x\ln x}$.

5. $E=\int_0^1 \frac{xdx}{x+1}$. **6.** $F=\int_0^1 x^3e^{x^2}dx$. **7.** $G=\int_{-1}^1 x2^x dx$. **8.** $H=\int_1^e v(\ln v)^2\,dv$.

❑ **Exercice 18.2.** — Le but de cet exercice est de calculer $I=\int_0^{\ln 2}\frac{dx}{\sqrt{e^x+1}}$.

1. Trouver deux réels a et b tels que, pour tout u de $\mathbb{R}\setminus\{-1,1\}$, $\frac{1}{u^2-1}=\frac{a}{u-1}+\frac{b}{u+1}$.

2. En déduire une primitive de $u\mapsto\frac{1}{u^2-1}$ sur $]1,+\infty[$, puis calculer I en posant $u=\sqrt{e^x+1}$.

❑ **Exercice 18.3.** * — Pour tout entier naturel n, on pose $u_n=\int_0^{1/2}\frac{x^n}{1-x^2}dx$. On a donc, en particulier $u_0=\int_0^{1/2}\frac{1}{1-x^2}dx$.

1. a) Déterminer les réels a et b tels que, pour tout réel x différent de -1 et de 1, on ait :

$$\frac{1}{1-x^2}=\frac{a}{1-x}+\frac{b}{1+x}$$

b) En déduire la valeur de u_0.

c) Déterminer u_1.

2. a) Montrer que, pour tout entier naturel n, on a : $u_n-u_{n+2}=\frac{1}{(n+1)2^{n+1}}$.

b) En déduire u_2 et u_3.

3. a) Montrer que la suite (u_n) est décroissante.

b) Montrer que, pour tout entier naturel n, on a : $u_n\geq 0$.

c) Déduire des deux questions précédentes que la suite (u_n) est convergente.

d) En minorant $1-x^2$, montrer que, pour tout entier naturel n, on a : $u_n\leq\frac{4}{3(n+1)2^{n+1}}$.

e) En déduire la limite de la suite (u_n).

❑ **Exercice 18.4.** * — Soit un polynôme P de degré 3 tel que : $\forall i \in [\![0,3]\!]$, $\int_0^1 t^i P(t)dt = 0$.

1. Montrer que, pour tout polynôme Q de degré inférieur ou égal à 3, $\int_0^1 Q(t)P(t)dt = 0$.

2. En déduire que pour tout x de $[0,1]$, $P(x)=0$, puis que P est le polynôme nul.

❑ **Exercice 18.5.** — On considère la fonction F définie par $F(x) = \int_x^{2x} \frac{dt}{t^4+1}$.

1. Montrer que F est définie sur $\mathbb{R}$ puis établir que F est impaire.

2. Montrer que F est de classe C^1 sur $\mathbb{R}$ et, pour tout réel x, calculer $F'(x)$.

❑ **Exercice 18.6.** ** — Étude d'une intégrale fonction de ses bornes.

On définit la fonction f sur $[0,1]$ par :

$$\begin{cases} f(0)=0 \quad \text{et} \quad f(1)=\ln 2 \\ f(x) = \int_x^{x^2} \frac{dt}{\ln t} \quad \text{si } 0<x<1 \end{cases}$$

1. Montrer que f est bien définie sur $[0,1]$.

2. a) Pour tout réel x de $]0,1[$, calculer $\int_x^{x^2} \frac{dt}{t\ln t}$.

b) Établir que, pour tout réel x de $]0,1[$, on a : $x^2 \ln 2 \leq f(x) \leq x \ln 2$.

c) En déduire que f est continue sur $[0,1]$.

3. Montrer que f est de classe C^1 sur $]0,1[$, puis déterminer ses variations.

D'après EDHEC

❑ **Exercice 18.7.** — Calculer, pour tout n de $\mathbb{N}$, la somme $\sum_{k=0}^{n} \frac{\binom{n}{k}}{k+1}$.

❑ **Exercice 18.8.** ** — On considère, pour tout entier naturel n, la fonction f_n définie pour tout réel t de [0, 1], par $f_n(t) = 2nt\, e^{-nt^2}$. On pose alors $I_n = \int_0^1 f_n(t)dt$.

1. Calculer, pour tout réel t de [0, 1], $\lim\limits_{n\to+\infty} f_n(t)$.

2. Calculer I_n, puis $\lim\limits_{n\to+\infty} I_n$.

3. Que peut-on dire de l'affirmation suivante : $\lim\limits_{n\to+\infty} \int_0^1 f_n(t)dt = \int_0^1 \lim\limits_{n\to+\infty} f_n(t)dt$?

❑ **Exercice 18.9.** * — Calculer $\lim\limits_{n\to+\infty} \frac{1}{n\sqrt{n}} \sum_{k=1}^{n} \sqrt{k}$

■ Pour vous aider à démarrer

Exercice 18.1. Pour la question **5**, penser à écrire $x = x+1-1$.
Pour les questions **6**, **7**, **8**, intégrer par parties.
Exercice 18.3. Pour la question **2.a)**, écrire $u_n - u_{n+2}$ sous forme d'une intégrale.
Pour la question **3.a)**, écrire $u_{n+1} - u_n$ sous forme d'une intégrale.
Pour la question **3.d)**, on minore $1-x^2$ en tenant compte du fait que x appartient à l'intervalle $\left[0, \frac{1}{2}\right]$.
Exercice 18.4. Pour la question **2**, appliquer le résultat de la question **1** à un polynôme Q bien choisi.
Exercice 18.5. Pour la question **1**, l'imparité de F s'obtient grâce au changement de variable $u = -t$.
Exercice 18.6. Pour la question **2.b)**, faire attention que l'on a : $x^2 \leq x$.
Exercice 18.7. Se souvenir que : $\forall x \in \mathbb{R}, \sum_{k=0}^{n} \binom{n}{k} x^k = (1+x)^n$.
Exercice 18.9. Penser aux sommes de Riemann.

Corrigé des vrai/faux

1.	2.	3.	4.	5.	6.	7.	8.	9.	10.
F	F	V	F	V	F	F	V	F	F

1. Le sens direct est la **propriété 18.3**, il est donc correct.

La réciproque est fausse. Considérons la fonction *f* définie sur $[0,1]$ par : $f(t)=2t-\frac{1}{2}$.

On a alors : $\int_0^1 (2t-\frac{1}{2})dt=\left[t^2-\frac{t}{2}\right]_0^1=\frac{1}{2}\geq 0$ et pourtant *f* change de signe sur $[0,1]$.

2. La fonction $f:\ x\mapsto 2^x$ est continue sur $\mathbb{R}$. Elle y possède donc des primitives mais la fonction $g:\ x\mapsto\frac{2^{x+1}}{x+1}$ n'en est pas une. En effet, on a : $f(x)=e^{x\ln 2}$. Les primitives de *f* sont donc les fonctions *F* définies par : $\forall x\in\mathbb{R}, F(x)=\frac{1}{\ln 2}e^{x\ln 2}+K=\frac{1}{\ln 2}2^x+K$.

3. La fonction $x\mapsto\frac{1}{x^n}$ est continue sur $]0,+\infty[$ en tant qu'inverse d'une fonction continue sur $]0,+\infty[$ dont le dénominateur ne s'annule pas. Elle admet donc des primitives sur $]0,+\infty[$.

Pour tout *x* de $]0,+\infty[$, on a : $\frac{1}{x^n}=x^{-n}$.

On sait qu'une primitive sur $]0,+\infty[$ de $x\mapsto x^\alpha$ est $x\mapsto\frac{x^{\alpha+1}}{\alpha+1}$ (avec $\alpha\neq -1$).

En remplaçant α par $-n$, on peut écrire qu'une primitive sur $]0,+\infty[$ de $x\mapsto x^{-n}$ est $x\mapsto\frac{x^{-n+1}}{-n+1}$. Comme $x^{-n+1}=\frac{1}{x^{n-1}}$ et $-n+1=-(n-1)$, on obtient bien le résultat annoncé : une primitive sur $]0,+\infty[$ de $x\mapsto x^{-n}$ est $x\mapsto\frac{-1}{(n-1)x^{n-1}}$.

4. La fonction $x\mapsto\ln(x^2-1)$ n'est pas définie sur $]-1,1[$, puisque x^2-1 est négatif sur $]-1,1[$.

En fait une primitive de $x\mapsto\frac{2x}{x^2-1}$ sur $]-1,1[$ est $x\mapsto\ln|x^2-1|$, soit $x\mapsto\ln(1-x^2)$.

5. Soit f une fonction continue sur un intervalle I centré en 0. Toute primitive F de f sur I est définie par : $\forall x \in I,\ F(x)=\int_0^x f(t)dt+K$, où K est un réel indépendant de x.

Ainsi, on a : $F(-x)=\int_0^{-x} f(t)dt+K=-\int_0^x f(-u)du+K$ (on a posé $u=-t$).

Si f est impaire, on en déduit que : $F(-x)=\int_0^x f(u)du+K=F(x)$ et ainsi F est paire.

6. Avec les mêmes notations que ci-dessus, si f est paire, on a :

$$F(-x)=-\int_0^x f(u)du+K=-F(x)+2K$$

Il suffit de choisir K non nul pour avoir $F(-x)\neq -F(x)$: F n'est donc pas nécessairement impaire (seule la primitive de f qui s'annule en 0 est impaire).
Par exemple une primitive sur $\mathbb{R}$ de $x\mapsto 3x^2$ (qui est paire) est $x\mapsto x^3+1$ (qui n'est ni paire, ni impaire).

7. La fonction f : $t\mapsto\sqrt{\ln(1+e^t)}$ est continue et positive sur $[0,1]$, donc : $\int_0^1\sqrt{\ln(1+e^t)}dt\geq 0$.

De plus, $f(0)=\sqrt{\ln 2}>0$ donc d'après la **propriété 18.5**, on a : $\int_0^1\sqrt{\ln(1+e^t)}dt>0$.

8. Soit f une fonction continue sur $\mathbb{R}$. On désigne par F une primitive de f sur $\mathbb{R}$.

Pour tout réel x non nul, on a : $\dfrac{1}{x}\int_0^x f(t)dt=\dfrac{F(x)-F(0)}{x}$.
F étant dérivable sur $\mathbb{R}$ (elle est même de classe C^1), on a :
$\lim\limits_{x\to 0}\dfrac{1}{x}\int_0^x f(t)dt=\lim\limits_{x\to 0}\dfrac{F(x)-F(0)}{x}=F'(0)$. On obtient donc : $\lim\limits_{x\to 0}\dfrac{1}{x}\int_0^x f(t)dt=f(0)$.

9. Si f est continue sur $\mathbb{R}$, et si F est une primitive de f sur $\mathbb{R}$ alors, la fonction carrée étant dérivable, la fonction G définie sur $\mathbb{R}$ par $G(x)=\int_1^{x^2} f(t)dt$ est dérivable sur $\mathbb{R}$. Mais, pour tout réel x, on a : $G(x)=F(x^2)-F(1)$.
Comme $F(1)$ est une constante, on en conclut que : $\forall x\in\mathbb{R}, G'(x)=2xF'(x^2)=2xf(x^2)$.

10. Poser $u'(x)=e^{x^2}$ et $v(x)=x^3$ va poser problème.
On ne peut, en effet, expliciter de primitives de $x\mapsto e^{x^2}$ bien qu'on sache qu'elles existent.
Il serait plus judicieux de poser : $u'(x)=xe^{x^2}$ et $v(x)=x^2$.

Corrigé

❑ Les erreurs classiques

- À chaque manipulation d'inégalités avec des intégrales, il faut vérifier l'ordre des bornes de l'intégrale.
- Dans la relation de Chasles, il n'y a aucune contrainte sur les positions relatives des réels a, b et c.
- Il ne faut pas confondre ces deux fonctions : $x \mapsto x^a$ et $x \mapsto a^x$ (voir **V/F 2**).
- Une primitive de $\dfrac{U'}{U}$ est $\ln|U|$ et pas $\ln(U)$.
- Lorsque l'intégrande contient plusieurs variables, il convient de bien repérer quelle est la variable d'intégration indiquée par "dt" ou "dx" ou...
- Lorsque l'on vient de calculer une intégrale avec des bornes dans le bon sens, si l'intégrande est de signe constant sur l'intervalle d'intégration, l'intégrale sera de même signe. Cela permet de « contrôler » son résultat.
- Lorsque l'on souhaite primitiver une expression « proche » d'une fonction de référence, on ne peut ajuster qu'avec une constante multiplicative.

Ainsi, $x \mapsto \dfrac{1}{3\sqrt{x}}$ se primitive en $x \mapsto \dfrac{2}{3}\sqrt{x}$ mais $x \mapsto 2e^{x^2}$ ne se primitive pas en $x \mapsto \dfrac{1}{x}e^{x^2}$ (il suffit de dériver cette dernière fonction pour s'en convaincre).

- Dans un changement de variable, l'ancienne et la nouvelle variable ne peuvent coexister dans la même intégrale.

Corrigé des exercices

Exercice 18.1

1. La fonction $x \mapsto xe^{-x^2}$ est continue sur $[0,1]$.

À une constante près, l'intégrande est une expression du type $u'\exp(u)$.

Ainsi, $A = -\frac{1}{2}\int_0^1 \left(-2xe^{-x^2}\right)dx = -\frac{1}{2}\left[e^{-x^2}\right]_0^1$. Finalement, on obtient : $A = \frac{1}{2}\left(1-e^{-1}\right)$.

2. La fonction $x \mapsto \dfrac{1}{x\sqrt{\ln x}}$ est continue sur $\left[e,e^2\right]$.

À une constante près, l'intégrande est une expression du type $\dfrac{u'}{2\sqrt{u}}$.

Ainsi, $B = 2\int_e^{e^2} \dfrac{1/x}{2\sqrt{\ln x}}dx = 2\left[\sqrt{\ln x}\right]_e^{e^2}$. Finalement, on obtient : $B = 2\left(\sqrt{2}-1\right)$.

3. Au signe près, on reconnaît le type $u'\exp(u)$.

Ainsi, $C = \int_{1/2}^1 \dfrac{\exp(1/t)}{t^2}dt = \left[-\exp(1/t)\right]_{1/2}^1 = e^2 - e$.

4. On remarque que : $D = \int_e^{e^2} \dfrac{dx}{x\ln x} = \int_e^{e^2} \dfrac{1/x}{\ln x}dx$.

On reconnaît alors le type $\dfrac{u'}{u}$ et donc : $D = \left[\ln\left|\ln x\right|\right]_e^{e^2} = \ln\left(\ln e^2\right) - \ln\left(\ln e\right) = \ln 2$.

5. La fonction $x \mapsto \dfrac{x}{x+1}$ est continue sur $[0,1]$. De plus, pour tout x de $[0,1]$, on a :

$\dfrac{x}{x+1} = \dfrac{x+1-1}{x+1} = 1 - \dfrac{1}{x+1}$. On en conclut que : $E = \left[x - \ln\left|x+1\right|\right]_0^1 = 1 - \ln 2$.

6. La fonction $x \mapsto x^3e^{x^2}$ est continue sur $[0,1]$.

On pose $\left|\begin{array}{ll} u'(x) = xe^{x^2} & u(x) = \frac{1}{2}e^{x^2} \\ v(x) = x^2 & v'(x) = 2x \end{array}\right.$. Les fonctions u et v sont de classe C^1 sur $[0,1]$ donc on peut intégrer par parties : $F = \int_0^1 x^3e^{x^2}dx = \left[\dfrac{1}{2}x^2e^{x^2}\right]_0^1 - \int_0^1 xe^{x^2}dx = \dfrac{e}{2} - \int_0^1 xe^{x^2}dx$.

Corrigé

De plus, comme $\int_0^1 xe^{x^2}dx = \left[(1/2)e^{x^2}\right]_0^1 = \dfrac{e-1}{2}$, on a finalement : $F = 1/2$.

⇨ *Méthode 18.3*

7. La fonction $x \mapsto x2^x = xe^{x\ln 2}$ est continue sur $I = [-1,1]$.

On pose donc $\left| \begin{array}{ll} u'(x) = 2^x = e^{x\ln 2} & u(x) = \dfrac{2^x}{\ln 2} \\ v(x) = x & v'(x) = 1 \end{array} \right.$. Les fonctions u et v sont de classe C^1 sur I donc

on peut intégrer par parties : $G = \left[x\dfrac{2^x}{\ln 2}\right]_{-1}^1 - \int_{-1}^1 \dfrac{2^x}{\ln 2}dx = \left[\dfrac{1}{\ln 2}x2^x - \dfrac{1}{(\ln 2)^2}2^x\right]_{-1}^1$.

Finalement, $G = \dfrac{2}{\ln 2} - \dfrac{2}{(\ln 2)^2} + \dfrac{1}{2\ln 2} + \dfrac{1}{2(\ln 2)^2} = \dfrac{5}{2\ln 2} - \dfrac{3}{2(\ln 2)^2}$.

⇨ *Méthode 18.3*

8. La fonction $v \mapsto v(\ln v)^2$ est continue sur $[1, e]$.

On pose donc $\left| \begin{array}{ll} f'(v) = v & f(v) = \dfrac{v^2}{2} \\ g(v) = (\ln v)^2 & g'(v) = 2\dfrac{\ln v}{v} \end{array} \right.$. Les fonctions f et g sont de classe C^1 sur $[1, e]$

donc on peut intégrer par parties : $H = \left[\dfrac{v^2}{2}(\ln v)^2\right]_1^e - \int_1^e v\ln v\,dv$.

On a vu à l'**exemple 2** de la **méthode 18.3** que : $\int_1^e v\ln v\,dv = \dfrac{1}{4}(e^2+1)$.

On en déduit que : $H = \dfrac{1}{4}(e^2-1)$.

⇨ *Méthode 18.3*

Exercice 18.2

1. Pour tout réel u de $\mathbb{R}\setminus\{-1,1\}$, on a : $\dfrac{1}{u^2-1} = \dfrac{a}{u-1} + \dfrac{b}{u+1} \Leftrightarrow \dfrac{1}{u^2-1} = \dfrac{(a+b)u+(a-b)}{u^2-1}$.

Par identification des coefficients des numérateurs, on trouve : $\begin{cases} a+b=0 \\ a-b=1 \end{cases}$.

On en déduit que $a = \dfrac{1}{2}$ et $b = -\dfrac{1}{2}$.

Finalement, pour tout réel u de $\mathbb{R}\setminus\{-1,1\}$, on a : $\dfrac{1}{u^2-1} = \dfrac{1}{2}\left(\dfrac{1}{u-1} - \dfrac{1}{u+1}\right)$.

2. D'après la question **1.** on a, pour tout réel u de $]1,+\infty[$: $\dfrac{1}{u^2-1}=\dfrac{1}{2}\left(\dfrac{1}{u-1}-\dfrac{1}{u+1}\right)$.

La fonction F définie par $F(u)=\dfrac{1}{2}\left(\ln|u-1|-\ln|u+1|\right)=\dfrac{1}{2}\ln\left|\dfrac{u-1}{u+1}\right|=\dfrac{1}{2}\ln\left(\dfrac{u-1}{u+1}\right)$ est donc une primitive de $u\mapsto\dfrac{1}{u^2-1}$ sur $]1,+\infty[$.

• Notons φ la fonction définie par $\varphi(x)=\sqrt{e^x+1}$.

φ est de classe C^1 sur $[0,\ln 2]$ et pour tout x de $[0,\ln 2]$, $\varphi'(x)=\dfrac{e^x}{2\sqrt{e^x+1}}$.

Le changement de variable $u=\varphi(x)$ est donc licite et on a $du=\varphi'(x)\,dx$.

De plus, pour tout x de $[0,\ln 2]$, e^x est non nul. On a donc :

$$I=\int_0^{\ln 2}\frac{2}{e^x}\times\frac{e^x}{2\sqrt{e^x+1}}dx=\int_0^{\ln 2}\frac{2}{e^x}\varphi'(x)dx.$$

Comme l'égalité $u=\varphi(x)$ implique $e^x=u^2-1$, on obtient : $I=\displaystyle\int_{\sqrt{2}}^{\sqrt{3}}\frac{2}{u^2-1}du$.

Finalement : $I=\left[2F(u)\right]_{\sqrt{2}}^{\sqrt{3}}=\left[\ln\left(\dfrac{u-1}{u+1}\right)\right]_{\sqrt{2}}^{\sqrt{3}}=\ln\left(\dfrac{(\sqrt{3}-1)(\sqrt{2}+1)}{(\sqrt{3}+1)(\sqrt{2}-1)}\right)$.

⇨ *Méthode 18.4*

Exercice 18.3

1. a) Pour tout réel x différent de -1 et 1, on a :

$$\frac{1}{1-x^2}=\frac{a}{1-x}+\frac{b}{1+x}\Leftrightarrow\frac{1}{1-x^2}=\frac{(a-b)x+(a+b)}{1-x^2}$$
$$\Leftrightarrow 1=(a-b)x+(a+b)$$
$$\Leftrightarrow\begin{cases}a+b=1\\a-b=0\end{cases}\Leftrightarrow a=b=\frac{1}{2}.$$

On en conclut que : $\forall x\in\mathbb{R}-\{-1,1\},\dfrac{1}{1-x^2}=\dfrac{1}{2}\left(\dfrac{1}{1-x}+\dfrac{1}{1+x}\right)$.

b) La relation précédente est donc vraie sur l'intervalle $\left[0,\dfrac{1}{2}\right]$ et on a :

$$u_0=\frac{1}{2}\int_0^{1/2}\left(\frac{1}{1-x}+\frac{1}{1+x}\right)dx=\frac{1}{2}\left[-\ln(1-x)+\ln(1+x)\right]_0^{1/2}.$$

Ainsi, $u_0=\dfrac{\ln 3}{2}$.

Corrigé

c) On a : $u_1 = \int_0^{1/2} \frac{x}{1-x^2}dx = -\frac{1}{2}\int_0^{1/2} \frac{-2x}{1-x^2}dx = -\frac{1}{2}\Big[\ln\left|1-x^2\right|\Big]_0^{1/2}$.

On en déduit que : $u_1 = \ln 2 - \frac{\ln 3}{2}$.

2. a) Pour tout entier naturel n, par linéarité de l'intégrale, on a :

$u_n - u_{n+2} = \int_0^{1/2}\left(\frac{x^n}{1-x^2} - \frac{x^{n+2}}{1-x^2}\right)dx$.

En factorisant par x^n le numérateur, il vient : $u_n - u_{n+2} = \int_0^{1/2} \frac{x^n}{1-x^2}\left(1-x^2\right)dx$.

On obtient alors : $u_n - u_{n+2} = \int_0^{1/2} x^n dx = \left[\frac{x^{n+1}}{n+1}\right]_0^{1/2} = \frac{1}{(n+1)2^{n+1}}$.

Finalement, pour tout entier naturel n, $u_n - u_{n+2} = \frac{1}{(n+1)2^{n+1}}$.

b) En appliquant la relation obtenue précédemment en :

- $n = 0$, on a : $u_0 - u_2 = \frac{1}{2}$. Sachant que u_0 vaut $\frac{\ln 3}{2}$, on en déduit que : $u_2 = \frac{\ln 3 - 1}{2}$.
- $n = 1$, on a : $u_1 - u_3 = \frac{1}{8}$. Sachant que u_1 vaut $\ln 2 - \frac{\ln 3}{2}$, on en déduit que :

$u_3 = \frac{8\ln 2 - 4\ln 3 - 1}{8}$.

3. a) Pour tout entier naturel n, on a : $u_{n+1} - u_n = \int_0^{1/2}\left(\frac{x^{n+1}}{1-x^2} - \frac{x^n}{1-x^2}\right)dx = \int_0^{1/2}\frac{x^n}{1-x^2}(x-1)dx$.

Pour tout x de $\left[0, \frac{1}{2}\right]$, x^n et $1-x^2$ sont positifs et $x-1$ est négatif.

La fonction intégrée est donc continue et négative sur $\left[0, \frac{1}{2}\right]$, les bornes de l'intégrale étant dans l'ordre croissant, on en conclut que : $\int_0^{1/2}\frac{x^n}{1-x^2}(x-1)dx \leq 0$.

Ainsi, pour tout entier naturel n, on a : $u_{n+1} - u_n \leq 0$. La suite (u_n) est donc décroissante.

b) Pour tout entier naturel n, on a : $u_n = \int_0^{1/2}\frac{x^n}{1-x^2}dx$.

Pour tout x de $\left[0, \frac{1}{2}\right]$, x^n et $1-x^2$ sont positifs donc : $\forall x \in \left[0, \frac{1}{2}\right], \frac{x^n}{1-x^2} \geq 0$.

Les bornes de l'intégrale étant dans l'ordre croissant, on en conclut que : $\int_0^{1/2} \frac{x^n}{1-x^2} dx \geq 0$.

Finalement, pour tout entier naturel n, on a : $u_n \geq 0$.

c) La suite (u_n) est donc décroissante et minorée par 0. On en conclut qu'elle converge.

d) Pour obtenir un majorant de l'intégrale définissant u_n, nous allons majorer son intégrande sur $\left[0, \frac{1}{2}\right]$ et utiliser la croissance de l'intégrale. Commençons par minorer $1-x^2$.

Pour tout x de $\left[0, \frac{1}{2}\right]$, on a : $0 \leq x^2 \leq \frac{1}{4}$ par croissance de la fonction carrée sur $\left[0, \frac{1}{2}\right]$.

On en déduit : $\forall x \in \left[0, \frac{1}{2}\right], \frac{3}{4} \leq 1-x^2 \leq 1$ puis $1 \leq \frac{1}{1-x^2} \leq \frac{4}{3}$ en passant à l'inverse (fonction décroissante sur $\mathbb{R}_+^*$). La positivité de x^n sur $\left[0, \frac{1}{2}\right]$ assure alors que :

$$\forall x \in \left[0, \frac{1}{2}\right], \frac{x^n}{1-x^2} \leq \frac{4x^n}{3}$$

Par croissance de l'intégrale ($0 \leq \frac{1}{2}$), on obtient : $\int_0^{1/2} \frac{x^n}{1-x^2} dx \leq \frac{4}{3} \int_0^{1/2} x^n dx$.

Finalement, pour tout entier naturel n, on a : $u_n \leq \frac{4}{3(n+1)2^{n+1}}$.

e) Les résultats des questions **3.b)** et **3.d)** nous donnent : $\forall n \in \mathbb{N}, 0 \leq u_n \leq \frac{4}{3(n+1)2^{n+1}}$.

De plus, on obtient, par produit de limites : $\lim_{n \to +\infty} 3(n+1)2^{n+1} = +\infty$.

Le théorème d'encadrement nous permet de conclure que la suite (u_n) converge vers 0.

⇨ *Méthode 18.1*

Exercice 18.4

P est un polynôme de degré 3.

1. Soit Q un polynôme de degré inférieur ou égal à 3.
On peut alors écrire : $\forall t \in \mathbb{R}, Q(t) = at^3 + bt^2 + ct + d$, où a, b, c et d sont des réels.
La linéarité de l'intégrale assure alors que :
$\int_0^1 Q(t)P(t)dt = a\int_0^1 t^3 P(t)dt + b\int_0^1 t^2 P(t)dt + c\int_0^1 tP(t)dt + d\int_0^1 P(t)dt$.

Comme, pour tout i de $[\![0,3]\!]$, $\int_0^1 t^i P(t)dt = 0$, on en conclut que : $\int_0^1 Q(t)P(t)dt = 0$.

Corrigé

2. On applique la question précédente avec $Q = P$. Ce choix est possible puisque $\deg P = 3$.
On obtient alors : $\int_0^1 (P(t))^2 \, dt = 0$.

La fonction $t \mapsto (P(t))^2$ est continue et positive sur $[0,1]$ et 0<1, la **propriété 18.5** permet de conclure que la fonction $t \mapsto (P(t))^2$ est nulle sur $[0,1]$.

Ceci se traduit par : $\forall t \in [0,1], P(t) = 0$. Le polynôme P a donc une infinité de racines, les réels de [0, 1], donc, d'après la **propriété 8.28**, P est le polynôme nul (il est de degré 3 et possède strictement plus de 3 racines).

⇨ *Méthode 18.2*

Exercice 18.5

1. Les fonctions $x \mapsto x$ et $x \mapsto 2x$ sont définies sur $\mathbb{R}$ et à valeurs dans $\mathbb{R}$.

La fonction $t \mapsto \frac{1}{1+t^4}$ est continue sur $\mathbb{R}$ et on en conclut que F est définie sur $\mathbb{R}$.

On a $D_F = \mathbb{R}$, qui est centré en 0.

De plus, pour tout réel x, on a : $F(-x) = \int_{-x}^{-2x} \frac{1}{1+t^4} dt$.

Le changement de variable $u = -t$ donne alors : $\int_{-x}^{-2x} \frac{1}{1+t^4} dt = -\int_{x}^{2x} \frac{1}{1+(-u)^4} du$.

Finalement, pour tout réel x, on a : $F(-x) = -F(x)$. La fonction F est donc impaire.

⇨ *Méthodes 18.5, 18.7*

2. La fonction $t \mapsto \frac{1}{1+t^4}$ est continue sur $\mathbb{R}$.

Les fonctions $x \mapsto x$ et $x \mapsto 2x$ sont de classe C^1 sur $\mathbb{R}$ à valeurs dans $\mathbb{R}$. La fonction F est donc C^1 sur $\mathbb{R}$ et, pour tout réel x, on a : $F'(x) = 2\frac{1}{1+(2x)^4} - \frac{1}{1+x^4} = \frac{1-14x^4}{(1+x^4)(1+16x^4)}$.

⇨ *Méthode 18.6*

Exercice 18.6

1. Les fonctions $x \mapsto x$ et $x \mapsto x^2$ sont définies sur $]0,1[$ et à valeurs dans $]0,1[$.

De plus, la fonction $t \mapsto \frac{1}{\ln t}$ est continue sur $]0,1[$. On en conclut que f est définie sur $]0,1[$.

Les valeurs en 0 et 1 étant données à part, on peut affirmer que f est définie sur $[0,1]$.

2. a) L'intégrande de $\int_x^{x^2} \frac{dt}{t \ln t}$ est du type $\frac{u'}{u} = \frac{1/t}{\ln t}$ dont on connaît une primitive sur $]0,1[$.

Ainsi, on obtient : $\int_x^{x^2} \frac{dt}{t \ln t} = \left[\ln|\ln t| \right]_x^{x^2} = \ln|\ln x^2| - \ln|\ln x|$.

✎ *Comme x appartient à $]0,1[$, la variable d'intégration t appartient à $]0,1[$ et la valeur absolue dans le logarithme est impérative.*

On remarque alors que : $\ln\left|\ln x^2\right| = \ln|2\ln x| = \ln\left(2|\ln x|\right) = \ln 2 + \ln|\ln x|$.

Finalement, pour tout x de $]0,1[$, on a : $\int_x^{x^2} \frac{dt}{t\ln t} = \ln 2$.

b) On remarque que, pour tout x de $]0,1[$, on a : $x^2 \leq x$.

On en déduit alors, pour tout t de $\left[x^2,x\right]$: $x^2 \leq t \leq x$.

Comme $\ln t$ est négatif, on a : $x\ln t \leq t\ln t \leq x^2\ln t < 0$.

La décroissance de la fonction inverse sur $\mathbb{R}_-^*$ assure alors que : $\frac{1}{x^2\ln t} \leq \frac{1}{t\ln t} \leq \frac{1}{x\ln t}$.

Les bornes étant dans l'ordre décroissant, on a : $\int_x^{x^2} \frac{1}{x\ln t}dt \leq \int_x^{x^2} \frac{1}{t\ln t}dt \leq \int_x^{x^2} \frac{1}{x^2\ln t}dt$.

On obtient donc : $\frac{1}{x}f(x) \leq \ln 2 \leq \frac{1}{x^2}f(x)$.

En multipliant l'inégalité de gauche par x (strictement positif), on a : $f(x) \leq x\ln 2$.

De même, en multipliant l'inégalité de droite par x^2 (strictement positif), on a : $f(x) \geq x^2\ln 2$.

On conclut : $\forall x \in]0,1[, x^2\ln 2 \leq f(x) \leq x\ln 2$.

c) Comme $\lim_{x\to 0} x\ln 2 = \lim_{x\to 0} x^2\ln 2 = 0$, le théorème d'encadrement permet d'affirmer que : $\lim_{x\to 0^+} f(x) = 0 = f(0)$. La fonction f est donc continue en 0.

De même, $\lim_{x\to 1} x\ln 2 = \lim_{x\to 1} x^2\ln 2 = \ln 2$, le théorème d'encadrement donne alors : $\lim_{x\to 1^-} f(x) = \ln 2 = f(1)$. La fonction f est donc continue en 1.

De plus, la fonction $t \mapsto \frac{1}{\ln t}$ est continue sur $]0,1[$ et les fonctions $x \mapsto x$ et $x \mapsto x^2$ sont continues sur $]0,1[$ et à valeurs dans $]0,1[$, la fonction f est donc continue sur $]0,1[$.

Finalement, la fonction f est continue sur $[0,1]$.

3. La fonction $t \mapsto \frac{1}{\ln t}$ est continue sur $]0,1[$ et les fonctions $x \mapsto x$ et $x \mapsto x^2$ sont de classe C^1 sur $]0,1[$ et à valeurs dans $]0,1[$ donc la fonction f est de classe C^1 sur $]0,1[$.

De plus, pour tout x de $]0,1[$, $f'(x) = \frac{2x}{\ln x^2} - \frac{1}{\ln x} = \frac{2x}{2\ln x} - \frac{1}{\ln x} = \frac{x-1}{\ln x} > 0.$

La fonction f est croissante sur $]0,1[$ et comme elle est continue, elle est croissante sur $[0,1]$.

⇨ *Méthodes 18.1, 18.5, 18.6*

Exercice 18.7

Pour tout entier naturel k, on a : $\int_0^1 x^k dx = \left[\dfrac{x^{k+1}}{k+1}\right]_0^1 = \dfrac{1}{k+1}$.

D'après la formule du binôme de Newton, on a : $\forall x \in \mathbb{R}, \sum_{k=0}^{n} \binom{n}{k} x^k = (1+x)^n$.

En intégrant cette relation sur l'intervalle $[0,1]$ (les fonctions en jeu étant bien sûr continues sur cet intervalle), on obtient par linéarité de l'intégration : $\sum_{k=0}^{n} \binom{n}{k} \left[\dfrac{x^{k+1}}{k+1}\right]_0^1 = \left[\dfrac{(x+1)^{n+1}}{n+1}\right]_0^1$.

On a finalement : $\sum_{k=0}^{n} \binom{n}{k} \dfrac{1}{k+1} = \dfrac{2^{n+1}-1}{n+1}$.

Exercice 18.8

1. • Si $t=0$, on a $f_n(0)=0$ donc : $\lim_{n\to+\infty} f_n(0)=0$.

• Si $t \in]0, 1]$, alors, posant $X = nt^2$, on obtient : $\lim_{n\to+\infty} f_n(t) = \dfrac{2}{t} \lim_{X\to+\infty} Xe^{-X} = 0$.

2. La fonction f_n est continue sur $[0,1]$ et : $I_n = \int_0^1 f_n(t)dt = \int_0^1 2nte^{-nt^2} dt = \left[-e^{-nt^2}\right]_0^1 = 1-e^{-n}$.

On en déduit directement que : $\lim_{n\to+\infty} I_n = 1$.

3. Pour résumer, on a : $\lim_{n\to+\infty} \int_0^1 f_n(t)dt = 1 \neq \int_0^1 \lim_{n\to+\infty} f_n(t)dt = \int_0^1 0dt = 0$.

L'affirmation proposée est donc fausse. On ne peut pas, en général, échanger limite et intégrale.

Exercice 18.9

On remarque que, pour tout entier naturel n non nul, $\dfrac{1}{n\sqrt{n}} \sum_{k=1}^{n} \sqrt{k} = \dfrac{1}{n} \sum_{k=1}^{n} \sqrt{\dfrac{k}{n}}$. On reconnaît une somme de Riemann associée à la fonction racine carrée, qui est continue sur [0, 1].

On peut affirmer que : $\lim_{n\to+\infty} \dfrac{1}{n\sqrt{n}} \sum_{k=1}^{n} \sqrt{k} = \int_0^1 \sqrt{t}dt = \left[\dfrac{2}{3}t\sqrt{t}\right]_0^1 = \dfrac{2}{3}$.

On conclut : $\lim_{n\to+\infty} \dfrac{1}{n\sqrt{n}} \sum_{k=1}^{n} \sqrt{k} = \dfrac{2}{3}$.

Chapitre 19
Intégrales impropres

Introduite parallèlement par Isaac **Newton** et Gottfried **Leibniz** à la fin du XVIIe siècle, la notion d'intégrale est utilisée tout au long du siècle suivant, sans souci de justification de son existence ni de précision de la classe des fonctions que l'on peut intégrer. Augustin-Louis **Cauchy** est le premier à le faire mais se restreint aux fonctions continues. L'apport du mathématicien allemand Bernhard **Riemann** est fondamental. Il définit l'intégrale de fonctions plus générales, englobant les fonctions continues, et justifie la conservation des propriétés essentielles à son utilisation. Le mathématicien français Henri **Lebesgue** fait en 1902 un nouveau pas, grâce à une approche partant de mesures d'ensembles. Ceci permettra de nouvelles généralisations vers ce qu'on appelle l'intégrale abstraite, qui englobe de nombreuses théories comme celle des probabilités ou des sommations de séries.

Bernhard Riemann
1826-1866

Objectifs

Les incontournables

▷ Savoir étudier la convergence d'une intégrale impropre.

▷ Savoir intégrer par parties dans une intégrale impropre.

▷ Connaître et savoir utiliser les intégrales de Riemann.

Et plus si affinités

▷ Savoir étudier la convergence d'une intégrale plusieurs fois impropre.

Résumé de cours

Définitions

Intégrale $\int_a^{+\infty} f(t)dt$

Définition 19.1. — Si f est continue sur $[a,+\infty[$, avec a réel, on dit que l'intégrale $\int_a^{+\infty} f(t)\,dt$ est *impropre* (ou *généralisée*) en $+\infty$.

Exemple 19.1. — L'intégrale $\int_0^{+\infty} e^{-u}\,du$ est impropre en $+\infty$.

Intégrale $\int_{-\infty}^{b} f(t)dt$

Définition 19.2. — Si f est continue sur $]-\infty, b]$, avec b réel, on dit que l'intégrale $\int_{-\infty}^{b} f(t)\,dt$ est *impropre* (ou *généralisée*) en $-\infty$.

Exemple 19.2. — L'intégrale $\int_{-\infty}^{0} e^{u}\,du$ est impropre en $-\infty$.

Intégrale $\int_{-\infty}^{+\infty} f(t)dt$

Définition 19.3. — Si f est continue sur $\mathbb{R}$, on dit que l'intégrale $\int_{-\infty}^{+\infty} f(t)\,dt$ est *doublement impropre* (en $-\infty$ et en $+\infty$).

Convergence d'une intégrale impropre

Intégrale $\int_a^{+\infty} f(t)dt$

Définition 19.4 — Si f est continue sur $[a,+\infty[$, avec a réel, on dit que l'intégrale $\int_a^{+\infty} f(t)\,dt$ *converge* lorsque $\int_a^{x} f(t)\,dt$ admet une limite finie lorsque x tend vers $+\infty$. On a alors :

$$\int_a^{+\infty} f(t)\,dt = \lim_{x\to+\infty} \int_a^{x} f(t)\,dt$$

Dans le cas contraire, on dit que l'intégrale $\int_a^{+\infty} f(t)\,dt$ *diverge*.

Exemple 19.3. — L'intégrale impropre $\int_1^{+\infty} \frac{dt}{t^2}$ converge. En effet, $t \mapsto \frac{1}{t^2}$ est continue sur $[1,+\infty[$ et on a : $\forall x \geq 1, \int_1^x \frac{dt}{t^2} = \left[\frac{-1}{t}\right]_1^x = \frac{-1}{x}+1$. On a donc $\lim_{x\to+\infty} \int_1^x \frac{dt}{t} = 1$ et ainsi : $\int_1^{+\infty} \frac{dt}{t^2} = 1$.

Exemple 19.4. — L'intégrale $\int_1^{+\infty} \frac{1}{t} dt$ diverge. En effet, $t \mapsto 1/t$ est continue sur $[1,+\infty[$, mais on a : $\forall x \geq 1, \int_1^x \frac{1}{t} dt = [\ln t]_1^x = \ln x$ donc $\lim_{x\to+\infty} \int_1^{+\infty} \frac{1}{t} dt = \lim_{x\to+\infty} \ln t = +\infty$.

❑ Intégrale $\int_{-\infty}^{b} f(t)dt$

Définition 19.5 — Si f est continue sur $]-\infty, b]$, avec b réel, on dit que l'intégrale $\int_{-\infty}^{b} f(t)dt$ *converge* lorsque $\int_x^b f(t)dt$ a une limite finie lorsque x tend vers $-\infty$. On a alors :

$$\int_{-\infty}^{b} f(t)dt = \lim_{x\to-\infty} \int_x^b f(t)dt$$

Dans le cas contraire, on dit que l'intégrale $\int_{-\infty}^{b} f(t)dt$ *diverge*.

Définition 19.6. — Étudier la *nature* d'une intégrale impropre, c'est déterminer si elle converge ou non.

⇨ **Méthode 19.1. Comment étudier la nature d'une intégrale une fois impropre grâce à la définition et, le cas échéant, donner sa valeur ?**

❑ Intégrale $\int_{-\infty}^{+\infty} f(t)dt$

Définition 19.7. — Si f est continue sur $\mathbb{R}$, on dit que l'intégrale $\int_{-\infty}^{+\infty} f(t)dt$ est convergente lorsque, pour un réel c arbitrairement choisi, les intégrales $\int_{-\infty}^{c} f(t)dt$ et $\int_{c}^{+\infty} f(t)dt$ sont toutes deux convergentes. On pose alors :

$$\int_{-\infty}^{+\infty} f(t)dt = \int_{-\infty}^{c} f(t)dt + \int_{c}^{+\infty} f(t)dt$$

Dans le cas contraire, on dit que l'intégrale $\int_{-\infty}^{+\infty} f(t)dt$ *diverge*.

⇨ **Méthode 19.2. Comment étudier la nature d'une intégrale deux fois impropre ?**

Remarque 19.1 — Si au moins l'une des deux intégrales $\int_{-\infty}^{c} f(t)dt$ et $\int_{c}^{+\infty} f(t)dt$ diverge, alors l'intégrale $\int_{-\infty}^{+\infty} f(t)dt$ est divergente.

Remarque 19.2. — Le résultat précédent ne dépend pas du réel c choisi.

■ Propriétés des intégrales impropres

❑ Linéarité de l'intégration

Théorème 19.1. — Si les intégrales $\int_a^{+\infty} f(t)dt$ et $\int_a^{+\infty} g(t)dt$ convergent, alors quels que soient les réels λ et μ, l'intégrale $\int_a^{+\infty} (\lambda f(t)+\mu g(t))dt$ converge. En outre, l'intégration est linéaire, c'est-à-dire que l'on a : $\int_a^{+\infty} (\lambda f(t)+\mu g(t))dt = \lambda\int_a^{+\infty} f(t)dt + \mu\int_a^{+\infty} g(t)dt$.

Remarque 19.3. — On ne peut écrire « $\int_a^{+\infty} (\lambda f(t)+\mu g(t))dt = \lambda\int_a^{+\infty} f(t)dt + \mu\int_a^{+\infty} g(t)dt$ » que si les deux intégrales de droite convergent, et pas seulement si l'intégrale de gauche converge !

❑ Relation de Chasles

Théorème 19.2. — Soit une fonction f continue sur $[a,+\infty[$, et un réel c de $[a,+\infty[$. Si l'intégrale $\int_a^{+\infty} f(t)dt$ converge, alors $\int_a^{+\infty} f(t)dt = \int_a^{c} f(t)dt + \int_c^{+\infty} f(t)dt$.

❑ Positivité de l'intégrale.

Théorème 19.3. — Soit f une fonction continue et positive sur $[a,+\infty[$ telle que $\int_a^{+\infty} f(t)dt$ converge.

- Si f n'est pas identiquement nulle sur $[a,+\infty[$, alors $\int_a^{+\infty} f(t)dt > 0$.
- Si $\int_a^{+\infty} f(t)dt = 0$, alors f est identiquement nulle sur $[a,+\infty[$.

❑ Croissance de l'intégration

Théorème 19.4. — Si pour tout réel t de $[a,+\infty[$, on a $f(t)\le g(t)$, et si les intégrales impropres $\int_a^{+\infty} f(t)dt$ et $\int_a^{+\infty} g(t)dt$ convergent, alors $\int_a^{+\infty} f(t)dt \le \int_a^{+\infty} g(t)dt$.

Remarque 19.4. — Les théorèmes ci-dessus restent valables pour les intégrales du type $\int_{-\infty}^{b} f(t)dt$ ou $\int_{-\infty}^{+\infty} f(t)dt$.

■ Calcul des intégrales impropres

❑ Intégration par parties

Théorème 19.5. — On ne procède pas à une intégration par parties directement dans une intégrale impropre. On se ramène à une intégrale définie sur un segment et on passe ensuite à la limite.

⇨ **Méthode 19.3. Comment intégrer par parties dans une intégrale impropre ?**

❑ Changement de variable

Théorème 19.6. — On ne procède pas à un changement de variable directement dans une intégrale impropre. On se ramène à une intégrale définie sur un segment (voir le **théorème 18.9**) et on passe ensuite à la limite.

⇨ **Méthode 19.4. Comment faire un changement de variable dans une intégrale impropre ?**

❑ Parité-imparité

Le changement de variable $u = -t$ conduit aux deux résultats utiles suivants :

Théorème 19.7. — Si f est paire et si $\int_0^{+\infty} f(t)\,dt$ converge, alors $\int_{-\infty}^{+\infty} f(t)\,dt$ converge et :

$$\int_{-\infty}^{+\infty} f(t)\,dt = 2\int_0^{+\infty} f(t)\,dt$$

Théorème 19.8. — Si f est impaire et si $\int_0^{+\infty} f(t)\,dt$ converge, alors $\int_{-\infty}^{+\infty} f(t)\,dt$ converge et :

$$\int_{-\infty}^{+\infty} f(t)\,dt = 0$$

❑ Convergence absolue

Définition 19.8. — L'intégrale $\int_a^{+\infty} f(t)\,dt$ est *absolument convergente* si $\int_a^{+\infty} |f(t)|\,dt$ converge.

Théorème 19.9. — Toute intégrale absolument convergente est convergente, mais la réciproque est fausse.

Théorème 19.10. — Inégalité triangulaire.

Si f est continue (ou continue par morceaux) sur $[a, +\infty[$ et si l'intégrale $\int_a^{+\infty} f(t)\,dt$ est absolument convergente, alors : $\left|\int_a^{+\infty} f(t)\,dt\right| \leq \int_a^{+\infty} |f(t)|\,dt$.

Remarque 19.5. — On a le même résultat si f est continue (ou continue par morceaux) sur $]-\infty,b]$ et si l'intégrale $\int_{-\infty}^{b} f(t)\,dt$ est absolument convergente : $\left|\int_{-\infty}^{b} f(t)\,dt\right| \leq \int_{-\infty}^{b} |f(t)|\,dt$.

De même, si f est continue (ou continue par morceaux) sur $\mathbb{R}$ et si l'intégrale $\int_{-\infty}^{+\infty} f(t)\,dt$ est absolument convergente, on a : $\left|\int_{-\infty}^{+\infty} f(t)\,dt\right| \leq \int_{-\infty}^{+\infty} |f(t)|\,dt$.

■ Intégrales de référence

❑ Intégrales de Riemann (impropres en $+\infty$)

Définition 19.9. — Soit α un réel. L'intégrale $\int_{a}^{+\infty} \frac{dx}{x^{\alpha}}$, avec $a > 0$ (impropre en $+\infty$) est appelée *intégrale de Riemann* de paramètre α.

Théorème 19.11. — Convergence d'une intégrale de Riemann impropre en $+\infty$.
Pour tout réel a strictement positif, l'intégrale $\int_{a}^{+\infty} \frac{dx}{x^{\alpha}}$ converge si, et seulement si, $\alpha > 1$.

Remarque 19.6. — L'intégrale de Riemann la plus utilisée est $\int_{1}^{+\infty} \frac{dx}{x^{\alpha}}$.

Remarque 19.7. — Pour tout réel a strictement négatif, **si α est un entier**, l'intégrale $\int_{-\infty}^{a} \frac{dx}{x^{\alpha}}$ converge si, et seulement si, $\alpha > 1$ (le changement de variable $x=-t$ ramène au **théorème 19.11**). On a pris α entier car x^{α} n'est pas défini pour x négatif et α non entier.

❑ Autres intégrales de référence

Théorème 19.12. — L'intégrale $\int_{0}^{+\infty} e^{-\lambda x}\,dx$ converge si, et seulement si, $\lambda > 0$.

Remarque 19.8. — Nous verrons au **chapitre 25** certaines fonctions, appelées *densités*, qui fournissent des exemples d'intégrales convergentes dont on connaît la valeur.
Voici la plus connue :

$$\int_{-\infty}^{+\infty} e^{-\frac{x^2}{2}}\,dx = \sqrt{2\pi}$$

Méthodes

Nature d'une intégrale impropre

Méthode 19.1. Comment étudier la nature d'une intégrale une fois impropre grâce à la définition et, le cas échéant, donner sa valeur ?

• Si f est continue sur $[a,+\infty[$ et si $\int_a^x f(t)dt$ a une limite finie lorsque x tend vers $+\infty$, alors $\int_a^{+\infty} f(t)dt$ converge et on a : $\int_a^{+\infty} f(t)dt = \lim\limits_{x\to+\infty} \int_a^x f(t)dt$.

• Si f est continue sur $]-\infty, b]$ et si $\int_x^b f(t)dt$ a une limite finie lorsque x tend vers $-\infty$, alors $\int_{-\infty}^b f(t)dt$ converge et on a : $\int_{-\infty}^b f(t)dt = \lim\limits_{x\to-\infty} \int_x^b f(t)dt$.

Dans chacun de ces deux cas, si la limite n'est pas finie, alors l'intégrale diverge.

⇨ **Exercices 19.1 à 19.7**

Exemple 1. Étudier la nature de l'intégrale $\int_0^{+\infty} e^{-t}\,dt$.

• La fonction $t \mapsto e^{-t}$ est continue sur $[0,+\infty[$: l'intégrale étudiée est impropre en $+\infty$.

• Pour tout réel A positif, on a : $\int_0^A e^{-t}\,dt = [-e^{-t}]_0^A = -e^{-A}+1$.

Comme $\lim\limits_{A\to+\infty}(-e^{-A}+1)=1$, alors $\lim\limits_{A\to+\infty}\int_0^A e^{-t}\,dt = 1$.

• Bilan. L'intégrale $\int_0^{+\infty} e^{-t}\,dt$ converge et de plus, on a : $\int_0^{+\infty} e^{-t}\,dt = 1$.

Exemple 2. Étudier la nature de l'intégrale $\int_1^{+\infty} \frac{dt}{\sqrt{t}}$.

• La fonction $t \mapsto \frac{1}{\sqrt{t}}$ est continue sur $[1,+\infty[$: l'intégrale étudiée est fois impropre en $+\infty$.

• Pour tout x de $[1,+\infty[$, on a : $\int_1^x \frac{1}{\sqrt{t}}dt = \left[2\sqrt{t}\right]_1^x = 2\sqrt{x}-2$.

Comme $\lim\limits_{x\to+\infty}\left(2\sqrt{x}-2\right)=+\infty$, alors $\lim\limits_{x\to+\infty}\int_1^x \frac{1}{\sqrt{t}}dt = +\infty$.

• Bilan. L'intégrale $\int_1^{+\infty} \frac{dt}{\sqrt{t}}$ diverge (on connaissait la réponse grâce au **théorème 19.11**).

❑ Méthode 19.2. Comment étudier la nature d'une intégrale deux fois impropre ?

• Dans le cas général (voir l'exemple ci-dessous), pour étudier la nature de l'intégrale $\int_{-\infty}^{+\infty} f(t)\,dt$, on se donne un réel c quelconque.

• Si les deux intégrales $\int_{-\infty}^{c} f(t)\,dt$ et $\int_{c}^{+\infty} f(t)\,dt$ convergent, alors l'intégrale $\int_{-\infty}^{+\infty} f(t)\,dt$ converge, et on a : $\int_{-\infty}^{+\infty} f(t)\,dt = \int_{-\infty}^{c} f(t)\,dt + \int_{c}^{+\infty} f(t)\,dt$.

• Si $\int_{-\infty}^{c} f(t)\,dt$ diverge ou si $\int_{c}^{+\infty} f(t)\,dt$ diverge, alors $\int_{-\infty}^{+\infty} f(t)\,dt$ diverge.

• Dans le cas particulier où f est paire ou impaire, on peut se référer aux **théorèmes 19.7** et **19.8**.

⇨ **Exercice 19.5**

Exemple. Étudier la nature et éventuellement donner la valeur de l'intégrale $\int_{-\infty}^{+\infty} \frac{e^t}{(1+e^t)^3}\,dt$.

La fonction $t \mapsto \frac{e^t}{(1+e^t)^3}$ est continue sur $\mathbb{R}$. L'intégrale étudiée est donc deux fois impropre, en $-\infty$ et en $+\infty$.

$\int_{-\infty}^{+\infty} \frac{e^t}{(1+e^t)^3}\,dt$ converge si, et seulement si, $\int_{-\infty}^{0} \frac{e^t}{(1+e^t)^3}\,dt$ et $\int_{0}^{+\infty} \frac{e^t}{(1+e^t)^3}\,dt$ convergent (le choix de la séparation en 0 est arbitraire, il aurait pu être autre). Il reste alors à étudier la convergence de chacune des deux intégrales. On s'inspire des méthodes précédentes.

• Étude de la nature de $\int_{-\infty}^{0} \frac{e^t}{(1+e^t)^3}\,dt$, une fois impropre en $-\infty$.

Pour tout réel x strictement négatif. $\int_{x}^{0} \frac{e^t}{(1+e^t)^3}\,dt = \left[-\frac{1}{2(1+e^t)^2}\right]_x^0 = -\frac{1}{8} + \frac{1}{2(1+e^x)^2}$.

Comme $\lim\limits_{x\to-\infty} \frac{1}{2(1+e^x)^2} = \frac{1}{2}$, on a : $\lim\limits_{x\to-\infty} \int_{x}^{0} \frac{e^t}{(1+e^t)^3}\,dt = -\frac{1}{8} + \frac{1}{2} = \frac{3}{8}$.

Ainsi, $\int_{-\infty}^{0} \frac{e^t}{(1+e^t)^3}\,dt$ converge et $\int_{-\infty}^{0} \frac{e^t}{(1+e^t)^3}\,dt = \frac{3}{8}$.

• Étude de la nature de $\int_{0}^{+\infty} \frac{e^t}{(1+e^t)^3}\,dt$, une fois impropre en $+\infty$:

Pour tout réel x strictement positif, on a : $\int_0^x \frac{e^t}{(1+e^t)^3}dt = \left[-\frac{1}{2(1+e^t)^2}\right]_0^x = -\frac{1}{2(1+e^x)^2}+\frac{1}{8}\cdot$

Comme $\lim_{x\to+\infty}\frac{1}{2(1+e^x)^2}=0$, on a : $\lim_{x\to+\infty}\int_0^x \frac{e^t}{(1+e^t)^3}dt=\frac{1}{8}$.

Ainsi, $\int_0^{+\infty}\frac{e^t}{(1+e^t)^3}dt$ converge et de plus $\int_0^{+\infty}\frac{e^t}{(1+e^t)^3}dt=\frac{1}{8}\cdot$

- Bilan : les intégrales $\int_{-\infty}^0 \frac{e^t}{(1+e^t)^3}dt$ et $\int_0^{+\infty}\frac{e^t}{(1+e^t)^3}dt$ convergent toutes les deux et on peut conclure (**définition 19.7**) que l'intégrale $\int_{-\infty}^{+\infty}\frac{e^t}{(1+e^t)^3}dt$ converge. On a de plus :

$$\int_{-\infty}^{+\infty}\frac{e^t}{(1+e^t)^3}dt=\int_{-\infty}^{0}\frac{e^t}{(1+e^t)^3}dt+\int_{0}^{+\infty}\frac{e^t}{(1+e^t)^3}dt=\frac{3}{8}+\frac{1}{8}=\frac{1}{2}\cdot$$

■ Techniques de calcul d'une intégrale impropre convergente

❑ Méthode 19.3. Comment intégrer par parties dans une intégrale impropre ?

L'idée de mettre en œuvre une intégration par parties dans le cas d'une intégrale impropre est la même que dans le cas des intégrales définies sur un segment (se reporter à la **méthode 18.3**).
Seule différence : on n'intègre pas directement par parties dans l'intégrale impropre. On remplace la borne b en laquelle se situe l'impropreté par une borne variable (par exemple x à condition que x ne soit pas la variable d'intégration), on intègre par parties dans l'intégrale ainsi créée, puis on passe à la limite lorsque x tend vers b.

⇨ **Exercices 19.3, 19.5, 19.6**

Exemple. Montrer que l'intégrale $\int_0^{+\infty} t\,e^{-t}\,dt$ converge et donner sa valeur.

- La fonction $t \mapsto t\,e^{-t}$ est continue sur $[0,+\infty[$ donc l'intégrale est une fois impropre, en $+\infty$.
- Considérons, pour tout réel x positif, l'intégrale $\int_0^x t\,e^{-t}dt$.

Posons $\left|\begin{array}{ll} u'(t)=e^{-t} & u(t)=-e^{-t} \\ v(t)=t & v'(t)=1 \end{array}\right.$.

Les fonctions u et v étant de classe C^1 sur $[0,x]$, on peut intégrer par parties, ce qui donne :

$\int_0^x t\,e^{-t}\,dt=\left[-t\,e^{-t}\right]_0^x-\int_0^x -e^{-t}\,dt=-\,x\mathrm{e}^{-x}+\int_0^x e^{-t}\,dt=-x\mathrm{e}^{-x}+\left[-e^{-t}\right]_0^x=1-e^{-x}-x\,e^{-x}$.

Comme $\lim_{x\to+\infty} e^{-x}=0$ et $\lim_{x\to+\infty} xe^{-x}=0$, on obtient : $\lim_{x\to+\infty}\int_0^x t e^{-t}\,dt=1$.

Ceci montre que $\int_0^{+\infty} t e^{-t}dt$ converge et que : $\int_0^{+\infty} t e^{-t}dt=1$.

❑ Méthode 19.4. Comment faire un changement de variable dans une intégrale impropre ?

Soit l'intégrale $\int_a^{+\infty} f(t)\,dt$, où f est continue sur $[a,+\infty[$, avec a réel, dans laquelle on veut faire le changement de variable $u=\varphi(t)$, où φ est une fonction de classe C^1 sur $[a,+\infty[$.

On considère alors l'intégrale $\int_a^x f(t)\,dt$ et on fait le changement de variable dans cette intégrale (se reporter à la **méthode 18.4**).
Il reste ensuite à faire tendre x vers $+\infty$.

Remarque. La technique est la même pour les intégrales du type $\int_{-\infty}^b f(t)\,dt$.

⇨ **Exercice 19.6**

Exemple. Calculer la valeur de l'intégrale $I=\int_1^{+\infty}\frac{(t-1)^n}{t^{n+2}}dt$, où n est un entier naturel. On pourra s'aider du changement de variable $u=\frac{1}{t}$.

• La fonction $t\mapsto (t-1)^n/t^{n+2}$ est continue sur $[1,+\infty[$ donc I est une fois impropre, en $+\infty$.

On considère, pour tout réel x supérieur à 1, l'intégrale $I(x)=\int_1^x\frac{(t-1)^n}{t^{n+2}}dt$ dans laquelle on effectue le changement de variable $u=1/t$.

• La fonction $\varphi : t\mapsto 1/t$ est de classe C^1 sur $[1,x]$ et on a $\varphi(1)=1$ et $\varphi(x)=1/x$.

• Comme $t=\frac{1}{u}$, on a : $dt=-\frac{du}{u^2}$.

Après un petit calcul, on trouve $\frac{(t-1)^n}{t^{n+2}}=u^2(1-u)^n$, et on obtient :

$$I(x)==-\int_1^{1/x}u^2(1-u)^n\times\frac{du}{u^2}=\int_{1/x}^1(1-u)^n\,du=\left[-\frac{(1-u)^{n+1}}{n+1}\right]_{1/x}^1=\frac{1}{n+1}\left(1-\frac{1}{x}\right)^{n+1}.$$

Comme $\lim_{x\to+\infty}\frac{1}{n+1}\left(1-\frac{1}{x}\right)^{n+1}=\frac{1}{n+1}$, alors, par définition, l'intégrale $I=\int_1^{+\infty}\frac{(t-1)^n}{t^{n+2}}dt$ converge et, de plus, on a : $I=\frac{1}{n+1}$.

Méthodes

Vrai/Faux

		Vrai	Faux
1.	Si une fonction f est continue sur $[0,+\infty[$ et tend vers 0 en $+\infty$, alors l'intégrale $\int_0^{+\infty} f(t)\,dt$ converge.	☐	☐
2.	$\lim_{x\to 0^+} \int_x^{2x} \frac{dt}{t} = 0$.	☐	☐
3.	L'intégrale $\int_1^{+\infty} \frac{dt}{t}$ diverge.	☐	☐
4.	La fonction $t \mapsto \frac{t}{1+t^2}$ étant impaire, on a : $\int_{-\infty}^{+\infty} \frac{t}{1+t^2}\,dt = 0$.	☐	☐
5.	Soit f et g deux fonctions continues sur $[1, +\infty[$. Si les intégrales $\int_1^{+\infty} f(t)\,dt$ et $\int_1^{+\infty} g(t)\,dt$ divergent, alors l'intégrale $\int_1^{+\infty} f(t)g(t)\,dt$ diverge.	☐	☐
6.	Si f est constante sur $[a, +\infty[$, alors l'intégrale $\int_a^{+\infty} f(t)\,dt$ converge	☐	☐
7.	Si $\int_a^{+\infty} f(t)\,dt$ converge et si $\int_a^{+\infty} g(t)\,dt$ diverge, alors on ne peut rien dire de la nature de l'intégrale $\int_a^{+\infty} (f(t)+g(t))\,dt$.	☐	☐
8.	Si l'intégrale $\int_1^{+\infty} f(t)\,dt$ diverge et si l'intégrale $\int_1^{+\infty} g(t)\,dt$ diverge alors l'intégrale $\int_1^{+\infty} (f(t)-g(t))\,dt$ diverge également.	☐	☐
9.	$\lim_{x\to 0^+} \int_x^{2x} \frac{dt}{\sqrt{t}} = 0$.	☐	☐
10.	Soit une fonction f continue sur $\mathbb{R}$. Si $\lim_{A\to+\infty} \int_{-A}^{+A} f(t)\,dt$ existe, alors l'intégrale $\int_{-\infty}^{+\infty} f(t)\,dt$ converge.	☐	☐

■■ Énoncé des exercices

❑ **Exercice 19.1.** — Montrer que les intégrales suivantes convergent et donner leur valeur :

1. $\int_0^{+\infty} \frac{x}{(1+x^2)^2} dx$ **2.** $\int_0^{+\infty} t e^{-t^2} dt$

❑ **Exercice 19.2.** — Montrer que les intégrales suivantes divergent :

1. $\int_1^{+\infty} \frac{\ln t}{t} dt$ **2.** $\int_2^{+\infty} \frac{dx}{x \ln x}$

❑ **Exercice 19.3.** — Montrer, grâce à une intégration par parties, que l'intégrale $\int_0^{+\infty} u^3 e^{-u^2} du$ converge et donner sa valeur.

❑ **Exercice 19.4.** * — Soit la fonction *f* définie sur $]0,+\infty[$ par $f(x) = \ln\left(\frac{e^x - 1}{e^x + 1}\right)$.

1. Donner l'expression de $f'(x)$ sur $]0,+\infty[$.

2. En déduire la convergence puis la valeur de l'intégrale $\int_1^{+\infty} \frac{1}{e^x - e^{-x}} dx$.

❑ **Exercice 19.5.** — Soit la fonction *f* définie sur $\mathbb{R}$ par $f(x) = \frac{e^x}{(1+e^x)^2}$.

1. Étudier la parité de *f*.

2. a) Donner une primitive de *f* sur $\mathbb{R}$.

b) Justifier la convergence de l'intégrale $\int_0^{+\infty} \frac{e^x}{(1+e^x)^2} dx$ et préciser sa valeur.

c) En déduire la convergence et la valeur de $\int_{-\infty}^{+\infty} \frac{e^x}{(1+e^x)^2} dx$.

3. a) Démontrer, à l'aide d'une intégration par parties, que : $\int_0^{+\infty} \frac{x e^x}{(1+e^x)^2} dx = \ln 2$.

b) En déduire la convergence et la valeur de $\int_{-\infty}^{+\infty} \frac{x e^x}{(1+e^x)^2} dx$.

D'après ESSEC

❑ **Exercice 19.6.** * — Pour tout entier naturel n et pour tout réel A positif, on pose :

$$I_n(A) = \int_0^A t^n e^{-t}\, dt$$

1. a) Calculer $I_0(A)$ et en déduire que l'intégrale $I_0 = \int_0^{+\infty} e^{-t}\, dt$ converge et donner sa valeur.

b) Pour tout entier naturel n, trouver une relation entre $I_{n+1}(A)$ et $I_n(A)$.

c) En déduire, par récurrence, que $\int_0^{+\infty} t^n e^{-t}\, dt$ converge. On note I_n cette intégrale.

d) Écrire la relation liant I_{n+1} et I_n. Déterminer ensuite I_n en fonction de n, pour tout entier naturel n.

2. Utiliser un changement de variable pour calculer la valeur de l'intégrale $J_n = \int_0^{+\infty} t^n e^{-2t}\, dt$.

D'après ESCP

❑ **Exercice 19.7.** — Autour de la linéarité.

1. Montrer que : $\forall t \geq 1, \dfrac{1}{t(t+1)} = \dfrac{1}{t} - \dfrac{1}{1+t}$.

2. En déduire la valeur de $\int_1^{+\infty} \dfrac{dt}{t(t+1)}$.

■ Pour vous aider à démarrer

Exercice 19.1. Trouver une primitive des fonctions intégrées.
Exercice 19.2. Même remarque.
Exercice 19.3. Intégrer par parties en posant $f'(u) = u e^{-u^2}$ et $g(u) = u^2$.
Exercice 19.5. Pour la question **3.a)**, après avoir intégré par parties, écrire que $\dfrac{1}{1+e^x} = \dfrac{e^{-x}}{e^{-x}+1}$ pour calculer l'intégrale restante.
Exercice 19.6. Pour la question **1.b)**, intégrer par parties.

Corrigé des vrai/faux

1.	2.	3.	4.	5.	6.	7.	8.	9.	10.
F	F	V	F	F	F	F	F	V	F

1. Considérons la fonction f définie sur $[1,+\infty[$ par : $f(x)=\dfrac{1}{x}$.

La fonction f est continue sur $[1,+\infty[$ et on a facilement $\lim\limits_{x\to+\infty} f(x)=\lim\limits_{x\to+\infty}\dfrac{1}{x}=0$, pourtant $\int_1^{+\infty}\dfrac{dt}{t}$ est une intégrale divergente (intégrale de Riemann de paramètre 1).

2. $\forall x>0, \int_x^{2x}\dfrac{1}{t}\,dt=\left[\ln|t|\right]_x^{2x}=\ln(2x)-\ln x=\ln 2$.

On obtient alors : $\lim\limits_{x\to 0^+}\int_x^{2x}\dfrac{1}{t}dt=\ln 2$.

3. La fonction $t\mapsto\dfrac{1}{t}$ est continue sur $[1, +\infty[$ donc l'intégrale $\int_1^{+\infty}\dfrac{dt}{t}$ est une fois impropre, en $+\infty$. Cette intégrale est une intégrale de Riemann de paramètre 1 donc elle diverge.

On peut s'en convaincre en calculant, pour tout réel A supérieur à 1, l'intégrale $\int_1^A\dfrac{dt}{t}$.

On a : $\int_1^A\dfrac{dt}{t}=\left[\ln|t|\right]_1^A=\ln A$. Comme $\lim\limits_{A\to+\infty}\ln A=+\infty$, on a la preuve que $\int_1^{+\infty}\dfrac{dt}{t}$ est une intégrale divergente.

4. La fonction f : $t\mapsto\dfrac{t}{1+t^2}$ étant impaire, l'intégrale $\int_{-\infty}^{+\infty}\dfrac{t}{1+t^2}dt$ converge si et seulement si l'intégrale $\int_0^{+\infty}\dfrac{t}{1+t^2}dt$ converge. La fonction f est continue sur $[0, +\infty[$ donc cette intégrale est une fois impropre, en $+\infty$.

Pour tout réel A positif, on a : $\int_0^A\dfrac{t}{1+t^2}dt=\dfrac{1}{2}\int_0^A\dfrac{2t}{1+t^2}dt=\dfrac{1}{2}\left[\ln\left(1+t^2\right)\right]_0^A=\dfrac{1}{2}\ln\left(1+A^2\right)$.

Comme $\lim\limits_{A\to+\infty}\dfrac{1}{2}\ln\left(1+A^2\right)=+\infty$, on peut conclure que l'intégrale $\int_0^{+\infty}f(t)dt$ diverge.

A fortiori, l'intégrale $\int_{-\infty}^{+\infty}\dfrac{t}{1+t^2}dt$ diverge (voir la **remarque 19.1**).

5. On considère les fonctions f et g définies par : $f(t)=g(t)=\frac{1}{t}$ pour tout t de $[1,+\infty[$.

Les intégrales $\int_1^{+\infty} f(t)dt$ et $\int_1^{+\infty} g(t)dt$ divergent en tant qu'intégrales de Riemann de paramètre 1, pourtant l'intégrale $\int_1^{+\infty} f(t)g(t)dt$ converge en tant qu'intégrale de Riemann de paramètre 2.

6. Soit f une fonction constante sur $[a,+\infty[$. Notons c cette constante.

Pour tout réel A supérieur à a, on a : $\int_a^A f(t)dt=\int_a^A c\,dt=[ct]_a^A=c(A-a)$.

On a donc deux cas à étudier :

- Si f est la fonction nulle, alors $c=0$ et $\int_a^A f(t)dt=0$.

On en déduit $\lim\limits_{A\to+\infty}\int_a^A f(t)dt=0$, c'est-à-dire : $\int_a^{+\infty} f(t)dt$ converge et $\int_a^{+\infty} f(t)dt=0$.

- Si f n'est pas la fonction nulle, alors $c\neq 0$ et $\lim\limits_{A\to+\infty}\int_a^A f(t)dt=c\lim\limits_{A\to+\infty}(A-a)$. Cette limite est égale à $-\infty$ ou à $+\infty$ selon le signe de c, mais dans les deux cas, ce n'est pas une limite finie.

On en déduit que $\int_a^{+\infty} f(t)dt$ diverge.

7. Soit deux fonctions f et g telles que l'intégrale $\int_a^{+\infty} f(t)dt$ converge et l'intégrale $\int_a^{+\infty} g(t)dt$ diverge.

L'intégrale $\int_a^{+\infty} f(t)dt$ converge donc l'intégrale $\int_a^{+\infty} -f(t)dt$ converge aussi. (elle est égale à $-\int_a^{+\infty} f(t)dt$).

Si l'intégrale $\int_a^{+\infty}(f(t)+g(t))dt$ convergeait, on en déduirait, grâce au **théorème 19.1** que l'intégrale $\int_a^{+\infty}(f(t)+g(t)-f(t))dt$ serait convergente, c'est-à-dire que l'intégrale $\int_a^{+\infty} g(t)dt$ convergerait. Ceci est contraire à l'hypothèse et on en conclut que l'intégrale $\int_a^{+\infty}(f(t)+g(t))dt$ diverge.

8. Il suffit de choisir une fonction f dont l'intégrale sur $[1,+\infty[$) est divergente (par exemple f définie par $f(t)=\frac{1}{t}$) et de prendre $g=f$. Les intégrales $\int_1^{+\infty} f(t)dt$ et $\int_1^{+\infty} g(t)dt$ divergent mais pourtant l'intégrale $\int_1^{+\infty}(f(t)-g(t))dt$ converge (elle est même nulle).

Remarque. On étudie un autre cas de ce genre à l'**exercice 19.7**.

9. $\forall x>0, \int_x^{2x} \frac{1}{\sqrt{t}}dt = \left[2\sqrt{t}\right]_x^{2x} = 2\sqrt{2x} - 2\sqrt{x}$.

On obtient alors : $\lim_{x\to 0^+} \int_x^{2x} \frac{dt}{\sqrt{t}} = 0$.

10. Considérons la fonction $f : t \mapsto t$ définie sur $\mathbb{R}$. Cette fonction est bien continue sur $\mathbb{R}$ et pour tout réel A, on a : $\int_{-A}^{A} f(t)dt = \left[\frac{t^2}{2}\right]_{-A}^{A} = 0$. Ainsi, $\lim_{A\to+\infty} \int_{-A}^{+A} f(t)dt$ existe.

Pourtant, $\int_0^{+\infty} f(t)dt$ diverge (intégrale de Riemann de paramètre $-1 \leq 1$) donc d'après la **définition 19.7**, l'intégrale $\int_{-\infty}^{+\infty} f(t)dt$ diverge.

❑ Les erreurs classiques

- Ne jamais étudier deux impropretés en même temps : il faut scinder l'intégrale à étudier en deux intégrales, chacune étant une seule fois impropre.
- Il ne faut jamais écrire de relation (égalité, inégalité...) entre intégrales si la convergence de ces dernières n'a pas été justifiée.
- Le fait que $\lim_{t\to+\infty} f(t) = 0$ ne garantit pas la convergence de l'intégrale $\int_a^{+\infty} f(t)dt$.
- Si une fonction *f* est impaire, on ne peut pas écrire que $\int_{-\infty}^{+\infty} f(t)dt = 0$ sans avoir montré auparavant la convergence de $\int_0^{+\infty} f(t)dt$ (ou celle de $\int_{-\infty}^{0} f(t)dt$).
- De même, si une fonction f est paire, on ne peut pas écrire que $\int_{-\infty}^{+\infty} f(t)dt = 2\int_0^{+\infty} f(t)dt$ sans avoir montré auparavant la convergence de $\int_0^{+\infty} f(t)dt$ (ou celle de $\int_{-\infty}^{0} f(t)dt$).
- L'intégrale $\int_a^b f(t)g(t)dt$ n'est pas égale au produit $\int_a^b f(t)dt \int_a^b g(t)dt$ (peu importe d'ailleurs que ces intégrales soient définies ou impropres).
- Il faut être très méfiant avec les limites d'intégrales impropres fonctions de leurs bornes (se référer aux **V/F 2** et au **V/F 9**).
- Il faut également être très vigilant avec la linéarité pour les intégrales impropres (se référer au **V/F 8**).

Corrigé

Corrigé des exercices

Exercice 19.1

1. $x \mapsto \dfrac{x}{\left(1+x^2\right)^2}$ est continue sur $\mathbb{R}_+$ donc $\displaystyle\int_0^{+\infty} \frac{x}{(1+x^2)^2}dx$ est une fois impropre, en $+\infty$.

Pour tout réel A strictement positif, on a : $\displaystyle\int_0^{A} \frac{x}{\left(1+x^2\right)^2}dx = \left[\frac{-1}{2\left(1+x^2\right)}\right]_0^A = \frac{1}{2}\left(1-\frac{1}{1+A^2}\right)$.

Comme $\displaystyle\lim_{A\to+\infty} \frac{1}{2}\left(1-\frac{1}{1+A^2}\right) = \frac{1}{2}$, on en déduit que $\displaystyle\int_0^{+\infty} \frac{x}{(1+x^2)^2}dx$ converge et vaut $\dfrac{1}{2}$.

2. $t \mapsto t\,e^{-t^2}$ est continue sur $\left[0,+\infty\right[$ donc $\displaystyle\int_0^{+\infty} t\,e^{-t^2}\,dt$ est une fois impropre, en $+\infty$.

Pour tout réel A strictement positif, on a : $\displaystyle\int_0^{A} te^{-t^2}dx = \left[-\frac{1}{2}e^{-t^2}\right]_0^A = \frac{1}{2}\left(1-e^{-A^2}\right)$.

Comme $\displaystyle\lim_{A\to+\infty} \frac{1}{2}\left(1-e^{-A^2}\right) = \frac{1}{2}$, on en déduit que l'intégrale $\displaystyle\int_0^{+\infty} te^{-t^2}\,dt$ converge et vaut $\dfrac{1}{2}$.

⇨ *Méthode 19.1*

Exercice 19.2

1. $t \mapsto \dfrac{\ln t}{t}$ est continue sur $\left[1,+\infty\right[$ donc $\displaystyle\int_1^{+\infty} \frac{\ln t}{t}dt$ est une fois impropre, en $+\infty$.

Pour tout réel A supérieur ou égal à 1, on a : $\displaystyle\int_1^{A} \frac{\ln t}{t}dt = \int_1^{A} \frac{1}{t}\times \ln t\,dt = \left[\frac{(\ln t)^2}{2}\right]_1^A = \frac{(\ln A)^2}{2}$.

Comme $\displaystyle\lim_{A\to+\infty} \frac{(\ln A)^2}{2} = +\infty$, on en conclut que l'intégrale $\displaystyle\int_1^{+\infty} \frac{\ln t}{t}dt$ diverge.

2. $x \mapsto \dfrac{1}{x\ln x}$ est continue sur $\left[2,+\infty\right[$ donc $\displaystyle\int_2^{+\infty} \frac{1}{x\ln x}dx$ est une fois impropre, en $+\infty$.

Pour tout réel A supérieur ou égal à 2, on a :

$\displaystyle\int_2^{A} \frac{1}{x\ln x}dx = \int_2^{A} \frac{1/x}{\ln x}dx = \left[\ln\left|\ln x\right|\right]_2^A = \ln(\ln A) - \ln(\ln 2)$.

Comme $\displaystyle\lim_{A\to+\infty} \ln(\ln A) = +\infty$, on en conclut que l'intégrale $\displaystyle\int_2^{+\infty} \frac{dx}{x\ln x}$ diverge.

⇨ *Méthode 19.1*

Exercice 19.3

La fonction $u \mapsto u^3 e^{-u^2}$ est continue sur $[0,+\infty[$ donc l'intégrale est une fois impropre en $+\infty$.

Considérons, pour tout réel A positif, l'intégrale $\int_0^A u^3 e^{-u^2} du$.

Posons $\begin{vmatrix} f'(u) = ue^{-u^2} & f(u) = -\frac{1}{2}e^{-u^2} \\ g(u) = u^2 & g'(u) = 2u \end{vmatrix}$. Les fonctions f et g étant de classe C^1 sur $[0,A]$, on peut intégrer par parties : $\int_0^A u^3 e^{-u^2} du = \left[-\frac{u^3}{2}e^{-u^2}\right]_0^A - \int_0^A -ue^{-u^2} du = -\frac{A^3}{2}e^{-A^2} + \int_0^A ue^{-u^2} du$.

On obtient donc : $\int_0^A u^3 e^{-u^2} du = -\frac{A^3}{2}e^{-A^2} + \left[\frac{-1}{2}e^{-u^2}\right]_0^A = \frac{1}{2}\left(1 - e^{-A^2} - A^3 e^{-A^2}\right)$.

Comme $\lim\limits_{A\to+\infty} e^{-A^2} = \lim\limits_{A\to+\infty} A^3 e^{-A^2} = 0$, on a : $\lim\limits_{A\to+\infty} \int_0^A u^3 e^{-u^2} du = \frac{1}{2}$.

Ceci montre que $\int_0^{+\infty} u^3 e^{-u^2} du$ converge et que : $\int_0^{+\infty} u^3 e^{-u^2} du = \frac{1}{2}$.

⇨ *Méthodes 19.1, 19.3*

Exercice 19.4

1. La fonction $g : x \mapsto \frac{e^x - 1}{e^x + 1}$ est dérivable sur $]0,+\infty[$ en tant que quotient bien défini de fonction dérivables sur $]0,+\infty[$ dont le dénominateur ne s'annule pas sur $]0,+\infty[$. Cette fonction est à valeurs dans $]0,+\infty[$, intervalle sur lequel la fonction *ln* est dérivable.
On en déduit, par composition, que la fonction f est dérivable sur $]0,+\infty[$.

De plus : $\forall x > 0,\ f'(x) = \frac{g'(x)}{g(x)} = \frac{\frac{2e^x}{(e^x+1)^2}}{\frac{e^x-1}{e^x+1}} = \frac{2e^x}{(e^x-1)(e^x+1)} = \frac{2e^x}{e^{2x}-1}$.

2. On remarque que, pour tout réel $x > 0$, on a : $f'(x) = \frac{2e^x}{e^{2x}-1} = \frac{2e^x}{e^{2x}-1} \times \frac{e^{-x}}{e^{-x}} = 2 \times \frac{1}{e^x - e^{-x}}$.

On a alors : $\forall A \geq 1$, $\int_1^A \frac{dx}{e^x - e^{-x}} = \frac{1}{2}\int_1^A f'(x)dx = \frac{1}{2}\left(f(A) - f(1)\right)$.

On a de plus : $f(1) = \ln\left(\frac{e-1}{e+1}\right)$ et $f(A) = \ln\left(\frac{e^A - 1}{e^A + 1}\right) = \ln\left(\frac{e^A + 1 - 2}{e^A + 1}\right) = \ln\left(1 - \frac{2}{e^A + 1}\right)$.

On sait que $\lim\limits_{A\to+\infty} \frac{2}{e^A + 1} = 0$ donc, par composition de limites, on a : $\lim\limits_{A\to+\infty} f(A) = 0$.

Ainsi, l'intégrale $\int_1^{+\infty} \frac{dx}{e^x - e^{-x}}$ converge et $\int_1^{+\infty} \frac{dx}{e^x - e^{-x}} = -\frac{1}{2}\ln\left(\frac{e-1}{e+1}\right)$.

⇨ *Méthode 19.1*

Corrigé

Exercice 19.5

1. Pour tout réel x, on a : $f(-x)=\dfrac{e^{-x}}{\left(1+e^{-x}\right)^2}=\dfrac{e^{-x}}{e^{-2x}\left(e^x+1\right)^2}=\dfrac{e^x}{\left(1+e^x\right)^2}=f(x)$.

On en déduit que la fonction f est paire.

2. a) La fonction f est continue sur $\mathbb{R}$ donc elle possède des primitives sur $\mathbb{R}$. De plus, f est de la forme $\dfrac{u'}{u^2}$ (en posant $u : x \mapsto e^x+1$).

On en conclut que la fonction $F : x \mapsto -\dfrac{1}{1+e^x}$ est une primitive de f sur $\mathbb{R}$.

b) La fonction f est continue sur $[0,+\infty[$ donc $\int_0^{+\infty} f(x)dx$ est une fois impropre, en $+\infty$.

Pour tout réel positif A, on a : $\int_0^A f(x)dx=\left[F(x)\right]_0^A=F(A)-F(0)=\dfrac{1}{2}-\dfrac{1}{1+e^A}$.

Comme $\lim\limits_{A\to+\infty}\dfrac{1}{1+e^A}=0$, on en déduit : $\int_0^{+\infty}\dfrac{e^x}{(1+e^x)^2}dx$ converge et $\int_0^{+\infty}\dfrac{e^x}{(1+e^x)^2}dx=\dfrac{1}{2}$.

⇨ *Méthode 19.1*

c) La fonction f est paire et l'intégrale $\int_0^{+\infty}\dfrac{e^x}{(1+e^x)^2}dx$ converge donc $\int_{-\infty}^{+\infty}\dfrac{e^x}{(1+e^x)^2}dx$ converge également (**théorème 19.7**).

De plus, $\int_0^{+\infty}\dfrac{e^x}{(1+e^x)^2}dx=\dfrac{1}{2}$ donc : $\int_{-\infty}^{+\infty}\dfrac{e^x}{(1+e^x)^2}dx=2\int_0^{+\infty}\dfrac{e^x}{(1+e^x)^2}dx=1$.

⇨ *Méthode 19.2*

3. a) Pour tout réel positif A, examinons : $\int_0^A\dfrac{xe^x}{(1+e^x)^2}dx$.

Posons $\begin{cases} u'(x)=\dfrac{e^x}{\left(1+e^x\right)^2} \\ u(x)=-\dfrac{1}{1+e^x}\end{cases}$ et $\begin{cases} v(x)=x \\ v'(x)=1\end{cases}$. Les fonctions u et v étant de classe C^1 sur $[0,A]$, on peut intégrer par parties : $\int_0^A\dfrac{xe^x}{(1+e^x)^2}dx=\left[\dfrac{-x}{1+e^x}\right]_0^A-\int_0^A\dfrac{-1}{1+e^x}dx=\dfrac{-A}{1+e^A}+\int_0^A\dfrac{1}{1+e^x}dx$.

On remarque que, pour tout réel x, on a : $\dfrac{1}{1+e^x}=\dfrac{1}{1+e^x}\times\dfrac{e^{-x}}{e^{-x}}=\dfrac{e^{-x}}{e^{-x}+1}$.

On en déduit : $\int_0^A\dfrac{1}{1+e^x}dx=\int_0^A\dfrac{e^{-x}}{1+e^{-x}}dx=\left[-\ln\left(1+e^{-x}\right)\right]_0^A=\ln 2-\ln\left(1+e^{-A}\right)$.

On obtient ainsi : $\int_0^A \frac{xe^x}{(1+e^x)^2}dx = \frac{-A}{1+e^A} + \ln 2 - \ln\left(1+e^{-A}\right)$.

Comme $\lim_{A\to+\infty} \frac{-A}{1+e^A} = \lim_{A\to+\infty} \frac{-A}{1+e^A} \times \frac{e^{-A}}{e^{-A}} = \lim_{A\to+\infty} \frac{-Ae^{-A}}{e^{-A}+1} = 0$ et comme $\lim_{A\to+\infty} \ln\left(1+e^{-A}\right) = 0$, on conclut : $\int_0^{+\infty} \frac{xe^x}{\left(1+e^x\right)^2}dx = \ln 2$.

⇨ *Méthodes 19.1, 19.3*

b) En posant $g(x) = \frac{xe^x}{\left(1+e^x\right)^2} = xf(x)$, on a : $g(-x) = -xf(-x) = -xf(x)$, car f est paire.

On en déduit que g est impaire et comme, d'après la question **3.a)** l'intégrale $\int_0^{+\infty} g(x)dx$ converge, on en déduit que $\int_{-\infty}^{+\infty} g(x)dx$ converge également et est nulle (**théorème 19.8**).

⇨ *Méthode 19.2*

Exercice 19.6

1. a) Pour tout réel A positif, on a : $I_0(A) = \int_0^A e^{-t}dt = \left[-e^{-t}\right]_0^A = 1 - e^{-A}$.

Comme $\lim_{A\to+\infty} \left(1-e^{-A}\right) = 1$, on conclut : $I_0 = 1$.

⇨ *Méthode 19.1*

b) Pour tout réel A positif, examinons l'intégrale $I_{n+1}(A) = \int_1^A t^{n+1}e^{-t}dt$.

Posons $\begin{cases} u'(t) = e^{-t} \\ u(t) = -e^{-t} \end{cases}$ et $\begin{cases} v(t) = t^{n+1} \\ v'(t) = (n+1)t^n \end{cases}$. Les fonctions u et v étant de classe C^1 sur $[0, A]$, on peut intégrer par parties : $I_{n+1}(A) = \left[-t^{n+1}e^{-t}\right]_0^A + (n+1)\int_0^A t^n e^{-t}dt = -A^{n+1}e^{-A} + (n+1)I_n(A)$.

⇨ *Méthodes 19.1, 19.3*

c) • On sait que l'intégrale I_0 converge

• Supposons que, pour un entier naturel n fixé, l'intégrale I_n converge.

Ceci signifie, par définition, que $\lim_{A\to+\infty} I_n(A)$ est finie (elle vaut I_n).

Comme, par croissances comparées, on a $\lim_{A\to+\infty} A^{n+1}e^{-A} = 0$, l'égalité obtenue à la question **1.b)** permet d'affirmer que $\lim_{A\to+\infty} I_{n+1}(A)$ est finie, ce qui veut dire que l'intégrale I_{n+1} converge.

Corrigé

• On a bien montré par récurrence, que l'intégrale $I_n = \int_0^{+\infty} t^n e^{-t} dt$ converge.

d) En passant à la limite dans l'égalité de la question **1.b)**, on obtient : $I_{n+1} = (n+1) I_n$

On reconnaît la définition de $n!$ vue au **chapitre 2**. Raisonnons par récurrence pour vérifier.
• On déjà vu, à la question **1.a)** que $I_0 = 1 = 0!$, ce qui montre que $R(0)$ est vraie.
• Supposons que, pour un entier naturel n fixé, on ait : $I_n = n!$.
Comme $I_{n+1} = (n+1) I_n$, on a : $I_{n+1} = (n+1) n! = (n+1)!$.
• On conclut, par récurrence, que, pour tout entier naturel n, on a : $I_n = n!$.

2. Pour tout A, on pose $J_n(A) = \int_0^A t^n e^{-2t}\, dt$ et on effectue le changement de variable $u = 2t$.

On obtient : $J_n(A) = \int_0^A t^n e^{-2t} dt = \int_0^{2A} \left(\frac{u}{2}\right)^n e^{-u} \frac{1}{2} du = \frac{1}{2^{n+1}} \int_0^{2A} u^n\, e^{-u} du = \frac{1}{2^{n+1}} I_n(2A)$.

I_n converge donc $\lim\limits_{A \to +\infty} I_n(2A) = I_n$ et ainsi $J_n(A)$ a une limite finie lorsque A tend vers $+\infty$

Ceci prouve que J_n converge et après passage à la limite, quand A tend vers $+\infty$, on obtient :

$$J_n = \frac{1}{2^{n+1}} I_n = \frac{n!}{2^{n+1}}$$

⇨ *Méthodes 19.1, 19.4*

Exercice 19.7

1. Après réduction au même dénominateur, on trouve : $\frac{1}{t} - \frac{1}{1+t} = \frac{t+1-1}{t(1+t)} = \frac{1}{t(1+t)}$.

2. L'intégrale étudiée s'écrit $\int_1^{+\infty} (\frac{1}{t} - \frac{1}{1+t}) dt$, mais il faut faire attention ! Les intégrales $\int_1^{+\infty} \frac{dt}{t}$ et $\int_1^{+\infty} \frac{dt}{t+1}$ divergent toutes les deux (la première est une intégrale de Riemann de paramètre 1 et la deuxième aussi, à un changement de variable près).

On considère donc, pour tout réel A supérieur ou égal à 1, l'intégrale $\int_1^{A} (\frac{1}{t} - \frac{1}{1+t}) dt$.

$\int_1^{A} (\frac{1}{t} - \frac{1}{1+t}) dt = \int_1^A \frac{dt}{t} - \int_1^A \frac{dt}{t+1} = [\ln t]_1^A - [\ln(t+1)]_1^A = \ln A - \ln(A+1) + \ln 2 = \ln(\frac{A}{A+1}) + \ln 2$.

Comme $\lim\limits_{A \to +\infty} \frac{A}{A+1} = 1$ alors $\lim\limits_{A \to +\infty} \ln(\frac{A}{A+1}) = 0$. Ainsi, on a : $\lim\limits_{A \to +\infty} \int_1^A \frac{dt}{t(t+1)} = \ln 2$.

Bilan : l'intégrale $\int_1^{+\infty} \frac{dt}{t(t+1)}$ converge et $\int_1^{+\infty} \frac{dt}{t(t+1)} = \ln 2$.

⇨ *Méthode 19.1*

Chapitre 20
Séries

L'utilisation de la somme d'une série apparaît dès l'Antiquité avec **Archimède**, pour des calculs d'aires et de volumes. Il faut attendre la deuxième moitié du XVIIe siècle pour voir se développer l'étude des séries, en particulier avec le développement du calcul différentiel et intégral. En 1821, Augustin-Louis **Cauchy** établit le premier une théorie rigoureuse. Il énonce même, cinq ans avant la naissance du mathématicien allemand, la règle de convergence des séries de **Riemann**.

Augustin-Louis Cauchy
1789-1857

■■ Objectifs

■ Les incontournables

- ▷ Savoir étudier la nature d'une série à l'aide de la définition.
- ▷ Connaître les sommes des séries usuelles.

■ Et plus si affinités

- ▷ Savoir utiliser la série $\sum(u_{n+1} - u_n)$ pour étudier la suite (u_n).

Résumé de cours

Définitions

Définitions 20.1. — Soit (u_n) une suite réelle. On pose : $\forall n \in \mathbb{N},\ S_n = \sum_{k=0}^{n} u_k$.

Étudier la nature de la *série de terme général* u_n, c'est étudier si la suite (S_n) est convergente ou pas.
La suite $(S_n)_{n\in\mathbb{N}}$ est appelée *suite des sommes partielles* de la série.

Notation. — La série de terme général u_n est souvent notée $\sum u_n$. Attention, ceci n'est qu'une notation sans aucun sens "sommatoire" car la somme n'a ni indice, ni bornes !
S'il y a le moindre risque de confusion avec une "vraie" somme (comme par exemple S_n), il vaut mieux écrire en entier « la série de terme général u_n ».

Remarque 20.1. — Il est possible que la suite (u_n) ne soit définie qu'à partir du rang 1, ou même du rang n_0, il suffit alors de changer la borne inférieure des sommes que l'on rencontre.

Nature d'une série

Séries convergentes, séries divergentes

Définition 20.2. — Soit une suite $(u_n)_{n\in\mathbb{N}}$. On dit que la série $\sum u_n$ *converge*, lorsque la suite $(S_n)_{n\in\mathbb{N}}$ des sommes partielles associée converge. Sinon, on dit que la série *diverge*.
Dans le cas où la série $\sum u_n$ converge, la limite de la suite $(S_n)_{n\in\mathbb{N}}$ est appelée *somme de la série de terme général* u_n et on la note $\sum_{k=0}^{+\infty} u_k$. On a donc : $\sum_{k=0}^{+\infty} u_k = \lim_{n\to+\infty} \sum_{k=0}^{n} u_k$.

Remarque 20.2. — Il existe des séries dont il est facile de trouver la somme, ce sont celles dont le terme général s'écrit sous la forme $u_n = v_{n+1} - v_n$. En effet, on peut écrire :
$\forall n \in \mathbb{N}^*,\ S_{n-1} = \sum_{k=0}^{n-1} u_k = \sum_{k=0}^{n-1} (v_{k+1} - v_k) = v_n - v_0$. Il ne reste plus alors qu'à connaître le comportement de la **suite** (v_n) pour conclure sur la série $\sum u_n$ (et réciproquement).

⇨ **Méthode 20.1. Comment utiliser la suite des sommes partielles ?**
⇨ **Méthode 20.2. Comment calculer la somme d'une série grâce aux sommes partielles ?**

Exemple 20.1. — Soit un réel q tel que $|q| < 1$. Pour tout n de $\mathbb{N}$, on a : $\displaystyle\sum_{k=0}^{n} q^k = \frac{1-q^{n+1}}{1-q}$.

Comme $\lim\limits_{n\to+\infty} q^{n+1} = 0$, alors $\lim\limits_{n\to+\infty} \displaystyle\sum_{k=0}^{n} q^k = \frac{1}{1-q}$, ce qui veut dire que la série $\sum q^n$ converge.

En prime, on a le résultat : $\displaystyle\sum_{k=0}^{+\infty} q^k = \frac{1}{1-q}$.

Exemple 20.2. — Considérons la série $\sum 1$. Pour tout n de $\mathbb{N}$, on a : $\displaystyle\sum_{k=0}^{n} 1 = n+1$.

Comme $\lim\limits_{n\to+\infty} (n+1) = +\infty$, on a $\lim\limits_{n\to+\infty} \displaystyle\sum_{k=0}^{n} 1 = +\infty$, donc la série $\sum 1$ diverge.

Propriété 20.1. — Si les séries $\sum v_n$ et $\sum w_n$ convergent, alors quels que soient les réels a et b, la série $\sum (av_n + bw_n)$ converge. Dans ce cas, $\displaystyle\sum_{n=0}^{+\infty} (av_n + bw_n) = a\sum_{n=0}^{+\infty} v_n + b\sum_{n=0}^{+\infty} w_n$.

⇨ **Méthode 20.3. Comment calculer la somme d'une série par combinaison linéaire ?**

Mise en garde 20.1. — Il peut se faire que la série $\sum (av_n + bw_n)$ converge, alors que les séries $\sum v_n$ et $\sum w_n$ divergent. On ne "scinde" donc pas la somme d'une série convergente en deux sommes de séries sans avoir vérifié au préalable que ces deux séries convergent.

Théorème 20.1. — Condition nécessaire de convergence.

- Si la série de terme général u_n converge, alors on a : $\lim\limits_{n\to+\infty} u_n = 0$.
- Si u_n ne tend pas vers 0, alors la série de terme général u_n diverge.

Remarque 20.3. — Le résultat est facile à établir en remarquant que : $\forall n \in \mathbb{N}^*$, $u_n = S_n - S_{n-1}$. Si la série converge, en notant S sa somme, on a $\lim\limits_{n\to+\infty} S_{n-1} = \lim\limits_{n\to+\infty} S_n = S$, d'où $\lim\limits_{n\to+\infty} u_n = 0$.

Remarque 20.4. — La réciproque du **théorème 20.1** est fausse : on peut très bien avoir $\lim\limits_{n\to+\infty} u_n = 0$ sans que la série de terme général u_n converge.

❑ Somme partielle d'une série à termes positifs

Propriété 20.2. — La suite (S_n) des sommes partielles associée à une série à termes positifs est croissante (car $S_{n+1} - S_n = u_{n+1} \geq 0$).

- Si la suite des sommes partielles est majorée alors la série $\sum u_n$ converge.
- Sinon, la série diverge et $\lim\limits_{n\to+\infty} S_n = +\infty$.

❑ Séries absolument convergentes

Définition 20.3. — La série $\sum u_n$ est *absolument convergente* lorsque la série $\sum |u_n|$ converge.

Théorème 20.2. — Toute série absolument convergente est convergente.

Remarque 20.5. — La réciproque est fausse : la série $\sum \frac{(-1)^{n-1}}{n}$ converge (voir le chapitre sur les formules de Taylor du **tome 2**), mais elle ne converge pas absolument (voir l'**exercice 20.4**).

Théorème 20.3. — Si une série est absolument convergente, alors on ne change ni sa nature, ni sa somme, en changeant l'ordre de sommation de ses termes.

■ Séries usuelles

❑ Séries géométriques

Théorème 20.4. — Les séries $\sum q^k$, $\sum kq^{k-1}$ et $\sum k(k-1)q^{k-2}$ convergent si et seulement si $|q|<1$. On a alors les égalités suivantes :

- $\sum_{k=0}^{+\infty} q^k = \frac{1}{1-q}$
- $\sum_{k=1}^{+\infty} kq^{k-1} = \frac{1}{(1-q)^2}$ (série dite *géométrique "dérivée d'ordre* 1")
- $\sum_{k=2}^{+\infty} k(k-1)q^{k-2} = \frac{2}{(1-q)^3}$ (série dite *géométrique "dérivée d'ordre* 2")

❑ Série exponentielle

Théorème 20.5. — Quel que soit le réel x, la série $\sum \frac{x^n}{n!}$ converge, et on a : $\sum_{n=0}^{+\infty} \frac{x^n}{n!} = e^x$.

Remarque 20.6. — Les séries de Riemann sont étudiées en deuxième année.

■■ Méthodes

■ Nature d'une série

❑ Méthode 20.1. Comment utiliser la suite des sommes partielles ?

> Si on sait calculer la somme partielle d'une série, alors il est facile de donner la nature de la série, et en prime, la valeur de sa somme lorsqu'elle converge.
> Si on peut mettre le terme général d'une série sous la forme $v_{n+1} - v_n$, alors on sait calculer la somme partielle, puis conclure sur la nature de la série.

⇨ **Exercices 20.4 20.6**

Exemple 1. Étudier la nature de la série de terme général $\ln(1+1/n)$ (avec $n \geq 1$).

$$\forall n \geq 1,\ S_n = \sum_{k=1}^{n} \ln(1+\frac{1}{k}) = \sum_{k=1}^{n} \ln(\frac{k+1}{k}) = \sum_{k=1}^{n} \big(\ln(k+1) - \ln(k)\big) = \ln(n+1).$$

On en déduit que la suite (S_n) est de même nature que la suite $(\ln(n+1))_{n\geq 1}$, c'est-à-dire divergente. Par définition, la série de terme général $\ln(1+1/n)$ est donc divergente.

Exemple 2. Voir l'exemple de la **méthode 20.2** pour un cas de série convergente.

■ Calcul de la somme d'une série convergente

❑ Méthode 20.2. Comment calculer la somme d'une série grâce aux sommes partielles ?

> Par définition, la somme de la série $\sum u_n$ est la limite de la suite des sommes partielles, lorsque cette limite est finie.

⇨ **Exercices 20.1 (4), 20.2, 20.3, 20.6**

Exemple. Montrer que la série de terme général $\dfrac{1}{n(n+1)}$ ($n \geq 1$) est convergente.

On pose : $\forall n \in \mathbb{N}^*,\ S_n = \displaystyle\sum_{k=1}^{n} \frac{1}{k(k+1)}$ et on remarque que : $\forall k \geq 1,\ \dfrac{1}{k(k+1)} = \dfrac{1}{k} - \dfrac{1}{k+1}$.

$$\forall n \in \mathbb{N}^*,\ S_n = \sum_{k=1}^{n} \frac{1}{k(k+1)} = \sum_{k=1}^{n} (\frac{1}{k} - \frac{1}{k+1}) = \sum_{k=1}^{n} \frac{1}{k} - \sum_{k=1}^{n} \frac{1}{k+1} = \sum_{k=1}^{n} \frac{1}{k} - \sum_{k=2}^{n+1} \frac{1}{k} = 1 - \frac{1}{n+1}.$$

Comme $\lim_{n\to+\infty}(1-\frac{1}{n+1})=1$, la suite des sommes partielles $(S_n)_{n\in\mathbb{N}^*}$ converge vers 1. Par suite, la série $\sum\frac{1}{n(n+1)}$ converge et $\sum_{n=1}^{+\infty}\frac{1}{n(n+1)}=1$.

❑ Méthode 20.3. Comment calculer la somme d'une série par combinaison linéaire ?

On suppose que, pour tout n de $\mathbb{N}$, on a $u_n = av_n + bw_n$ (au moins à partir d'un certain rang), où a et b sont deux réels. Si les séries $\sum v_n$ et $\sum w_n$ convergent, alors la série $\sum u_n$ converge et de plus : $\sum_{n=0}^{+\infty}u_n = a\sum_{n=0}^{+\infty}v_n + b\sum_{n=0}^{+\infty}w_n$.

⇨ **Exercice 20.1 (2, 3)**

Exemple. Montrer que la série de terme général $u_n=\frac{n^2+n-1}{n!}$ ($n\in\mathbb{N}$) est convergente.

$\forall n\in\mathbb{N},\ u_n=\frac{n^2+n-1}{n!}=\frac{n(n-1)+2n-1}{n!}$.

Donc : $\forall n\geq 2,\ u_n=\frac{n(n-1)}{n!}+2\frac{n}{n!}-\frac{1}{n!}=\frac{1}{(n-2)!}+2\frac{1}{(n-1)!}-\frac{1}{n!}$.

On reconnaît une combinaison linéaire de termes généraux de séries convergentes (ce sont des termes généraux de séries exponentielles, à un décalage d'indice près, ce qui ne change pas la nature de la série), donc la série $\sum u_n$ converge. En outre :

$$\sum_{n=0}^{+\infty}u_n=\sum_{n=0}^{+\infty}\frac{n^2+n-1}{n!}=-1+1+\sum_{n=2}^{+\infty}\left(\frac{1}{(n-2)!}+2\frac{1}{(n-1)!}-\frac{1}{n!}\right)$$ (on a sorti de la somme les deux premiers termes)

$$\sum_{n=0}^{+\infty}u_n=-1+1+\sum_{n=2}^{+\infty}\frac{1}{(n-2)!}+2\sum_{n=2}^{+\infty}\frac{1}{(n-1)!}-\sum_{n=2}^{+\infty}\frac{1}{n!}$$ (les trois séries convergent)

$$\sum_{n=0}^{+\infty}u_n=-1+1+\sum_{n=0}^{+\infty}\frac{1}{n!}+2\sum_{n=1}^{+\infty}\frac{1}{n!}-\sum_{n=2}^{+\infty}\frac{1}{n!}$$ (on a changé d'indice dans les deux premières sommes du membre de droite)

$$\sum_{n=0}^{+\infty}u_n=-1+1+\sum_{n=0}^{+\infty}\frac{1}{n!}+2\left(\sum_{n=0}^{+\infty}\frac{1}{n!}-1\right)-\left(\sum_{n=0}^{+\infty}\frac{1}{n!}-1-1\right)=-1+1+e+2(e-1)-(e-1-1)=2e.$$

■■ Vrai/Faux

		Vrai	Faux
1.	La série de terme général $(-1)^n$ est convergente.	☐	☐
2.	Si q est un réel strictement compris entre -1 et 1, alors : $\sum_{k=1}^{+\infty} q^k = \frac{1}{1-q}$.	☐	☐
3.	La série de terme général nul est convergente, de somme égale à 0.	☐	☐
4.	La série $\sum ne^{-n}$ est convergente.	☐	☐
5.	La série de terme général u_n est de même nature que la série de terme général $-u_n$.	☐	☐
6.	Soit $(u_n)_{n\in\mathbb{N}}$ une suite de réels. Si la série $\sum(u_{n+1} - u_n)$ converge, alors la suite (u_n) converge, et la somme de la série est égale à la limite de la suite (u_n).	☐	☐
7.	Si la série $\sum(u_{n+1} - u_n)$ converge, alors la série de terme général u_n converge aussi.	☐	☐
8.	$(\sum_{k=0}^{n} \frac{n^k}{k!})_{n\in\mathbb{N}}$ est convergente en tant que suite des sommes partielles associée à une série exponentielle.	☐	☐
9.	On considère la suite (u_n) définie par : $\forall n \in \mathbb{N}^*$, $u_n = \frac{1}{n^n}$. La série de terme général u_n est une série géométrique.	☐	☐
10.	Soit $(u_n)_{n\in\mathbb{N}}$ une suite de réels. Si la série de terme général u_n est convergente, alors la série de terme général e^{u_n} est également convergente.	☐	☐

■■ Énoncé des exercices

❑ **Exercice 20.1.** — Montrer que les séries, dont les termes généraux suivent, sont convergentes, et donner leurs sommes.

1. $a_n = \dfrac{n}{e^{2n}}$ ($n \in \mathbb{N}^*$). **2.** $b_n = \dfrac{n^2}{n!}$ ($n \in \mathbb{N}^*$). **3.** $c_n = \dfrac{n^2}{2^n}$ ($n \in \mathbb{N}^*$).

4. $d_n = \dfrac{2}{(2n+1)(2n+3)}$ ($n \in \mathbb{N}$). Pour cette dernière question, on pourra déterminer les réels a et b tels que : $\forall n \in \mathbb{N},\ d_n = \dfrac{a}{2n+1} - \dfrac{b}{2n+3}$.

❑ **Exercice 20.2.** — Pour tout k de $\mathbb{N}^*$, on pose $v_k = \ln(1 + \dfrac{2}{k(k+3)})$.

1. En factorisant $k^2 + 3k + 2$, écrire pour tout entier naturel k non nul, v_k sous la forme $u_{k+1} - u_k$.

2. En déduire que la série de terme général v_n converge et donner la valeur de $\sum_{n=1}^{+\infty} v_n$.

❑ **Exercice 20.3.** — Pour tout n de $\mathbb{N}^*$, on pose $u_n = \dfrac{(-1)^{n+1} n}{4n^2 - 1}$.

1. Trouver deux réels a et b tels que : $\forall k \geq 1,\ \dfrac{k}{4k^2-1} = \dfrac{a}{2k+1} + \dfrac{b}{2k-1}$.

2. En déduire que la série de terme général u_n converge, et calculer $\sum_{n=1}^{+\infty} \dfrac{(-1)^{n+1} n}{4n^2-1}$.

❑ **Exercice 20.4.** * — On se propose de montrer de deux façons différentes que la série de terme général $\dfrac{1}{n}$ diverge. Pour cela, on pose : $\forall n \geq 1,\ S_n = \sum_{k=1}^{n} \dfrac{1}{k}$.

1. a) En appliquant, pour tout entier naturel k non nul, l'inégalité des accroissements finis à la fonction ln entre k et $k+1$, et en sommant les inégalités ainsi obtenues, montrer que :

$$\forall n \geq 1,\ S_n \geq \ln(n+1).$$

b) En déduire la réponse au problème posé.

2. a) Quel que soit l'entier naturel n non nul, montrer que $S_{2n} - S_n \geq \dfrac{1}{2}$.

b) Supposons que la suite (S_n) converge, et notons ℓ sa limite. Que dire de la suite (S_{2n}) ? Conclure alors quant au problème posé.

❑ Exercice 20.5. — Autour de la série géométrique (q désigne un réel tel que $|q|<1$).

1. Montrer que la série de terme général q^{2n} ($n \in \mathbb{N}$) est convergente et calculer $\sum_{n=0}^{+\infty} q^{2n}$.

2. a) Montrer que la série de terme général q^{2n+1} ($n \in \mathbb{N}$) est convergente et calculer $\sum_{n=0}^{+\infty} q^{2n+1}$.

b) En déduire $\sum_{n=1}^{+\infty} q^{2n-1}$.

3. Soit m un entier naturel fixé. Déterminer deux façons de calculer $\sum_{n=m}^{+\infty} q^{n}$.

❑ Exercice 20.6.* — Soit la suite (u_n) définie par la donnée de u_0, élément de] 0, 1[, et par la relation, valable pour tout n de $\mathbb{N}$: $u_{n+1} = u_n - u_n^2$.

1. a) Montrer que : $\forall n \in \mathbb{N},\ u_n \in]0,1[$.

b) Montrer que la suite (u_n) converge, et déterminer sa limite.

2. Montrer que la série $\Sigma\, u_n^2$ converge, et calculer sa somme en fonction de u_0.

3. Quelle est la nature de la série $\Sigma\, (\ln u_{n+1} - \ln u_n)$?

❑ Exercice 20.7. — On pose que la série de terme général u_n est convergente.

On pose, pour tout entier naturel n : $S_n = \sum_{k=0}^{n} u_k$, $S = \sum_{k=0}^{+\infty} u_k$ et $R_n = \sum_{k=n+1}^{+\infty} u_k$.

Montrer que R_n tend vers 0 lorsque n tend vers $+\infty$.

■ Pour vous aider à démarrer

Exercice 20.2. Pour la question **1**, écrire $\ln(\frac{ab}{cd}) = \ln(\frac{a/c}{d/b}) = \ln(\frac{a}{c}) - \ln(\frac{d}{b})$.
Exercice 20.4. Pour la question **2.a)**, minorer chaque terme de la somme $S_{2n} - S_n$ par le plus petit d'entre eux.
Exercice 20.5. Pour la question **1**, le changement d'indice $i = 2n$ est illicite (la somme obtenue ne contient plus le même nombre de termes que la somme initiale). Pour la question **2.a)**, même remarque avec le changement d'indice $i = 2n+1$.
Exercice 20.6. Pour la question **1.a)**, procéder par récurrence.
Pour la question **2**, considérer la somme partielle de la série de terme général u_n^2.

Corrigé des vrai/faux

1.	2.	3.	4.	5.	6.	7.	8.	9.	10.
F	F	V	V	V	F	F	F	F	F

1. $(-1)^n$ n'a pas de limite lorsque n tend vers $+\infty$ (puisque $(-1)^{2n} = 1$ et $(-1)^{2n+1} = -1$). Par conséquent, d'après la condition nécessaire de convergence d'une série (**théorème 20.1**), la série de terme général $(-1)^n$ diverge.

2. D'après le cours, on a $\sum_{k=0}^{+\infty} q^k = \frac{1}{1-q}$, mais : $\sum_{k=1}^{+\infty} q^k = \sum_{k=0}^{+\infty} q^k - q^0 = \frac{1}{1-q} - 1 = \frac{q}{1-q}$.

3. Considérons la série de terme général $u_k = 0$. Alors la somme partielle $S_n = \sum_{k=0}^{n} 0$ est nulle.

Ainsi la suite (S_n) est convergente de limite nulle, ce qui signifie que la série de terme général 0 est convergente de somme nulle.

4. Pour tout entier naturel n, on a : $ne^{-n} = n\left(\frac{1}{e}\right)^n = \frac{1}{e} \times n\left(\frac{1}{e}\right)^{n-1}$.

Comme la série de terme général $n\left(\frac{1}{e}\right)^{n-1}$ converge en tant que série géométrique dérivée d'ordre 1 de raison $\frac{1}{e}$ (avec $\left|\frac{1}{e}\right| = \frac{1}{e} < 1$), la série de terme général ne^{-n} converge en tant que série proportionnelle à une série convergente (**propriété 20.1**).

5. Dire que la série de terme général u_n converge, c'est dire que $\sum_{k=0}^{n} u_k$ a une limite finie S quand n tend vers $+\infty$, ce qui veut dire que $-\sum_{k=0}^{n} u_k$ a une limite finie $(-S)$ quand n tend vers $+\infty$.

6. Supposons que la série de terme général $(u_{n+1} - u_n)$ converge.

Ceci signifie que la somme $\sum_{k=0}^{n-1} (u_{k+1} - u_k)$ possède une limite finie S quand n tend vers $+\infty$.

Corrigé

Mais $\sum_{k=0}^{n-1}\left(u_{k+1}-u_k\right)=u_n-u_0$ (par télescopage) donc $u_n=u_0+\sum_{k=0}^{n-1}\left(u_{k+1}-u_k\right)$, ce qui prouve que la suite (u_n) possède une limite, mais cette limite vaut $S+u_0$.

Finalement, si la série de terme général $(u_{n+1}-u_n)$ converge, la suite (u_n) converge mais la somme de la série n'est pas égale à la limite de (u_n), sauf si $u_0=0$.

7. On a vu dans le **V/F 6** que : $u_n=u_0+\sum_{k=0}^{n-1}\left(u_{k+1}-u_k\right)$. Si par exemple la somme de la série de terme général $u_{n+1}-u_n$ est égale à S avec $S+\ u_0\neq 0$, alors $\lim\limits_{n\to+\infty} u_n\neq 0$, ce qui prouve que la série de terme général u_n diverge (son terme général ne tend même pas vers 0).

Prendre par exemple : $u_n=1-\dfrac{1}{n+1}$. On a $u_0=0$, $\lim\limits_{n\to+\infty} u_n=1$ et on trouve $S=1$ (télescopage).

8. Pour tout entier naturel n supérieur ou égal à 1, on a $\sum_{k=0}^{n}\dfrac{n^k}{k!}\geq 1+n$ (en minorant par la somme des deux premiers termes). Par comparaison, on obtient : $\lim\limits_{n\to+\infty}\sum_{k=0}^{n}\dfrac{n^k}{k!}=+\infty$.

9. Une série géométrique est une série dont le terme général est du type q^n, avec q indépendant de n. La série de terme général $\dfrac{1}{n^n}$ n'est donc pas une série géométrique : sa raison serait $\dfrac{1}{n}$, qui n'est pas indépendant de n.

10. Comme la série de terme général u_n est convergente, on sait (condition nécessaire de convergence d'une série) que $\lim\limits_{n\to+\infty} u_n=0$. Dès lors, on a : $\lim\limits_{n\to+\infty} e^{u_n}=1$.

La série de terme général e^{u_n} est donc divergente puisque son terme général ne tend pas vers 0.

❑ Les erreurs classiques

- Ne pas confondre la suite de terme général u_n, la somme S de la série de terme général u_n et la suite (S_n) des sommes partielles associées à la série.
- La convergence du terme général vers 0 ne suffit pas pour assurer la convergence de la série associée.
- Le paramètre q dans les séries géométriques, et le paramètre x dans les séries exponentielles doivent être indépendants de l'indice n définissant u_n.

Corrigé des exercices

Exercice 20.1

1. Pour tout entier naturel n, on a : $a_n = n\left(\frac{1}{e^2}\right)^n = \left(\frac{1}{e^2}\right)n\left(\frac{1}{e^2}\right)^{n-1}$.

La série de terme général $n\left(\frac{1}{e^2}\right)^{n-1}$ converge en tant que série géométrique dérivée d'ordre 1, de raison $\frac{1}{e^2}$, avec $\left|\frac{1}{e^2}\right| < 1$. La série de terme général a_n est donc convergente.

De plus, $\sum_{n=1}^{+\infty} a_n = \frac{1}{e^2}\sum_{n=1}^{+\infty} n\left(\frac{1}{e^2}\right)^{n-1} = \frac{1}{e^2} \times \frac{1}{\left(1-\frac{1}{e^2}\right)^2} = \frac{1}{e^2} \times \frac{e^4}{\left(e^2-1\right)^2} = \frac{e^2}{\left(e^2-1\right)^2}$.

⇨ *Méthode 20.3*

2. Pour tout entier n supérieur ou égal à 2 (obligé pour simplifier par $n-1$), on a :

$$b_n = \frac{n^2}{n(n-1)!} = \frac{n}{(n-1)!} = \frac{(n-1)+1}{(n-1)!} = \frac{1}{(n-2)!} + \frac{1}{(n-1)!}.$$

Les séries de termes généraux $\frac{1}{(n-1)!}$ et $\frac{1}{(n-2)!}$ convergent en tant que séries exponentielles de paramètre 1 donc la série de terme général b_n converge.

De plus, on a : $\sum_{n=1}^{+\infty} b_n = 1 + \sum_{n=2}^{+\infty}\frac{1}{(n-2)!} + \sum_{n=2}^{+\infty}\frac{1}{(n-1)!}$. On effectue les changements d'indice $k = n-2$ dans la première somme et $k = n-1$ dans la deuxième et on trouve :

$$\sum_{n=1}^{+\infty} b_n = 1 + \sum_{k=0}^{+\infty}\frac{1}{k!} + \sum_{k=1}^{+\infty}\frac{1}{k!} = 1 + \sum_{k=0}^{+\infty}\frac{1}{k!} + \sum_{k=0}^{+\infty}\frac{1}{k!} - 1 = 2\sum_{k=0}^{+\infty}\frac{1}{k!} = 2\sum_{k=0}^{+\infty}\frac{1^k}{k!} = 2e.$$

⇨ *Méthode 20.3*

3. Pour tout entier n supérieur ou égal à 1, on a :

$$c_n = \frac{n^2}{2^n} = \left(n(n-1)+n\right)\left(\frac{1}{2}\right)^n = n(n-1)\left(\frac{1}{2}\right)^n + n\left(\frac{1}{2}\right)^n = \frac{1}{4}n(n-1)\left(\frac{1}{2}\right)^{n-2} + \frac{1}{2}n\left(\frac{1}{2}\right)^{n-1}.$$

Corrigé

Les séries de termes généraux $n(n-1)\left(\frac{1}{2}\right)^{n-2}$ et $n\left(\frac{1}{2}\right)^{n-1}$ convergent en tant que séries géométriques (dérivée d'ordre 2 pour la première et d'ordre 1 pour la seconde) dont la raison est strictement comprise entre −1 et 1, donc la série de terme général c_n converge aussi.

De plus, $\sum_{n=1}^{+\infty} c_n = \frac{1}{4}\sum_{n=1}^{+\infty} n(n-1)\left(\frac{1}{2}\right)^{n-2} + \frac{1}{2}\sum_{n=1}^{+\infty} n\left(\frac{1}{2}\right)^{n-1} = \frac{1}{4}\sum_{n=2}^{+\infty} n(n-1)\left(\frac{1}{2}\right)^{n-2} + \frac{1}{2}\sum_{n=1}^{+\infty} n\left(\frac{1}{2}\right)^{n-1}$.

Ensuite, on obtient : $\sum_{n=1}^{+\infty} c_n = \frac{1}{4}\times\frac{2}{\left(1-\frac{1}{2}\right)^3} + \frac{1}{2}\times\frac{1}{\left(1-\frac{1}{2}\right)^2} = 4+2=6$.

⇨ *Méthode 20.3*

4. On va prouver que la suite des sommes partielles de la série considérée converge.

On remarque que : $d_n = \frac{1}{2n+1} - \frac{1}{2n+3}$. En posant $u_n = \frac{1}{2n+1}$, on en déduit que :

$\forall N \in \mathbb{N}, \sum_{n=0}^{N} d_n = \sum_{n=0}^{N} (u_n - u_{n+1}) = u_0 - u_{N+1} = 1 - \frac{1}{2N+3}$ (par télescopage).

Comme $\lim_{N\to+\infty}\left(1-\frac{1}{2N+3}\right) = 1$, la série de terme général d_n converge et $\sum_{n=0}^{+\infty} d_n = 1$.

⇨ *Méthode 20.2*

Exercice 20.2

1. On remarque que : $\forall k \in \mathbb{N}^*,\ k^2+3k+2 = (k+1)(k+2)$.

Ainsi : $v_k = \ln\left(\frac{k^2+3k+2}{k(k+3)}\right) = \ln\left(\frac{(k+1)(k+2)}{k(k+3)}\right) = \ln\left(\frac{k+1}{k+3}\right) - \ln\left(\frac{k}{k+2}\right)$.

En posant $u_k = \ln\left(\frac{k}{k+2}\right)$, on en déduit que : $v_k = u_{k+1} - u_k$.

2. La question précédente donne : $\forall n \in \mathbb{N}^*, \sum_{k=1}^{n} v_k = \sum_{k=1}^{n} (u_{k+1} - u_k)$.

Par télescopage, on obtient : $\forall n \in \mathbb{N}^*, \sum_{k=1}^{n} v_k = u_{n+1} - u_1 = \ln\left(\frac{n+1}{n+3}\right) + \ln 3$.

Comme $\lim_{n\to+\infty} \frac{n+1}{n+3} = 1$, on en déduit (par continuité de ln en 1) que : $\lim_{n\to+\infty} \ln\left(\frac{n+1}{n+3}\right) = 0$.

Finalement, la série de terme général $\ln\left(1+\frac{2}{k(k+3)}\right)$ converge et $\sum_{k=1}^{+\infty} \ln\left(1+\frac{2}{k(k+3)}\right) = \ln 3$.

⇨ *Méthode 20.2*

Exercice 20.3

1. Pour tout entier naturel k non nul, on a :

$$\frac{k}{4k^2-1}=\frac{a}{2k+1}+\frac{b}{2k-1}\Leftrightarrow\frac{k}{4k^2-1}=\frac{2(a+b)k+(b-a)}{(2k+1)(2k+1)}\Leftrightarrow k=2(a+b)k+(b-a).$$

$$\frac{k}{4k^2-1}=\frac{a}{2k+1}+\frac{b}{2k-1}\Leftrightarrow\begin{cases}2(a+b)=1\\ b-a=0\end{cases}$$ (par identification des coefficients).

On a donc : $a=b=\frac{1}{4}$. Finalement : $\forall k\in\mathbb{N}^*,\frac{k}{4k^2-1}=\frac{1}{4}\times\frac{1}{2k+1}+\frac{1}{4}\times\frac{1}{2k-1}$.

2. La question **1** permet d'écrire : $\displaystyle\sum_{k=1}^{n}\frac{(-1)^{k+1}k}{4k^2-1}=\frac{1}{4}\left(\sum_{k=1}^{n}\frac{(-1)^{k+1}}{2k+1}+\sum_{k=1}^{n}\frac{(-1)^{k+1}}{2k-1}\right)$.

Après le changement d'indice $j=k-1$ dans la seconde somme, on obtient :

$\displaystyle\sum_{k=1}^{n}\frac{(-1)^{k+1}k}{4k^2-1}=\frac{1}{4}\left(\sum_{k=1}^{n}\frac{(-1)^{k+1}}{2k+1}+\sum_{j=0}^{n-1}\frac{(-1)^{j+2}}{2j+1}\right)=\frac{1}{4}\left(\sum_{k=1}^{n}\frac{(-1)^{k+1}}{2k+1}-\sum_{j=0}^{n-1}\frac{(-1)^{j+1}}{2j+1}\right)$, où l'on a utilisé le fait que $(-1)^{j+2}=-(-1)^{j+1}$ pour la deuxième égalité.

Par télescopage, on obtient : $\displaystyle\sum_{k=1}^{n}\frac{(-1)^{k+1}k}{4k^2-1}=\frac{1}{4}\left(\frac{(-1)^{n+1}}{2n+1}+1\right)$.

Remarquons alors que : $\displaystyle\lim_{n\to+\infty}\left|\frac{(-1)^{n+1}}{2n+1}\right|=\lim_{n\to+\infty}\frac{1}{2n+1}=0$. Ainsi $\displaystyle\lim_{n\to+\infty}\frac{(-1)^{n+1}}{2n+1}=0$.

On aboutit alors à la convergence de la série de terme général $\frac{(-1)^{k+1}k}{4k^2-1}$ et, en passant à la limite sur la somme partielle, on a : $\displaystyle\sum_{k=1}^{+\infty}\frac{(-1)^{k+1}k}{4k^2-1}=\frac{1}{4}$.

⇨ *Méthode 20.2*

Exercice 20.4

1. a) Pour tout entier naturel k non nul, la fonction ln est continue et dérivable sur $[k,\,k+1]$.

De plus, pour tout x de $[k,k+1]$, $(\ln)'(x)=\frac{1}{x}$ et $\frac{1}{k+1}\leq\frac{1}{x}\leq\frac{1}{k}$.

L'inégalité des accroissements finis assure que : $\frac{1}{k+1}(k+1-k)\leq\ln(k+1)-\ln k\leq\frac{1}{k}(k+1-k)$.

Ainsi, pour tout entier naturel k non nul, on a : $\frac{1}{k+1}\leq\ln(k+1)-\ln k\leq\frac{1}{k}$.

Corrigé

Pour tout n de $\mathbb{N}^*$, on somme alors cet encadrement pour k allant de 1 à n et on trouve :

$$\sum_{k=1}^{n}\frac{1}{k+1}\leq\sum_{k=1}^{n}\left(\ln(k+1)-\ln k\right)\leq\sum_{k=1}^{n}\frac{1}{k}$$

Après télescopage dans la somme centrale et changement d'indice dans la somme de gauche, on obtient : $\sum_{k=2}^{n+1}\frac{1}{k}\leq\ln(n+1)\leq\sum_{k=1}^{n}\frac{1}{k}$. On déduit de l'inégalité de droite que : $S_n\geq\ln(n+1)$.

b) Comme $\lim_{n\to+\infty}\ln(n+1)=+\infty$, le théorème de comparaison assure que $\lim_{n\to+\infty}S_n=+\infty$.

On en conclut que la série de terme général $\frac{1}{n}$ diverge, avec de plus $\lim_{n\to+\infty}\sum_{k=1}^{n}\frac{1}{k}=+\infty$.

⇨ *Méthode 20.1*

2. a) Pour tout entier naturel n non nul, on a : $S_{2n}-S_n=\sum_{k=1}^{2n}\frac{1}{k}-\sum_{k=1}^{n}\frac{1}{k}=\sum_{k=n+1}^{2n}\frac{1}{k}$.

De plus pour tout k de $[\![n+1,2n]\!]$, on a : $\frac{1}{k}\geq\frac{1}{2n}$.

En sommant cette inégalité pour k allant de $n+1$ à $2n$ (sachant qu'il y a donc n termes) on obtient : $S_{2n}-S_n\geq n\frac{1}{2n}$. Finalement, pour tout entier naturel n non nul, $S_{2n}-S_n\geq\frac{1}{2}$.

b) Supposons que la suite (S_n) converge et notons ℓ sa limite.

On en déduit que la suite (S_{2n}) converge aussi vers ℓ donc la suite $(S_{2n}-S_n)$ converge vers 0.

En passant à la limite sur l'inégalité obtenue en **2.a)**, on obtient : $0\geq\frac{1}{2}$, ce qui est absurde.

La suite (S_n) diverge donc, ce qui signifie que la série de terme général $\frac{1}{n}$ diverge.

⇨ *Méthode 20.1*

Remarque. Cette série s'appelle la série harmonique.

Exercice 20.5

1. Pour tout entier naturel n, on a : $q^{2n}=\left(q^2\right)^n$ et, comme q appartient à $]-1,1[$, on a $q^2<1$ ce que l'on peut écrire $\left|q^2\right|<1$. Ainsi, la série géométrique de raison q^2 est convergente donc la série de terme général q^{2n} est convergente et on a : $\sum_{n=0}^{+\infty}q^{2n}=\sum_{n=0}^{+\infty}\left(q^2\right)^n=\frac{1}{1-q^2}$.

2. a) De la même façon, on a : $q^{2n+1}=q\left(q^2\right)^n$ et, comme $\left|q^2\right|<1$, la série géométrique de raison q^2 est convergente.

Ainsi, la série de terme général q^{2n+1} est donc convergente (son terme général est proportionnel à celui d'une série convergente) et on a : $\sum_{n=0}^{+\infty} q^{2n+1} = q\sum_{n=0}^{+\infty}\left(q^2\right)^n = \frac{q}{1-q^2}$.

b) Il vaut mieux éviter d'écrire $q^{2n-1} = \frac{1}{q}\left(q^2\right)^n$, afin de ne pas faire apparaître la quantité $\frac{1}{q}$ (q peut très bien être nul et on serait obligé de discuter). Il est mieux d'effectuer le changement d'indice $k=n+1$ dans la somme $\sum_{n=0}^{+\infty} q^{2n+1}$, ce qui donne : $\sum_{n=0}^{+\infty} q^{2n+1} = \sum_{k=1}^{+\infty} q^{2(k-1)+1} = \sum_{k=1}^{+\infty} q^{2k-1}$.

D'après la question **2.a)**, on a donc : $\sum_{n=1}^{+\infty} q^{2n-1} = \frac{q}{1-q^2}$.

3. Comme $|q|<1$, la série de terme général q^n converge. Il reste à faire le calcul de $\sum_{n=m}^{+\infty} q^n$.

Première méthode (avec un changement d'indice) :

$$\sum_{n=m}^{+\infty} q^n = q^m \sum_{n=m}^{+\infty} q^{n-m} = q^m \sum_{k=0}^{+\infty} q^k = q^m \times \frac{1}{1-q} = \frac{q^m}{1-q}$$

Deuxième méthode (en ajoutant et enlevant les termes d'indices 0, 1, …, $m-1$), ce qui n'est valable que si m est au moins égal à 1 :

$$\sum_{n=m}^{+\infty} q^n = \sum_{n=0}^{+\infty} q^n - \sum_{n=0}^{m-1} q^n = \frac{1}{1-q} - \frac{1-q^m}{1-q} = \frac{q^m}{1-q}$$

Exercice 20.6

1. a) Pour tout entier naturel n, posons $R(n)$: "$u_n \in \left]0, 1\right[$".

$R(0)$ est vraie par définition de u_0.

Soit n un entier naturel tel que $R(n)$ est vraie. On remarque que : $u_{n+1} = u_n\left(1-u_n\right)$.

Par hypothèse de récurrence, u_n est un élément de $\left]0, 1\right[$ donc $1-u_n$ est aussi dans $\left]0, 1\right[$.

Ainsi par produit, on a : $0 < u_n\left(1-u_n\right) < 1$. Dès lors, $R(n+1)$ est vraie.

Finalement : $\forall n \in \mathbb{N}, u_n \in \left]0, 1\right[$.

b) Pour tout entier naturel n, $u_{n+1} - u_n = -u_n^2 < 0$.

La suite $\left(u_n\right)$ est donc décroissante. Comme elle est minorée par 0, on en déduit qu'elle converge vers un élément ℓ de $\left[0, 1\right]$.

Enfin, si $\lim_{n\to+\infty} u_n = \ell$ alors $\lim_{n\to+\infty} u_{n+1} = \ell$ et $\lim_{n\to+\infty} \left(u_n\right)^2 = \ell^2$, donc en passant à la limite dans la relation $u_{n+1} + u_n^2 = u_n$, on obtient $\ell + \ell^2 = \ell$, ce qui équivaut à $\ell^2 = 0$ et finalement à $\ell = 0$.

Conclusion : la suite $\left(u_n\right)$ converge vers 0.

2. En utilisant la définition de la suite (u_n), on a : $\forall n \in \mathbb{N}$, $\sum_{k=0}^{n} u_k{}^2 = \sum_{k=0}^{n} (u_k - u_{k+1})$.

Par télescopage, on obtient : $\sum_{k=0}^{n} u_k{}^2 = u_0 - u_{n+1}$.

Grâce à la question **1**, on obtient : $\lim_{n\to+\infty} (u_0 - u_{n+1}) = u_0$. On a donc $\lim_{n\to+\infty} \sum_{k=0}^{n} u_k{}^2 = u_0$, et par définition, ceci veut dire que la série de terme général $u_n{}^2$ converge et que l'on a : $\sum_{n=0}^{+\infty} u_n{}^2 = u_0$.

⇨ *Méthode 20.2*

3. Pour tout entier naturel *n*, $\sum_{k=0}^{n} (\ln u_{k+1} - \ln u_k) = \ln u_{n+1} - \ln u_0$ par télescopage.

Comme la suite (u_n) converge vers 0, on en déduit : $\lim_{n\to+\infty} \ln u_{n+1} = -\infty$.

La suite des sommes partielles associée à la série de terme général $(\ln u_{n+1} - \ln u_n)$ diverge (puisqu'elle tend vers $-\infty$).

On en conclut que la série de terme général $(\ln u_{n+1} - \ln u_n)$ diverge.

⇨ *Méthode 20.1*

Exercice 20.7

On a : $R_n = S - S_n$. Comme $\lim_{n\to+\infty} S_n = S$, on obtient : $\lim_{n\to+\infty} R_n = 0$.

$R_n = \sum_{k=n+1}^{+\infty} u_k$ est appelé *reste d'ordre n* de la série de terme général u_n. On vient de montrer que le reste d'ordre *n* d'une série convergente tend vers 0 lorsque *n* tend vers $+\infty$.

Chapitre 21
Espaces probabilisés

Le mathématicien russe Andreï **Kolmogorov** comprend le besoin de donner au calcul des probabilités une assise mathématique. Grand connaisseur de la théorie des ensembles développée depuis 1870 et de la nouvelle théorie de l'intégration présentée en 1902 par Henri **Lebesgue**, il utilise ses compétences en calcul des probabilités, très en vogue à l'époque en Russie, pour élaborer en 1929 l'axiomatique utilisée désormais universellement pour étudier cette théorie.

Andreï Kolmogorov
1903-1987

Objectifs

Les incontournables

- ▷ Savoir manipuler réunions et intersections infinies.
- ▷ Savoir démontrer une inclusion entre deux événements.
- ▷ Savoir utiliser l'une des conséquences des théorèmes de limite monotone.

Et plus si affinités

- ▷ Savoir utiliser les théorèmes de limite monotone.

Résumé de cours

Ce chapitre généralise les notions abordées dans le chapitre 14 au cas d'un univers Ω infini

Tribu et événements

Épreuve aléatoire (Rappel)

Définitions 21.1. — On appelle *épreuve aléatoire* (ou *expérience aléatoire*) une expérience dont les résultats ne dépendent que du hasard. L'ensemble de tous les résultats possibles, noté Ω, est appelé *univers* associé à l'expérience. Un *événement* est une partie de Ω.

Remarque 21.1. — Lorsque Ω est infini et non dénombrable, les parties de Ω n'ont pas toutes droit au statut d'événements et on exige que celles qui seront les événements associés à une certaine expérience aléatoire forment un ensemble, inclus dans $\mathcal{P}(\Omega)$, appelé *tribu*, et qui vérifie certaines propriétés de stabilité indispensables.
Lorsque Ω est fini ou infini dénombrable, on peut toujours choisir $\mathcal{P}(\Omega)$ comme tribu, mais on peut aussi se contenter d'une tribu plus petite et plus adaptée à l'épreuve aléatoire effectuée.

Tribu d'événements

Définition 21.2. — On appelle *tribu* (ou σ-algèbre) tout sous-ensemble de $\mathcal{P}(\Omega)$, noté $\mathcal{A}$, et vérifiant :
(1) $\Omega \in \mathcal{A}$.
(2) Si $A \in \mathcal{A}$, alors $\overline{A} \in \mathcal{A}$.
(3) Si I désigne une partie (finie ou non) de $\mathbb{N}$ et si $(A_k)_{k\in I}$ est une suite d'événements (éléments de $\mathcal{A}$), alors $\bigcup_{k\in I} A_k \in \mathcal{A}$ (ce qui signifie que $\bigcup_{k\in I} A_k$ est un événement).

Définition 21.3. — Tout élément de la tribu $\mathcal{A}$ est appelé *événement*.

Définition 21.4. — Le couple $(\Omega, \mathcal{A})$ est appelé *espace probabilisable*.

Exemple 21.1. — Lorsque Ω est fini, dans la pratique, on prend toujours $\mathcal{P}(\Omega)$ comme tribu mais ce n'est pas obligatoire.
Par exemple, lors du lancer d'un dé pour lequel on décide que le joueur gagne s'il obtient le 6, on a $\Omega = \{1,2,3,4,5,6\}$ et une tribu adaptée est : $\mathcal{A} = \{\varnothing, \{6\}, \{1,2,3,4,5\}, \Omega\}$.

Propriété 21.1. — Si I désigne une partie (finie ou non) de $\mathbb{N}$, et si $(A_k)_{k\in I}$ est une suite d'événements (c'est-à-dire d'éléments de $\mathcal{A}$), alors $\bigcap_{k\in I} A_k \in \mathcal{A}$ (c'est-à-dire que $\bigcap_{k\in I} A_k$ est un événement).

❑ Intersection et réunion d'événements (rappel)

Définition 21.5. — Si I désigne une partie (finie ou non) de $\mathbb{N}$ et si $(A_n)_{n\in I}$ est une suite d'événements tous définis sur un espace probabilisable $(\Omega, \mathcal{A})$, alors on a :

$$\omega \in \bigcap_{k\in I} A_k \Leftrightarrow \forall k \in I, \omega \in A_k$$

Autrement dit : $\bigcap_{k\in I} A_k$ est réalisé si et seulement si, pour tout k de I, A_k est réalisé.

Définition 21.6. — Si I désigne une partie (finie ou non) de $\mathbb{N}$ et si $(A_n)_{n\in I}$ est une suite d'événements tous définis sur un espace probabilisable $(\Omega, \mathcal{A})$, alors on a :

$$\omega \in \bigcup_{k\in I} A_k \Leftrightarrow \exists k \in I, \omega \in A_k$$

Autrement dit, $\bigcup_{k\in I} A_k$ est réalisé si et seulement si, il existe au moins un k de I pour lequel A_k est réalisé.

❑ Distributivité généralisée

Théorème 21.1 — Si I désigne une partie (finie ou non) de $\mathbb{N}$ et si $(A_n)_{n\in I}$ est une suite d'événements tous définis sur un espace probabilisable $(\Omega, \mathcal{A})$, alors, pour tout événement B de $(\Omega, \mathcal{A})$, on a :

$$B \cap \left(\bigcup_{k\in I} A_k\right) = \bigcup_{k\in I} (B \cap A_k) \text{ et } B \cup \left(\bigcap_{k\in I} A_k\right) = \bigcap_{k\in I} (B \cup A_k)$$

❑ Lois de Morgan généralisées

Théorème 21.2 — Si I désigne une partie (finie ou non) de $\mathbb{N}$ et si $(A_n)_{n\in I}$ est une suite d'événements tous définis sur un espace probabilisable $(\Omega, \mathcal{A})$, alors on a :

$$\overline{\bigcap_{k\in I} A_k} = \bigcup_{k\in I} \overline{A_k} \text{ et } \overline{\bigcup_{k\in I} A_k} = \bigcap_{k\in I} \overline{A_k}$$

❑ Système complet d'événements

Définition 21.7. — On appelle *système complet d'événements* toute famille d'événements deux à deux incompatibles et dont la réunion est Ω.

Définition 21.8. — En désignant par I une partie (finie ou non) de $\mathbb{N}$, la famille $(A_k)_{k\in I}$ est un système complet d'événements si les A_k sont deux à deux incompatibles et si $\bigcup_{k\in I} A_k = \Omega$.

Définition 21.9. — Soit S un système complet d'événements. La plus petite tribu contenant S est appelée la tribu engendrée par S.

■ Espace probabilisé

❑ Probabilité

Définition 21.10. — On appelle *probabilité* définie sur l'espace probabilisable $(\Omega, \mathcal{A})$, toute application P de $\mathcal{A}$ dans $[0, 1]$ vérifiant $P(\Omega) = 1$ et telle que, si I désigne une partie (finie ou non) de $\mathbb{N}$ et si $(A_k)_{k\in I}$ est une suite d'événements 2 à 2 incompatibles, alors on a :

$$P(\bigcup_{k\in I} A_k) = \sum_{k\in I} P(A_k)$$

On dit que P est *σ-additive*.

Définition 21.11. — Le triplet $(\Omega, \mathcal{A}, P)$ est appelé *espace probabilisé*.

❑ Quasi-certitude et quasi-impossibilité

Définition 21.12. — Un événement A, différent de Ω et de probabilité égale à 1, est dit "*quasi certain*". On dit aussi qu'*il est presque sûr* que A se réalise.

Définition 21.13. — Un événement A, non vide et de probabilité nulle, est dit "*quasi impossible*". On dit aussi que A est *négligeable*.

Exemple 21.2. — Lorsqu'on lance indéfiniment une pièce donnant "*Pile*" avec la probabilité p (avec $0 < p < 1$), l'événement : « on n'obtient que des "*Piles*" » est quasi-impossible et l'événement « on obtient au moins un "*Face*" » est quasi-certain (voir **méthode 21.2**).

❑ Théorèmes de limite monotone

Théorème 21.3. — Si $(A_n)_{n\geq m}$ est une suite **croissante** d'événements ($A_n \subset A_{n+1}$), alors :

$$P(\bigcup_{n=m}^{+\infty} A_n) = \lim_{n\to+\infty} P(A_n)$$

Théorème 21.4. — Si $(A_n)_{n\geq m}$ est une suite **décroissante** d'événements ($A_{n+1} \subset A_n$), alors :

$$P(\bigcap_{n=m}^{+\infty} A_n) = \lim_{n\to+\infty} P(A_n)$$

⇨ **Méthode 21.1. Comment utiliser les théorèmes de limite monotone ?**

❑ Conséquences importantes des théorèmes de limite monotone

Théorème 21.5 — Si $(A_n)_{n\geq m}$ est une suite quelconque d'événements, alors on a :

$$P(\bigcup_{n=m}^{+\infty} A_n) = \lim_{n\to+\infty} P(\bigcup_{k=m}^{n} A_k) \text{ et } P(\bigcap_{n=m}^{+\infty} A_n) = \lim_{n\to+\infty} P(\bigcap_{k=m}^{n} A_k)$$

⇨ **Méthode 21.2. Comment utiliser les conséquences des théorèmes de limite monotone ?**

■ Conditionnement

❑ Probabilités conditionnelles

Définition 21.14. — Soit A et B deux événements d'un espace probabilisé $(\Omega, \mathcal{A}, P)$, l'événement A étant de probabilité non nulle. On appelle « probabilité de B sachant que A est réalisé » le réel noté $P_A(B)$ défini par : $P_A(B) = \dfrac{P(A\cap B)}{P(A)}$.

Théorème 21.6. — L'application P_A est une probabilité définie sur $(\Omega, \mathcal{A})$.

Propriétés 21.2. — Quelques conséquences à connaître.

$P_A(\Omega) = 1$.

$P_A(\varnothing) = 0$.

$P_A(\overline{B}) = 1 - P_A(B)$.

$P_A(E\cup F) = P_A(E) + P_A(F) - P_A(E\cap F)$.

❑ Formule des probabilités composées

Théorème 21.7. — Si $A_1, A_2, ..., A_n$ sont n événements d'un espace probabilisé $(\Omega, \mathcal{A}, P)$, tels que $P\left(\bigcap_{k=1}^{n-1} A_k\right) \neq 0$, alors on a : $P\left(\bigcap_{k=1}^{n} A_k\right) = P(A_1)\, P_{A_1}(A_2)\, P_{A_1\cap A_2}(A_3) \dots P_{A_1\cap A_2 \cap \dots \cap A_{n-1}}(A_n)$.

❑ Formule des probabilités totales

Théorème 21.8. — Soit I une partie, finie ou non, de $\mathbb{N}$.

Si $(A_k)_{k\in I}$ est un système complet d'événements de probabilités non nulles, alors pour tout événement B, on a :

$$P(B) = \sum_{k\in I} P(B\cap A_k) = \sum_{k\in I} P(A_k)P_{A_k}(B)$$

❑ Formule de Bayes

Théorème 21.9. — Si A et B sont deux événements de probabilités non nulles, on a :

$$P_B(A) = \frac{P(A)P_A(B)}{P(B)}$$

Théorème 21.10. — Formule de Bayes généralisée. Soit I une partie, finie ou non, de $\mathbb{N}$.
Si $(A_k)_{k\in I}$ est un système complet d'événements de probabilités non nulles, alors pour tout événement B de probabilité non nulle, on a : $\forall i \in I,\ P_B(A_i) = \dfrac{P(A_i)P_{A_i}(B)}{\sum_{k\in I} P(A_k)P_{A_k}(B)}$.

Remarque 21.2. — Les méthodes vues aux **chapitres 14** et **15** restent, bien entendu, valables dans le cas d'un univers infini.

■ Indépendance

Les définitions de l'indépendance deux à deux et de l'indépendance mutuelle données au **chapitre 15**, ainsi que les propriétés qui s'y rattachent, restent valables dans le cas où l'univers n'est pas fini.
Voici une généralisation de la définition de l'indépendance mutuelle à une suite d'événements :

❑ Indépendance mutuelle de plusieurs événements

Définition 21.15. — Soit I une partie, finie ou non, de $\mathbb{N}$ et $(E_k)_{k\in I}$ une famille d'événements définis sur un espace probabilisé $(\Omega, \mathcal{A}, P)$.
On dit que ces événements sont mutuellement indépendants si, pour tout k de $\mathbb{N}^*$ et pour toute liste $(i_1, i_2, ..., i_k)$ d'éléments distincts de I, on a :

$$P(E_{i_1} \cap E_{i_2} \cap ... \cap E_{i_k}) = P(E_{i_1})P(E_{i_2}) ... P(E_{i_k})$$

Méthodes

Opérations sur les événements

Méthode 21.1. Comment utiliser les théorèmes de limite monotone ?

Il faut tout d'abord montrer que l'on a affaire :

- Soit à une suite croissante d'événements, et dans ce cas, on a :

$$P\left(\bigcup_{n=m}^{+\infty} A_n\right) = \lim_{n\to+\infty} P(A_n)$$

- Soit à une suite décroissante d'événements, et dans ce cas, on a :

$$P\left(\bigcap_{n=m}^{+\infty} A_n\right) = \lim_{n\to+\infty} P(A_n)$$

⇨ Exercice 21.4

Exemple. Une épreuve consiste à lancer une infinité de fois un dé équilibré et on veut déterminer la probabilité de l'événement A : « on obtient au moins un 6 ».
Pour cela, on introduit, pour tout entier naturel n non nul, l'événement A_n : « on obtient au moins un 6 lors des n premiers lancers ».
Montrer que la suite (A_n) est une suite croissante d'événements et en déduire $P(A)$.

Si l'on a obtenu au moins un 6 en n lancers, alors avec un lancer de plus, on aura soit le même nombre de 6, soit un 6 de plus, mais en tout cas, on aura obtenu au moins un 6 en $n+1$ lancers. Par conséquent : $A_n \subset A_{n+1}$.

Pour trouver la probabilité de A_n, on va chercher plutôt celle de $\overline{A_n}$ qui est réalisé si, et seulement si, on obtient à chacun des n lancers, un 1, un 2, un 3, un 4 ou un 5. Pour un lancer, la probabilité d'obtenir un 1, un 2, un 3, un 4 ou un 5 est égale à $\frac{5}{6}$ et, par indépendance, on obtient : $P\left(\overline{A_n}\right)=\left(\frac{5}{6}\right)^n$. On en déduit : $P(A_n)=1-\left(\frac{5}{6}\right)^n$.

Pour finir, on a : $A=\bigcup_{k=1}^{+\infty} A_k$ et d''après le théorème de limite monotone pour une suite croissante d'événements, on a : $P(A)=\lim_{n\to+\infty} P(A_n)$.

Comme $\frac{5}{6}\in\,]-1,1[$, on a $\lim_{n\to+\infty}\left(\frac{5}{6}\right)^n=0$ et on trouve : $P(A)=1$.

❑ Méthode 21.2. Comment utiliser les conséquences des théorèmes de limite monotone ?

> Ces conséquences sont assez naturelles : la probabilité d'une intersection (ou d'une réunion) infinie est la limite de la probabilité d'une intersection (ou d'une réunion) finie. De plus, aucune hypothèse n'est exigée sur les événements considérés.

⇨ **Exercice 21.3**

Exemple. Une épreuve consiste à lancer indéfiniment une pièce donnant *Pile* avec la probabilité p (avec $0 < p < 1$).
Pour tout entier naturel k non nul, on note P_k l'événement « on obtient *Pile* lors du $k^{\text{ème}}$ lancer », A_n l'événement « on n'obtient que des *Piles* pendant les n premiers lancers ». Calculer $P(A_n)$ et en déduire la probabilité de l'événement A : « on n'obtient que des *Piles* ».

On a vu à la **méthode 14.1** du **chapitre 14** que : $A_n = \bigcap_{k=1}^{n} P_k$.
Par indépendance des lancers, les événements P_k sont mutuellement indépendants donc on a :
$P(A_n) = \prod_{k=1}^{n} P(P_k) = p^n$.

L'événement A s'écrit : $A = \bigcap_{k=1}^{+\infty} P_k$ et d'après la conséquence d'un des théorèmes de limite monotone, on a : $P(A) = \lim_{n\to+\infty} P\left(\bigcap_{k=1}^{n} P_k\right) = \lim_{n\to+\infty} P(A_n)$.
Comme $|p| < 1$, on a $\lim_{n\to+\infty} P(A_n) = \lim_{n\to+\infty} p^n = 0$ donc : $P(A) = 0$.
Bilan : il est quasi-impossible de n'obtenir que des *Piles* au cours d'une infinité de lancers de cette pièce, ou si l'on préfère, il est quasi-certain d'obtenir au moins une fois *Face*.
De même, il est quasi-impossible de n'obtenir que des *Faces* au cours d'une infinité de lancers de cette pièce, ou encore, il est quasi-certain d'obtenir au moins une fois *Pile*.

■■ Vrai/Faux

		Vrai	Faux
	Dans les V/F 5 à 10, on considère une suite d'événements $(E_n)_{n\in\mathbb{N}^*}$.		
1.	Un événement peut être indépendant de lui-même.	☐	☐
2.	Lorsqu'on lance indéfiniment une pièce, il est presque sûr que l'on obtienne au moins un "*Face*".	☐	☐
3.	On lance indéfiniment une pièce donnant *Pile* avec la probabilité p ($0<p<1$). Pour tout n de $\mathbb{N}^*$, on note P_n l'événement : « le $n^{\text{ème}}$ lancer donne un *Pile* » et on pose $E_n = P_n \cap P_{n+1}$. Par indépendance des lancers, si $n \neq m$, on a : $P(E_n \cap E_m) = p^4$	☐	☐
4.	La famille $(P_n)_{n\in\mathbb{N}^*}$ du **V/F 3** est un système complet d'événements.	☐	☐
5.	S'il existe un entier naturel n non nul tel que E_n soit quasi-certain, alors $\bigcup_{k=1}^{+\infty} E_k$ est également quasi-certain.	☐	☐
6.	S'il existe un entier naturel n non nul tel que E_n soit quasi-certain, alors $\bigcap_{k=1}^{+\infty} E_k$ est également quasi-certain.	☐	☐
7.	Si $\lim\limits_{n\to+\infty} P(E_n)=1$, alors $P\left(\bigcup_{k=1}^{+\infty} E_k\right)=1$.	☐	☐
8.	Si les événements E_n sont mutuellement indépendants et de même probabilité p (avec $0<p<1$), alors on a : $P\left(\bigcap_{k=1}^{+\infty} E_k\right)=0$.	☐	☐
9.**	L'événement $\bigcup_{n=1}^{+\infty}\bigcap_{m=n}^{+\infty} E_m$ est réalisé si, et seulement si, les événements E_n sont tous réalisés à partir d'un certain rang.	☐	☐
10.**	Si l'événement $\bigcap_{n=1}^{+\infty}\bigcup_{m=n}^{+\infty} E_m$ est réalisé, alors une infinité d'événements E_n sont réalisés.	☐	☐

■■ Énoncé des exercices

❑ **Exercice 21.1.** — On considère une particule se déposant à chaque seconde sur l'un des trois sommets A, B et C d'un triangle suivant le procédé décrit ainsi :

• Si la particule se trouve en B, elle y reste.

• Si la particule se trouve en A, elle se trouve à la seconde suivante sur l'un des trois sommets de façon équiprobable.

• Si la particule se trouve en C, à la seconde suivante, elle y reste une fois sur trois et elle va en B sept fois plus souvent qu'en A.

• À la première seconde, elle se pose au hasard sur l'un des trois sommets.

Pour tout n de $\mathbb{N}^*$, on note A_n (respectivement B_n et C_n) l'événement : « à la $n^{\text{ème}}$ seconde, la particule se trouve en A (respectivement B et C) » et on note a_n, b_n et c_n les probabilités de A_n, B_n et C_n.

1. Que valent a_1, b_1 et c_1 ?

2. Donner une relation de récurrence entre a_{n+1}, b_{n+1}, c_{n+1} et a_n, b_n, c_n.

3. Montrer que : $\forall n \in \mathbb{N}^*,\ c_n = \dfrac{1}{2^n} - \dfrac{1}{6^n}$. En déduire a_n et b_n en fonction de n.

4. Étudier la convergence des suites (a_n), (b_n) et (c_n).

D'après HEC

❑ **Exercice 21.2.** — On dispose de 2 pièces d'apparence identique, la pièce A donnant *Pile* avec la probabilité a, avec a dans $]0, 1[$, et la pièce B donnant *Pile* avec la probabilité b, avec b aussi dans $]0, 1[$.

Pour le premier lancer du jeu, on choisit une pièce au hasard et pour les coups suivants, on adopte la stratégie suivante : si on obtient *Pile*, on garde la pièce pour le lancer suivant et si on obtient *Face*, on change de pièce pour le lancer suivant.

On note, pour tout k de $\mathbb{N}^*$, A_k l'événement « le $k^{\text{ème}}$ lancer se fait avec la pièce A », $B_k = \overline{A_k}$ et E_k l'événement « le $k^{\text{ème}}$ lancer amène *Pile* ».

1. Trouver une relation entre $P(E_k)$ et $P(A_k)$.

2. Trouver une relation entre $P(A_{k+1})$ et $P(A_k)$.

3. En déduire $P(A_k)$ puis $P(E_k)$.

D'après HEC

❑ **Exercice 21.3.*** — On lance indéfiniment une pièce pour laquelle la probabilité d'obtenir *Pile* à un lancer quelconque est égale à $\dfrac{1}{2}$.

Montrer, en considérant l'événement A_n : « on obtient au moins un *Pile* pendant les n premiers lancers », que la probabilité de l'événement A : « on obtient au moins un *Pile* pendant une infinité de lancers » est égale à 1.

❑ **Exercice 21.4.** * * — Dans cet exercice, N désigne un entier naturel supérieur ou égal à 2 et k un entier naturel appartenant à $[\![1, N-1]\!]$.

On dispose d'une urne qui contient k boules rouges et $N-k$ boules blanches (l'urne contient donc en tout N boules).
Une épreuve aléatoire consiste à effectuer indéfiniment des tirages d'une boule, avec remise à chaque fois de la boule tirée, dans cette urne.
On note A_j l'événement « on n'obtient aucune boule blanche lors des j premiers tirages ».
On note A l'événement « on obtient au moins une boule blanche lors de cette épreuve ».
Calculer la probabilité de $\overline{A}$ en utilisant les événements A_j puis donner la valeur de $P(A)$.

❑ **Exercice 21.5.** * — Inégalité de Boole.

1. Soit $(A_n)_{n\in\mathbb{N}^*}$ une suite d'événements. Montrer que : $\forall n \in \mathbb{N}^*,\ P\left(\bigcup_{k=1}^{n} A_k\right) \leq \sum_{k=1}^{n} P(A_k)$.

2. En déduire que, si la série de terme général $P(A_n)$ converge, on a : $P\left(\bigcup_{n=1}^{+\infty} A_n\right) \leq \sum_{n=1}^{+\infty} P(A_n)$.

❑ **Exercice 21.6.** * — Un peu de dénombrement !
On désigne par n un entier naturel non nul et on considère l'ensemble $E = \{x_1, x_2, ..., x_n\}$.
On note les 2^n parties de E sur des morceaux de papier de telle façon que chaque morceau de papier contienne une partie de E.
On se donne une partie B de E, fixée et de cardinal k (avec k élément de $[\![0, n]\!]$).
On choisit au hasard un morceau de papier.
1. Quelle est la probabilité que la partie qui y est inscrite contienne la partie B ?
2. Quelle est la probabilité que la partie qui y est inscrite soit contenue dans la partie B ?
3. Quelle est la probabilité que la partie qui y est inscrite ne rencontre pas la partie B ?

❑ **Exercice 21.7.** * * — On admet la formule du crible généralisée permettant de déterminer la probabilité d'une réunion d'événements qui ne sont pas 2 à 2 incompatibles :

$$\forall n \in \mathbb{N}^*,\ P(B_1 \cup B_2 \cup ... \cup B_n) = \sum_{k=1}^{n} (-1)^{k-1} \sum_{1\leq i_1<i_2<...<i_k\leq n} P(B_{i_1} \cap B_{i_2} \cap ... \cap B_{i_k})$$

1. Montrer que la somme $\sum_{1\leq i_1<i_2<...<i_k\leq n} P(B_{i_1} \cap B_{i_2} \cap ... \cap B_{i_k})$ contient $\binom{n}{k}$ termes.

Soit n un entier naturel supérieur ou égal à 2 et m un entier naturel non nul. Une urne contient n boules numérotées de 1 à n. On tire m fois une boule de cette urne, avec remise à chaque fois de la boule tirée. Pour tout entier i tel que $1 \leq i \leq n$, on note B_i l'événement : « la boule numérotée i n'est pas apparue au cours des m premiers tirages ».

2. Calculer en fonction de n et m les probabilités $P(B_i)$ et $P(B_i \cap B_j)$ pour $i \neq j$.

3. Plus généralement, si $i_1, i_2, ..., i_k$ désignent k entiers distincts de $\{1, 2, ..., n\}$, calculer en fonction de n, m et k la probabilité $P(B_{i_1} \cap B_{i_2} \cap ... \cap B_{i_k})$.

4. En déduire la probabilité $P(B_1 \cup B_2 \cup ... \cup B_n)$ sous forme de somme.

D'après ESSEC

■ Pour vous aider à démarrer

Exercice 21.1. Pour la question **2**, (A_n, B_n, C_n) est un système complet d'événements et la formule des probabilités totales s'impose.
Exercice 21.2. Pour les questions **1** et **2**, utiliser encore la formule des probabilités totales.
Exercice 21.3. Utiliser la conséquence d'un théorème de limite monotone.
Exercice 21.4. Utiliser un théorème de limite monotone.
Exercices 21.5. Pour la question **1**, procéder par récurrence et pour l'hérédité, utiliser la formule du crible vue au **chapitre 14**.
Exercice 21.6. Pour les questions **1**, **2** et **3**, il faut se souvenir que le nombre de parties d'un ensemble à q éléments est égale à 2^q.
Exercice 21.7. Pour la question **2**, ne pas oublier que les tirages sont indépendants. Il suffit donc de se poser la question pour un seul tirage : quelle est la probabilité de ne pas obtenir la boule numérotée i ?
Pour la question **4**, appliquer la formule du crible généralisée.

Corrigé des vrai/faux

1.	2.	3.	4.	5.	6.	7.	8.	9.	10.
V	F	F	F	V	F	V	V	V	V

1. Un événement A est indépendant de lui-même si l'on a : $P(A \cap A) = P(A)P(A)$, ce qui se simplifie et donne : $P(A) = P(A)^2$.

Cette égalité est vraie si et seulement si : $P(A) = 0$ ou $P(A) = 1$.

Par conséquent, un événement est indépendant de lui-même s'il est quasi-impossible ou quasi-certain.

2. Attention ! On a vu à la **méthode 21.2** que, lorsqu'on lance indéfiniment une pièce, il est presque sûr que l'on obtienne au moins un "*Face*", mais à condition que cette pièce ne soit pas truquée au point que la probabilité de faire *Face* soit nulle !
Relire l'exemple de la **méthode 21.2** en imaginant que $p = 1$.

3. On a vu au **théorème 15.10** ("lemme des coalitions") que, si des événements sont mutuellement indépendants (ce qui est le cas des événements P_n ici), alors tout événement construit à partir de certains d'entre eux est indépendant de tout événement construit à partir d'autres.
Ceci garantit l'indépendance de E_n et E_m, mais seulement si $m \geq n+2$, et dans ce cas, comme $P(E_n) = P(E_m) = p^2$ on trouve bien : $P(E_n \cap E_m) = p^4$.
En revanche, si $m = n+1$, on a : $E_n = P_n \cap P_{n+1}$ et $E_{n+1} = P_{n+1} \cap P_{n+2}$. On en déduit alors : $E_n \cap E_{n+1} = P_n \cap P_{n+1} \cap P_{n+1} \cap P_{n+2} = P_n \cap P_{n+1} \cap P_{n+2}$. Par conséquent : $P(E_n \cap E_{n+1}) = p^3$.

4. Une bonne raison de montrer que la famille $(P_n)_{n \in \mathbb{N}^*}$ n'est pas un système complet d'événements, c'est de constater que les P_n ne sont pas deux à deux incompatibles : il est possible d'obtenir un *Pile* à deux lancers distincts !

5. On a l'inclusion $E_n \subset \bigcup_{k=1}^{+\infty} E_k$ (voir le **théorème 14.2**).

Par croissance de la probabilité, on obtient : $P(E_n) \leq P\left(\bigcup_{k=1}^{+\infty} E_k\right)$.

Comme E_n est quasi-certain, on en déduit $1 \leq P\left(\bigcup_{k=1}^{+\infty} E_k\right)$, c'est-à-dire $P\left(\bigcup_{k=1}^{+\infty} E_k\right) = 1$.

6. Ici, ce n'est pas du tout la même situation : l'inclusion du **V/F 5** est "inversée" (en effet, on a $\bigcap_{k=1}^{+\infty} E_k \subset E_n$). On peut donc penser que la proposition est fausse et on cherche un contre exemple.
Il suffit de prendre, par exemple, E_1 quasi-certain et tous les autres E_k impossibles. Dès lors, on a $\bigcap_{k=1}^{+\infty} E_k = \varnothing$, ce qui prouve que $\bigcap_{k=1}^{+\infty} E_k$ n'est pas quasi-certain (bien au contraire !).

Remarque. Si E_n était quasi-impossible, alors $\bigcap_{k=1}^{+\infty} E_k$ serait également quasi-impossible.

7. Ici aussi, on a l'inclusion $E_n \subset \bigcup_{k=1}^{+\infty} E_k$ puis l'inégalité : $P(E_n) \leq P\left(\bigcup_{k=1}^{+\infty} E_k\right)$.
Comme la probabilité du membre de droite ne dépend pas de *n*, on obtient, en faisant tendre *n* vers $+\infty$: $1 \leq P\left(\bigcup_{k=1}^{+\infty} E_k\right)$. On en déduit que $P\left(\bigcup_{k=1}^{+\infty} E_k\right) = 1$.

8. Grâce à la conséquence du théorème de limite monotone (**théorème 21.5**), on sait que :

$$P\left(\bigcap_{k=1}^{+\infty} E_k\right) = \lim_{n\to+\infty} P\left(\bigcap_{k=1}^{n} E_k\right)$$

Par indépendance, on obtient : $P\left(\bigcap_{k=1}^{+\infty} E_k\right) = \lim_{n\to+\infty}\left(\prod_{k=1}^{n} P(E_k)\right)$.

Par équiprobabilité, on trouve alors : $P\left(\bigcap_{k=1}^{+\infty} E_k\right) = \lim_{n\to+\infty}(p^n)$.

Comme $|p| < 1$, on conclut : $P\left(\bigcap_{k=1}^{+\infty} E_k\right) = 0$

9. En traduisant correctement la réunion puis l'intersection (**définitions 21.5** et **21.6**), on peut écrire : $\bigcup_{n=1}^{+\infty}\bigcap_{m=n}^{+\infty} E_m$ est réalisé si, et seulement si, il existe un entier naturel *n* non nul, tel que pour tout entier *m* supérieur ou égal à *n*, les événements E_m sont réalisés. Ceci prouve que tous les événements E_m sont réalisés à partir d'un certain rang.

10. L'événement $\bigcap_{n=1}^{+\infty}\bigcup_{m=n}^{+\infty} E_m$ est réalisé si, et seulement si, pour tout entier naturel *n* non nul, il existe un entier *m* supérieur ou égal à *n*, pour lequel E_m est réalisé. Ceci prouve qu'une infinité d'événements E_n sont réalisés. En effet, si seulement un nombre fini d'événements E_n étaient

Corrigé

réalisés, alors en notant k l'indice du plus grand, l'événement $\bigcup_{m=k+1}^{+\infty} E_m$ ne serait pas réalisé, et a fortiori, $\bigcap_{n=1}^{+\infty} \bigcup_{m=n}^{+\infty} E_m$ ne le serait pas non plus.

❑ Les erreurs classiques

• Méfiance avec l'indépendance : il faut se donner les moyens de prouver que des événements sont indépendants : l'intuition peut être très trompeuse.
• Le non respect des lois de Morgan entraîne de graves erreurs de logique (revoir à ce sujet les **chapitres 1**, **3** et **14**).
• Il faut gérer correctement les inclusions et ne pas "penser à l'envers".
• Revoir les **définitions 21.5** et **21.6** de l'intersection et de la réunion.

Corrigé des exercices

Exercice 21.1

1. La particule se posant au hasard à la première seconde, on en déduit que : $a_1 = b_1 = c_1 = \dfrac{1}{3}$.

2. On applique la formule des probabilités totales associée au système complet d'événements (A_n, B_n, C_n) pour déterminer $a_{n+1} = P(A_{n+1})$.
On a ainsi : $a_{n+1} = P_{A_n}(A_{n+1})P(A_n) + P_{B_n}(A_{n+1})P(B_n) + P_{C_n}(A_{n+1})P(C_n)$.

Les données de l'énoncé se traduisent par :
- Si la particule est en *B*, elle y reste et ne peut donc migrer vers *A*. Ainsi, $P_{B_n}(A_{n+1}) = 0$.
- Si la particule est en *A*, elle se déplace sur l'un des 3 sommets de façon équiprobable donc elle migre en *A* avec la probabilité $\dfrac{1}{3}$: $P_{A_n}(A_{n+1}) = \dfrac{1}{3}$.
- Si la particule est en *C*, elle y reste avec une probabilité $\dfrac{1}{3}$ et migre vers *B* sept fois plus souvent que vers *A*, ce qui veut dire : $P_{C_n}(C_{n+1}) = \dfrac{1}{3}$ et $P_{C_n}(B_{n+1}) = 7P_{C_n}(A_{n+1})$.

D'autre part, on sait que $(A_{n+1}, B_{n+1}, C_{n+1})$ est un système complet d'événements donc :
$P_{C_n}(A_{n+1}) + P_{C_n}(B_{n+1}) + P_{C_n}(A_{n+1}) = 1$.
On a donc : $\dfrac{1}{3} + 8P_{C_n}(A_{n+1}) = 1$ et on obtient facilement : $P_{C_n}(A_{n+1}) = \dfrac{1}{12}$ puis $P_{C_n}(B_{n+1}) = \dfrac{7}{12}$.
On a alors : $a_{n+1} = \dfrac{1}{3}a_n + \dfrac{1}{12}c_n$.
De la même façon, on obtient : $b_{n+1} = \dfrac{1}{3}a_n + b_n + \dfrac{7}{12}c_n$ et $c_{n+1} = \dfrac{1}{3}a_n + \dfrac{1}{3}c_n$.

3. La troisième relation donne : $c_{n+2} = \dfrac{1}{3}a_{n+1} + \dfrac{1}{3}c_{n+1}$.
Grâce à la relation $a_{n+1} = \dfrac{1}{3}a_n + \dfrac{1}{12}c_n$, on obtient : $c_{n+2} = \dfrac{1}{9}a_n + \dfrac{1}{36}c_n + \dfrac{1}{3}c_{n+1}$.
En multipliant la relation $c_{n+1} = \dfrac{1}{3}a_n + \dfrac{1}{3}c_n$ par $\dfrac{1}{3}$, on a : $\dfrac{1}{9}a_n = \dfrac{1}{3}c_{n+1} - \dfrac{1}{9}c_n$.
On en déduit enfin que : $c_{n+2} = \dfrac{2}{3}c_{n+1} - \dfrac{1}{12}c_n$ ou encore $12c_{n+2} - 8c_{n+1} + c_n = 0$.

La suite $(c_n)_{n\in\mathbb{N}^*}$ vérifie une relation de récurrence linéaire d'ordre 2.

L'équation caractéristique associée est : $12x^2-8x+1=0$. Elle a pour racines $\frac{1}{2}$ et $\frac{1}{6}$.

D'après le cours, il existe deux réels λ et μ tels que : $\forall n\in\mathbb{N}^*,\ c_n=\lambda\left(\frac{1}{2}\right)^n+\mu\left(\frac{1}{6}\right)^n$.

Comme $a_1=b_1=c_1=\frac{1}{3}$, on trouve, avec la question **2** : $c_2=\frac{1}{3}a_1+\frac{1}{3}c_1=\frac{1}{9}+\frac{1}{9}=\frac{2}{9}$.

Ainsi, pour $n=1$ et $n=2$, on obtient $\begin{cases}\lambda\frac{1}{2}+\mu\frac{1}{6}=\frac{1}{3}\\ \lambda\frac{1}{4}+\mu\frac{1}{36}=\frac{2}{9}\end{cases}$, ce qui donne : $\lambda=1$ et $\mu=-1$.

Pour finir, on trouve : $\forall n\in\mathbb{N}^*,\ c_n=\left(\frac{1}{2}\right)^n-\left(\frac{1}{6}\right)^n$.

De la relation $a_n=3c_{n+1}-c_n$, valable pour tout entier naturel n non nul, on déduit que :

$\forall n\in\mathbb{N}^*,\ a_n=\frac{1}{2}\left[\left(\frac{1}{2}\right)^n+\left(\frac{1}{6}\right)^n\right]$.

Enfin, comme pour tout entier naturel n non nul (A_n,B_n,C_n) est un système complet d'événements, on en déduit : $\forall n\in\mathbb{N}^*, a_n+b_n+c_n=1$.

Ainsi, pour tout entier naturel n non nul, $b_n=1-\frac{3}{2}\left(\frac{1}{2}\right)^n+\frac{1}{2}\left(\frac{1}{6}\right)^n$.

4. Comme $\frac{1}{2}$ et $\frac{1}{6}$ sont éléments de $]-1,1[$, on a : $\lim\limits_{n\to+\infty}\left(\frac{1}{2}\right)^n=\lim\limits_{n\to+\infty}\left(\frac{1}{6}\right)^n=0$.

On en déduit : $\lim\limits_{n\to+\infty}a_n=\lim\limits_{n\to+\infty}c_n=0$ et $\lim\limits_{n\to+\infty}b_n=1$.

Exercice 21.2

1. Le système $(A_k,\overline{A_k})$ est un système complet d'événements. La formule des probabilités totales donne alors : $P(E_k)=P_{A_k}(E_k)P(A_k)+P_{\overline{A_k}}(E_k)P(\overline{A_k})$.

La probabilité d'apparition de *Pile* avec la pièce A étant a et celle avec la pièce B étant b, on obtient que : $P(E_k)=aP(A_k)+bP(\overline{A_k})$.

Puisque $P(\overline{A_k})=1-P(A_k)$, on en déduit que : $P(E_k)=(a-b)P(A_k)+b$.

2. La formule des probabilités totales appliquées au même système complet d'événements donne cette fois : $P(A_{k+1})=P_{A_k}(A_{k+1})P(A_k)+P_{\overline{A_k}}(A_{k+1})P(\overline{A_k})$.

Sachant que le $k^{ème}$ lancer se fait avec la pièce A, il se fera avec la pièce A au lancer suivant si et seulement si le $k^{ème}$ lancer a donné *Pile* donc $P_{A_k}\left(A_{k+1}\right)=P_{A_k}\left(E_k\right)=a$.

De la même façon, on a : $P_{\overline{A_k}}\left(A_{k+1}\right)=P_{\overline{A_k}}\left(\overline{E_k}\right)=1-b$.

On a donc : $P\left(A_{k+1}\right)=aP\left(A_k\right)+(1-b)P\left(\overline{A_k}\right)$.

Avec $P\left(\overline{A_k}\right)=1-P\left(A_k\right)$, on obtient finalement : $P\left(A_{k+1}\right)=(a+b-1)P\left(A_k\right)+(1-b)$.

3. On a $a+b-1\neq 1$ (en effet, si l'on avait $a+b-1=1$, on aurait $a+b=2$, ce qui est impossible avec a et b strictement inférieurs à 1).
On peut donc affirmer que la suite $\left(P\left(A_k\right)\right)_{k\in\mathbb{N}^*}$ est arithmético-géométrique.

L'équation $x=(1-b)+(a+b-1)x$ a pour solution $x=\dfrac{1-b}{2-a-b}$.

Le cours indique que la suite $\left(P\left(A_k\right)-\dfrac{1-b}{2-a-b}\right)_{k\geq 1}$ est géométrique, de raison $(a+b-1)$.

D'où : $P\left(A_k\right)-\dfrac{1-b}{2-a-b}=(a+b-1)^{k-1}\left(P\left(A_1\right)-\dfrac{1-b}{2-a-b}\right)$.

Le choix de la pièce se fait au hasard pour le premier tirage donc $P\left(A_1\right)=\dfrac{1}{2}$.

On en déduit que : $\forall k\in\mathbb{N}^*$, $P\left(A_k\right)=\dfrac{1-b}{2-a-b}+\dfrac{b-a}{2(2-b-a)}(a+b-1)^{k-1}$.

On obtient alors : $\forall k\in\mathbb{N}^*$, $P\left(E_k\right)=(a-b)\left(\dfrac{1-b}{2-a-b}+\dfrac{b-a}{2(2-b-a)}(a+b-1)^{k-1}\right)+b$.

Exercice 21.3

En désignant par P_n l'événement « on obtient *Pile* lors du $n^{\text{ème}}$ lancer », on voit que $A=\bigcup_{n=1}^{+\infty}P_n$.

On remarque également que $A_n=\bigcup_{k=1}^{n}P_k$. Grâce au **théorème 21.5**, on a : $P(A)=\lim_{n\to+\infty}P(A_n)$.

On a $\overline{A_n}=\bigcap_{k=1}^{n}\overline{P_k}$ et, par indépendance des lancers, on obtient : $P\left(\overline{A_n}\right)=\left(\dfrac{1}{2}\right)^n$.

On en déduit que $P(A)=\lim_{n\to+\infty}P(A_n)=\lim_{n\to+\infty}\left(1-\dfrac{1}{2^n}\right)=1$.

⇨ *Méthode 21.2*

Exercice 21.4

L'événement $\overline{A}$ signifie que l'on tire indéfiniment des boules rouges.

On a donc : $\overline{A} = \bigcap_{j=1}^{+\infty} A_j$. La suite (A_j) est une suite décroissante d'événements : en effet, si l'on n'a eu que des boules rouges lors des (j + 1) premiers tirages, c'est bien que l'on n'a eu, en particulier, que des boules rouges lors des j premiers tirages, soit $A_{j+1} \subset A_j$.

Le théorème de limite monotone donne alors : $P\left(\overline{A}\right) = \lim_{j\to+\infty} P\left(A_j\right)$.

Comme les j tirages se font avec remise, la probabilité de A_j est égale à $\left(\dfrac{k}{N}\right)^j$.

Comme k appartient à $[\![1, N-1]\!]$, on a : $-1 < \dfrac{k}{N} < 1$. Par conséquent : $\lim_{j\to+\infty}\left(\dfrac{k}{N}\right)^j = 0$, ce qui prouve que $P(\overline{A}) = 0$. Finalement, on obtient $P(A) = 1$.

➪ *Méthode 21.1*

Exercice 21.5

1. Pour tout entier naturel n non nul, posons $R(n)$: " $P\left(\bigcup_{k=1}^{n} A_k\right) \le \sum_{k=1}^{n} P\left(A_k\right)$ ".

$R(1)$ est vraie. En effet, on a : $P\left(\bigcup_{k=1}^{1} A_k\right) = P\left(A_1\right) = \sum_{k=1}^{1} P\left(A_k\right)$.

Soit n un entier naturel non nul tel que $R(n)$ est vraie.

On a déjà : $P\left(\bigcup_{k=1}^{n+1} A_k\right) = P\left(\left(\bigcup_{k=1}^{n} A_k\right) \cup A_{n+1}\right)$.

La formule du crible donne ensuite : $P\left(\bigcup_{k=1}^{n+1} A_k\right) = P\left(\bigcup_{k=1}^{n} A_k\right) + P\left(A_{n+1}\right) - P\left(\left(\bigcup_{k=1}^{n} A_k\right) \cap A_{n+1}\right)$

Une probabilité étant positive, on obtient :

$$P\left(\bigcup_{k=1}^{n} A_k\right) + P\left(A_{n+1}\right) - P\left(\left(\bigcup_{k=1}^{n} A_k\right) \cap A_{n+1}\right) \le P\left(\bigcup_{k=1}^{n} A_k\right) + P\left(A_{n+1}\right)$$

On en déduit : $P\left(\bigcup_{k=1}^{n+1} A_k\right) \le P\left(\bigcup_{k=1}^{n} A_k\right) + P\left(A_{n+1}\right)$.

Par hypothèse de récurrence, on a alors : $P\left(\bigcup_{k=1}^{n+1} A_k\right) \le \sum_{k=1}^{n} P\left(A_k\right) + P\left(A_{n+1}\right)$. Ceci s'arrange et donne : $P\left(\bigcup_{k=1}^{n+1} A_k\right) \le \sum_{k=1}^{n+1} P\left(A_k\right)$. Ainsi, $R(n + 1)$ est vraie.

Par récurrence, pour tout entier naturel n non nul, on a : $P\left(\bigcup_{k=1}^{n} A_k\right) \le \sum_{k=1}^{n} P\left(A_k\right)$.

2. Comme la série de terme général $P(A_k)$ converge, on peut passer à la limite dans l'inégalité ci-dessus et on obtient : $\lim_{n\to+\infty} P\left(\bigcup_{k=1}^{n} A_k\right) \leq \sum_{k=1}^{+\infty} P(A_k)$.

D'après la conséquence du théorème de limite monotone, on a donc : $P\left(\bigcup_{k=1}^{+\infty} A_k\right) \leq \sum_{k=1}^{+\infty} P(A_k)$.

Exercice 21.6

On note Ω l'ensemble des façons de choisir un morceau de papier et on a alors $\mathrm{card}(\Omega) = 2^n$.

1. Notons A_1 l'événement : « la partie qui est inscrite sur le morceau de papier choisi contient la partie B ». Par équiprobabilité, on a : $P(A_1) = \dfrac{\mathrm{card}(A_1)}{\mathrm{card}(\Omega)}$.

Pour déterminer $\mathrm{card}(A_1)$, il suffit de connaître le nombre de parties de E contenant B.
Ces parties peuvent contenir d'autres éléments que ceux de B et il faut dénombrer combien on a de choix pour ces éléments. Comme B contient k éléments, déterminer une telle partie revient à déterminer le nombre de parties à $n-k$ éléments (ceux de E qui ne sont pas dans B) et il y en a 2^{n-k}. Finalement, $\mathrm{card}(A_1) = 2^{n-k}$ et $P(A_1) = \dfrac{2^{n-k}}{2^n} = \dfrac{1}{2^k}$.

2. Notons A_2 l'événement : « la partie qui est inscrite sur le morceau de papier choisi est contenue dans la partie B ». Par équiprobabilité, on a : $P(A_2) = \dfrac{\mathrm{card}(A_2)}{\mathrm{card}(\Omega)}$.

Pour déterminer $\mathrm{card}(A_2)$, il suffit de connaître le nombre de parties de E contenues dans B.

Ce qui revient à connaître le nombre de parties d'un ensemble à k éléments. Il y en a 2^k.

Finalement, $\mathrm{card}(A_2) = 2^k$ et ainsi $P(A_2) = \dfrac{2^k}{2^n} = \dfrac{1}{2^{n-k}}$.

3. Notons A_3 l'événement : « la partie qui est inscrite sur le morceau de papier choisi est disjointe de la partie B ». Par équiprobabilité, on a : $P(A_3) = \dfrac{\mathrm{card}(A_3)}{\mathrm{card}(\Omega)}$.

Pour déterminer $\mathrm{card}(A_3)$, il suffit de connaître le nombre de parties de E contenues dans $\overline{B}$.

Puisque $\overline{B}$ contient $n-k$ éléments, ceci revient à connaître le nombre de parties d'un ensemble à $n-k$ éléments. Il y en a 2^{n-k}. Finalement, $\mathrm{card}(A_3) = 2^{n-k}$ et ainsi $P(A_3) = \dfrac{1}{2^k}$.

Corrigé

Exercice 21.7

1. Une somme contient autant de termes qu'il y a de façons de choisir les valeurs possibles prises par les indices. Dans la somme considérée, il s'agit de choisir k valeurs distinctes parmi les n entiers de $[\![1, n]\!]$ donc cette somme contient $\binom{n}{k}$ termes.

Soit n un entier naturel supérieur ou égal à 2 (n est donné supérieur ou égal à 2 afin qu'il n'y ait pas qu'une seule boule dans l'urne) et m un entier naturel non nul.

2. Ne jamais obtenir la boule numérotée i durant les m tirages revient à n'obtenir la boule numérotée i ni au premier tirage, ni au deuxième tirage, ..., ni au $m^{ième}$ tirage. À chaque tirage, la probabilité de ne pas obtenir **la** boule numérotée i est égale à $\dfrac{n-1}{n}$. Par indépendance des tirages, la probabilité de ne pas obtenir la boule numérotée i durant les m tirages vaut $\left(\dfrac{n-1}{n}\right)^m$.

Conclusion : $\forall i \in [\![1,n]\!],\ P(B_i) = \left(\dfrac{n-1}{n}\right)^m$.

Ne jamais obtenir la boule numérotée i ni la boule numérotée j (avec $i \neq j$) durant les m tirages revient à n'obtenir les boules numérotées i et j, ni au premier tirage, ni au deuxième tirage, ..., ni au $m^{ème}$ tirage. On trouve cette fois (avec deux numéros interdits) :

$$\forall (i,j) \in [\![1,n]\!]^2,\ i \neq j,\ P(B_i \cap B_j) = \left(\frac{n-2}{n}\right)^m$$

3. Toujours de la même façon, mais cette fois, il y a k numéros interdits, on trouve :

$$P(B_{i_1} \cap B_{i_2} \cap \ldots \cap B_{i_k}) = \left(\frac{n-k}{n}\right)^m$$

4. On applique la formule du crible généralisée :

$$P(B_1 \cup B_2 \cup \ldots \cup B_n) = \sum_{k=1}^{n} (-1)^{k-1} \sum_{1 \leq i_1 < i_2 < \ldots < i_k \leq n} P(B_{i_1} \cap B_{i_2} \cap \ldots \cap B_{i_k}).$$

En utilisant la question **3**, on obtient :

$P(B_1 \cup B_2 \cup \ldots \cup B_n) = \displaystyle\sum_{k=1}^{n} (-1)^{k-1} \sum_{1 \leq i_1 < i_2 < \ldots < i_k \leq n} \left(\frac{n-k}{n}\right)^m$. Comme $\left(\dfrac{n-k}{n}\right)^m$ ne dépend pas des indices $i_1, \ldots, i_k$, on a : $P(B_1 \cup B_2 \cup \ldots \cup B_n) = \displaystyle\sum_{k=1}^{n} (-1)^{k-1} \left(\frac{n-k}{n}\right)^m \sum_{1 \leq i_1 < i_2 < \ldots < i_k \leq n} 1$

Cette deuxième somme contient $\binom{n}{k}$ termes donc on obtient :

$$P(B_1 \cup B_2 \cup \ldots \cup B_n) = \sum_{k=1}^{n} (-1)^{k-1} \left(\frac{n-k}{n}\right)^m \binom{n}{k}$$

Chapitre 22
Variables aléatoires discrètes

On considère souvent **Pascal** et **Fermat** comme les initiateurs du calcul des probabilités. On oublie qu'au siècle précédent, Jérôme **Cardan** avait écrit (mais non publié) un ouvrage sur ce thème. Ce personnage excentrique touchait à toutes les disciplines en particulier la médecine, les mathématiques et l'astrologie. Dans son livre *Liber de ludo aleae*, on retrouve les coefficients binomiaux mais aussi bien d'autres résultats utilisés dans les études de probabilités discrètes.

Jérôme Cardan
1501-1576

Objectifs

Les incontournables

▷ Savoir déterminer la loi d'une variable aléatoire discrète simple.

▷ Savoir déterminer la loi d'une variable aléatoire discrète fonction d'une autre.

▷ Savoir calculer les moments d'une variable aléatoire discrète.

Et plus si affinités

▷ Savoir utiliser le théorème de transfert.

▷ Savoir utiliser la fonction de répartition pour trouver la loi.

▷ Savoir ce que représentent concrètement l'espérance et la variance.

■■ Résumé de cours

■ Variables aléatoires

❑ Exemples et premières définitions

Exemple 22.1. — Une urne contient 10 boules blanches et 10 boules rouges. On réalise 3 tirages d'une boule en remettant la boule tirée après chaque tirage et on appelle X le nombre de boules blanches obtenues. On dit que X est une variable aléatoire.
Par exemple, en notant B_k l'événement « on obtient une boule blanche au $k^{\text{ème}}$ tirage », l'événement $(B_1 \cap B_2 \cap \overline{B_3}) \cup (B_1 \cap \overline{B_2} \cap B_3) \cup (\overline{B_1} \cap B_2 \cap B_3)$ sera noté $(X = 2)$.

Exemple 22.2. — Une pièce amène *pile* avec la probabilité p (avec $0 < p < 1$) et *face* avec la probabilité $1 - p$. On lance indéfiniment cette pièce et on appelle Y le numéro du lancer auquel on obtient le premier *pile*. On dit que Y est une variable aléatoire.
Par exemple, en notant P_k l'événement « on obtient un *pile* au $k^{\text{ème}}$ lancer », l'événement $\overline{P_1} \cap \overline{P_2} \cap P_3$ sera noté $(Y = 3)$ ou $[Y = 3]$.

Définition 22.1. — Soit $(\Omega, \mathcal{A})$ un espace probabilisable. Une application X de Ω dans $\mathbb{R}$ est une *variable aléatoire* si pour tout réel x, l'ensemble $\{\omega \in \Omega, X(\omega) \leq x\}$ appartient à $\mathcal{A}$ (c'est-à-dire que cet ensemble est un événement).

Définition 22.2. — L'ensemble des valeurs que peut prendre une variable aléatoire X est appelé le *support* de X et est noté $X(\Omega)$.

Exemple 22.3. — Dans l'**exemple 22.1**, $X(\Omega) = [\![0,3]\!]$ et dans l'**exemple 22.2**, $Y(\Omega) = \mathbb{N}^*$.

Définitions 22.3. — Une variable aléatoire réelle est dite *discrète* si son support est fini ou dénombrable. Dans le premier cas, on dit qu'il s'agit d'une variable aléatoire discrète *finie* (comme X dans l'**exemple 1**), dans le deuxième cas, on dit qu'il s'agit d'une variable aléatoire discrète *infinie* (comme Y dans l'**exemple 2**).

Remarque 22.1. — Dans le cadre du programme, il existe d'autres variables aléatoires que les variables discrètes, appelées variables à densité. Elles seront étudiées aux **chapitres 24** et **25**.

❑ Événements liés à une variable aléatoire

Notations 22.1 — L'événement $\{\omega \in \Omega, X(\omega) \leq x\}$ est noté $(X \leq x)$ ou $[X \leq x]$.
On définit de même $[X < x]$, $[X \geq x]$, $[X > x]$, $[x < X \leq y]$, $[x \leq X < y]$, $[x < X < y]$, $[x \leq X \leq y]$, $[X = x]$, $[X \in I]$, où I désigne un intervalle.

Exemple 22.4. — On lance deux dés dont les faces sont numérotées de 1 à 6 et on appelle S la somme des points portés par les faces supérieures après immobilisation des dés.
L'événement $(S = 4)$ est l'ensemble $\{ (1, 3), (2, 2), (3, 1) \}$.
L'événement $(S \leq 4)$ est l'ensemble $\{ (1, 1), (1, 2), (1, 3), (2, 1), (2, 2), (3, 1) \}$.

❑ Fonction de répartition d'une variable aléatoire

Définition 22.4. — Si X est une variable aléatoire, on appelle fonction de répartition de X, la fonction F_X définie, pour tout réel x, par $F_X(x) = P(X \leq x)$.

Propriété 22.1. — Toute fonction de répartition F_X, est croissante sur $\mathbb{R}$, continue à droite en tout réel, et est telle que : $\lim\limits_{x \to -\infty} F_X(x) = 0$ et $\lim\limits_{x \to +\infty} F_X(x) = 1$.

Propriété 22.2. — Soit X une variable aléatoire, de fonction de répartition F_X. Pour tout couple de réels (a, b) tel que $a < b$, on a : $P(a < X \leq b) = F_X(b) - F_X(a)$.

Remarque 22.2. — On a aussi, entre autres : $P(a < X < b) = F_X(b) - F_X(a) - P(X = b)$.

Propriété 22.3. — La fonction de répartition d'une variable aléatoire X détermine parfaitement la loi de X : si des variables aléatoires ont la même fonction de répartition, elles ont la même loi.

■ Variables aléatoires discrètes

❑ Loi d'une variable aléatoire discrète

Définition 22.5. — Déterminer la loi d'une variable aléatoire discrète X, définie sur $(\Omega, \mathcal{A}, P)$, c'est trouver $X(\Omega)$, puis donner, pour tout x_k de $X(\Omega)$, la valeur de $P(X = x_k)$.

⇨ **Méthode 22.2. Comment déterminer directement la loi d'une variable discrète ?**

Exemple 22.5. — Pour la variable aléatoire S de l'**exemple 22.4**, on a $S(\Omega) = \{2, 3, \ldots, 12\}$ et :

k	2	3	4	5	6	7	8	9	10	11	12
$P(S = k)$	1/36	1/18	1/12	1/9	5/36	1/6	5/36	1/9	1/12	1/18	1/36

❑ Système complet d'événements associé à une variable aléatoire discrète

Définition 22.6. — Si X désigne une variable aléatoire discrète, la famille $\left([X = x_k] \right)_{x_k \in X(\Omega)}$ est appelée système complet d'événements associé à la variable aléatoire discrète X.

Propriété 22.4. — Si X est une variable aléatoire discrète définie sur $(\Omega, \mathcal{A}, P)$, on a :

$$\sum_{x_k \in X(\Omega)} P(X = x_k) = 1$$

Définition 22.7. — Soit une partie I de $\mathbb{Z}$.

Si une suite $(u_n)_{n\in I}$ positive vérifie $\sum_{n\in I} u_n = 1$, alors elle définit une loi de probabilité.

En d'autres termes, il existe un espace probabilisé $(\Omega, \mathcal{A}, P)$ et une variable aléatoire discrète X définie sur cet espace, telle que, si l'on a $X(\Omega) = \{x_n,\ n \in I\}$, alors : $\forall n \in I, P(X = x_n) = u_n$.

⇨ **Méthode 22.1. Comment vérifier qu'une suite de réels définit une loi de probabilité ?**

❑ Fonction de répartition d'une variable aléatoire discrète

Propriété 22.5. — Si X est une variable aléatoire discrète, alors sa fonction de répartition est définie par :

$$\forall x \in \mathbb{R}, F(x) = \sum_{\substack{x_k \in X(\Omega) \\ x_k \leq x}} P(X = x_k)$$

Exemple 22.6. — Si $X(\Omega) = \mathbb{N}$, alors, on a : $\forall n \in \mathbb{N}, F(n) = P(X \leq n) = \sum_{k=0}^{n} P(X = k)$.

Propriété 22.6. — Soit X une variable aléatoire discrète, à valeurs entières (c'est-à-dire que $X(\Omega)$ ne contient que des nombres entiers), et de fonction de répartition F. On a :

$$\forall k \in X(\Omega), P(X = k) = F(k) - F(k-1)$$

⇨ **Méthode 22.3. Comment déterminer la loi d'une variable discrète grâce à sa fonction de répartition ?**

❑ Transformée d'une variable aléatoire discrète

Théorème 22.1. — Soit une variable aléatoire discrète X définie sur $(\Omega, \mathcal{A})$ et g une application de $X(\Omega)$ dans $\mathbb{R}$. L'application Y de Ω dans $\mathbb{R}$, définie, pour tout ω de Ω, par $Y(\omega) = g(X(\omega))$, est une variable aléatoire réelle discrète notée $g(X)$.

Remarque 22.3. — Soit deux réels a et b et un entier naturel n. Si X est une variable aléatoire discrète définie sur un espace probabilisable $(\Omega, \mathcal{A})$, alors X^n, $aX + b$, e^X, $|X|$, … sont des variables aléatoires discrètes, elles aussi définies sur $(\Omega, \mathcal{A})$.

■ Moments d'une variable aléatoire discrète

❑ Espérance d'une variable aléatoire discrète finie

Définition 22.8. — Si X est une variable aléatoire définie sur $(\Omega, \mathcal{A}, P)$, telle que $X(\Omega)=\{x_1, x_2, ..., x_n\}$, l'espérance de X est définie par : $E(X)=\sum_{k=1}^{n} x_k\, P(X=x_k)$

Remarque 22.4. — Les variables discrètes finies ont toujours une espérance.

❑ Espérance d'une variable aléatoire discrète infinie

Définition 22.9. — Soit X une variable aléatoire discrète infinie, définie sur l'espace probabilisé $(\Omega, \mathcal{A}, P)$. On dit que X admet une espérance si la série de terme général $x_k\, P(X = x_k)$ est absolument convergente. Dans ce cas, l'espérance de X est le réel défini par :

$$E(X) = \sum_{x_k \in X(\Omega)} x_k P(X = x_k)$$

⇨ **Méthode 22.4. Comment calculer l'espérance d'une variable discrète avec la loi de la variable aléatoire ?**

Exemple 22.7. — Si $X(\Omega) = \mathbb{N}$ et si X a une espérance, alors on a :

$$E(X)=\sum_{k=0}^{+\infty} k\, P(X=k)=\sum_{k=1}^{+\infty} k\, P(X=k)$$

Remarque 22.5. — Il existe des variables aléatoires discrètes qui n'ont pas d'espérance.

❑ Théorème de transfert

Théorème 22.2. — Soit X une variable aléatoire discrète définie sur $(\Omega, \mathcal{A}, P)$ et g une application de $X(\Omega)$ dans $\mathbb{R}$. La variable aléatoire $g(X)$ possède une espérance si, et seulement si, la série de terme général $g(x_k)P(X = x_k)$ est absolument convergente. Si c'est le cas, on a :

$$E\big(g(X)\big)= \sum_{x_k \in X(\Omega)} g(x_k)P(X = x_k)$$

⇨ **Méthode 22.5. Comment calculer l'espérance d'une variable discrète grâce au théorème de transfert ?**

Remarque 22.6. — Si $X(\Omega) = \mathbb{N}$, les notations se simplifient et la condition d'existence de $E(\, g(X)\,)$ est la convergence absolue de la série de terme général $g(k)\, P(X = k)$.

Propriété 22.7. — Conséquence du théorème de transfert.
Si X est une variable aléatoire réelle admettant une espérance, alors, quels que soient les réels a et b, la variable aléatoire $aX + b$ admet elle aussi une espérance et on a :

$$E(aX + b) = a\,E(X) + b.$$

Définition 22.10. — Une variable aléatoire est dite *centrée* si son espérance est nulle.

Propriété 22.8. — Si la variable aléatoire X a une espérance, alors $X-E(X)$ est centrée.

Remarque 22.7. — D'autres propriétés de l'espérance (la croissance et la linéarité) seront énoncées dans le **tome 2**.

❑ Variance d'une variable aléatoire discrète

Définition 22.11. — Moment d'ordre r ($r \in \mathbb{N}$).

Soit X une variable aléatoire discrète définie sur $(\Omega, \mathcal{A}, P)$. Si la variable aléatoire X^r possède une espérance, alors le réel $E\left(X^r\right)$ est appelé moment d'ordre r de X et on a :

$$E\left(X^r\right) = \sum_{x_k \in X(\Omega)} x_k{}^r P(X = x_k)$$

Remarque 22.8. — Si la variable aléatoire X est infinie, l'existence de $E(X^r)$ est garantie par la convergence absolue de la série de terme général $x_k{}^r P(X = x_k)$.

Exemple 22.8. — Si $X(\Omega) = \mathbb{N}$ et si X a un moment d'ordre r, alors : $E\left(X^r\right) = \sum_{k=0}^{+\infty} k^r\, P(X = k)$.

En particulier, si la série de terme général $k^2\, P(X = k)$ est absolument convergente, le moment d'ordre 2 de X s'écrit : $E\left(X^2\right) = \sum_{k=0}^{+\infty} k^2\, P(X = k)$.

Définition 22.12. — Moment centré d'ordre r ($r \in \mathbb{N}$).

Si la variable aléatoire X^r possède une espérance, alors le réel $E\left(\left(X - E(X)\right)^r\right)$ est appelé moment centré d'ordre r de X. On a alors : $E\left(\left(X - E(X)\right)^r\right) = \sum_{x_k \in X(\Omega)} \left(x_k - E(X)\right)^r P(X = x_k)$.

Définition 22.13. — Variance d'une variable aléatoire discrète. Si X est une variable aléatoire discrète et si X admet un moment d'ordre 2, alors X admet un moment centré d'ordre 2. Ce dernier est appelé la variance de X et est noté $V(X)$. On a donc :

$$V(X) = E\left(\left(X - E(X)\right)^2\right) = \sum_{x_k \in X(\Omega)} \left(x_k - E(X)\right)^2 P(X = x_k)$$

Remarque 22.9. — La variance est un réel positif ou nul.

Remarque 22.10. — La variance mesure la dispersion de la variable aléatoire par rapport à son espérance.

Définition 22.14. — Si X est une variable aléatoire discrète admettant une variance, on appelle écart type de X, le réel positif, noté σ_X, défini par : $\sigma_X = \sqrt{V(X)}$.

Propriété 22.9. — Formule de Koenig-Huygens. Si X est une variable aléatoire discrète admettant une variance, alors :

$$V(X) = E(X^2) - (E(X))^2$$

⇨ **Méthode 22.6. Comment calculer la variance d'une variable discrète ?**

Remarque 22.11. — Le calcul pratique de la variance se fait avec la **propriété 22.9** ci-dessus.

Propriété 22.10. — Si a et b sont deux réels et si X est une variable aléatoire discrète admettant une variance, alors la variable aléatoire $aX + b$ admet une variance et on a :

$$V(aX + b) = a^2 V(X)$$

Définition 22.15. — Une variable aléatoire discrète ayant une variance est dite *réduite* si sa variance est égale à 1.

Définition 22.16. — Une variable aléatoire discrète X ayant une espérance et une variance est dite *centrée réduite* si : $E(X) = 0$ et $V(X) = 1$.

Propriété 22.11. — Si X possède une espérance et une variance et si sa variance n'est pas nulle, alors la variable aléatoire $X^* = \dfrac{X - E(X)}{\sqrt{V(X)}}$ est une variable centrée réduite : c'est la variable centrée réduite associée à X.

Méthodes

Loi de probabilité d'une variable aléatoire

❑ Méthode 22.1. Comment vérifier qu'une suite de réels définit une loi de probabilité ?

Soit $(u_n)_{n\in I}$ une suite de réels, où I désigne une partie de $\mathbb{N}$. Voici deux exemples.

• Si $I = [\![0, n]\!]$, il faut vérifier **deux** propriétés.

1) La positivité de la suite (et même la stricte positivité, car si un terme est nul, il correspond à la probabilité d'un événement quasi-impossible).

2) $\sum_{k=0}^{n} u_k = 1$.

Dès lors, il est légitime de considérer une variable aléatoire X de support $[\![0, n]\!]$, et dont la loi de probabilité est donnée par : $\forall k \in [\![0, n]\!]$, $P(X = k) = u_k$.

• Si $I = \mathbb{N}$, il faut vérifier **trois** propriétés.

1) La positivité de la suite (et même la stricte positivité).
2) La convergence de la série de terme général u_n.
3) $\sum_{n=0}^{+\infty} u_n = 1$.

Dès lors, il est légitime de considérer une variable aléatoire X de support $\mathbb{N}$, et dont la loi de probabilité est donnée par : $\forall k \in \mathbb{N}$, $P(X = k) = u_k$.
Remarque. On adapte le support de la variable aléatoire X et les bornes de la somme, par exemple si $I = [\![1, n]\!]$ ou $I = \mathbb{N}^*$.

⇨ Exercices 22.3, 22.7

Exemple. On considère la suite $(u_n)_{n\in\mathbb{N}^*}$ définie par : $\forall n \in \mathbb{N}^*$, $u_n = \dfrac{1}{n^2} - \dfrac{1}{(n+1)^2}$.

Montrer que la suite $(u_n)_{n\in\mathbb{N}^*}$ détermine une loi de probabilité.

• Comme n appartient à $\mathbb{N}^*$, chaque terme de la suite existe et comme $(n+1)^2 > n^2$, on a bien, par décroissance de la fonction inverse sur $\mathbb{R}_+^*$, $\dfrac{1}{(n+1)^2} < \dfrac{1}{n^2}$, soit : $u_n > 0$.

• Par ailleurs, on a : $\forall N \geq 1$, $\sum_{n=1}^{N} u_n = \sum_{n=1}^{N} \left(\dfrac{1}{n^2} - \dfrac{1}{(n+1)^2}\right) = 1 - \dfrac{1}{(N+1)^2}$.

Comme $\lim\limits_{N\to+\infty}\dfrac{1}{(N+1)^2}=0$, la convergence de la série $\sum u_n$ est assurée et on a $\sum\limits_{n=1}^{+\infty}u_n=1$.

• La suite $(u_n)_{n\in\mathbb{N}^*}$ détermine bien une loi de probabilité et, si X est une variable aléatoire ayant cette loi, on a alors : $X(\Omega)=\mathbb{N}^*$ et, pour tout n de $\mathbb{N}^*$, $P(X=n)=\dfrac{1}{n^2}-\dfrac{1}{(n+1)^2}$.

❑ Méthode 22.2. Comment déterminer directement la loi d'une variable discrète ?

> Pour déterminer la loi d'une variable aléatoire X, il faut commencer par déterminer le support $X(\Omega)$. Ensuite, c'est presque un problème de traduction : il faut, sans interprétation subjective, écrire l'événement dont on cherche la probabilité, par exemple $(X=k)$, à l'aide des opérations usuelles (réunion, intersection, événement contraire) sur des événements connus et simples, liés à l'exercice.

⇨ **Exercices 22.2, 22.9, 22.11**

Exemple 1. On lance deux fois une pièce équilibrée (la pièce donne *Pile* avec la probabilité $1/2$ et *Face* avec la probabilité $1/2$). On note X le nombre de *Piles* obtenus lors de ces 2 lancers. Quelle est la loi de X ? On pourra noter P_k l'événement « on obtient *Pile* au $k^{\text{ème}}$ lancer ».

• Tout d'abord, on a : $X(\Omega)=\{0, 1, 2\}$.

• $(X=0)=\overline{P_1}\cap\overline{P_2}$ et, par indépendance des lancers, donc par indépendance de $\overline{P_1}$ et $\overline{P_2}$, on a : $P(X=0)=\dfrac{1}{2}\times\dfrac{1}{2}=\dfrac{1}{4}$.

• $(X=1)=(P_1\cap\overline{P_2})\cup(\overline{P_1}\cap P_2)$. Par incompatibilité des événements entre parenthèses, on obtient : $P(X=1)=P(P_1\cap\overline{P_2})+P(\overline{P_1}\cap P_2)=\dfrac{1}{4}+\dfrac{1}{4}=\dfrac{1}{2}$ (toujours l'indépendance).

• $(X=2)=P_1\cap P_2$ et, par indépendance : $P(X=2)=\dfrac{1}{2}\times\dfrac{1}{2}=\dfrac{1}{4}$.

Remarque. La loi de X est une loi binomiale qui sera étudiée au **chapitre 23**.

Exemple 2. On désigne par p un réel de $]0, 1[$ et on lance une indéfiniment une pièce qui donne *Pile* avec la probabilité p et *Face* avec la probabilité $1-p$. On note X le numéro du lancer auquel on obtient le premier *Pile* et on pose $X=0$ si l'on n'obtient jamais *Pile*.
Quelle est la loi de X ? On pourra noter P_k l'événement « on obtient *Pile* au $k^{\text{ème}}$ lancer ».

• Tout d'abord, on a : $X(\Omega)=\mathbb{N}$.

• On sait depuis l'exemple de la **méthode 21.2** du **chapitre 21**, que $P(X=0)=0$.

Ceci nous amènera dans la suite à considérer que $X(\Omega)=\mathbb{N}^*$.

• Enfin, on a $(X=1)=P_1$ et, pour tout entier naturel n supérieur ou égal à 2 :

$$(X=n)=\overline{P_1}\cap\ldots\cap\overline{P_{n-1}}\cap P_n$$

On en déduit $P(X=1)=p$, puis par indépendance des lancers, donc par indépendance des événements $\overline{P_1},\ldots,\overline{P_{n-1}}$ et P_n, on trouve : $\forall n\geq 2,\ P(X=n)=(1-p)^{n-1}p$.

On peut regrouper et conclure : $\forall n\in\mathbb{N}^*,\ P(X=n)=(1-p)^{n-1}p$.

Remarque. La loi de X est la loi géométrique de paramètre p qui sera étudiée au **chapitre 23**.

❑ Méthode 22.3. Comment déterminer la loi d'une variable discrète grâce à sa fonction de répartition ?

> Parfois, il est plus simple de déterminer la fonction de répartition d'une variable aléatoire que de déterminer sa loi.
> C'est notamment le cas lorsque la variable aléatoire en question est définie comme étant la plus grande (ou la plus petite) de deux variables aléatoires.

⇨ Exercice 22.10

Exemple. On tire simultanément deux boules au hasard d'une urne contenant n boules numérotées de 1 à n. On appelle S la variable aléatoire égale au plus grand des numéros obtenus. Déterminer, pour tout k de $[\![2,n]\!]$, la probabilité $P(S\leq k)$ puis donner la loi de S.

On a bien sûr $S(\Omega)=[\![2,n]\!]$ et, pour tout k de $[\![2,n]\!]$, $(S\leq k)$ est réalisé si et seulement si les deux numéros obtenus sont inférieurs ou égaux à k (en effet, dire que le plus grand des deux numéros obtenus est inférieur ou égal à k, c'est dire que les deux le sont).

La probabilité $P(S\leq k)$ est la probabilité de tirer deux boules dont les numéros sont inférieurs ou égaux à k. On a donc, par équiprobabilité : $\forall k\in[\![2,n]\!],\ P(S\leq k)=\dfrac{\binom{k}{2}}{\binom{n}{2}}=\dfrac{k(k-1)}{n(n-1)}$. $\quad(*)$

Grâce à la **propriété 22.6**, on peut écrire : $\forall k\in[\![2,n]\!],\ P(S=k)=P(S\leq k)-P(S\leq k-1)$.

Remarquons que, pour $k=2$, cette égalité fait intervenir la probabilité $P(S\leq 1)$ pour laquelle on peut tout de même utiliser l'expression $(*)$ puisqu'elle fournit $P(S\leq 1)=0$, ce qui est correct. Ainsi, on en déduit : $P(S=k)=\dfrac{k(k-1)}{n(n-1)}-\dfrac{(k-1)(k-2)}{n(n-1)}=\dfrac{2(k-1)}{n(n-1)}$.

■ Moments d'une variable aléatoire discrète

❑ Méthode 22.4. Comment calculer l'espérance d'une variable discrète avec la loi de la variable aléatoire ?

> On applique la définition et on utilise les procédés de sommation que l'on connaît concernant les sommes finies ou les séries. Dans ce dernier cas, il faut s'assurer de la convergence absolue de la série définissant l'espérance (voir l'exemple 2).

⇨ Exercices 22.1, 22.2, 22.3, 22.4, 22.5, 22.7, 22.9, 22.10

Exemple 1. On suppose que X est une variable aléatoire dont la loi est donnée par :
$X(\Omega) = \{-3, 2, 4\}$ et $P(X=-3) = \frac{1}{3}$, $P(X=2) = \frac{1}{2}$ et $P(X=4) = \frac{1}{6}$. Calculer l'espérance $E(X)$.

On a : $E(X) = -3P(X=-3) + 2P(X=2) + 4P(X=4) = -3\times\frac{1}{3} + 2\times\frac{1}{2} + 4\times\frac{1}{6} = \frac{2}{3}$.

Exemple 2. On reprend l'exemple de la variable aléatoire S de la **méthode 22.3**.
On sait que : $\forall k \in [\![2, n]\!]$, $P(S=k) = \dfrac{2(k-1)}{n(n-1)}$.

Comme S est une variable finie, elle possède une espérance et on a : $E(S) = \sum_{k=2}^{n} k\,P(S=k)$.

En remplaçant, on trouve : $E(S) = \sum_{k=2}^{n} k\dfrac{2(k-1)}{n(n-1)} = \dfrac{2}{n(n-1)}\sum_{k=2}^{n} k(k-1) = \dfrac{2}{n(n-1)}\sum_{k=2}^{n}(k^2-k)$.
On peut ajouter le terme correspondant à $k=1$ puisqu'il est nul, ce qui donne :

$$E(S) = \frac{2}{n(n-1)}\left(\sum_{k=1}^{n} k^2 - \sum_{k=1}^{n} k\right) = \frac{2}{n(n-1)}\left(\frac{n(n+1)(2n+1)}{6} - \frac{n(n+1)}{2}\right).$$

On trouve finalement : $E(S) = \dfrac{2(n+1)}{(n-1)}\times\dfrac{(2n+1)-3}{6} = \dfrac{2n+2}{3}$

Exemple 3. On considère la variable aléatoire X vue à la **méthode 22.2**, dont la loi est donnée par : $\forall n \in \mathbb{N}^*$, $P(X=n) = (1-p)^{n-1}p$.
Montrer que X possède une espérance et la calculer.
Pour tout entier naturel n non nul, on a : $nP(X=n) = n(1-p)^{n-1}p$. Comme p appartient à $]0, 1[$, on a $0 < 1-p < 1$, et ainsi la série de terme général $n(1-p)^{n-1}$ est absolument convergente (série géométrique "dérivée" dont la raison $1-p$ est telle que $|1-p| < 1$). Par conséquent, X a une espérance et on a : $E(X) = p\sum_{n=1}^{+\infty} n(1-p)^{n-1} = p\times\dfrac{1}{(1-(1-p))^2} = \dfrac{1}{p}$.

❑ Méthode 22.5. Comment calculer l'espérance d'une variable discrète grâce au théorème de transfert ?

Le théorème de transfert permet de calculer l'espérance d'une variable aléatoire Y fonction d'une variable aléatoire X, sans avoir besoin de déterminer la loi de Y.
Si par exemple on a $Y = g(X)$, il ne faut pas oublier d'établir l'existence de la dite espérance, donc le cas échéant, prouver la convergence absolue de la série de terme général $g(x_k)P(X=x_k)$. Voir l'**exemple 2** pour plus de précisions.

⇨ **Exercices 22.5, 22.6, 22.7**

Exemple 1. On considère une variable aléatoire X dont la loi est donnée par :

$$\forall k \in [\![1, n]\!],\ P(X = k) = \frac{1}{n}$$

Déterminer $E\left(e^X\right)$.

D'après le théorème de transfert, on a :

$$E\left(e^X\right) = \sum_{k=1}^{n} e^k\, P(X = k) = \sum_{k=1}^{n} e^k \times \frac{1}{n} = \frac{1}{n}\sum_{k=1}^{n} e^k = \frac{1}{n}\left(\sum_{k=0}^{n} e^k - 1\right) = \frac{1}{n}\left(\frac{1 - e^{n+1}}{1 - e} - 1\right)$$

En arrangeant, on trouve : $E\left(e^X\right) = \frac{1}{n} \times \frac{1 - e^{n+1} - 1 + e}{1 - e} = \frac{1}{n} \times \frac{-e^{n+1} + e}{1 - e} = \frac{1}{n} \times \frac{e^{n+1} - e}{e - 1}$.

Exemple 2. On considère un réel λ strictement positif, ainsi qu'une variable aléatoire X dont la loi est donnée par : $\forall k \in \mathbb{N}$, $P(X = k) = \frac{\lambda^k}{k!}\, e^{-\lambda}$ (on dit que X suit la loi de Poisson de paramètre λ : voir le **chapitre 25**).

Pour tout réel t, on pose $Y = e^{tX}$. Montrer que Y admet une espérance et la calculer.

Pour tout entier naturel k, on a : $e^{tk} P(X = k) = e^{tk}\frac{\lambda^k}{k!}\, e^{-\lambda} = e^{-\lambda}\frac{\left(\lambda e^t\right)^k}{k!}$. La série de terme général $\frac{\left(\lambda e^t\right)^k}{k!}$ est une série exponentielle absolument convergente donc Y possède une espérance et on a : $E(Y) = \sum_{k=0}^{+\infty} e^{tk} P(X = k) = e^{-\lambda}\sum_{k=0}^{+\infty}\frac{\left(\lambda e^t\right)^k}{k!} = e^{-\lambda} e^{\lambda e^t} = e^{\lambda\left(e^t - 1\right)}$.

❑ Méthode 22.6. Comment calculer la variance d'une variable discrète ?

> On applique la définition et on utilise les procédés de sommation que l'on connaît pour calculer le moment d'ordre 2. On finit avec la formule de Koenig-Huygens.

⇨ **Exercices 22.1, 22.2, 22.7**

Exemple 1. On considère une variable aléatoire X dont la loi est donnée par :

$X(\Omega) = \{-3, 2, 4\}$ et $P(X = -3) = \frac{1}{3}$, $P(X = 2) = \frac{1}{2}$ et $P(X = 4) = \frac{1}{6}$. Calculer la variance de X.

- On calcule $E(X)$.

$$E(X) = -3 \times \frac{1}{3} + 2 \times \frac{1}{2} + 4 \times \frac{1}{6} = -1 + 1 + \frac{2}{3} = \frac{2}{3}.$$

- On calcule le moment d'ordre 2.

$$E\left(X^2\right) = (-3)^2 \times P(X = -3) + 2^2 \times P(X = 2) + 4^2 \times P(X = 4).$$

$$E\left(X^2\right) = 9 \times \frac{1}{3} + 4 \times \frac{1}{2} + 16 \times \frac{1}{6} = 3 + 2 + \frac{8}{3} = 5 + \frac{8}{3} = \frac{23}{3}.$$

Méthodes

• Pour finir, on sait que $V(X)=E(X^2)-(E(X))^2$.

On a donc : $V(X)=\frac{23}{3}-\frac{4}{9}=\frac{69}{9}-\frac{4}{9}=\frac{65}{9}$.

Exemple 2. On considère une variable aléatoire X dont la loi est donnée par :

$$\forall k\in [\![1, n]\!],\ P(X=k)=\frac{1}{n}$$

Calculer la variance de X.

• On a : $E(X)=\sum_{k=1}^{n} k\times\frac{1}{n}=\frac{1}{n}\sum_{k=1}^{n} k=\frac{1}{n}\times\frac{n(n+1)}{2}=\frac{n+1}{2}$.

• On calcule le moment d'ordre 2.

$$E(X^2)=\sum_{k=1}^{n} k^2\,P(X=k)=\sum_{k=1}^{n} k^2\times\frac{1}{n}=\frac{1}{n}\sum_{k=1}^{n} k^2=\frac{1}{n}\times\frac{n(n+1)(2n+1)}{6}=\frac{(n+1)(2n+1)}{6}.$$

• Pour finir, on sait que $V(X)=E(X^2)-(E(X))^2$.

On a donc : $V(X)=\frac{(n+1)(2n+1)}{6}-\frac{(n+1)^2}{4}=\frac{2(n+1)(2n+1)-3(n+1)^2}{12}$.

$$V(X)=\frac{(n+1)\big(2(2n+1)-3(n+1)\big)}{12}=\frac{(n+1)(4n+2-3n-3)}{12}=\frac{(n+1)(n-1)}{12}=\frac{n^2-1}{12}.$$

Vrai/Faux

	Vrai	Faux
1. Soit X une variable aléatoire telle que $X(\Omega)=\mathbb{N}$. On a : $\forall k\in\mathbb{N}, P(X=k)= P(X>k)-P(X>k-1)$	☐	☐
2. Si $X(\Omega)$ est fini ou dénombrable, la fonction de répartition de X n'est pas strictement croissante.	☐	☐
3. Il est possible que l'on ait $V(X)=0$.	☐	☐
4. Si $X(\Omega) = [\![0,n]\!]$, alors e^X a une espérance et on a : $E(e^X)=\sum_{k=0}^{n} e^k P(X=k)$	☐	☐
5. Si X admet une espérance, alors $\lvert X\rvert$ admet aussi une espérance.	☐	☐
6. On suppose que la loi de X est donnée par : $P(X=-1)=\frac{1}{3}$ et $P(X=1)=\frac{2}{3}$. La variable centrée réduite associée à X est $X^*=\frac{3X-1}{2\sqrt{2}}$	☐	☐
7. Si X admet une espérance et un moment d'ordre 2, alors on a : $(E(X))^2 > E(X^2)$	☐	☐
8. On désigne par c un réel et on suppose que la variable aléatoire X possède une variance. Les variables aléatoires X, $c+X$ et $c-X$ ont la même variance.	☐	☐
9. Si X possède une variance, alors : $\forall (a, b)\in\mathbb{R}^2$, $\sigma_{aX+b} = a\,\sigma_X$.	☐	☐
10. Si X et $\lvert X\rvert$ admettent une variance, alors $V(X) = V(\lvert X\rvert)$.	☐	☐

Énoncé des exercices

❑ **Exercice 22.1.** — On considère une variable aléatoire X prenant les valeurs 0, 1, 2, 3 et 4. On donne $P(X=0)=\dfrac{1}{10}$, $P(X=1)=\dfrac{1}{4}$ et $P(X=2)=\dfrac{1}{2}$.

1. Sachant que les événements $(X=3)$ et $(X=4)$ sont équiprobables, déterminer $P(X=3)$.

2. Calculer l'espérance et la variance de X.

❑ **Exercice 22.2.** — On pioche successivement deux boules, sans remettre la première boule, dans une urne contenant 5 boules numérotées de 1 à 5. On note X la valeur absolue de la différence des deux numéros obtenus.
Donner la loi de X puis calculer l'espérance et la variance de X.

❑ **Exercice 22.3.** — On considère la suite $(u_n)_{n\geq 1}$ définie par : $\forall n\in\mathbb{N}^*$, $u_n=\dfrac{1}{n(n+1)}$.

1. Vérifier que la suite $(u_n)_{n\geq 1}$ définit une loi de probabilité.

On note alors X une variable aléatoire dont la loi est donnée par : $\forall n\in\mathbb{N}^*$, $P(X=n)=\dfrac{1}{n(n+1)}$

2. Montrer que X ne possède pas d'espérance.

❑ **Exercice 22.4.** — On reprend l'exemple de la **méthode 22.1**, où l'on a :

$$\forall n\in\mathbb{N}^*,\ P(X=n)=\frac{1}{n^2}-\frac{1}{(n+1)^2}$$

En admettant que la série de terme général $\dfrac{1}{n^2}$ converge (voir le **tome 2**), montrer que X possède une espérance, puis établir que $E(X)=\displaystyle\sum_{k=1}^{+\infty}\frac{1}{k^2}$.

❑ **Exercice 22.5.** * — Soit X une variable aléatoire dont le support est $X(\Omega)=\{-1, 0, 1\}$ et telle que :$P(X=-1)=\dfrac{1}{4}$, $P(X=0)=\dfrac{1}{4}$ et $P(X=1)=\dfrac{1}{2}$. On pose $Y=|X|$.

1. Donner la loi de Y puis calculer l'espérance de Y.

2. Retrouver directement l'espérance de Y grâce au théorème de transfert.

❑ **Exercice 22.6.** * — On considère deux réels p et t (avec $0<p<1$) ainsi qu'une variable aléatoire X telle que : $X(\Omega)=\{0, 1\}$, $P(X=1)=p$ et $P(X=0)=1-p$.
Déterminer l'espérance de la variable aléatoire e^{tX}.

❑ **Exercice 22.7.** * * — Soit un entier naturel n et un réel p de $]0,1[$.
On pose, pour tout k de $[\![0, n]\!]$, $u_k = \binom{n}{k} p^k (1-p)^{n-k}$.

1. Vérifier que la suite $(u_0, u_1, ..., u_n)$ définit une loi de probabilité.
On considère désormais une variable aléatoire X telle que $X(\Omega) = [\![0, n]\!]$ et, telle que, pour tout k de $[\![0, n]\!]$, on a : $P(X=k) = \binom{n}{k} p^k (1-p)^{n-k}$.

2. Montrer que la variable aléatoire X possède une espérance et la calculer.

3. a) Montrer que la variable aléatoire $X(X-1)$ possède une espérance et la calculer.

b) Montrer que $E(X(X-1)) = E(X^2) - E(X)$, puis en déduire la variance de X.

4. Montrer que la variable aléatoire e^{tX} possède une espérance et la calculer.

❑ **Exercice 22.8.** * — Soit une variable aléatoire discrète X, définie sur un espace probabilisé $(\Omega, \mathcal{A}, P)$, de fonction de répartition F, et dont la loi est donnée par :

$$X(\Omega) = \{-1, 0, 1\},\ P(X=-1) = \frac{1}{6},\ P(X=0) = \frac{1}{3} \text{ et } P(X=2) = \frac{1}{2}$$

Donner l'expression de $F(x)$ en distinguant les cas : $x < -1$, $-1 \leq x < 0$, $0 \leq x < 2$ et $x \geq 2$.

❑ **Exercice 22.9.** — Un sauteur en hauteur tente de franchir des hauteurs successives numérotées 1, 2, ..., n, ... Il ne peut tenter de passer la hauteur $(n+1)$ que s'il a réussi les sauts aux hauteurs 1, 2, ..., n. On suppose que la probabilité de succès au $n^{\text{ème}}$ saut est $p_n = \dfrac{1}{n}$.

Pour tout k de $\mathbb{N}^*$, on note S_k l'événement « le sauteur réussit son $k^{\text{ème}}$ saut » et on note X la variable aléatoire égale au numéro du dernier saut réussi.

1. Pour tout n de $\mathbb{N}^*$, exprimer $(X=n)$ en fonction d'événements du type S_k, puis déterminer la loi de X. Vérifier que $\displaystyle\sum_{n=1}^{+\infty} P(X=n) = 1$.

2. Montrer que X possède une espérance et la calculer.

❑ **Exercice 22.10.** * * — On désigne par k et n des entiers naturels supérieurs ou égaux à 1. On dispose de k urnes contenant chacune n boules numérotées de 1 à n. On tire une boule au hasard de chaque urne et on note N_j le numéro de la boule extraite de l'urne j. On désigne par X_n la variable aléatoire égale au plus grand des numéros obtenus.

1. Pour tout i de $[\![1, n]\!]$, déterminer $P(X_n \leq i)$, puis en déduire la loi de X_n.

2. Montrer que $E(X_n) = n - \displaystyle\sum_{i=0}^{n-1} \left(\frac{i}{n}\right)^k$, puis vérifier que $\displaystyle\lim_{n\to+\infty} \frac{E(X_n)}{n} = \frac{k}{k+1}$.

❑ **Exercice 22.11.** * * — On réalise une suite de lancers indépendants d'une pièce équilibrée, chaque lancer amenant donc "pile" ou "face" avec la probabilité 1/2 chacun. On note P_k (respectivement F_k) l'événement : « on obtient "pile" (respectivement "face") au $k^{\text{ème}}$ lancer ».

On note X la variable aléatoire qui prend la valeur k si l'on obtient, pour la première fois, "pile" puis "face" dans cet ordre aux lancers $k-1$ et k (k désignant un entier supérieur ou égal à 2).

1. Montrer, en considérant le résultat du premier lancer, que :

$$\forall k \geq 3,\ P(X=k) = \frac{1}{2}P(X=k-1) + \frac{1}{2^k}$$

2. On pose, pour tout entier k supérieur ou égal à 2, $u_k = 2^k P(X=k)$.

Montrer que la suite $(u_k)_{k\geq 2}$ est arithmétique puis déterminer $P(X=k)$ pour tout entier $k \geq 2$.

■ Pour vous aider à démarrer

Exercice 22.1. Pour la question **1**, utiliser le système complet d'événements $(X=k)_{0\leq k\leq 4}$, puis tenir compte de $P(X=3)=P(X=4)$.

Exercice 22.2. Lister toutes les possibilités de doubles tirages et calculer, pour chacun d'entre eux, la valeur que prend X.

Exercice 22.3. Pour la question **2**, on conclut en utilisant le résultat de l'**exercice 20.4**.

Exercice 22.4. Le calcul de $E(X)$ se fait en séparant la somme définissant $E(X)$ en deux sommes, puis en changeant d'indice dans l'une pour créer un télescopage.

Exercice 22.7. Pour la question **1**, vérifier que pour tout k de $[\![0,n]\!]$, on a :

$u_k > 0$ et $\sum_{k=0}^{n} u_k = 1$ (penser à la formule du binôme de Newton).

Pour les questions **3.a)** et **4**, utiliser le théorème de transfert.

Exercice 22.9. Pour la question **1**, utiliser la formule des probabilités composées.

Exercice 22.10. Pour la question **1**, noter que : $\forall i \in [\![1,n]\!],\ (X_n \leq i) = \bigcap_{j=1}^{k}(N_j \leq i)$.

Pour la question **2**, exprimer $\dfrac{E(X_n)}{n}$, puis reconnaître une somme de Riemann

Exercice 22.11. Pour la question **1**, utiliser la formule des probabilités totales associée au système complet d'événements (P_1, F_1).

Corrigé des vrai/faux

1.	2.	3.	4.	5.	6.	7.	8.	9.	10.
F	V	V	V	V	V	F	V	F	F

1. • On sait, d'après la **propriété 22.6**, que : $\forall k \in \mathbb{N}$, $P(X=k)=F(k)-F(k-1)$.
Ceci s'écrit aussi : $\forall k \in \mathbb{N}$, $P(X=k)=(1-P(X>k))-(1-P(X>k-1))$.
On obtient alors : $P(X=k)=P(X>k-1)-P(X>k)$.

• Sans utiliser la **propriété 22.6**, on peut raisonner comme ceci.
Pour tout entier naturel k, on a, par définition de "$\geq$" :

$$(X \geq k)=(X>k)\cup(X=k)$$

Les événements $(X>k)$ et $(X=k)$ étant incompatibles, on en déduit que :
$P(X \geq k)=P(X>k)+P(X=k)$, d'où : $P(X=k)=P(X \geq k)-P(X>k)$.
Comme X prend des valeurs entières, on a : $(X \geq k)=(X>k-1)$.
D'où : $\forall k \in \mathbb{N}$, $P(X=k)=P(X>k-1)-P(X>k)$.

Remarque. Pour $k=0$, cette égalité devient $P(X=0)=P(X>-1)-P(X>0)=1-P(X>0)$ (car $X(\Omega)=\mathbb{N}$), ce qui est correct puisque $((X=0),(X>0))$ est un système complet d'événements.

2. Considérons une variable aléatoire X à support dénombrable.
On pose : $X(\Omega)=\{x_1,x_2,...,x_n,...\}$ avec les x_i rangés dans l'ordre croissant. En notant F la fonction de répartition de X, on a par exemple :

$$\forall t \in \left]-\infty, x_1\right[, F(t)=P(X \leq t)=0$$

La fonction F est constante sur $\left]-\infty, x_1\right[$, elle n'est donc pas strictement croissante.

Remarque. On peut montrer que F est aussi constante sur chaque intervalle $[x_i, x_{i+1}[$.
L'**exercice 22.8** illustre ceci.

3. Il est possible que $V(X)=0$. Il suffit de choisir une variable aléatoire X ne prenant qu'une seule valeur a (non nulle), avec la probabilité 1. On a alors :

- $E(X)=a\times 1=a$.
- $E(X^2)=a^2\times 1=a^2$.
- $V(X)=E(X^2)-(E(X))^2=a^2-a^2=0$.

Remarque. On peut prouver que c'est la seule façon d'obtenir une variance nulle.

Corrigé

4. Comme $X(\Omega)$ est fini, e^X a une espérance et le théorème de transfert assure que :

$$E(e^X)=\sum_{k=0}^{n} e^k P(X=k)$$

5. Soit X une variable aléatoire discrète telle que $X(\Omega)=\{x_i, i\in I\}$, où I est une partie de $\mathbb{N}$. X possède une espérance signifie que la série $\sum_{i\in I} x_i P(X=x_i)$ converge absolument, c'est-à-dire que la série $\sum \left| x_i P(X=x_i) \right|$ converge, ou encore que la série $\sum |x_i| P(X=x_i)$ converge. Cette dernière série étant à termes positifs, on obtient alors que la série $\sum |x_i| P(X=x_i)$ converge absolument. Finalement, si X admet une espérance, $|X|$ en admet une aussi.

6. Comme la loi de X est donnée par : $P(X=-1)=\frac{1}{3}$ et $P(X=1)=\frac{2}{3}$, on a :

- $E(X)=(-1)\times\frac{1}{3}+1\times\frac{2}{3}=-\frac{1}{3}+\frac{2}{3}=\frac{1}{3}$.
- $E(X^2)=(-1)^2\times\frac{1}{3}+1^2\times\frac{2}{3}=\frac{1}{3}+\frac{2}{3}=1$.
- $V(X)=E(X^2)-(E(X))^2=1-\frac{1}{9}=\frac{8}{9}$.

On a donc : $X^*=\dfrac{X-E(X)}{\sqrt{V(X)}}=\dfrac{X-\frac{1}{3}}{\sqrt{\frac{8}{9}}}=\dfrac{X-\frac{1}{3}}{\frac{2\sqrt{2}}{3}}=\dfrac{3\left(X-\frac{1}{3}\right)}{2\sqrt{2}}=\dfrac{3X-1}{2\sqrt{2}}$.

7. On sait que la variance d'une variable aléatoire est positive et égale à $E(X^2)-(E(X))^2$, on a donc : $E(X^2)\geq(E(X))^2$, et pas le contraire.

8. En appliquant la **propriété 22.11**, on a bien : $V(X)=V(c+X)=V(c-X)$.

9. On a par définition : $\sigma_{aX+b}=\sqrt{V(aX+b)}$. La **propriété 22.11** donne alors : $\sigma_{aX+b}=\sqrt{a^2V(X)}=|a|\sqrt{V(X)}$. Finalement, $\sigma_{aX+b}=|a|\sigma_X$ et $\sigma_{aX+b}\neq a\sigma_X$.

10. Soit une variable X dont la loi est donnée par : $X(\Omega)=\{-1,1\}$, $P(X=1)=P(X=-1)=\frac{1}{2}$. On a : $E(X)=0$, $E(X^2)=1$ et $V(X)=E(X^2)-(E(X))^2=1$.
Ensuite, en posant $Y=|X|$, on a : $Y(\Omega)=\{1\}$ et $P(Y=1)=1$.
On trouve successivement $E(Y)=1$, $E(Y^2)=1$ et $V(Y)=0$, d'où : $V(Y)\neq V(X)$.

❑ Les erreurs classiques

- Faire très attention à la différence entre inégalités strictes et larges.
- Lorsqu'on donne la loi d'une variable aléatoire X dont le support est $X(\Omega)=\{x_k, k\in I\}$, il est bon de vérifier que $\sum_{k\in I} P(X=x_k)=1$.
- Une variable aléatoire à support fini possède toujours une espérance mais lorsque le support n'est pas fini, il ne faut jamais écrire "$E(X)=...$" avant d'avoir justifié la convergence absolue de la série $\sum x_k P(X=x_k)$.
- L'espérance n'est pas forcément positive, mais la variance l'est.

Corrigé

Corrigé des exercices

Exercice 22.1

1. X prend les valeurs 0, 1, 2, 3 et 4 donc $\big((X=0), (X=1)), (X=2), (X=3), (X=4) \big)$ est un système complet d'événements.
Par conséquent, on a : $P(X=0)+P(X=1)+P(X=2)+P(X=3)+P(X=4)=1$.
Les événements $(X=3)$ et $(X=4)$ sont équiprobables donc $P(X=4)=P(X=3)$, on obtient donc (en remplaçant les probabilités connues) : $\frac{1}{10}+\frac{1}{4}+\frac{1}{2}+2P(X=3)=1$

En réduisant au même dénominateur, on trouve : $\frac{2}{20}+\frac{5}{20}+\frac{10}{20}+P(X=3)=1$.

On a donc : $2P(X=3)=1-\frac{17}{20}=\frac{3}{20}$. On en déduit : $P(X=3)=P(X=4)=\frac{3}{40}$.

2. • Par définition de l'espérance, on a :
$E(X)=0\times P(X=0)+1\times P(X=1)+2\times P(X=2)+3\times P(X=3)+4\times P(X=4)$

En remplaçant, on trouve : $E(X)=\frac{1}{4}+2\times\frac{1}{2}+3\times\frac{3}{40}+4\times\frac{3}{40}=\frac{10}{40}+\frac{40}{40}+\frac{9}{40}+\frac{12}{40}=\frac{71}{40}$.

Par définition du moment d'ordre 2, on a :
$E(X^2)=0^2\times P(X=0)+1^2\times P(X=1)+2^2\times P(X=2)+3^2\times P(X=3)+4^2\times P(X=4)$.

En remplaçant, on trouve :
$$E(X^2)=\frac{1}{4}+4\times\frac{1}{2}+9\times\frac{3}{40}+16\times\frac{3}{40}=\frac{1}{4}+2+\frac{27}{40}+\frac{48}{40}=\frac{10}{40}+\frac{80}{40}+\frac{27}{40}+\frac{48}{40}=\frac{165}{40}=\frac{33}{8}.$$

Pour finir, on sait que $V(X)=E(X^2)-(E(X))^2=\frac{33}{8}-\left(\frac{71}{40}\right)^2=\frac{6600}{1600}-\frac{5041}{1600}=\frac{1559}{1600}$.

➪ *Méthodes 22.4, 22.6*

Exercice 22.2

On pioche successivement deux boules, sans remise de la première boule, dans une urne contenant 5 boules numérotées de 1 à 5. On note X la valeur absolue de la différence des deux numéros obtenus.

Recherche de la loi de X.

Si l'on modélise les deux tirages par un couple dont la première composante est le numéro du premier tirage et la deuxième le numéro du deuxième tirage, alors les différentes possibilités sont : (1, 2), (1, 3), (1, 4), (1, 5), (2, 1), (2, 3), (2, 4), (2, 5), (3, 1), (3, 2), (3, 4), (3, 5), (4, 1), (4, 2), (4, 3), (4, 5), (5, 1), (5, 2), (5, 3), (5, 4).

La probabilité d'obtenir l'un quelconque de ces couples est $\frac{1}{5}\times\frac{1}{4}=\frac{1}{20}$ (on a 5 choix pour le premier numéro puis 4 choix pour le second puisqu'il n'y a pas remise de la boule tirée au premier tirage).

Les valeurs prises par X sont 1, 2, 3 et 4.

• X prend la valeur 1 si l'on obtient un des 8 couples :

(1, 2), (2, 1), (2, 3), (3, 2), (3, 4), (4, 3), (4, 5) et (5, 4) donc $P(X=1)=\frac{8}{20}=\frac{2}{5}$.

• X prend la valeur 2 si l'on obtient un des 6 couples :

(1, 3), (2, 4), (3, 1), (3, 5), (4, 2), et (5, 3) donc $P(X=2)=\frac{6}{20}=\frac{3}{10}$.

• X prend la valeur 3 si l'on obtient un des 4 couples :

(1, 4), (2, 5), (4, 1) et (5, 2) donc $P(X=3)=\frac{4}{20}=\frac{1}{5}$.

• X prend la valeur 4 si l'on obtient un des 2 couples :

(1, 5) et (5, 1) donc $P(X=4)=\frac{2}{20}=\frac{1}{10}$.

On vérifie bien que $P(X=1)+P(X=2)+P(X=3)+P(X=4)=1$.

• Par définition, on a : $E(X)=1\times\frac{2}{5}+2\times\frac{3}{10}+3\times\frac{1}{5}+4\times\frac{1}{10}=\frac{2}{5}+\frac{3}{5}+\frac{3}{5}+\frac{2}{5}=2$.

• Par définition, on a : $E(X^2)=1\times\frac{2}{5}+4\times\frac{3}{10}+9\times\frac{1}{5}+16\times\frac{1}{10}=\frac{2}{5}+\frac{6}{5}+\frac{9}{5}+\frac{8}{5}=\frac{25}{5}=5$.

On a donc : $V(X)=E(X^2)-(E(X))^2=5-4=1$.

⇨ *Méthodes 22.2, 22.4, 22.6*

Exercice 22.3

1. Pour tout entier naturel n non nul, $u_n=\frac{1}{n(n+1)}$ donc $u_n>0$.

De plus, on a : $\sum_{k=1}^{n}\frac{1}{k(k+1)}=\sum_{k=1}^{n}\left(\frac{1}{k}-\frac{1}{k+1}\right)$ (décomposition vue au **chapitre 2**).

Ainsi : $\sum_{k=1}^{n}\frac{1}{k(k+1)}=1-\frac{1}{n+1}$ par télescopage. Comme $\lim_{n\to+\infty}\left(1-\frac{1}{n+1}\right)=1$, on en déduit que la série de terme général u_n converge et que $\sum_{k=1}^{+\infty}u_k=1$.

D'après la **définition 22.7**, la suite $(u_n)_{n\in\mathbb{N}^*}$ définit bien une loi de probabilité.

⇨ *Méthode 22.1*

Corrigé

2. On a, pour tout entier naturel n non nul : $\left|n P(X=n)\right| = \dfrac{1}{n+1}$. Comme $\sum_{n=0}^{N} \dfrac{1}{n+1} = \sum_{n=1}^{N+1} \dfrac{1}{n}$ et comme $\lim_{n\to+\infty} \sum_{k=1}^{n+1} \dfrac{1}{k} = +\infty$ (voir l'**exercice 20.4**), on peut conclure que X ne possède pas d'espérance.

➪ *Méthode 22.4*

Exercice 22.4

Pour tout entier N supérieur ou égal à 1, on a :

$$\sum_{n=1}^{N} n P(X=n) = \sum_{n=1}^{N} \left(\frac{1}{n} - \frac{n}{(n+1)^2}\right) = \sum_{n=1}^{N} \frac{1}{n} - \sum_{n=1}^{N} \frac{n}{(n+1)^2}.$$

On pose $k = n+1$ dans la deuxième somme et on a : $\sum_{n=1}^{N} n P(X=n) = \sum_{n=1}^{N} \frac{1}{n} - \sum_{k=2}^{N+1} \frac{k-1}{k^2}$.

On scinde la deuxième somme en 2 sommes et on trouve :

$$\sum_{n=1}^{N} n P(X=n) = \sum_{n=1}^{N} \frac{1}{n} - \sum_{k=2}^{N+1} \frac{1}{k} + \sum_{k=2}^{N+1} \frac{1}{k^2} = 1 - \frac{1}{N+1} + \sum_{k=2}^{N+1} \frac{1}{k^2} = -\frac{1}{N+1} + \sum_{k=1}^{N+1} \frac{1}{k^2}.$$

Comme $\lim_{N\to+\infty} \dfrac{1}{N+1} = 0$, et comme la série de terme général $\dfrac{1}{n^2}$ converge, on peut passer à la limite et conclure que : $E(X) = \sum_{k=1}^{+\infty} \dfrac{1}{k^2}$.

➪ *Méthode 22.4*

Exercice 22.5

1. • On a $Y(\Omega) = \{0, 1\}$.

- $(Y=0) = (X=0)$ donc $P(Y=0) = P(X=0) = \dfrac{1}{4}$.
- $(Y=1) = (X=-1) \cup (X=1)$ et, par incompatibilité, on obtient : $P(Y=1) = \dfrac{1}{4} + \dfrac{1}{2} = \dfrac{3}{4}$.
- La loi de Y est donnée par : $Y(\Omega) = \{0, 1\}$, $P(Y=0) = \dfrac{1}{4}$, $P(Y=1) = \dfrac{3}{4}$.

Son espérance est : $E(Y) = 0 \times P(Y=0) + 1 \times P(Y=1) = \dfrac{3}{4}$.

➪ *Méthode 22.4*

2. Par le théorème de transfert, on a :

$E(Y) = E(|X|) = |-1| P(X=-1) + |0| P(X=0) + |1| P(X=1)$.

Ceci se simplifie et on obtient : $E(Y) = P(X=-1) + P(X=1) = \dfrac{1}{4} + \dfrac{1}{2} = \dfrac{3}{4}$.

➪ *Méthode 22.5*

Exercice 22.6

Le théorème de transfert s'écrit : $E(e^{tX}) = \sum_{x_k \in X(\Omega)} e^{t x_k} P(X = x_k)$. Ici, la somme ne contient que deux termes et on a : $E(e^{tX}) = e^{0t}\ P(X=0) + e^{1t}\ P(X=1) = 1-p+pe^{t}$.

⇨ *Méthode 22.5*

Exercice 22.7

1. Comme p est un réel de $]0,1[$, $1-p$ est aussi un réel de $]0,1[$.

Ainsi, pour tout entier k de $[\![0,n]\!]$, u_k est strictement positif en tant que produit de termes strictement positifs.

De plus, $\sum_{k=0}^{n} u_k = \sum_{k=0}^{n} \binom{n}{k} p^k (1-p)^{n-k}$.

On reconnaît la formule du binôme de Newton : $\sum_{k=0}^{n} \binom{n}{k} p^k (1-p)^{n-k} = \big(p+(1-p)\big)^n = 1^n = 1$.

On en déduit que : $\sum_{k=0}^{n} u_k = 1$.

D'après la **définition 22.7**, la suite $(u_0, u_1, ..., u_n)$ définit bien une loi de probabilité.

⇨ *Méthode 22.1*

2. X étant une variable aléatoire finie, elle a une espérance : $E(X) = \sum_{k=0}^{n} k\,P(X=k)$. Comme le terme pour $k = 0$ est nul, on a : $E(X) = \sum_{k=1}^{n} k\,P(X=k) = \sum_{k=1}^{n} k \binom{n}{k} p^k (1-p)^{n-k}$.

Pour tout entier naturel k supérieur ou égal à 1, on a (**propriété 5.2**) : $k\binom{n}{k} = n\binom{n-1}{k-1}$.

En remplaçant, on trouve : $E(X) = \sum_{k=1}^{n} n\binom{n-1}{k-1} p^k (1-p)^{n-k} = n\sum_{k=1}^{n} \binom{n-1}{k-1} p^k (1-p)^{n-k}$.

On pose $i = k-1$ et on obtient : $E(X) = n\sum_{i=0}^{n-1} \binom{n-1}{i} p^{i+1} (1-p)^{n-1-i}$.

On met p en facteur : $E(X) = n\,p\sum_{i=0}^{n-1} \binom{n-1}{i} p^{i} (1-p)^{n-1-i}$.

Ici, on reconnaît la formule du binôme et on a : $E(X) = n\,p(p+1-p)^{n-1} = np$.

⇨ *Méthode 22.4*

3. a) $X(X-1)$ étant une variable aléatoire finie, elle possède une espérance et, grâce au théorème de transfert, on obtient : $E(X(X-1)) = \sum_{k=0}^{n} k(k-1)P(X=k)$.

Corrigé

Comme les termes pour $k = 0$ et $k = 1$ sont nuls, on a :

$$E(X(X-1)) = \sum_{k=2}^{n} k(k-1)P(X=k) = \sum_{k=2}^{n} k(k-1)\binom{n}{k} p^k (1-p)^{n-k}.$$

Pour tout entier naturel k supérieur ou égal à 2, on a (**propriété 5.2**) :

$$k(k-1)\binom{n}{k} = n(n-1)\binom{n-2}{k-2}.$$

En remplaçant, on trouve : $E(X(X-1)) = \sum_{k=2}^{n} n(n-1)\binom{n-2}{k-2} p^k (1-p)^{n-k}$

On met $n(n-1)$en facteur : $E(X(X-1)) = n(n-1)\sum_{k=2}^{n}\binom{n-2}{k-2} p^k (1-p)^{n-k}$.

On pose $i = k-2$, et on obtient : $E(X(X-1)) = n(n-1)\sum_{i=0}^{n-2}\binom{n-2}{i} p^{i+2}(1-p)^{n-2-i}$.

On met p^2 en facteur : $E(X(X-1)) = n(n-1)p^2\sum_{i=0}^{n-2}\binom{n-2}{i} p^{i}(1-p)^{n-2-i}$.

Ici, on reconnaît une fois de plus la formule du binôme et on a : $E(X(X-1)) = n(n-1)p^2$.

⇨ *Méthode 22.5*

b) $E(X(X-1)) = \sum_{k=0}^{+\infty} k(k-1)P(X=k) = \sum_{k=0}^{+\infty} (k^2-k)P(X=k)$.

$$E(X(X-1)) = \sum_{k=0}^{+\infty} k^2 P(X=k) - \sum_{k=0}^{+\infty} kP(X=k) = E(X^2)-E(X).$$

On en déduit : $E(X^2)-E(X) = n(n-1)p^2$, et, puisque $E(X) = np$, on obtient :
$E(X^2) = n(n-1)p^2 + np$.
Pour finir, avec le théorème de Koenig-Huygens, on trouve :
$V(X) = E(X^2) - (E(X))^2 = n(n-1)p^2 + np - (np)^2 = n^2p^2 - np^2 + np - n^2p^2 = np(1-p)$.

⇨ *Méthode 22.6*

4. Pour tout réel t, e^{tX} est une variable aléatoire finie (car X l'est), elle a donc une espérance.
On a, toujours grâce au théorème de transfert :

$$E\left(e^{tX}\right) = \sum_{k=0}^{n} e^{tk} P(X=k) = \sum_{k=0}^{n} e^{tk}\binom{n}{k} p^k (1-p)^{n-k} = \sum_{k=0}^{n}\binom{n}{k}\left(e^t p\right)^k (1-p)^{n-k}.$$

On reconnaît la formule du binôme : $E\left(e^{tX}\right) = \left(e^t p + 1 - p\right)^n = \left(p\left(e^t-1\right)+1\right)^n$.

⇨ *Méthode 22.5*

✐ *La loi de X est connue : il s'agit de la loi binomiale de paramètres n et p (elle sera étudiée au chapitre suivant).*

Exercice 22.8

Soit F la fonction de répartition de la variable aléatoire X.

- Si $x<-1$, $F(x)=P(X\leq x)=0$, car pour tout x strictement inférieur à -1, x n'est pas dans le support de X.
- Si $-1\leq x<0$, $F(x)=P(X\leq x)=P(X=-1)=\frac{1}{6}$, car -1 est la seule valeur du support de X appartenant à $]-\infty,x]$.
- Si $0\leq x<2$, $F(x)=P(X\leq x)=P((X=-1)\cup(X=0))=\frac{1}{6}+\frac{1}{3}=\frac{1}{2}$ (par incompatibilité), car 0 et -1 sont les seules valeurs du support de X appartenant à $]-\infty,x]$.
- Si $2\leq x$, $F(x)=P(X\leq x)=1$, car toutes les valeurs du support de X appartiennent à $]-\infty,x]$.

Exercice 22.9

1. On a déjà : $X(\Omega)=\mathbb{N}^*$ (il réussit au moins le premier saut car $p_1=1$).

Pour tout entier naturel n non nul, $(X=n)$ signifie que le sauteur a réussi tous les sauts jusqu'au saut numéro n puis raté le numéro $n+1$. Ainsi, $(X=n)=\bigcap_{k=1}^{n}S_k\cap\overline{S_{n+1}}$.

On utilise alors la formule des probabilités composées :

$$P(X=n)=P(S_1)P_{S_1}(S_2)\dots P_{\bigcap_{k=1}^{n-1}S_k}(S_n)P_{\bigcap_{k=1}^{n}S_k}\left(\overline{S_{n+1}}\right)$$

Avec les notations de l'énoncé, on obtient : $P(X=n)=p_1\,p_2\dots p_n(1-p_{n+1})$.

Finalement, pour tout entier naturel n non nul, $P(X=n)=\frac{1}{n!}\left(1-\frac{1}{n+1}\right)$.

Pour tout entier naturel N non nul, $\sum_{n=1}^{N}P(X=n)=\sum_{n=1}^{N}\frac{1}{n!}\left(1-\frac{1}{n+1}\right)=\sum_{n=1}^{N}\frac{1}{n!}-\sum_{n=1}^{N}\frac{1}{(n+1)!}$.

Un télescopage donne facilement : $\sum_{n=1}^{N}P(X=n)=1-\frac{1}{(N+1)!}$.

Comme $\lim_{N\to+\infty}(N+1)!=+\infty$, on en déduit que : $\sum_{n=1}^{+\infty}P(X=n)=1$.

⇨ *Méthode 22.2*

2. La série de terme général $n\,P(X=n)$ étant à termes positifs il suffit d'établir sa convergence pour montrer que X possède une espérance.

Pour tout entier naturel N non nul, on a : $\sum_{n=1}^{N}nP(X=n)=\sum_{n=1}^{N}\frac{1}{(n-1)!}-\sum_{n=1}^{N}n\frac{1}{(n+1)!}$.

Or, $\sum_{n=1}^{N} n\frac{1}{(n+1)!}=\sum_{n=1}^{N}(n+1-1)\frac{1}{(n+1)!}=\sum_{n=1}^{N}\frac{n+1}{(n+1)!}-\sum_{n=1}^{N}\frac{1}{(n+1)!}=\sum_{n=1}^{N}\frac{1}{n!}-\sum_{n=1}^{N}\frac{1}{(n+1)!}$.

Ainsi, $\sum_{n=1}^{N} nP(X=n)=\sum_{n=1}^{N}\frac{1}{(n-1)!}-\left(\sum_{n=1}^{N}\frac{1}{n!}-\sum_{n=1}^{N}\frac{1}{(n+1)!}\right)=\sum_{n=1}^{N}\frac{1}{(n-1)!}-\sum_{n=1}^{N}\frac{1}{n!}+\sum_{n=1}^{N}\frac{1}{(n+1)!}$.

Après télescopage des deux premières sommes, il reste : $\sum_{n=1}^{N} nP(X=n)=1-\frac{1}{N!}+\sum_{n=1}^{N}\frac{1}{(n+1)!}$.

Ensuite, $\sum_{n=1}^{N}\frac{1}{(n+1)!}=\sum_{n=2}^{N+1}\frac{1}{n!}=\sum_{n=0}^{N+1}\frac{1}{n!}-2$ et finalement : $\sum_{n=1}^{N} nP(X=n)=-\frac{1}{N!}+\sum_{n=0}^{N+1}\frac{1}{n!}-1$.

Comme $\lim\limits_{N\to+\infty} -\frac{1}{N!}=0$ et que la série $\sum\frac{1}{n!}$ est convergente de somme e^1 en tant que série exponentielle de paramètre 1. On peut donc passer à la limite dans la relation précédente et conclure ainsi que X possède une espérance et que : $E(X)=e-1$.

⇨ *Méthode 22.4*

Exercice 22.10

1. • Chaque urne contenant n boules numérotées de 1 à n, le plus grand numéro pouvant être obtenu est n. La plus grande valeur prise par X_n est donc n.

• La plus petite valeur prise par X_n est 1. Il suffit, en effet, de piocher dans chaque urne la boule portant le numéro 1.

• Toute valeur intermédiaire j peut être atteinte : il suffit par exemple que $k-1$ urnes donnent la boule portant le numéro 1 et qu'une urne donne le numéro j pour que X_n prenne la valeur j.

Finalement, on obtient : $X_n(\Omega)=[\![1, n]\!]$.

En notant noter N_j le numéro de la boule extraite de l'urne j, on a, pour tout i de $[\![1,n]\!]$:

$$(X_n\le i)=\bigcap_{j=1}^{k}(N_j\le i)$$

En effet, "le plus grand numéro est inférieur ou égal à i" signifie que "tous les numéros sont inférieurs ou égaux à i".

Les tirages d'une urne à l'autre étant indépendants, on en déduit : $P(X_n\le i)=\prod_{j=1}^{k}P(N_j\le i)$.

Comme pour tout j de $[\![1,k]\!]$, $P(N_j\le i)=P\left(\bigcup_{m=1}^{i}(N_j=m)\right)$, par incompatibilité de ces événements, on trouve : $P(N_j\le i)=\sum_{m=1}^{i}P(N_j=m)=\sum_{m=1}^{i}\frac{1}{n}=\frac{i}{n}$.

Finalement, pour tout i de $[\![1,n]\!]$, $P(X_n\le i)=\left(\frac{i}{n}\right)^k$.

Enfin, pour tout i de $[\![1,n]\!]$, $P(X_n = i) = P(X_n \le i) - P(X_n \le i-1)$ d'après la **propriété 22.6**.

On en déduit : $\forall i \in [\![1,n]\!]$, $P(X_n = i) = \dfrac{i^k - (i-1)^k}{n^k}$.

➪ *Méthode 22.3*

2. • La variable aléatoire X_n ayant un support fini, elle possède une espérance.

De plus, $E(X_n) = \sum_{i=1}^{n} i \times \dfrac{i^k - (i-1)^k}{n^k} = \dfrac{1}{n^k}\sum_{i=1}^{n}\left(i^{k+1} - i(i-1)^k\right) = \dfrac{1}{n^k}\left(\sum_{i=1}^{n} i^{k+1} - \sum_{i=1}^{n} i(i-1)^k\right)$.

Or $\sum_{i=1}^{n} i(i-1)^k = \sum_{i=0}^{n-1}(i+1)i^k = \sum_{i=0}^{n-1}\left(i^{k+1} + i^k\right)$ donc : $E(X_n) = \dfrac{1}{n^k}\left(\sum_{i=1}^{n} i^{k+1} - \sum_{i=0}^{n-1} i^{k+1} - \sum_{i=0}^{n-1} i^k\right)$.

Après simplification des deux premières sommes, on obtient :

$$E(X_n) = \frac{1}{n^k}\left(n^{k+1} - \sum_{i=0}^{n-1} i^k\right) = n - \frac{1}{n^k}\sum_{i=0}^{n-1} i^k = n - \sum_{i=0}^{n-1}\left(\frac{i}{n}\right)^k = n\left(1 - \frac{1}{n}\sum_{i=0}^{n-1}\left(\frac{i}{n}\right)^k\right)$$

• On remarque que : $\dfrac{E(X_n)}{n} = \left(1 - \dfrac{1}{n}\sum_{i=0}^{n-1}\left(\dfrac{i}{n}\right)^k\right)$. De plus, $\lim_{n\to+\infty} \dfrac{1}{n}\sum_{i=0}^{n-1}\left(\frac{i}{n}\right)^k = \int_0^1 t^k dt = \dfrac{1}{k+1}$: il s'agit en effet de la limite d'une somme de Riemann associée à la fonction $t \mapsto t^k$, qui est continue sur $[0,1]$. Ainsi, $\lim_{n\to+\infty}\left(1 - \dfrac{1}{n}\sum_{i=0}^{n-1}\left(\frac{i}{n}\right)^k\right) = 1 - \dfrac{1}{k+1}$ et on a bien : $\lim_{n\to+\infty} \dfrac{E(X_n)}{n} = \dfrac{k}{k+1}$.

➪ *Méthode 22.4*

Exercice 22.11

1. L'énoncé conseillant de considérer le résultat du premier lancer, on utilise donc la formule des probabilités totales associée au système complet d'événements (P_1, F_1).

• Si le premier lancer est un "pile", l'événement $(X = k)$ ne se réalise que si l'on n'obtient pas de "face" avant le $k^{\text{ème}}$ lancer (sinon X prendrait une valeur plus petite que k : par exemple $X = 2$ si "face" se produisait au deuxième lancer).

En conclusion : $P_{P_1}(X = k) = P(P_2 \cap P_3 \cap \ldots \cap P_{k-1} \cap F_k) = \dfrac{1}{2^{k-1}}$ (par indépendance des lancers).

• Si le premier lancer est un "face", tout se passe comme si le jeu débutait seulement au deuxième lancer (F_1 est neutre) et $(X = k)$ est réalisé si l'on a, lors de cette nouvelle suite de $(k-1)$ lancers, "pile" puis "face", pour la première fois, aux lancers $(k-2)$ et $(k-1)$. Comme les lancers sont **indépendants**, la probabilité $P_{F_1}(X = k)$ est celle de l'événement $(X = k-1)$.

On conclut : $P_{F_1}(X = k) = P(X = k-1)$.

Remarque. Si les lancers n'étaient pas indépendants, il se pourrait que les conditions dans lesquelles ont lieu les lancers 2, 3, …, k ne soient pas les mêmes que celles dans lesquelles ont lieu les lancers 1, 2, …, $k-1$, ce qui empêcherait de conclure.

• La formule des probabilités totales associée au système complet d'événements (P_1, F_1) s'écrit :

$$P(X=k) = P(P_1)\,P_{P_1}(X=k) + P(F_1)\,P_{F_1}(X=k) = \frac{1}{2}\,P_{P_1}(X=k) + \frac{1}{2}\,P_{F_1}(X=k)$$

En remplaçant, on obtient : $\forall k \geq 3,\ P(X=k) = \dfrac{1}{2^k} + \dfrac{1}{2}P(X=k-1)$.

2. En multipliant l'égalité ci-dessus par 2^k, on obtient : $u_k = 1 + u_{k-1}$. La suite (u_k) est donc bien arithmétique de raison 1 et de premier terme $u_2 = 1$. On en déduit alors que : $\forall k \geq 2,\ u_k = k-1$, ce qui donne : $\forall k \geq 2,\ P(X=k) = \dfrac{u_k}{2^k} = \dfrac{k-1}{2^k}$.

⇨ *Méthode 22.2*

Chapitre 23
Lois discrètes usuelles

Au Moyen Age, le mot *loi* exprime la règle divine symbolisée par les tables données par Dieu à Moïse au sommet du mont Sinaï. À la Renaissance, son sens s'étend aux règles imposées par la conscience. On voit alors poindre la notion de loi physique puis par extension ce mot désigne l'équation mathématique qui régit ce phénomène. Adolphe **Quételet**, mathématicien et sociologue belge, développe l'étude statistique des mensurations et du comportement humain ; il définit ainsi ce qu'il appelle *l'homme moyen*. S'inspirant de la physique, il cherche à y trouver ce que l'on nomme tout naturellement des lois. Pour effectuer ces travaux, il introduit des méthodes statistiques théoriques, domaine où le mot *loi* s'utilise par extension. Ceci se généralise et on parle désormais de loi uniforme, loi binomiale, etc, qui sont des modélisations d'expériences aléatoires classiques. Remarquons que les anglais préfèrent employer le mot *distribution* et les Allemands *Verteilung* (*répartition*).

Adolphe Quételet
1796-1874

Objectifs

Les incontournables

- ▷ Connaître les caractéristiques des lois usuelles (support, loi, espérance et variance).
- ▷ Savoir reconnaître une situation dans laquelle une variable aléatoire suit une loi usuelle.

Et plus si affinités

- ▷ Savoir utiliser une loi usuelle pour en étudier une qui semble proche par changement de variable aléatoire.

Résumé de cours

Les lois discrètes finies

Variable aléatoire certaine (ou constante)

Définition 23.1. — Une variable aléatoire X est certaine si elle ne prend qu'une seule valeur a. On a alors : $P(X=a)=1$.

Propriété 23.1. — Si X est certaine, avec $X(\Omega)=\{a\}$, alors $E(X)=a$ et $V(X)=0$.

Définition 23.2. — On dit qu'une variable aléatoire X est une variable *quasi-certaine* s'il existe un élément a de $X(\Omega)$ tel que $P(X=a)=1$. Dans ce cas, on a encore $E(X)=a$ et $V(X)=0$.

Remarque 23.1. — La différence entre variable certaine et variable quasi-certaine est très subtile et se rapproche de ce qui a été vu dans la **méthode 21.2** du **chapitre 21**, concernant un événement A, de probabilité égale à 1, mais pourtant différent de Ω.

Théorème 23.1. — Si X est une variable aléatoire discrète de variance nulle, alors X est une variable quasi-certaine.

Loi uniforme $\mathcal{U}(\llbracket 1, n \rrbracket)$

Définition 23.3. — Une variable aléatoire X suit la loi uniforme sur $\llbracket 1, n \rrbracket$, ce que l'on note $X \hookrightarrow \mathcal{U}(\llbracket 1, n \rrbracket)$, si : $X(\Omega)=\llbracket 1, n \rrbracket$ et $\forall k \in \llbracket 1, n \rrbracket, P(X=k)=\dfrac{1}{n}$

Propriété 23.2. — Si X est une variable aléatoire suivant la loi uniforme $\mathcal{U}(\llbracket 1, n \rrbracket)$, alors X possède une espérance et une variance données par : $E(X)=\dfrac{n+1}{2}$ et $V(X)=\dfrac{n^2-1}{12}$.

⇨ **Méthode 23.1. Comment reconnaître une loi uniforme ?**

Définition 23.4. — Généralisation. On désigne par a et b deux entiers tels que $a<b$.
Une variable aléatoire X suit la loi uniforme $\mathcal{U}(\llbracket a, b \rrbracket)$, ce que l'on note $X \hookrightarrow \mathcal{U}(\llbracket a, b \rrbracket)$, si :

$$\forall k \in \llbracket a, b \rrbracket, P(X=k)=\frac{1}{b-a+1}$$

Propriété 23.3. — Soit a et b deux entiers tels que $a<b$.

$$X \hookrightarrow \mathcal{U}(\llbracket a, b \rrbracket) \Leftrightarrow X-a+1 \hookrightarrow \mathcal{U}(\llbracket 1, b-a+1 \rrbracket)$$

Propriété 23.4. — Conséquence.
Si X est une variable aléatoire suivant la loi uniforme $\mathcal{U}(\llbracket a, b \rrbracket)$, alors X possède une espérance et une variance données par : $E(X) = \dfrac{a+b}{2}$ et $V(X) = \dfrac{(b-a+1)^2 - 1}{12}$.

Remarque 23.2. — Les **propriétés 23.3** et **23.4** sont démontrées à l'**exercice 23.1** et il est prudent d'en connaître la démonstration.

❑ Loi de Bernoulli de paramètre p ($p \in [0, 1]$) : $\mathcal{B}(p)$

Définition 23.5. — Une variable aléatoire suit la loi de Bernoulli de paramètre p, ce que l'on note $X \hookrightarrow \mathcal{B}(p)$, si :

$$X(\Omega) = \{0, 1\} \text{ et } P(X = 1) = p$$

Remarque 23.3. — On a bien sûr $P(X = 0) = 1 - p$.

Propriété 23.5. — Si X est une variable aléatoire suivant la loi de Bernoulli $\mathcal{B}(p)$, alors X possède une espérance et une variance données par : $E(X) = p$ et $V(X) = p(1-p)$.

⇨ **Méthode 23.2. Comment reconnaître une loi de Bernoulli ?**

❑ Loi binomiale de paramètres n et p ($p \in [0, 1]$) : $\mathcal{B}(n, p)$

Définition 23.6. — Une variable aléatoire suit la loi binomiale de paramètres n et p, ce que l'on note $X \hookrightarrow \mathcal{B}(n, p)$, si : $X(\Omega) = \llbracket 0, n \rrbracket$ et $\forall k \in \llbracket 0, n \rrbracket$, $P(X = k) = \binom{n}{k} p^k (1-p)^{n-k}$.

Propriété 23.6. — Si X est une variable aléatoire suivant la loi binomiale $\mathcal{B}(n, p)$, alors X possède une espérance et une variance données par : $E(X) = np$ et $V(X) = np(1-p)$.

Théorème 23.2. — Une variable aléatoire suivant la loi binomiale $\mathcal{B}(n, p)$ peut être considérée comme le nombre de succès obtenus au cours de n épreuves *indépendantes*, chacune ayant deux issues possibles, le succès de probabilité p et l'échec de probabilité $1 - p$.

⇨ **Méthode 23.3. Comment reconnaître une loi binomiale ?**

Propriété 23.7. — Rappel : formule du binôme de Newton.

$$\forall (a,b) \in \mathbb{R}^2, \forall n \in \mathbb{N}, (a+b)^n = \sum_{k=0}^{n} \binom{n}{k} a^k b^{n-k} = \sum_{k=0}^{n} \binom{n}{k} a^{n-k} b^k$$

Remarque 23.4. — Voici une démonstration dans le cas où a et b sont des entiers naturels.
Considérons une urne contenant a boules blanches et b boules noires. On effectue n tirages d'une boule, avec à chaque fois remise de la boule tirée.

Soit X la variable aléatoire comptant le nombre de boules blanches : on sait, d'après le **théorème 23.2**, que X suit la loi binomiale $\mathcal{B}(n, \frac{a}{a+b})$. Du fait que X est une variable aléatoire de support $[\![0, n]\!]$, on a $\sum_{k=0}^{n} P(X=k)=1$, ce qui donne : $\sum_{k=0}^{n}\binom{n}{k}\left(\frac{a}{a+b}\right)^k\left(\frac{b}{a+b}\right)^{n-k}=1$.

On en déduit $\sum_{k=0}^{n}\binom{n}{k}\frac{a^k b^{n-k}}{(a+b)^n}=1$, ce qui s'écrit encore : $\frac{1}{(a+b)^n}\sum_{k=0}^{n}\binom{n}{k}a^k b^{n-k}=1$. En multipliant les deux membres par $(a+b)^n$, on a bien : $\sum_{k=0}^{n}\binom{n}{k}a^k b^{n-k}=(a+b)^n$.

■ Les lois discrètes infinies

❑ Loi géométrique de paramètre p ($0 < p < 1$) : $\mathcal{G}(p)$

Définition 23.7. — Une variable aléatoire X suit la loi géométrique $\mathcal{G}(p)$ si :

$$X(\Omega) = \mathbb{N}^* \text{ et } \forall k \in \mathbb{N}^*, P(X=k) = (1-p)^{k-1}p$$

Propriété 23.8. — Si X est une variable aléatoire suivant la loi géométrique $\mathcal{G}(p)$, alors X possède une espérance et une variance données par : $E(X) = \frac{1}{p}$ et $V(X) = \frac{1-p}{p^2}$.

Théorème 23.3. — Une variable aléatoire géométrique peut être considérée comme le temps d'attente du premier succès obtenu au cours d'une succession d'épreuves *indépendantes*, chacune ayant deux issues possibles, le succès de probabilité p et l'échec de probabilité $1-p$.

⇨ **Méthode 23.4. Comment reconnaître une loi géométrique ?**

Remarque 23.5. — On vérifie que $\sum_{k=1}^{+\infty} P(X=k)=1$: ceci garantit, d'une part que X, ainsi définie, est bien une variable aléatoire, et d'autre part que lors d'une série d'épreuves indépendantes à deux issues, il est quasi-certain d'obtenir au moins une fois un succès.

❑ Loi de Poisson de paramètre λ ($\lambda > 0$) : $\mathcal{P}(\lambda)$

Définition 23.8. — Une variable aléatoire X suit la loi de Poisson $\mathcal{P}(\lambda)$ si :

$$X(\Omega) = \mathbb{N} \text{ et } \forall k \in \mathbb{N}, P(X=k) = \frac{\lambda^k}{k!}e^{-\lambda}$$

Propriété 23.9. — Si X est une variable aléatoire suivant la loi de Poisson $\mathcal{P}(\lambda)$, alors X possède une espérance et une variance données par : $E(X) = \lambda$ et $V(X) = \lambda$.

Remarque 23.6. — Il n'y a pas de modèle probabiliste exact pour une loi de Poisson mais cette loi est utilisée pour approcher la loi binomiale lorsque p est petit (voir livre de deuxième année).

Méthodes

Comment reconnaître une loi usuelle ?

Méthode 23.1. Comment reconnaître une loi uniforme ?

La loi uniforme est la loi de l'équiprobabilité, garantie par la locution « au hasard ». Dans ces conditions, la probabilité d'un événement A est égale à $\dfrac{\text{card}(A)}{\text{card}(\Omega)}$, où Ω est l'ensemble de toutes les éventualités liées à l'expérience réalisée.

⇨ **Exercices 23.1, 23.7**

Exemple. Soit $E_n = [\![1,n]\!]$, on considère l'ensemble des $n!$ permutations de E_n que l'on assimile à des n-listes d'entiers distincts de E_n. On écrit ces listes sur des morceaux de papier que l'on mélange dans une urne et on extrait au hasard un papier de l'urne. Quelle est la probabilité d'extraire de l'urne le papier sur lequel figure la liste $(1, 2, ..., n)$?
Les $n!$ tirages de papier possibles sont équiprobables et la probabilité de tomber sur le papier sur lequel figure la liste $(1, 2, ..., n)$ vaut $\dfrac{1}{n!}$.

Méthode 23.2. Comment reconnaître une loi de Bernoulli ?

La variable aléatoire X suit une loi de Bernoulli si c'est l'indicatrice de l'événement « obtenir un succès » lors d'une seule épreuve à deux issues (succès et échec) : elle prend deux valeurs 0 (échec) et 1 (succès), et le paramètre de la loi est $P(X = 1)$.

⇨ **Exercices 23.2, 23.3, 23.4**

Exemple. On tire une boule au hasard dans une urne contenant n boules blanches ($n \geq 1$) et m boules noires ($m \geq 1$). On note X la variable aléatoire qui vaut 1 si l'on obtient une boule blanche et 0 si l'on obtient une boule noire. Quelle est la loi de X ?
Il y a $n + m$ boules dans l'urne dont n sont des boules blanches. La probabilité d'obtenir une boule blanche lors de ce tirage est donc $\dfrac{n}{n+m}$ (par équiprobabilité).

Par conséquent, X suit la loi de Bernoulli de paramètre $\dfrac{n}{n+m}$.

❑ Méthode 23.3. Comment reconnaître une loi binomiale ?

Une variable binomiale est un compteur de succès lors de la répétition de plusieurs épreuves identiques, indépendantes, et à deux issues (succès ou échec).

⇨ **Exercices 23.5, 23.6, 23.8**

Exemple. On procède à n tirages d'une boule au hasard dans une urne contenant des boules blanches en proportion p et des boules noires en proportion $1-p$. Après chaque tirage, on remet la boule tirée dans l'urne. On note X la variable aléatoire égale au nombre de boules blanches obtenues lors de ces n tirages. Quelle est la loi de X ?
Les tirages ayant lieu avec remise, ils sont indépendants et la probabilité d'obtenir une boule blanche est la même (p) pour chaque tirage. Par conséquent, comme X est égale au nombre de boules blanches (succès) obtenues, on peut affirmer que X suit la loi binomiale $\mathcal{B}(n,p)$.

❑ Méthode 23.4. Comment reconnaître une loi géométrique ?

Une variable géométrique est le temps d'attente du 1er succès lors de la répétition d'épreuves indépendantes à deux issues (succès de probabilité p, échec de probabilité $1-p$).

⇨ **Exercices 23.9, 23.10, 23.11**

Exemple 1. On procède à des tirages d'une boule au hasard dans une urne contenant des boules blanches en proportion p et des boules noires en proportion $1-p$. Après chaque tirage, on remet la boule tirée dans l'urne. On note X la variable aléatoire égale au numéro du tirage où l'on obtient, pour la première fois, une boule blanche. Quelle est la loi de X ?
Les tirages ayant lieu avec remise, ils sont indépendants et la probabilité d'obtenir une boule blanche est la même (p) pour chaque tirage. Par conséquent, comme X est égale au temps d'attente de la première boule blanche, on peut affirmer que X suit la loi $\mathcal{G}(p)$.

Vrai/Faux

		Vrai	Faux
1.	Si X suit la loi $\mathcal{U}(\llbracket 1,n \rrbracket)$, alors $2X$ suit la loi $\mathcal{U}(\llbracket 2, 2n \rrbracket)$.	☐	☐
2.	Si X suit la loi $\mathcal{U}(\llbracket 1,n+1 \rrbracket)$, alors on a : $E(X) = \dfrac{n+2}{2}$ et $V(X) = \dfrac{n^2}{12}$.	☐	☐
3.	Si X suit la loi $\mathcal{B}(p)$, alors $1-X$ suit aussi la loi $\mathcal{B}(p)$.	☐	☐
4.	Les deux propositions suivantes sont équivalentes : « X suit la loi uniforme sur $\llbracket 0,1 \rrbracket$ » et « X suit la loi de Bernoulli de paramètre $\dfrac{1}{2}$ ».	☐	☐
5.	Si la loi de X est donnée par : $P(X=1) = P(X=2) = \dfrac{1}{2}$, alors X suit la loi de Bernoulli de paramètre $\dfrac{1}{2}$.	☐	☐
6.	Si la loi de X est donnée par : $P(X=1) = P(X=2) = \dfrac{1}{2}$, alors X suit une loi uniforme.	☐	☐
7.	Si X suit la loi $\mathcal{B}(n, p)$, alors on a : $P(X \geq 1) = 1 - p^n$.	☐	☐
8.	Si X suit la loi $\mathcal{B}(n, p)$, alors on a : $P(X=0) = (1-p)^n$.	☐	☐
9.	Si X suit la loi $\mathcal{G}(p)$, alors on a : $P(X > n) = (1-p)^n$.	☐	☐
10.	Si X suit la loi $\mathcal{P}(\lambda)$, alors on a : $P(X > 0) = 1$.	☐	☐

Énoncé des exercices

❑ **Exercice 23.1.** — Calcul de l'espérance et de la variance d'une variable aléatoire X suivant la loi uniforme sur $[\![a, b]\!]$, avec a et b entiers tels que $a < b$.

1. On pose $Y = X - a + 1$. Donner le support $Y(\Omega)$ de la variable aléatoire Y, puis reconnaître la loi de Y.

2. En déduire l'espérance et la variance de Y, puis celles de X.

❑ **Exercice 23.2.** * — Une propriété intéressante des variables aléatoires suivant une loi de Bernoulli. On désigne par p un réel de $]0, 1[$.

1. Montrer que, si X suit la loi $\mathcal{B}(p)$, alors X^2 suit aussi la loi $\mathcal{B}(p)$.

2. a) Montrer que, si X suit la loi $\mathcal{B}(p)$, alors $X = X^2$ (il s'agit ici de montrer que les variables aléatoires sont égales, et pas seulement qu'elles ont la même loi comme à la première question).

b) Montrer, plus généralement, que si X suit la loi $\mathcal{B}(p)$, alors, pour tout n de $\mathbb{N}^*$, $X = X^n$.

❑ **Exercice 23.3.** — On désigne par p un réel de $]0, 1[$ et on considère une variable aléatoire X dont la loi est donnée par :

$$P(X = 1) = p \text{ et } P(X = -1) = 1 - p$$

1. Calculer l'espérance et la variance de X.

2. On pose $Y = \dfrac{1+X}{2}$. Quelle est la loi de la variable aléatoire Y ?

3. On pose $Z = \dfrac{1-X}{2}$. Quelle est la loi de la variable aléatoire Z ?

❑ **Exercice 23.4.** — On désigne par n un entier naturel supérieur ou égal à 2 et on dispose d'une urne contenant n boules blanches et n boules noires, ces boules étant, bien sûr, indiscernables au toucher.

On effectue dans cette urne deux tirages successifs au hasard d'une boule sans remettre la première boule tirée dans l'urne. On note X la variable aléatoire qui vaut 1 si l'on obtient deux boules de même couleur et qui vaut 0 sinon. Donner la loi de X et rappeler son espérance et sa variance.

❑ **Exercice 23.5.** — On procède à n lancers d'un dé dont les faces sont numérotées de 1 à 6. On note X la variable aléatoire égale au nombre de fois où l'on obtient un numéro pair. Quelle est la loi de X ?

❑ **Exercice 23.6.** — On considère une variable aléatoire X suivant la loi binomiale de paramètres n et p (n entier naturel et p élément de $]0, 1[$).

On pose $Y = n - X$. Donner par deux méthodes différentes la loi de Y.

❑ **Exercice 23.7.** * — Où l'on découvre une loi usuelle dans une situation qui ne permettait pas de s'en douter. On considère l'ensemble $E_n = [\![1,n]\!]$, avec, bien sûr, n supérieur ou égal à 1.

1. Rappeler quel est le nombre de parties de l'ensemble E_n.

2. On dispose de morceaux de papier identiques. Sur chacun d'eux, on écrit une partie de E_n (pour la partie vide, on n'inscrit rien) et on place ces papiers dans une urne. On extrait au hasard un papier de l'urne (chaque papier a donc la même probabilité d'être extrait de l'urne), et on note X la variable aléatoire égale au nombre d'entiers écrits sur ce morceau de papier.

a) Pour tout k de $[\![0,n]\!]$, déterminer le cardinal de $(X = k)$.

b) Reconnaître alors la loi de X et donner son espérance et sa variance.

❑ **Exercice 23.8.** ** — On effectue une suite de tirages avec remise dans une urne contenant des boules blanches en proportion p élément de $]0, 1[$ et des boules noires en proportion $1-p$.

Pour tout k de $\mathbb{N}^*$, on désigne par X_k la variable aléatoire égale au nombre de boules blanches obtenues lors des k premiers tirages et on note B_k l'événement « on obtient une boule blanche au $k^{\text{ème}}$ tirage ». Pour tout n de $\mathbb{N}^*$, on note Y_n la variable aléatoire égale au numéro du tirage où l'on obtient la $n^{\text{ème}}$ boule blanche.

1. Reconnaître la loi de X_k.

2. a) Déterminer $Y_n(\Omega)$, puis, pour tout i de $Y_n(\Omega)$, écrire l'événement $(Y_n = i)$ à l'aide de la variable aléatoire X_{i-1} et de l'événement B_i.

b) En déduire la loi de Y_n puis montrer que Y_n possède une espérance et la déterminer.

Pour ce dernier calcul, on pourra utiliser sans démonstration la formule suivante :

$$\sum_{i=n}^{+\infty}\binom{i}{n}q^{i-n} = \frac{1}{(1-q)^{n+1}}$$

❑ **Exercice 23.9.** — On procède à des lancers d'un dé dont les six faces sont numérotées de 1 à 6. On note X la variable aléatoire égale au rang du lancer où l'on obtient pour la première fois un numéro supérieur ou égal à 5. Quelle est la loi de X ?

❑ **Exercice 23.10.** — On désigne par p un réel de $]0, 1[$. On suppose que la fonction de répartition F d'une variable aléatoire X à valeurs dans $\mathbb{N}^*$ vérifie : $\forall n \in \mathbb{N}^*, F(n) = 1-(1-p)^n$. Donner la loi de X.

❑ **Exercice 23.11.** — On lance indéfiniment une pièce, donnant *Pile* avec la probabilité p et *Face* avec la probabilité $1-p$ (avec $0 < p < 1$). Les lancers sont supposés indépendants.

Pour tout k de $\mathbb{N}^*$, on note P_k l'événement « obtenir *Pile* au $k^{\text{ème}}$ lancer » et F_k l'événement « obtenir *Face* au $k^{\text{ème}}$ lancer ».

On considère la variable aléatoire X égale au nombre de *Faces* précédant le premier *Pile*.

1. a) Déterminer $X(\Omega)$, puis écrire, pour tout n de $X(\Omega)$, l'événement $(X = n)$ à l'aide de certains des événements P_k et F_k, puis donner la loi de X.

b) Montrer que X possède une espérance et calculer $E(X)$.

2. On pose $Y = X + 1$. Reconnaître la loi de Y, donner son espérance et retrouver ainsi la valeur de $E(X)$ trouvée à la première question.

❑ **Exercice 23.12.** — On considère une variable aléatoire X suivant la loi géométrique de paramètre p, avec p élément de $]0,1[$.
Montrer que X est une variable aléatoire "sans mémoire sur $\mathbb{N}^*$", c'est-à-dire que :

$$\forall (n, m) \in \mathbb{N}^* \times \mathbb{N}^*, \ P_{(X>n)}(X > n + m) = P(X > m)$$

❑ **Exercice 23.13.*** — On désigne par a un réel strictement positif et on considère une variable aléatoire X dont le support est $\mathbb{N}^*$ et qui vérifie : $\forall n \in \mathbb{N}^*, P(X = n+1) = \dfrac{a}{n} P(X = n)$.

1. Pour tout n de $\mathbb{N}^*$, on pose $u_n = (n-1)!\, P(X = n)$. Déterminer l'expression de u_n en fonction de a, n et $P(X = 1)$.

2. Utiliser le fait que $X(\Omega) = \mathbb{N}^*$ pour déterminer $P(X = 1)$, puis donner la loi de X.

3. On pose $Y = X - 1$. Reconnaître la loi de Y, donner $E(Y)$ et $V(Y)$ et en déduire $E(X)$ et $V(X)$.

D'après ESCP

■ Pour vous aider à démarrer

Exercice 23.2. Pour la question **2.a)**, il faut montrer que, pour tout ω de Ω, on a : $X(\omega) - X^2(\omega) = 0$.
Exercice 23.3. Pour les questions **2** et **3**, déterminer d'abord $Y(\Omega)$ et $Z(\Omega)$.
Exercice 23.4. La variable X prend les deux valeurs 0 et 1 ce qui renseigne sur le type de loi suivie par X.
Exercice 23.6. On peut procéder par le calcul à l'aide de la loi de X ou réfléchir à ce que représente Y, si, par exemple, on assimile X au nombre de succès obtenus lors de n épreuves indépendantes pour lesquelles le succès est de probabilité p.
Exercice 23.7. Pour la question **2.a)**, combien y a-t-il de parties à k éléments d'un ensemble à n éléments ?
Exercice 23.8. Pour la question **2.a)**, établir que : $(Y_n = i) = (X_{i-1} = n-1) \cap B_i$.
Exercice 23.10. Se souvenir que : $P(X = n) = F(n) - F(n-1)$.
Exercice 23.12. Utiliser la formule $P_B(A) = \dfrac{P(A \cap B)}{P(B)}$. Il faut ensuite savoir ou savoir retrouver que l'on a : $\forall j \in \mathbb{N}^*, P(X > j) = (1-p)^j$.
Exercice 23.13. Pour la question **1**, on trouve que la suite (u_n) est géométrique.
Pour la question **2**, se souvenir de la valeur de $\displaystyle\sum_{n=1}^{+\infty} P(X = n)$.

Corrigé des vrai/faux

1.	2.	3.	4.	5.	6.	7.	8.	9.	10.
F	F	F	V	F	V	F	V	V	F

1. Si X suit la loi uniforme sur $[\![1,n]\!]$, alors le support de la variable $2X$ est $\{2, 4, 6,..., 2n\}$ qui est différent de $[\![2,2n]\!]$. Ainsi, la variable $2X$ ne suit pas la loi uniforme sur $[\![2,2n]\!]$.

2. On sait que si X suit la loi uniforme sur $[\![1,n]\!]$, alors : $E(X)=\frac{n+1}{2}$ et $V(X)=\frac{n^2-1}{12}$.
On en déduit que si X suit la loi uniforme sur $[\![1,n+1]\!]$, on a (en remplaçant n par $n+1$) :
$E(X)=\frac{n+2}{2}$ et $V(X)=\frac{(n+1)^2-1}{12}=\frac{n^2+2n}{12}$. Ainsi, $V(X)\neq\frac{n^2}{12}$.

3. Soit X une variable aléatoire suivant la loi de Bernoulli de paramètre p.
Le support de la variable aléatoire $1-X$ est $\{0,1\}$ et on a :
$P(1-X=0)=P(X=1)=p$ et $P(1-X=1)=P(X=0)=1-p$.
On en déduit que la variable $1-X$ suit la loi de Bernoulli de paramètre $1-p$.

4. X suit la loi uniforme sur $[\![0,1]\!]$ signifie : $X(\Omega)=[\![0,1]\!]$ et $P(X=1)=P(X=0)=\frac{1}{2}$.
X suit la loi de Bernoulli de paramètre $\frac{1}{2}$ signifie : $X(\Omega)=[\![0,1]\!]$ et $P(X=1)=P(X=0)=\frac{1}{2}$.
La proposition « X suit la loi uniforme sur $[\![0,1]\!]$ » est bien équivalente à « X suit la loi de Bernoulli de paramètre $\frac{1}{2}$ ».

5. Le support d'une variable suivant une loi de Bernoulli est l'ensemble $\{0, 1\}$.
Ici, on a $X(\Omega) = \{1, 2\}$ donc X ne suit pas une loi de Bernoulli.

6. Le fait que : $P(X=1)=P(X=2)=\frac{1}{2}$ définit complètement la loi de la variable X puisque $P(X=1)+P(X=2)=1$. L'équiprobabilité garantit que X suit la loi uniforme sur $[\![1,2]\!]$.

7. Si X suit la loi binomiale de paramètres n et p, alors, en posant $q = 1 - p$, on a : $P(X \geq 1) = P(\overline{X = 0}) = 1 - P(X = 0) = 1 - q^n$, ce qui n'est pas nécessairement égal à $1 - p^n$ (sauf si $p = q$, c'est-à-dire si $p = \frac{1}{2}$).

8. Si X suit la loi binomiale de paramètres n et p, alors on a effectivement :

$$P(X = 0) = \binom{n}{0} p^0 (1 - p)^{n-0} = (1 - p)^n$$

9. Si X suit la loi géométrique de paramètre p, en posant $q = 1 - p$, on a :
$P(X > n) = P(\overline{X \leq n}) = 1 - P(X \leq n)$.

Or, $P(X \leq n) = P\left(\bigcup_{k=1}^{n} (X = k)\right)$ et, par incompatibilité des événements $(X = k)_{1 \leq k \leq n}$, on en déduit que : $P(X \leq n) = \sum_{k=1}^{n} P(X = k) = \sum_{k=1}^{n} q^{k-1} p = p \frac{1 - q^n}{1 - q} = 1 - q^n$ (car q est différent de 1).

On a donc bien : $P(X > n) = q^n$.

Remarque. Plus élégamment, si l'on se souvient que X est le temps d'attente du premier succès, dire que ($X > n$) est réalisé, c'est dire que les n premières épreuves ont été des échecs. Par indépendance de ces épreuves, on a tout de suite : $P(X > n) = q^n$.

10. Si X suit la loi de Poisson de paramètre λ, on a : $X(\Omega) = \mathbb{N}$.

On en déduit ainsi que : $P(X > 0) = P(\overline{X = 0}) = 1 - P(X = 0) = 1 - \frac{\lambda^0}{0!} e^{-\lambda}$.

On obtient alors : $P(X > 0) = 1 - e^{-\lambda} \neq 1$.

❑ Les erreurs classiques

- À elles seules, les valeurs des $P(X = x_k)$ ne suffisent pas pour reconnaître une loi usuelle, on a besoin en plus de vérifier que le support de X est "le bon". Il faut absolument connaître les supports des lois usuelles par cœur.
- La loi géométrique a pour support $\mathbb{N}^*$ et pas $\mathbb{N}$.
- La loi de Poisson a pour support $\mathbb{N}$ et pas $\mathbb{N}^*$.

Corrigé des exercices

Exercice 23.1

Pour tous réels a et b tels que $a<b$, on considère une variable aléatoire X suivant la loi uniforme sur $[\![a,b]\!]$ et on pose $Y = X - a + 1$.

1. En enlevant a et en ajoutant 1 à chaque élément de $X(\Omega) = [\![a,b]\!]$, on trouve :
$Y(\Omega) = [\![1, b-a+1]\!]$.

De plus, pour tout k de $[\![1, b-a+1]\!]$, on a :

$P(Y=k) = P(X-a+1=k) = P(X=k+a-1) = \dfrac{1}{b-a+1}$, car X suit la loi uniforme sur $[\![a,b]\!]$.

On en conclut que Y suit la loi uniforme sur $[\![1, b-a+1]\!]$.

2. On sait ainsi que : $E(Y) = \dfrac{b-a+2}{2}$ et $V(Y) = \dfrac{(b-a+1)^2-1}{12}$.

Comme $X = Y + a - 1$, on en déduit par linéarité de l'espérance, que :

$$E(X) = E(Y+a-1) = E(Y) + a - 1$$

Ainsi, on trouve : $E(X) = \dfrac{b+a}{2}$.

Comme $V(X) = V(Y+a-1) = V(Y)$, on en déduit : $V(X) = \dfrac{(b-a+1)^2-1}{12}$.

Exercice 23.2

1. On suppose que X suit la loi de Bernoulli de paramètre p (avec $0 < p < 1$).
On a ainsi : $X(\Omega) = \{0,1\}$ et $P(X=1) = p$.

Le support de la variable X^2 est $\{0^2, 1^2\} = \{0, 1\}$.

De plus, $P(X^2=1) = P(X=1)$ puisque $X(\Omega) = \{0,1\}$. Ainsi, $P(X^2=1) = p$.

On en conclut que X^2 suit la loi de Bernoulli de paramètre p.

2. a) Soit X une variable aléatoire suivant la loi de Bernoulli de paramètre p.
Dans cette question, il faut montrer l'égalité des applications X et X^2.
Pour tout ω de Ω, on a : $X^2(\omega) - X(\omega) = X(\omega)(X(\omega)-1)$. Comme X ne prend que les valeurs 0 et 1, ce dernier produit est toujours nul. On obtient alors : $\forall \omega \in \Omega,\ X^2(\omega) = X(\omega)$.

Par définition de l'égalité de deux applications, on en déduit : $X^2 = X$.

b) Le cas $n = 1$ est évident. Soit alors n un entier supérieur ou égal à 2.
Pour tout ω de Ω, on a $X^n(\omega) - X(\omega) = X(\omega)\left(X^{n-1}(\omega) - 1\right)$. Comme X ne prend que les valeurs 0 et 1, ce dernier produit est toujours nul (le premier facteur est nul si X prend la valeur 0 et le deuxième est nul si X prend la valeur 1, puisque $n-1 \geq 1$).
On a donc : $\forall \omega \in \Omega,\ X^n(\omega) = X(\omega)$.
Toujours par définition de l'égalité de deux applications, on en déduit : $X^n = X$.

Exercice 23.3

1. X est une variable aléatoire à support fini, elle possède donc une espérance.
De plus, on a : $E(X) = 1P(X=1) - 1P(X=-1) = p - (1-p) = 2p - 1$.
$E(X^2) = 1^2 P(X=1) + (-1)^2 P(X-1) = p + (1-p) = 1$.
On en conclut que : $V(X) = E(X^2) - (E(X))^2 = 1 - (2p-1)^2 = 4p(1-p)$.

2. Comme $X(\Omega) = \{-1, 1\}$, on a : $Y(\Omega) = \left\{\dfrac{1+(-1)}{2}, \dfrac{1+1}{2}\right\} = \{0, 1\}$.

De plus, $P(Y=1) = P\left(\dfrac{1+X}{2} = 1\right) = P(1+X=2) = P(X=1) = p$.
On en conclut que Y suit la loi de Bernoulli de paramètre p.

3. Comme $X(\Omega) = \{-1, 1\}$, on a : $Z(\Omega) = \left\{\dfrac{1-(-1)}{2}, \dfrac{1-1}{2}\right\} = \{0, 1\}$.

De plus, $P(Z=1) = P\left(\dfrac{1-X}{2} = 1\right) = P(1-X=2) = P(X=-1) = 1-p$.
On en conclut que Z suit la loi de Bernoulli de paramètre $1-p$.

⇨ *Méthode 23.2*

Exercice 23.4

Comme X prend seulement les valeurs 0 et 1, on est sûr que X suit une loi de Bernoulli et il reste à en trouver le paramètre, c'est-à-dire la probabilité d'obtenir deux boules de même couleur.
Si l'on note B_k (respectivement N_k) l'événement « le $k^{\text{ème}}$ tirage donne une boule blanche (respectivement noire) », on a : $(X=1) = (B_1 \cap B_2) \cup (N_1 \cap N_2)$.
Par incompatibilité des événements entre parenthèses, on obtient :
$P(X=1) = P(B_1 \cap B_2) + P(N_1 \cap N_2)$.

On en déduit : $P(X=1) = P(B_1)P_{B_1}(B_2) + P(N_1)P_{N_1}(N_2) = \dfrac{n}{2n} \times \dfrac{n-1}{2n-1} + \dfrac{n}{2n} \times \dfrac{n-1}{2n-1} = \dfrac{n-1}{2n-1}$.

Conclusion : X suit la loi de Bernoulli $\mathcal{B}(\dfrac{n-1}{2n-1})$.

⇨ *Méthode 23.2*

Exercice 23.5

L'événement A « obtenir un numéro pair » est de probabilité $\frac{3}{6}=\frac{1}{2}$. Les lancers de dés sont "naturellement" indépendants, et X compte le nombre de succès (obtenir un numéro pair), on peut donc conclure que X suit la loi $\mathcal{B}(n, \frac{1}{2})$.

⇨ *Méthode 23.3*

Exercice 23.6

On considère une variable aléatoire X suivant une loi binomiale de paramètres n et p, où n est un entier naturel et p un réel de $]0, 1[$. On pose $Y = n - X$.

Déterminons la loi de Y de deux manières différentes :

• Première manière. Puisque $X(\Omega) = [\![0,n]\!]$, on a : $Y(\Omega) = [\![0,n]\!]$.

De plus, pour tout k de $[\![0,n]\!]$, on a : $P(Y=k) = P(n-X=k) = P(X=n-k)$.

Or, en posant $q = 1-p$, on a : $P(X=n-k) = \binom{n}{n-k} p^{n-k} q^k = \binom{n}{k} q^k (1-q)^{n-k}$.

On en conclut que Y suit la loi binomiale de paramètres n et $q = 1-p$.

• Deuxième manière. Puisque X compte le nombre de succès (de probabilité p) au cours de n épreuves identiques indépendantes à 2 issues, la variable $n-X$ compte le nombre d'échecs (de probabilité $1-p$) au cours de ces mêmes n épreuves.

On en conclut donc que Y suit la loi binomiale de paramètres n et $1-p$.

⇨ *Méthode 23.3*

Exercice 23.7

1. Par définition, le nombre de parties d'un ensemble à n éléments est 2^n.

Le nombre de parties de E_n est donc 2^n.

2. a) Soit k un élément de $[\![0,n]\!]$.

Cherchons le nombre de papiers sur lesquels sont inscrits k nombres.

Cela revient à chercher le nombre de parties à k éléments de $[\![1,n]\!]$. Il y en a exactement $\binom{n}{k}$.

Ainsi, le cardinal de $(X=k)$ est $\binom{n}{k}$.

b) Le nombre total de papiers étant égal à 2^n et les tirages étant faits "au hasard", on a, par équiprobabilité (loi uniforme) : $\forall k \in [\![0,n]\!],\ P(X=k) = \frac{\binom{n}{k}}{2^n}$.

On a ainsi prouvé que $X(\Omega)=[\![0,n]\!]$ et : $\forall k\in[\![0,n]\!],\ P(X=k)=\binom{n}{k}\left(\frac{1}{2}\right)^k\times\left(\frac{1}{2}\right)^{n-k}$.

On en conclut que X suit la loi binomiale de paramètres n et $\frac{1}{2}$. Ainsi $E(X)=\frac{n}{2}$ et $V(X)=\frac{n}{4}$.

⇨ *Méthode 23.1*

Exercice 23.8

1. La variable aléatoire X_k compte le nombre de succès (tirer une boule blanche), de probabilité p, lors d'une suite de k tirages indépendants (car les tirages sont effectués avec remise). Elle suit donc la loi binomiale de paramètres k et p.

⇨ *Méthode 23.3*

2. a) La plus petite valeur prise par Y_n est n, il s'agit du cas où les n premiers tirages ont donné n boules blanches.
La variable aléatoire Y_n peut prendre toute valeur entière supérieure à n. On en conclut que :

$$Y_n(\Omega)=\{k\in\mathbb{N},\ k\geq n\}$$

De plus, pour tout i de $Y_n(\Omega)$, l'événement $(Y_n=i)$ signifie qu'il a fallu i tirages pour obtenir la $n^{\text{ème}}$ boule blanche. Cela veut dire que, pendant les $(i-1)$ premiers tirages, on a obtenu $(n-1)$ boules blanches, et que la $n^{\text{ème}}$ boule blanche est apparue au $i^{\text{ème}}$ tirage.
On a ainsi : $(Y_n=i)=(X_{i-1}=n-1)\cap B_i$.

b) Soit i un élément de $Y_n(\Omega)$, c'est-à-dire un entier supérieur ou égal à n.
Les événements B_i et $(X_{i-1}=n-1)$ sont indépendants (tirages avec remise), on en déduit que :

$$P(Y_n=i)=P(X_{i-1}=n-1)P(B_i)$$

Comme X_{i-1} suit la loi binomiale de paramètres $i-1$ et p, on a :
$P(X_{i-1}=n-1)=\binom{i-1}{n-1}p^{n-1}q^{i-n}$.
De plus, $P(B_i)=p$ (il y a toujours une proportion p de boules blanches lors du $i^{\text{ème}}$ tirage).
Finalement, on obtient : $\forall i\geq n$, $P(Y_n=i)=\binom{i-1}{n-1}p^nq^{i-n}$.

Pour déterminer si Y_n possède une espérance, examinons la convergence (les termes étant positifs, la convergence sera absolue) de la série dont le terme général est égal à $u_i=i\,P(Y_n=i)=i\binom{i-1}{n-1}p^nq^{i-n}$, où i est un entier prenant des valeurs supérieures ou égales à n.

Tout d'abord, on remarque que $i\binom{i-1}{n-1}=n\binom{i}{n}$, ce qui donne $u_i=n\,p^n\binom{i}{n}q^{i-n}$. On s'intéresse alors à la convergence de la série de terme général $v_i=\binom{i}{n}q^{i-n}$.

D'après l'aide apportée par l'énoncé, on a : $\sum_{i=n}^{+\infty}\binom{i}{n}q^{i-n}=\frac{1}{(1-q)^{n+1}}=\frac{1}{p^{n+1}}$.

On en conclut que : $E(Y_n)=np^n\frac{1}{(1-q)^{n+1}}=\frac{n}{p}$.

Exercice 23.9

En notant A_n l'événement « obtenir un numéro supérieur ou égal à 5 au $n^{\text{ème}}$ lancer», on a :

$$P(A_n)=\frac{2}{6}=\frac{1}{3}$$

Les lancers de dés sont "naturellement" indépendants donc les événements A_n et $\overline{A_n}$ le sont aussi, et comme X est égale au temps d'attente du premier événement A_n, on peut conclure que X suit la loi $\mathcal{G}(\frac{1}{3})$.

⇨ *Méthode 23.4*

Exercice 23.10

Soit p un réel de $]0,1[$. On suppose que : $\forall n\in\mathbb{N}^*, F(n)=1-(1-p)^n$.
Profitons de cet exercice pour démontrer la **propriété 22.6** du chapitre précédent.
Pour tout entier naturel n supérieur ou égal à 1, on a : $(X\leq n)=(X=n)\cup(X<n)$.
La variable X étant à valeurs entières, on a également : $(X<n)=(X\leq n-1)$.
On en déduit que : $(X\leq n)=(X=n)\cup(X\leq n-1)$.
Ces deux événements sont incompatibles donc : $F(n)=P(X=n)+F(n-1)$.
On a donc : $P(X=n)=F(n)-F(n-1)=(1-p)^{n-1}-(1-p)^n=(1-p)^{n-1}(1-(1-p))$.
Finalement, on a : $\forall n\in\mathbb{N}^*,\ P(X=n)=p(1-p)^{n-1}$.
On en conclut que X suit la loi géométrique de paramètre p.

⇨ *Méthode 23.4*

Exercice 23.11

1. a) Le nombre de *Faces* précédant le premier *Pile* peut prendre n'importe quelle valeur entière (on peut avoir un *Pile* tout de suite et ($X=0$) est réalisé, ou pas...). On a donc :

$$X(\Omega)=\mathbb{N}$$

Pour tout n de $\mathbb{N}$, l'événement $(X=n)$ signifie : « obtenir n fois *Face* avant d'obtenir pour la première fois *Pile* ».

- Si $n=0$, on a : $(X=0)=P_1$ et $P(X=0)=p$.
- Sinon, on a : $(X=n)=\left(\bigcap_{k=1}^{n}F_k\right)\cap P_{n+1}$, et comme les lancers sont indépendants, on en déduit :

$P(X=n)=\prod_{k=1}^{n} P(F_k)P(P_{n+1})=p(1-p)^n$ (on retrouve pour $n=0$, la valeur de $P(X=0)$).

Dans tous les cas, on trouve : $\forall n\in\mathbb{N},\ P(X=n)=p(1-p)^n$.

b) X possède une espérance si la série de terme général $n\,p(1-p)^n$ converge absolument.
Comme $n\,p(1-p)^n$ est positif, il nous suffit d'examiner la convergence de cette série.
On a $n\,p(1-p)^n = p(1-p)\times n(1-p)^{n-1}$. Puisque p appartient à $]0,1[$, $1-p$ appartient aussi à $]0,1[$ donc la série de terme général $n(1-p)^{n-1}$ converge en tant que série géométrique dérivée. On a alors : $\sum_{n=1}^{+\infty} n(1-p)^{n-1}=\dfrac{1}{(1-(1-p))^2}=\dfrac{1}{p^2}$

On en déduit que la série de terme général $n\,p(1-p)^n$ converge (elle est proportionnelle à la précédente) donc X possède une espérance et : $E(X)=p(1-p)\dfrac{1}{p^2}=\dfrac{1-p}{p}$.

2. On pose $Y=X+1$. Puisque $X(\Omega)=\mathbb{N}$, on a : $Y(\Omega)=\mathbb{N}^*$.
De plus, pour tout entier naturel n non nul, on a : $P(Y=n)=P(X+1=n)=P(X=n-1)$.
Ainsi, pour tout entier naturel n non nul, $P(Y=n)=p(1-p)^{n-1}$.

La variable aléatoire Y suit donc la loi géométrique de paramètre p et on a : $E(Y)=\dfrac{1}{p}$.

Remarque. On pouvait aussi remarquer que comme X est égal au nombre d'échecs avant le premier succès, $X+1$ est égale au rang du premier succès (celui qui arrive après les X premiers échecs) dans une suite d'épreuves indépendantes où le succès a la probabilité p, d'où le résultat.
De plus, comme $X=Y-1$, par linéarité de l'espérance, on a : $E(X)=E(Y)-1=\dfrac{1}{p}-1=\dfrac{1-p}{p}$.

⇨ *Méthode 23.4*

Exercice 23.12

Soit X une variable aléatoire suivant la loi géométrique de paramètre p, avec p dans $]0,1[$.

On a déjà vu, dans le **V/F 9** de ce chapitre, que : $\forall n\in\mathbb{N}^*,\ P(X>n)=(1-p)^n$.
Cette dernière expression étant non nulle, alors, par définition d'une probabilité conditionnelle, on a : $P_{(X>n)}(X>m+n)=\dfrac{P((X>n)\cap(X>m+n))}{P(X>n)}$.

Comme $m>0$, on a $m+n>n$, ce qui permet d'en déduire : $(X>m+n)\subset(X>n)$.

On en déduit : $P((X>n)\cap(X>m+n))=P(X>m+n)$.

Ainsi, on a : $P_{(X>n)}\left(X>m+n\right)=\dfrac{P\left(X>m+n\right)}{P\left(X>n\right)}=\dfrac{(1-p)^{m+n}}{(1-p)^{n}}$.

En simplifiant, on obtient bien : $P_{(X>n)}\left(X>m+n\right)=(1-p)^{m}=P\left(X>m\right)$.

Exercice 23.13

Soit a un réel strictement positif et X une variable aléatoire telle que $X(\Omega)=\mathbb{N}^*$, et pour tout entier naturel n non nul, $P\left(X=n+1\right)=\dfrac{a}{n}P\left(X=n\right)$.

1. Pour tout entier naturel n non nul, en posant $u_n=(n-1)!P\left(X=n\right)$, on a :

$u_{n+1}=n!P\left(X=n+1\right)=n!\dfrac{a}{n}P\left(X=n\right)=a(n-1)!P\left(X=n\right)=au_n$.

La suite $(u_n)_{n\in\mathbb{N}^*}$ est donc une suite géométrique de raison a et de premier terme $u_1=P\left(X=1\right)$.

Ainsi : $\forall n\in\mathbb{N}^*$, $u_n=a^{n-1}P\left(X=1\right)$.

2. On obtient alors, en remplaçant : $\forall n\in\mathbb{N}^*$, $P\left(X=n\right)=\dfrac{u_n}{(n-1)!}=\dfrac{a^{n-1}}{(n-1)!}P\left(X=1\right)$.

Comme $X(\Omega)=\mathbb{N}^*$, on a, par définition d'une loi de probabilité, $\sum_{n=1}^{+\infty}P\left(X=n\right)=1$.

Ceci se traduit par : $P\left(X=1\right)\sum_{n=1}^{+\infty}\dfrac{a^{n-1}}{(n-1)!}=1$.

Comme $\sum_{n=1}^{+\infty}\dfrac{a^{n-1}}{(n-1)!}=\sum_{n=0}^{+\infty}\dfrac{a^n}{n!}=e^a$ (série exponentielle connue), on trouve : $P\left(X=1\right)=e^{-a}$.

On en déduit que, pour tout entier naturel n non nul, on a : $\forall n\in\mathbb{N}^*$, $P\left(X=n\right)=\dfrac{a^{n-1}}{(n-1)!}e^{-a}$.

3. Posons $Y=X-1$. Comme $X(\Omega)=\mathbb{N}^*$, on a : $Y(\Omega)=\mathbb{N}$.

De plus, pour tout entier naturel n, $P\left(Y=n\right)=P\left(X-1=n\right)=P\left(X=n+1\right)=\dfrac{a^n}{n!}e^{-a}$.

On en déduit que Y suit la loi de Poisson de paramètre a et, par conséquent : $E\left(Y\right)=a$.

La linéarité de l'espérance donne alors : $E\left(X\right)=E\left(Y+1\right)=E\left(Y\right)+1=a+1$.

Enfin, on sait aussi que $V\left(Y\right)=a$ et on en déduit : $V\left(X\right)=V\left(Y+1\right)=V\left(Y\right)=a$.

Chapitre **24**

Variables aléatoires à densité

À l'origine, une variable aléatoire était une fonction de gain. **Pascal**, sans doute le premier, se pose la question de répartir les mises à un jeu interrompu avant son terme.
Christiaan **Huygens** s'intéresse au gain moyen auquel on peut s'attendre ; pour le nommer, il hésite entre les mots latin *spes (espoir)* et *expectatio* qui signifie plutôt *attente* que *espérance*.
C'est pourtant ce dernier terme qui s'imposera en français.
Ce n'est qu'au début des années 1920 que la notion de variable aléatoire est formalisée. On le doit à deux mathématiciens de talent : le russe Alexandre **Khintchine** et le français Paul **Lévy**.

Paul Levy
1886-1971

Objectifs

Les incontournables

▷ Savoir montrer qu'une fonction est une densité.

▷ Savoir trouver la fonction de répartition d'une variable aléatoire dont on connaît une densité.

▷ Savoir déterminer la fonction de répartition d'une variable aléatoire fonction d'une variable à densité.

▷ Savoir calculer l'espérance d'une variable à densité.

Et plus si affinités

▷ Savoir montrer qu''une variable aléatoire est à densité.

▷ Savoir déterminer la loi de la partie entière d'une variable à densité.

■■ Résumé de cours

■ Variables aléatoires à densité

❑ Généralités

Définition 24.1. — Soit X une variable aléatoire définie sur un espace probabilisé $(\Omega, \mathcal{A}, P)$ et F_X sa fonction de répartition. On dit que X est une *variable à densité* lorsque F_X est continue sur $\mathbb{R}$ et est de classe C^1 sur $\mathbb{R}$, sauf éventuellement en un nombre fini de points.

⇨ **Méthode 24.1. Comment montrer qu'une variable aléatoire est à densité ?**

Définition 24.2. — Si X est une variable à densité, de fonction de répartition F_X, alors toute fonction f_X positive sur $\mathbb{R}$ telle que $f_X(x) = F_X'(x)$, en chaque réel x où F_X est de classe C^1, est appelée une *densité* de X. On a alors les égalités très importantes :

$$\forall x \in \mathbb{R}\,,\ F_X(x) = P(X \leq x) = \int_{-\infty}^{x} f_X(t)\,dt\,.$$

⇨ **Méthode 24.2. Comment trouver la fonction de répartition d'une variable à densité ?**

Remarque 24.1. — Comme $\lim\limits_{x\to+\infty} F_X(x) = 1$, on a : $\int_{-\infty}^{+\infty} f_X(t)\,dt = 1$.

Remarque 24.2. — Pour définir f_X sur $\mathbb{R}$ tout entier, on lui donne une valeur arbitraire, positive ou nulle, en les points où F_X n'est pas de classe C^1. La fonction f_X possède alors un nombre fini de points de discontinuité (ceux en lesquels F_X n'est pas de classe C^1).

Théorème 24.1. — Toute fonction f_X à valeurs positives, qui ne diffère de F_X' qu'en un nombre fini de points (éventuellement aucun), est une densité de X.

Remarque 24.3. — Ceci tient au fait que l'on ne change pas la valeur d'une intégrale si l'on change la valeur de la fonction en un nombre fini de points.

Théorème 24.2. — $\forall x \in \mathbb{R}\,,\ 1 - F_X(x) = P(X > x) = \int_{x}^{+\infty} f_X(t)\,dt\,.$

Théorème 24.3. — Une fonction f est une densité si et seulement si :
- f est définie sur $\mathbb{R}$ et continue sauf peut-être en un nombre fini de points.
- f est une fonction à valeurs positives.
- L'intégrale $\int_{-\infty}^{+\infty} f(t)\,dt$ converge et est égale à 1.

⇨ **Méthode 24.3. Comment montrer qu'une fonction est une densité ?**

Remarque 24.4. — Si X est une variable aléatoire de densité f_X, alors on peut choisir comme support : $X(\Omega) = \{x \in \mathbb{R},\ f_X(x) \neq 0\}$. Nous verrons, au **chapitre 25**, qu'il y a d'autres choix.

Propriété 24.1. — Si X est une variable aléatoire à densité, alors on a : $\forall x \in \mathbb{R}$, $P(X = x) = 0$.

Remarque 24.5. — Cette propriété provient de la continuité de la fonction de répartition et se démontre à l'aide d'un théorème de limite monotone.

Propriété 24.2. — Soit X une variable aléatoire de densité f_X, dont la fonction de répartition est notée F_X. Pour tout couple (a, b) de réels tels que $a < b$, on a :

$$P(a < X \leq b) = P(a \leq X \leq b) = P(a \leq X < b) = P(a < X < b) = F_X(b) - F_X(a) = \int_a^b f_X(t)\,dt.$$

❑ Fonction affine d'une variable à densité

Théorème 24.4. — Soit X une variable aléatoire à densité définie sur $(\Omega, \mathcal{A})$ et deux réels a et b. Si $a \neq 0$, alors $aX + b$ est une variable aléatoire à densité.

Remarques 24.6. — L'**exercice 24.8** propose de déterminer une densité de $aX + b$ connaissant une densité de X : il faut savoir le résoudre.
D'autres transformations seront étudiées au **chapitre 25** ainsi que dans le **tome 2**.

❑ Espérance d'une variable à densité

Définition 24.3. — Espérance d'une variable aléatoire X de densité f_X. Sous réserve de convergence absolue de l'intégrale écrite, l'espérance de la variable X est le réel, noté $E(X)$, défini par :

$$E(X) = \int_{-\infty}^{+\infty} t\, f_X(t)\,dt$$

⇨ **Méthode 24.4. Comment montrer qu'une variable à densité possède une espérance (ou non) et comment la calculer le cas échéant ?**

Remarque 24.7. — En fait, la convergence *absolue* n'est pas nécessaire dans la mesure où la convergence de l'intégrale définissant l'espérance équivaut à la convergence de chacune des intégrales $\int_{-\infty}^{0} t\, f_X(t)\,dt$ et $\int_{0}^{+\infty} t\, f_X(t)\,dt$, où la fonction intégrée est de *signe constant*.

Propriété 24.3. — Si a et b sont deux réels et si X est une variable aléatoire à densité admettant une espérance, alors on a : $E(aX + b) = aE(X) + b$.

Définition 24.4. — Une variable aléatoire est dite *centrée* si son espérance est nulle.

Propriété 24.4. — Si la variable aléatoire X a une espérance, alors $X - E(X)$ est centrée.

Remarque 24.8. — L'étude des moments d'ordres supérieurs sera faite en deuxième année.

Méthodes

Densité, fonction de répartition

Méthode 24.1. Comment montrer qu'une variable aléatoire est à densité ?

Pour montrer que la variable aléatoire X est une variable à densité, il suffit de vérifier que sa fonction de répartition F_X est continue sur $\mathbb{R}$ et est de classe C^1 sur $\mathbb{R}$ sauf éventuellement en un nombre fini de points (en lesquels on n'est absolument pas obligé d'aller voir ce qui se passe du point de vue de la classe C^1).

⇨ Exercice 24.8

Exemple. On considère une variable aléatoire X et on admet que sa fonction de répartition est la fonction F définie par : $F(x) = \dfrac{1}{1+e^{-x}}$. Montrer que X est une variable aléatoire à densité.

• La fonction F est continue sur $\mathbb{R}$ comme quotient bien défini de fonctions continues sur $\mathbb{R}$.
• La fonction F est de classe C^1 sur $\mathbb{R}$ comme quotient bien défini de fonctions de classe C^1 sur $\mathbb{R}$ (il n'y a même pas de points "à problème").
• En conclusion, X est une variable aléatoire à densité.

Méthode 24.2. Comment trouver la fonction de répartition d'une variable à densité ?

Il n'y a qu'une seule façon de faire, c'est d'utiliser la définition :

$$\forall x \in \mathbb{R},\ F_X(x) = P(X \le x) = \int_{-\infty}^{x} f_X(t)\,dt.$$

Ne pas oublier que la fonction F_X a autant de facettes (intervalles sur lesquels elle est définie différemment) que la fonction f_X, et ce sont les mêmes facettes.

⇨ Exercices 24.2, 24.4, 24.7

Exemple. On considère une variable aléatoire X admettant pour densité la fonction f définie, pour tout réel x, par : $f(x) = \begin{cases} e^{-x} \text{ si } x \ge 0 \\ 0 \text{ si } x < 0 \end{cases}$ (ceci sera montré dans l'**exemple** de la méthode suivante). Déterminer la fonction de répartition F de X.

• Pour tout réel x strictement négatif, on a : $F(x) = \int_{-\infty}^{x} f(t)\,dt = \int_{-\infty}^{x} 0\,dt = 0$.

• Pour tout réel x positif, on a : $F(x) = \int_{-\infty}^{x} f(t)\,dt = \int_{-\infty}^{0} 0\,dt + \int_{0}^{x} e^{-t}\,dt = 0 + 1 - e^{-x} = 1 - e^{-x}$.

• Pour résumer, la fonction de répartition F de X est définie par : $F(x) = \begin{cases} 0 \text{ si } x < 0 \\ 1 - e^{-x} \text{ si } x \geq 0 \end{cases}$.

❑ Méthode 24.3. Comment montrer qu'une fonction est une densité ?

Pour montrer qu'une fonction f est une densité, on vérifie les trois points suivants :

- f est une fonction définie sur $\mathbb{R}$ et à valeurs positives.
- f possède un nombre fini de points de discontinuité.
- $\int_{-\infty}^{+\infty} f(t)\,dt$ converge et est égale à 1.

⇨ **Exercices 24.1, 24.2, 24.3, 24.4, 24.5, 24.6, 24.7**

Exemple. Soit f la fonction définie par : $f(x) = \begin{cases} e^{-x} \text{ si } x \geq 0 \\ 0 \text{ si } x < 0 \end{cases}$. Montrer que f est une densité.

• La restriction de f à $]-\infty, 0[$ est nulle donc positive ou nulle. La restriction de f à $[0, +\infty[$ est une fonction exponentielle strictement positive.
Bilan : la fonction f est donc positive sur $\mathbb{R}$.
• La restriction de f à $]-\infty, 0[$ est nulle donc continue. La restriction de f à $[0, +\infty[$ est une fonction usuelle, continue sur $[0, +\infty[$.
Bilan : la fonction f est continue sur $\mathbb{R}$, sauf peut-être en 0 (on pourrait vérifier rapidement que f n'est pas continue en 0, mais on n'est pas obligé de le faire).

• Comme f est nulle sur $]-\infty, 0[$, alors $\int_{-\infty}^{0} f(t)\,dt$ converge et est égale à 0.

Pour tout $A \geq 0$, on a : $\int_{0}^{A} f(t)\,dt = \int_{0}^{A} e^{-t}\,dt = \left[-e^{-t}\right]_{0}^{A} = -e^{-A} + 1$. Comme $\lim_{A \to +\infty} e^{-A} = 0$, on peut conclure (par définition de la convergence d'une intégrale impropre) que $\int_{0}^{+\infty} f(t)\,dt$ converge et vaut 1.

Par définition de la convergence d'une intégrale impropre, $\int_{-\infty}^{+\infty} f(t)\,dt$ converge et vaut 1.

• Conclusion : la fonction f est une densité.

■ Espérance d'une variable à densité

❑ Méthode 24.4. Comment montrer qu'une variable à densité possède une espérance (ou non) et comment la calculer le cas échéant ?

Pour montrer qu'une variable à densité X (de densité f) possède une espérance, il faut vérifier que l'intégrale $\int_{-\infty}^{+\infty} t\,f(t)\,dt$ est absolument convergente et, dans ce cas, sa valeur est égale à $E(X)$.

- Si le calcul de l'espérance est demandé, alors il faut calculer des intégrales partielles (voir l'**exemple**), puis passer à la limite ensuite.
- Si le calcul de l'espérance n'est pas demandé, il est possible que la variable aléatoire ne possède pas d'espérance : dans ce cas, on considère la fonction $t \mapsto t\,f(t)$ et on reconnaît cette fonction comme étant d'intégrale divergente (intégrale de Riemann de paramètre inférieur ou égal à 1 par exemple).

Remarque. Dans le **tome 2**, nous étudierons des critères (équivalence, comparaison ou négligeabilité) permettant de prouver la convergence ou la divergence d'une intégrale impropre.

⇨ **Exercices 24.1, 24.2, 24.4, 24.5, 24.6**

Exemple. On considère une variable aléatoire X dont une densité est la fonction f définie par :

$f(x) = \begin{cases} e^{-x} \text{ si } x \geq 0 \\ 0 \text{ si } x < 0 \end{cases}$ (voir **méthodes 24.2** et **24.3**).

Montrer que X admet une espérance et la calculer.

- Comme f est nulle sur $]-\infty, 0[$, alors $\int_{-\infty}^{0} t\,f(t)\,dt$ converge et est égale à 0.
- Pour tout $A \geq 0$, on a : $\int_0^A t\,f(t)\,dt = \int_0^A t\,e^{-t}\,dt$. On effectue une intégration par parties en posant $u(t) = t$ et $v'(t) = e^{-t}$ avec $u'(t) = 1$ et $v(t) = -e^{-t}$. Les fonctions u et v sont bien de classe C^1 sur $[0, A]$ et on obtient : $\int_0^A t\,e^{-t}\,dt = \left[-t\,e^{-t}\right]_0^A + \int_0^A e^{-t}\,dt = -A\,e^{-A} + \int_0^A e^{-t}\,dt$.

Comme $\lim\limits_{A \to +\infty} A\,e^{-A} = 0$, et comme $\lim\limits_{A \to +\infty} \int_0^A e^{-t}\,dt = \int_0^{+\infty} e^{-t}\,dt = 1$, on peut conclure (par définition de la convergence d'une intégrale impropre) que $\int_0^{+\infty} t\,f(t)\,dt$ est absolument convergente et vaut 1.

- Conclusion, $\int_{-\infty}^{+\infty} t\,f(t)\,dt$ est absolument convergente et vaut 1, ce qui assure que X possède une espérance et que $E(X) = 1$.

Méthodes

■■ Vrai/Faux

		Vrai	Faux
1.	La fonction de répartition d'une variable aléatoire à densité est de classe C^1 sur $\mathbb{R}$.	☐	☐
2.	Une densité est croissante (au sens large) sur $\mathbb{R}$.	☐	☐
3.	Si X est une variable aléatoire, de densité f paire, alors sa fonction de répartition est impaire.	☐	☐
4.	La fonction de répartition d'une variable aléatoire à densité ne peut pas être paire.	☐	☐
5.	Si X est une variable aléatoire à densité, de densité paire, et si X possède une espérance, alors on a : $E(X) = 0$.	☐	☐
6.	Si F est la fonction de répartition d'une variable aléatoire X à densité, alors on a : $\forall x \in \mathbb{R}$, $F(x) \in \,]0, 1[$.	☐	☐
7.	Si X est une variable à densité prenant ses valeurs dans $[a, b]$, avec bien sûr $a < b$, alors sa fonction de répartition est nulle sauf sur $[a, b]$.	☐	☐
8.	Soit X une variable aléatoire dont le support est $\mathbb{N}^*$. On pose $Y = \dfrac{1}{X}$ et on admet que Y est une variable aléatoire. On a alors : $Y(\Omega) = \,]0,1]$.	☐	☐
9.	Soit X une variable aléatoire dont une densité f est la fonction qui vaut 1/4 sur [0, 1], 3/4 sur [1, 2] et 0 ailleurs. En désignant par F la fonction de répartition de X, alors on a : $\forall x \in [1, 2]$, $F(x) = \int_1^x \frac{3}{4} dt$.	☐	☐
10.	Soit X une variable à densité prenant ses valeurs dans $\mathbb{R}_+$. On admet que la partie entière de X, notée $\lfloor X \rfloor$ est une variable aléatoire. La variable aléatoire $X - \lfloor X \rfloor$ prend ses valeurs dans $[0, 1[$.	☐	☐

■■ Énoncé des exercices

❑ **Exercice 24.1.** — Soit f la fonction définie par : $f(x) = \begin{cases} \dfrac{1}{x^2} & \text{si } x \geq 1 \\ 0 \text{ si } x < 1 \end{cases}$.

1. Montrer que f est une densité.

2. On considère maintenant une variable aléatoire X dont une densité est la fonction f.
Montrer que X n'admet pas d'espérance.

❑ **Exercice 24.2.** — On considère la fonction f définie par $f(x) = \begin{cases} |x| \text{ si } x \in [-1, 1] \\ 0 \text{ sinon} \end{cases}$.

1. Montrer que f peut être considérée comme densité d'une variable aléatoire X.
2. Montrer que X possède une espérance et la déterminer.
3. Déterminer la fonction de répartition de X.

❑ **Exercice 24.3.** — On considère la fonction f définie par : $\forall x \in \mathbb{R}, f(x) = \dfrac{1}{2}e^{-|x|}$.

1. Montrer que f est paire.
2. Montrer que f peut être considérée comme une densité.

❑ **Exercice 24.4.** — On considère la fonction f définie par : $f(x) = \begin{cases} \dfrac{1}{x\sqrt{2x}} & \text{si } x \geq 2 \\ 0 \text{ si } x < 2 \end{cases}$.

1. Montrer que l'intégrale $\displaystyle\int_2^{+\infty} \frac{1}{x\sqrt{x}}dx$ est convergente et donner sa valeur.
2. Montrer que la fonction f est une densité.
3. On considère maintenant une variable aléatoire X admettant f pour densité.
  a) Déterminer la fonction de répartition de X.
  b) La variable aléatoire X admet-elle une espérance ?

❑ **Exercice 24.5.** — Partie entière d'une variable à densité.

1. Montrer que l'intégrale $\displaystyle\int_2^{+\infty} \frac{1}{3^t}dt$ est convergente et déterminer sa valeur que l'on note α.

On considère la fonction g définie par : $g(t) = \begin{cases} \dfrac{1}{\alpha 3^t} & \text{si } t \geq 2 \\ 0 \text{ si } t < 2 \end{cases}$.

2. Montrer que g est une densité.

On considère désormais une variable aléatoire Y admettant g comme densité

3. Montrer que Y possède une espérance et donner sa valeur.

4. On note Z la variable aléatoire égale à la partie entière de Y, ce qui signifie que, pour tout entier k supérieur ou égal à 2, on a : $(Z = k) = (k \leq Y < k+1)$. On constate ainsi que Z est bien une variable aléatoire. Déterminer la loi de probabilité de Z.

D'après EML

❑ **Exercice 24.6.** — Soit f la fonction définie par : $f(x) = \begin{cases} 0 & \text{si} \quad x < 1 \\ 9\dfrac{\ln x}{x^4} & \text{si} \quad x \geq 1 \end{cases}$.

1. Soit n un entier supérieur ou égal à 2. Montrer, grâce à une intégration par parties, que l'intégrale $\displaystyle\int_1^{+\infty} \frac{\ln x}{x^n} dx$ converge et donner sa valeur en fonction de n.

2. Montrer que f est une densité.

3. On considère une variable aléatoire réelle X, définie sur un espace probabilisé $(\Omega, \mathcal{A}, P)$, et admettant f comme densité.

Utiliser la première question pour montrer que X possède une espérance et donner sa valeur.

❑ **Exercice 24.7.** — Soit f la fonction définie par : $f(x) = \begin{cases} 0 & \text{si} \quad x < 0. \\ xe^{-\frac{x^2}{2}} & \text{si} \quad x \geq 0. \end{cases}$.

1. Vérifier que f est une densité.

La durée de vie d'un certain composant électronique est une variable aléatoire X dont une densité est f (on dit que X suit la loi de Rayleigh).

2. a) Déterminer la fonction de répartition F de X.

b) Déterminer le réel μ, appelé médiane de X, tel que $F(\mu) = \dfrac{1}{2}$.

3. On appelle mode de la variable aléatoire X tout réel x en lequel f atteint son maximum.
Montrer que X a un seul mode, noté M_0, et le déterminer.

❑ **Exercice 24.8.*** — On considère une variable aléatoire X de densité f_X et on pose $Y = aX + b$, où a désigne un réel non nul.

En admettant que Y est une variable aléatoire, montrer, en distinguant les cas $a > 0$ et $a < 0$ que Y est une variable aléatoire à densité, puis donner une densité f_Y de Y à l'aide de a, b et f_X.

Pour vous aider à démarrer

Exercice 24.1. Pour la question **1**, utiliser la **méthode 24.3**.
Pour la question **2**, citer une intégrale de Riemann.
Exercice 24.2. Pour la question **1**, utiliser la **méthode 24.3**.
Pour la question **2**, pas de problème d'existence puisque les seules intégrales calculées sont des intégrales de fonctions continues sur $[-1, 1]$, ailleurs f est nulle et les intégrales sont nulles aussi.
Pour la question **3**, faire attention que l'expression de la fonction de répartition est différente selon que $x < -1$, $x \in [-1, 1]$ ou $x > 1$.

Exercice 24.3. Pour la question **2**, calculer d'abord $\int_0^{+\infty} f(x)dx$ puis utiliser la parité de f.

Exercice 24.4. Pour la question **1**, écrire $\frac{1}{x\sqrt{x}} = x^{-\frac{3}{2}}$ pour le calcul de l'intégrale.

Exercice 24.5. Pour les questions **1**, **2** et **3**, il peut être utile, afin d'obtenir des primitives sans trop d'effort, d'écrire : $\frac{1}{3^t} = e^{-t\ln 3}$.

Exercice 24.6. Pour la question **1**, effectuer l'intégration par parties sur une intégrale définie, puis passer à la limite ensuite.
Exercice 24.7. Pour la question **1**, la fonction f se "primitive" facilement.
Pour la question **2.a)**, il faut, comme d'habitude, distinguer les deux facettes, qui sont ici : $x < 0$ et $x \geq 0$.
Pour la question **3**, il faut étudier la fonction f.

Corrigé des vrai/faux

1.	2.	3.	4.	5.	6.	7.	8.	9.	10.
F	F	F	V	V	F	F	F	F	V

1. Reprenons l'exemple de la **méthode 24.2**. La fonction de répartition de la variable étudiée était F telle que : $F(x)=\begin{cases} 0 & \text{si } x<0 \\ 1-e^{-x} & \text{si } x\geq 0 \end{cases}$. On peut prouver que cette fonction est bien continue sur $\mathbb{R}$. Mais elle n'est pas dérivable en 0. En effet, on a : $\lim\limits_{x\to 0^+}\dfrac{F(x)-F(0)}{x-0}=\lim\limits_{x\to 0^+}\dfrac{1-e^{-x}}{x}=1$ alors que $\lim\limits_{x\to 0^-}\dfrac{F(x)-F(0)}{x-0}=0$. Cette fonction n'est donc pas de classe C^1 sur $\mathbb{R}$.

2. En reprenant encore l'exemple de la **méthode 24.2**, la fonction $f(x)=\begin{cases} e^{-x} & \text{si } x\geq 0 \\ 0 & \text{si } x<0 \end{cases}$ est une densité. Pourtant, cette fonction est strictement décroissante sur $\mathbb{R}_+$.

3. La fonction de répartition F d'une variable X à densité prend ses valeurs dans [0, 1] : on ne peut donc pas avoir $F(-x) = -F(x)$, sauf si $F(x)$ est nul pour tout x, ce qui est impossible car $\lim\limits_{x\to+\infty} F(x)=1$. La fonction F n'est donc pas impaire.

Remarque. On aurait pu raisonner sur les limites de F : si F était impaire, sa limite en $-\infty$ serait l'opposé de sa limite en $+\infty$, ce qui n'est jamais le cas (la première vaut 0 et la deuxième vaut 1)

4. Supposons qu'une variable aléatoire à densité possède une fonction de répartition F paire.

- D'une part, comme F est une fonction de répartition, on sait que $\lim\limits_{x\to-\infty} F(x)=0$.
- D'autre part, on a en posant $x=-t$, puis en tenant compte de la parité de F :

$\lim\limits_{x\to-\infty} F(x)=\lim\limits_{t\to+\infty} F(-t)=\lim\limits_{t\to+\infty} F(t)=1$.

Ces deux résultats sont en contradiction donc il n'existe pas de fonction de répartition paire.

5. Comme f est paire la fonction g qui à tout réel x associe $x\,f(x)$ est impaire.
En effet : $\forall x\in\mathbb{R}$, $g(-x)=-x\,f(-x)=-x\,f(x)=-g(x)$.
L'existence de l'espérance étant garantie par l'énoncé, on est certain que l'intégrale $\int_{-\infty}^{+\infty} x\,f(x)\,dx$ est convergente et d'après le **théorème 19.8**, on sait qu'elle est nulle.

Remarque. Si l'existence de l'espérance n'avait pas été mentionnée, la bonne réponse aurait été "Faux".

6. Soit X une variable aléatoire dont une densité est celle vue dans le corrigé du **V/F 2**.

Pour tout x strictement inférieur à 0, on a : $F(x)=\int_{-\infty}^{x} f(t)dt=\int_{-\infty}^{x} 0dt=0$

On n'a donc pas : $\forall x\in\mathbb{R}, F(x)\in\,]0,1[$.

7. Soit X une variable à densité prenant ses valeurs dans $[a,b]$ avec $a<b$. Notons f une densité de X. On a alors : $\forall x\in\mathbb{R}\setminus[a,b], f(x)=0$. On en déduit :

- Si $x<a$, $F(x)=\int_{-\infty}^{x} f(t)dt=\int_{-\infty}^{x} 0\,dt=0$.
- Si x appartient à $[a,b]$, $F(x)=\int_{-\infty}^{x} f(t)dt=\int_{-\infty}^{a} 0\,dt+\int_{a}^{x} f(t)dt=\int_{a}^{x} f(t)dt$
- Si $x>b$, on obtient :

$F(x)=\int_{-\infty}^{x} f(t)dt=\int_{-\infty}^{a} 0dt+\int_{a}^{b} f(t)dt+\int_{b}^{x} 0dt=\int_{a}^{b} f(t)dt=1$ (cette intégrale vaut 1 car f est une densité).

La fonction F n'est donc pas nulle sur $]b,+\infty[$.

Remarque. Plus simplement, le fait d'affirmer que F est nulle sur $]b,+\infty[$ est une hérésie, puisque l'on doit avoir $\lim\limits_{x\to+\infty} F(x)=1$ (!).

8. Comme $X(\Omega)=\mathbb{N}^*$ et comme $Y=\dfrac{1}{X}$, les valeurs que prend Y sont les inverses des entiers naturels non nuls et ainsi, on a : $Y(\Omega)=\left\{1,\dfrac{1}{2},\dfrac{1}{3},\ldots\right\}$.

Les éléments de $Y(\Omega)$ sont bien des réels de l'intervalle $]0,1]$ mais $Y(\Omega)$ ne contient pas tous les réels de $]0,1]$. Par exemple, $\dfrac{\pi}{4}$ n'appartient pas à $Y(\Omega)$.

Conclusion : $Y(\Omega)\neq\,]0,1]$.

9. Pour tout x de $[1,2]$, on a, grâce à la relation de Chasles :

$F(x)=\int_{-\infty}^{x} f(t)dt=\int_{-\infty}^{0} f(t)dt+\int_{0}^{1} f(t)dt+\int_{1}^{x} f(t)dt$.

Avec les données de l'énoncé, on déduit : $F(x)=\int_{-\infty}^{0} 0dt+\int_{0}^{1}\dfrac{1}{4}dt+\int_{1}^{x}\dfrac{3}{4}dt=\dfrac{1}{4}+\int_{1}^{x}\dfrac{3}{4}dt$.

Finalement, on n'a pas : $\forall x\in[1,2], F(x)=\int_{1}^{x}\dfrac{3}{4}dt$.

10. Notons Y la variable aléatoire égale à $X-\lfloor X\rfloor$.

Par définition de la partie entière, on a : $\forall\omega\in\Omega, \lfloor X(\omega)\rfloor\leq X(\omega)<\lfloor X(\omega)\rfloor+1$.

Corrigé

On en déduit : $\forall \omega \in \Omega,\ 0 \leq X(\omega) - \lfloor X(\omega) \rfloor < 1$.

On en conclut : $\forall \omega \in \Omega,\ 0 \leq Y(\omega) < 1$. La variable Y prend donc ses valeurs dans $[0,1[$.

❑ Les erreurs classiques

• Attention à ne pas confondre les propriétés des densités et les propriétés des fonctions de répartition. Ainsi, une fonction de répartition ne peut être ni paire ni impaire, alors qu'une densité peut être paire (mais sûrement pas impaire puisqu'elle est positive).
La fonction de répartition est croissante alors qu'une densité ne l'est pas.

• Comme pour les variables discrètes, il faut toujours prouver l'existence de l'espérance avant de la calculer : dans le cas des variables à densité, il s'agit d'un problème dabsolue convergence d'intégrale(s) impropre(s).

• Lors du calcul de la fonction de répartition, attention à bien "cumuler toutes les valeurs de la variable". Ainsi, pour tout x élément de $[a,b]$, on a :

$F(x) = \int_{-\infty}^{x} f(t)\,dt = \int_{-\infty}^{a} f(t)\,dt + \int_{a}^{x} f(t)\,dt$, ce qui ne veut pas forcément dire que $F(x) = \int_{a}^{x} f(t)\,dt$ (ceci n'est vrai que si f est nulle sur $]-\infty, a]$ ou $]-\infty, a[$.

• La fonction de répartition d'une variable aléatoire est à valeurs dans $[0, 1]$ et pas toujours dans $]0, 1[$: ceci n'est vrai que si F est strictement croissante sur $\mathbb{R}$.

Corrigé des exercices

Exercice 24.1

1. • La restriction de f à $]-\infty, 1[$ est nulle donc positive ou nulle. La restriction de f à $[1, +\infty[$ est bien définie en tant que fonction rationnelle de dénominateur strictement positif et elle est strictement positive car $1 > 0$ et $x^2 > 0$ sur $[1, +\infty[$.
La fonction f est donc positive sur $\mathbb{R}$.

• La restriction de f à $]-\infty, 1[$ est nulle donc continue. La restriction de f à $]1, +\infty[$ est une fonction rationnelle bien définie, elle est donc continue.
La fonction f est donc continue sur $\mathbb{R}$, sauf peut-être en 1.

• Comme f est nulle sur $]-\infty, 1[$, alors $\int_{-\infty}^{1} f(t)\,dt$ converge et est égale à 0.

Pour tout $A \geq 1$, on a : $\int_1^A f(t)\,dt = \int_1^A \frac{1}{t^2}\,dt = \left[-\frac{1}{t}\right]_0^A = -\frac{1}{A} + 1$. Comme $\lim\limits_{A \to +\infty} \frac{1}{A} = 0$, on peut conclure (par définition de la convergence d'une intégrale impropre) que $\int_1^{+\infty} f(t)\,dt$ converge et vaut 1. Par définition de la convergence d'une intégrale deux fois impropre (relire la **définition 19.6** du **chapitre 19**), on a bien : $\int_{-\infty}^{+\infty} f(t)\,dt$ converge et vaut 1.

• Conclusion : la fonction f est une densité.

⇨ *Méthode 24.3*

2. Pour tout réel x supérieur ou égal à 1, on a : $x f(x) = \frac{1}{x}$. Comme $\int_1^{+\infty} \frac{1}{x}\,dx$ est divergente (intégrale de Riemann de paramètre 1), on peut en déduire que $\int_1^{+\infty} x f(x)\,dx$ est divergente, ce qui prouve que X n'a pas d'espérance.

⇨ *Méthode 24.4*

Exercice 24.2

1. La restriction de f à $]-\infty, -1[$ et à $]1, +\infty[$ est nulle donc continue. Comme la fonction valeur absolue est continue sur $\mathbb{R}$, la restriction de f à $[-1, 1]$ est continue.
La fonction f est donc continue sur $\mathbb{R}$, sauf éventuellement en -1 et 1.
La restriction de f à $]-\infty, -1[$ et à $]1, +\infty[$ est nulle donc positive. La positivité de la valeur absolue assure que f est à valeurs positives sur $[-1, 1]$. La fonction f est donc positive sur $\mathbb{R}$.

Comme f est nulle sur $]-\infty,-1[$ et $]1,+\infty[$, les intégrales $\int_{-\infty}^{-1} f(x)dx$ et $\int_{1}^{+\infty} f(x)dx$ convergent et valent 0.

Enfin, on a : $\int_{-1}^{1} f(x)dx = \int_{-1}^{1} |x|dx = \int_{-1}^{0} -x\,dx + \int_{0}^{1} x\,dx = \left[\frac{-x^2}{2}\right]_{-1}^{0} + \left[\frac{x^2}{2}\right]_{0}^{1} = 1$.

Par définition, l'intégrale $\int_{-\infty}^{+\infty} f(x)dx$ converge et vaut 1.

On en conclut que la fonction f est bien une densité d'une certaine variable aléatoire X.

⇨ *Méthode 24.3*

2. Comme f est nulle sur $]-\infty,-1[$ et $]1,+\infty[$, les intégrales $\int_{-\infty}^{-1} x f(x)dx$ et $\int_{1}^{+\infty} x f(x)dx$ sont absolument convergentes et valent 0.

De plus, on a : $\int_{-1}^{1} x f(x)dx = \int_{-1}^{1} x|x|dx = \int_{-1}^{0} -x^2dx + \int_{0}^{1} x^2dx = \left[\frac{-x^3}{3}\right]_{-1}^{0} + \left[\frac{x^3}{3}\right]_{0}^{1} = 0$.

Remarque. Pour ce dernier calcul, on pouvait aussi remarquer que $x \mapsto x f(x)$ est impaire et continue sur [–1, 1], ce qui implique que $\int_{-1}^{1} x f(x)dx = 0$.

Pour finir, on conclut que l'intégrale $\int_{-\infty}^{+\infty} x f(x)dx$ est absolument convergente et vaut 0. Ainsi, la variable X possède une espérance et $E(X) = 0$.

⇨ *Méthode 24.4*

3. Notons F la fonction de répartition de X. On a : $\forall x \in \mathbb{R},\ F(x) = \int_{-\infty}^{x} f(t)dt$.

- Si x est strictement inférieur à -1, on a : $F(x) = \int_{-\infty}^{x} 0dt = 0$.
- Si x appartient à $[-1, 1]$, on a : $F(x) = \int_{-\infty}^{-1} 0dt + \int_{-1}^{x} |t|dt = \int_{-1}^{x} |t|dt$.

  Si x appartient à $[-1, 0]$, on obtient alors : $F(x) = \int_{-1}^{x} -t\,dt = \left[-\frac{t^2}{2}\right]_{-1}^{x} = \frac{1-x^2}{2}$.

  Si x appartient à $[0, 1]$, on obtient : $F(x) = \int_{-1}^{0} -t\,dt + \int_{0}^{x} t\,dt = \frac{1+x^2}{2}$.
- Si x est strictement supérieur à 1, on a : $F(x) = \int_{-\infty}^{-1} 0dt + \int_{-1}^{0} -t\,dt + \int_{0}^{1} t\,dt + \int_{1}^{x} 0dt = 1$.

⇨ *Méthode 24.2*

Exercice 24.3

1. La fonction valeur absolue est paire, ce qui signifie que $|-x| = |x|$.

Pour tout réel x, on a alors : $f(-x) = \dfrac{1}{2}e^{-|-x|} = \dfrac{1}{2}e^{-|x|} = f(x)$. On peut conclure que f est paire.

2. • La fonction f est continue sur $\mathbb{R}$ (car les fonctions "valeur absolue" et "exponentielle" sont continues sur $\mathbb{R}$).

• De plus, f est positive car la fonction exponentielle est positive.

• Pour tout réel x positif, on a :

$$\int_0^x f(t)dt = \frac{1}{2}\int_0^x e^{-|t|}dt = \frac{1}{2}\int_0^x e^{-t}dt = \frac{1}{2}\left[-e^{-t}\right]_0^x = \frac{1}{2}\left(-e^{-x}+1\right).$$

Comme $\lim\limits_{x\to+\infty} e^{-x} = 0$, alors $\int_0^{+\infty} f(x)dx$ converge et vaut $\dfrac{1}{2}$.

La fonction f étant paire, l'intégrale $\int_{-\infty}^{0} f(x)dx$ converge aussi et vaut également $\dfrac{1}{2}$.

Par définition, $\int_{-\infty}^{+\infty} f(x)dx$ converge et on a $\int_{-\infty}^{+\infty} f(x)dx = 1$.

Les trois points précédents montrent que f est une densité.

⇨ *Méthode 24.3*

Exercice 24.4

1. La fonction $x \mapsto \dfrac{1}{x\sqrt{x}}$ est continue sur $[2, +\infty[$ donc $\int_2^{+\infty} \dfrac{1}{x\sqrt{x}}dx$ n'est impropre qu'en $+\infty$.

Pour tout réel z supérieur ou égal à 2, on a : $\int_2^z \dfrac{1}{x\sqrt{x}}dx = \int_2^z x^{-\frac{3}{2}}dx = \left[-2x^{-\frac{1}{2}}\right]_2^z$.

On a alors : $\int_2^z \dfrac{1}{x\sqrt{x}}dx = -2(\dfrac{1}{\sqrt{z}} - \dfrac{1}{\sqrt{2}}) = \sqrt{2} - \dfrac{2}{\sqrt{z}}$.

Comme $\lim\limits_{z\to+\infty} \dfrac{1}{\sqrt{z}} = 0$, l'intégrale $\int_2^z \dfrac{1}{x\sqrt{x}}dx$ a une limite finie lorsque z tend vers $+\infty$, ce qui prouve que l'intégrale $\int_2^{+\infty} \dfrac{1}{x\sqrt{x}}dx$ converge et vaut $\sqrt{2}$.

2. • La fonction f est positive sur $[2, +\infty[$ et nulle ailleurs, elle est donc positive ou nulle.

• La fonction f est continue sur $]2, +\infty[$ comme quotient bien défini de fonctions continues, et aussi sur $]-\infty, 2[$ où sa restriction est la fonction nulle qui est bien sûr continue.
La fonction f est donc continue sauf éventuellement en 2 (en fait elle est discontinue en 2).

• $\int_{-\infty}^{2} f(x)dx$ converge et vaut 0 (aucun problème) et, comme l'intégrale $\int_2^{+\infty} \dfrac{1}{x\sqrt{x}}dx$ converge et vaut $\sqrt{2}$, en divisant par $\sqrt{2}$, on obtient : $\int_2^{+\infty} \dfrac{1}{x\sqrt{2x}}dx$ converge et vaut 1.

Toujours par définition de la convergence d'une intégrale deux fois impropre, on peut conclure :

$$\int_{-\infty}^{+\infty} f(x)dx \text{ converge et vaut } 1$$

Bilan : f est bien une densité.

⇨ *Méthode 24.3*

3. Soit X une variable aléatoire réelle admettant f pour densité.

a) La fonction de répartition de X est donnée par : $F(x) = \int_{-\infty}^{x} f(t)dt$.

- Si $x < 2$, alors f est nulle sur $]-\infty, x]$ et $F(x) = 0$.
- Si $x \geq 2$, alors $F(x) = \int_{-\infty}^{2} f(t)dt + \int_{2}^{x} f(t)dt = 0 + \frac{1}{\sqrt{2}} \int_{2}^{x} \frac{1}{t\sqrt{t}} dt$.

D'après le calcul fait dans la première question, on trouve : $F(x) = \frac{1}{\sqrt{2}}(\sqrt{2} - \frac{2}{\sqrt{x}}) = 1 - \frac{\sqrt{2}}{\sqrt{x}}$.

Bilan : $F(x) = \begin{cases} 1-\sqrt{\dfrac{2}{x}} \text{ si } x \geq 2 \\ 0 \text{ si } x < 2 \end{cases}$.

⇨ *Méthode 24.2*

b) La variable aléatoire X admet une espérance si et seulement si $\int_{-\infty}^{+\infty} x f(x)dx$ converge, c'est-à-dire si et seulement si $\int_{2}^{+\infty} x f(x)dx$ converge, puisque $\int_{-\infty}^{2} x f(x)dx$ converge et vaut 0.

Comme $x\, f\,(x) = \frac{1}{\sqrt{2}} \times \frac{1}{\sqrt{x}}$, l'intégrale $\int_{2}^{+\infty} x f(x)dx$ diverge (intégrale de Riemann de paramètre $\frac{1}{2}$ inférieur ou égal à 1) donc X n'a pas d'espérance.

⇨ *Méthode 24.4*

Exercice 24.5

1. La fonction $t \mapsto \frac{1}{3^t}$ est continue sur $[2, +\infty[$. De plus, pour tout x supérieur ou égal à 2, on a : $\int_{2}^{x} \frac{1}{3^t} dt = \int_{2}^{x} e^{-t\ln 3} dt = \left[-\frac{e^{-t\ln 3}}{\ln 3} \right]_2^x = -\frac{e^{-x\ln 3}}{\ln 3} + \frac{e^{-2\ln 3}}{\ln 3}$. Comme $\lim_{x\to+\infty} e^{-x\ln 3} = 0$, on obtient :

$\lim_{x\to+\infty} \int_{2}^{x} \frac{1}{3^t} dt = \frac{e^{-2\ln 3}}{\ln 3} = \frac{1}{9\ln 3}$. On a donc : $\alpha = \int_{2}^{+\infty} \frac{1}{3^t} dt = \frac{1}{9\ln 3}$.

2. • Comme g est nulle sur $]-\infty, 2[$, elle est positive sur cet intervalle. De plus, g est positive sur $[2, +\infty[$ car α est positif. Ainsi, g est positive sur $\mathbb{R}$.

• De même, la fonction g est continue sur $\mathbb{R}$ sauf éventuellement en 2.

• La fonction g étant nulle sur $]-\infty,2[$, l'intégrale $\int_{-\infty}^{2} g(t)dt$ converge et vaut 0.

On a vu à la question **1** que : $\int_{2}^{+\infty} g(t)dt = \int_{2}^{+\infty} 9\ln 3\frac{1}{3^t}dt = 1$.

Par définition de la convergence d'une intégrale deux fois impropre, on peut conclure :

$$\int_{-\infty}^{+\infty} g(t)dt \text{ converge et vaut } 1$$

En conclusion, g est une densité.

⇨ *Méthode 24.3*

3. Considérons, pour tout x supérieur à 2, l'intégrale $\int_{2}^{x} t\,e^{-t\ln 3}dt$.

On effectue une intégration par parties avec $u(t)=t$, $v'(t)=e^{-t\ln 3}$, $u'(t)=1$ et $v(t)=-\frac{e^{-t\ln 3}}{\ln 3}$.

Les fonctions u et v étant bien de classe C^1 sur $[2, x]$, on obtient :

$$\int_{2}^{x} t\,e^{-t\ln 3}dt = \left[-\frac{te^{-t\ln 3}}{\ln 3}\right]_2^x + \int_2^x \frac{e^{-t\ln 3}}{\ln 3}dt = -\frac{xe^{-x\ln 3}}{\ln 3} + \frac{2e^{-2\ln 3}}{\ln 3} + \frac{1}{\ln 3}\int_2^x e^{-t\ln 3}dt .$$

On a donc : $\int_{2}^{x} te^{-t\ln 3}dt = -\frac{xe^{-x\ln 3}}{\ln 3} + \frac{2}{9\ln 3} + \frac{1}{\ln 3}\int_2^x e^{-t\ln 3}dt$.

Comme $\lim\limits_{x\to+\infty} \frac{xe^{-x\ln 3}}{\ln 3} = 0$ et comme $\lim\limits_{x\to+\infty} \frac{1}{\ln 3}\int_2^x e^{-t\ln 3}dt = \frac{1}{9(\ln 3)^2}$, l'intégrale $\int_2^{+\infty} t\,e^{-t\ln 3}dt$ est (absolument) convergente. La variable aléatoire Y a donc une espérance et :

$$E(Y)= \int_{-\infty}^{+\infty} t\,g(t)dt = \int_2^{+\infty} 9\ln 3\; t\,e^{-t\ln 3}dt = 9\ln 3\int_2^{+\infty} t\,e^{-t\ln 3}dt = 9\ln 3\left(\frac{2}{9\ln 3} + \frac{1}{9(\ln 3)^2}\right) = 2 + \frac{1}{\ln 3}.$$

⇨ *Méthode 24.4*

4. Z prend ses valeurs dans $\mathbb{N} \setminus \{0, 1\}$, et pour tout entier k supérieur ou égal à 2, on a :

$$P(Z=k) = P(k \le Y < k+1) = \int_k^{k+1} g(t)dt = 9\ln 3\int_k^{k+1} e^{-t\ln 3}dt = 9\ln 3\left[-\frac{e^{-t\ln 3}}{\ln 3}\right]_k^{k+1}$$

$$P(Z=k) = 9[-e^{-(k+1)\ln 3} + e^{-k\ln 3}] = 9[e^{-k\ln 3}(1-e^{-\ln 3})] = 9\left(\frac{1}{3}\right)^k\left(1-\frac{1}{3}\right) = 6\left(\frac{1}{3}\right)^k .$$

Exercice 24.6

1. Notons tout d'abord que la fonction $x \mapsto \frac{\ln x}{x^n}$ est continue sur $[1, +\infty[$ comme quotient de fonctions continues dont le dénominateur ne s'annule pas.

Pour tout réel A supérieur ou égal à 1, on réalise une intégration par parties sur l'intégrale définie $I(A) = \int_1^A \frac{\ln x}{x^n} dx$, en posant $u(x) = \ln x$ et $v'(x) = \frac{1}{x^n}$.

On a alors $u'(x) = \frac{1}{x}$ et on peut choisir $v(x) = \frac{-1}{(n-1)x^{n-1}}$.

Les fonctions u et v sont de classe C^1 sur $[1, A]$ et on peut écrire :

$$I(A) = \left[\frac{-\ln x}{(n-1)x^{n-1}}\right]_1^A + \frac{1}{n-1}\int_1^A \frac{1}{x^n} dx = \frac{-\ln A}{(n-1)A^{n-1}} + \frac{1}{n-1}\left[\frac{-1}{(n-1)x^{n-1}}\right]_1^A$$

On a donc : $I(A) == \frac{-\ln A}{(n-1)A^{n-1}} + \frac{1}{n-1}\left(\frac{-1}{(n-1)A^{n-1}} + \frac{1}{n-1}\right)$.

Comme $n \geq 2$, on a : $\lim\limits_{A\to+\infty} \frac{1}{A^{n-1}} = 0$ et $\lim\limits_{A\to+\infty} \frac{\ln A}{A^{n-1}} = 0$ (croissances comparées), on en déduit :

$\lim\limits_{A\to+\infty} I(A) = \frac{1}{(n-1)^2}$. Ceci prouve que l'intégrale $\int_1^{+\infty} \frac{\ln x}{x^n} dx$ converge et vaut $\frac{1}{(n-1)^2}$.

2. • La fonction f est positive sur $\mathbb{R}$ car elle est nulle sur $]-\infty, 1[$ et positive sur $]1, +\infty[$ (puisque pour $x \geq 1$, $\ln x \geq 0$).

• La fonction f est continue sur $\mathbb{R}$ sauf éventuellement en 1 car sa restriction à $]-\infty, 1[$ est nulle sur et sa restriction à $]1, +\infty[$ est le quotient, dont le dénominateur ne s'annule pas, de fonctions continues.

• D'après la question **1**, l'intégrale $\int_1^{+\infty} 9\frac{\ln x}{x^4} dx$ converge $(4 \geq 2)$ et vaut $9 \times \frac{1}{(4-1)^2} = 1$, ce qui signifie que l'intégrale $\int_1^{+\infty} f(x)dx$ est convergente et vaut 1.

Comme f est nulle sur $]-\infty, 1[$, l'intégrale $\int_{-\infty}^1 f(x)dx = 0$. Par définition de la convergence d'une intégrale deux fois impropre, on a : $\int_{-\infty}^{+\infty} f(x)dx = 1$. En conclusion, f est une densité.

⇨ *Méthode 24.3*

3. • Comme f est nulle sur $]-\infty, 1[$, l'intégrale $\int_{-\infty}^1 x f(x)dx = 0$.

Par ailleurs, pour tout réel x supérieur ou égal à 1, on a $x f(x) = 9\frac{\ln x}{x^3}$. Comme 3 est supérieur ou égal à 2, d'après la question **1,** l'intégrale $\int_1^{+\infty} 9\frac{\ln x}{x^3} dx$ converge (absolument car la fonction intégrée est positive) et vaut $9 \times \frac{1}{(3-1)^2} = \frac{9}{4}$.

On peut conclure que $\int_{-\infty}^{+\infty} x f(x)dx$ est absolument convergente et vaut $\frac{9}{4}$. Par conséquent, la variable aléatoire X a une espérance et on a : $E(X) = \frac{9}{4}$.

⇨ *Méthode 24.4*

Exercice 24.7

1. • La restriction de f à $]-\infty, 0[$ est nulle donc positive ou nulle. La restriction de f à $[0, +\infty[$ est positive car x est positif et la fonction exponentielle est positive.
La fonction f est donc positive sur $\mathbb{R}$.

• La restriction de f à $]-\infty, 0[$ est nulle donc continue. La restriction de f à $]0, +\infty[$ est une fonction usuelle, continue sur $]0, +\infty[$.
La fonction f est donc continue sur $\mathbb{R}$, sauf peut-être en 0.

• Comme f est nulle sur $]-\infty, 0[$, alors $\int_{-\infty}^{0} f(t)dt$ converge et est égale à 0.

Pour tout $x \geq 0$, on a : $\int_0^x f(t)dt = \int_0^x te^{-\frac{t^2}{2}}dt = \left[-e^{-\frac{t^2}{2}}\right]_0^x = -e^{-\frac{x^2}{2}} + 1$.

Comme $\lim\limits_{x \to +\infty} e^{-\frac{x^2}{2}} = 0$, on peut conclure que $\int_0^{+\infty} f(t)dt$ converge et vaut 1.

Par définition, $\int_{-\infty}^{+\infty} f(t)dt$ converge et vaut 1.

• Conclusion : f est une densité.

⇨ *Méthode 24.3*

2. a) On a, par définition : $\forall x \in \mathbb{R}, F(x) = \int_{-\infty}^{x} f(t)dt$.

• Si x est strictement négatif, on obtient : $F(x) = \int_{-\infty}^{x} 0dt = 0$.

• Si x est positif ou nul, on obtient : $F(x) = \int_{-\infty}^{0} 0dt + \int_0^x te^{-\frac{t^2}{2}}dt = \left[-e^{-\frac{t^2}{2}}\right]_0^x = 1 - e^{-\frac{x^2}{2}}$.

⇨ *Méthode 24.2*

b) Par définition de la fonction de répartition, on a : $P(X \leq \mu) = F(\mu)$.
Comme $F(x) = 0$ pour tout réel x négatif, μ est nécessairement positif.

On cherche donc à résoudre : $1 - e^{-\frac{\mu^2}{2}} = \frac{1}{2}$. $\qquad (E)$

On a alors : $(E) \Leftrightarrow e^{-\frac{\mu^2}{2}} = \frac{1}{2} \Leftrightarrow -\frac{\mu^2}{2} = -\ln 2 \Leftrightarrow \mu^2 = 2\ln 2$.

Comme μ est positif, on en conclut que la médiane de X vaut $\sqrt{2\ln 2}$.

Corrigé

3. La fonction f est nulle sur $\mathbb{R}_-^*$ et positive sur $\mathbb{R}_+$. Le maximum de f, s'il existe, est donc atteint sur $\mathbb{R}_+$. La fonction f est dérivable sur $\mathbb{R}_+^*$ et, pour tout x strictement positif, on a :

$f'(x) = e^{-\frac{x^2}{2}}\left(1-x^2\right)$. On en déduit que $f'(x)$ est du signe de $1-x^2$ sur $\mathbb{R}_+$.

La fonction f est donc croissante sur $[0, 1]$ puis décroissante sur $[1, +\infty[$, elle atteint donc un maximum en 1 (qui vaut $e^{-\frac{1}{2}} = \frac{1}{\sqrt{e}}$). On en déduit que la variable X n'a qu'un seul mode et que ce mode vaut $M_0 = 1$.

Exercice 24.8

Notons F_X et F_Y les fonctions de répartition de X et Y.

Pour tout réel x, on a : $F_Y(x) = P(Y \leq x) = P(aX + b \leq x) = P(aX \leq x - b)$.

À ce stade, on n'a pas d'autre choix que de distinguer les cas $a > 0$ et $a < 0$ afin de pouvoir diviser sereinement par a dans l'inégalité.

- Si $a > 0$, on obtient : $\forall x \in \mathbb{R}$, $F_Y(x) = P\left(X \leq \frac{x-b}{a}\right) = F_X\left(\frac{x-b}{a}\right)$.

Comme X est une variable aléatoire à densité, sa fonction de répartition F_X est continue sur $\mathbb{R}$ et de classe C^1 sur $\mathbb{R}$ sauf peut-être en quelques points $x_1, \ldots, x_n$. De plus, la fonction $x \mapsto \frac{x-b}{a}$ est de classe C^1 sur $\mathbb{R}$ et, par composition, F_Y est continue sur $\mathbb{R}$ et de classe C^1 sur $\mathbb{R}$ sauf peut-être en $x_1, \ldots, x_n$, ce qui prouve que Y est une variable aléatoire à densité.

⇨ *Méthode 24.1*

En dérivant sauf en $x_1, \ldots, x_n$, on a : $\forall x \in \mathbb{R} \setminus \{x_1, \ldots, x_n\}$, $F_Y'(x) = \frac{1}{a} f_X\left(\frac{x-b}{a}\right)$.

En posant, pour tout i de $[\![1, n]\!]$, $f_Y(x_i) = \frac{1}{a} f_X\left(\frac{x_i - b}{a}\right)$, on obtient une densité f_Y de Y définie par : $\forall x \in \mathbb{R}$, $f_Y(x) = \frac{1}{a} f_X\left(\frac{x-b}{a}\right)$.

- Si $a < 0$, on obtient : $F_Y(x) = P\left(X \geq \frac{x-b}{a}\right) = P\left(X > \frac{x-b}{a}\right) = 1 - F_X\left(\frac{x-b}{a}\right)$.

Les mêmes arguments que dans le cas où a est strictement positif permettent de donner une densité de Y dans ce cas : $\forall x \in \mathbb{R}$, $f_Y(x) = -\frac{1}{a} f_X\left(\frac{x-b}{a}\right)$.

On peut résumer les deux cas à l'aide de la fonction valeur absolue :

$$\forall x \in \mathbb{R},\ f_Y(x) = \frac{1}{|a|} f_X\left(\frac{x-b}{a}\right)$$

Chapitre 25
Lois à densité usuelles

Abraham **de Moivre** introduit le premier, au début du XVIIIe siècle, ce que nous appelons de nos jours la loi normale ; il la considère comme la limite de la loi binomiale. Pierre-Simon **Laplace** donne un sens précis à cette affirmation et l'utilise pour donner une marge d'erreur à une estimation de la population française en 1785. En 1809, **Gauss** s'y intéresse pour évaluer les erreurs lors d'observations astronomiques. Ceci explique que cette loi porte aussi le nom de *Laplace-Gauss*. Cependant, Henri **Poincaré** préfère la baptiser *loi normale* et ce nom lui est resté.

Karl Friedrich Gauss
1777-1857

Objectifs

Les incontournables

- ▷ Connaître les caractéristiques des lois usuelles (support, densité, espérance).
- ▷ Connaître les propriétés de la fonction de répartition Φ de la loi normale centrée réduite.
- ▷ Connaître l'expression des fonctions de répartition des lois uniformes et exponentielles.

Et plus si affinités

- ▷ Savoir étudier une variable aléatoire fonction d'une variable usuelle.
- ▷ Connaître la caractérisation des lois exponentielles (absence de mémoire).

Résumé de cours

Nous profitons de ce chapitre pour proposer dans les méthodes un entraînement à la recherche de lois de variables aléatoires qui sont fonctions de variables aléatoires suivant des lois usuelles. Ceci sera approfondi dans le **tome 2**.

Les lois uniformes

Loi uniforme sur [*a*, *b*] : $\mathcal{U}([a, b])$, avec a < b

Définition 25.1. — Une variable aléatoire X suit la loi uniforme $\mathcal{U}([a, b])$ si X a pour densité la fonction f définie par : $f(x) = \begin{cases} \dfrac{1}{b-a} \text{ si } x \in [a, b] \\ 0 \text{ sinon} \end{cases}$.

Remarque 25.1. — Le support de X peut donc être choisi égal à l'intervalle $[a, b]$.

Remarque 25.2. — En relation avec la **remarque 24.4** faite au **chapitre 24**, comme la probabilité $P(X = b)$ est nulle, on peut également considérer que $X(\Omega) = [a, b[$, et on peut alors décider sans risque qu'une densité d'une variable aléatoire X suivant la loi $\mathcal{U}([a, b])$, ou $\mathcal{U}([a, b[)$, est la fonction f définie par : $f(x) = \begin{cases} \dfrac{1}{b-a} \text{ si } x \in [a, b[\\ 0 \text{ sinon} \end{cases}$.

Théorème 25.1. — La fonction de répartition d'une variable aléatoire qui suit la loi $\mathcal{U}([a, b])$, est la fonction F définie pour tout réel x, par : $F(x) = \begin{cases} 0 \text{ si } x < a \\ \dfrac{x-a}{b-a} \text{ si } x \in [a,b] \\ 1 \text{ si } x > b \end{cases}$.

⇨ **Méthode 25.1. Comment trouver la loi de la variable aléatoire | X | ?**

Propriété 25.1. — Si X est une variable aléatoire suivant la loi uniforme $\mathcal{U}([a, b])$, alors X possède une espérance donnée par : $E(X) = \dfrac{a+b}{2}$.

❑ Cas particulier : loi uniforme sur [0, 1] : $\mathcal{U}([0,1])$

Définition 25.2. — Une variable aléatoire X suit la loi uniforme $\mathcal{U}([0,1])$ si X a pour densité la fonction f définie par : $f(x) = \begin{cases} 1 \text{ si } x \in [0,1] \\ 0 \text{ sinon} \end{cases}$.

Remarque 25.3. — Les remarques émises au sujet de la loi uniforme sur $[a, b]$ restent valables.

Théorème 25.2. — La fonction de répartition d'une variable aléatoire qui suit la loi $\mathcal{U}([0,1])$, est la fonction F définie pour tout réel x, par : $F(x) = \begin{cases} 0 \text{ si } x < 0 \\ x \text{ si } x \in [0,1] \\ 1 \text{ si } x > 1 \end{cases}$.

Propriété 25.2. — Si X suit la loi uniforme $\mathcal{U}([0,1])$, alors X a une espérance : $E(X) = \dfrac{1}{2}$.

■ Les lois exponentielles

❑ Loi exponentielle de paramètre λ, avec λ > 0.

Définition 25.3. — Une variable aléatoire X suit la loi exponentielle de paramètre λ, notée $\mathcal{E}(\lambda)$, si une densité de X est la fonction f définie par : $f(x) = \begin{cases} 0 \text{ si } x < 0 \\ \lambda e^{-\lambda x} \text{ si } x \geq 0 \end{cases}$.

Remarque 25.4. — Le support de X peut donc être choisi égal à $\mathbb{R}_+$.

Remarque 25.5. — On peut, ici aussi, considérer que $X(\Omega) = \mathbb{R}_+^*$, et qu'une densité d'une variable aléatoire X suivant la loi $\mathcal{E}(\lambda)$ est la fonction f définie par : $f(x) = \begin{cases} 0 \text{ si } x \leq 0 \\ \lambda e^{-\lambda x} \text{ si } x > 0 \end{cases}$.

⇨ **Méthode 25.2. Comment trouver la loi de la variable aléatoire X^2 ?**
⇨ **Méthode 25.5. Comment trouver la loi de la variable aléatoire $\lfloor X \rfloor$?**

Théorème 25.3. — La fonction de répartition d'une variable aléatoire qui suit la loi $\mathcal{E}(\lambda)$, est la fonction F définie pour tout réel x, par : $F(x) = \begin{cases} 0 \text{ si } x < 0 \\ 1 - e^{-\lambda x} \text{ si } x \geq 0 \end{cases}$.

Propriété 25.3. — Si X est une variable aléatoire suivant la loi $\mathcal{E}(\lambda)$, alors X possède une espérance donnée par : $E(X) = \dfrac{1}{\lambda}$.

❑ Caractérisation des lois exponentielles

Définition 25.4. — On dit qu'une variable aléatoire, à valeurs positives, est "sans mémoire" ou "sans vieillissement" si, pour tout couple (t, h) de réels positifs, on a :

$$P(X > t + h) = P(X > t)P(X > h)$$

Théorème 25.4. — Les variables aléatoires suivant une loi exponentielle sont (mises à part la variable quasi-certaine égale à 0) les seules variables aléatoires positives sans mémoire.

Remarque 25.6. — Si $P(X > h) \neq 0$, la propriété d'absence de vieillissement s'écrit :

$$\forall (t,h) \in (\mathbb{R}_+)^2,\ P_{(X>h)}(X > t + h) = P(X > t)$$

Cette égalité montre très bien pourquoi l'on parle d'absence de mémoire.

Remarque 25.7. — Les variables aléatoires suivant une loi géométrique vérifient cette propriété, mais seulement pour t et h entiers naturels.

⇨ **Méthode 25.3. Comment trouver la loi de la variable aléatoire ln X ?**

■ Les lois "normales"

❑ Loi de Laplace-Gauss ou loi normale : $\mathcal{N}(m, \sigma^2)$, avec $\sigma > 0$

Définition 25.5. — Une variable aléatoire X suit la loi $\mathcal{N}(m, \sigma^2)$ si une densité de X est la fonction $\varphi_{m,\sigma}$ définie, pour tout réel x, par : $\varphi_{m,\sigma}(x) = \dfrac{1}{\sigma\sqrt{2\pi}} e^{-\frac{(x-m)^2}{2\sigma^2}}$.

Remarque 25.8. — Le support de X peut donc être choisi égal à $\mathbb{R}$ (et on prend toujours $\mathbb{R}$).

Notation 25.1. — La fonction de répartition d'une variable aléatoire qui suit la loi $\mathcal{N}(m, \sigma^2)$ est la fonction, notée $\Phi_{m,\sigma}$, définie pour tout réel x, par : $\Phi_{m,\sigma}(x) = \dfrac{1}{\sigma\sqrt{2\pi}} \displaystyle\int_{-\infty}^{x} e^{-\frac{(t-m)^2}{2\sigma^2}} dt$.

Propriété 25.4. — Si X est une variable aléatoire suivant la loi $\mathcal{N}(m, \sigma^2)$, alors X possède une espérance donnée par : $E(X) = m$.

❑ Cas particulier : loi normale centrée réduite : $\mathcal{N}(0, 1)$

Définition 25.6. — Une variable aléatoire X suit la loi $\mathcal{N}(0, 1)$ si une densité de X est la fonction φ définie, pour tout réel x, par : $\varphi(x) = \frac{1}{\sqrt{2\pi}} e^{-\frac{x^2}{2}}$.

Remarque 25.9. — Le support de X est, dans ce cas particulier aussi, égal à $\mathbb{R}$.

Notation 25.2. — La fonction de répartition d'une variable aléatoire qui suit la loi $\mathcal{N}(0, 1)$ est la fonction, notée Φ, définie pour tout réel x, par : $\Phi(x) = \frac{1}{\sqrt{2\pi}} \int_{-\infty}^{x} e^{-\frac{t^2}{2}} dt$.

⇨ **Méthode 25.4. Comment trouver la loi de la variable aléatoire exp(X) ?**

Propriété 25.5. — Pour tout réel x, on a : $\Phi(-x) = 1 - \Phi(x)$. En particulier : $\Phi(0) = \frac{1}{2}$.

Propriété 25.6. — Si X est une variable aléatoire suivant la loi $\mathcal{N}(0, 1)$, alors X possède une espérance donnée par : $E(X) = 0$.

Remarque 25.10. — On ne sait pas expliciter Φ et $\Phi_{m,\sigma}$ à l'aide des fonctions usuelles.

❑ Changements de variables normales

Propriété 25.7. — Pour tout réel m et pour tout réel $\sigma > 0$, on a :

$$X \text{ suit la loi } \mathcal{N}(m, \sigma^2) \Leftrightarrow \frac{X - m}{\sigma} \text{ suit la loi } \mathcal{N}(0, 1)$$

Méthodes

Fonctions (autres que partie entière) de variables à densité usuelles

Méthode 25.1. Comment trouver la loi de la variable aléatoire $|X|$?

- Il faut, en tout premier lieu, déterminer le support de $|X|$.

  Exemple : si $X(\Omega) = [-2, 1]$, alors $(|X|)(\Omega) = [0, 2]$.

  Remarque : $(|X|)(\Omega)$ est toujours inclus dans $\mathbb{R}_+$.
- Ensuite, on cherche la fonction de répartition de $|X|$ en utilisant une propriété importante de la valeur absolue, qu'il faut connaître :

$$\forall x \in \mathbb{R}_+,\ \left(|X| \leq x\right) = \left(-x \leq X \leq x\right)$$

⇨ Exercices 25.2, 25.8

Exemple. Soit X une variable aléatoire qui suit la loi uniforme sur $[-1, 1]$. On pose $Y = |X|$ et on admet que Y est une variable à densité. Reconnaître la loi de Y.

Comme X prend ses valeurs dans $[-1, 1]$, alors $|X|$ prend ses valeurs dans $[0, 1]$. On a donc : $Y(\Omega) = [0, 1]$. Notons F_X la fonction de répartition de X et F_Y la fonction de répartition de Y. Comme $Y(\Omega) = [0, 1]$, on sait déjà que :

$$(1) \qquad \forall x < 0,\ F_Y(x) = 0 \text{ et } \forall x > 1,\ F_Y(x) = 1$$ (voir **V/F 7** du **chapitre 24**).

$\forall x \in [0, 1],\ F_Y(x) = P(Y \leq x) = P\left(|X| \leq x\right) = P\left(-x \leq X \leq x\right) = F_X(x) - F_X(-x).$

Comme x appartient à $[0, 1]$, on est sûr que x et $-x$ appartiennent à $[-1, 1]$ et on peut remplacer sans danger $F_X(x)$ et $F_X(-x)$ par leurs expressions :

$$(2) \qquad \forall x \in [0, 1],\ F_Y(x) = \frac{x+1}{2} - \frac{-x+1}{2} = x.$$

En résumé, on reconnaît avec les expressions (1) et (2) de la fonction de répartition, que Y suit la loi uniforme sur $[0, 1]$.

Méthodes

❑ Méthode 25.2. Comment trouver la loi de la variable aléatoire X^2 ?

- Il faut, en tout premier lieu, déterminer le support de X^2.
  Exemple : si $X(\Omega) = [-2, 1]$, alors $(X^2)(\Omega) = [0, 4]$.
  Remarque : $(X^2)(\Omega)$ est toujours inclus dans $\mathbb{R}_+$.
- Ensuite, on cherche la fonction de répartition de X^2 en utilisant une propriété importante de la fonction "carré", qu'il faut connaître aussi :

$$\forall x \in \mathbb{R}_+,\ \left(X^2 \leq x\right) = \left(-\sqrt{x} \leq X \leq \sqrt{x}\right)$$

⇨ Exercice 25.3

Exemple. Soit X une variable aléatoire qui suit la loi exponentielle de paramètre λ (avec $\lambda > 0$). On pose $Y = X^2$ et on admet que Y est une variable à densité. Déterminer une densité de Y.
Comme X prend ses valeurs dans $\mathbb{R}_+$, alors X^2 prend aussi ses valeurs dans $\mathbb{R}_+$.
On a donc : $Y(\Omega) = \mathbb{R}_+$.
Notons F_X la fonction de répartition de X et F_Y la fonction de répartition de Y.
Comme $Y(\Omega) = \mathbb{R}_+$, on sait déjà que : $\forall x < 0,\ F_Y(x) = 0$.
$\forall x \in \mathbb{R}_+,\ F_Y(x) = P(Y \leq x) = P\left(X^2 \leq x\right) = P\left(-\sqrt{x} \leq X \leq \sqrt{x}\right) = F_X(\sqrt{x}) - F_X(-\sqrt{x})$.
Ici, il faut faire attention car $\sqrt{x}$ appartient à $\mathbb{R}_+$ mais $-\sqrt{x}$ n'appartient pas à $\mathbb{R}_+$: on a donc $F_X(\sqrt{x}) = 1 - e^{-\lambda\sqrt{x}}$ et $F_X(-\sqrt{x}) = 0$. On en déduit alors : $\forall x \in \mathbb{R}_+,\ F_Y(x) = 1 - e^{-\lambda\sqrt{x}}$.
On dérive F_Y, sauf en 0, ce qui donne : $\forall x < 0,\ F_Y'(x) = 0$ et $\forall x > 0,\ F_Y'(x) = \dfrac{\lambda}{2\sqrt{x}} e^{-\lambda\sqrt{x}}$.

En posant par exemple $f_Y(0) = 0$, on obtient une densité f_Y de Y : $f_Y(x) = \begin{cases} 0 \text{ si } x \leq 0 \\ \dfrac{\lambda}{2\sqrt{x}} e^{-\lambda\sqrt{x}} \text{ si } x > 0 \end{cases}$.

❑ Méthode 25.3. Comment trouver la loi de la variable aléatoire ln X ?

- Il faut, en tout premier lieu, déterminer le support de $\ln X$.
  Exemple : si $X(\Omega) = [1, +\infty[$, alors $\left(\ln X\right)(\Omega) = [0, +\infty[$.
- Ensuite, on cherche la fonction de répartition de $\ln(X)$ en utilisant l'égalité :

$$\forall x \in \left(\ln X\right)(\Omega),\ \left(\ln(X) \leq x\right) = \left(X \leq e^x\right)$$

Cette égalité se justifie par le fait que la fonction exponentielle est une bijection (strictement) croissante de $\mathbb{R}$ sur $\mathbb{R}_+^*$.

⇨ Exercices 25.4, 25.5

Remarque. On ne peut prendre le logarithme népérien que d'une variable aléatoire presque sûrement strictement positive.

Exemple. Soit X une variable aléatoire suivant la loi uniforme sur $[1,2]$. On pose $Y = \ln X$ et on admet que Y est une variable à densité. Déterminer une densité de Y.
Comme $X(\Omega)=[1,2]$, on a : $Y(\Omega)=[0,\ln 2]$.
Notons F_X la fonction de répartition de X et F_Y la fonction de répartition de Y.
On a d'ores et déjà :

- $\forall x<0,\ F_Y(x)=0$
- $\forall x>\ln 2,\ F_Y(x)=1$.

Par ailleurs, pour tout x de $[0,\ln 2]$, on a : $F_Y(x)=P(Y\le x)=P(\ln X\le x)$.
Comme la fonction exponentielle est une bijection strictement croissante de $\mathbb{R}$ sur $\mathbb{R}_+^*$, on obtient : $F_Y(x)=P(X\le e^x)=F_X(e^x)$. Comme x est élément de $[0,\ln 2]$, on est certain que e^x appartient à $[1,2]$ et on peut en déduire : $F_Y(x)=\dfrac{e^x-1}{2-1}=e^x-1$.

Bilan : $F_Y(x)=\begin{cases}0 \text{ si } x<0\\ e^x-1 \text{ si } 0\le x\le \ln 2\\ 1 \text{ si } x>\ln 2\end{cases}$. On dérive F_Y, sauf en 0 et en $\ln 2$, ce qui donne :

$F_Y'(x)=\begin{cases}0 \text{ si } x<0\\ e^x \text{ si } 0<x<\ln 2\\ 0 \text{ si } x>\ln 2\end{cases}$. On obtient une densité f_Y de Y en posant par exemple $f_Y(0)=1$ et

$f_Y(\ln 2)=2$, ce qui donne : $f_Y(x)=\begin{cases}e^x \text{ si } 0\le x\le \ln 2\\ 0 \text{ sinon}\end{cases}$.

❑ Méthode 25.4. Comment trouver la loi de la variable aléatoire exp(X) ?

- Il faut, en tout premier lieu, déterminer le support de e^X.
  Exemple : si $X(\Omega) = [0, +\infty[$, alors $(e^X)(\Omega) = [1, +\infty[$.
- Ensuite, on cherche la fonction de répartition de e^X en utilisant l'égalité :

$$\forall x\in(e^X)(\Omega),\ (e^X\le x)=(X\le \ln x)$$

Cette égalité se justifie par le fait que la fonction logarithme népérien est une bijection (strictement) croissante de $\mathbb{R}_+^*$ sur $\mathbb{R}$.

⇨ Exercice 25.6

Exemple. Soit X une variable aléatoire suivant la loi normale centrée réduite.
On pose $Y = e^X$ et on admet que Y est une variable à densité. Déterminer une densité de Y.
Comme X prend ses valeurs dans $\mathbb{R}$, alors $\exp(X)$ prend ses valeurs dans $\mathbb{R}_+^*$.
On a donc : $Y(\Omega) = \mathbb{R}_+^*$. On désigne par Φ la fonction de répartition de X et par F_Y celle de Y.

Comme $Y(\Omega) = \mathbb{R}_+^*$, on sait déjà que : $\forall x \leq 0,\ F_Y(x) = 0$.

$\forall x \in \mathbb{R}_+^*,\ F_Y(x) = P(Y \leq x) = P\big(\exp(X) \leq x\big) = P\big(X \leq \ln x\big) = \Phi(\ln x)$.

L'avant-dernière égalité étant justifiée par le fait que la fonction logarithme népérien est une bijection croissante de $\mathbb{R}_+^*$ sur $\mathbb{R}$.

Ici aussi, ne connaissant pas explicitement Φ, on n'a pas d'autre choix que de dériver pour obtenir une densité.

La fonction F_Y est de classe C^1 sur $\mathbb{R}_-^*$ (elle y coïncide avec la fonction nulle) et sur $\mathbb{R}_+^*$ comme composée de la fonction logarithme népérien qui est de classe C^1 sur $\mathbb{R}_+^*$ à valeurs dans $\mathbb{R}$ et de Φ qui est de classe C^1 sur $\mathbb{R}$. On dérive F_Y, sauf en 0, ce qui donne :

$$\forall x < 0,\ F_Y'(x) = 0 \ \text{ et } \ \forall x > 0,\ F_Y'(x) = \frac{1}{x}\varphi(\ln x) = \frac{1}{x\sqrt{2\pi}} e^{-\frac{(\ln x)^2}{2}}.$$

En posant $f_Y(0) = 0$, on obtient une densité f_Y de Y : $f_Y(x) = \begin{cases} 0 \text{ si } x \leq 0 \\ \dfrac{1}{x\sqrt{2\pi}} e^{-\frac{(\ln x)^2}{2}} \text{ si } x > 0 \end{cases}$.

■ Partie entière d'une variable aléatoire à densité

❑ Méthode 25.5. Comment trouver la loi de la variable aléatoire $\lfloor X \rfloor$?

- Une remarque importante pour commencer : la partie entière d'une variable aléatoire à densité est une variable aléatoire discrète, on ne cherchera donc pas sa fonction de répartition, mais on calculera les probabilités ponctuelles.
- Il faut, en tout premier lieu, déterminer le support de $\lfloor X \rfloor$.

  Exemples : si $X(\Omega) = \mathbb{R}$, alors $\big(\lfloor X \rfloor\big)(\Omega) = \mathbb{Z}$.

  si $X(\Omega) = \mathbb{R}_+$ (ou $\mathbb{R}_+^*$), alors $\big(\lfloor X \rfloor\big)(\Omega) = \mathbb{N}$.
- Ensuite, tout repose sur la définition de la partie entière, retranscrite en termes d'événements : $\forall k \in \big(\lfloor X \rfloor\big)(\Omega),\ \big(\lfloor X \rfloor = k\big) = \big(k \leq X < k+1\big)$.

⇨ **Exercice 25.7**

Exemple. Soit X une variable aléatoire suivant la loi uniforme sur $[0, 2]$.

On pose $Y = \lfloor X \rfloor$ et on admet que Y est une variable aléatoire. Quelle est la loi de Y ?

On a $Y(\Omega) = \{0, 1\}$ puisque $P(Y = 2) = P(X = 2) = 0$.

De plus, on a : $P(Y = 1) = P(1 \leq X < 2) = P(1 < X \leq 2) = F_X(2) - F_X(1) = 1 - \frac{1}{2} = \frac{1}{2}$.

Conclusion : Y suit la loi de Bernoulli de paramètre $\frac{1}{2}$.

■■ Vrai/Faux

	Vrai	Faux
1. Si X suit la loi uniforme sur $[0, 1]$, alors sa fonction de répartition F est définie par : $F(x) = \begin{cases} x \text{ si } x \in [0, 1] \\ 0 \text{ sinon} \end{cases}$.	☐	☐
2. Si X suit la loi uniforme sur $[0, 1]$, alors X^2 suit aussi la loi uniforme sur $[0, 1]$.	☐	☐
3. Si X est une variable aléatoire suivant la loi exponentielle de paramètre λ (avec $\lambda > 0$), alors $X+1$ suit aussi une loi exponentielle.	☐	☐
4. Si X suit la loi exponentielle de paramètre λ (avec $\lambda > 0$), alors $2X$ suit la loi exponentielle de paramètre 2λ.	☐	☐
5. Si X suit la loi exponentielle de paramètre λ (avec $\lambda > 0$), alors on a : $E(X) = \int_{-\infty}^{+\infty} \lambda x e^{-\lambda x} dx = \frac{1}{\lambda}$	☐	☐
6. Soit λ un réel strictement positif et f la fonction définie par : $f(t) = \begin{cases} 0 & \text{si } t < 0 \\ \lambda^2 t e^{-\lambda t} & \text{si } t \geq 0 \end{cases}$. La fonction f est une densité.	☐	☐
7. Soit f la fonction définie par : $f(x) = e^{-\pi x^2}$. La fonction f est une densité.	☐	☐
8. Soit f la fonction définie par : $\forall x \in \mathbb{R}$, $f(x) = \frac{1}{\sqrt{\pi}} e^{-x^2}$. La fonction f est une densité de loi normale.	☐	☐
9. $\int_{-\infty}^{+\infty} x e^{-\frac{x^2}{2}} dx = 0$.	☐	☐
10. On considère la fonction f définie par : $f(x) = \begin{cases} \frac{1}{\sqrt{2\pi}} e^{-\frac{x^2}{2}} \text{ si } x \geq 0 \\ 0 \text{ si } x < 0 \end{cases}$. La fonction f est une densité.	☐	☐

Énoncé des exercices

❑ **Exercice 25.1.** — Montrer que, si X est une variable aléatoire suivant la loi normale centrée réduite, alors $-X$ suit aussi la loi normale centrée réduite.

❑ **Exercice 25.2.** — Montrer que, si X est une variable aléatoire suivant la loi normale centrée réduite, alors : $\forall x \in \mathbb{R}_+,\ P(|X| \leq x) = 2\Phi(x) - 1$.

❑ **Exercice 25.3.** — Soit f la fonction définie par : $f(x) = \begin{cases} 0 & \text{si } x < 0. \\ xe^{-\frac{x^2}{2}} & \text{si } x \geq 0. \end{cases}$

On rappelle (voir l'**exercice 24.7** du **chapitre 24**) que f est une densité de probabilité d'une variable aléatoire X.

On pose $Y = X^2$ et on admet que Y est une variable aléatoire.

Déterminer la fonction de répartition de Y, puis reconnaître la loi suivie par Y.

❑ **Exercice 25.4.** * — On désigne par x_0 et α deux réels vérifiant : $\alpha > 0$ et $x_0 > 0$.

On considère la fonction f définie sur $\mathbb{R}$ par : $f(x) = \begin{cases} \alpha \dfrac{x_0^{\alpha}}{x^{\alpha+1}} & \text{si } x \geq x_0 \\ 0 & \text{si } x < x_0 \end{cases}$.

1. Vérifier que f est une densité.

On désigne désormais par X une variable aléatoire admettant f pour densité. On dit que X suit la loi de Pareto de paramètres α et x_0.

2. Déterminer la fonction de répartition de X.

3. On pose $Y = \ln \dfrac{X}{x_0}$.

Démontrer que Y suit une loi exponentielle dont on donnera le paramètre.

D'après ESSEC

❑ **Exercice 25.5.** — On note f la fonction définie par : $f(x) = \begin{cases} \dfrac{1}{2x\sqrt{x}} & \text{si } x \in [1, +\infty[\\ 0 & \text{sinon} \end{cases}$.

1. Vérifier que f est une densité.

2. Déterminer la fonction de répartition F de X.

3. Montrer que X ne possède pas d'espérance.

4. On pose $Z = \ln X$. Déterminer la fonction de répartition de Z et vérifier que Z suit une loi exponentielle dont on donnera le paramètre.

❑ **Exercice 25.6.** * — On considère une variable aléatoire X suivant la loi exponentielle de paramètre 1. On pose $Y = e^{-X}$ et on admet que Y est une variable aléatoire à densité.
On note F_X et F_Y les fonctions de répartition de X et Y.
Reconnaître la loi de Y.

❑ **Exercice 25.7.** * — Soit X une variable aléatoire qui suit la loi exponentielle de paramètre λ (avec $\lambda > 0$). On pose $Y = \lfloor X \rfloor$, $Z = Y + 1$ et on admet que Y et Z sont des variables aléatoires.

1. Déterminer la loi de Y.

2. a) Reconnaître la loi de Z.

b) En déduire l'espérance de Y presque sans calcul.

D'après EDHEC

❑ **Exercice 25.8.** * — Soit f la fonction définie par : $\forall x \in \mathbb{R}, f(x) = \dfrac{1}{2}e^{-|x|}$.

On rappelle que d'après l'**exercice 24.3**, f est une densité d'une certaine variable aléatoire X dont on note F la fonction de répartition.

1. a) Montrer que, pour tout réel x négatif, on a : $F(x) = \dfrac{1}{2}e^{x}$.

b) Montrer que, pour tout réel x positif, on a : $F(x) = 1 - \dfrac{1}{2}e^{-x}$.

2. On pose $Y = |X|$ et on admet que Y est une variable aléatoire définie sur le même espace probabilisé que X. On note G la fonction de répartition de Y.
Pour tout réel x, déterminer $G(x)$ en fonction de x puis reconnaître la loi de Y.

■ Pour vous aider à démarrer

Exercice 25.1. Exprimer la fonction de répartition de $-X$ en fonction de Φ.
Exercice 25.2. Ne pas oublier que : $\Phi(-x) = 1 - \Phi(x)$.
Exercice 25.4. Pour la question **2**, ne pas oublier que la fonction de répartition possède les deux mêmes facettes que la densité f, en l'occurrence : $x < x_0$ et $x \geq x_0$.
Exercice 25.5. Pour la question **2**, il faut étudier les deux cas : $x < 1$ et $x \geq 1$.
Pour la question **4**, remarquer d'abord que $Z(\Omega) = \mathbb{R}_+$.
Exercice 25.6. Vérifier que $Y(\Omega) =]0, 1]$, puis établir que, pour tout x de $]0, 1]$, on a : $F_Y(x) = 1 - F_X(-\ln x)$.
Exercice 25.7. Pour la question **1**, utiliser la **méthode 25.5**.
Pour la question **2.a)**, on trouve que Z suit une loi géométrique.
Exercice 25.8. Pour la question **2**, utiliser la **méthode 25.1**.

Corrigé des vrai/faux

1.	2.	3.	4.	5.	6.	7.	8.	9.	10.
F	F	F	F	F	V	V	V	V	F

1. On sait que toute fonction de répartition admet 1 comme limite en $+\infty$.
Ce n'est pas le cas de la fonction F proposée donc F n'est pas une fonction de répartition.

2. Comme $X(\Omega)=[0,1]$, on a : $X^2(\Omega)=[0,1]$. Notons F la fonction de répartition de X.

Pour tout x de $[0,1]$, on a : $P(X^2 \leq x)=P(-\sqrt{x} \leq X \leq \sqrt{x})=F(\sqrt{x})-F(-\sqrt{x})$.

Comme x appartient à $[0,1]$ alors $\sqrt{x}$ aussi et on obtient $F(\sqrt{x})=\sqrt{x}$.

De plus, $-\sqrt{x}$ est négatif et on a : $F(-\sqrt{x})=0$.

On en conclut : $\forall x \in [0,1],\ P(X^2 \leq x)=\sqrt{x}$.

Inutile de regarder ce qu'il se passe en dehors de $[0,1]$, on peut conclure dès maintenant que X^2 ne suit pas la loi uniforme sur $[0,1]$.

3. Comme X suit la loi exponentielle de paramètre λ, on a : $X(\Omega)=\mathbb{R}_+$.

On en déduit alors : $(X+1)(\Omega)=[1,+\infty[$. Ce support n'est pas le support d'une loi exponentielle, on en conclut que $X+1$ ne suit pas une loi exponentielle.

4. Comme X suit la loi exponentielle de paramètre λ, on a : $X(\Omega)=(2X)(\Omega)=\mathbb{R}_+$.

En notant F_{2X} la fonction de répartition de $2X$, on a, pour tout réel x négatif : $F_{2X}(x)=0$.

Pour tout réel x strictement positif, on a : $F_{2X}(x)=P(2X \leq x)=P(X \leq \frac{x}{2})=1-e^{-\lambda\frac{x}{2}}$.

Ces égalités prouvent que $2X$ suit la loi exponentielle de paramètre $\frac{\lambda}{2}$ (et non pas 2λ).

Remarque. On peut généraliser facilement ce résultat : si X suit la loi exponentielle de paramètre λ, alors, pour tout réel α strictement positif, la variable aléatoire αX suit la loi exponentielle de paramètre $\frac{\lambda}{\alpha}$.

5. Si X suit la loi exponentielle de paramètre λ, on sait qu'une densité de X est donnée par :

$$f(x) = \begin{cases} 0 \text{ si } x < 0 \\ \lambda e^{-\lambda x} \text{ si } x \geq 0 \end{cases}$$

L'espérance de X, dont on sait qu'elle existe, est donnée par : $E(X) = \int_{-\infty}^{+\infty} x f(x) dx$.

Comme f est nulle sur $\mathbb{R}_-^*$, on peut écrire : $E(X) = \int_{-\infty}^{0} 0 dx + \int_0^{+\infty} \lambda x e^{-\lambda x} dx = \int_0^{+\infty} \lambda x e^{-\lambda x} dx$.

Cette expression est différente de $\int_{-\infty}^{+\infty} \lambda x e^{-\lambda x} dx$ (cette dernière intégrale étant d'ailleurs divergente car $\int_{-\infty}^{0} \lambda x e^{-\lambda x} dx$ diverge : une intégration par parties sur $\int_A^0 \lambda x e^{-\lambda x} dx$ permet de se convaincre que cette intégrale n'a pas de limite finie lorsque A tend vers $-\infty$).

6. • La fonction f est positive (nulle sur $\mathbb{R}_-^*$ et produit de deux facteurs positifs sur $\mathbb{R}_+$).

• La fonction f est continue sur $\mathbb{R}_-^*$ puisque sa restriction à cet intervalle est la fonction nulle et continue sur $\mathbb{R}_+^*$ comme produit d'une fonction monôme et d'une fonction exponentielle toutes deux continues.

• Comme la restriction de f à $\mathbb{R}_-^*$ est nulle, on a : $\int_{-\infty}^{0} f(t) dt = 0$.

Par ailleurs, on sait qu'une variable aléatoire Y suivant la loi exponentielle de paramètre λ possède une espérance et on a : $E(Y) = \int_0^{+\infty} t \lambda e^{-\lambda t} dt = \frac{1}{\lambda}$.

Par conséquent, comme $f(t) = \lambda(t \lambda e^{-\lambda t})$, l'intégrale $\int_0^{+\infty} f(t) dt$ converge et :

$$\int_0^{+\infty} f(t) dt = \lambda \int_0^{+\infty} t \lambda e^{-\lambda t} dt = \lambda \times \frac{1}{\lambda} = 1$$

La fonction f est donc bien une densité.

7. La fonction f proposée est bien positive (fonction exponentielle) et continue sur $\mathbb{R}$.
Qu'en est-il de son intégrale de $-\infty$ à $+\infty$? Comme on ne sait pas exprimer une primitive de f (il faut savoir ce que l'on ne sait pas !), la seule issue est que ce soit une densité de loi normale (on y pense à cause du " x^2 "). Et c'est le cas ! En effet, il suffit de prendre $m = 0$ et $\sigma = \frac{1}{\sqrt{2\pi}}$ dans la **définition 33.5** pour se convaincre que f est une densité de la loi normale $\mathcal{N}(0, \frac{1}{\sqrt{2\pi}})$.

8. Cherchons s'il existe deux réels m et σ tels que : $\forall x \in \mathbb{R},\ \frac{1}{\sigma\sqrt{2\pi}} e^{-\frac{(x-m)^2}{2\sigma^2}} = \frac{1}{\sqrt{\pi}} e^{-x^2}$.

En choisissant $\sigma = \frac{1}{\sqrt{2}}$ et $m = 0$, la relation ci-dessus est bien vérifiée. Ainsi, la fonction f, définie, par $f(x) = \frac{1}{\sqrt{\pi}} e^{-x^2}$ (pour tout réel x) est une densité de la loi normale $\mathcal{N}(0, \frac{1}{2})$.

9. Une variable qui suit une loi normale centrée réduite possède une espérance dont l'expression est donnée par : $E(X) = \frac{1}{\sqrt{2\pi}} \int_{-\infty}^{+\infty} x e^{-\frac{x^2}{2}} dx$.

On sait de plus que $E(X) = 0$ donc $\int_{-\infty}^{+\infty} x e^{-\frac{x^2}{2}} dx = 0$.

10. La fonction f proposée est bien positive (fonction nulle ou exponentielle) et continue sur $\mathbb{R}_-^*$ (fonction nulle) et sur $\mathbb{R}_+^*$ (composée de polynôme et d'exponentielle).
On sait, par définition d'une densité de la loi normale centrée réduite que :
$\frac{1}{\sqrt{2\pi}} \int_{-\infty}^{+\infty} e^{-\frac{x^2}{2}} dx = 1$. Cette densité est paire, on en déduit : $\frac{1}{\sqrt{2\pi}} \int_{0}^{+\infty} e^{-\frac{x^2}{2}} dx = \frac{1}{2}$.

On obtient alors : $\int_0^{+\infty} f(x) dx = \frac{1}{2}$.

La fonction f étant nulle sur $]-\infty, 0[$, l'intégrale $\int_{-\infty}^{0} f(x) dx$ converge et vaut 0.

Finalement, l'intégrale $\int_{-\infty}^{+\infty} f(x) dx$ converge et vaut $\frac{1}{2}$. La fonction f n'est pas une densité.

Remarque. La fonction g définie par $g(x) = 2f(x)$ est une densité.

❑ Les erreurs classiques

- La première erreur est de ne pas connaître par cœur les densités des lois usuelles !
- La connaissance des supports des lois usuelles est également un gros atout : elle permet d'éviter des erreurs grossières.
- Il faut connaître également les fonctions de répartition explicitées dans le cours (loi uniforme et loi exponentielle) ainsi que les propriétés de la fonction Φ.

Corrigé des exercices

Exercice 25.1

Comme X suit la loi normale centrée réduite, on a : $X(\Omega)=\mathbb{R}$.
On en déduit : $(-X)(\Omega)=\mathbb{R}$. En notant F_{-X} la fonction de répartition de $-X$, on a, pour tout réel x : $F_{-X}(x)=P(-X\leq x)=P(X\geq -x)=1-P(X<-x)$.
Comme X est une variable à densité, $P(X=-x)=0$ donc on obtient :
$F_{-X}(x)=1-P(X\leq -x)=1-\Phi(-x)=\Phi(x)$, d'après la **propriété 25.7**.
Conclusion : la variable aléatoire $-X$ suit la loi normale centrée réduite.

Exercice 25.2

Pour tout réel positif x, on a : $P(|X|\leq x)=P(-x\leq X\leq x)=\Phi(x)-\Phi(-x)$.
Toujours d'après la **propriété 25.7**, on obtient : $P(|X|\leq x)=\Phi(x)-(1-\Phi(x))=2\Phi(x)-1$.

⇨ *Méthode 25.1*

Exercice 25.3

Notons G la fonction de répartition de la variable Y.
On a : $\forall x\in\mathbb{R}, G(x)=P(Y\leq x)$. De plus, on a : $(Y\leq x)=(X^2\leq x)$.

- Si x est strictement négatif, l'événement $(X^2\leq x)$ est impossible, on a donc : $G(x)=0$.
- Si x est positif ou nul, on a : $(Y\leq x)=(X^2\leq x)=(-\sqrt{x}\leq X\leq \sqrt{x})$.

On en déduit : $G(x)=F(\sqrt{x})-F(-\sqrt{x})$ et comme $-\sqrt{x}$ est négatif, on a : $F(-\sqrt{x})=0$.

On en déduit : $\forall x\geq 0, G(x)=1-e^{-\frac{(\sqrt{x})^2}{2}}=1-e^{-\frac{x}{2}}$.

- D'après les deux points précédents, Y suit la loi exponentielle de paramètre $\frac{1}{2}$.

⇨ *Méthode 25.2*

Exercice 25.4

1. • La fonction $x\mapsto \alpha\frac{x_0{}^{\alpha}}{x^{\alpha+1}}$ est continue sur $[x_0,+\infty[$ en tant que fraction rationnelle de dénominateur non nul ($x\geq x_0>0$). Par ailleurs la restriction de f à $]-\infty, x_0[$ est continue puisque c'est la fonction nulle.
On peut donc conclure : la fonction f est continue sur $\mathbb{R}$ sauf éventuellement en x_0.

- Comme α est aussi positif, la fonction *f* est bien à valeurs positives.
- De plus, comme *f* est nulle sur $]-\infty, x_0[$, l'intégrale $\int_{-\infty}^{x_0} f(t)dt$ converge et vaut 0.

Enfin, pour tout réel *x* supérieur ou égal à x_0, on a : $\int_{x_0}^{x} f(t)dt = x_0{}^{\alpha}\int_{x_0}^{x} \frac{\alpha\, dt}{t^{\alpha+1}} = x_0{}^{\alpha}\left[\frac{-1}{t^{\alpha}}\right]_{x_0}^{x}$.

On en déduit : $\int_{x_0}^{x} f(t)dt = x_0{}^{\alpha}\left(\frac{1}{x_0{}^{\alpha}} - \frac{1}{x^{\alpha}}\right) = 1 - \frac{x_0{}^{\alpha}}{x^{\alpha}}$. Comme α est strictement positif, on a $\lim\limits_{x\to+\infty} \frac{1}{x^{\alpha}} = 0$ donc $\int_{x_0}^{+\infty} f(t)dt$ converge et vaut 1. Par définition de la convergence d'une intégrale deux fois impropre, l'intégrale $\int_{-\infty}^{+\infty} f(t)dt$ converge et vaut 1.

Finalement, *f* est bien une densité.

2. Notons *F* la fonction de répartition de *X*.

Pour tout réel *x*, on a : $F(x) = \int_{-\infty}^{x} f(t)dt$. Deux cas se présentent alors :

- Si *x* est strictement inférieur à x_0 alors, *f* étant nulle sur $]-\infty, x_0[$, on a : $F(x) = \int_{-\infty}^{x} 0\,dt = 0$.
- Sinon, grâce à la relation de Chasles, on a :

$$F(x) = \int_{-\infty}^{x_0} 0\,dt + \int_{x_0}^{x} \alpha\frac{x_0{}^{\alpha}}{t^{\alpha+1}}dt = x_0{}^{\alpha}\int_{x_0}^{x} \frac{\alpha}{t^{\alpha+1}}dt = x_0{}^{\alpha}\left[\frac{-1}{t^{\alpha}}\right]_{x_0}^{x} = x_0{}^{\alpha}\left(\frac{1}{x_0{}^{\alpha}} - \frac{1}{x^{\alpha}}\right) = 1 - \left(\frac{x_0}{x}\right)^{\alpha}.$$

Finalement, la fonction de répartition de *X* est *F* définie par : $F(x) = \begin{cases} 0 & \text{si } x < x_0 \\ 1 - \left(\frac{x_0}{x}\right)^{\alpha} & \text{sinon} \end{cases}$.

3. Le support de *X* est $[x_0, +\infty[$ et comme $x_0 > 0$, on a : $\left(\frac{X}{x_0}\right)(\Omega) = [1, +\infty[$.

La fonction *ln* étant une bijection de $[1, +\infty[$ sur $\mathbb{R}_+$, on obtient alors : $Y(\Omega) = \mathbb{R}_+$

Ainsi, pour tout réel *x* strictement négatif, on a : $P(Y \leq x) = 0$.

De plus, pour tout réel *x* positif, comme la fonction exponentielle est une bijection croissante sur $\mathbb{R}$, on a : $P(Y \leq x) = P\left(\frac{X}{x_0} \leq e^x\right)$.

Comme x_0 est strictement positif, on obtient : $P(Y \leq x) = P(X \leq x_0 e^x) = F(x_0 e^x)$.

Comme $x_0 e^x$ est strictement positif, on déduit de la question **1** : $P(Y \leq x) = 1 - \left(\frac{x_0}{x_0 e^x}\right)^{\alpha}$.

Après simplification, on trouve : $P(Y \leq x) = 1 - e^{-\alpha x}$.

Finalement, la fonction de répartition de Y est la fonction G définie par :

$$G(x)=\begin{cases} 0 & \text{si } x<0 \\ 1-e^{-\alpha x} & \text{si } x\geq 0 \end{cases}$$

On en déduit que Y suit la loi exponentielle de paramètre α.

⇨ *Méthode 25.3*

Exercice 25.5

1. • La restriction de f à $]-\infty, 1[$ est nulle donc positive ou nulle. La restriction de f à $[1, +\infty[$ est l'inverse du produit de l'identité par la racine carrée et est donc positive.
La fonction f est donc positive sur $\mathbb{R}$.

• La restriction de f à $]-\infty, 1[$ est nulle donc continue. La restriction de f à $]1,+\infty[$ est l'inverse du produit de deux fonctions usuelles qui ne s'annulent pas, elle est donc continue sur $]1,+\infty[$. La fonction f est donc continue sur $\mathbb{R}$, sauf peut-être en 1.

• Comme f est nulle sur $]-\infty, 1[$, alors l'intégrale $\int_{-\infty}^{1} f(t)\,dt$ converge et est égale à 0.

Pour tout $A \geq 1$, on a : $\int_1^A f(t)\,dt = \int_1^A \frac{1}{2t\sqrt{t}}\,dt = \left[-\frac{1}{\sqrt{t}}\right]_1^A = -\frac{1}{\sqrt{A}}+1$. Comme $\lim\limits_{A\to+\infty} \frac{1}{\sqrt{A}} = 0$,

on peut conclure que $\int_1^{+\infty} f(t)\,dt$ converge et vaut 1.

Toujours par définition, l'intégrale $\int_{-\infty}^{+\infty} f(t)\,dt$ converge et vaut 1.

Conclusion : la fonction f est une densité de probabilité.

2. On sait que : $\forall x\in\mathbb{R},\ F(x)=\int_{-\infty}^{x} f(t)\,dt$.

• Si x est strictement inférieur à 1, f est nulle sur $]-\infty,x]$, on a donc : $F(x)=\int_{-\infty}^{x} 0\,dt = 0$.

• Sinon, grâce à la relation de Chasles, on a : $F(x)=\int_{-\infty}^{1} 0\,dt + \int_1^x \frac{1}{2t\sqrt{t}}\,dt = \left[-\frac{1}{\sqrt{t}}\right]_1^x = 1-\frac{1}{\sqrt{x}}$.

Finalement, la fonction de répartition F de X est définie par : $F(x)=\begin{cases} 0 & \text{si } x<1 \\ 1-\frac{1}{\sqrt{x}} & \text{si } x\leq 1 \end{cases}$.

3. Pour tout A supérieur ou égal à 1, on a déjà : $\int_1^A t\,f(t)\,dt = \int_1^A \frac{1}{2\sqrt{t}}\,dt = \left[\sqrt{t}\right]_1^A = \sqrt{A}-1$.

Comme $\sqrt{A}-1$ tend vers $+\infty$ quand A tend vers $+\infty$, on en déduit : $\lim\limits_{A\to+\infty} \int_1^A t\,f(t)\,dt = +\infty$.

Ainsi, l'intégrale $\int_1^{+\infty} t\,f(t)\,dt$ diverge donc $\int_{-\infty}^{+\infty} t\,f(t)\,dt$ aussi et X ne possède pas d'espérance.

4. Le support de X est $[1,+\infty[$ et $Z=\ln X$ donc le support de Z est $\mathbb{R}_+$.

Notons $F_Z(x)$ la fonction de répartition de Z.

• Si $x<0$, on a $F_Z(x)=P(Z\leq x)=0$.

• De plus, pour tout réel x positif, comme la fonction exponentielle est une bijection croissante, on a : $F_Z(x)=P(Z\leq x)=P(\ln X\leq x)=P(X\leq e^x)=F(e^x)$.

Comme e^x est supérieur à 1, on obtient : $\forall x\geq 0,\ F_Z(x)=1-\dfrac{1}{\sqrt{e^x}}=1-e^{-\frac{1}{2}x}$.

Finalement, on a $F_Z(x)=\begin{cases}0 & \text{si } x<0\\ 1-e^{-\frac{1}{2}x} & \text{sinon}\end{cases}$ donc Z suit la loi exponentielle de paramètre $\dfrac{1}{2}$.

⇨ *Méthode 25.3*

Exercice 25.6

• On sait que $X(\Omega)=\mathbb{R}_+$ et on a $Y=e^{-X}$. Comme la fonction exponentielle établit une bijection de $\mathbb{R}_+$ vers $]0,1]$, on en déduit que $Y(\Omega)=]0,1]$.

Dès lors, on a : • $\forall x\leq 0,\ F_Y(x)=0$.

• $\forall x>1,\ F_Y(x)=1$.

• Pour tout x élément de $]0,1]$, on a : $F_Y(x)=P(Y\leq x)=P(e^{-X}\leq x)$.

Comme ln est une bijection croissante de $\mathbb{R}_+^*$ sur $\mathbb{R}$, on trouve :

$F_Y(x)=P(-X\leq \ln x)=P(X\geq -\ln x)=1-F_X(-\ln x)$.

Comme x appartient à $]0,1]$, $-\ln x$ est positif et on a : $F_Y(x)=1-\left(1-e^{\ln x}\right)=x$.

Finalement, on a : $F_Y(x)=\begin{cases}0 \text{ si } x\leq 0\\ x \text{ si } x\in]0,1]\\ 1 \text{ si } x>1\end{cases}$. On en conclut que Y suit la loi uniforme sur $]0,1]$.

⇨ *Méthode 25.4*

Exercice 25.7

1. La variable X prend ses valeurs dans $\mathbb{R}_+$ donc sa partie entière, Y, prend ses valeurs dans $\mathbb{N}$. Pour tout k de $\mathbb{N}$, $(Y=k)=(k\leq X<k+1)$, d'où l'on déduit, en passant aux probabilités : $P(Y=k)=P(k\leq X<k+1)=F_X(k+1)-F_X(k)$, où F_X désigne la fonction de répartition de X (la dernière égalité est vraie car X est une variable à densité, elle serait fausse dans le cas contraire). En remplaçant F_X par son expression, on trouve :

$$\forall k\in\mathbb{N},\ P(Y=k)=\left(1-e^{-\lambda(k+1)}\right)-\left(1-e^{-\lambda k}\right)=e^{-\lambda k}-e^{-\lambda(k+1)}=e^{-\lambda k}(1-e^{-\lambda})$$

⇨ *Méthode 25.5*

2. a) On a : $Z(\Omega) = (Y+1)(\Omega) = \mathbb{N}^*$ et : $\forall k \in \mathbb{N}^*, P(Z=k) = P(Y+1=k) = P(Y=k-1)$.
Compte tenu du résultat de la question précédente, on obtient alors, pour tout k de $\mathbb{N}^*$:

$$P(Z=k) = e^{-\lambda(k-1)}(1-e^{-\lambda}) = (e^{-\lambda})^{k-1}(1-e^{-\lambda})$$

Comme λ est strictement positif, $e^{-\lambda}$ est plus petit que 1 donc : $1 > 1-e^{-\lambda} > 0$.
On peut alors affirmer que Z suit la loi géométrique de paramètre $1-e^{-\lambda}$.

b) Comme Z a une espérance et comme $Y = Z-1$ alors Y a aussi une espérance et, par propriété de l'espérance, on a : $E(Y) = E(Z) - 1 = \dfrac{1}{1-e^{-\lambda}} - 1 = \dfrac{e^{-\lambda}}{1-e^{-\lambda}} = \dfrac{1}{e^{\lambda}-1}$.

Exercice 25.8

1. a) Par définition, pour tout réel x, on a : $F(x) = \int_{-\infty}^{x} f(t)\,dt$.

Pour tout x négatif, on a, pour tout t de $]-\infty, x[$: $f(t) = \dfrac{1}{2}e^{t}$ (car $|t| = -t$).

Par conséquent : $\forall x<0,\ F(x) = \int_{-\infty}^{x} \dfrac{1}{2}e^{t}dt = \lim\limits_{A\to+\infty} \int_{A}^{x} \dfrac{1}{2}e^{t}dt = \lim\limits_{A\to+\infty} \left[\dfrac{1}{2}e^{t}\right]_{A}^{x} = \lim\limits_{A\to+\infty} \dfrac{1}{2}(e^{x} - e^{A})$.

Comme $\lim\limits_{A\to-\infty} e^{A} = 0$, on obtient : $\forall x < 0,\ F(x) = \dfrac{1}{2}e^{x}$.

b) Pour tout réel x positif, on a $F(x) = \int_{-\infty}^{0} f(t)\,dt + \int_{0}^{x} f(t)\,dt$.

Pour tout t de $]-\infty, 0[$, on a $f(t) = \dfrac{1}{2}e^{t}$ et, pour tout t de $[0, x]$, on a $f(t) = \dfrac{1}{2}e^{-t}$.

Par conséquent : $F(x) = \int_{-\infty}^{0} \dfrac{1}{2}e^{t}dt + \int_{0}^{x} \dfrac{1}{2}e^{-t}dt$.

D'après le calcul fait à la question précédente, on a : $\int_{-\infty}^{0} \dfrac{1}{2}e^{t}dt = \dfrac{1}{2}$.

De plus, $\int_{0}^{x} \dfrac{1}{2}e^{-t}dt = \left[-\dfrac{1}{2}e^{-t}\right]_{0}^{x} = -\dfrac{1}{2}(e^{-x}-1)$.

On a donc : $\forall x \geq 0,\ F(x) = \dfrac{1}{2} - \dfrac{1}{2}(e^{-x}-1)$. En arrangeant, on obtient : $\forall x \geq 0,\ F(x) = 1 - \dfrac{1}{2}e^{-x}$.

2. • Comme $Y = |X|$, on a $Y(\Omega) = \mathbb{R}_+$.
On en déduit que, pour tout x strictement négatif, on a $P(Y \leq x) = 0$, soit : $\forall x < 0,\ G(x) = 0$.
• Pour tout réel x positif, $G(x) = P(Y \leq x) = P(-x \leq X \leq x) = F(x) - F(-x)$.

Corrigé

D'après la question **1.b)**, comme $x \geq 0$, on a : $F(x) = 1 - \frac{1}{2}e^{-x}$ et, d'après la question **1.a)**, comme $-x \leq 0$, on a : $F(-x) = \frac{1}{2}e^{-x}$ (expression valable même si $x = 0$, puisque F est continue en 0). Au final : $\forall x \geq 0, G(x) = 1 - e^{-x}$.

D'après les deux points précédents, Y suit la loi exponentielle de paramètre 1.

⇨ *Méthode 25.1*

Chapitre 26
Informatique

Les premiers ordinateurs sont apparus à la fin de la Deuxième Guerre mondiale. Pourtant, le mot *ordinator* existait déjà en latin et désignait celui qui met de l'ordre, qui règle les choses. Devenu *ordinateur* en français, l'Église l'utilise pour désigner celui qui dirige les cérémonies. C'est pourquoi on parle de l'ordination des prêtres. Contacté en 1955 par IBM pour trouver un nom français à ces nouvelles machines, le linguiste Jacques **Perret** choisit ce terme tombé en désuétude ; c'est très judicieux puisque cela préfigure le rôle que jouera l'ordinateur pour l'organisation sociale. Le mot *computer*, utilisé en anglais, est plus réducteur puisque étymologiquement, il signifie *calculateur*. Le mot *informatique* apparu en 1962 est construit sur le mot *information*.

Objectifs

Les incontournables

- Connaître les mots clés de Scilab.
- Connaître les fonctions mathématiques prédéfinies.
- Connaître les instructions essentielles comme l'instruction d'affectation, les instructions conditionnelles, les boucles.
- Savoir programmer le calcul des termes d'une suite.

Et plus si affinités

- Connaître la fonction "rand" de génération de nombres aléatoires.
- Savoir simuler des variables aléatoires.

Résumé de cours

Présentation de Scilab

Introduction

Scilab est un logiciel mathématique qui peut être utilisé comme un simple calculateur (avec des nombres ou des matrices) ou bien comme un langage de programmation. Ce résumé de cours traite des deux aspects, mais les exercices sont centrés sur le deuxième aspect.

La console

Lorsqu'on ouvre *Scilab*, on se trouve sur ce que l'on appelle la *console*, dont on peut se servir pour exécuter une *instruction* (on dit aussi une *commande*) ou une suite d'instructions qui doivent être séparées par des virgules ou des points-virgules. L'invite est le symbole `-->` derrière lequel on doit écrire les instructions que l'on souhaite voir effectuées.
On valide les instructions en appuyant sur la touche "entrée" (retour ligne) du clavier, puis *Scilab* affiche le ou les résultats demandés.
Dans le cas d'une instruction suivie d'un point-virgule, le résultat (s'il y en a un) n'est pas affiché après la compilation.

L'éditeur Scinotes

On accède à *Scinotes* en cliquant sur l'icône la plus à gauche ou avec le menu déroulant des applications. Dans *Scinotes*, on peut écrire des fonctions ou des programmes et surtout les enregistrer avec "Fichier→Enregistrer" (ce qui est impossible sur la console). On sépare les instructions par des virgules ou des points-virgules, ou tout simplement en allant à la ligne, ce que l'on ne peut pas faire sur la console mais qui, pourtant, rend l'ensemble plus agréable à lire.
Si l'on veut adjoindre des commentaires afin d'éclairer le sens des instructions écrites, il faut les faire précéder de // pour que *Scilab* ne les compile pas.
Pour plus de lisibilité, les fonctions et les programmes proposés dans cet ouvrage apparaitront comme s'ils étaient écrits dans *Scinotes*.
Pour compiler (faire fonctionner) un programme écrit dans *Scinotes*, on l'appelle grâce à "Fichier→Exécuter" et l'exécution a lieu dans la console.
Un fichier programme est appelé le *script* de ce programme.

Les acteurs de Scilab

Les constantes

Définition 26.1. — Scilab connaît 2 constantes réelles, π qui est noté `%pi` et e qui est noté `%e`.
Scilab possède aussi 2 constantes "booléennes" : vrai qui est noté `%t` et faux qui est noté `%f`.

Remarque 26.1. — Le "t" de `%t` désigne le mot anglais true.

❑ Les chaînes de caractères

Définition 26.2. — Une chaîne de caractères est une suite de caractères écrits entre apostrophes. Si la chaîne contient une apostrophe, il faut la doubler pour qu'elle apparaisse correctement.

❑ Les variables

Définition 26.3. — Une variable est un emplacement de mémoire (une "boîte") dans lequel on peut stocker un contenu (numérique, matriciel ou autre).

❑ L'affectation

Définition 26.4. — L'instruction d'affectation permet d'affecter une valeur à une variable. Elle est notée "=" et spécifie que la valeur placée à droite de ce symbole est affectée à la variable dont le nom est écrit à gauche.

Mise en garde 26.1. — Pour Scilab, le symbole "=" ne représente pas l'égalité (voir plus loin).

Exemple 26.1. — L'instruction `a = 2` consiste à placer le nombre 2 dans une variable appelée *a* et créée spontanément par Scilab.

Remarque 26.2. — En usage "calculateur", si un calcul n'est pas affecté à une variable, Scilab place d'autorité le résultat dans une variable nommée *ans* (answer en anglais).

Exemple 26.2. — Sur la console, l'instruction `2+3` provoque la réponse :

```
ans =
    5.
```

■ Instructions d'entrée et de sortie

❑ Instruction input

Définition 26.5. — L'instruction `a = input('texte')` affiche le texte écrit en argument (entre parenthèses), puis Scilab attend une réponse. Si cette réponse est correcte, Scilab l'affecte à la variable `a`.

Exemple 26.3. — Lors de la compilation d'un programme contenant l'instruction

```
a = input('entrez un nombre entier')
```

ou bien après avoir écrit sur la console

```
a = input('entrez un nombre entier')
```

Scilab affiche :

```
entrez un nombre entier
```

Le pointeur clignote au bout de cette phrase et l'utilisateur doit entrer un nombre entier, puis valider en appuyant sur la touche "entrée" du clavier : cet entier sera alors affecté à la variable *a* et Scilab proposera de continuer la compilation en passant à l'instruction suivante.

❑ Instruction disp (pour display)

Définition 26.6. — L'instruction `disp(a)` affiche le contenu de la variable a.
L'instruction `disp('texte')` affiche le texte écrit entre apostrophes.

Remarque 26.3. — Une curiosité : avec l'instruction `disp(a,'le résultat vaut :')`, si la variable a contient la valeur 8, Scilab affiche, après validation par la touche "entrée" :

```
Le résultat vaut :
       8
```

Il faut donc écrire en premier la variable et ensuite, après une virgule et entre apostrophes, la phrase qui présente le contenu de la variable si l'on souhaite en écrire une.

■ Les opérateurs usuels de Scilab

❑ Les opérations sur les nombres

addition	soustraction	multiplication	division	puissance
$a+b$	$a-b$	$a*b$	a/b	$a\wedge b$

Exemples 26.4. — Soit l'enchaînement :

```
a = input ('entrez la valeur de a :');a = (a+1)^2 - 3*a ; disp(a)
```

Si l'on a entré 5 à l'invite `entrer la valeur de a`, Scilab affiche, après validation par la touche "entrée" :

```
entrez la valeur de a : 5
  21.
```

❑ Les opérateurs relationnels

Il y en a deux dans le cadre de notre programme :
"**&**" qui désigne le "et" de la langue française et "|" qui désigne le "ou".

❑ Les opérateurs de test logique

== (égal à), < (inférieur strictement à), > (supérieur strictement à), <= (inférieur ou égal à), >= (supérieur ou égal à) et < > (différent de).

❑ Les fonctions réelles

Ce sont les fonctions mathématiques prédéfinies dans le langage Scilab. En voici la liste :
abs (valeur absolue), **log** (logarithme népérien), **exp** (exponentielle), **sqrt** (racine carrée) et **floor** (partie entière).

Exemple 26.5. — Après l'instruction `floor(sqrt(5))`, Scilab affiche, après validation par la touche "entrée" :

```
ans =
    2.
```

Calcul matriciel

Définition d'une matrice (ou d'un vecteur)

Pour définir une matrice, il suffit d'écrire la liste de ses éléments entre crochets de la façon suivante :

- Les éléments d'une ligne sont séparés par des virgules ou des espaces.
- Les éléments d'une colonne sont séparés par des points-virgules.

Exemples 26.6. — Définitions de vecteurs-lignes, de vecteurs-colonnes et de matrices.

- Après l'instruction `L =[1 2 3]`, Scilab affiche, après validation par "entrée" :

```
L  =
     1.     2.     3.
```

- Après l'instruction `C =[1 ; 2 ; 3]`, Scilab affiche, après validation par "entrée" :

```
C  =
     1.
     2.
     3.
```

- Après l'instruction `M =[1 2 3 ; 4 5 6]`, Scilab affiche, après validation par "entrée" :

```
M  =
     1.     2.     3.
     4.     5.     6.
```

Opérations sur les matrices

On considère deux matrices A et B, pour lesquelles les opérations ci-dessous sont possibles, et un entier k (naturel ou pas).

Syntaxe	`A+B`	`A-B`	`A*B`	`A^k`	`inv(A)`	`A'`
Signification	$A+B$	$A-B$	AB	A^k	A^{-1}	${}^tA$

Opérations élément à élément

On considère deux matrices $A=(a_{i,j})$ et $B=(b_{i,j})$ de même format et un entier k.

Syntaxe	`A.*B`	`A./B`	`A.^k`
Matrice renvoyée	$(a_{i,j}\, b_{i,j})$	$(a_{i,j} / b_{i,j})$	$(a_{i,j}^k)$

Fonctions de matrices

Si A est une matrice et si f est une fonction connue de Scilab, l'instruction `f(A)` renvoie la matrice dont tous les éléments sont les images par f des éléments de A.

Exemple 26.7. — Utilisation d'une fonction matricielle.

Après la suite d'instructions `A=[1 -2 3;4 2 -3];B=abs(A)`, Scilab affiche :

```
B  =
     1.     2.     3.
     4.     2.     3.
```

❑ Taille d'une matrice

L'instruction `size(A)`, suivie de la validation par la touche entrée, renvoie le format de la matrice A.

Exemple 26.8. — Après la suite d'instructions « `A=[1 2 3;4 2 3],size(A)` », Scilab affiche, après validation par la touche "entrée" :

```
A  =
     1.     2.     3.
     4.     2.     3.
ans  =
     2.     3.
```

Remarque 26.4. — La dernière réponse signifie que A possède 2 lignes et 3 colonnes.

❑ Résolution de systèmes linéaires

On considère une matrice $A \in \mathcal{M}_{n,p}(\mathbb{R})$ et un vecteur colonne $B \in \mathcal{M}_{n,1}(\mathbb{R})$. Scilab permet de déterminer les solutions du système $AX = B$, d'inconnue $X \in \mathcal{M}_{p,1}(\mathbb{R})$ de deux façons :

- L'instruction `A\B` donne une solution particulière du système, mais pas toutes les solutions.
- L'instruction `linsolve(A,-B)` renvoie :

  Soit le vecteur vide si le système n'a pas de solution.

  Soit le vecteur solution (si le système a une seule solution), soit une solution particulière si le système a plusieurs solutions.

❑ Extraction de certains éléments d'une matrice

Soit une variable u contenant un vecteur (ligne ou colonne) et une variable A contenant une matrice.

- L'instruction `u(k)` extrait la $k^{\text{ème}}$ composante de u.
- L'instruction `A(i,j)` extrait le coefficient de la $i^{\text{ème}}$ ligne et la $j^{\text{ème}}$ colonne.
- L'instruction `A(i,:)` extrait la $i^{\text{ème}}$ ligne de A.
- L'instruction `A(:,j)` extrait la $j^{\text{ème}}$ colonne de A.

❑ Modification de certains éléments d'une matrice

Soit une variable u contenant un vecteur (ligne ou colonne) et une variable A contenant une matrice de $\mathcal{M}_{n,p}(\mathbb{R})$.

On considère un réel b, un vecteur ligne L de $\mathcal{M}_{1,p}(\mathbb{R})$ et une matrice colonne C de $\mathcal{M}_{n,1}(\mathbb{R})$.

- L'instruction `u(k)=b` modifie la $k^{\text{ème}}$ composante de u en la remplaçant par b.
- L'instruction `A(i,j)=b` modifie le coefficient $A(i,j)$ en le remplaçant par b.
- L'instruction `A(i,:)=L` modifie la $i^{\text{ème}}$ ligne de A en la remplaçant par L.
- L'instruction `A(:,j)=C` modifie la $j^{\text{ème}}$ colonne de A en la remplaçant par C.

❑ Fonction find

Soit A une matrice de réels.

L'instruction `find(A test logique)` renvoie sur une ligne les positions des éléments de A qui rendent le test vrai, ces positions étant comptées comme si la matrice A était considérée comme un vecteur colonne contenant les colonnes de A écrites l'une sous l'autre.

Exemple 26.9. — Après la suite d'instructions

```
A=[0.12 0.56 0.25;0.78 0.63 0.31 ;0.22 0.84 0.14],
find(A<0.5),size(find(A<0.5))
```

Scilab affiche, après validation par la touche "entrée" :

```
A  =
     0.12     0.56     0.25
     0.78     0.63     0.31
     0.22     0.84     0.14
ans  =
   1.     3.     7.     8.     9.
ans  =
   1.     5.
```

Remarque 26.5. — L'instruction `size(find(A<0.5))` permet de savoir combien d'éléments de la matrice A rendent le test vrai (ici, il y a 5 éléments de A qui sont inférieurs à $1/2$).
Ceci est utile lorsque l'on fait des simulations de variables aléatoires en créant des matrices aléatoires de grande taille (voir le paragraphe suivant).

■ Simulation d'épreuves aléatoires

❑ La fonction rand

Définition 26.7. — L'instruction `rand()` renvoie un nombre choisi au hasard dans l'intervalle [0,1], c'est-à-dire que `rand()` simule la valeur prise par une variable aléatoire qui suit la loi uniforme sur $[0, 1]$.

Si n et m sont deux entiers naturels non nuls, `rand(n,m)` renvoie une matrice de $\mathcal{M}_{n,m}(\mathbb{R})$ dont les éléments sont les valeurs prises par nm variables aléatoires indépendantes qui suivent la loi uniforme sur $[0, 1]$.

Théorème 26.1. — Par défaut le générateur aléatoire `rand` simule la loi uniforme sur $[0, 1]$.
On peut lui faire simuler la loi normale centrée réduite en tapant l'instruction `rand ('normal')` suivie de `rand()` ou de `rand(n,m)`, puis en appuyant sur enter.
On revient à la simulation de la loi uniforme sur $[0, 1]$ en tapant l'instruction `rand('uniforme')`, suivie de `rand()` ou de `rand(n,m)`, puis en appuyant sur enter.

❑ La fonction grand

La fonction `grand` est plus puissante que la fonction `rand` et elle permet de simuler toutes les lois usuelles du cours de probabilités. Si la loi simulée dépend de p paramètres elle s'utilise toujours sous la forme :

grand(n, m, 'loi', paramètre 1, paramètre 2,...,paramètre p)

Elle renvoie une matrice dont les éléments sont les valeurs prises par nm variables aléatoires indépendantes qui suivent la loi en question.

Théorème 26.2. — Simulation de variables discrètes.
- Loi uniforme sur $[\![a, b]\!]$, avec a et b **entiers** tels que $a < b$: `grand(n,m,'uin',a,b)`.
- Loi binomiale de paramètres N et p : `grand(n,m,'bin',N,p)`.
- Loi géométrique de paramètre p : `grand(n,m,'geom',p)`.
- Loi de Poisson de paramètre λ : `grand(n,m,'poi',lambda)`.

Théorème 26.3. — Simulation de variables à densité.
- Loi uniforme sur $[a, b]$, avec a et b **réels** tels que $a < b$: `grand(n,m,'unf',a,b)`.
- Loi exponentielle de paramètre λ : `grand(n,m,'exp',lambda)`.
- Loi normale $\mathcal{N}(\mu, \sigma^2)$: `grand(n,m,'nor',mu,sigma)`.

Mise en garde 26.2. — Dans l'instruction `grand(n,m,'nor',mu,sigma)`, le deuxième paramètre est l'écart type et non pas la variance.

■ Graphes en deux dimensions

❑ Fonction « plot »

Pour deux variables x et y contenant les vecteurs ligne $(x_1,\dots, x_n)$ et $(y_1,\dots, y_n)$, « `plot(x,y)` » commande le tracé du graphe obtenu en reliant les points de coordonnées (x_i, y_i) par des lignes.

❑ Graphe d'une fonction

Pour tracer le graphe d'une fonction f sur un intervalle I, l'idée est de relier les points de la forme (x_i, y_i) où $y_i = f(x_i)$ en choisissant les points x_i suffisamment rapprochés pour donner l'illusion d'un tracé de courbe (en réalité, Scilab trace une succession de petits segments).
On définit donc un vecteur $x = (x_i)$ dont les extrémités sont celles de I, et dont le *pas* est suffisamment petit pour donner l'illusion d'une courbe, par une instruction du type `x= min:pas:max`. On poursuit par l'instruction `plot(x,f(x))`.

Exemple 26.10. — Traçons le graphe de la fonction $f : x \mapsto \exp(-x^2)$ sur $[-3,3]$.

```
--> x=-3:0.1:3;plot(x,exp(-x^2))
```

Le pas choisi, ici égal à 0,1, est assez petit pour donner l'illusion d'une courbe.

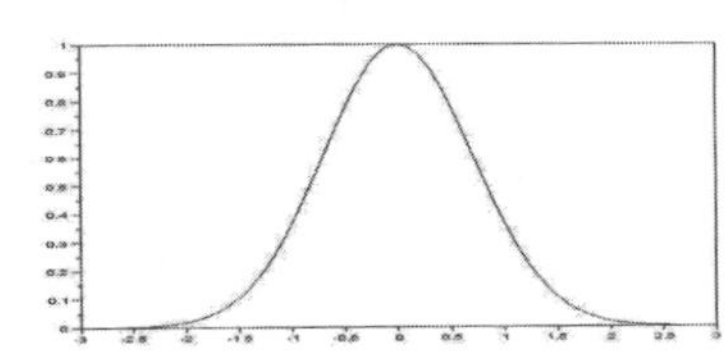

❑ Diagramme en bâtons

Soit $x = (x_1, x_2, \ldots, x_p)$ et $y = (n_1, n_2, \ldots, n_p)$ deux vecteurs de même longueur. L'instruction `bar(x,y)` commande le tracé du diagramme en bâtons associé à la série statistique dont les modalités sont les x_i et dont les effectifs associés sont les n_i.

❑ Histogramme

Soit un vecteur ligne $x = (x_1, x_2, \ldots, x_p)$ que l'on considère ici comme une série statistique.

L'instruction `c=linspace(valeur mini, valeur maxi, n+1)` permet de regrouper les x_i en n classes (il y a donc $n+1$ extrémités de classes). Ensuite, l'instruction `histplot(c, x)` permet d'obtenir l'histogramme correspondant.

Exemple 26.11. — Histogramme d'une série statistique engendrée par la simulation de 1000 variables aléatoires indépendantes suivant toutes la loi binomiale de paramètres 20 et 0,5.

```
x=grand(1000,1, 'bin',20,0.5) ;
c=linspace(0,20,21)    // 20 classes : [0,1], [1,2], …, [19,20]
histplot(c,x)
```

Après exécution, ce script renvoie l'histogramme suivant :

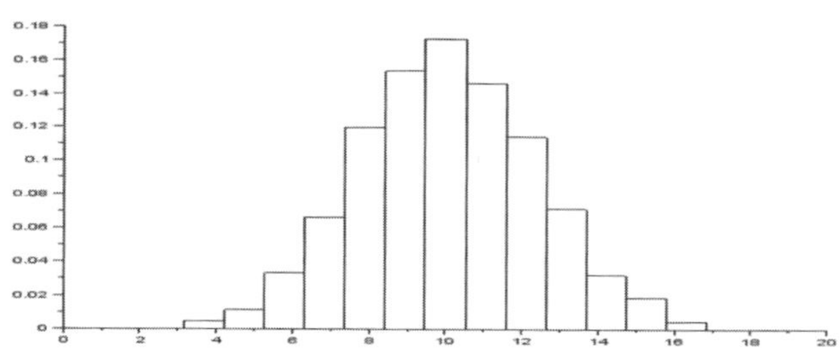

■ Programmation

❑ Les instructions conditionnelles

Théorème 26.4. — L'instruction

`if condition then instruction, end`

permet d'effectuer une instruction si une condition est satisfaite.

Exemple 26.12. — L'instruction `if a==3 then b=5` spécifie que si la variable a contient la valeur 3, alors la valeur 5 est affectée à la variable b. Sinon, l'instruction `b = 5` est ignorée.

Théorème 26.5. — L'instruction

`if condition 1 then instruction 1, else instruction 2, end`

permet d'effectuer une instruction si une condition est satisfaite et sinon, d'effectuer une deuxième instruction.

Exemple 26.13. — L'instruction `if a==3 then b=5, else b=10, end` spécifie que si la variable a contient la valeur 3, alors la valeur 5 est affectée à la variable b, sinon, c'est la valeur 10 qui est affectée à b.

Remarque 26.6. — Si plusieurs instructions suivent `then` ou `else` il faut les séparer par des virgules (ou des points-virgules) ou (dans Scinotes uniquement) aller à la ligne entre chaque.

Remarque 26.7. — On peut ne pas écrire `then` si on le souhaite, mais écrire par exemple :

```
if a==3 b=5, else b=10 end
```

❑ Les boucles "for"

Théorème 26.6. — La boucle

```
for k = n1:n2 instruction, end
```

permet de répéter une instruction (ou plusieurs, séparées par des virgules ou des points-virgules) pour $k = n_1$, $k = n_1 + 1$, …, $k = n_2$.

Exemple 26.14. — Calcul et affichage du $(n+1)^{\text{ème}}$ terme de la suite (u_n), de premier terme $u_0 = 1$ et vérifiant la relation de récurrence : $u_{n+1} = u_n^2 + 1$.

Voici un script possible :

```
n=input('entrez un entier naturel n :');
u=1; // premier terme u0
for k = 1:n u=u^2+1;
end
disp(u)
```

Si l'on a entré 3 à l'invite `entrer un entier naturel n`, Scilab affiche :

```
entrez un entier naturel n :3
26
```

Remarque 26.8. — Si l'on enlève les points-virgules, Scilab affiche les termes u_0, u_1, u_2 et u_3 de la suite (u_n) et pas seulement u_3.

Théorème 26.7. — La boucle

```
for k = n1:p:n2 instruction,end
```

permet de répéter une instruction (ou plusieurs, séparées par des virgules ou des points-virgules) pour $k = n_1$, $k = n_1 + p$, $k = n_1 + 2p$ …, jusqu'à ce que k prenne la plus grande valeur possible inférieure ou égale à n_2. Le réel p est le *pas* de la boucle.

⇨ **Méthode 26.1. Comment utiliser la boucle "for"?**

❑ La boucle "while"

Théorème 26.8. — La boucle

```
while condition do instruction, end
```

permet d'effectuer une instruction (ou plusieurs, séparées par des virgules ou des points-virgules) un certain nombre de fois, inconnu a priori (à savoir tant que la condition est vraie).

Remarque 26.9 — On peut ne pas écrire `do` si on le souhaite.

Remarque 26.10 — Il se peut que l'instruction ne soit jamais exécutée dans le cas d'un test qui se révèle faux dès le 1er passage.

Remarque 26.11 — En fait, la boucle "while" est utile surtout pour afficher le plus petit entier i pour lequel la condition est fausse.

⇨ **Méthode 26.2. Comment utiliser la boucle "while" ?**

■ Définition de fonctions

Quand on définit une fonction dans Scinotes ou sur la console, aucun calcul n'est effectué. Les calculs ne sont effectués que lors de l'appel de la fonction dans le script qui la contient.

Théorème 26.9. — L'instruction

```
function [z]=g(x), [instructions], endfunction
```

permet de créer la fonction nommée g qui à chaque réel x associe le réel z décrit dans `instructions` par `z=---`.

Remarque 26.12 — Les crochets autour des instructions ne sont obligatoires que s'il y a plusieurs instructions (voir le **tome 2** où l'on s'intéressera aux fonctions de plusieurs variables).

Exemple 26.15. — L'instruction

```
function [z]=g(x), z = 1 + 4*x + 7*x^2 - 5*x^3, endfunction
```

permet de créer la fonction g définie par $g(x)=1+4x+7x^2-5x^3$.

• Si la fonction g est définie sur la console, il suffit de valider par la touche entrée, puis de taper $g(3)$ pour obtenir -59.

• Si la fonction g est définie dans un script, elle ne sera exécutée que par ce script appelé depuis la console par "Fichier → Exécuter".

Exemple 26.16. — Voici un script qui permet de tracer le morceau de la courbe représentative de la fonction g ci-dessus correspondant à des abscisses comprises entre -1 et 2 :

```
function [z]=g(x), z = 1 + 4*x + 7*x^2 - 5*x^3, endfunction
x=-1:0.1:2 ; plot(x,g(x))
```

Après exécution, on obtient :

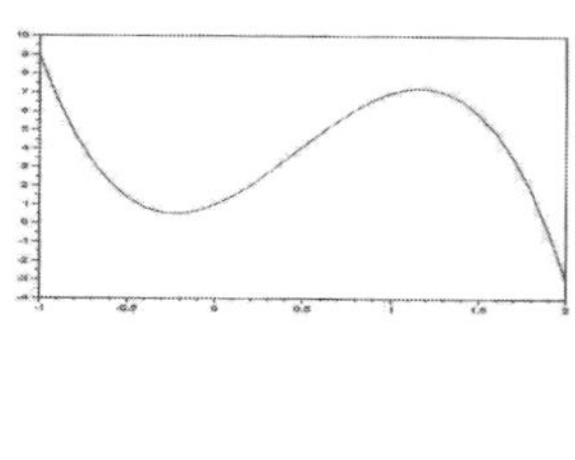

Méthodes

Programmes de calcul

Méthode 26.1. Comment utiliser la boucle "for" ?

• Pour calculer la somme $S_n = \sum_{k=0}^{n} f(k)$, on écrit la séquence :

```
s=0, for k=0:n s=s+f(k),end
```

Remarque. Pour les sommes, `s=0` est une initialisation neutre.

• Pour calculer le produit $P_n = \prod_{k=0}^{n} f(k)$, on écrit la séquence :

```
p=1, for k=0:n p=p *f(k), end
```

Remarque. Pour les produits, `p=1` est une initialisation neutre.

• Pour calculer les termes de la suite (u_n) définie par son premier terme $u_0 = a$ et la relation $u_{n+1} = f(u_n)$, on écrit la séquence :

```
u=a, for k=1:n u=f(u), end
```

Remarque. Si l'on décide de n'afficher que le dernier terme de la suite, on remplace les virgules par des points-virgules et on ajoute l'instruction `disp(u)` après la boucle.

⇨ **Exercices 26.5, 26.6, 26.7, 26.10, 26.11, 26.14, 26.16, 26.17**

Exemple 1. On donne pour tout entier naturel non nul, $S_n = \sum_{k=1}^{n} \frac{1}{k}$.

Écrire un script qui calcule et affiche la valeur de S_n lorsque n est un entier naturel non nul entré au clavier par l'utilisateur.
Voici un script possible, écrit dans Scinotes (pour plus de lisibilité) :

```
n=input('Entrer n :')
s=0;
for k=1:n s=s+1/k; end
disp(s, 'la somme vaut')
```

Exemple 2. On donne pour tout entier naturel non nul, $P_n = \prod_{k=1}^{n}\left(1+\frac{1}{k^2}\right)$.

Écrire un script qui calcule et affiche la valeur de P_n lorsque n est un entier naturel non nul entré au clavier par l'utilisateur.
Voici un script possible, toujours écrit dans Scinotes :

```
n=input('Entrer n :')
p=1;
for k=1:n p=p*(1+1/k^2); end
disp(p, 'le produit vaut')
```

Exemple 3. Soit $(u_n)_{n\in\mathbb{N}^*}$ la suite définie par $u_1 = 2$ et la relation : $\forall n \in \mathbb{N}^*$, $u_{n+1} = 1 - e^{-u_n}$.
Écrire un script qui affiche u_n pour un entier n entré par l'utilisateur.

Voici un script possible, toujours écrit dans Scinotes :

```
n=input('Entrer n :')
u=2 ;
for k=2:n u=1-exp(-u); end
disp(u)
```

❑ Méthode 26.2. Comment utiliser la boucle "while" ?

On utilise la boucle while lorsque l'on doit effectuer une ou plusieurs instructions tant qu'une condition est vérifiée. L'instruction incontournable dans cette boucle est l'incrémentation d'un compteur, du genre `n=n+1`, qui permet de connaître le premier rang pour lequel la condition n'est plus vérifiée.
Exemples : • Déterminer le plus petit indice à partir duquel les termes d'une suite deviennent plus grands (ou plus petits) qu'une quantité fixée à l'avance.
• Simuler la répétition d'une épreuve aléatoire pour laquelle on souhaite connaître le rang d'apparition d'un événement donné.

⇨ **Exercices 26.8, 26.12, 26.14**

Exemple 1. — Soit la suite (u_n), de premier terme $u_0 = 1$ et vérifiant la relation de récurrence : $\forall n \in \mathbb{N}$, $u_{n+1} = u_n^2 + 1$. Écrire un script qui calcule et affiche le rang du premier terme de cette suite qui est strictement supérieur à un réel a donné.
Voici un script possible :

```
a=input('entrer un réel a :')
u=1; // premier terme u0
n=0 ; // rang du premier terme u0
while u <= a do n = n + 1;u=u^2+1;end
disp(n, 'le rang du premier terme strictement supérieur
à a est')
```

Si l'on a entré 1 000 000 à l'invite `'entrer un réel a :'`, Scilab affiche :

```
entrez un réel : 1000000
a =
  1000000.
le rang du premier terme strictement supérieur à a est
  6.
```

Exemple 2. Soit la suite $(u_n)_{n\in\mathbb{N}}$ définie par $u_0 = 1$ et la relation : $\forall n \in \mathbb{N}$, $u_{n+1} = \dfrac{1}{2}\left(u_n + \dfrac{2}{u_n}\right)$.

On admet que la suite (u_n) converge vers $\sqrt{2}$. Écrire un script qui calcule et affiche le plus petit entier naturel n_0 tel que $\left|u_{n_0} - \sqrt{2}\right| < \varepsilon$ lorsque l'utilisateur entre la valeur de ε au clavier.

Voici un script possible :

```
eps=input('Entrez la valeur de epsilon : ')
u=1 ; n=0 ;
while abs(u-sqrt(2))>= eps do n=n+1 ; u=(u+2/u)/2 ; end
disp(n)
```

Remarque. Si l'on rentre 0,001 comme valeur de ε, la réponse est $n = 3$.

Exemple 3. Soit la suite (S_n) définie par : $\forall n \in \mathbb{N}^*$, $S_n = \sum_{k=1}^{n} \dfrac{1}{k}$. On admet que $\lim_{n\to+\infty} S_n = +\infty$.

Écrire un script qui permet de calculer et d'afficher le plus petit entier naturel n_0 tel que $S_{n_0} > 100$.

Voici un script possible :

```
s=1 ; n=1 ;
while s<=10 do n = n+1 ; s = s+1/n ; end
disp(n)
```

Remarque. La réponse est $n = 12363$.

Méthodes

■■ Vrai/Faux

1. Après la suite d'instructions « `u = 1, u = u + 1, u = 3*u + 2,` », la variable u contient la valeur 5. ☐ ☐

2. La suite d'instructions « `u = v ; v = u` » permet d'échanger les contenus des variables u et v. ☐ ☐

3. On considère le script suivant : ☐ ☐

```
if a < 0 then instruction 1, end
if a == 0 then instruction 2
else instruction 3, end
```

À l'exécution, l'instruction 3 n'est réalisée que si $a > 0$.

4. Les instructions « `x=rand( ) ; disp(rand( ))` » permet d'affecter à la variable x une valeur choisie au hasard, puis d'afficher cette valeur. ☐ ☐

5. Le test « `rand( )==0.5` » simule un événement dont la probabilité est égale à 1/2. ☐ ☐

6. L'instruction « `1 + floor(6*rand( ))` » simule le lancer d'un dé à 6 faces. ☐ ☐

7. La séquence d'instructions « `u=1 ; s=0 ; for k=1:n u = 2*u ; s=s+u, end` » affecte à s la valeur $2^{n+1}-2$. ☐ ☐

8. La séquence « `x = 2 ; for k=1:n x = x*x,` » permet de calculer 2^n. ☐ ☐

9. La séquence « `u=3 ; s=3 ; for k=1:3 u=u+k, s=s+u, end,` » affecte à s la valeur 22. ☐ ☐

10. Le booléen « `n == 2*floor(n/2)` » est vrai si, et seulement si, n est pair. ☐ ☐

■■ Énoncé des exercices

❑ **Exercice 26.1.** — Soit les nombres réels : $a = \left(2e^{\pi} + 3\right)^2$, $b = \dfrac{\sqrt{3} - 4\sqrt{7} + 2\ln 6}{5}$

Compléter les instructions `x = ... ; y = ... ;` pour qu'elles affectent respectivement aux variables x et y les réels a et b.

❑ **Exercice 26.2.** — On considère le script suivant

```
a = input('Entrez a : ')
b = input('Entrez b : ')
c = input('Entrez c :')
c = a + b, a = a*c, b = a + c
disp(c,b,a)
```

On suppose qu'à son exécution, l'utilisateur entre les valeurs 4, 5 et 6 au clavier. Quelles sont alors les valeurs affichées à l'issue de l'exécution de la commande « `disp(c,b,a)` » ?

❑ **Exercice 26.3.** — Quelles sont les valeurs affichées à l'issue de l'exécution des instructions de la ligne suivante (commandée dans la console Scilab) :

```
-->x=3 ; y=%e, floor(y), y=ans+x ; ans=ans^2, x-10, x=ans-x
```

❑ **Exercice 26.4.** — Écrire des instructions permettant d'échanger les contenus de deux variables a et b.

❑ **Exercice 26.5.** — On considère la suite (u_n) définie par la donnée de u_0 et la relation de récurrence, valable pour tout entier naturel n : $u_{n+1} = \sqrt{u_n{}^2 + 1}$.

Écrire un script qui calcule et affiche les termes u_0, u_1, ..., u_n de la suite (u_n) lorsque n (entier naturel non nul) et u_0 réel sont entrés au clavier par l'utilisateur.

❑ **Exercice 26.6.** — Pour tout entier naturel n, on pose : $u_n = \displaystyle\sum_{k=0}^{n} \frac{3^k}{k!}$.

Écrire un script qui calcule et affiche les termes u_0, u_1, ..., u_n de la suite (u_n) lorsque n est un entier naturel entré au clavier par l'utilisateur.

❑ **Exercice 26.7.** — On considère la suite (u_n) définie par : $\begin{cases} u_0 = 1,\ u_1 = 1 \\ \forall n \in \mathbb{N},\ u_{n+2} = u_{n+1} + u_n \end{cases}$

Écrire un script qui calcule et affiche les termes u_0, u_1, ..., u_n de la suite (u_n) lorsque n est un entier naturel non nul entré au clavier par l'utilisateur.

❑ **Exercice 26.8.** — La conjecture de Syracuse.

On désigne par k un entier naturel et on considère la suite (u_n) définie par $u_0 = k$ et, pour tout entier naturel n : $u_{n+1} = \begin{cases} \dfrac{u_n}{2} \text{ si } u_n \text{ est pair} \\ 3u_n + 1 \text{ si } u_n \text{ est impair} \end{cases}$.

Une célèbre conjecture mathématique annonce que l'on finit toujours par trouver un terme de cette suite qui vaut 1, le suivant valant donc 4, celui d'après 2 et on retombe sur 1, etc.
Cette conjecture n'est pas encore prouvée, avis aux amateurs…
Utiliser le **V/F 10** pour écrire un script qui, pour un entier naturel k entré par l'utilisateur, détermine et affiche le plus petit entier n tel que $u_n = 1$.

❑ **Exercice 26.9.** — Écrire une fonction Scilab qui renvoie le plus petit de deux réels a et b.

❑ **Exercice 26.10.** — Écrire une fonction Scilab qui, pour tout entier naturel n, renvoie $n!$.

❑ **Exercice 26.11.*** — Écrire une fonction Scilab qui, pour tout couple (k, n) d'entiers naturels, renvoie $\binom{n}{k}$.

❑ **Exercice 26.12.** — On rappelle que $e = \sum_{k=0}^{+\infty} \frac{1}{k!}$ et on admet que :

$$\forall n \geq 1, \left| e - \sum_{k=0}^{n} \frac{1}{k!} \right| \leq \frac{1}{n.n!}$$

En déduire la façon de compléter les (++++) du script suivant de telle sorte qu'il permette d'obtenir une valeur approchée de e à une précision égale à 10^{-5}.

```
n=0,   fact=1,    erreur=1,
s=1
while erreur > 0.00001
    n=n+1
    fact=(++++)
    s=s+1/fact
    erreur=(++++)
end
disp(s)
```

❑ **Exercice 26.13.** — Résolution du système $\begin{cases} x + y + z = 3 \\ x - y = 2 \\ 2y + z = 1 \end{cases}$.

Utiliser les deux instructions vues dans la partie cours pour résoudre le système proposé.

❑ Exercice 26.14. — Le raisonnement par dichotomie.
Soit deux réels a et b tels que $a<b$. On considère une fonction f continue et strictement monotone sur un intervalle $[a, b]$ et telle que $f(a)f(b)<0$. Le théorème de la bijection assure que l'équation $f(x)=0$ possède une unique solution α sur $]a, b[$. Pour obtenir une valeur approchée de α à ε près, avec $\varepsilon>0$, on construit une suite d'intervalles $]a_n, b_n[$, dont la longueur est divisée par 2 à chaque étape et qui contiennent tous α.

• **Étape 1.** On pose $a_0=a$ et $b_0=b$.

• **Étape 2.** On note c_0 le milieu de $]a_0, b_0[$, on a donc $c_0=\dfrac{a_0+b_0}{2}$, et on calcule $f(a_0)f(c_0)$.

→ Si $f(a_0)f(c_0)=0$, alors $\alpha = c_0$ (et on a trouvé la solution).

→ Si $f(a_0)f(c_0)<0$, alors α appartient à $]a_0, c_0[$ et on pose : $a_1=a_0$ et $b_1=c_0$.

→ Si $f(a_0)f(c_0)>0$, alors α appartient à $]c_0, b_0[$ et on pose : $a_1=c_0$ et $b_1=b_0$.

À l'issue de cette première étape, soit on a trouvé α, soit on l'a localisé dans l'intervalle $]a_1, b_1[$ dont la longueur est : $b_1-a_1=\dfrac{b_0-a_0}{2}=\dfrac{b-a}{2}$.

• **Étape 3.** Si l'on n'a pas trouvé α, alors on répète l'opération en posant $c_1=\dfrac{a_1+b_1}{2}$, et on calcule $f(a_1)f(c_1)$.

→ Si $f(a_1)f(c_1)=0$, alors $\alpha = c_1$ (et on a trouvé la solution).

→ Si $f(a_1)f(c_1)<0$, alors α appartient à $]a_1, c_1[$ et on pose : $a_2=a_1$ et $b_2=c_1$.

→ Si $f(a_1)f(c_1)>0$, alors α appartient à $[c_1, b_1]$ et on pose : $a_2=c_1$ et $b_2=b_1$.

À l'issue de cette première étape, soit on a trouvé α, soit on l'a localisé dans l'intervalle $]a_2, b_2[$ dont la longueur est : $b_2-a_2=\dfrac{b_1-a_1}{2}=\dfrac{b-a}{2^2}$.

• **Étapes suivantes.** On procède ainsi jusqu'à ce que l'on ait obtenu un intervalle dont la longueur est inférieure à ε, ce qui garantit que l'on a obtenu la précision souhaitée.

Si $]a_n, b_n[$ est l'intervalle obtenu à la fin de ce procédé, on a : $b_n-a_n=\dfrac{b-a}{2^n}$

On considère l'équation (E) : $\ln x + x = 2$, où x désigne un réel strictement positif. On note f la fonction définie sur $]0,+\infty[$ par : $f(x)=\ln x + x - 2$.

1. Justifier que (E) possède une unique solution α et vérifier que α appartient à $]1, 2[$.

2. Écrire un script permettant de trouver et d'afficher une valeur approchée de la solution de cette équation à 0,001 près (on proposera deux options : boucle "for" ou boucle "while").

❑ Exercice 26.15. — Soit a et b deux entiers naturels donnés tels que : $a<b$. Écrire un script, en n'utilisant pas la fonction `grand`, mais seulement la fonction `rand`, qui simule les valeurs prises par une variable aléatoire suivant la loi uniforme sur $[\![a,b]\!]$, les valeurs de a et b étant entrées par l'utilisateur.

❑ **Exercice 26.16.** — Soit n dans $\mathbb{N}^*$ et p un réel de $]0,1[$. Écrire un script (en n'utilisant pas la fonction `grand`, mais seulement la fonction `rand`) qui affiche la valeur prise par une variable aléatoire X suivant la loi $\mathcal{B}(n,p)$.

❑ **Exercice 26.17.** — On considère une urne U contenant des boules de couleurs C_1, C_2, C_3 en proportion $\frac{1}{4}$, $\frac{1}{4}$ et $\frac{1}{2}$ On tire au hasard n boules de l'urne U en remettant dans l'urne, à chaque fois, la boule tirée. Pour tout i de $[\![1,n]\!]$, on pose $x_i = k$ si la $i^{\text{ème}}$ boule tirée est de couleur C_k, avec $k \in \{1,2,3\}$.
Écrire un script, en utilisant la fonction `grand`, qui permette de simuler l'expérience et d'afficher x_1, x_2, ..., x_n lorsque n est entré au clavier par l'utilisateur.

■ Pour vous aider à démarrer

Exercice 26.3. Respecter l'ordre des instructions.
Exercice 26.4. Utiliser une variable *aux* qui jouera le rôle de "boîte aux lettres".
Exercice 26.6. Il ne faut pas chercher à programmer la fonction factorielle. Si on pose $v_k = \dfrac{3^k}{k!}$, on a $v_0 = 1$ et pour tout entier naturel k non nul $v_k = \dfrac{3}{k} v_{k-1}$.
Exercice 26.7. Définir deux variables u et v contenant successivement u_0 et u_1, puis u_1 et u_2, puis u_2 et u_3, ... jusqu'à u_{n-1} et u_n. On pourra s'aider pour cela d'une variable *aux* qui jouera, ici aussi, le rôle de "boîte aux lettres".
Exercice 26.8. Pour tester la parité de n, on se reportera au **V / F 10**.
Exercice 26.9. Utiliser une instruction "if ... then ... else".
Exercice 26.10. Utiliser une boucle "for".
Exercice 26.11. Lorsque k est inférieur ou égal à n, on a :
$\binom{n}{k} = \dfrac{n-k+1}{1} \times \dfrac{n-k+2}{2} \times \cdots \times \dfrac{n-1}{k-1} \times \dfrac{n}{k}$. Ensuite, une boucle "for" fait l'affaire.
Exercice 26.12. Pour un entier naturel n non nul fixé, l'erreur est $\dfrac{1}{n.n!}$.
Exercice 26.15. Que penser de la partie entière d'un réel choisi au hasard dans l'intervalle $[a,\ b+1[$? Dès lors, méditer sur l'algorithme suivant : prendre un réel au hasard dans $[0,1[$, le multiplier par $b+1-a$, ajouter a, prendre la partie entière.
Exercice 26.16. L'instruction `rand()< p` permet de simuler un événement de probabilité égale à p.
Exercice 26.17. L'instruction `x = grand(1,1,'uin',1,4)` permet de renvoyer au hasard un nombre dans $[\![1,4]\!]$. Ensuite, on peut décider que si on obtient 1, la boule tirée est de couleur 1, si on obtient 2, la boule tirée est de couleur 2 et si on obtient 3 ou 4, la boule tirée est de couleur 3.

Corrigé des vrai/faux

1.	2.	3.	4.	5.	6.	7.	8.	9.	10.
F	F	F	F	F	V	V	F	V	V

1. Après l'instruction « `u = 1, u = u + 1,` », la variable u contient la valeur 2. Ensuite, après l'instruction « `u = 3*u + 2,` », la variable u contient la valeur 8.

2. Piège ! Démontons ces instructions à l'aide d'un exemple. Supposons que u contienne 1 et v contienne 2 et aidons-nous d'un tableau dans lequel chaque ligne rend compte de l'exécution d'une instruction.

	u	v
Initialisation	1	2
`u = v`	2	2
`v = u`	2	2

Pour savoir ce qu'il aurait fallu faire pour échanger les contenus de u et v, se reporter à l'**exercice 26.4.**

3. L'instruction 3 venant après un else, elle est conditionnée par la non réalisation de ce qui vient après le if correspondant, c'est-à-dire ici : « a == 0 ». L'instruction 3 est donc réalisée dès que $a \neq 0$, et pas seulement lorsque $a > 0$.
Remarque. Si l'on avait voulu que ce soit le cas, il aurait fallu écrire :

```
if a<0 then (instruction1)
       else if a= =0 then (instruction2)
                     else (instruction3)
            end
end
```

4. L'appel de la fonction rand() renvoie automatiquement un réel choisi au hasard dans [0,1[. Deux appels de cette fonction renvoient donc deux valeurs de [0,1[a priori différentes. La valeur affectée à la variable x et celle affichée ne sont donc pas, a priori, les mêmes.

5. La commande « `rand() == 0.5` » définit un booléen qui n'est vrai que lorsque rand() renvoie la valeur 0,5. Or, rand() simule une variable aléatoire à densité (de loi uniforme sur [0,1[d'ailleurs), donc la probabilité qu'elle renvoie un réel donné, en particulier 0,5 est nulle. Pour simuler un événement de probabilité égale à 0,5, il faut commander « rand() < 0.5 ».

6. « `rand()` » renvoie un réel choisi avec la probabilité uniforme sur [0,1[, donc « `6*rand()` » renvoie un réel choisi avec la probabilité uniforme sur [0,6[.
Par suite, l'instruction « `floor(6*rand())` » renvoie un entier choisi avec la probabilité uniforme sur $\{0, 1, 2, 3, 4, 5\}$. En effet, la valeur 0 est renvoyée si le réel est choisi dans [0,1[, 1 est renvoyé si le réel est choisi dans [1,2[, etc, chacun des intervalles [0,1[, [1,2[,..., [5,6[ayant la même probabilité (égale à 1/6) d'être choisi par « `6*rand()` ».
Enfin, « `1+floor(6*rand())` » renvoie un entier choisi avec la probabilité uniforme sur $\{1, 2, 3, 4, 5, 6\}$, ce qui simule bien le lancer d'un dé.

7. Examinons la suite des instructions contenues dans la boucle.

		k	u	s
	`u = 1`		1	
	`s = 0`		1	0
boucle « for »	`u = 2*u ; s = s + u`	1	2	2
	`u = 2*u ; s = s + u`	2	2^2	$2+2^2$
	`u = 2*u ; s = s + u`	3	2^3	$2+2^2+2^3$
	⋮	⋮	⋮	⋮
	`u = 2*u ; s = s + u`	n	2^n	$2+2^2+\cdots+2^n=2^{n+1}-2$

Remarque. L'égalité $2+2^2+\cdots+2^n=2^{n+1}-2$ s'explique par les calculs suivants :

$$2+2^2+\cdots+2^n=2\left(1+2+\cdots+2^{n-1}\right)=2\times\frac{1-2^n}{1-2}=-2\left(1-2^n\right)=2^{n+1}-2.$$

8. Les apparences sont trompeuses !

		k	x
`x = 2`			2
boucle **for**	`x = x*x`	1	$2\times2=2^2$
	`x = x*x`	2	$2^2\times2^2=2^4$
	`x = x*x`	3	$2^4\times2^4=2^8$
		⋮	⋮
	`x = x*x`	n	$2^{2^{n-1}}\times2^{2^{n-1}}=2^{2^n}$

9. Il faut faire attention au fait que la boucle « for » se termine après la commande « end », donc l'instruction `s = s+u` est exécutée dans la boucle (et ceci, à chaque tour). Le tableau ci-dessous montre que s contient bien la valeur 22.

`u=3, s = 3`		k	u	s
boucle « for »		1	4	7
		2	6	13
		3	9	22

10. Si n est pair, alors $n = 2k$, où k est un entier. Dans ce cas, `2*floor(n/2)` renvoie $2\left\lfloor \frac{2k}{2} \right\rfloor$, c'est-à-dire $2\lfloor k \rfloor$, soit $2k$, c'est-à-dire n. Si n est impair, alors $n = 2k + 1$, où k est un entier. Dans ce cas, `2*floor(n/2)` renvoie $2\left\lfloor \frac{2k+1}{2} \right\rfloor$, c'est-à-dire $2\left\lfloor k+\frac{1}{2} \right\rfloor$, soit $2k$, qui est différent de n. On a donc montré, par disjonction des cas, que `2*floor(n/2)` ne renvoyait n que lorsque n est pair.

❑ Les erreurs classiques

- Les fautes les plus fréquentes sont bien sûr les erreurs formelles : il faut connaître les mots-clés du langage Scilab et les règles d'écriture de ce langage.
- Il ne faut pas perdre de vue le fait que, lors d'une affectation d'une variable, l'ancien contenu est écrasé par le nouveau. Il est donc perdu. Si cet ancien contenu nous est nécessaire dans la suite du programme, il faut alors prévoir de le sauvegarder dans une variable créée à cet effet.
- Il ne faut pas confondre les boucles « for » avec les boucles « while ». On utilise les premières lorsque l'on sait à l'avance combien de fois les instructions sont à répéter.
- Oublier que les différents appels de la fonction rand renvoient à chaque fois un réel choisi au hasard.

Corrigé des exercices

Exercice 26.1

```
--> x=(2*exp(%pi)+3)^2
--> y=(sqrt(3)-4*sqrt(7)+2*log(6))/5
```

Exercice 26.2

Aidons-nous d'un tableau

	a	*b*	*c*

`a = input('Entrer a : ')`
`b = input('Entrer b : ')`
`c = input('Entrer c : ')`
	4	5	6

`c = a + b`	4	5	9
`a = a*c`	36	5	9
`b =  a + c`	36	45	9

À la fin, *a* contient 36, *b* contient 45, *c* contient 9.

Rappel : la commande « disp » inverse l'ordre d'affichage, on obtient donc l'affichage suivant :

```
Entrer a : 4
Entrer b : 5
Entrer c : 6
    36.
    45.
    9.
```

Exercice 26.3

Aidons-nous là encore d'un tableau et rappelons que, lorsque le résultat d'un calcul n'est pas affecté à une variable, Scilab l'affecte par défaut à la variable ans.

	x	*y*	ans	Affichage
`x=3`	3			Non
`y=%e`		*e*		Oui
`floor(y)`			2	Oui
`y=ans+x`		5		Non
`ans=ans^2`			4	Oui
`x-10`			–7	Oui
`x=ans-x`	–10			Oui

L'affichage est donc le suivant :

```
y  =
    2.7182818
ans  =
    2.
ans  =
    4.
ans  =
  - 7.
x  =
 - 10.
```

Exercice 26.4

```
--> aux = a ; a = b ; b = aux
```

Instructions	Commentaires
`aux=a`	Le contenu initial de la variable a est sauvegardé dans la variable aux
`a=b`	La variable a contient maintenant la valeur initiale de la variable b
`b=aux`	La variable b contient maintenant la valeur de aux, c'est-à-dire le contenu initial de la variable a

Exercice 26.5

Voici un script possible

```
u=input('Entrez u0 : ')
disp(u)
n=input('Entrez n : ')
for k=1:n
    u=sqrt(u^2+1)
    disp(u)
end
```

⇨ *Méthode 26.1*

Exercice 26.6

Voici un script possible

```
n = input('Entrer n : ')
u = 1
disp(u)
aux = 1
for k = 1: n
aux = 3*aux/k
u = u+aux
disp(u)
end
```

⇨ *Méthode 26.1*

Remarque. On a initialisé la somme u_n à son premier terme $u_0 = \frac{3^0}{0!} = 1$ puisque l'on ne peut pas faire calculer 0! dans la boucle, ensuite on ajoute $3 \times 1 = 3 = \frac{3^1}{1!}$ au premier tour de boucle, puis on ajoute $3 \times \frac{3}{2} = \frac{9}{2} = \frac{3^2}{2!}$ au deuxième tour, puis on ajoute $3 \times \frac{9}{6} = \frac{3^3}{3!}$ au troisième tour, etc.

Exercice 26.7

On met u_0 dans la variable *u*, puis u_1 dans la variable *v*, ensuite, on met u_1 "à l'abri" dans *aux*, puis on calcule $u_0 + u_1$ (u_0 est bien dans *u* et u_1 est toujours dans *v*), ce qui donne u_2 que l'on met dans *v*, puis on remet u_1 dans *u* (à la place de u_0 qui ne servira plus jamais), et on recommence avec les termes suivants : puisque l'on a u_1 dans *u* et u_2 dans *v*, le prochain tour de boucle permettra le calcul de u_3, etc.

```
n = input('Entrer n : ')
u = 1,v = 1
disp(u), disp(v)
for k = 2:n
    aux=v
    v = u+v
    u = aux
    disp(v)
end
```

Remarque. La variable *aux* sert à sauvegarder u_1 lorsque $k = 2$, puis u_2 lorsque $k = 3$, etc. Pour visualiser, voici ce qui se passe lors des deux premiers tours de boucle et du dernier :

		k	aux	u	v
initialisation				u_0	u_1
boucle « for »	`aux = v`	2	u_1	u_0	u_1
	`v = u + v`		u_1	u_0	$u_0 + u_1 = u_2$
	`u = aux`		u_1	u_1	u_2
	`aux = v`	3	u_2	u_1	u_2
	`v = u + v`		u_2	u_1	$u_1 + u_2 = u_3$
	`u = aux`		u_2	u_2	u_3
	⋮	⋮	⋮	⋮	⋮
	`aux = v`	n	u_{n-1}	u_{n-2}	u_{n-1}
	`v = u + v`		u_{n-1}	u_{n-2}	$u_{n-2} + u_{n-1} = u_n$
	`u = aux`		u_{n-1}	u_{n-1}	u_n

⇨ *Méthode 26.1*

Exercice 26.8

Le calcul des termes de la suite (u_n) s'arrête lorsque la condition $u_n = 1$ est vraie donc on choisit une boucle « while ».

De plus, nous avons vu que le test `u == 2*floor(u/2)` est vrai si *u* est pair et faux sinon (voir **V/F 10**), ce qui va nous permettre de programmer cette suite.

Voici donc un script possible :

```
u = input('Entrez u0 : ')
n = 0
while u< >1 do
    n = n + 1
    if u == 2*floor(u/2) then u = u/2
                              else u = 3*u + 1
    end
end
disp(n)
```

⇨ *Méthode 26.2*

Exercice 26.9

```
function[x] = min(a, b), if a < b then x = a else x = b
endfunction
```

Exercice 26.10

Il faut se souvenir du fait que $0\,! = 1$ et $k\,! = k \times (k-1)\,!$
On utilise donc une boucle "for" et voici une définition possible :

```
function [z]=fact(n),z=1,for k=1:n z=z*k,end,endfunction
```

⇨ *Méthode 26.1*

Exercice 26.11

Si $k > n$, on a $\binom{n}{k} = 0$, sinon on a :

$$\binom{n}{k} = \frac{n(n-1)\times\ldots\times(n-k+2)(n-k+1)}{k(k-1)\times\ldots\times 2\times 1} = \frac{n-k+1}{1}\times\frac{n-k+2}{2}\times\ldots\times\frac{n-1}{k-1}\times\frac{n}{k}.$$

On initialise une variable C à la valeur 1 (on a affaire à un produit) et on multiplie C par $\frac{n-k+1}{1}$, puis par $\frac{n-k+2}{2}$, jusqu'à $\frac{n}{k}$ à l'aide d'une boucle "for".
On obtient la déclaration de fonction suivante :

```
function C=coeffbin(k,n)
if k > n then C = 0, end
if k <= n then
  C = 1,
    for i = 1:k
    C = C* (n-k+i) /i
    end
end
endfunction
```

⇨ *Méthode 26.1*

Corrigé

Exercice 26.12

D'après ce qui est admis par l'énoncé, $\sum_{k=0}^{n} \frac{1}{k!}$ est une valeur approchée de e à $\frac{1}{n \times n!}$ près. On sait calculer $\frac{1}{n \times n!}$, d'où le script suivant :

La variable fact contient les valeurs successives de k !

```
n = 0, fact = 1, erreur = 1,
s = 1
while erreur > 0.00001 do
    n = n+1
    fact = fact*n
    s = s+1/fact
    erreur = 1/(n*fact)
end
disp(s)
```

La variable erreur contient les valeurs successives de $\frac{1}{k.k!}$

⇨ *Méthode 26.2*

Exercice 26.13

• Après la suite d'instructions :

`A=[1 1 1;1 -1 0 ;0 2 1] ; B=[3;2;1] ; A\B`, Scilab affiche

```
ans  =
    2.5
    0.5
    0.
```

Remarque. Il faut comprendre qu'**une** solution de ce système est : $\left(\frac{5}{2}, \frac{1}{2}, 0\right)$.

• Après la suite d'instructions :

`A=[1 1 1;1 -1 0 ;0 2 1] ; B=[3;2;1] ; linsolve(A,-B)`, Scilab affiche :

```
ans  =
    2.
    1.360D-16
    1.
```

Remarque. Il faut comprendre qu'**une** solution de ce système est : $(2, 0, 1)$.

Exercice 26.14

1. La fonction f est continue et strictement croissante sur $]0,+\infty[$ puisque sa dérivée est positive (on a $f'(x) = \frac{1}{x} + 1 \geq 1 > 0$). Comme $\lim_{x \to 0^+} f(x) = -\infty$ et $\lim_{x \to +\infty} f(x) = +\infty$, f réalise une bijection strictement croissante de $]0,+\infty[$ sur $\mathbb{R}$.

L'équation (E) admet donc une unique solution strictement positive α. En outre, $f(1) = -1$ et $f(2) = \ln 2$, donc $f(1) < f(\alpha) < f(2)$. La fonction f étant strictement croissante sur $]0,+\infty[$, qui contient 1, α et 2, on a donc $1 < \alpha < 2$.

2. On sait que a_n et b_n sont des valeurs approchées de α à 0,001 près, dès que $b_n - a_n \leq 0{,}001$, c'est-à-dire dès que $\dfrac{b-a}{2^n} \leq 0{,}001$.

On a donc deux options :

- Soit une boucle "while", ce qui donne le script suivant dans Scinotes :

```
function[z]=f(x),z=log(x)+x-2,endfunction
a = 1 ; b = 2 ;
while (b-a) > 0.001 do
if f((a + b)/2) > 0 then b = (a+b)/2 ; end
if f((a + b)/2) < 0 then a = (a+b)/2 ; end
if f((a + b)/2) = = 0 then b = (a+b)/2 ; a = (a+b)/2; end
end
disp(a,'Une valeur approchée de alpha à 0,001 près est :')
```

Après exécution, Scilab affiche :

```
Une valeur approchée de alpha à 0,001 près est :

    1.5571289
```

- Soit une boucle "for", après avoir calculé le plus petit entier naturel n pour lequel on a $\dfrac{b-a}{2^n} \leq \dfrac{1}{1000}$. Comme $a=1$ et $b=2$, ceci donne $2^n \geq 1000$, d'où l'on déduit : $n \ln 2 \geq \ln 1000$ et enfin : $n \geq \dfrac{\ln 1000}{\ln 2}$. L'entier naturel cherché est donc : $n = 1 + \left\lfloor \dfrac{\ln 1000}{\ln 2} \right\rfloor$.

On a alors le script suivant dans Scinotes :

```
function[z]=f(x),z=log(x)+x-2,endfunction
for k = 1:1+floor(log(1000)/log(2))
if f((a + b)/2) > 0 then b = (a+b)/2 ; end
if f((a + b)/2) < 0 then a = (a+b)/2 ; end
if f((a + b)/2) = = 0 then b = (a+b)/2 ; a = (a+b)/2; end
end
disp(a,'Une valeur approchée de alpha à 0,001 près est : ')
```

Après exécution, Scilab affiche bien sûr la même valeur que précédemment.

⇨ *Méthodes 26.1, 26.2*

Exercice 26.15

Choisir un entier au hasard dans l'ensemble d'entiers $\{a,\ a+1,\ \ldots,\ b\}$ revient à choisir un réel au hasard dans l'intervalle $[a, b+1[$, puis à prendre la partie entière de ce réel.
Or, choisir un réel au hasard dans l'intervalle $[a, b+1[$ revient à choisir un réel au hasard dans l'intervalle $[0, b+1-a[$, puis à lui ajouter a.
Enfin, choisir un réel au hasard dans l'intervalle $[0, b+1-a[$ revient à choisir un réel au hasard dans l'intervalle $[0,1[$ puis à le multiplier par $(b+1-a)$.

Corrigé

Mais ceci tombe bien puisque « rand() » permet justement de choisir un réel au hasard dans $[0,1[$, d'où la fonction suivante :

```
a=input('entrez la valeur de a :')
b=input('entrez la valeur de b :')
X=floor((b+1-a)*rand()+a)
disp(X)
```

Exercice 26.16

Il suffit de répéter n fois une épreuve de Bernoulli pour laquelle le succès est de probabilité égale à p. Le test "`rand()<=p`" ou, si l'on préfère, "`rand()< p`", permettant de simuler un événement de probabilité p, on obtient :

```
n=input('entrez la valeur de n :')
p=input('entrez la valeur de p :')
x=0;
for k=1:n if rand()<=p then x=x+1;
end
end
disp(x)
```

⇨ *Méthode 26.1*

Exercice 26.17

Les couleurs C_1, C_2 et C_3 sont codées, respectivement, par 1, 2 et 3. On doit donc affecter à chacune des n variables $x_1, x_2, \ldots, x_n$ l'un des nombres 1, 2 ou 3 selon le procédé suivant : 1 et 2 chacun avec la probabilité $\frac{1}{4}$, et 3 avec la probabilité $\frac{1}{2}$. On va donc simuler la loi uniforme sur $[\![1, 4]\!]$ qui renvoie 4 valeurs, chacune avec la probabilité $\frac{1}{4}$, et convenir que l'on regroupe les valeurs 3 et 4 en une seule, la valeur 3, qui est donc obtenue avec la probabilité $\frac{1}{2}$.

On peut alors écrire le script qui suit :

```
n=input('entrez la valeur de n :')
for k = 1:n   x = grand(1,1,'uin',1,4) ;
  if x >= 3 then x = 3 ;
  end       // le 'end' du 'if'
disp(x)
end              // le 'end' du 'for'
```

⇨ *Méthode 26.1*

Index

F

G

H

I

K

L

M

N

O

P

V

Aubin IMPRIMEUR

Achevé d'imprimer en février 2014
Dépôt légal, juin 2013 / N° d'impression 1402.0337
Imprimé en France